U0146639

罗克韦尔自动化技术丛书

循序渐进CMS机器控制系统

主　编　钱晓龙
副主编　苑旭东　刘　婷
主　审　段永康

机械工业出版社

本书是依据罗克韦尔自动化公司的CMS（紧凑型机器控制系统）而编写的，适用于OEM（原始设备制造商）的应用类教材。书中对CompactLogix系统、PowerFlex40变频器、PanelView Plus人机界面和分布式Point I/O的使用做了详细的介绍，尽量做到言简意赅、通俗易懂。

全书以CMS的DEMO（演示版）实验平台为对象，设计出有针对性的实验题目。其中第1章介绍了由DEMO产品的组成；第2章介绍了RSLogix5000编程软件的使用；第3章介绍了CompactLogix硬件系统的组成和特点；第4章讲述了PowerFlex40变频器的功能；第5章介绍了PanelView Plus操作员终端的开发；第6章介绍了组态软件FactoryTalk View SE的设计方法；第7章结合电梯模型的例子讲述了CMS在逻辑控制中的应用；第8章以锅炉水箱过程系统控制为例，将PIDE功能块结合到多回路控制中。

本书立足于提高从事自动化专业的工程技术人员和自动化专业的学生对罗克韦尔自动化公司中小型产品的综合运用能力。本书也可作为涉及罗克韦尔自动化公司技术应用的高级培训教材。

图书在版编目（CIP）数据

循序渐进CMS机器控制系统/钱晓龙主编. —北京：机械工业出版社，2009.1
（罗克韦尔自动化技术丛书）
ISBN 978-7-111-25797-4

Ⅰ.循… Ⅱ.钱… Ⅲ.机械工程-控制系统 Ⅳ.TP273

中国版本图书馆CIP数据核字（2008）第200627号

机械工业出版社（北京市百万庄大街22号 邮政编码100037）
策划编辑：林春泉 责任编辑：林春泉 顾 谦等
责任校对：张莉娟 封面设计：鞠 杨
责任印制：邓 博
北京京丰印刷厂印刷
2009年1月第1版·第1次印刷
184mm×260mm·22.5印张·554千字
0 001—5 000册
标准书号：ISBN 978-7-111-25797-4
定价：47.00元

凡购本书，如有缺页、倒页、脱页，由本社发行部调换
销售服务热线电话：（010）68326294
购书热线电话：（010）88379639 88379641 88379643
编辑热线电话：（010）88379768

前　言

罗克韦尔自动化公司中国大学项目从开展至今已有10年了，随着参加大学项目的学校不断增加，各高校相继设立了实验室，开设了相关的实训类课程。为了满足各高校大面积地开课，在选择A-B产品时普遍采用价廉物美的中小型设备，这样既达到了实验设备套数的目的，又符合教学大纲的要求，而与之相配套的教材也呼之欲出。同时，近几年罗克韦尔自动化公司在我国OEM客户不断增加，大家提出应进行相关产品的动手操作培训，并辅之以一些指导性的实训类资料，这样对应用产品会有更直接的例子可参考。针对这些要求，应罗克韦尔自动化公司A&S大中国区业务经理段永康先生的邀请，东北大学罗克韦尔自动化实验室通过对OEM厂商的了解，在征求了各大学项目成员的意见后，编写了此书。

全书以（CMS）紧凑型机械控制系统的DEMO使用为基调，教会读者如何将应用产品放在第一位，同时兼顾（CMS）紧凑型机器控制系统的各种配置方案。可以说这是对A-B中小型产品综合运用的归纳和总结，本书的着眼点也正是教会读者如何客观地选择产品，使CMS价廉物美的特点能够在实战中得到淋漓尽致的发挥。

本书的第1章（CMS）紧凑型机器控制系统由钱晓龙编写；第2章RSLogix5000编程软件由刘婷、苑旭东编写；第3章CompactLogix系统组成由孙云鹏、刘婷编写；第4章PowerFlex40变频器由钱晓龙、刘忠峰编写；第5章PanelViewPlus项目开发及应用由胡姗姗编写；第6章组态软件FactoryTalk View SE由张敬山、胡姗姗编写；第7章电梯模型的逻辑控制由苑旭东编写；第8章锅炉水箱的过程控制由岳洪亮、钱晓龙、曹现菊编写。罗克韦尔自动化公司大中国区业务经理段永康先生，在编辑的最后阶段进行了认真的审核。值得一提的是，本书最初是在罗克韦尔自动化公司李大光先生、李仲杰先生和王占平先生的建议下开始着手的，他们不仅参与了本书提纲的编写，还提供了大量的素材。而后潘利先生也提出了大量的宝贵意见，在这里一并表示感谢。罗克韦尔自动化公司中国大学项目部的丁慧君小姐、李磊先生和吕颖珊小姐也一直关注着本书的出版，他们给予了我们各方面的帮助，在此表示最诚挚的谢意。最后还要特别感谢东北大学罗克韦尔自动化实验室的同学们，他们为此书的出版付出了辛勤汗水。

由于编者水平有限，特别是对（CMS）紧凑型机器控制系统在实际应用中的整体运用技巧还体会得不深，书中难免有错误和不妥之处，敬请广大读者批评指正。

编者于东北大学

2009年1月4日

目　　录

第1章

(CMS)紧凑型机器控制系统

学习目标

- CMS 简介
- CMSDEMO 箱组成结构
- CMSDEMO 箱实现功能
- CMSDEMO 箱硬件接线

1.1 CMS 的组成

（CMS）紧凑型机器控制系统是为工业应用提供的一种小型、高效、低成本的控制系统，意在为中小型应用项目提供OEM（原始设备制造商）的解决方案。通常，这些应用项目属于机器等级的控制，具有I/O（输入/输出）、网络连接、运动控制等要求。简单的CMS一般由标准控制器、变频器、人机界面、专属I/O模块和Ethernet通信构成；复杂的控制系统则需添加其他网络和运动控制。多个控制器能够通过网络进行通信和共享数据。

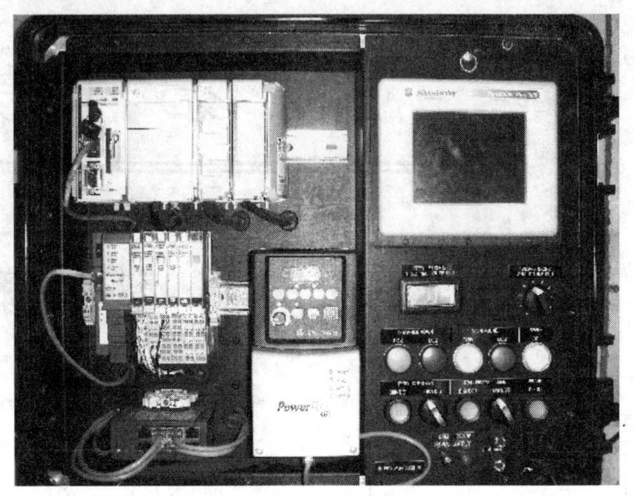

图 1-1　CMS DEMO 箱

本书提供了使用CompactLogix控制器连接多个设备，包括PowerFlex40变频器、人机界面PanelView Plus、分布式Point I/O等实例。这些实例简单易懂、循序渐进，编程并不复杂，意在帮助读者通过简单有效的方式，深入浅出地理解CMS。本书所述系统，均以图1-1所示DEMO（演示版）箱所构成的CMS为例。

1.1.1 CompactLogix 系统

CompactLogix属于Logix平台上的一款产品，是ControlLogix的有效补充，可以取代目前普遍应用的传统PLC（可编程序控制器）和多回路控制器，通过网络集成伺服系统，实现真正意义上从机器控制到过程控制的一体化中小型控制系统。它适用于如下三种具有代表性的生产条件：大区域、需要带电插拔I/O，但完全采用ControlLogix方案成本过高；区域较大、每个控制站规模不大；区域较小、控制站规模小、数量少。

CompactLogix不像传统的PLC那样采用固定内部存储器分配结构，数据按不同类型分别存放在特定的内部存储器区域，而是采用自由寻址的方式，控制器直接存储标签、结构体和数组，并且自动完成内存管理。其面向“对象”的自动数据管理和编程特点，可以使用户的编程和维护变得非常方便。梯形图、功能块、顺序功能流程图和结构化文本多种编程语言可供选择，使离散控制、过程控制以及数据处理变得同样简单。

CompactLogix控制器按照通信方式、内部存储器容量的大小以及所支持的任务和I/O模块数量上的不同，分为不同的型号，见表1-1。

表 1-1　CompactLogix 控制器型号及特点

控制器	内部存储器容量	通信方式	支持任数务	支持本地 I/O 模块数
1769-L35CR	1.5MB	支持冗余的 ControlNet 端口 RS-232 串口	8	30
1769-L35E		以太网端口、RS-232 串口		

（续）

控制器	内部存储器容量	通信方式	支持任务数	支持本地 I/O 模块数
1769-L32C	750KB	ControlNet 端口、RS-232 串口	6	16
1769-L32E		以太网端口、RS-232 串口		
1769-L31	512KB	2 个 RS-232 串口	4	
1769-L23E	512KB	以太网端口、RS-232 串口	3	2
1769-L23	512KB	2 个 RS-232 串口	3	2
1768-L45	3MB	1 个 RS-232 串口	16	30 个 1769 控制器、2 个 1768 控制器
1768-L43	2MB	1 个 RS-232 串口	16	16 个 1769 控制器、2 个 1768 控制器

CompactLogix 控制器以及 I/O 模块和通信模块组成了典型的框架结构，它的硬件包括以下几类，见表 1-2。

表 1-2 CMS 的硬件

分 类	型 号
控制器	1769-L35E、1769-L35CR、1769-L32E、1769-L32C、1769-L31、1769-L23E、1769-L23、1768-L45 和 1768-L43
控制器电池	1769-BA（包含在控制器内）
Compact 电源	1769-PA2
Compact 终端盖	1769-ECR、1769-ECL
I/O 模块	1769-IQ16、1769-OB16、1769-IF8、1769-OF8V 等
DeviceNet 扫描器模块	1769-SDN
DeviceNet 适配器模块	1769-ADN
网络电缆	Ethernet 通用电缆、ControlNet 电缆（1786-TPR）、串口线（1756-CP3）

Compact I/O 的外观小巧、符合高标准工业等级，可直接在面板或者 DIN 导轨上安装，比传统的中小型 PLC 节省 20% ~40% 的安装空间。其可拆卸的前接线端子按照严格的工业化设计，保证了即使在使用 32 点 DI/DO（数字量输入/数字量输出）模块时，也能有足够的接线和操作空间。

在使用本地扩展或远程扩展时，每个 I/O 站最多可达 30 个模块，并可拆分成 3 组，组间通过扩展电缆直接连接，每组需单独配置电源。

内置 I/O 的一体化 1769-L2x 系列控制器，集成了很多 OEM 需要的精细功能，它与原有的 MicroLogix1500 很相似，但使用的是 Logix 操作平台。按照通信方式、内部存储器容量的大小以及内嵌的 I/O 功能分为不同的型号，见表 1-3。

表 1-3 内置 I/O 的一体化 1769-L2x 系列控制器的硬件

特点	1769-L23-QBFC1B	1769-L23E-QB1B	1769-L23E-QBFC1B
用户内部存储器/KB	512	512	512
CompactFlash 卡	无	无	无
通信端口	2 个 RS-232 串口（隔离的为 DF1 或者 ASCII） 非隔离的只能为 DF1	1 个 Ethernet/IP 端口 1 个 RS-232 串口（DF1 或者 ASCII）	1 个 Ethernet/IP 端口 1 RS-232 串口（DF1 或者 ASCII）

（续）

特点	1769-L23-QBFC1B	1769-L23E-QB1B	1769-L23E-QBFC1B
内嵌的 I/O	• 16 路直流输入 • 16 路直流输出 • 4 路模拟量输入 • 2 路模拟量输出 • 4 路高速计数器	• 16 路直流输入 • 16 路直流输出	• 16 路直流输入 • 16 路直流输出 • 4 路模拟量输入 • 2 路模拟量输出 • 4 路高速计数器
模块的扩展能力	多达两个附加的 1769 模块	多达两个附加的 1769 模块	多达两个附加的 1769 模块
内置电源	直流 24V DC	直流 24V DC	直流 24V DC

1.1.2 PowerFlex 40 变频器

PowerFlex 40 系列交流变频器是罗克韦尔自动化公司推出的 PowerFlex 变频器家族中尺寸最小且效率高的成员，它设计紧凑、节省空间，给用户提供了强大的电动机转速控制能力。它们是设备级速度控制的理想产品，提供多样性应用，满足了全球 OEM 和最终用户对于灵活性、节省空间和使用方便的要求。它们同样可以作为机械工具、风扇、水泵、传送机和物料处理系统中速度控制的廉价替代品。

PowerFlex40 变频器具有以下 4 个方面的特点：

（1）安装灵活

额定值为 4kW（5HP）以内的变频器可以使用 DIN 导轨进行安装，将变频器卡在槽内；也可以采用灵活的面板安装方式；法兰式安装则可有效地减少变频器整个机壳的尺寸。

Zero Stacking™允许环境温度高达 40℃，这样可以节省宝贵的面板空间。当环境温度为 50℃时，允许变频器间保留最小的空间。

（2）简易的起动和运行

1）数字键盘有一个 4 位 LED（发光二极管）数字显示屏和 10 个直观显示控制状态的 LED 指示灯。

2）键盘、控制键和本地电位计可以在机箱外操作，简化了起动过程。

3）10 个最常用的参数被分在基本编程组中，以便快速、简便的起动。

（3）灵活的编程和网络解决方案

1）集成的 RS-485 串口通信使变频器可以在多分支网络结构中使用。串行通信转换模块可以连接到任何具有支持 DF1 协议的控制器上。

2）DriveExplorer 和 DriveExecutive 软件可以用于编程、监视和控制变频器上。

3）NEMA 4X 远程和 NEMA 1 手持 LCD（液晶显示器）键盘提供了更多编程能力和控制的灵活性。

（4）优化性能

1）可拆卸的 MOV（金属氧化物变阻器）接地用于不接地供电系统中时，可以提供简便的操作。

2）继电器预充电控制限制了浪涌电流。

3）内置制动电阻用于 0.75kW（1.0HP）和更大功率的设备，它提供了简单低成本的动态制动能力。

4）可设定的DIP开关使接线更灵活，可设置24V直流灌入型或拉出型控制。

5）150%过载可持续60s和200%过载可持续3s，它提供了强大的过载保护能力。

6）PWM（脉冲宽度调制）频率可调节到16kHz，保证了静音操作。

1.1.3 PanelView Plus人机界面

PanelView Plus操作员终端是罗克韦尔自动化公司的一种人机界面（HMI）产品，它具有防尘防爆等多种优良性能，特别适合现场操作。它有按键式和触摸式两种，用软件进行画面编辑，通过画面上的按钮实现对现场数以百计的开关控制，从而省去了非常麻烦且昂贵的硬接线，控制安全可靠。同时它还可以通过图形化信息显示和数据记录，使操作员快速掌握设备状态，完成系统性能优化。

（1）PanelView Plus的分类

1）操作方式：键盘式、触摸式；

2）画面尺寸：PanelView Plus 400、PanelView Plus 600、PanelView Plus 1000、PanelView Plus 1250、PanelView Plus 1500。

（2）PanelView Plus的特点

1）灵活的通信方式、适用于各种网络；

2）及时可靠的报警系统；

3）强大的应用软件：RSView Machine Edition；

4）支持多种语言。

1.1.4 分布式Point I/O

1734系列Point I/O系统是罗克韦尔自动化公司的分布式I/O系统中的一种，其特点是小巧且易于安装。1734 Point I/O系统由5个基本的部分组成，分别为通信适配器、I/O端子底座、I/O端子块、I/O模块和电源模块。

罗克韦尔自动化公司的分布式I/O系统的分类见表1-4。

表1-4 分布式I/O系统

I/O系统	特点	I/O系统	特点
Point I/O	超小型点式I/O	Block I/O	集成块式I/O
Compact I/O	小型紧凑式I/O	Flex I/O	灵活的柔性I/O

1. 通信适配器

下面介绍三种常见的DeviceNet接口的通信适配器，分别为1734-PDN通信接口卡、1734D系列通信接口卡和1734-ADN通信适配器。

1）1734-PDN通信接口卡：1734-PDN通信接口卡本身不作为DeviceNet节点，其所带的I/O模块具有一个独立的DeviceNet节点地址，为基板提供5～24V的直流电源转换。

2）1734D系列通信接口卡：模块的本身作为DeviceNet节点，其内置的8个输入/输出点具有独立的DeviceNet节点地址，为基板提供直流5～24V电源转换。

3）1734-ADN通信适配器：作为DeviceNet网络的一个节点，将一组I/O模块连接到

DeviceNet网络上，其所带的I/O 模块没有节点地址。最多可以带63 个 I/O 模块。

在实际应用中，应根据需要选择合适的通信适配器，由以上各适配器的特点可以看出，在所带的I/O 模块数量上，1734-PDN 通信接口卡最少，而1734-ADN 通信适配器最多。在工作的性能上，1734-ADN 通信适配器也最强。

2. I/O 模块

1734-Point I/O 的模块包含数字量、模拟量和特殊模块三大类，其中数字量模块包括直流 24V DC，交流（120/230）V AC 和触点输出；模拟量模块包括电压/电流、热电阻和热电偶；特殊模块包括高速计数等。

1.2 CMS DEMO 箱

1.2.1 CMS DEMO 箱组成结构

CMS DEMO 箱的处理器选用 CompactLogix 系列中最强大的1769-L35E 处理器，使用1 个 1769-IQ6XOW4、6 输入/4 继电器输出数字量组合模块和 1 个 1769-IF4XOF2 高速 4 输入/2 输出模拟量组合模块。Point I/O 作为远程扩展 I/O 模块，使用2 个数字量输入模块、2 个数字量输出模块和1 个 1734-VHSC24 高速计数模块。变频器选用 PowerFlex 40 变频器，人机交互界面选用 PanelView Plus 600 操作员终端。这些产品都通过以太网交换机进行通信，系统控制结构如图 1-2 所示。

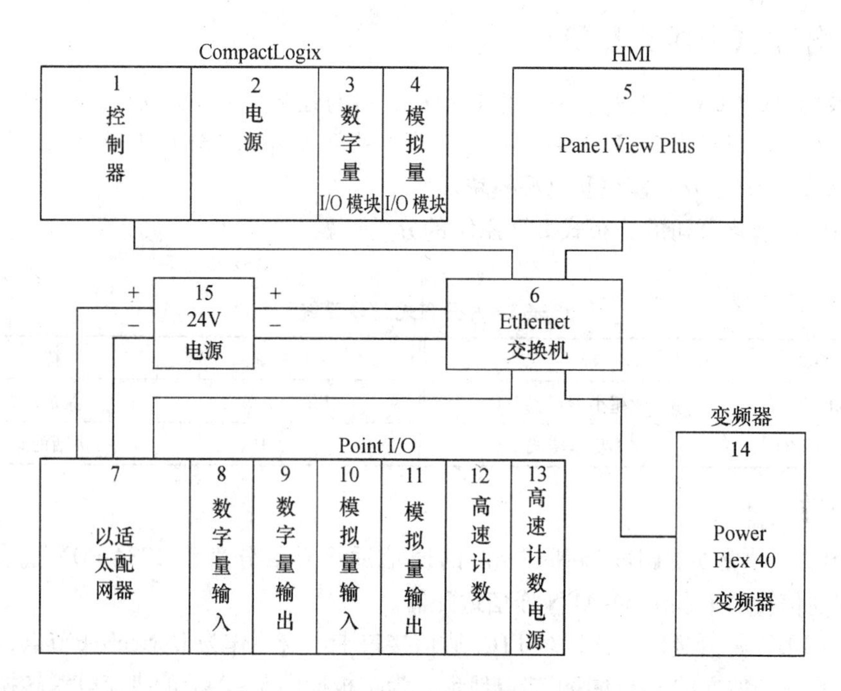

图 1-2 DEMO 箱控制系统控制结构图

图 1-2 中各模块的型号及含义见表 1-5。

表 1-5 DEMO 箱控制模块的型号及含义

序 号	型 号	说 明
1	CompactLogix L35E	内置 Ethernet 通信端口控制器
2	1769-PA2	AC(124/240) V 电源
3	1769-IQ6XOW4	6 输入/4 点继电器输出数字量组合模块
4	1769-IF4XOF2	4 输入/2 输出模拟量组合模块
5	2711P-T6C20A	PanelView Plus 600：触摸式、配置 Ethernet 网卡
6	交换机	Ethernet 交换机
7	1734-AENT	Point I/O Ethernet 适配器
8	1734-IB8	8 输入灌入型数字量模块
9	1734-OB4E	带诊断功能 4 输出数字量模块
10	1734-IE2V	2 通道模拟量电压型输入模块
11	1734-OE2V	2 通道模拟量电压型输出模块
12	1734-VHSC24	高速计数模块
13		高速计数电源
14	22B-A2P3N104	PowerFlex 40 单相 AC 240V 固定键盘变频器
15	1606-XLP	24V 电源

1.2.2 CMS DEMO 箱的硬件接线

除了组成控制系统的主要设备外，还有一些辅助设备，如模拟量输入、电位计模拟量输出显示屏、显示灯、开关以及按钮等。这些辅助设备与 I/O 模块通过硬接线相连，从而可以借助其改变控制器的输入状态，反应控制器的输出情况。辅助设备与 I/O 模块的接线关系如图 1-3 所示。

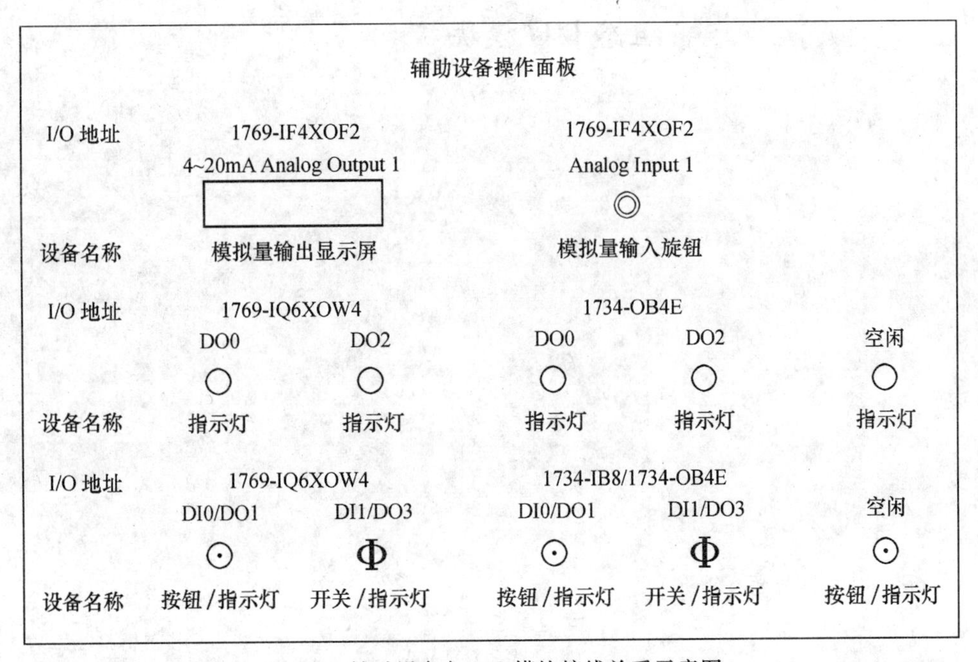

图 1-3 辅助设备与 I/O 模块接线关系示意图

第2章

RSLogix5000 编程软件

学习目标

- 使用不同的方法创建标签
- 数据结构的含义
- 三种任务及其区别
- 组态 I/O 模块

RSLogix5000 编程软件是 Logix 平台的通用编程环境，在一个编程环境中就可以对 ControlLogix、FlexLogix、CompactLogix、SoftLogix5800、DriveLogix 和 DeviceLogix 控制器进行编程。它提供离线、在线编辑程序和程序上下载功能，同时还支持梯形图（LD）、顺序功能流程图（SFC）、功能块（FBD）和结构化文本（ST）四种编程语言，使得开发人员可以方便地选择适合项目的语言进行开发，节省了开发的成本和时间。

RSLogix5000 的主要特点如下：

1）易于配置，软件提供了图形化的控制管理器、I/O 组态对话框、运动组态等工具。

2）使用数组和用户自定义结构体进行数据处理，这使得应用程序更加灵活，而不是迫使应用程序适应由控制器数据表内部存储器定义的特定内部存储器结构。

3）简单易用的 I/O 寻址方法。

4）高集成的运动支持。

5）拖放编辑和导航使得指令、逻辑梯级、功能块、例程、程序和任务能够快速地移动，也可以在两个 RSLogix5000 软件之间移动以创建项目库。

6）功能丰富的梯形图、结构化文本、功能块和顺序功能流程图语言指令集。

7）诊断监控功能，使用 TrendX 组件提供图形的实时数据直方图来诊断和监控数据。此外，语言编辑器、Tag 编辑器和数据监控器全都包含一个快速交叉引用工具，该工具可以快速定位到特定的 Tag、说明文本或指令中。

2.1　RSLogix5000 组件

首先了解其界面组成及功能。当使用 RSLogix5000 组件新建一个工程文件时，会看到如图 2-1 所示的界面。

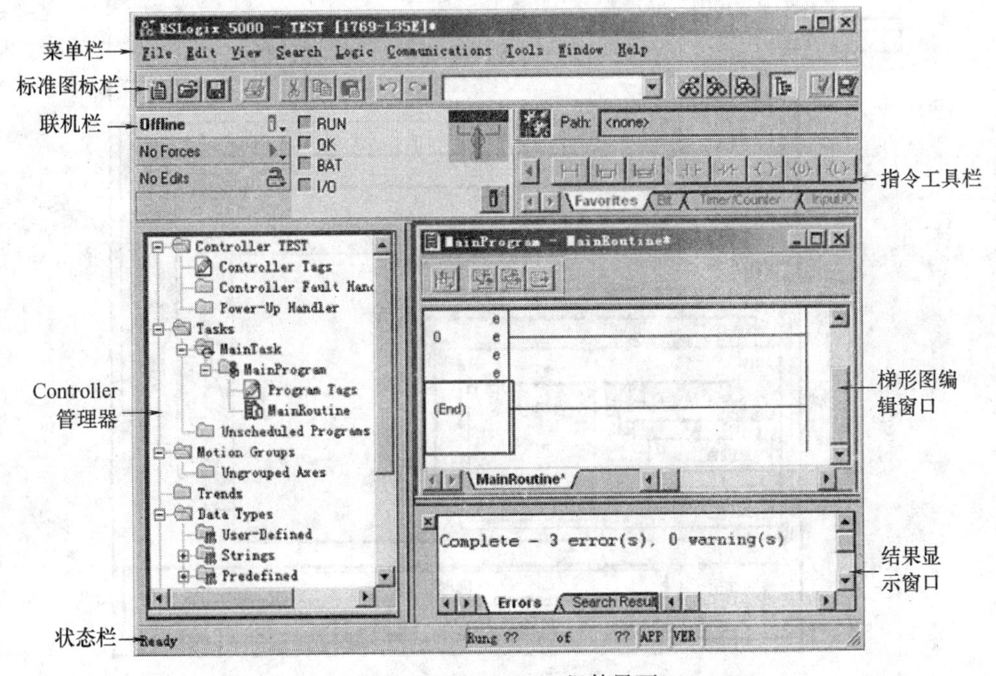

图 2-1　RSLogix5000 组件界面

界面中各组成部分的作用如下：

1）菜单栏：通过点击菜单，选择所显示的功能。

2）标准图标栏：包含许多在开发、调试程序时需反复使用的功能。如果想了解这些图标的含义，那么只需将光标移动到图标上，随后就会出现一个浮动的工具提示窗口，将显示图标的作用。

3）联机栏：联机栏提供 Program 和 Controller 的状态。可以在联机栏中对控制器进行模式切换，强制 I/O 模块以及编辑操作。

4）Controller 管理器：Controller 管理器是项目内容的图形表示。它由文件夹和文件的分层树组成，这些文件和文件夹包含关于当前项目中的程序和数据的所有信息。

5）状态栏：使用软件时，显示当前的状态信息或提示信息。

6）指令工具栏：显示按照标签进行分类的指令助记符。当单击指令工具栏下方的分类标签时，指令工具栏内的指令将变为所选中标签类别包含的指令。点击一条指令可将其插入到梯形图逻辑程序内。

7）梯形图编辑窗口：进行梯形图编辑的区域。

8）结果显示窗口：显示搜索查询结果或者校验程序结果。可隐藏该窗口，或者将其从整个应用窗口中分离出来，放置在屏幕的任意位置处。

2.2 RSLogix5000 项目结构

一个 RSLogix5000 组件的项目主要是由任务、程序和例程组成，有的项目中还包括上电处理程序和控制器故障程序，其各部分之间的关系如图 2-2 所示。

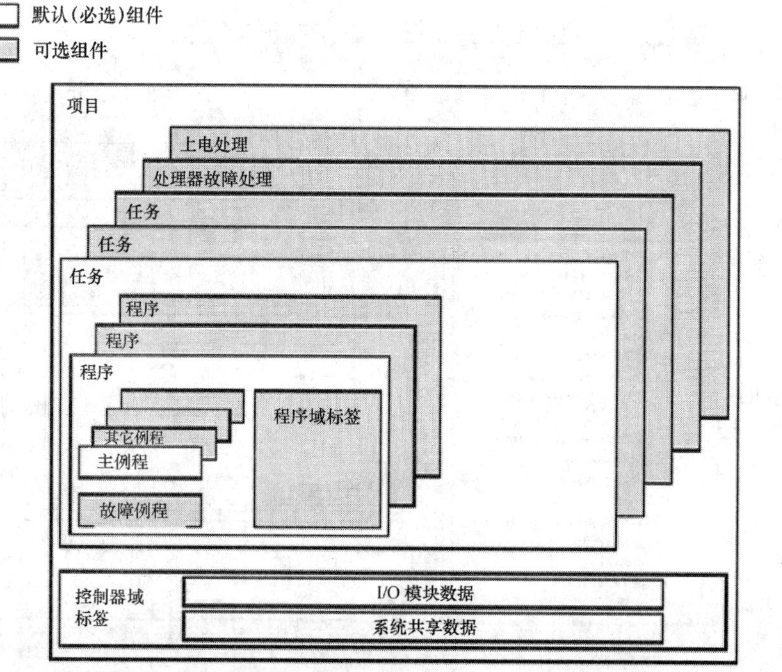

图 2-2 RSLogix5000 组件项目组成

这些组成部分将按照表 2-1 所示的方式配合工作，下面将进行详细介绍。

表 2-1　RSLogix5000 项目组成及定义

项目组成	定　义
Task（任务）	提供由一个或多个 Program 组成的 Program 集的规划和优先级信息。当创建新项目时，软件将自动创建一个连续 Task。当这个 Task 完成完全扫描时，它将立即重新启动
Program（程序）	每个 Task 都至少需要一个 Program，每个 Program 有其自己的 Program tag、主 Routine、其他 Routine 和可选的 Fault routine，一个 Program 只能在一个 Task 中规划，不能在多个 Task 之间共享一个 Program
Routine（例程）	为控制器中的项目提供可执行的代码，每个 Routine 都使用特定的编程语言（例如，梯形逻辑、功能块图、顺序功能图或结构文本）
MainRoutine（主例程）	当一个 Program 执行时，它的主 Routine 首先执行。使用主 Routine 来通过“跳转至子 Routine”（JSR）指令调用其他 Routine（子 Routine）
SubRoutine（子例程）	除主 Routine 或 Fault routine 以外的任何 Routine。要执行一个子 Routine，需在另一个 Routine（如主 Routine）中使用“跳转至子 Routine”（JSR）指令

2.3　数据文件

2.3.1　标签变量

标签是控制器的一块内存区域，用来存储程序中所用到的各种数据和信息。

在 CompactLogix 控制器中，数据的读取与存储是通过标签来实现的，故 CompactLogix 控制器的寻址也采用标签的形式。与传统的可编程序控制器不同，在控制器的内部直接采用基于标签的寻址方式，这样就不需要额外的标记名称与实际 I/O 模块物理地址对应的交叉参考列表了。

在控制器中，处理器能够直接使用实名标签，例如使用“tank level”、“flow rate”等。这样就使程序具有更高的可读性，即使没有说明性的文档也能够比较容易地理解程序的内容。

综上所述，使用标签来存储和读取数据，同传统的解决方案相比，带来了如下优点：

1）标签实名功能，不仅缩短了初期的开发时间，还可以节省后期维护成本。

2）避免了导入、导出和复制复杂数据库，对于罗克韦尔自动化公司的控制类产品，例如 1769 系列的 I/O 模块、PowerFlex 变频器还有 Kinetix 的伺服驱动器等，可以自动创建标签。

3）避免了由于采用单一数据库出现故障后对整个系统造成重大损失。

4）程序更容易阅读。

标签可分为 Controller Tags（控制器域标签）和 Program Tags（程序域标签），区别如下：①控制器域标签，例如创建 I/O 标签，工程中所有的任务和程序都可以使用；②程序域标签，标签只有在与之相关联的程序内才可以使用。两者的区别如同全局变量（控制器域标签）和局部变量（程序域标签）。

1. 创建标签

创建标签即为数据创建存储区。在 CompactLogix 中，数据分为 I/O 数据和中间变量数据。I/O 数据在组态 I/O 模块完毕后会自动生成。创建标签的方式有：在“Edit Tags”窗口创建和在编程时创建。

（1）在“Edit Tags”窗口创建标签

新建工程后，双击左侧“Controller Tags”选项，在弹出的窗口中选择“Edit Tags”选项卡，如图 2-3 所示。

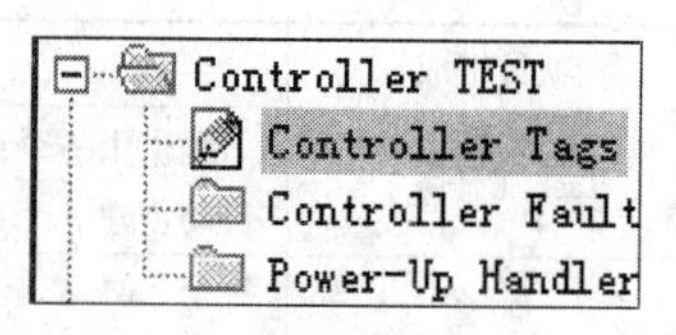

图 2-3 “Edit Tags”窗口中创建标签

在编辑标签区域，有 Name（标签名称）、Alias For（地址映射）、Data Type（数据类型）、Style（显示类型）和 Description（注释信息）。Name 处输入标签名称后，自动出现默认的数据类型和显示类型等信息。然后点击“Data Type”，选择需要的数据类型，如图 2-4 所示。

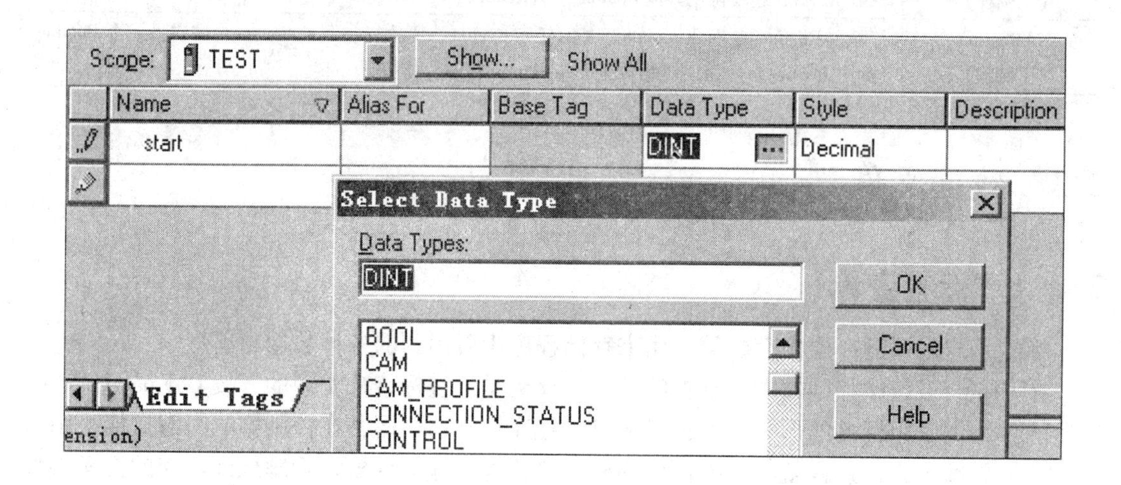

图 2-4 编辑标签数据类型

现在，要将这个标签创建为 BOOL（布尔型）标签，在输入框内输入“BOOL”即可，如果要建立数组，则在“Array Dimensions”框中输入数组的个数即可，如图 2-5 所示。

点击“Description”下面的空白处即可输入注释信息，如图 2-6 所示。

这样就创建完成了一个布尔型的标签，在程序中直接使用即可，如图 2-7 所示。

（2）在编程时创建标签

在程序标签窗口，输入标签名称“lab”，然后在名称处点击右键，选择“New“lab”…”，如图 2-8 所示。

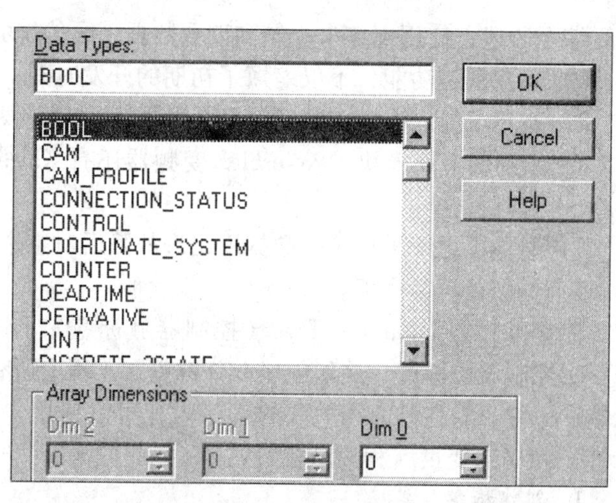

图 2-5 选择标签的数据类型

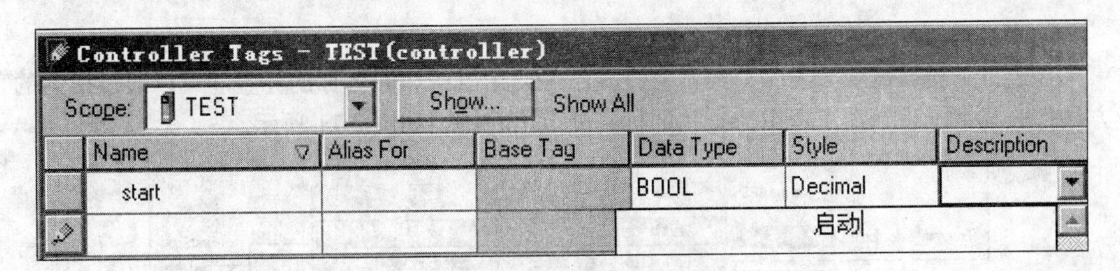

图 2-6　添加注释信息

图 2-7　标签添加完毕后的信息

图 2-8　新建标签

弹出窗口，如图 2-9 所示窗口中，有 Name（标签名称）、Description（注释信息）、Type（类型，这里有基本型、映射型、生产者和消费者类型）、Data Type（数据类型，即标签是什么格式）、Scope（存储区域：控制器域或者程序域）以及 Style（样式：十进制、二进制、八进制或者十六进制）等。

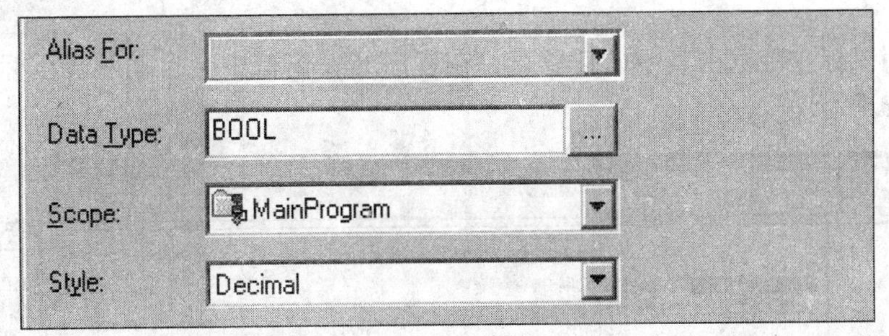

图 2-9　编辑标签

在注释处输入“显示”、其他的按图 2-9 执行。点击“OK”按钮后，标签如图 2-10 所示。

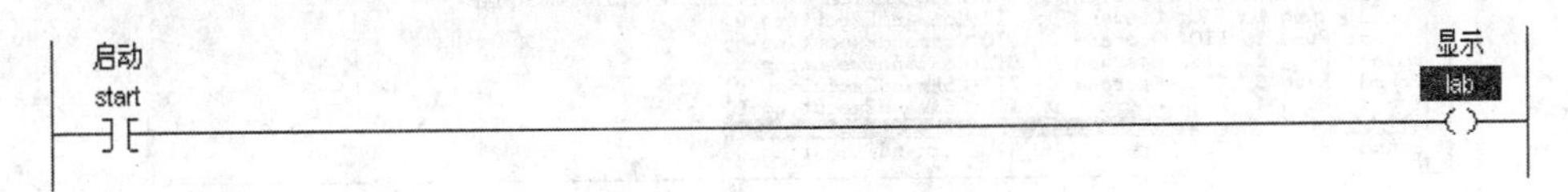

图 2-10　编辑完毕后的标签

2. 标签的查找及交叉索引

在进行工程调试和开发时，经常会查找已经使用过的相同名称的标签。可以通过搜索的方法打开某个工程，在工程中待查找的标签处点击右键，如图 2-11 所示。

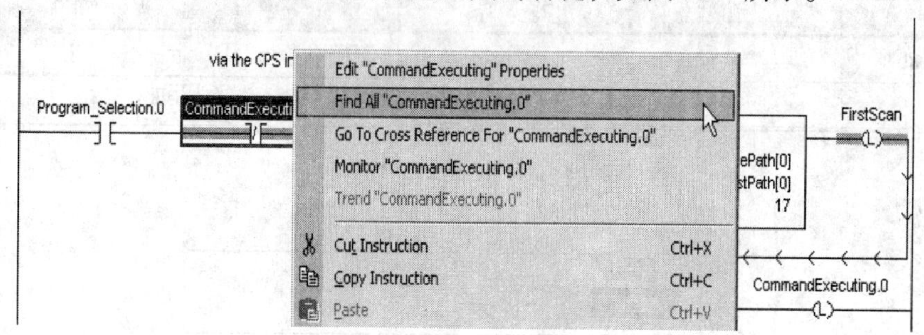

图 2-11　查找标签功能

然后点击鼠标左键，在编辑窗口下方的“Search Results”（搜索结果）窗口中会显示出搜索的结果以及标签所在的指令，如图 2-12 所示。

```
Searching for "CommandExecuting.0"...

Searching through Example_XY_Coordinate_Motion - MotionCircleDiamondSquare...
Found: Rung 1, XIC, Operand 0: XIC(CommandExecuting.0)
Found: Rung 2, XIO, Operand 0: XIO(CommandExecuting.0)
Found: Rung 2, OTL, Operand 0: OTL(CommandExecuting.0)
Found: Rung 3, XIC, Operand 0: XIC(CommandExecuting.0)
Found: Rung 4, XIC, Operand 0: XIC(CommandExecuting.0)
Found: Rung 5, XIC, Operand 0: XIC(CommandExecuting.0)
Found: Rung 6, XIC, Operand 0: XIC(CommandExecuting.0)

Searching through Example_XY_Coordinate_Motion - Run_Example_CirDSq...

Searching through Example_XY_Coordinate_Motion - DrawAlongPath2D...

Searching through Example_XY_Coordinate_Motion - MotionCircleDiamondSquare...

Complete - 7 occurrence(s) found.
Errors  Search Results  Watch
```

图 2-12　搜索结果窗口

这时，用鼠标左键双击其中的任意行，在程序开发窗口中会自动跳转至标签所在的梯级，如图 2-13 所示。

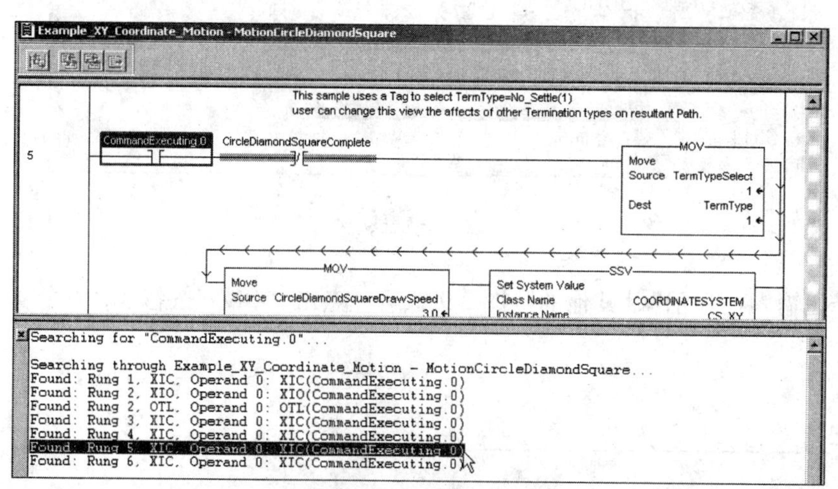

图 2-13　查看标签所在的指令

另一种方法是在标签上点击鼠标右键，选择“Go To Cross Reference For”“CommandExecuting. 0”（交叉索引），其中 CommandExecuting. 0 是标签名称，如图 2-14 所示。

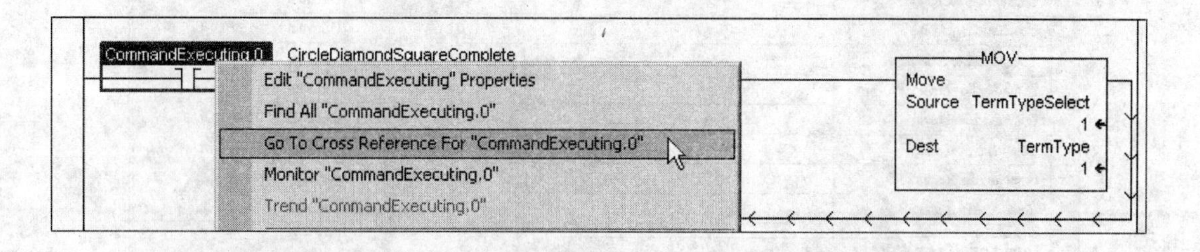

图 2-14　选择交叉索引功能

点击鼠标左键即可启动该功能，弹出窗口如图 2-15 所示。

Cross Reference

Type: Tag　Scope: Coord_Motion_E　Show: Show All

Name: mmandExecuting.0　Refresh

Element	Container	Routine	Location	Reference	BaseTag	Destructive
XIC	Example_XY...	MotionCircl...	Rung 1	CommandExecuting.0		N
OTL	Example_XY...	MotionCircl...	Rung 2	CommandExecuting.0		Y
XIO	Example_XY...	MotionCircl...	Rung 2	CommandExecuting.0		N
XIC	Example_XY...	MotionCircl...	Rung 3	CommandExecuting.0		N
XIC	Example_XY...	MotionCircl...	Rung 4	CommandExecuting.0		N
XIC	Example_XY...	MotionCircl...	Rung 5	CommandExecuting.0		N
XIC	Example_XY...	MotionCircl...	Rung 6	CommandExecuting.0		N
CLR	Example_XY...	MotionCircl...	Rung 7	CommandExecuting		Y

By Logic / By Tag / Tag Hierarchy

图 2-15　交叉索引列表

可以根据具体的需要选择使用哪种方式，推荐使用交叉索引功能。

3. 标签监视

在线状态下，可以进行标签监视。具体操作如下：在待监视的标签上点击鼠标右键，选择“Monitor“CommandExecuting. 0””，如图 2-16 所示。

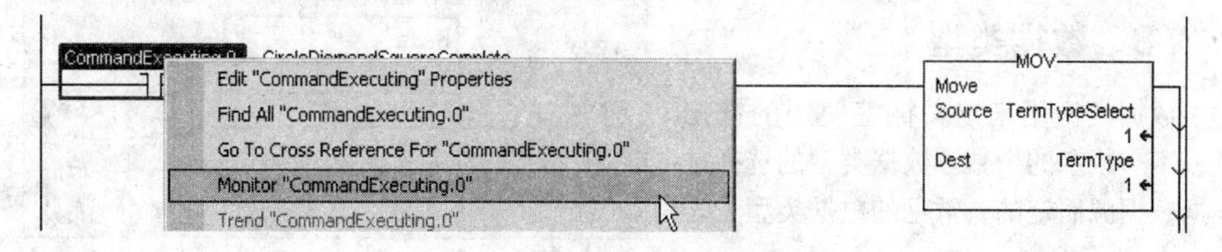

图 2-16　选择监视标签功能

点击鼠标左键即可启动该功能，并会弹出窗口，如图 2-17 所示。

也可以直接在标签所在区域打开“监视标签”直接进行查看。

CommandExecuting		0		Decimal	DINT
CommandExecuting.0		0		Decimal	BOOL
CommandExecuting.1		0		Decimal	BOOL
CommandExecuting.2		0		Decimal	BOOL
CommandExecuting.3		0		Decimal	BOOL
CommandExecuting.4		0		Decimal	BOOL
CommandExecuting.5		0		Decimal	BOOL
CommandExecuting.6		0		Decimal	BOOL
CommandExecuting.7		0		Decimal	BOOL
CommandExecuting.8		0		Decimal	BOOL
CommandExecuting.9		0		Decimal	BOOL

Monitor Tags / Edit Tags

图 2-17　标签监视区域

2.3.2　标签别名

标签别名功能为 Logix 控制系统平台独有的功能。正是有了这项功能，在对控制器进行开发时才能独立于硬件 I/O 地址分配，这样大大加快了开发工程的速度。在 RSLogix5000 中有两种方法作标签的别名：

第一种方法是在“Edit Tags”窗口中选择“Alias For”选项，如图 2-18 所示。

Name	Alias For	Base Tag	Data Type	Style	Description
-start	Local:1:I.Da	Local:1:I.Data	INT	Binary	启动
-Local:1:C					
-Local:1:I					

Tag Name	Data Type
Local:1:C	AB:1769_IQ16F:C:0
Local:1:I	AB:1769_DI16:I:0
Local:1:I.Fault	DINT
Local:1:I.Data	INT
	INT

图 2-18　标签映射

另一种方法是在建立新标签时，在“Type”标题的下拉框处选择“Alias”，如图 2-19 所示。

2.3.3　数据类型

数据类型用来定义标签使用的数据位、字节或字的个数。数据类型的选择是根据数据源而定的，常见的数据类型见表 2-2。

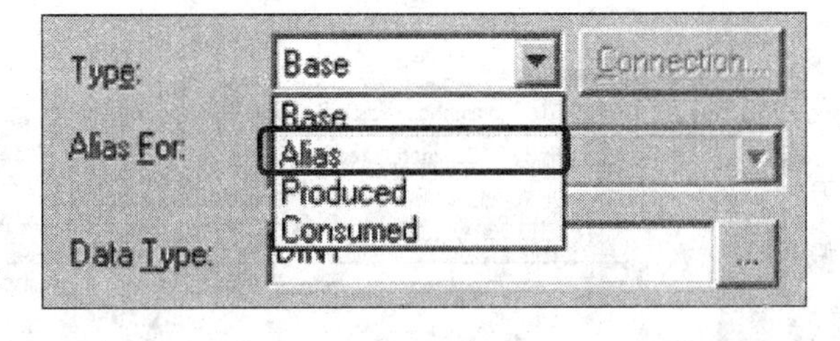

图 2-19　选择标签映射

数据类型之所以重要，是因为它涉及数据在控制器中的内部存储器空间分配问题。任何数据的最小内部存储器空间分配的数据类型为 DINT 型（双整型或者 32 位），DINT 型为 Logix5000 的主要数据类型。当分配了数据后，控制器自动为任何数据类型分配下一个可用的 DINT 内存空间。

表 2-2 常见的数据类型

数据类型	定 义
BOOL（布尔型）	为单个数据位。这里 1 = 接通；0 = 断开（可以用来表示离散量装置的状态，例如按钮和传感器的状态）
SINT（单整型）	短整型（8 位），范围是 -128 ~ 127
INT（整型）	一个整型数或者字（16 位），范围是 -32 768 ~ 32 767
DINT（双整型）	双整型（32 位），用来存储基本的整型数据，范围是 -2 147 483 648 ~ 2 147 483 647
REAL（实型）	32 位浮点型
STRING（字符串型）	用来保存字符型数据的数据类型

当给标签分配数据类型（如 BOOL、SINT 和 INT 型）时，控制器仍占用一个 DINT 型空间，但实际只占用部分空间，如图 2-20 所示。

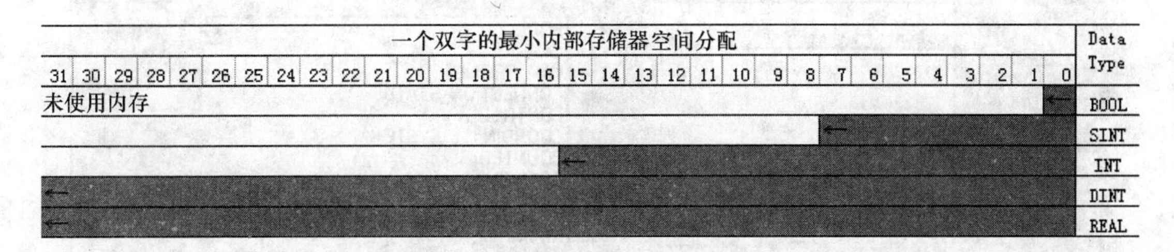

图 2-20 最小内部存储器空间分配示意图

由于上述原因，推荐在创建标签的时候尽可能创建 DINT 类型的标签，并且最好创建数组，这样可以节省内部存储器空间，从而使程序的运行效率更高。

2.3.4 数组与结构体

1. 数组

CompactLogix 控制器允许使用数组数据。数组是包含一组多个数据的标签，它有以下特征：

1）在数组中，每个数据称为一个元素；

2）每个元素使用相同的数据类型；

3）数组标签占据控制器中的一个连续内存区，每个元素按顺序排列；

4）可以使用高级指令（文件指令等）操作数组中的元素；

5）数组可以是一维、二维或三维的。

数组中的每个元素都有下标标识。下标从 0 开始，至元素数目减 1 结束，如图 2-21 所示为通常的数组标签。

创建数组的过程比较简单，在创建标签并选择数据结构时，点击旁边的按钮，会弹出如图 2-22 所示的窗口。

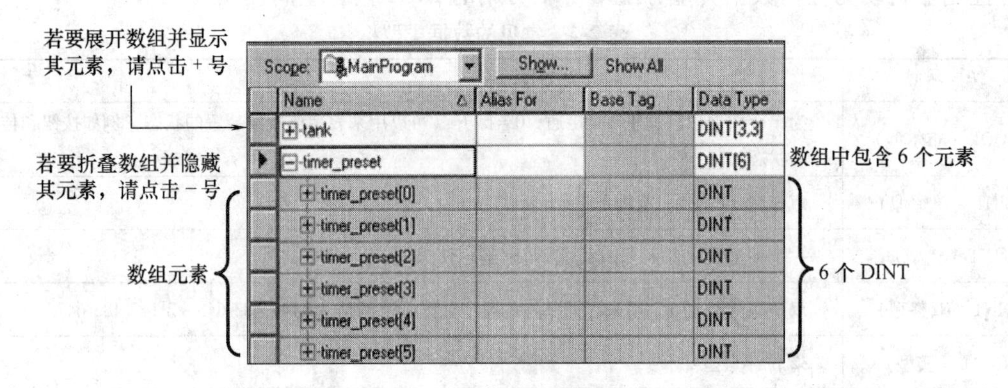

图 2-21　数组标签示意图

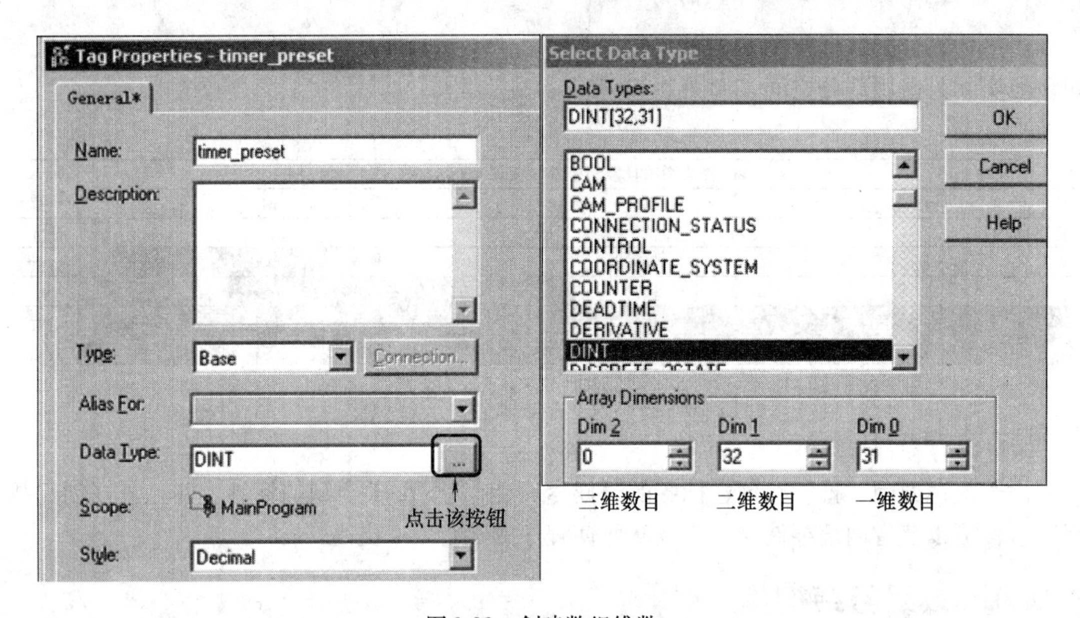

图 2-22　创建数组维数

另外，需要特别说明的是使用数组数据类型不但可以节省内存储器空间，加快通信，还有专门的用于处理数组的指令，可大大方便编程，缩短工程开发周期。

2. 用户自定义结构体

用户自定义结构体可以根据控制对象创建适合其应用的结构体数据类型，可大大方便编程和进行设备维护。

下面以创建电机控制的自定义结构体为例，在工程目录处的“User-Defined”处点击鼠标右键，选择“New Data Type...”，开始创建自定义结构体，如图 2-23 所示。

在弹出的对话框中添加自定义结构体的名称，描述信息以及各个成员的名称，如图 2-24 所示。

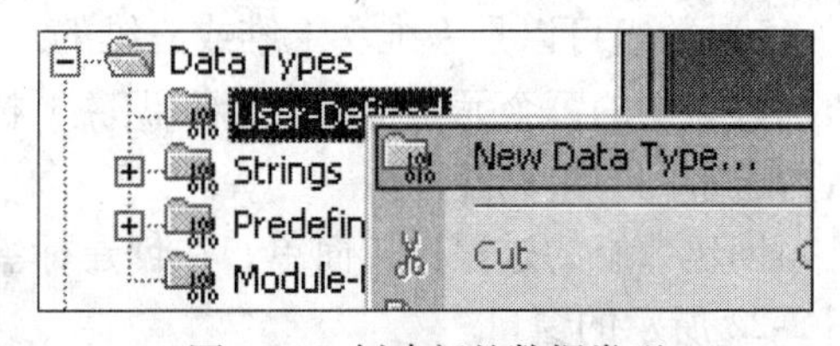

图 2-23　创建新的数据类型

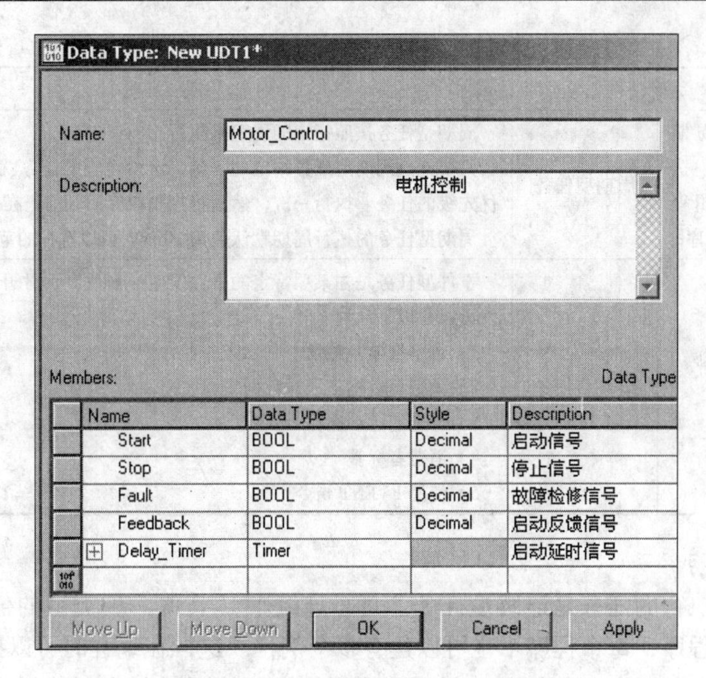

图 2-24　输入用户自定义结构体名称

2.4　程序文件

CompactLogix 控制系统中的程序是通过任务（Task）来执行的，每个工程最多支持 8 个任务（Task），每个任务（Task）中又包含程序（Program），程序（Program）中包含例程（Routine），在例程（Routine）中写入代码。另外，在 RSLogix5000 软件的第 16 版中还增加了设备阶段管理器（PhaseManager），该功能同程序（Program）在程序结构上处于同一级别，并使得编程更加趋近于模块化，有利于减少编程的时间和成本。CompactLogix 的编程符合 IEC-61131 标准，支持梯形图、结构化文本、功能块和顺序功能流程图 4 种编程语言。

2.4.1　任务

CompactLogix 控制器支持 3 种类型的任务，它们分别是连续型（Continuous）任务、周期型（Periodic）任务和事件型（Event）任务，见表 2-3。

表 2-3　CompactLogix 支持的任务

执行程序方式	使用任务类型	说　明
在全部的时间内都执行	连续型任务	连续型任务在后台运行。任何不分配给其他操作（其他操作指运动、通信以及周期型任务或事件型任务）的 CPU 时间，用于执行连续型任务中的程序 连续型任务始终运行。当连续型任务完成一次全扫描之后，它会立刻重新开始进行扫描 一个工程有且必须只有一个连续型任务

（续）

执行程序方式	使用任务类型	说明
以一个固定的周期（例如：每 100ms）执行；在扫描其他逻辑程序时多次运行某一程序	周期型任务	周期型任务按照指定的周期来执行 只要到达周期型任务指定的时刻，该种类型的任务就会自动中断所有低优先级的任务。执行一次，然后将控制权交回先前正在执行的任务 周期型任务的执行周期默认值为 10ms，可以选择的范围是 0.1～2000ms
当某事件发生时立刻执行程序	事件型任务	事件型任务是在某项特定的事件发生（触发）时才开始执行的，这些触发可以是以下几种 1）数字量输入触发 2）模拟量数据新采样数据 3）特定的运动操作 4）消费者标签 5）使用 EVENT 指令

1. 连续型任务

控制器一直执行的任务是连续型任务。每个连续型（其他两种类型的任务同理）任务中可以建立多个程序，每个程序下也可以建有多个例程。这样在编程时可以按照工艺或者功能的不同划分任务、程序以及例程。下面讲述如何在连续型任务中创建程序和例程（其他两种类型的任务同理）。

创建工程完毕后，在“Tasks”处会有一个“MainTask”的任务和“Main Program”的程序以及“MainRoutine”的例程，如图 2-25 所示。

“MainTask”任务是连续型的任务。如果需要修改任务的名称，在 Tasks 处点击鼠标右键，选择“Properties”选项，如图 2-26 所示。

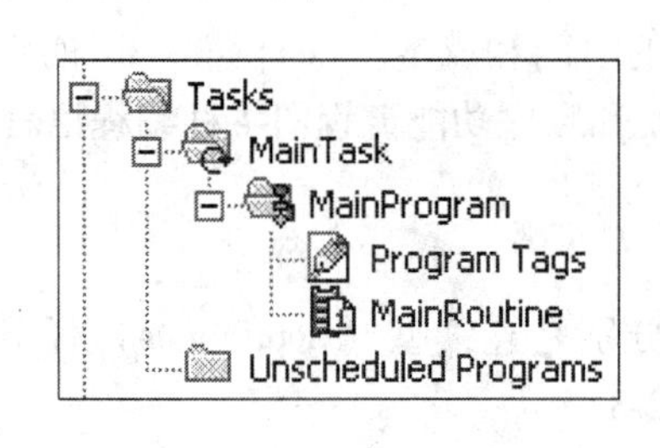

图 2-25 主任务和主程序以及主例程

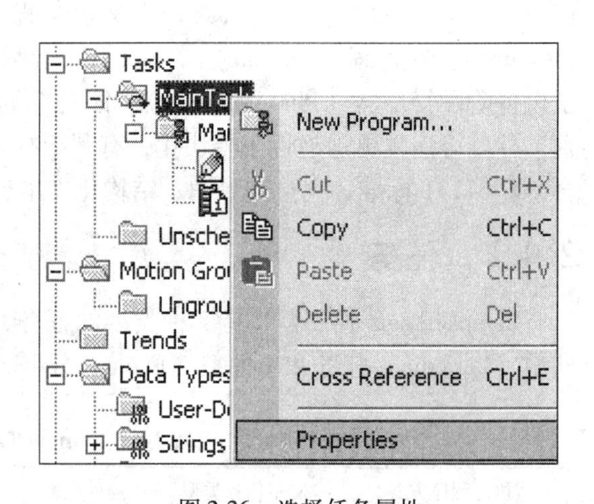

图 2-26 选择任务属性

点击鼠标左键即可弹出任务属性对话框，如图 2-27 所示，可在“Name”处更改任务的名称。

选择“Configuration”选项卡，这里主要用来组态任务的类型和看门狗执行时间，以及可以进行禁止输出和禁止任务的操作，如图 2-28 所示。

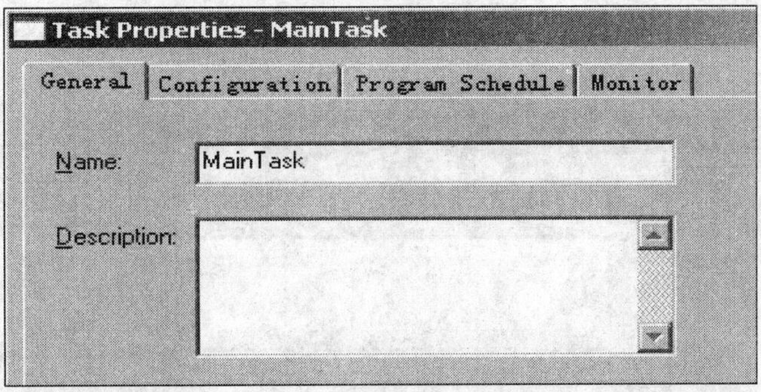

图 2-27　更改任务名称

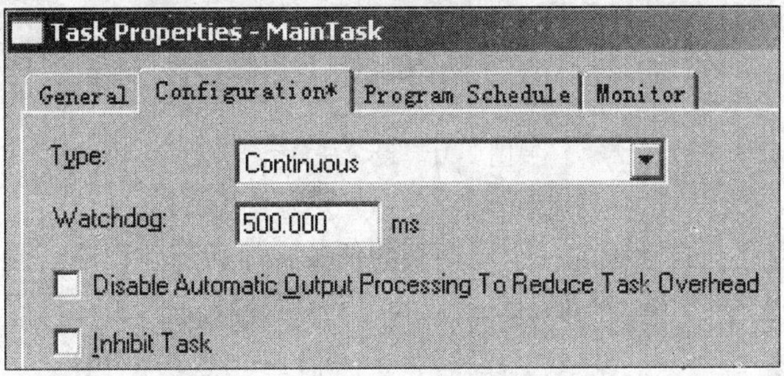

图 2-28　组态选项卡

同样，在这里可以更改任务类型，在“Type”下拉框内点击下拉箭头，可以选择任务的类型，如图 2-29 所示。

2. 周期型任务

周期型任务有以下特征：

1）由指定时间间隔来执行的任务；

2）中断连续型任务；

3）可以中断其他优先级低的周期型或者事件型任务；

4）在执行周期型任务的时候，控制器会从头到尾执行所有程序；

5）在一次扫描完毕后，更新输出，控制器继续从先前的断点处开始继续执行。

下面将以示例的形式创建一个周期型任务。

在“Tasks”处点击鼠标右键，选择“New Task…”，如图 2-30 所示。

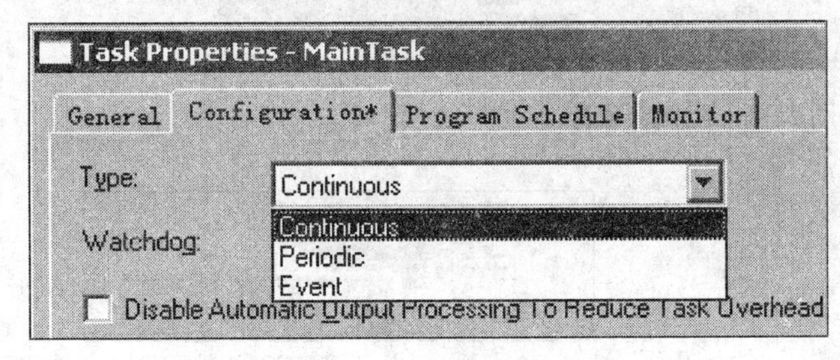

图 2-29　选择任务类型

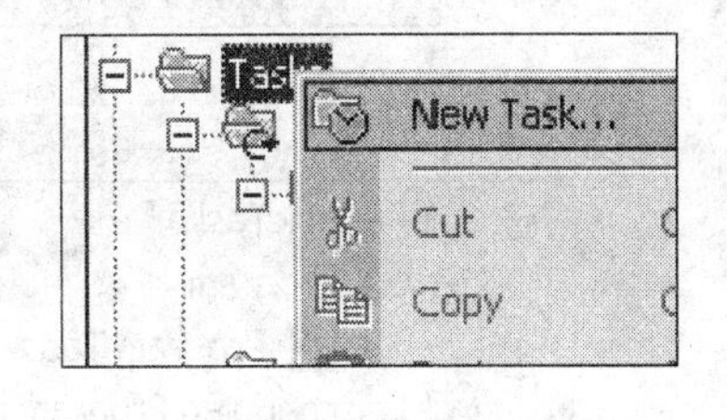

图 2-30　新建任务

在弹出的对话框中输入名称，再填入周期及优先级（注意，优先级的设置很重要），如图 2-31 所示。

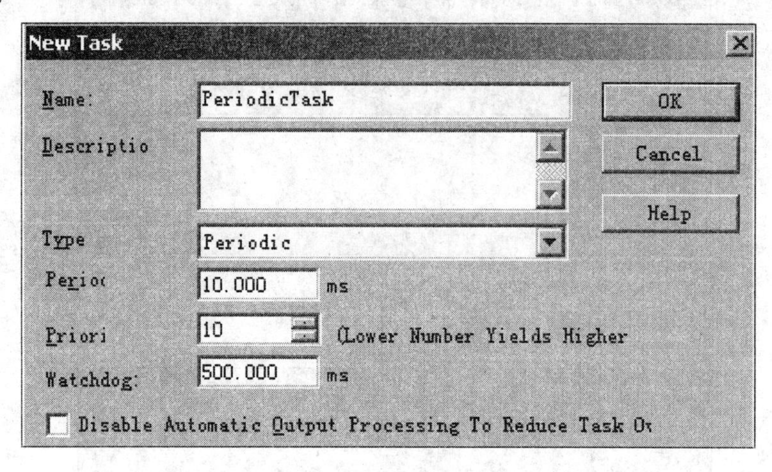

图 2-31　设置任务

设置完毕后，程序会自动添加一个周期型的任务，然后新建程序。同样，在周期型任务处点击鼠标右键，选择“New Program…”，如图 2-32 所示。

点击鼠标左键，开始配置程序，如图 2-33 所示。

配置完毕后，在程序的下方会自动生成“Program Tags”区域（这是用来存储程序域标签的，详细的信息请参阅 2.3 节），如图 2-34 所示。

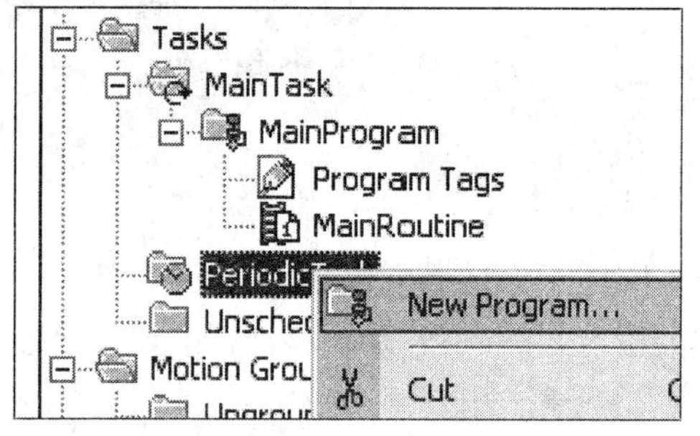

图 2-32　添加新程序

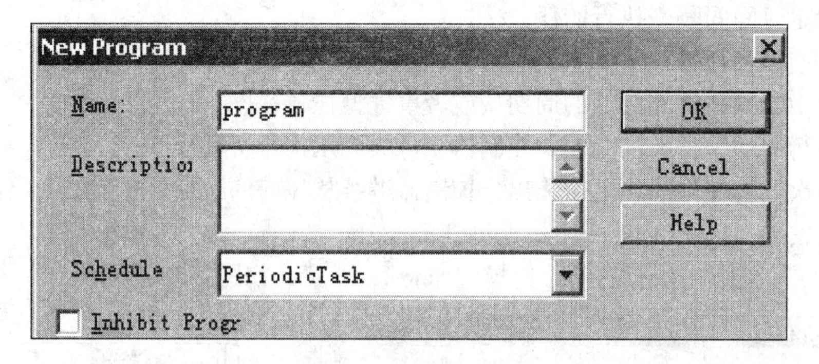

图 2-33　配置新程序

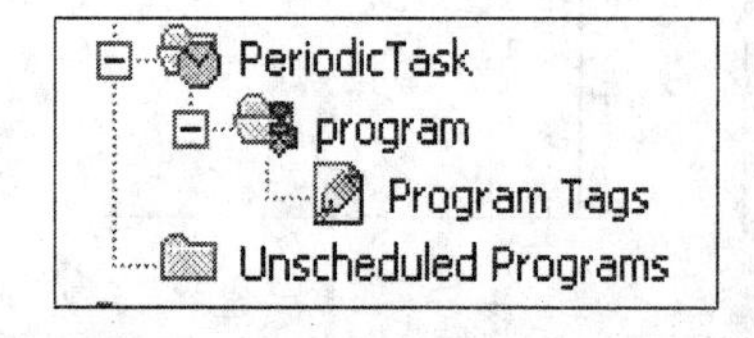

图 2-34　自动生成的程序域标签

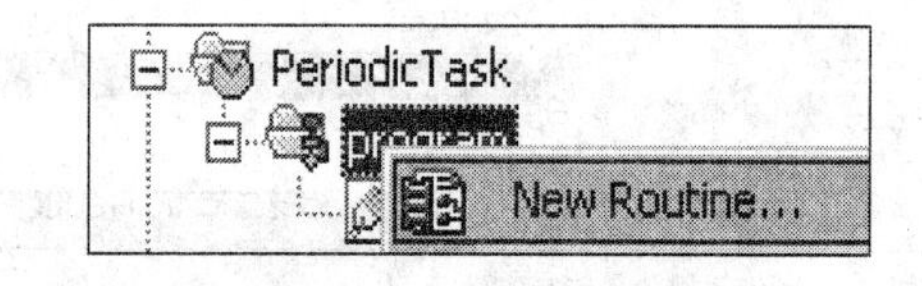

图 2-35　开始创建新例程

下面要建立例程，也就是编制程序的地方。创建例程具体的方法如下：在程序的名称处点击鼠标右键，选择“New Routine…”，开始创建新的例程，如图 2-35 所示。

点击鼠标左键，弹出如下对话框，在这里输入例程的名称或者填入一些描述信息，如图 2-36 所示。

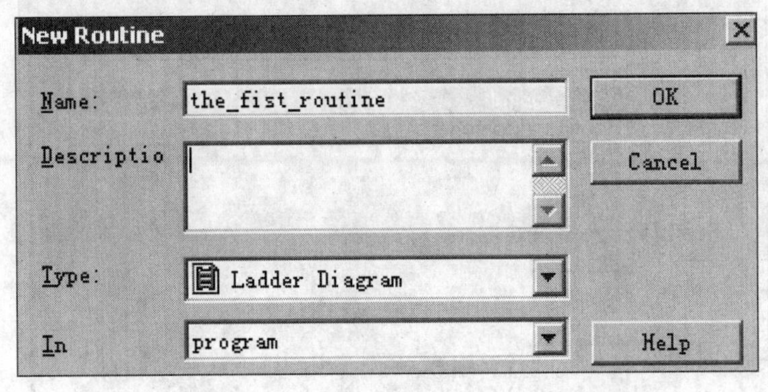

图 2-36　配置新例程

在创建例程的时候，可以选择所创建例程使用的编程语言，在“Type”处点击下拉框，可以选择梯形图（Ladder Diagram）、顺序功能流程图（Sequential Function Chart）、功能块（Function Block Diagram）和结构化文本（Structured Text）进行编程，如图 2-37 所示。

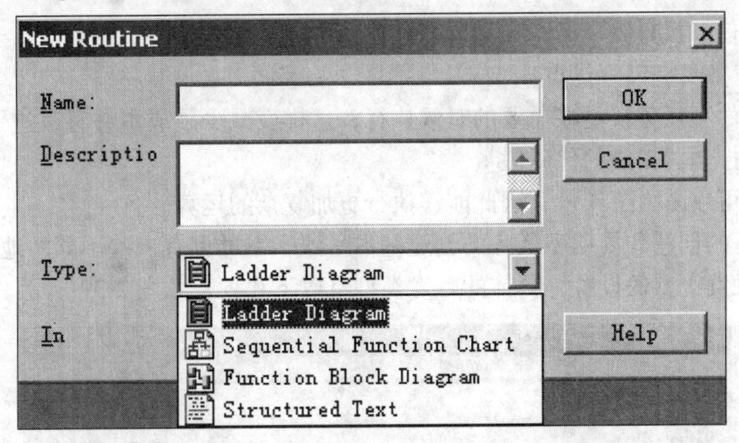

图 2-37　配置新例程

需要指出的是，如果一个程序有多个例程，那么就需要指定其中某个例程为主例程，这些例程都通过主例程进行调用。设置主例程的过程如下：在程序处点击鼠标右键，选择属性，进入程序的属性对话框，再选择“Configuration”选项卡，在“Assigned Routines”框下的 Main 选项栏中点击下拉框，选择主例程即可，如图 2-38 所示。

3. 事件型任务

事件型任务只有在发生某项特定的事件时才执行。事件型的任务有以下特性：

1）每个事件型任务必须指定一个触发事件。

2）每个事件型任务必须设置一个优先级级别。当该任务的触发事件发生时，它能够中断所有的低优先级任务。

3）当事件发生时，事件型任务会从头到尾执行一次。

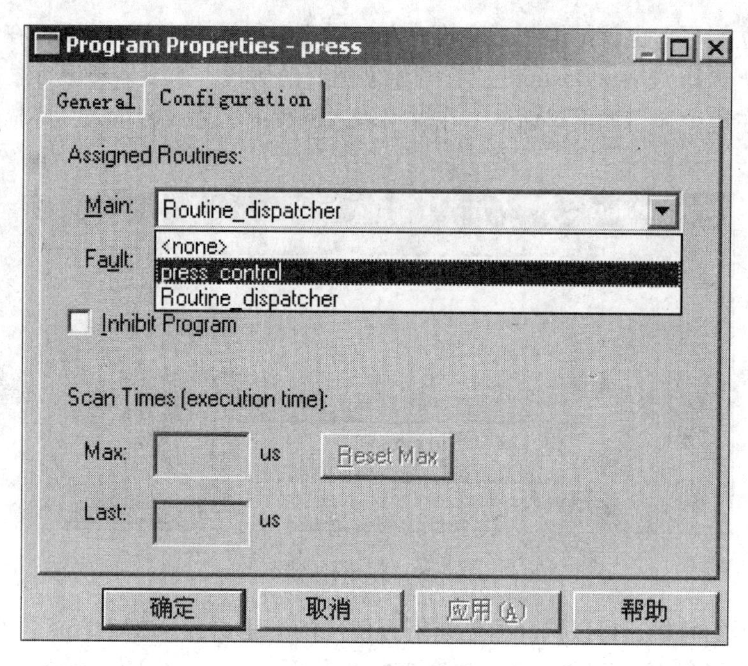

图 2-38　指定主例程

4）事件型任务执行完毕后，控制器会从先前中断处接着执行程序。

事件型的任务具有以下优点：

1）由于事件型任务仅是在需要的时候执行，这样就减少了成本并且改进了性能。

2）减少了控制器扫描的代码数量。

3）控制器可以减少工作量，因此能够执行更加复杂的运算。

事件型任务的创建和周期型任务的创建基本一致，不过也有一些不同的地方，主要是指该事件型任务触发类型的设置，具体的触发类型有以下几种，如图 2-39 所示。

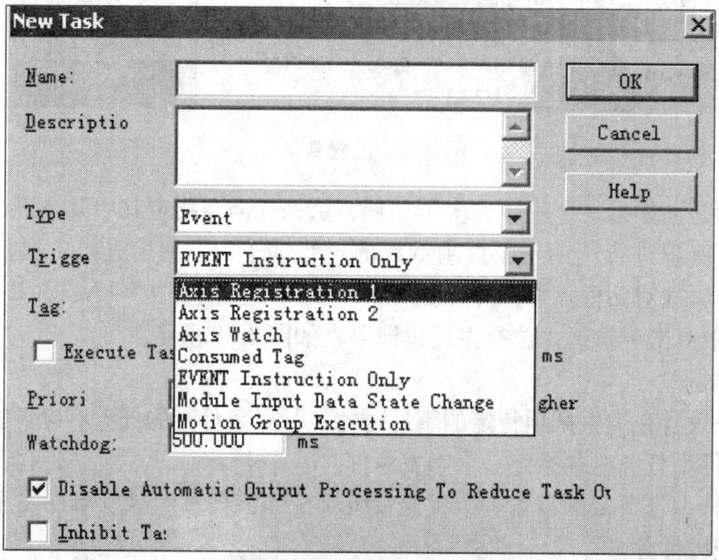

图 2-39　事件型任务的触发类型

这些触发类型见表 2-4。

表 2-4　触发事件的类型

触 发 事 件	解　释	触 发 事 件	解　释
Axis Registration	轴注册事件	EVENT Instruction Only	仅 EVENT 指令
Axis Watch	轴观察事件	Module Input Data State Change	模块输入数据的状态改变
Consumed Tags	消费者标签	Motion Group Execution	执行运动组

2.4.2　任务组态

1. 优先级

优先级是在任务的属性“Configuration”选项卡中设置的。周期型和事件型任务的优先级（注意，连续型任务是不需要设置优先级的）分别如图 2-40、图 2-41 所示。

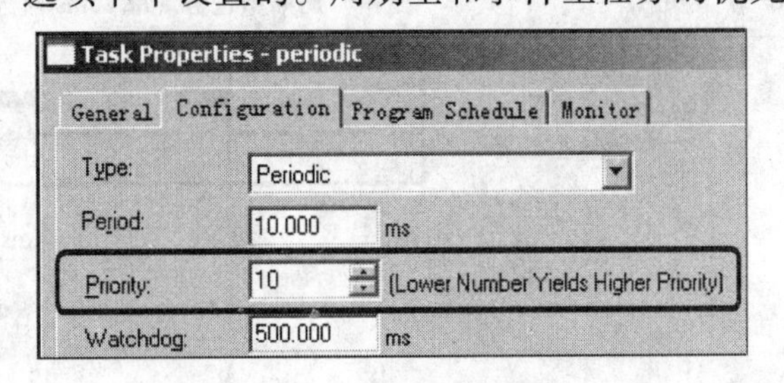

图 2-40　周期型任务的优先级

优先级中设置的数值越小，该任务的优先级就越高，如图 2-42 所示。

如果有两个周期型任务 A 与任务 B，任务 A 每 20ms 触发一次，并且其优先级等级为 3；任务 B 每 22ms 触发一次，其优先级为 1，那么它们的执行情况如图 2-43 所示。

图 2-41　事件型任务的优先级

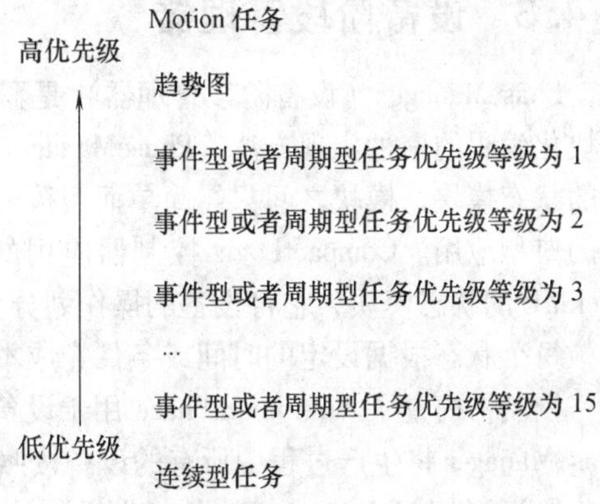

图 2-42　任务的优先级示意图

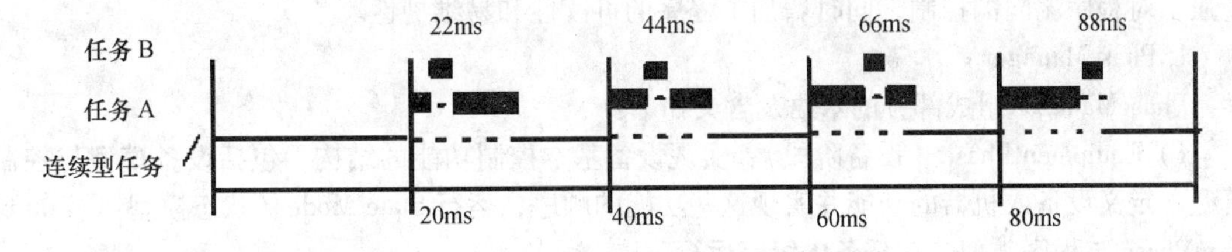

图 2-43　多个周期型任务的执行示意图

2. 扫描时间

在程序执行期间，RSLogix5000 软件显示执行任务所用的最大扫描时间和最新的扫描时间，这一功能在任务属性对话框中以毫秒级别显示，如图 2-44 所示。

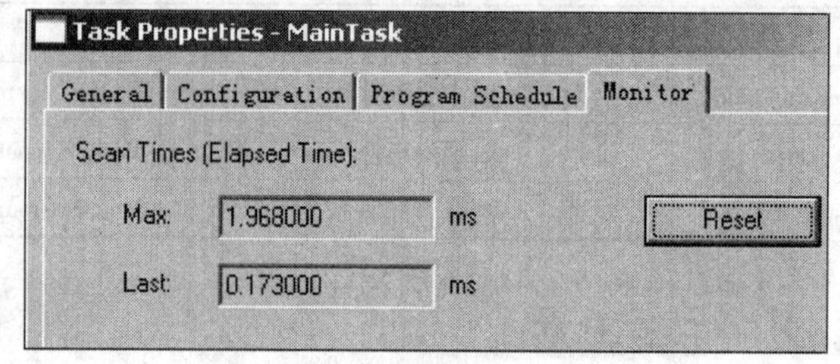

图 2-44　程序扫描时间

周期型任务是在指定的时间间隔内进行触发的。例如，某周期型任务每隔 20ms 触发一次，执行该任务需要。它的执行顺序如图 2-45 所示。

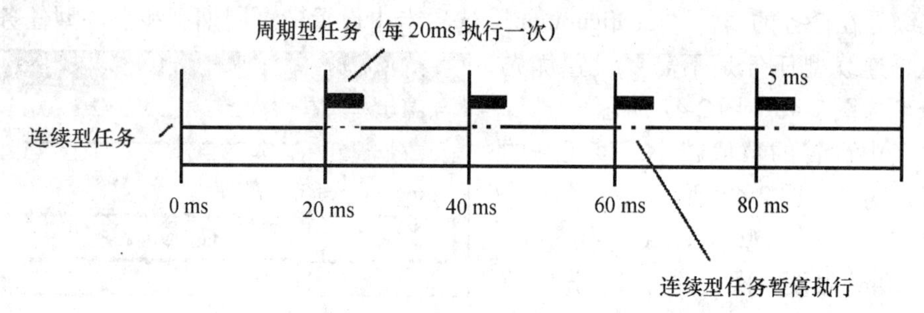

图 2-45　周期型任务的执行示意图

2.4.3　设备阶段管理器

PhaseManager（设备阶段管理器）是罗克韦尔自动化公司在 Logix 平台下提出的结构化、模块化编程的一种实现方法。PhaseManager 采用了标准化的编程模型，将编制的程序纳入规定的状态模块，模块之间只需简单而规范的调用便可实现特定的流程，是时序逻辑控制结构化的典型应用。CompactLogix 控制器应用的状态模块，相似于符合工业标准结构的 S88 和 PackML 的状态模块，它将设备的操作划分为各个状态，同一时刻只有一个状态处于激活处理，每个状态根据设定的时间或条件完成本状态的动作，并执行下一个状态。

控制器内置了 EquipmentPhase 用于设备的阶段管理，这使得状态模块的运用极为容易。PhaseManager 将生产过程中所有的设备按照逻辑或地理位置分成相应的 EquipmentPhase（设备阶段），每个 EquipmentPhase 按照动作执行顺序分成不同的 State（状态），从而将原有设备庞大的程序分成了有机的模块。State 之间的转换，只用少量代码的执行即可实现。EquipmentPhase 确定设备沿着固定的路径从一个状态转换到另一个状态，锁定了状态之间的关系，增强了对程序流向的控制，同时增加了程序的可读性和易维护性。

1. PhaseManager 的术语

PhaseManager 组成部分的术语及含义如下：

1）EquipmentPhase（设备阶段）：实现设备基本控制功能的结构，包括设备模型与控制模型，定义设备或机器的功能并实现这些功能的顺序，运行 State Mode（状态模型）。EquipmentPhase 与程序类似，在任务中组态运行。

2）Equipment Phase 指令：为多个 Phase 的执行排序。

3）Phase 数据类型：建立 EquipmentPhase 时自动生成的标准的标签结构，用于控制和监视设备。

4）State Mode（状态模型）：提供遵循 S88 标准的状态模型（又称程序控制模型）。

2. PhaseManager 状态模型

状态模型将设备的操作周期划分为一系列状态，每个状态都是设备操作中的一个瞬态，是设备在给定时刻的动作或状况。在状态模型中，可以定义设备在不同条件下的行为，如运行、保持、停止等。

状态有两种类型，即动作和等待，其含义如下：

1）动作：在某段时间内或特定条件满足之前执行某个动作或某些动作。一个动作状态可以运行一次或多次。

2）等待：表明已满足特定条件，设备正在等待信号以进入下一个状态。

PhaseManager 状态模型如图 2-46 所示。状态模型中的箭头指示设备从当前所处状态能进入哪些状态。每个箭头称为一次转换，状态模型使设备只能执行特定的转换。这样，使用相同模型的设备就会具有相同的行为。图中方框内的任何状态都能够直接进入 Stopping（停止）或 Aborting（取消中）状态。

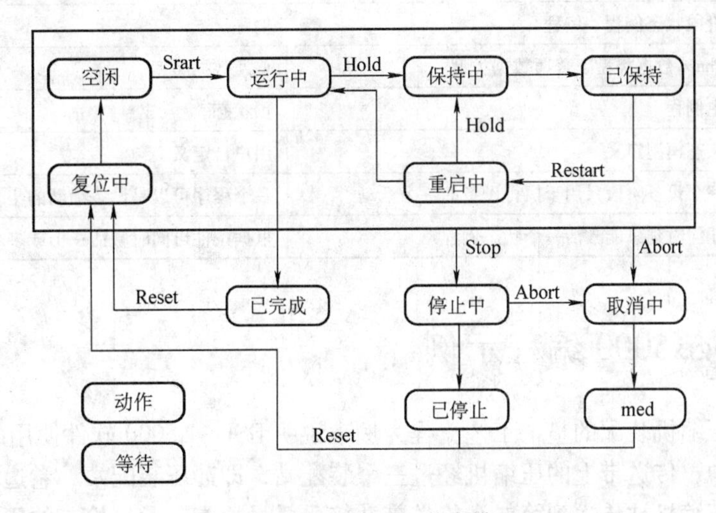

图 2-46　PhaseManager 状态模型

每个设备状态的功能描述见表 2-5。

表 2-5　设备状态的功能描述

状态名称	功能描述
Stopped	当上电时发生意外直接进入的状态
Resetting	设备做运行的准备工作
Idle	设备已经准备好，可即时运行，等待进入运行的条件
Running	运行中，设备正在完成生产过程
Holding	设备临时停止生产过程，尚可恢复生产，或转为故障处理
Held	告知设备已安全暂停，可进入重启状态
Restarting	设备经过暂停处理重新恢复生产

（续）

状态名称	功能描述
Complete	告知设备已经完成生产过程，等待进入下一轮工作
Stopping	设备正常关机的过程
Aborting	发生故障的处理过程，实现设备的安全关机
Aborted	告知设备已安全关机

状态模型给定了设备动作的流向，可以根据设备动作的执行顺序或功能将设备的操作流程规划到不同的状态中。无需使用所有的设备状态，仅需根据实际情况采用需要的状态即可。

3. EquipmentPhase 与 Program 的对比

EquipmentPhase（设备阶段）与 Program（程序）有许多相似之处，同时 EquipmentPhase 又有别于 Program，两者的特征比较见表 2-6。

表 2-6　EquipmentPhase 与 Program 的对比

条　目	设备阶段	程　序
组态结构	在任务下中组态	在任务下组态
构成部分	阶段状态例程、例程	例程
数据类型	Phase 数据类型、普通数据类型	普通数据类型
主例程	主例程	预状态
程序执行顺序	状态模型定义	用户自定义
功能范围	一个设备阶段只用于执行设备的一个活动	一个程序可以是设备活动的集合
激活例程数量	任何时刻只能激活一个状态例程	根据条件可同时激活一个或多个例程

2.5　RSLogix5000 编程示例

下面将以压缩机装配的整个工艺流程为例来说明 RSLogix5000 软件使用的常规步骤。

在该例子中，传送带上的压缩机经过三个装配站，即冲压装配站、卷边装配站和焊接装配站。然后，压缩机被传送到第二个传送带并接受质量检查。通过检查的压缩机码垛后装船运走。其工艺流程图如图 2-47 所示。

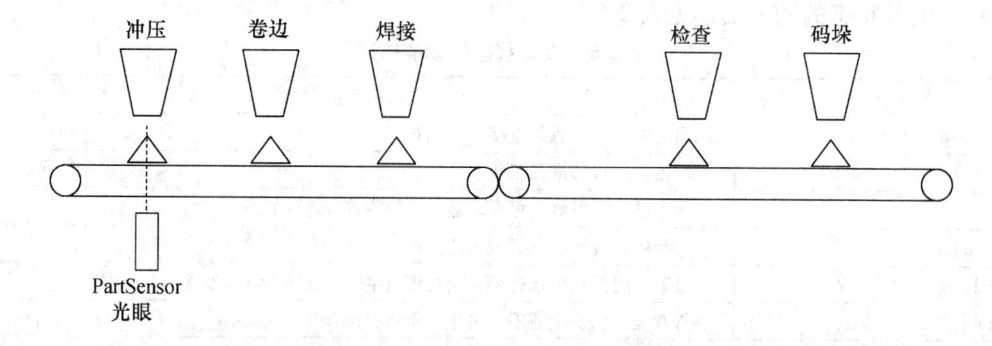

图 2-47　工艺流程图

冲压、卷边和焊接三个装配站和传送带 1 由控制器 P1 控制，质量检查和码垛站以及传送带 2 由控制器 P2 控制。光眼检测到有部件放置到传送带上（Part Sensor 由 0 变为 1）后，站 1、2 和 3 顺序执行，然后传送带动作。当光眼再次检测到有部件送至传送带上时，再次执行上述操作，以此循环。下面以时序图方式描述控制器 P1 的操作流程，如图 2-48 所示。

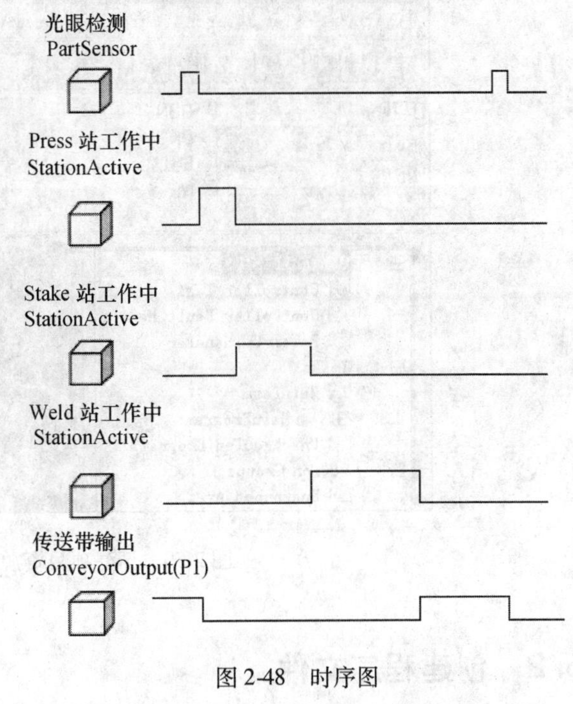

图 2-48　时序图

2.5.1　创建工程

打开 RSLogix5000 软件，单击“File”→“New”创建新项目。这时出现“New Controller”（新建控制器项目）界面。在此选择控制器的类型和版本号，CompactLogix 控制器只能处于电源的最左侧，所在槽号无法改变，只能为默认的 0 号槽，如图 2-49 所示。

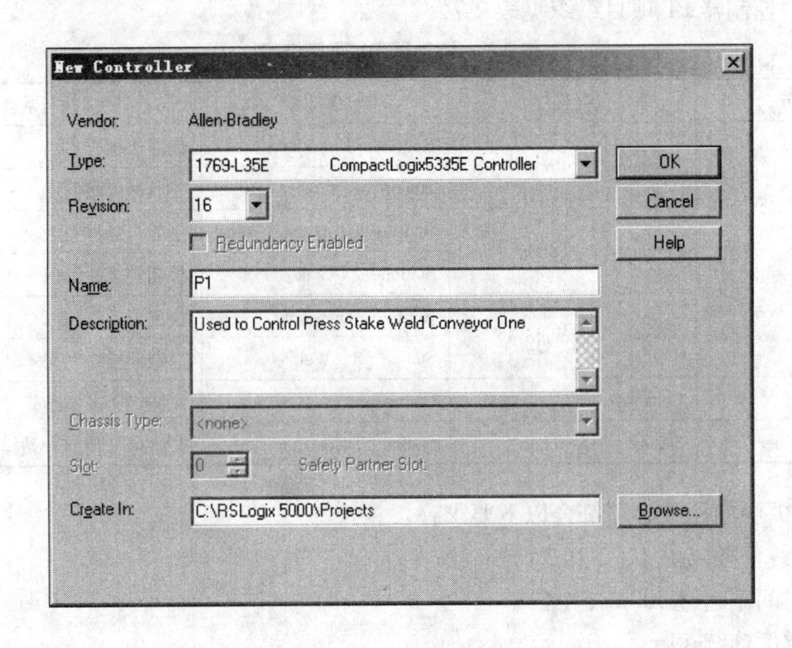

图 2-49　新建控制器对话框

单击“OK”按钮，出现工程画面，如图 2-50 所示。

至此已经创建了一个 CompactLogix 项目。

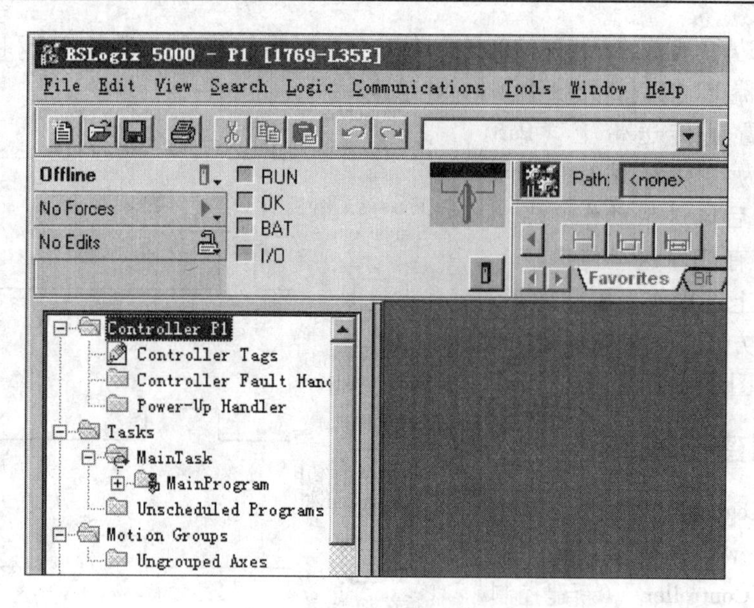

图 2-50　新建项目资源管理器

2.5.2　创建程序文件

分析应用项目的要求，根据应用实例要求来组织控制器 P1 项目中任务、程序和例程及其操作要求。控制器 P1 项目组织见表 2-7。

表 2-7　控制器 P1 项目组织

任　务	包含程序	包含例程	执行的操作
Assembly	Program _ 1 _ Press	Routine _ Dispatch	使能子例程
		Station _ 1 _ Press	控制冲压站例程
	Program _ 2 _ Stake	Routine _ Dispatch	使能子例程
		Station _ 2 _ Stake	控制卷边站例程
	Program _ 3 _ Weld	Routine _ Dispatch	使能子例程
		Station _ 3 _ Weld	控制焊接站例程
Conveyor	Conveyor	Conveyor	控制传送带操作
Periodic _ Dispatcher	Station _ Dispatcher	Station _ Dispatcher	初始化（使能）站操作例程

控制器 P1 中的任务必须符合以下要求：

1）装配线任务（站 1、2 和 3）

①执行时间不超过 500ms；

②根据调度连续运行。

2）传送带任务

①执行时间不超过 500ms；

②与调度任务分时执行（两任务的优先级相同）；

③每 50ms 执行一次。

3）调度任务

①执行时间不超过 400ms；

②与传送带任务分时执行（两任务的优先级相同）；

③每 50ms 执行一次。

CompactLogix 控制器不仅支持 Continuous（连续型）任务，还支持 Periodic（周期型）任务和 Event（事件型）任务。根据上述 P1 的操作要求，确定控制器 P1 中各任务的属性，见表 2-8。

表 2-8　控制器 P1 中各任务的属性

Task（任务）	Type（类型）	Watchdog（看门狗时间）/ms	优先级	执行周期/ms
Assembly（装配线）	连续型任务	500	—	—
Conveyor（传送带）	周期型任务	500	5	50
Periodic _ Dispatcher（定期调度）	周期型任务	400	1	50

CompactLogix 控制器仅支持一个连续型任务，RSLogix5000 已经自动创建了连续型任务 MainTask。在 MainTask 文件上单击右键，在弹出菜单中选择 Properties（属性），将 MainTask 任务名称改为 Assembly，并输入相应属性值。

单击“File”→“New component”→“Task”或在项目管理器“Tasks”文件夹上单击鼠标右键，在弹出的菜单中选择“New Task”，建新任务“Conveyor”，并设置相应属性，如图 2-51 所示。因为传送带任务要求每 50ms 执行一次，所以选择的任务类型为“Periodic”（周期型）。同理，创建新任务“Periodic _ Dispatcher”，并设置相应属性，保存该项目。

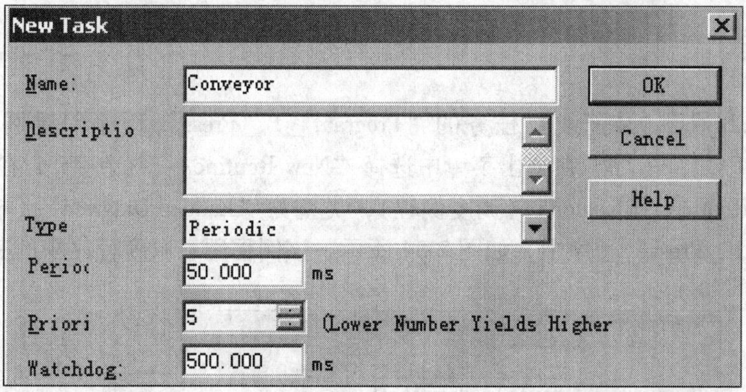

图 2-51　创建新任务“Conveyor”

创建“Assembly”（装配线）任务的程序。在 Assembly 文件夹上单击右键并在弹出菜单中选择“New Program…”（创建新程序）。输入程序名称“Program _ 1 _ Press”并设置相应属性，如图 2-52 所示。同理创建“Program _ 2 _ Stake”以及“Program _ 3 _ Weld”并设置相应属性。

规划“Assembly”（装配线）任务的程序。用鼠标右键单击“Assembly”任务，从弹出的对话框中选择“Properties”（属性）。从弹出的属性对话框中选择“Program Schedule”（程序规划）选项卡。规划后的程序如图 2-53 所示。

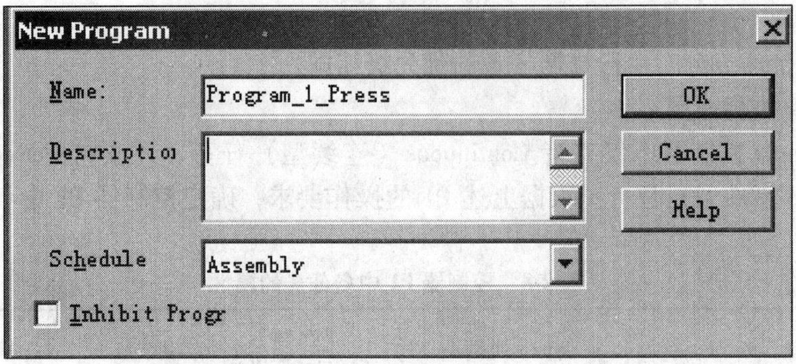

New Program
Name: Program_1_Press
Descriptio
Schedule Assembly
Inhibit Progr
OK
Cancel
Help

图 2-52　创建新程序

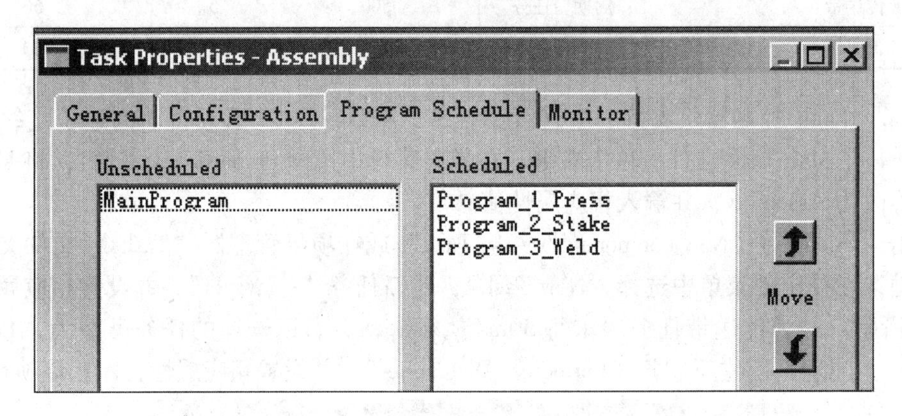

图 2-53　规划程序

为“Assembly”（装配线）任务的“Program _ 1 _ Press”程序创建例程。右键单击“Program _ 1 _ Press”程序，在弹出菜单中选择“New Routine…”（新建），在弹出的对话框中输入名称“Routine _ Dispatch”（调度例程），类型为“Ladder Diagram”（梯形图），范围在“Program _ 1 _ Press”程序中，如图 2-54 所示。该例程用于调度程序中的其他子例程。

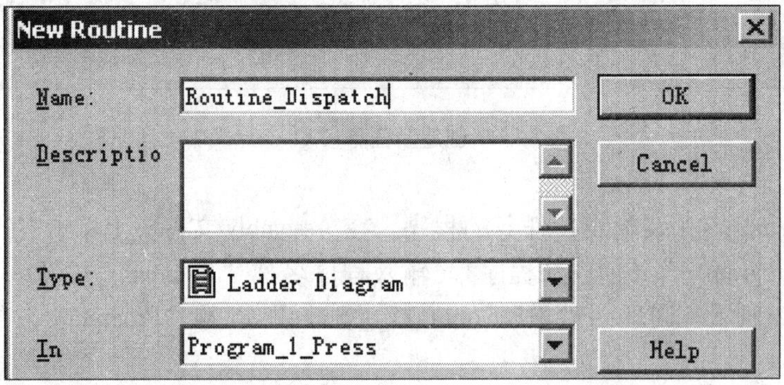

New Routine
Name: Routine_Dispatch
Descriptio
Type: Ladder Diagram
In Program_1_Press
OK
Cancel
Help

图 2-54　创建例程

同理，创建“Station _ 1 _ Press”（冲压）例程，类型为“Ladder Diagram”（梯形图），范围在“Program _ 1 _ Press”程序中。该例程用于控制冲压工序的时间。

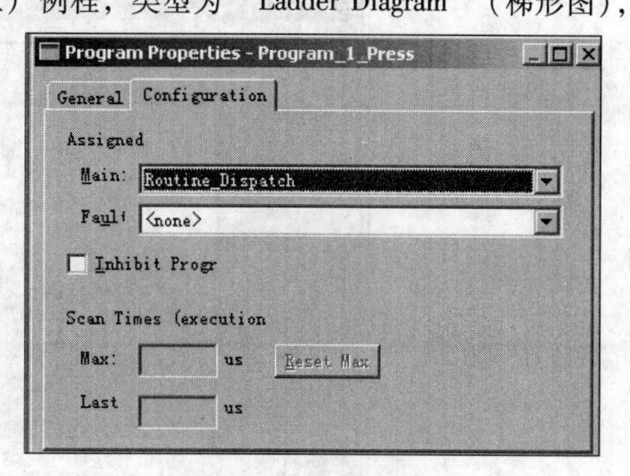

图 2-55　指定主例程

为“Assembly”（装配线）任务中的“Program _ 1 _ Press”程序指定主例程。右键单击“Program _ 1 _ Press”程序，在弹出的菜单中选择“Properties”（属性）。在弹出的对话框中选择“Configuration”（组态）选项卡，选择“Assigned Main”（指定主例程）为“Routine _ Dispatch”（调度程序），如图 2-55 所示。

按照相同的步骤，可自行为“Program _ 2 _ Stake”、“Program _ 3 _ Weld”程序创建相应的例程并设置主例程。

对于“Conveyor”和“Periodic _ Dispatcher”任务，如图 2-56 所示，执行如下操作：

1）创建所需程序；

2）创建所需例程并指定主例程。

单击“File”→“Save”，保存该项目。至此，该项目所有任务、程序和例程创建完毕。

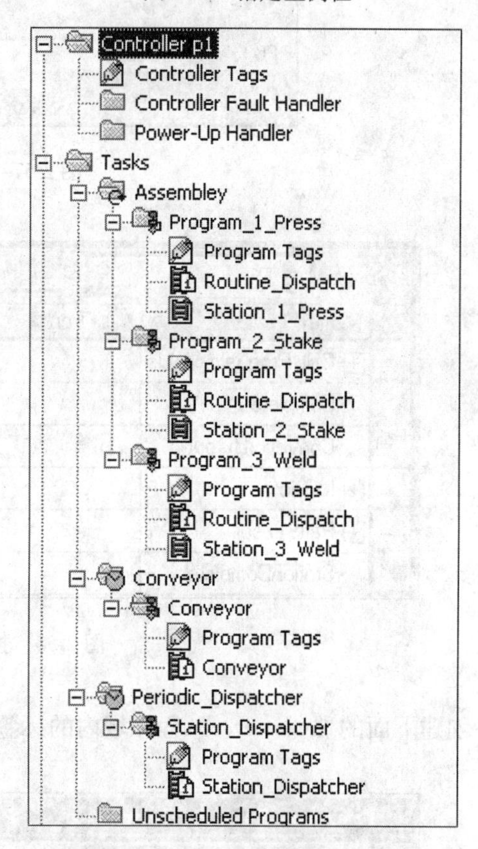

图 2-56　新建任务、程序和例程

2.5.3　创建数据文件

CompactLogix 控制器除了支持传统的标签变量外，还支持数组和自定义结构体。Logix 平台控制器的特点是无需手动进行 I/O 映射，根据模块属性，自动创建、命名标签，并且支持结构体和数组。另外，控制器域和程序域标签的分类提高了代码重用性。

右键单击“Controller Tags”（控制器标签），在弹出的菜单中选择“New Tag …”（新建标签）。“Tag Name”（标签名）类似于其他编程语言中的变量，即它们均用于存储数值。在对话框中输入名称为 Call _ Program _ Value、数据类型为 INT、标签类型为 Base（基本型）、范围为 P1（Controller）、显示类型为 Decimal（十进制），如图 2-57 所示。

按照上述步骤逐个创建以下控制器域标签，如图 2-58 所示，这些标签将在下面的实验中用到。

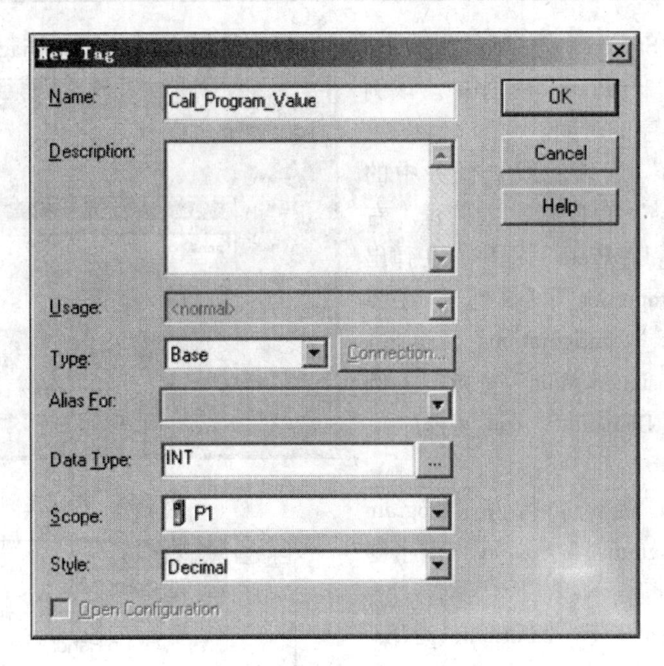

图 2-57　新建标签

Scope: P1　Show...　Show All

Name	Alias For	Base Tag	Data Type	Style
+-Call_Proguam_Value			DINT	Decimal
Complete			BOOL	Decimal
ConveyorOutput			BOOL	Decimal
+-InCyle			DINT	Decimal
+-PartSensor			DINT	Decimal
StationComplete			BOOL	Decimal

图 2-58　控制器域标签

创建下面的“Conveyor”程序域内的标签，如图 2-59 所示。

Program Tags - Conveyor

Scope: Conveyor　Show...　Show All

Name	Alias For	Base Tag	Data Type	Style
+-Conveyor_Timer			TIMER	
Part_Sensor_Fault			BOOL	Decimal
Part_Sensor_Fault_Indicator			BOOL	Decimal

图 2-59　“Conveyor”程序域内的标签

创建下面的“Station _ Dispatcher”（站调度）程序域内的标签，如图 2-60 所示。

Program Tags - Station_Dispatcher

Scope: Station_Dispatch　Show...　Show All

Name	Alias For	Base Tag	Data Type	Style
PartSensorOneShot			BOOL	Decimal

图 2-60　“Station _ Dispatcher”程序域内的标签

将“Program _ 1 _ Press”程序域的标签复制并粘贴到“Program _ 2 _ Stake”和“Program _ 3 _ Weld”程序域内，无需重建标签，可提高代码重用性。在此可以注意到，在 CompactLogix 控制器中，不同程序域内的标签名称是可以相同的。

创建用户自定义数据类型。在控制器 P1 中为每个压缩机生成一个产品编号（Product ID），每个产品编号由零件编号（Part ID）、序列号（Serial No）和目录号（Catalog No）三部分构成。使用用户自定义数据结构可以更方便地管理这种数据类型的标签。如图 2-61 所示，用鼠标右键单击“Data Types”文件夹下的“User-Defined”（用户自定义），在弹出的菜单中选择“New Data Type…”（新建数据类型）。

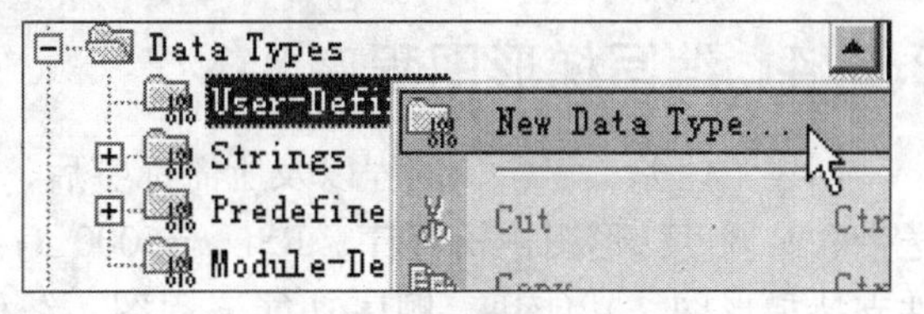

图 2-61　新建用户自定义数据类型

在弹出的画面中输入自定义数据类型的“Name”（名称）和“Members”（成员），如图 2-62 所示。此时，创建了一个自定义的数据类型，如果需要在例程中使用它，则必须创建相应的标签。

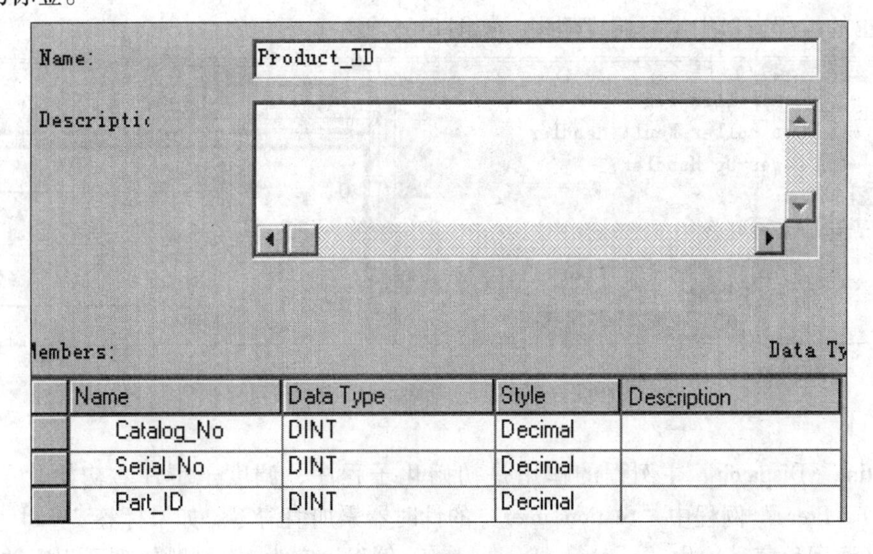

Name	Data Type	Style	Description
Catalog_No	DINT	Decimal	
Serial_No	DINT	Decimal	
Part_ID	DINT	Decimal	

图 2-62　自定义数据类型中名称和成员

在“Controller Scope”（控制器域）内创建数据类型为“Product _ ID”的标签“Station _ Data”，如图 2-63 所示。

Scope: P1 Show... Show All

Name	Alias For	Base Tag	Data Type	Style
⊞-Call_Proguam_Value			DINT	Decimal
⊟-Station_Data			Procuct_ID	
⊞-Station_Data.Calalog_No			DINT	Decimal
⊞-Station_Data.Serial_No			DINT	Decimal
⊞-Station_Data.Part_ID			DINT	Decimal

图 2-63　创建数据类型为“Product _ ID”的标签

至此，便完成了标签、结构体和数组的创建。

2.5.4　编写梯形图程序

创建了任务、程序、例程以及所需标签后，需要编写工作站（冲压、卷边和焊接）、传送带和站调度梯形图逻辑程序。RSLogix5000 编程软件支持梯形图、功能块、顺序功能流程图、结构化文本等编程语言，可以根据自己的需求灵活选择编程语言。对于本例，选择梯形图编程语言。

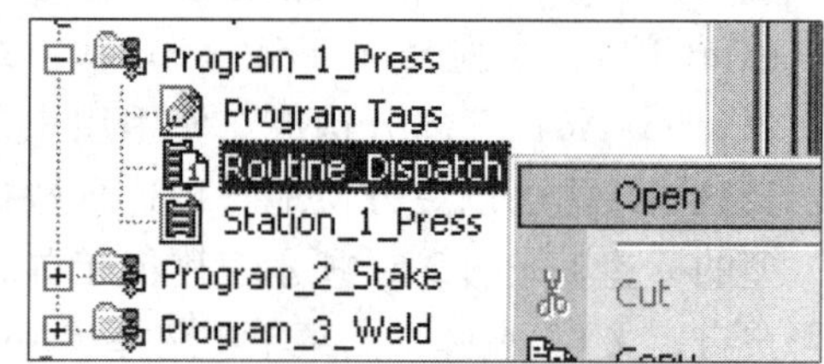

图 2-64　打开“Routine _ Dispatch”例程

输入梯形图逻辑。用鼠标右键单击“Assembly”→“Program _ 1 _ Press”→“Routine _ Dispatch”，从弹出的菜单中选择“Open”（打开），如图 2-64 所示。

在弹出的编程窗口中编写调度例程，如图 2-65 所示。

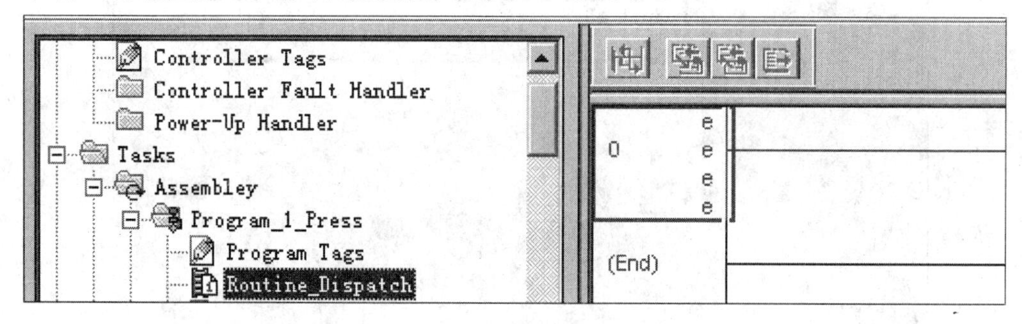

图 2-65　“Routine _ Dispatch”编程窗口

“Routine _ Dispatch”主例程的作用是初始化子程序、调度子程序。初始化子程序将“Station _ 1 _ Press”例程中“StationTimer”的计时器累加值清零。如果标签“Call _ Program _ Value”（调用程序号）由“Station _ Dispatcher”例程设定为 1，则跳转到子程序“Station _ 1 _ Press”中。

首先，输入一个“EQU”（相等）指令［属于 Compare（比较）类］。单击“EQU”按钮，它便出现在梯级的相应位置，如图 2-66 所示。

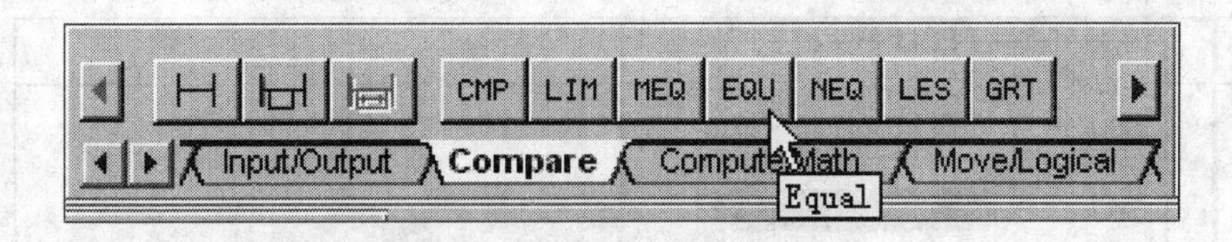

图2-66　“EQU”指令的位置

注意：也可以将指令拖到梯级上，或者双击“e”标记，然后在弹出的窗口中输入“EQU”，或者按下“Insert”键，输入“EQU”。

无论采用哪种方法，都能够将“EQU”指令插入梯级，如图2-67所示。

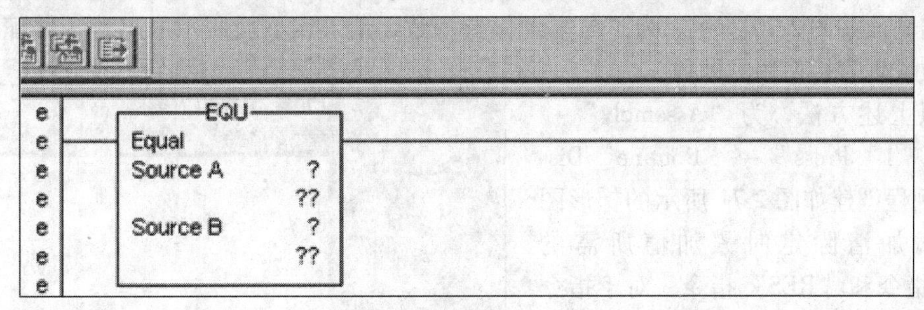

图2-67　输入“EQU”指令

现在需要在“EQU”指令的“Source A”和“Source B”处输入正确的标签地址。所有需要用到的标签在这之前都已经创建好了，这时仅需双击问号，然后单击向下箭头，选择标签，如图2-68所示。

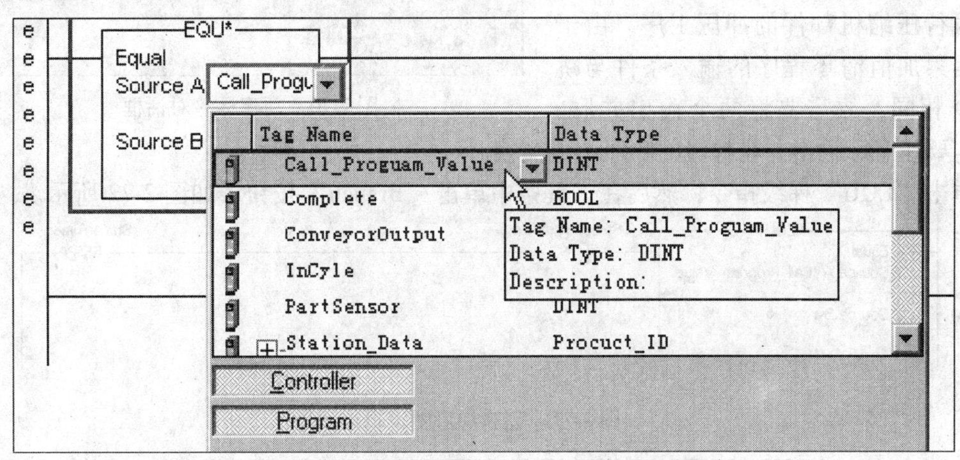

图2-68　设置“Source A”参数

可以在Controller和Program之间切换画面，以选择相应域中的标签。

需要注意的是，如果一个标签被定义在“Program”域中，那么只有属于这个“Program”域的“Routine”才可以对此变量进行读/写操作。

双击“Source B”，直接输入立即数1。如果不采用立即数方式，而采用标签的方式，那么可以用鼠标右键单击“Source B”的问号，如图2-69所示。

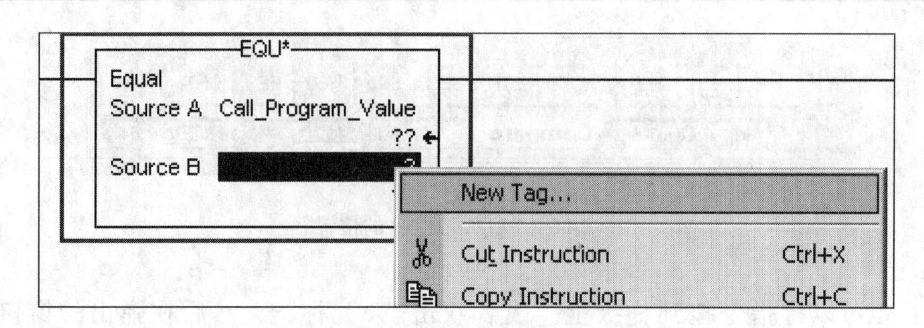

图 2-69 设置“Source B”参数

弹出画面如图 2-70 所示。为了与本例保持一致，请采用下面所示的名称，并配置成相应属性。或者直接使用立即数 1。

按照上述方法，为“Assembly”→“Program _ 1 _ Press”→“Routine _ Dispatch”例程创建如图 2-71 所示的梯形图逻辑，添加清除定时累加值所需的“ONS”指令和“RES”指令。对于指令的具体用法，请参照指令帮助。

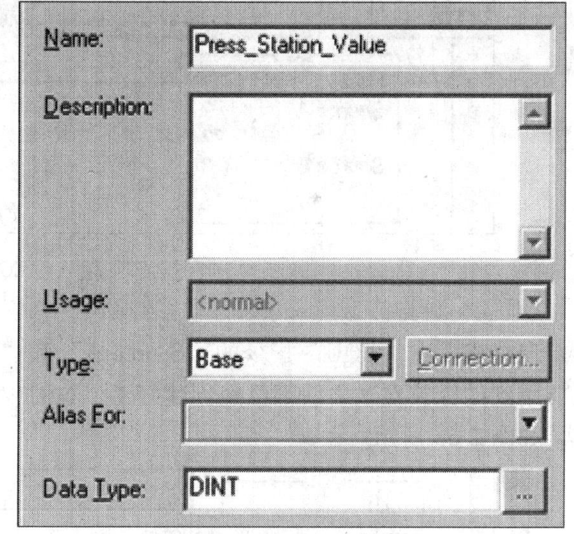

图 2-70 新建标签对话框

创建梯形图分支。在“Routine _ Dispatch”例程中，对“Station _ 1 _ Press”例程中的定时器累加值清零后，梯级需要跳转到“Station _ 1 _ Press”，开始执行压缩机部件的冲压工序。由于计时器累加值清零程序的输入条件与跳转指令相同，故需要将两个输出并联。但一定要注意，输出并联梯级的顺序不能交换。

单击“EQU”梯级指令，然后在工具条中单击“Branch”按钮，如图 2-72 所示。

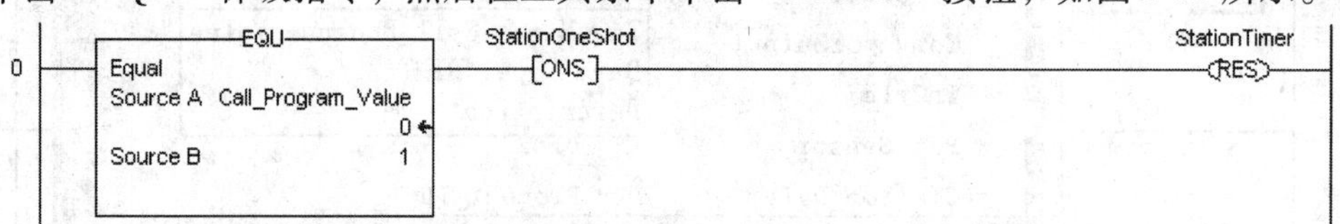

图 2-71 创建梯形图逻辑

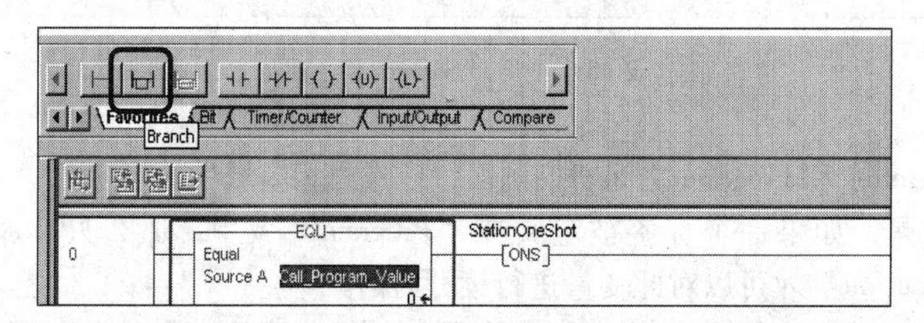

图 2-72 选择分支

然后，添加跳转到子例程“JSR”指令。最终，创建完成的“Assembly”→“Program _ 1 _ Press”→“Routine _ Dispatch”例程，如图 2-73 所示。

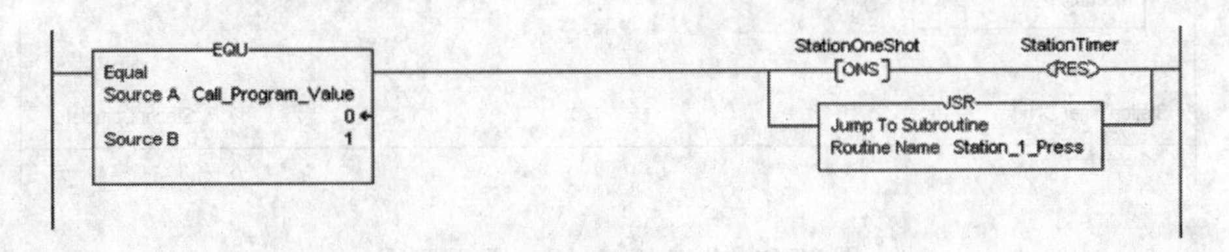

图 2-73　创建完成的“Routine _ Dispatch”例程

将“Assembly”→“Program _ 1 _ Press”→“Routine _ Dispatch”中的梯形图逻辑复制到“Assembly”→“Program _ 2 _ Stake”→“Routine _ Dispatch”。

将该梯形图逻辑粘贴到“Assembly”→“Program _ 2 Stake”→“Routine _ Dispatch”例程后，修改以下参数，如图 2-74 所示。

图 2-74　参数修改（一）

1）将“EQU”指令中的“Source B”参数改为 2；

2）将“JSR”指令中的“Routine Name”参数改为“Station _ 2 _ Stake”。

将“Assembly”→“Program _ 1 _ Press”→“Routine _ Dispatch”例程中的梯形图逻辑复制到“Assembly”→“Program _ 3 _ Weld”→“Routine _ Dispatch”中，修改以下参数，如图 2-75 所示。

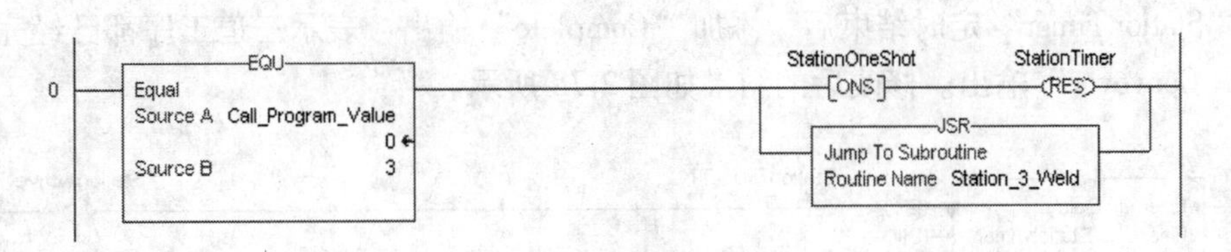

图 2-75　参数修改（二）

1）将“EQU”指令中的“Source B”参数改为 3；

2）将“JSR”指令中的“Routine Name”参数改为“Station _ 3 _ Weld”。

校验单击工具条上的校验按钮，校验每个例程，出现错误提示后改正错误。

在“Assembly”→“Program _ 1 _ Press”→“Station _ 1 _ Press”中输入梯形图逻辑，如图 2-76 所示。

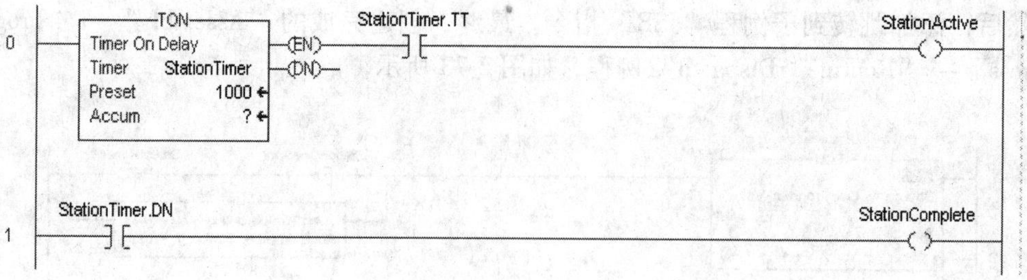

TON
Timer On Delay
Timer StationTimer
Preset 1000
Accum ?
(EN)
(DN)
StationTimer.TT
StationActive
StationTimer.DN
StationComplete

图 2-76 “Station _ 1 _ Press” 梯形图

可以将“Assembly”→“Program _ 1 _ Press”→“Station _ 1 _ Press”例程的梯形图逻辑直接复制到“Assembly”→“Program _ 2 _ Stake”→“Station _ 2 _ Stake”例程，之后修改如下参数：

将 StationTimer 的 Preset（预设值）改为 2000。

注意：选择多行梯级可以按下“Shift”（上档）键，依次单击想要选择的梯级即可。修改后的结果如图 2-77 所示。

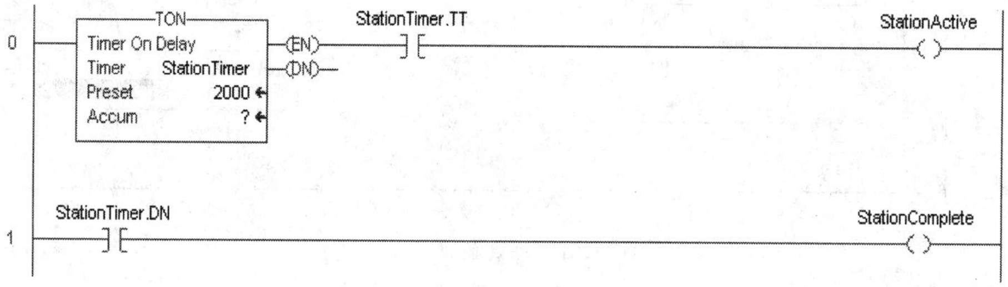

TON
Timer On Delay
Timer StationTimer
Preset 2000
Accum ?
(EN)
(DN)
StationTimer.TT
StationActive
StationTimer.DN
StationComplete

图 2-77 参数修改（三）

可以将“Assembly”→“Program _ 1 _ Press”→“Station _ 1 _ Press”例程的梯形图逻辑直接复制到“Assembly”→“Program _ 3 _ Weld”→“ Station _ 3 _ Weld”例程，之后修改如下参数：

1）将“StationTimer”的“Preset”（预设值）改为 3000；

2）“StationTimer”定时结束后，添加“Complete”输出，表示三道工序都已经完成，用于控制“Conveyor”输出。修改后的结果如图 2-78 所示。

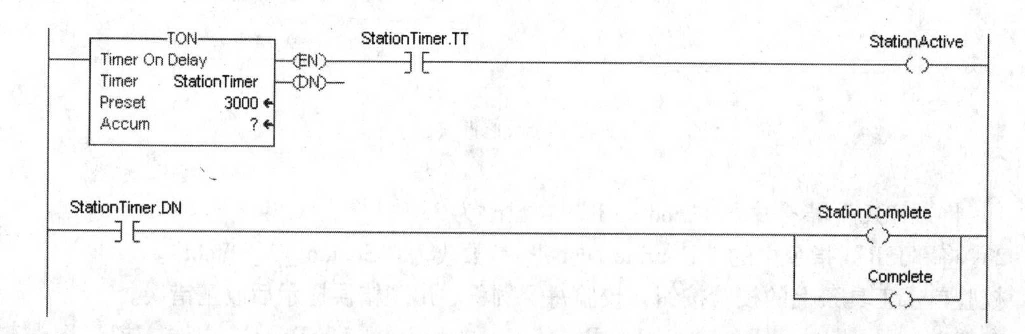

图 2-78 参数修改（四）

至此，三个工作站的程序已经完成了。实际上在创建过程中，仅仅只有程序“Program _ 1 _ Press”是自己创建的，其他两个程序都是对第一个程序的复制 + 粘贴以及一些简单的修改。可以先将程序“Program _ 1 _ Press”的标签、例程创建完成后，再复制、粘贴、修改以及校验。

接下来编写“Conveyor”例程的梯形图逻辑。双击“Conveyor”→“Conveyor”→“Conveyor”例程，编写梯形图逻辑，如图 2-79 所示。

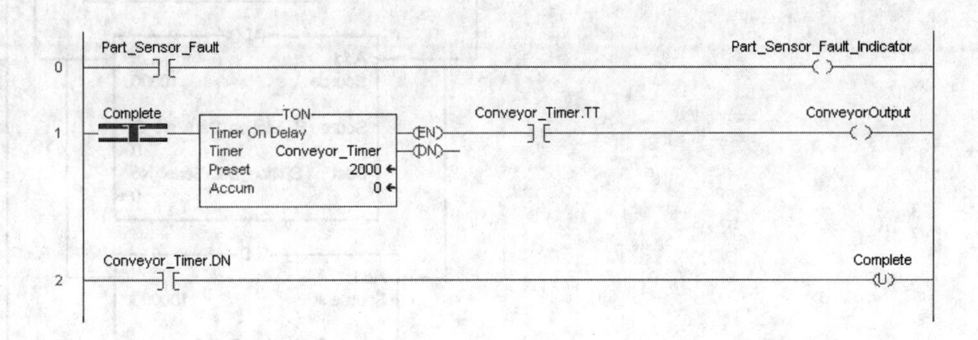

图 2-79　“Conveyor”例程中的梯形图

第 0 行梯级用于对光眼故障的报警，第 1、2 行梯级用于控制传送带的输出。

继续编写工作站调度例程。双击“Periodic _ Dispatcher”→“Station _ Dispatcher”→“Station _ Dispatcher”例程，编写梯形图逻辑，如图 2-80 所示。

其中，梯级 0 用于生成压缩机产品编号。梯级 1 用于判断三道工序是否正在工作。梯级 3、4 用于调度工作站。

使用例程和项目校验工具时只能查出程序中出现的语法错误，不能查出程序中的逻辑错误，现场条件往往不允许直接连接 I/O 模块进行调试。通过趋势图可以观察时序，进而可以分析程序逻辑关系是否正确。

2.5.5　趋势图

单击资源管理器中的“Trends”（趋势图）文件夹，用鼠标右键单击它并从弹出的菜单中选择“New Trend…”（创建新趋势图）选项，如图 2-81 所示。

从弹出的对话框中命名新趋势图为“Compressor”，单击“OK”按钮，如图 2-82 所示。

弹出“New Trend-Add/Configure Tags”（添加/组态标签）对话框，从“Scope”（作用域）中选择“Controller”（控制器）或其他程序，然后从“Available Tags”（可用标签）中选择标签，单击“Add”（添加）按钮，如图 2-83 所示。

弹出趋势图画面，在画面中单击鼠标右键，从弹出的菜单中选择“Chart Properties”（图表属性），如图 2-84 所示。先选择“Display”（显示）选项卡，将“Background color”（背景色）改为白色。

选择“X-Axis”（X 轴）时间轴选项卡，设置相应参数，如图 2-85 所示。

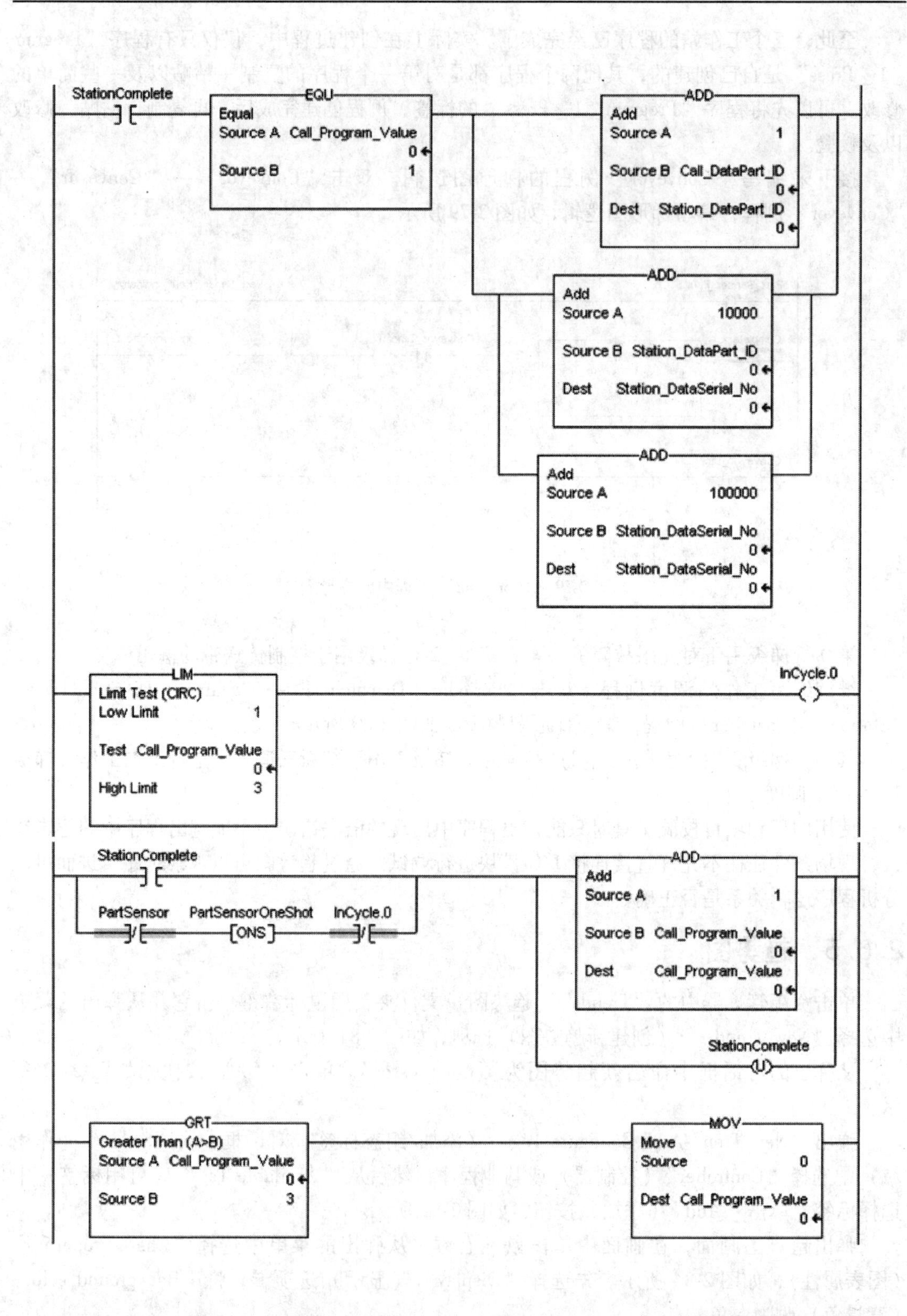

图 2-80 “Station _ Dispatcher” 例程的梯形图

图 2-81　新建趋势图

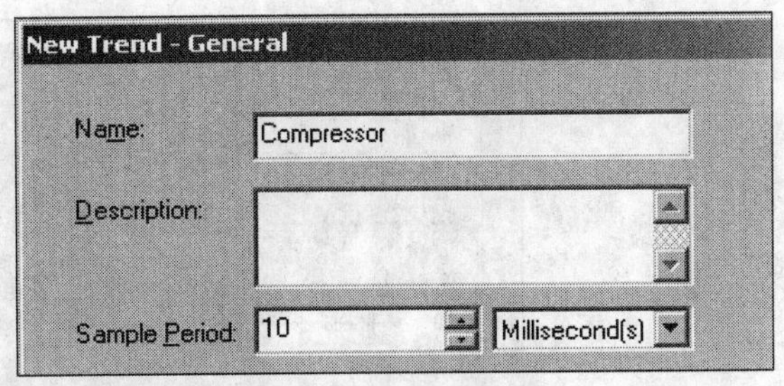

图 2-82　趋势图命名

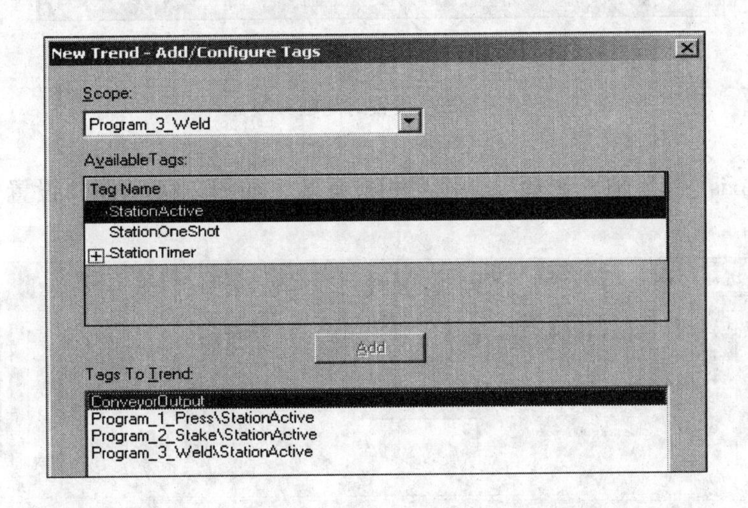

图 2-83　添加/组态标签对话框

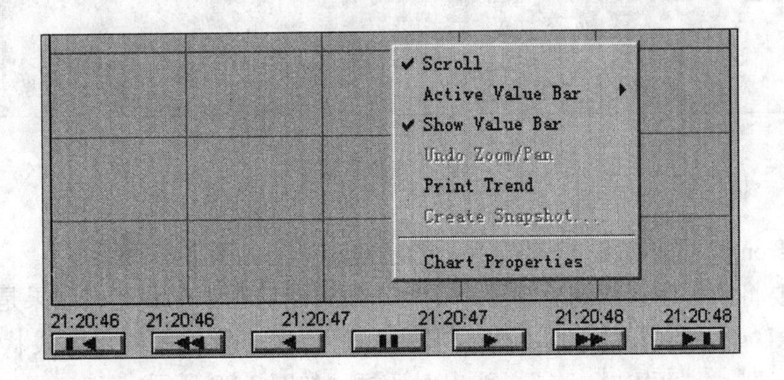

图 2-84　设置图表属性

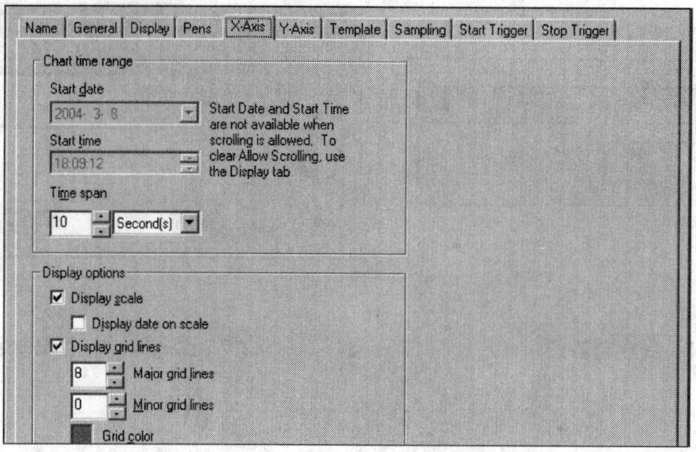

图 2-85　设置时间轴参数

选择“Y-Axis”（Y 轴）选项卡，设置相应参数，如图 2-86 所示。设置完成后，单击“OK”按钮。

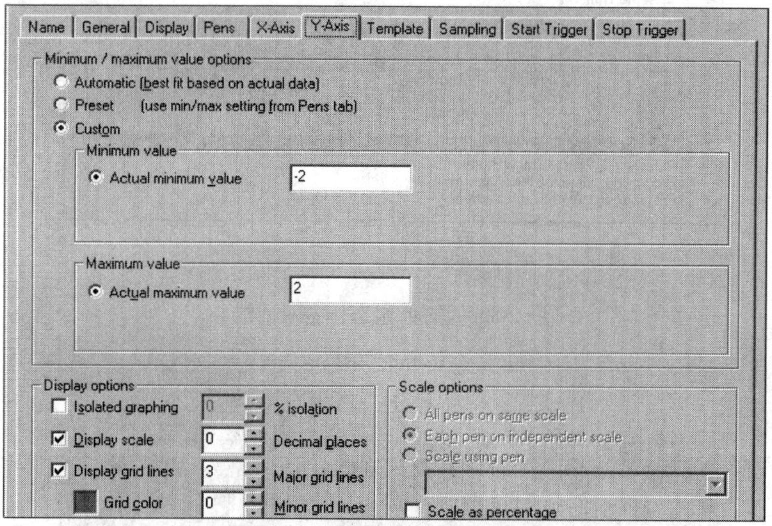

图 2-86　设置 Y 轴参数

设定完“Trends”（趋势图）参数后，创建的趋势图如图 2-87 所示。

接下来，要将该程序下载到控制器中运行，通过趋势图观察其运行结果是否正确。下载前确认 CompactLogix 控制器的钥匙处于“Remote”位置，且程序处于离线状态。单击菜单“Communications”→“Who Active”，弹出对话框，如图 2-88 所示。

选择“1769-L35E”控制器，单击“Download”（下载）按钮，将该程序下载到控制器中。如果控制器正处于“Remote Run”（远程运行）状态，将弹出警告，如图 2-89 所示。

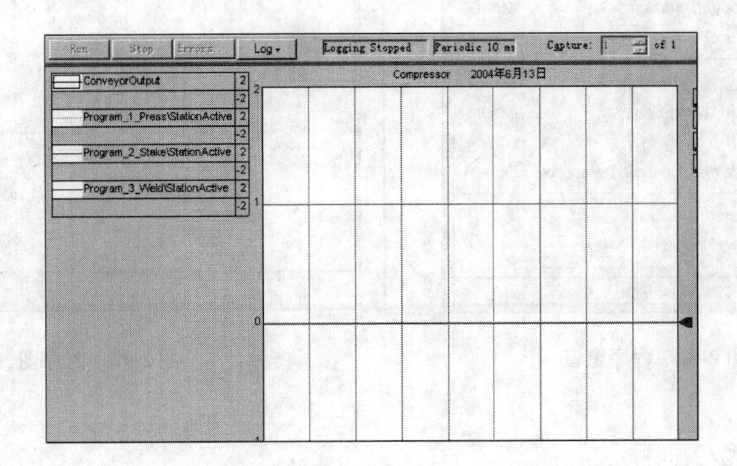

图 2-87　创建的趋势图

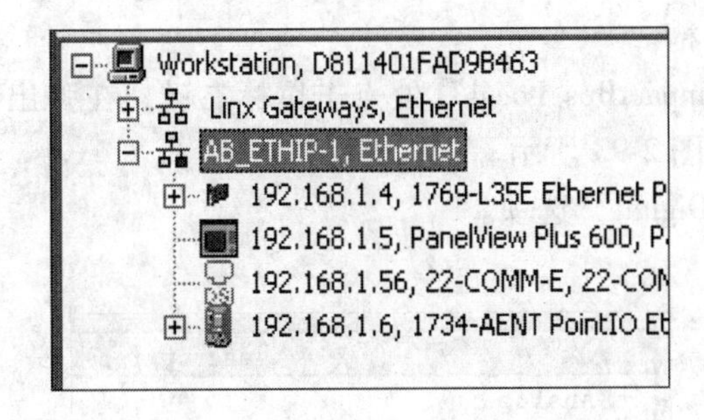

图 2-88　浏览控制器

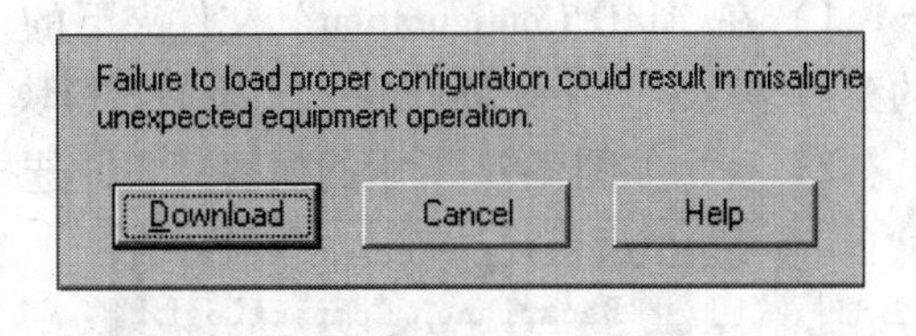

图 2-89　警告对话框

单击“Download”（下载）按钮，出现下载进程，如图 2-90 所示。

程序下载后，将控制器打到运行状态，它可以通过扭动控制器上的钥匙实现，也可以用鼠标左键单击“Online”（在线）工具栏，从弹出的菜单中选择“Run Mode”（运行模式）。

改变控制器运行模式后，首先双击已创建的“Compressor”趋势图，弹出趋势图画面，并单击“Run”（运行）按钮，开始实时绘制曲线。

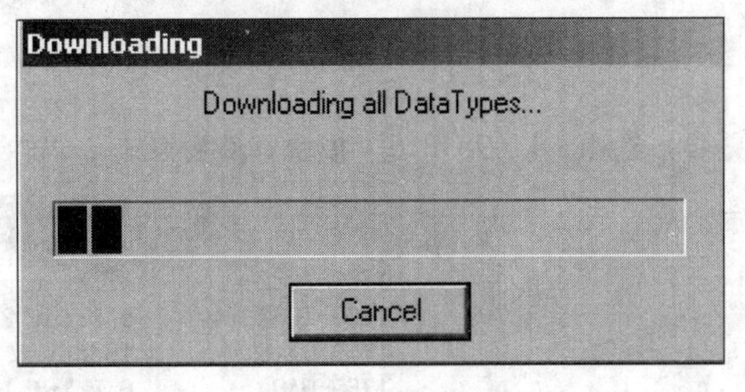

图 2-90　下载进程

接下来通过手动触发“PartSensor”标签，使模拟的生产线运行起来。双击“Station_Dispatcher”（站调度）例程，弹出程序窗口，触发梯级 2 中的“PartSensor”标签，如图 2-91 所示。

双击“Trends”→“Compress”，切换到趋势图，并观察到时序图，如图 2-92 所示。

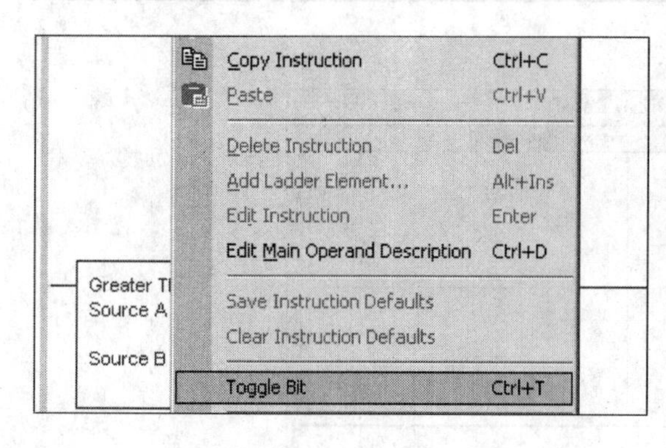

图 2-91 程序窗口

图 2-92 时序图

2.6 I/O 模块组态

本节以组态 1769-OB16 模块为例介绍如何通过 RSLogix5000 软件组态本地 CompactLogix 模块，16 点数字量输出模块 1769-OB16 位于第 1 槽。

1）在“I/O Configuration”文件夹下的“CompactBus Local”处点击鼠标右键，在弹出的菜单中点击“New Module…”添加新模块，如图 2-93 所示。

2）弹出如图 2-94 所示的模块列表，选择“Digital”选项。

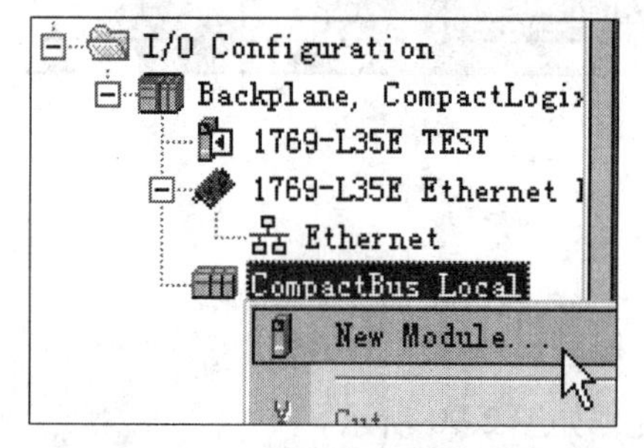

图 2-93 添加模块

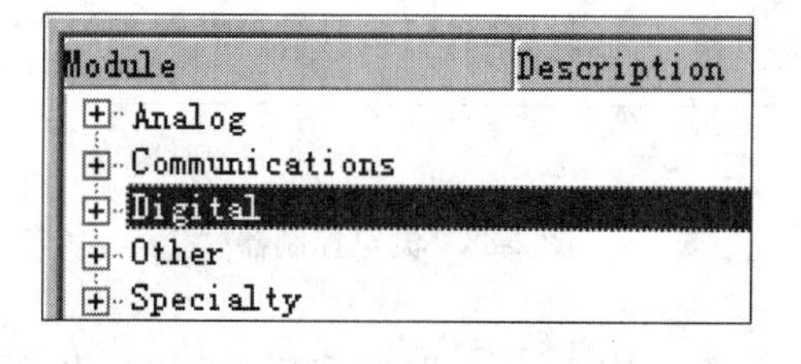

图 2-94 模块列表

3）选择“1769-OB16”模块，然后点击“OK”按钮，如图 2-95 所示。

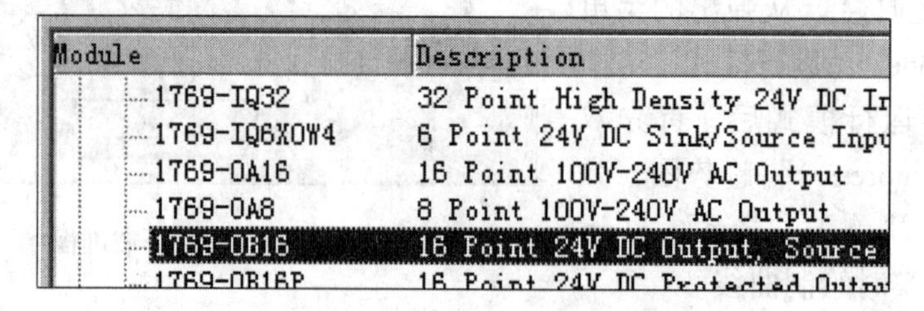

图 2-95 添加“1769-OB16”模块

4）弹出如图 2-96 所示的模块组态对话框。在“Name”栏中输入模块名，并选择模块所处的槽号。

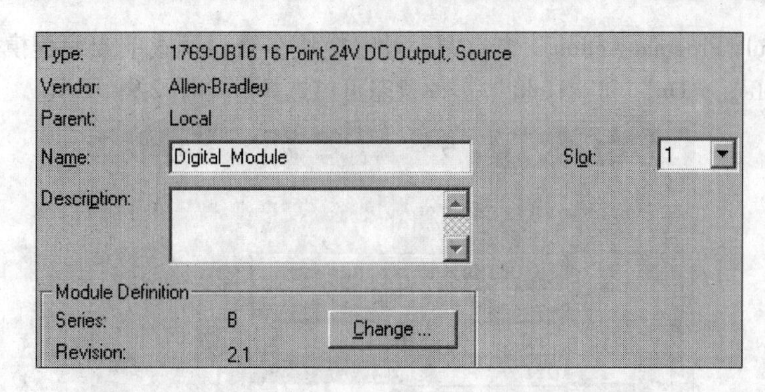

图 2-96 模块常规组态对话框

5）在“Module Definition”框中，点击“Change…”按钮，出现如图 2-97 所示的对话框。在此窗口中，主要是对模块的硬件版本号和电子锁进行配置。

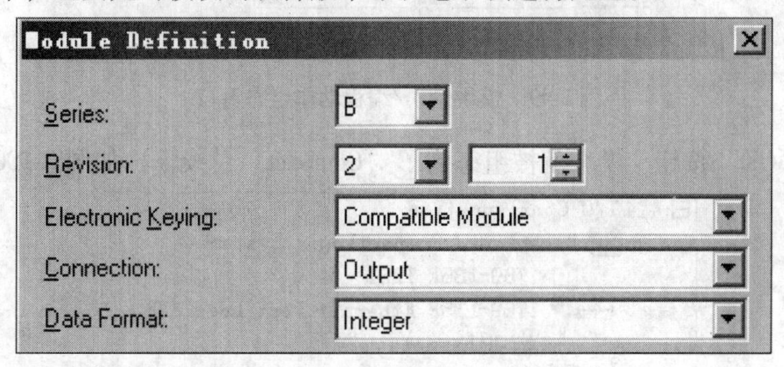

图 2-97 模块定义对话框

其中，有关电子锁选项中的信息见表 2-9。

表 2-9 电子锁对照表

关于电子钥匙的格式	模块必须匹配
Exact Match（精确匹配）	所有信息（例如类型、主要和次要版本号）版本号必须精确匹配
Compatible Keying（兼容模块）	次要版本号外的所有信息（如类型和主要版本号）版本号必须匹配或者比该选项高的版本号也可以
Disable Keying（禁止电子钥匙）	最少的信息（例如仅要求类型即可）

6）接下来点击“Connection”选项卡，在这里设置 RPI（请求数据包间隔时间）以及是否禁止模块还有模块的故障信息显示，如图 2-98 所示。

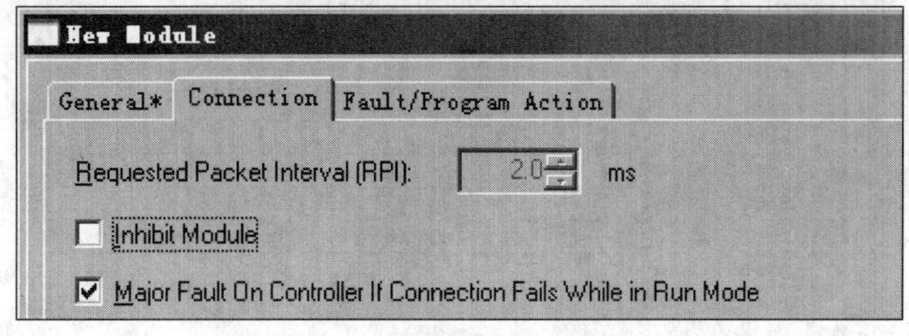

图 2-98 模块连接组态窗口

7）在“Fault/Program Action”窗口中，设置模块在错误模式下或编程模式下各点的输出状态，有“Off”、“On”和“Hold”三种状态可供选择，如图 2-99 所示。

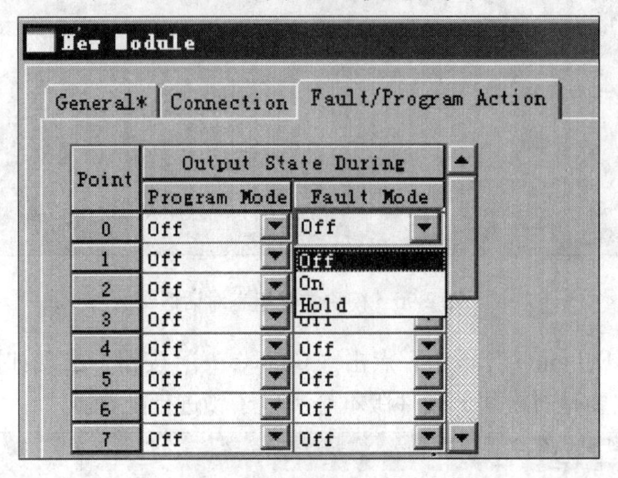

图 2-99　模块错误/编程动作组态窗口

8）点击“OK”按钮，模块就被组态到了“Compact”总线下，如图 2-100 所示。

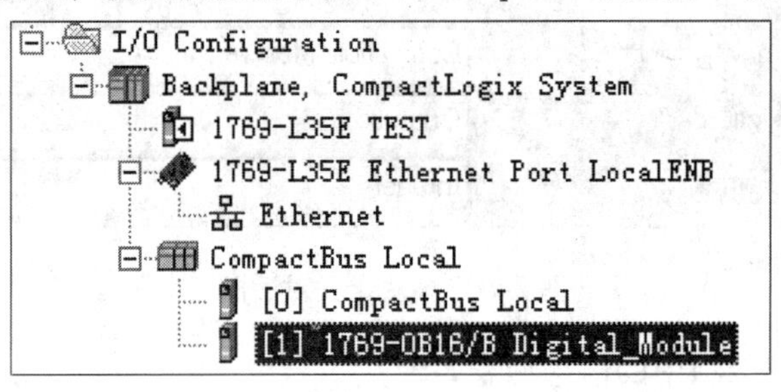

图 2-100　完成组态的“1769-OB16”模块

9）双击“Controller Tags”选项，即可看到自动生成的“1769-OB16”模块的标签结构体，如图 2-101 所示。

Controller Tags - TEST(controller)

Scope: TEST　Show...　Show All

Name	Alias For	Base Tag	Data Type	Style	Description
⊟-Local:1:O			AB:1769_DO...		
⊞-Local:1:O.Data			INT	Binary	
⊟-Local:1:I			AB:1769_DO...		
⊞-Local:1:I.Fault			DINT	Binary	
⊞-Local:1:I.ReadBack			INT	Binary	
⊟-Local:1:C			AB:1769_DO...		
⊞-Local:1:C.Config			INT	Binary	
Local:1:C.ProgToF...			BOOL	Decimal	
⊞-Local:1:C.ProgMode			INT	Binary	
⊞-Local:1:C.ProgValue			INT	Binary	
⊞-Local:1:C.FaultMode			INT	Binary	
⊞-Local:1:C.FaultValue			INT	Binary	

图 2-101　“1769-OB16”标签结构体

标签的组成如图 2-102 所示。

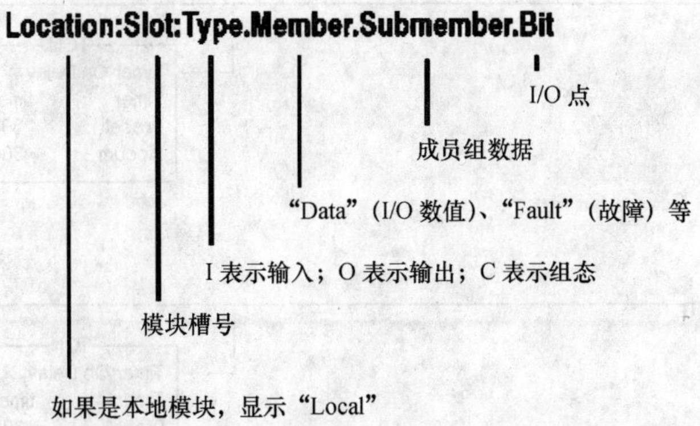

图 2-102　模块标签每一位的含义

2.7　RSLogix5000 辅助功能

2.7.1　在线编辑

在进行工程调试的时候，在线修改与编程用到得很频繁，它在不中断处理器运行的情况下即可完成程序的修改与编写。下面分别介绍在线修改与在线编程。

1. 在线修改

一段程序正在控制器中运行，如图 2-103 所示。

图 2-103　待修改的程序

要进行在线修改，先在梯级的左侧双击，会自动生成一条同样的程序，只不过梯级前面的标识不同，如图 2-104 所示。

要进行修改时，对在前面有"i"标识的梯级进行修改。本示例中，在"TON"指令前面加入一个动断触点，使用该定时器实现循环计时。在添加指令时，梯级前面的标识会自动变为"e"，这表示编辑梯级有错误，如图 2-105 所示。

然后点击图 2-105 中的对勾标识，开始检查梯级，并接受修改的程序，从而弹出确认对话框，如图 2-106 所示。

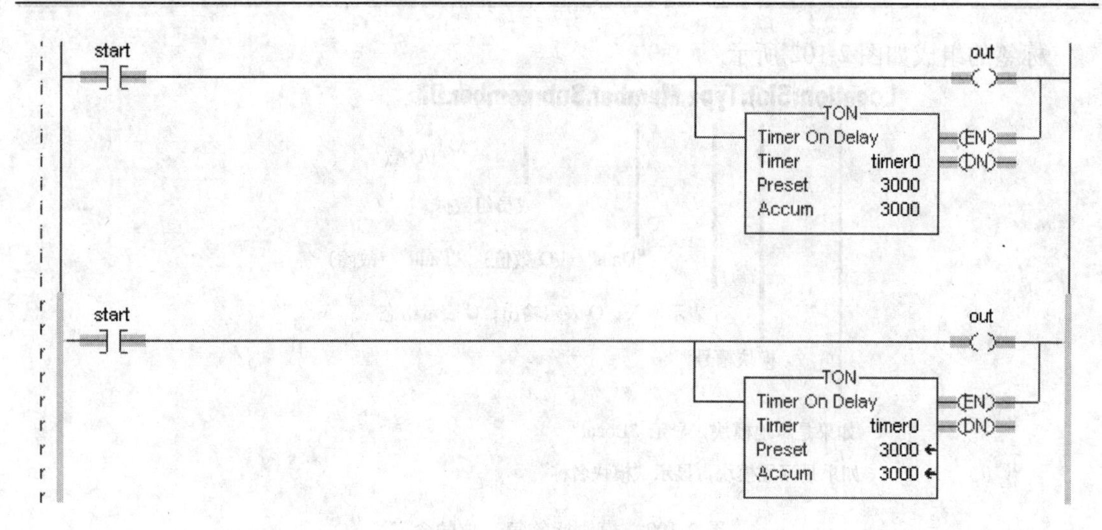

图 2-104　生成同样的梯级

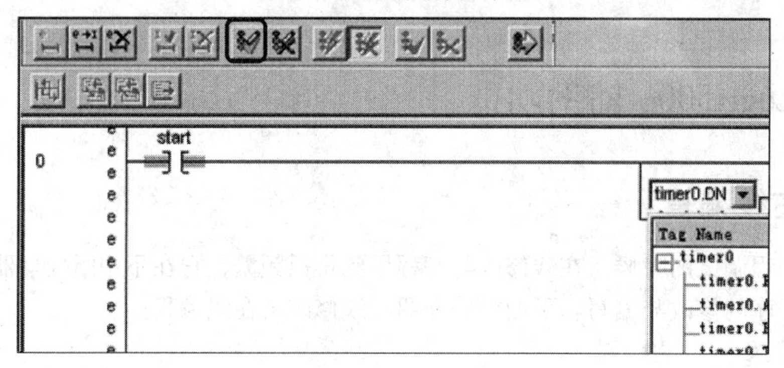

图 2-105　在线添加指令

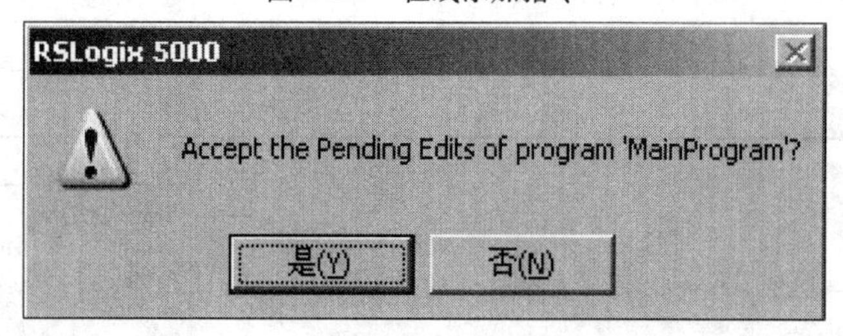

图 2-106　确认接受修改

然后再点击应用按钮，如图 2-107 所示。

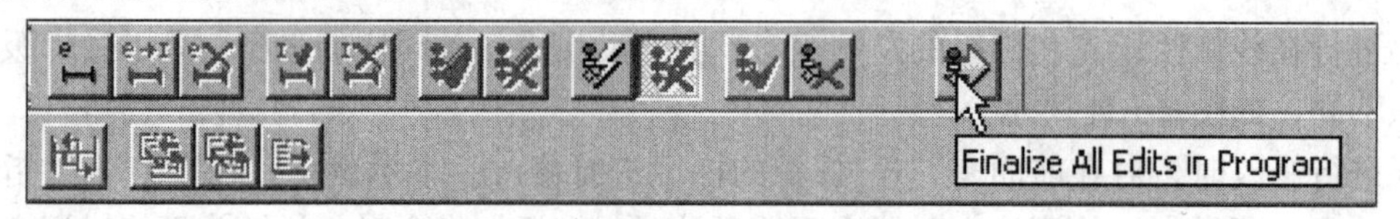

图 2-107　应用修改

这时会弹出如下的信息框，确认无误后点击“Yes”按钮，如图 2-108 所示。这样就完成了在线修改功能。

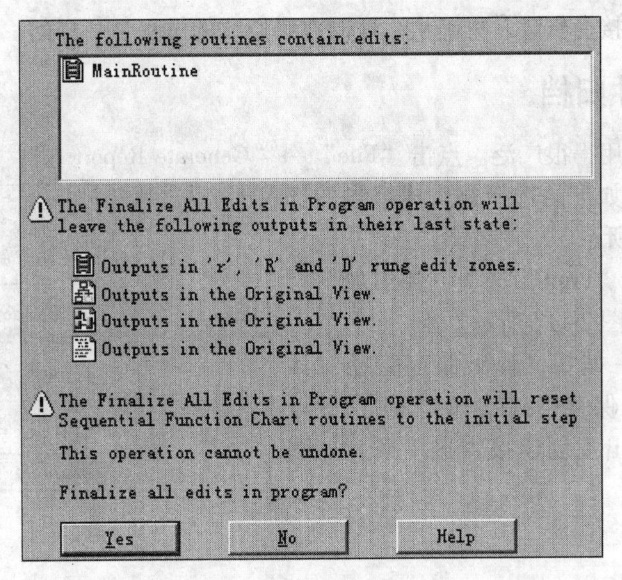

图 2-108 在线修改信息框

2. 在线编程

在待添加程序的梯级处双击，会自动生成一条梯级，如图 2-109 所示。

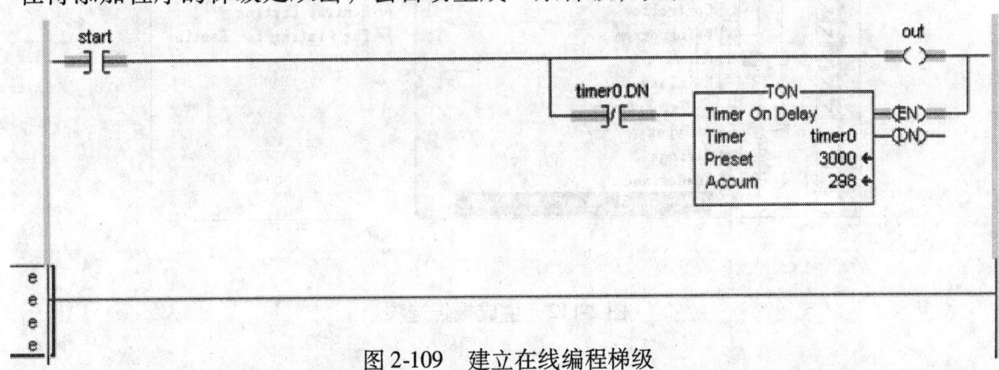

图 2-109 建立在线编程梯级

添入如下指令，再创建好标签，如图 2-110 所示。

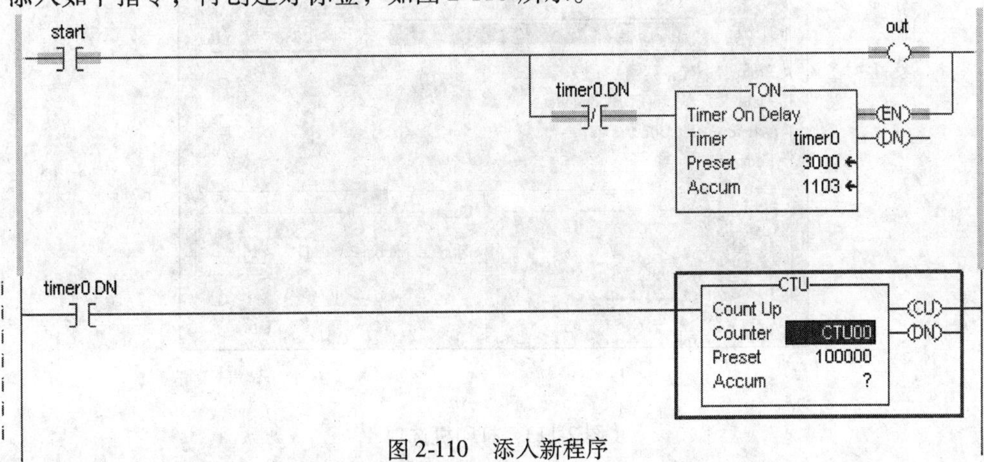

图 2-110 添入新程序

然后检查，接受修改，再确认。这同在线修改的过程是一样的。

2.7.2　文件归档

该项功能使用得很广泛。点击“File” → “Generate Report…”，如图 2-111 所示。

这时会弹出如下的选择要生成报告的部分，如图 2-112 所示。

点击右侧的“Print”选项，弹出如下打印机对话框，如图 2-113 所示。

点击“OK”按钮，弹出保存路径对话框，命名并选择保存格式（如 .PDF）后点击“保存”，会出现创建报告进度条，如图 2-114 所示。

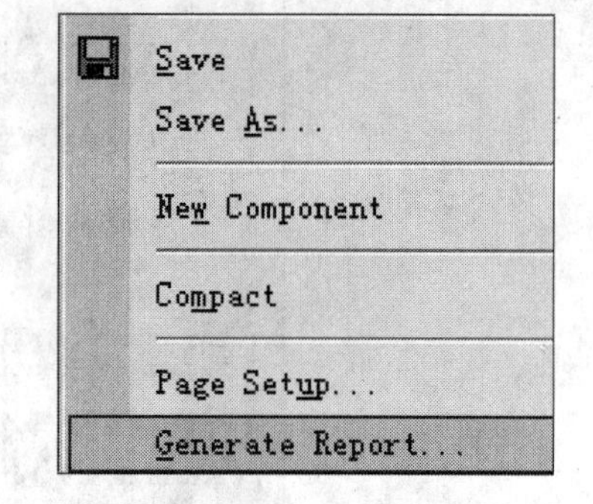

图 2-111　生成报告

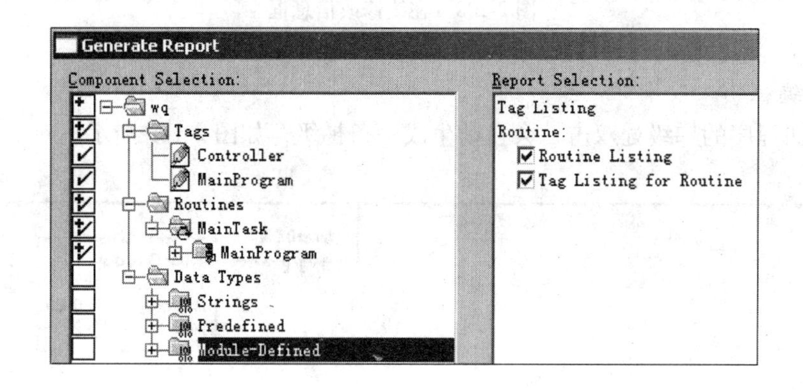

图 2-112　生成报告选项

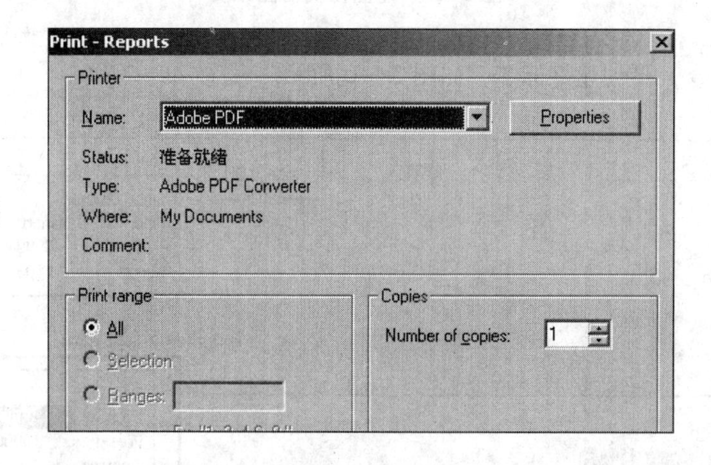

图 2-113　打印机选项

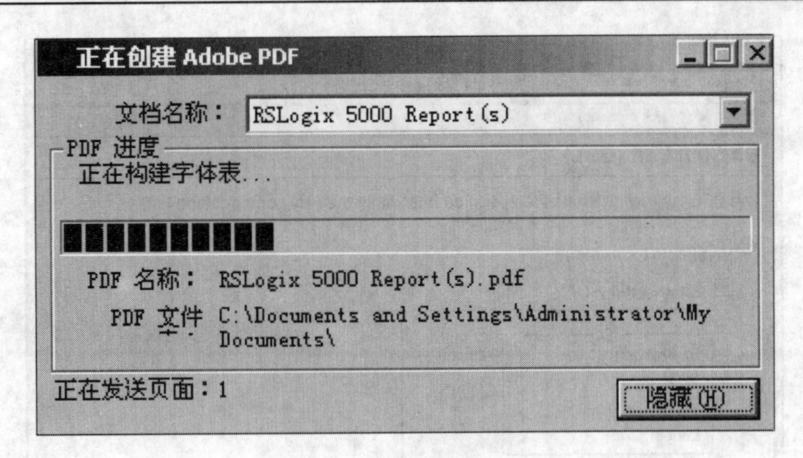

图 2-114　创建报告进度条

2.7.3　帮助功能

1. 指令帮助功能

如图 2-115 所示，在“Help”菜单下点击“Instruction Help”选项。

启动该项功能后，会弹出如图 2-116 所示的对话框，例如想要了解 BSL 指令的用法，则点击 BSL 指令按钮即可。

点击后，弹出 BSL 指令的功能介绍、如何使用以及注意事项等信息，如图 2-117 所示。

图 2-115　帮助选项

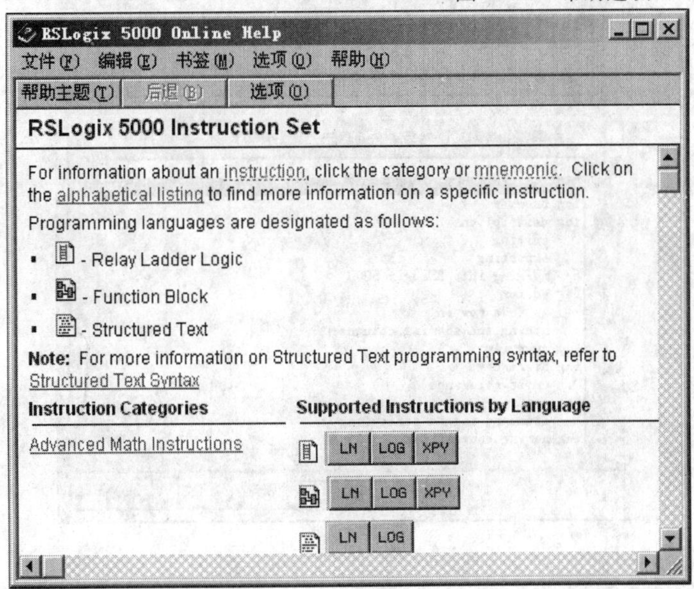

图 2-116　指令帮助窗口

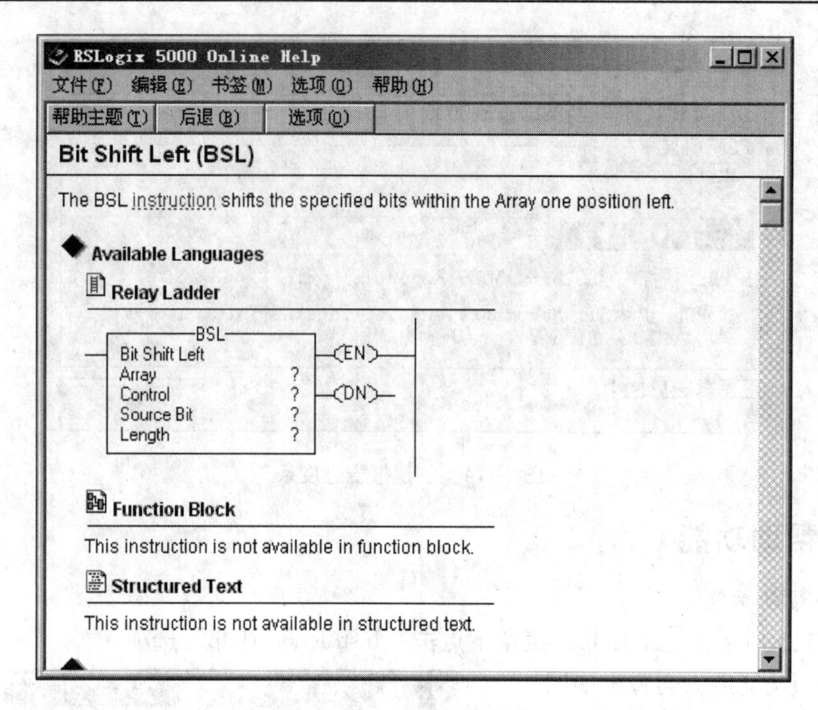

图 2-117　BSL 指令的功能介绍

2. 其他帮助功能

除了指令帮助外，也可以充分利用帮助的索引功能完成其他信息的查询，例如要了解有关标签的一些信息，则在“Help”菜单下点击“Contents”选项，在弹出如图 2-118 所示的窗口中输入“Tag”，则在下方会自动显示出与输入字母相关的主题。

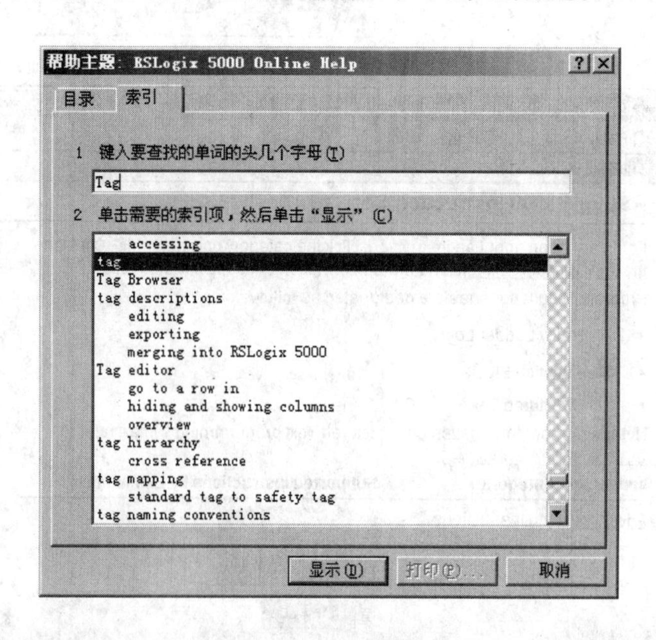

图 2-118　输入待查找内容

第3章

CompactLogix 系统组成

学习目标

- CompactLogix 系统
- 1769-L35E 控制器
- CompactLogix I/O 模块
- CompactLogix 设备网
- 1769-MODULE 模块

3.1 1769-L35E 控制器

本书所述 DEMO 箱控制系统采用 1769-L35E 控制器，本节将对 1769-L35E 控制器进行详细的介绍。1769-L35E 控制器如图 3-1 所示，最左侧为控制器，提供了一个 100Mbit/s 以太网接口、一个 RS-232 串行接口和一个 CompactFlash 储存卡的插槽。CompactLogix 系统设有框架，其 I/O 模块提供了紧凑的 DIN 导轨安装，通过 1769-DSN 通信模块可实现 DeviceNet 上的点对点通信、I/O 控制和远程设备组态等功能。

图 3-1　1769-L35E 控制器

3.1.1 1769-L35E 控制器面板

1. LED 状态指示灯

在控制器的上方，有 6 个 LED 指示灯，用来指示控制系统在运行时的状态。各指示灯的作用见表 3-1。

表 3-1　1769-L35E 控制器 LED 状态的说明

LED 指示灯	状　态	描　述
RUN	熄灭	控制器处于编程或测试模式
	固定绿色	控制器处于运行模式
FOURCE	熄灭	没有包含强制 I/O 值的标签，I/O 强制没有使能
	固定黄色	I/O 强制使能或可能存在 I/O 强制值
	闪动黄色	一个或多个输入输出地址设置为强制开/关状态，但是强制功能没有使能
BAT	熄灭	电池的电量充足
	固定红色	没有安装电池或电池电量不足
I/O	熄灭	在控制器的 I/O 组态中，没有设备或控制器中没有工程
	固定绿色	控制器正在与 I/O 组态中的所有设备进行通信
	闪动绿色	在控制器的 I/O 组态中，有一个或多个设备，但是没有响应
	闪动红色	控制器没有与任何设备建立通信，或控制器有故障
OK	熄灭	没有供电
	闪动红色	控制器需要进行固件更新，控制器存在一个可恢复或不可恢复的故障
	固定红色	控制器存在一个不可恢复的故障
	固定绿色	控制器状态正常
	闪动绿色	控制器正在存储，或上载/下载一个工程

2. CompactFlash 非易失性内存卡

1769-L35E 控制器提供了一个 CF 卡的插槽，1784-CF64 CompactFlash 卡为控制器提供了非易失性的内存存储。该卡用来存储控制器内存中的逻辑程序和标签值以及控制器固件操作系统等内容。

当电池电量不足的时候，如果控制器掉电，则会丢失存储在控制器内存中的程序。非易失性内存使用户在控制器上保存了一份程序的备份，控制器不需要用电源来保持这个备份程序，用户可以从非易失性内存中将备份程序复制到控制器的用户内存中。

需要注意的是，在使用非易失性内存保存或加载程序的时候，控制器应保持在编程模式，不可以上线，并且在此过程中，本地的 I/O 将处于组态中编程模式的状态。下面将介绍如何使用 1784-CF64 CompactFlash 卡来进行程序的保存和加载，以及检查所加载的内容。

保存程序，即用户可以将控制器中的程序保存到非易失性内存中，步骤如下：

1）编写程序并下载到控制器中。

2）将控制器置于编程模式，如图 3-2 所示。注意，只有在编程模式下，才可以进行非易失性内存的保存和加载。

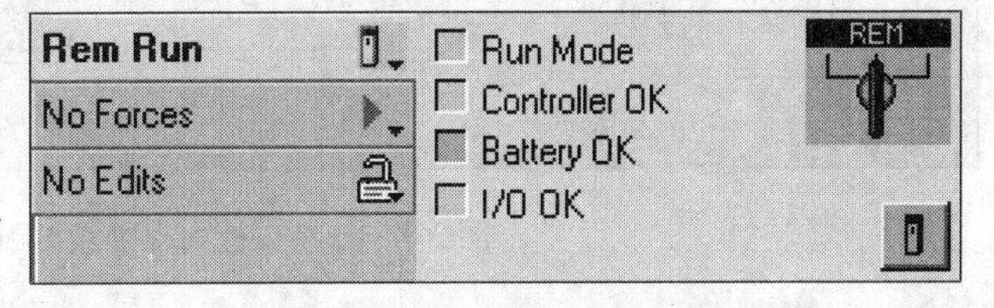

图 3-2　将控制器置于编程模式

3）在图 3-2 的在线工具栏中，点击控制器的属性按钮。

4）在弹出的窗口中，点击“Nonvolatile Memory（非易失性内存）”选项卡，如图 3-3 所示。

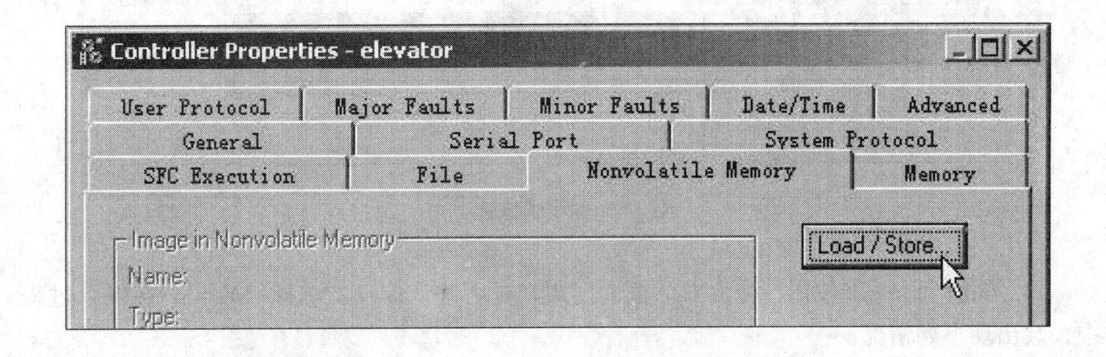

图 3-3　非易失性内存选项

5）点击“Load/Store”按钮，弹出如图 3-4 所示对话框。对话框分为两个区域，左侧显示的是当前控制器的非易失性内存卡中所存的工程，右侧显示的是当前控制器的用户内存中所存的工程。

6）如图 3-5 所示，在“Load Image”的下拉菜单中，有三个选项，用户可选择想要何时或在何种情况下将工程加载到控制器的用户内存中。

每种情况的解释见表 3-2。

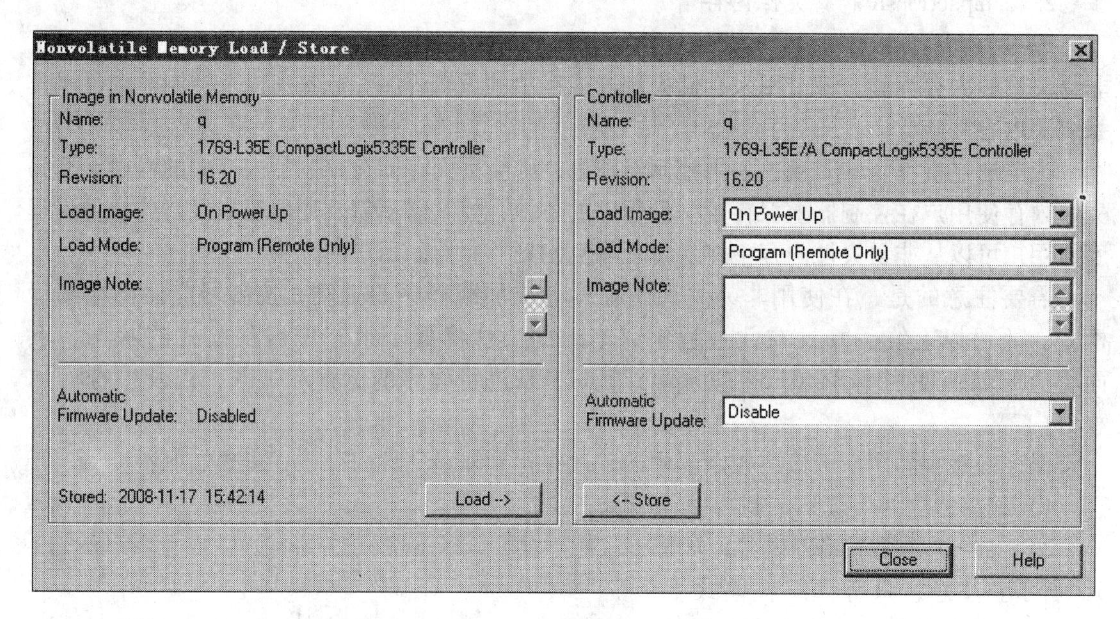

图 3-4 非易失性内存加载/保存工程对话框

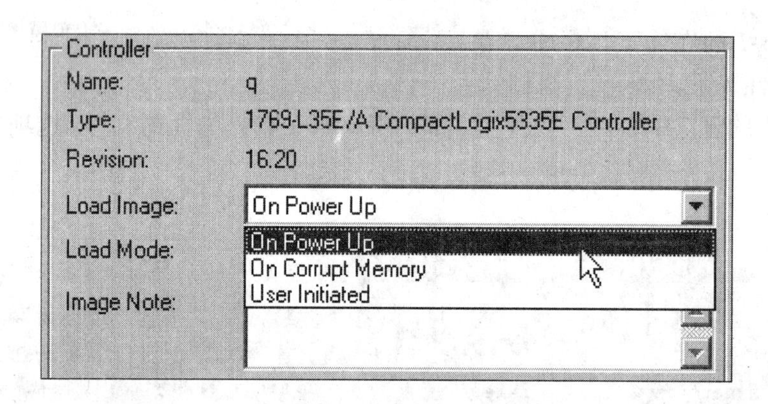

图 3-5 加载映像选项

7）点击“Stroe”按钮，弹出对话框询问用户是否确认保存，选择“Yes”。在保存过程中，会出现下列情况：

①控制器的“OK”指示灯按照“绿、红、绿……”的顺序闪烁。

②RSLogix5000 软件处于离线状态。

8）点击“OK”按钮，在保存结束之后，依然处于离线状态，如果用户想上线，需要手动上线。

表 3-2 加载工程选项

选项	描　述
On Power Up	控制器每次上电时加载
On Corrupt Memory	控制器中没有程序，并且上电时加载
User Initiated	每次使用 RSLogix5000 软件时加载

向控制器内存中加载程序的步骤与上述介绍的保存程序的步骤相似，区别仅在第 5 步骤中选择“Load”按钮即可，在此不再赘述。

3.1.2　1769-L35E 控制器系统内务处理

1. 1769-L35E 控制器应用程序组成

1769-L35E 控制器的操作系统是一个有优先级的多任务系统，其应用程序包括任务、程序和例程三个部分，其各自的作用如下：

1）任务：组态控制器的执行过程；

2）程序：分组数据与逻辑；

3）例程：用一种编程语言封装的可执行代码。

一个完整的控制器应用程序的组成如图 3-6 所示。

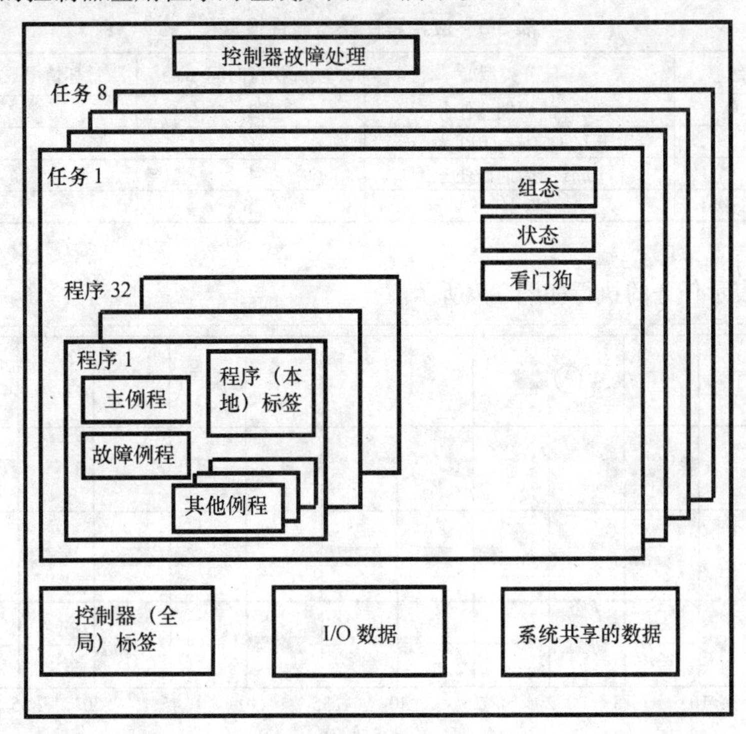

图 3-6　应用程序组成

（1）任务

1769-L35E CompactLogix 控制器最多可以支持 8 个任务，其中只能有一个连续型任务，用户可组态连续型和周期型任务，不同任务可以具有不同的优先级。

一个任务中可以有 32 个独立的程序，每个程序可以建立自己的可执行例程和标签。如果一个任务被激活，所有分配给该任务的程序将按照它们所属的顺序执行，程序不能被多个任务共享。

控制器中的每个任务都有一个优先级，当多个任务被触发时，控制器使用优先级来决定该执行哪个任务。用户可以为周期型任务组态 15 个级别的优先级，15 优先级最低，1 优先级最高。高优先级任务会中断任何低优先级任务的执行，连续型任务具有最低的优先级，可以被周期型任务或事件型任务中断。

CompactLogix 控制器使用一个专用的，优先级为 7 的周期型任务处理 I/O 数据。这个周期型任务以 RPI（请求数据包时间间隔）周期执行，该 RPI 是 CompactBus 总线的扫描周期，并且最快可达 1ms。该周期型任务的全部执行时间为其扫描完已组态 I/O 模块所需的时间。

对任务的不同组态方式会影响到控制器如何接收 I/O 数据。优先级为 1 到 6 的任务优先于专用的优先级为 7 的 I/O 扫描任务。因此，优先级为 1 到 6 的任务会影响 I/O 的处理时间。

下面以一个多优先级不同的周期型和连续型任务为例子来说明对扫描时间的影响。应用程序中，共建立了 4 个任务，1 个连续型任务和 3 个周期型任务，所设定的优先级和周期时间见表 3-3。

表 3-3　应用程序任务属性设置

任务	优先级	任务类型	实际执行时间/ms	最坏情况下的完成时间/ms
1	5	20ms 的周期型任务	2	2
2	7	专用于 I/O 扫描（RPI 为 5ms）	1	3
3	10	10ms 的周期型任务	4	8
4	无（最低级）	连续型任务	25	60

用时间轴表示任务的执行如图 3-7 所示。

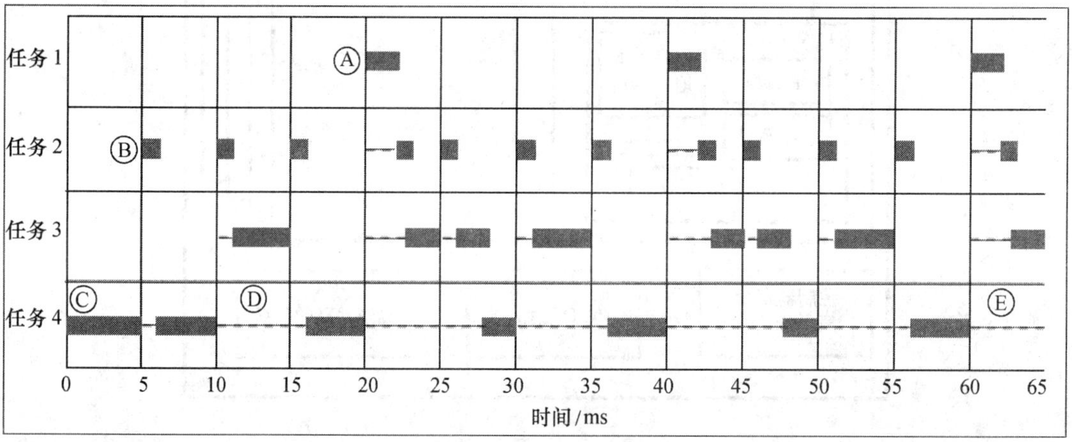

图 3-7　不同优先级任务的执行

不同优先级任务的执行遵循规律如下：

1）优先级最高的任务中断所有优先级低的任务；

2）I/O 扫描任务被优先级为 1～6 的任务中断。I/O 扫描任务可以中断优先级为 8～15 的任务。任务按 CompactLogix 系统预定的周期触发；

3）连续型任务运行在最低的优先级，可以被所有其他的任务中断；

4）一个低优先级的任务可以被高优先级的任务多次中断；

5）如果没有高优先级的任务运行，连续型任务完成一次扫描之后，会立刻自动重新扫描。

（2）程序

在任务下可建立程序，每个任务最多可以包含 32 个程序。每个程序中都包含了仅在该程序范围内有效的程序域标签，以及编写执行代码的具体例程。程序将标签与代码按照一定的规律分组，可以增强程序的可读性。

（3）例程

例程是一种编程语言编写的逻辑指令的集合。例程为控制器中的工程提供了可执行代码。每个程序都应预先组态一个例程，当控制器触发相关的任务并扫描程序时，该程序中的主例程是第一个被执行的例程。在主例程中使用跳转指令调用其他例程。用户也可以组态一个可选的程序故障例程，如果在相关程序的任何例程中发生指令执行故障时，控制器将执行此例程。

2. 组态系统内务率

如图 3-8 所示，用户可以在控制器属性对话框中指定系统内务处理的百分率，这个百分率用来指定控制器专用于内务处理（通信和后台处理）的时间百分比。

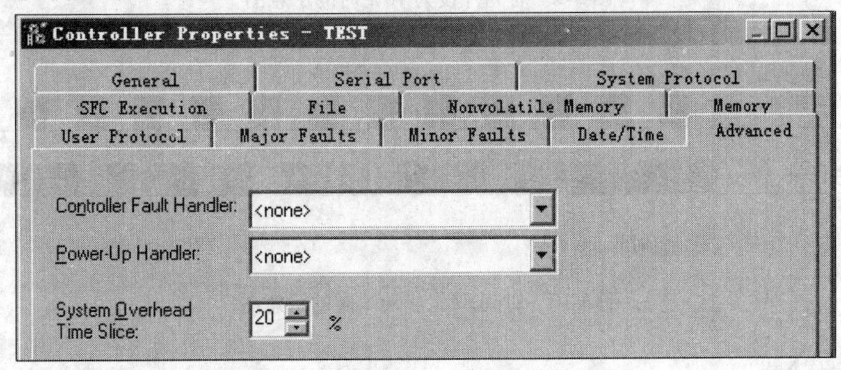

图 3-8　系统开销时间片设置

系统的内务处理功能包括：

1）与编程和 HMI 设备通信；

2）处理相应信息；

3）信息发送处理。

每次系统的内务处理被触发后将执行最多 1ms。如果系统内务处理在不到 1ms 的时间内完成，则控制器并不挂起，而是随即开始任务扫描。

随着系统内务处理百分率的增加，分配给任务扫描的时间将会减少。如果控制器不需要管理通信，则控制器会使用通信时间扫描任务。增加系统内务处理的百分率可以提高控制器的通信处理能力，但是会增加全部任务扫描时间。

表 3-4 中显示了控制器中任务扫描和系统内务处理的执行情况。

如表 3-4 所示，在系统开销时间片设置为 10% 的时候，系统内务处理每 9ms 中断连续型任务一次，如图 3-9 所示。

表 3-4　任务扫描与系统内务处理

系统开销时间片的设置	连续型任务运行/ms	内务处理运行/ms
10%	9	1
20%	4	1
33%	2	1
50%	1	1

同样，在时间片设置为 50% 的时候，系统内务处理每 1ms 中断连续型任务一次，如图 3-10 所示。

如果控制器只包含周期型任务，系统内务处理时间片将没有影响。系统内务处理会在周期型任务不运行的时间内运行，如图 3-11 所示。

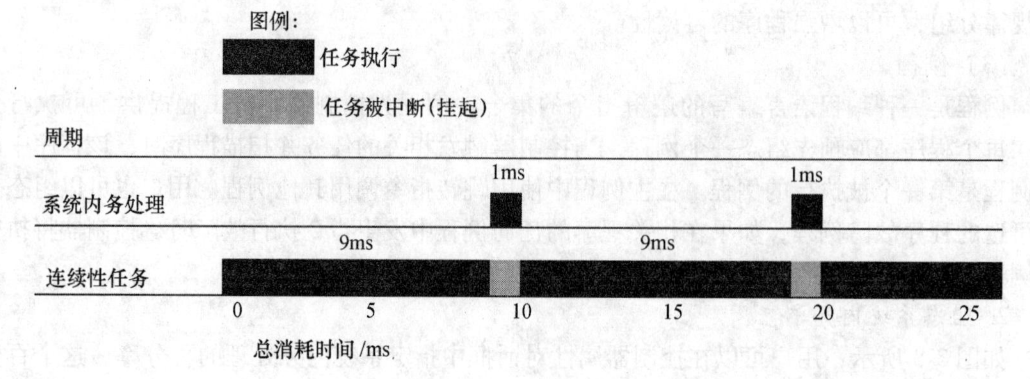

图 3-9　时间片设为 10% 时的示意图

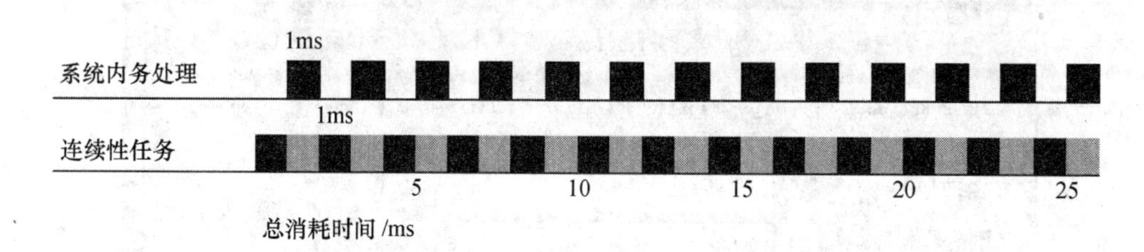

图 3-10　时间片设为 50% 时的示意图

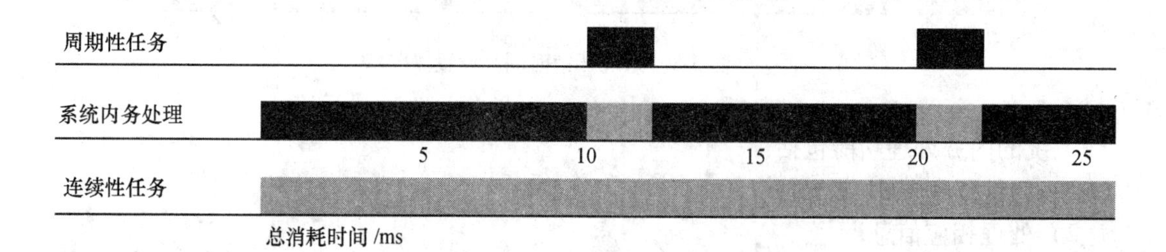

图 3-11　只有周期型任务时的示意图

3.1.3　1769-L35E 控制器的网络组态

1769-L35E 控制器含有两个通信端口，一个是 RS-232 接口，另一个是以太网接口。下面介绍如何利用这两个通信接口来组态控制器与上位机以及设备的通信。

1. RS-232 串口通信的组态

1）点击“开始→程序→Rockwell Software→RSLinx→RSLinx Classic”，启动 RSLinx，如图 3-12 所示。

2）单击菜单栏中的“Communications→Configure Drive…”，弹出标题为“Configure Drive Types”的窗口。单击“Available Drive Types”对话框中的下拉箭头，如图 3-13 所示。这些“Drivers”是罗克韦尔公司的产品在各种网络上通信设备的驱动程序，它们保证了用户对网络的灵活选择和使用。可以根据设备的实际情况来适当选择添加驱动程序，并注意要与使用的硬件相匹配。本例中选择“RS-232 DF1 devices”。

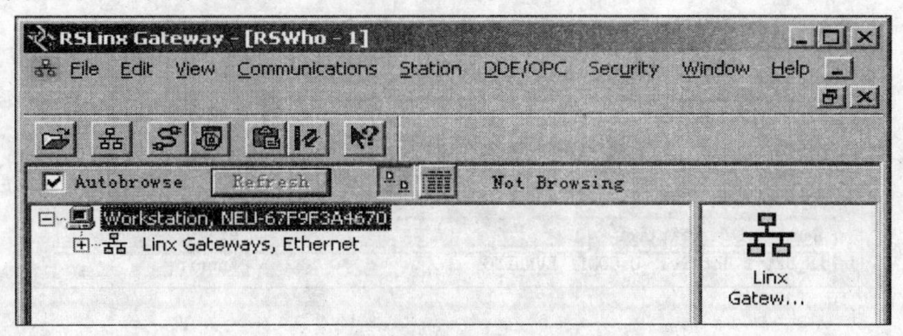

图 3-12　RSLinx 的启动界面

3）单击“Add New”按钮，弹出“Add New RSLinx Driver”窗口。输入新驱动的名称，单击“OK”按钮，弹出如图 3-14 所示的窗口。在“Device”下拉框中选择“Logix5550/CompactLogix”，其他的选框不用修改，然后单击“Auto-Configure”按钮若显示“Auto Configuration Successful!”，则表示组态成功。

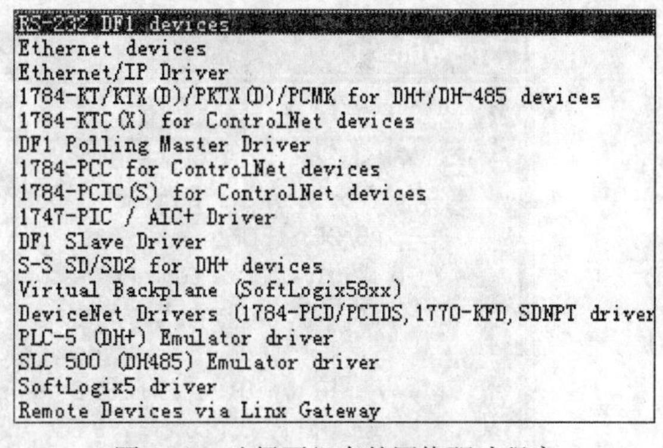

图 3-13　选择要组态的网络驱动程序

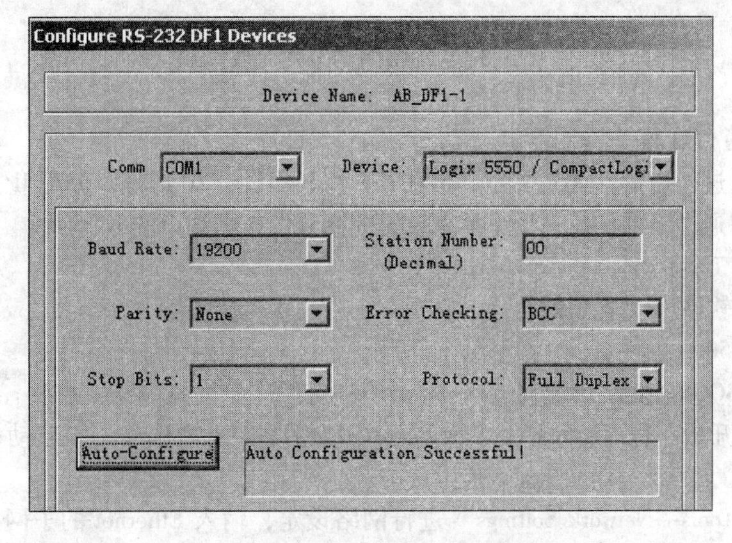

图 3-14　自动组态成功界面

4）单击“OK”按钮，在“Configure Drivers”窗口下的列表中出现“AB _ DF1-1 DH + Sta：0 COM1：RUNNING”字样表示该驱动程序已经运行，如图 3-15 所示。

5）单击“Close”按钮，回到 RSLinx 初始界面。单击“Communication→RSWho”，则在工作区域左侧列表中出现了“AB _ DF1-1”网络图标，选中左上角的“Autobrowse”或单击“Refresh”。如果正常，展开该网络图标，会出现配置好的设备的图标，如图 3-16 所示。

Configure Drivers
Available Driver Types:
RS-232 DF1 devices
Add New...
Configured Drivers:
Name and Description | Status
AB_DF1-1 DH+ Sta: 0 COM1: RUNNING | Running

图 3-15　驱动程序已经运行

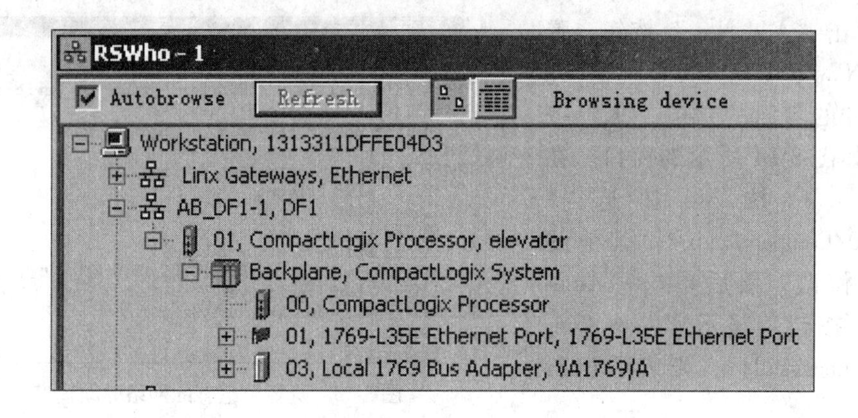

图 3-16　组建好的 DF1 网络

2. 以太网通信组态

在以太网上进行通信，首先要为 1769-L35E 控制器设置 IP 地址。分配 IP 地址的方法有三种，读者可以通过下列任何一个工具来设置控制器以太网端口的 IP 地址。

1）BOOTP 工具；

2）RSLinx 软件；

3）RSLogix5000 软件。

（1）使用 BOOTP 设置 IP 地址

1）点击“开始→程序→Rockwell Software→BOOTP/DHCP Server”，启动 BOOTP，如图 3-17 所示。

2）选择“Tools→Network Settings”进行网络设定，输入 Ethernet 的子网掩码，如图 3-18 所示，点击“OK”按钮。

3）控制器上电，通过发送 BOOTP 请求，在 BOOTP 的“Request History”面板中显示扫描到的硬件 MAC 地址，如图 3-19 所示。

4）双击想要组态的设备的硬件地址，在弹出的窗口中设置控制器的 IP 地址，如图 3-20 所示。

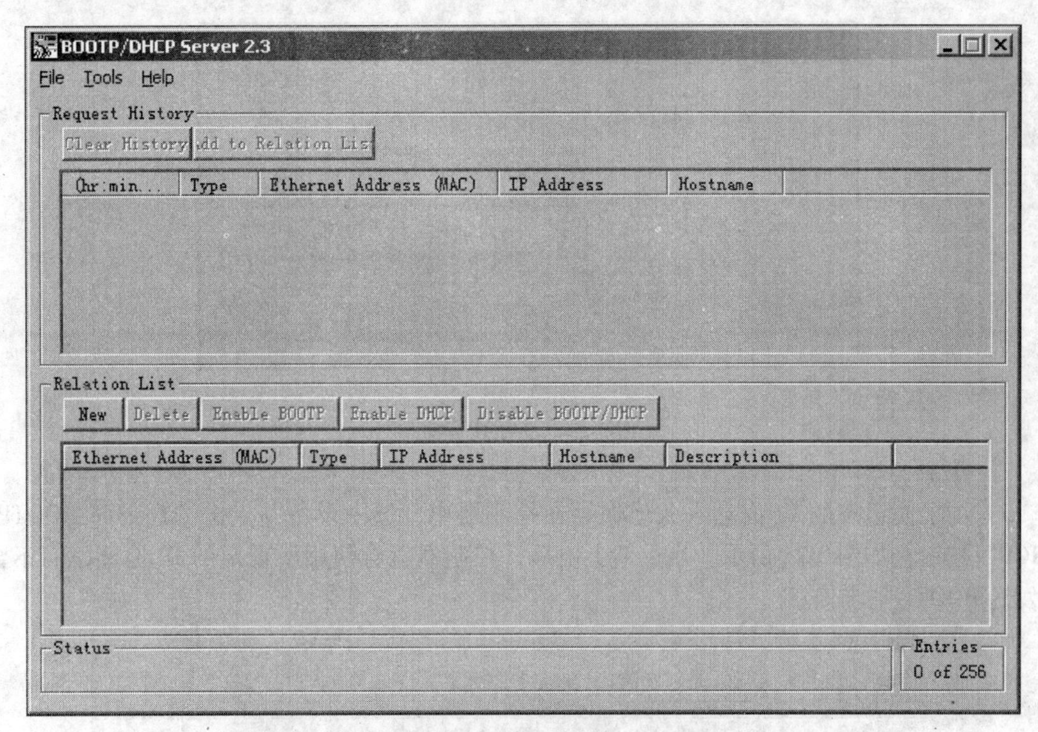

图 3-17　BOOTP 窗口

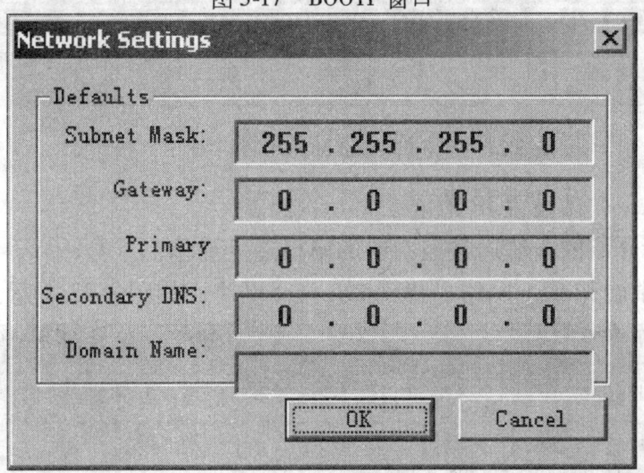

图 3-18　网络设定窗口

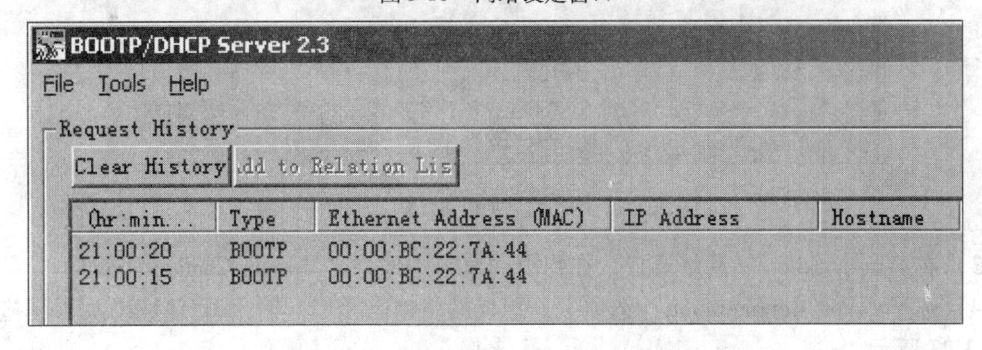

图 3-19　扫描到的控制器的 MAC 地址

图 3-20　设置 IP 地址

5）为了使组态的 IP 信息永久地保存在控制器中，选中设备并点击“Disable BOOTP/DHCP”按钮，如图 3-21 所示。当重新上电后，控制器就会使用所设定的 IP 地址，而不会再发送 BOOTP 请求信息。

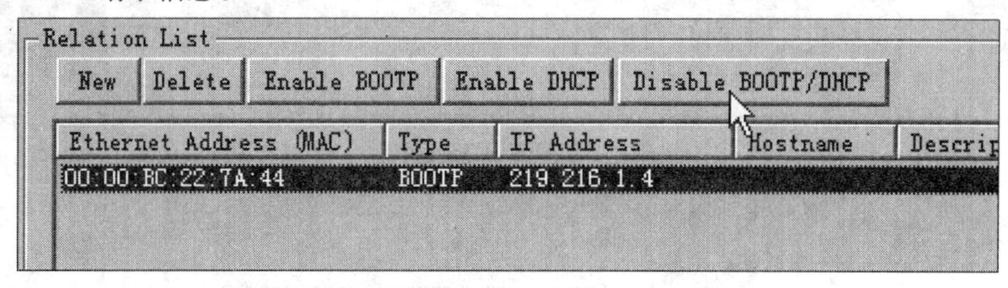

图 3-21　点击“Disable BOOTP/DHCP”按钮

（2）通过 RSLinx 软件设置 IP 地址

1）按照前面所介绍的方法通过控制器的串口建立通信。

2）在 RSLinx 中展开 DF1 网络，找到 Ethernet 网络，如图 3-22 所示。

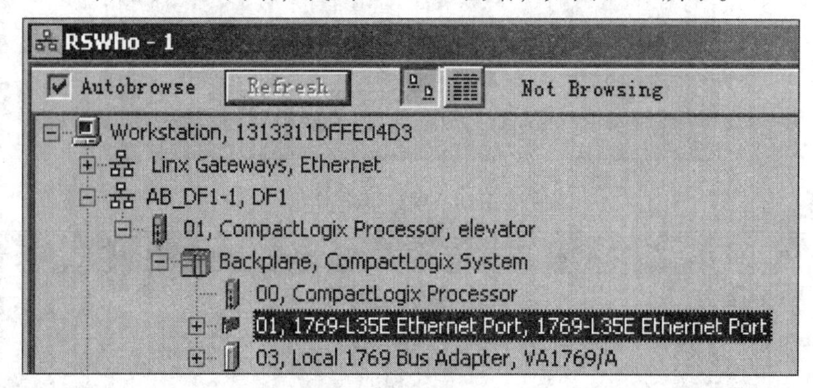

图 3-22　DF1 网络

3）右键点击 Ethernet 网络端口，在弹出的菜单中选择“Module Configuration”。

4）选择“Port Configuration”选项卡，选择网络组态类型，输入 IP 地址以及子网掩码，如图 3-23 所示。

（3）使用 RSLogix5000 软件设置 IP 地址

1）按照前面所介绍的方法，即通过控制器的串口建立通信。

2）启动 RSLogix5000 软件，在控制器项目管理器中，选择 Ethernet 端口的属性，如图 3-24 所示。

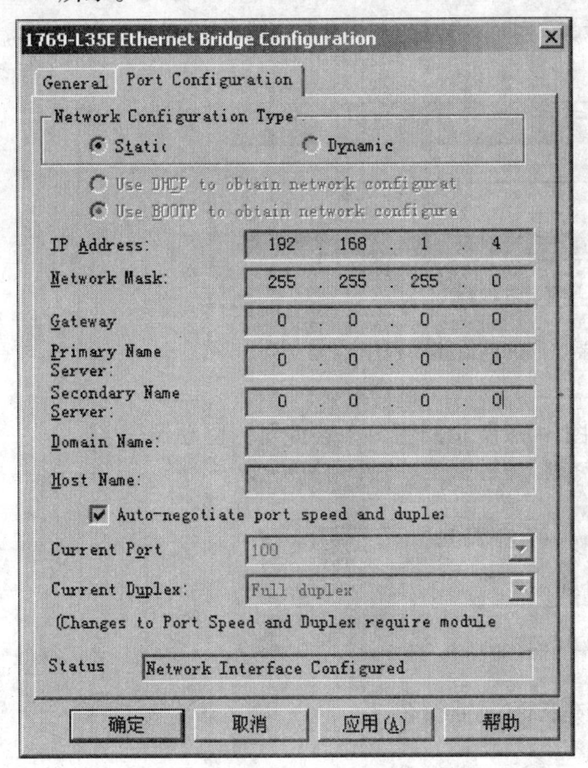

图 3-23　通过 RSLinx 设置控制器 IP 地址

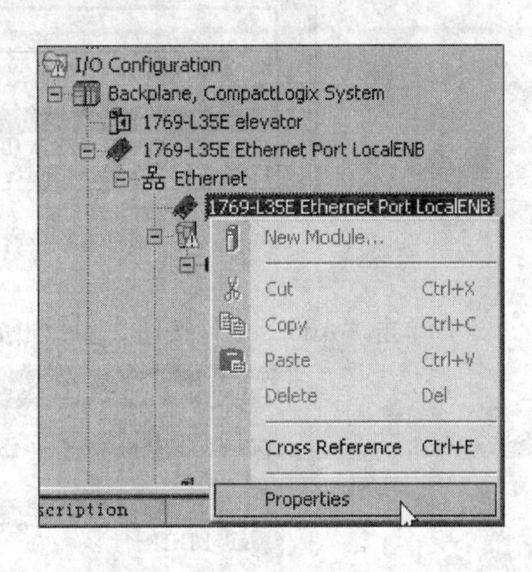

图 3-24　选择以太网端口属性

3）在弹出的窗口中，选择“Port Configuration”选项卡，指定 IP 地址并点击“Apply”按钮，然后点击“OK”按钮，如图 3-25 所示。

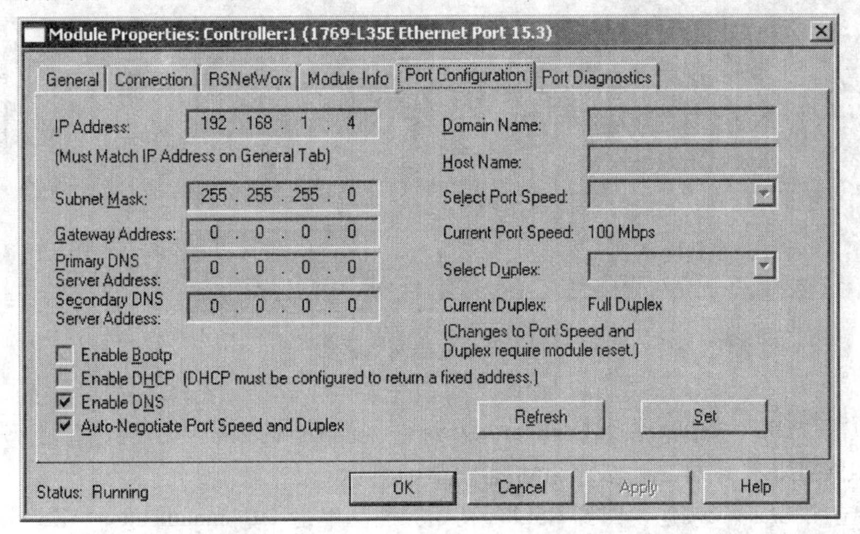

图 3-25　通过 RSLogix5000 设置控制器 IP 地址

通过使用上述三种工具中的任意一种，设置控制器的 IP 地址，然后通过 RSLinx 进行网络组态。

1）单击“开始→程序→Rockwell Software→RSLinx→RSLinx Classic”，启动 RSLinx。

2）单击菜单栏中的“Communications→Configure Drive…”，弹出标题为“Configure Drive Types”的窗口。单击“Available Driver Types”对话框中的下拉箭头，如图 3-26 所示，选择“EtherNet/IP Driver”。

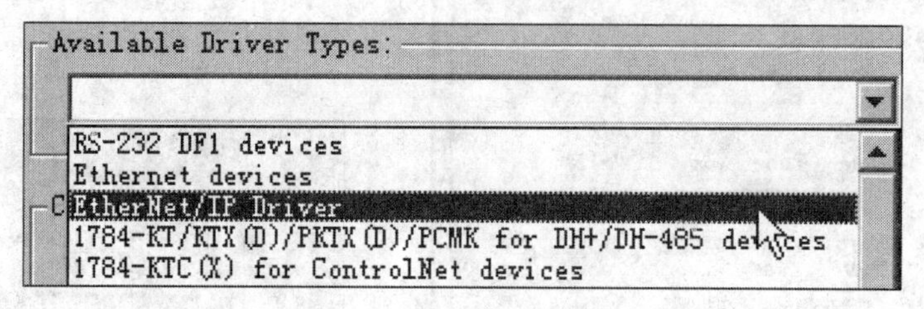

图 3-26　选择要组态的网络驱动程序

3）单击“Add New”按钮，将弹出如图 3-27 所示的窗口，在此可为驱动器命名。

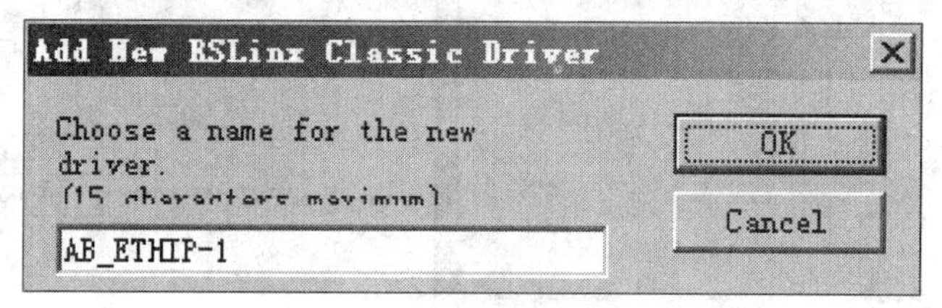

图 3-27　新建驱动程序的命名

4）单击“OK”按钮，弹出如图 3-28 所示的窗口。

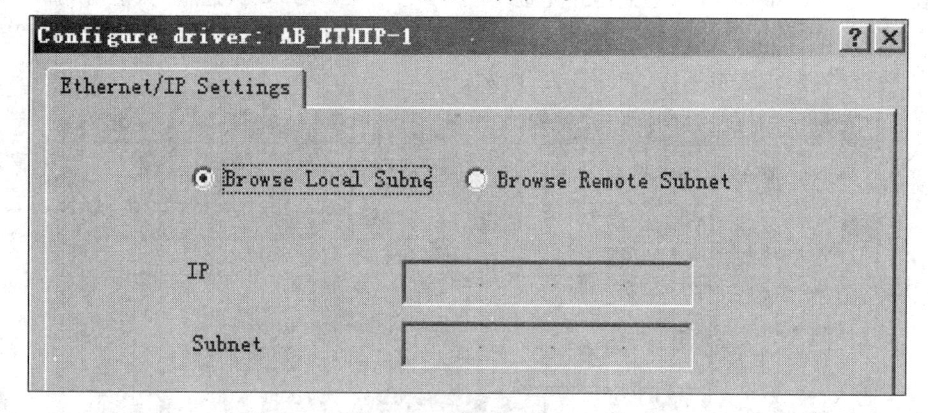

图 3-28　组态网络驱动

5）单击“OK”按钮，在“Configure Drivers”窗口下的列表中出现“AB_ ETH-1 A-B Ethernet RUNNING”字样，表示该驱动程序已经运行。

6）单击“Close”按钮，回到 RSLinx 初始界面。单击“Communication→RSWho”，在工作区域左侧列表中出现了“AB _ ETHIP-1”网络图标，选中左上角的“Autobrowse”或单击

"Refresh"。如果正常，展开该网络图标，会出现所配置好的设备图标，如图 3-29 所示。

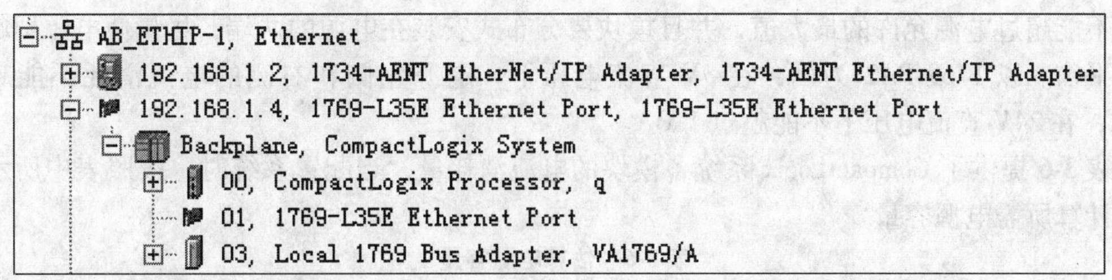

图 3-29　组建的 Ethernet 网络

3.2　电源及模块

3.2.1　计算系统电源容量

在 CompactLogix 系统中，每个组都需要配置一个电源，电源的作用是给控制器和 I/O 模块供电。总共有四种电源，即 1769-PA2、1769-PB2、1769-PA4、1769-PB4。其中，1769-PA2 电源及接线如图 3-30 所示。

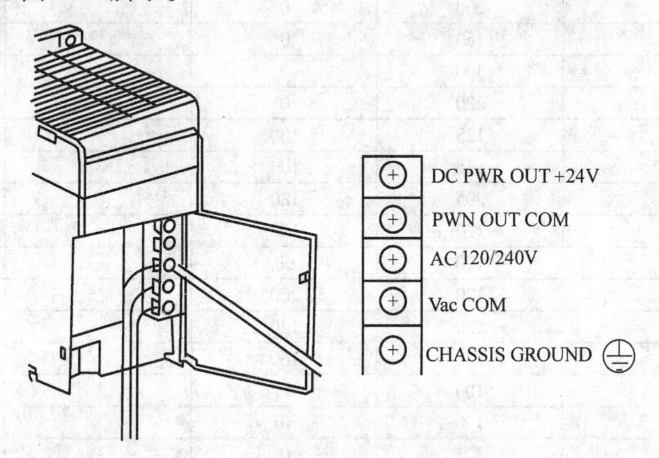

图 3-30　1769-PA2 电源

电源的详细参数见表 3-5。

表 3-5　1769 系列电源参数

编号	描　述	操作电压范围	最大消耗电量	电流容量	DC24V 电源容量/mA	过载电压保护	电源供电距离
1769-PA2	AC124/240V 电源	AC85～265V 47～63Hz	AC100VA@120V AC130VA@240V	2.0A@5V 0.8A@24V	250	+5V 和 +24V 都具有过载电压保护	8 个模块
1769-PB2	DC24V 电源	DC19.2～31.2V	DC50VA@24V	2.0A@5V 0.8A@24V	—		
1769-PA4	AC124/240V 电源	AC85～132V AC170～256V 47～63Hz	AC200VA@120V AC240VA@240V	4.0A@5V 2.0A@24V	—		
1769-PB4	DC24V 电源	DC19.2～32V	DC100VA@24V	4.0A@5V 2.0A@24V	—		

为了确保系统正常工作，必须考虑所有模块及控制器所消耗的 5V 直流电流和 24V 直流电流不能超过电源允许的最大值，并且模块要分布式安装在电源的两端，尽量使电源两端的负载平衡。以 1769-PA2 为例，在 5V 直流电压下，电源左侧和右侧的电流消耗不能超过 2.0A，在 24V 直流电压下不能超过 1.0A。

表 3-6 提供了 CompactLogix 系统各模块的电流消耗量，当配置系统时，按照表中所示的方法计算所需电源容量。

表 3-6　估算电源容量

目录号	模块数量	5V 下电流消耗	24V 下电流消耗	消耗总电流值 = 模块数量 × 模块电流消耗	
				5V(mA)	24V(mA)
1769-IA81		90	0		
1769-IA16		115	0		
1769-IM12		100	0		
1769-IQ16F		110	0		
1769-IQ32		170	0		
1769-IQ6XOW4		105	50		
1769-OA8		145	0		
1769-OA16		225	0		
1769-OB8		145	0		
1769-OB16		200	0		
1769-OB16P		160	0		
1769-OB32		300	0		
1769-OV16		200	0		
1769-OW8		125	100		
1769-OW81		125	100		
1769-OW16		205	180		
1769-IF4（A）		120	150		
1769-IF4（B）		120	60		
1769-OF2（A）		120	200		
1769-OF2（B）		120	120		
1769-IF4XOF2		120	160		
1769-IR6		100	45		
1769-IT6		100	40		
1769-HSC		425	0		
1769-L35E		660	90		
1769-SDN		440	0		
1769-ECT		5	0		
1769-ECL		5	0		
模块总数		总电流消耗量			

3.2.2　本地 I/O 模块的安装

一个完整的 CompactLogix 控制系统由控制器、电源、本地 I/O 模块（通信模块）以及终端盖组成。其安装过程如下：

1）确保所有模块上部的锁销处于开启的状态，如图 3-31 所示。

2）按照图 3-32 所示，将电源沿着舌槽滑入到控制器中，接着安装相应的 I/O 模块。如果有 1769-SDN 模块的话，注意在电源与 SDN 模块之间最多只能安装三个模块。

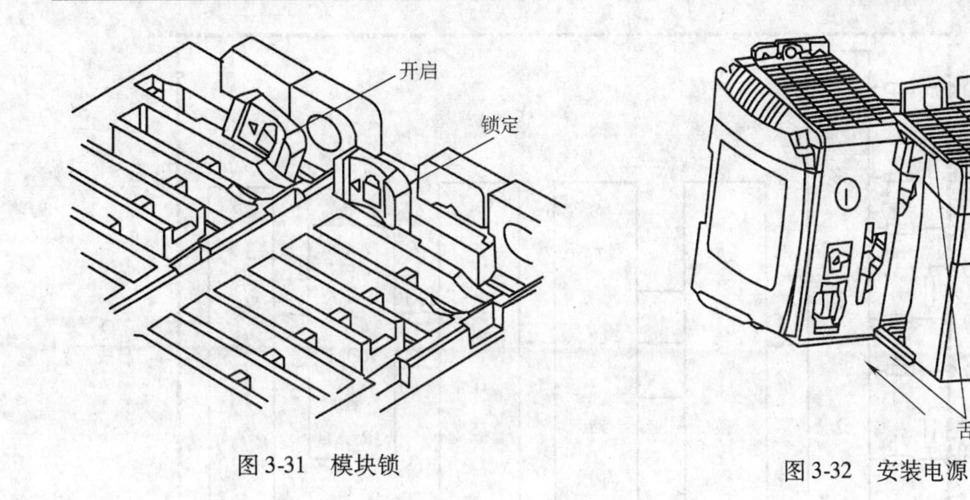

图 3-31 模块锁

图 3-32 安装电源

3）将各模块的锁销按下，置于锁定状态。

4）将终端盖滑入到最右侧的模块中并锁住锁销，如图 3-33 所示。

5）将组装好的 CompactLogix 系统安装到 DIN 导轨上即可。

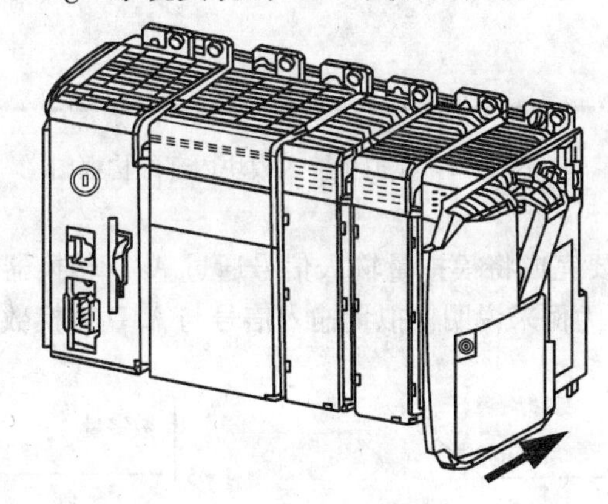

图 3-33 安装终端盖

3.3 模拟量 I/O 模块

模拟量 I/O 模块用来接收和采集由电位器、测速发电机和各种变送器等设备送来的连续变化的模拟量输入信号，以及向调节阀、调速装置输出模拟量的输出信号。模拟量输入模块将各种满足 IEC 标准的直流信号（如 4～20mA、1～5V、－10～＋10V、0～10V）转换为数字量的二进制数字信号送给 CompactLogix 控制器进行处理。模拟量输出模块将来自控制器的二进制信号转换成满足 IEC 标准的直流信号，提供给执行机构。

3.3.1 模拟量 I/O 模块简述

1. 模拟量输入模块

模拟量输入模块的内部结构如图 3-34 所示，它的每一路输入端子都有电压输入和电流输入两种，用户可以通过开关设定和跳线的不同接法来选择使用哪种输入方式。

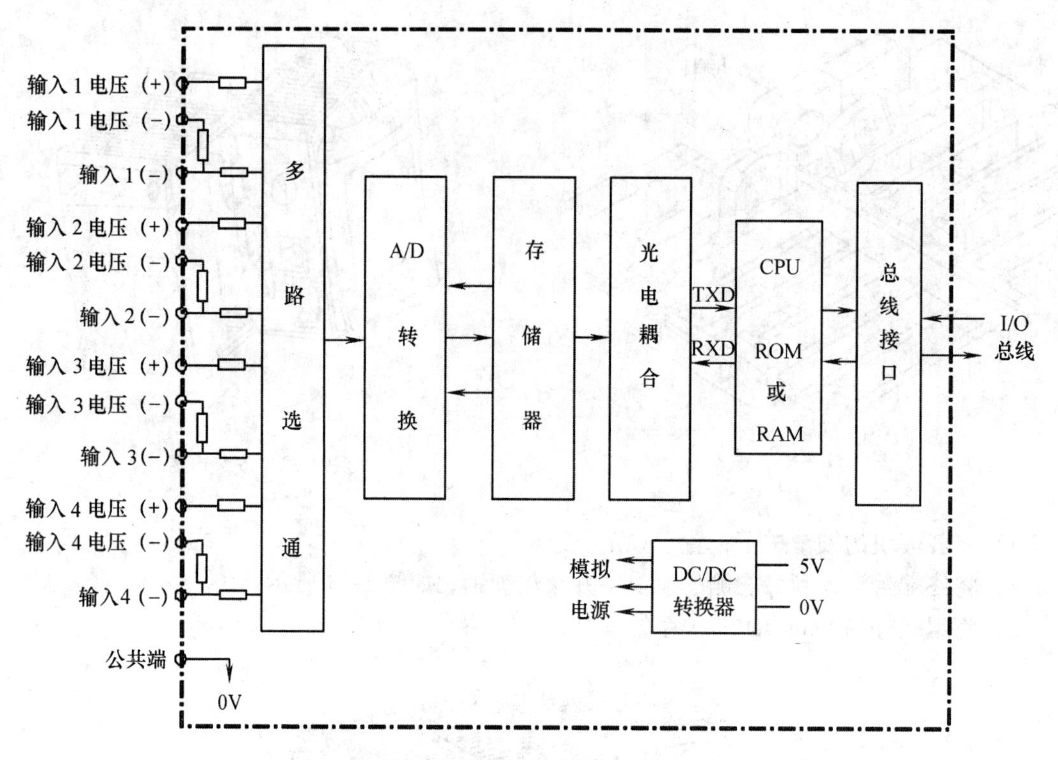

图 3-34　模拟量输入模块内部结构框图

模拟量输入模块主要完成将模拟量输入信号通过 A/D 转换器转换为二进制数字量的功能。以 12 位二进制数据为例来说明模拟量输入信号与 A/D 转换数据之间的关系，如图 3-35 所示。

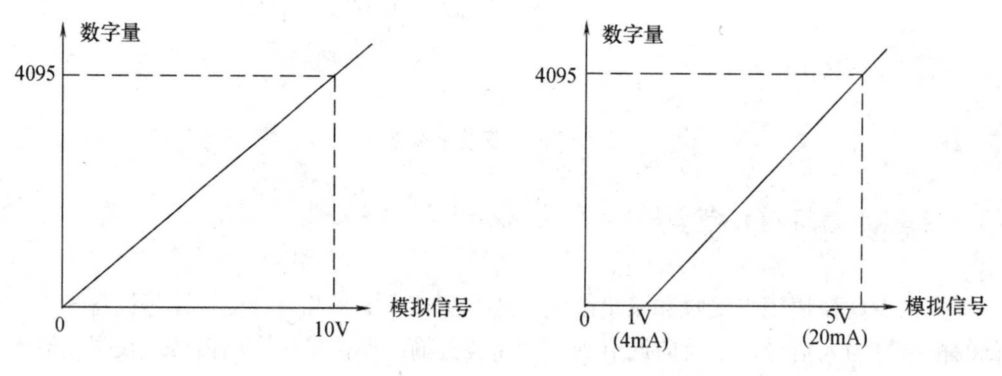

图 3-35　输入信号与转换数据的关系

2. 模拟量输出模块

模拟量输出模块的内部结构如图 3-36 所示。从图中可知，它的每一路输出端子都有电压输出和电流输出两种，用户可以通过开关设定和跳线的不同接法来选择使用哪种输出方式。

如图 3-37 所示，模拟量输出模块主要通过 D/A 转换器，完成二进制数字量转换为模拟量的功能，并最终将模拟量信号输出到端子上。

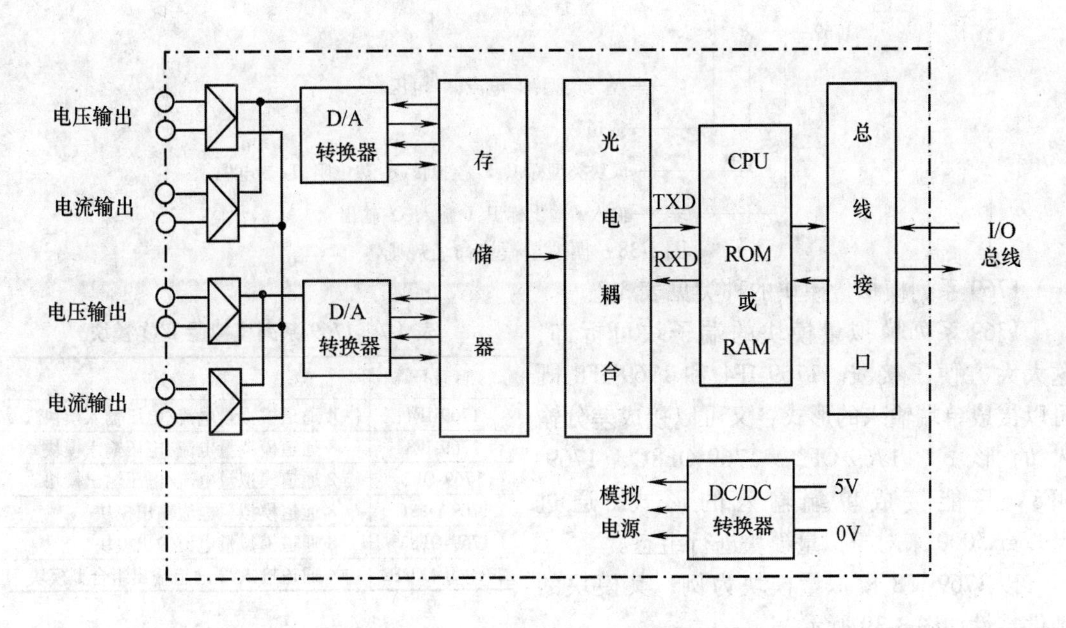

图 3-36　模拟量输出模块内部结构框图

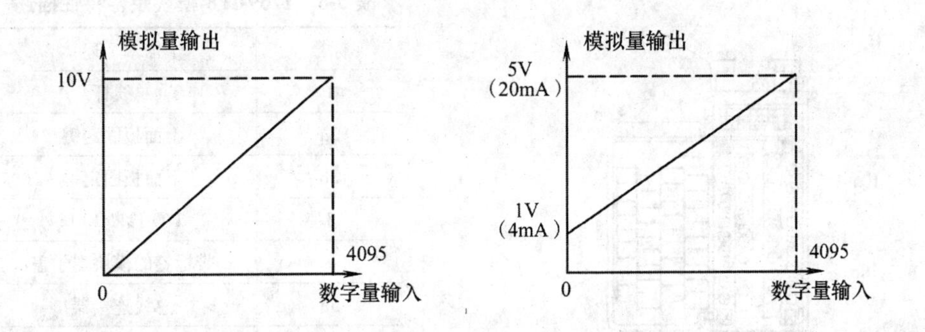

图 3-37　模拟量输出与 D/A 转换关系

3.3.2　模拟量模块种类及硬件特点

1. 1769 模拟量模块的种类及特性

CompactLogix 的模拟量模块支持以下功能：

1）数据报警；

2）工程单位标定；

3）实时通道采样；

4）IEEE32 位浮点或者 16 位整型数据格式。

1769 系列常见的模拟量模块有 4 通道和 8 通道的模拟量输入模块、8 通道的模拟量输出模块以及组合型模拟量模块。命名规则如图 3-38 所示。

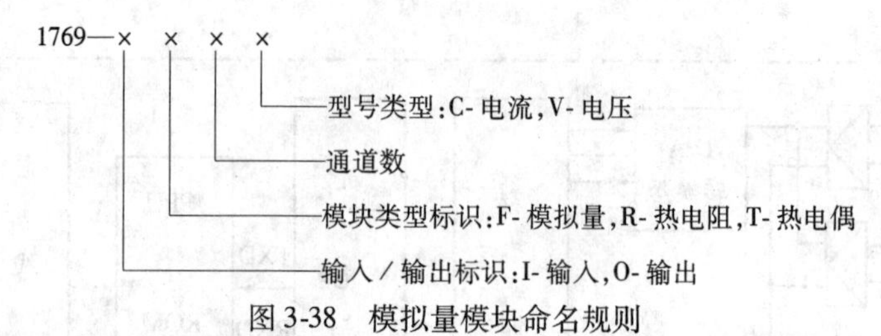

图 3-38 模拟量模块命名规则

1769 系列模拟量模块的种类见表 3-7。

1769 系列模拟量模块的端子块可拆卸，这大大方便了接线。1769-IF4 和 1769-IF8 既可以接成单端输入的形式，又可以接成差分输入的形式。1769-OF2、1769-OF8C、1769-OF8V 只能接成单端输入的形式。通过 RSLogix5000 来对模拟量模块进行组态。

以 1769-IF8 模拟量模块为例，其模块的硬件特性如图 3-39 所示。

图 3-39 中各个部分的名称见表 3-8。

表 3-7 1769 系列模拟量 I/O 模块

目录号	描 述
1769-IF4	4 通道模拟量电流/电压输入模块
1769-IF8	8 通道模拟量电流/电压输入模块
1769-OF2	2 通道模拟量电流/电压输出模块
1769-OF8C	8 通道模拟量电流输出模块
1769-OF8V	8 通道模拟量电压输出模块
1769-IF4XOF2	4 通道输入/2 通道输出组合型模块

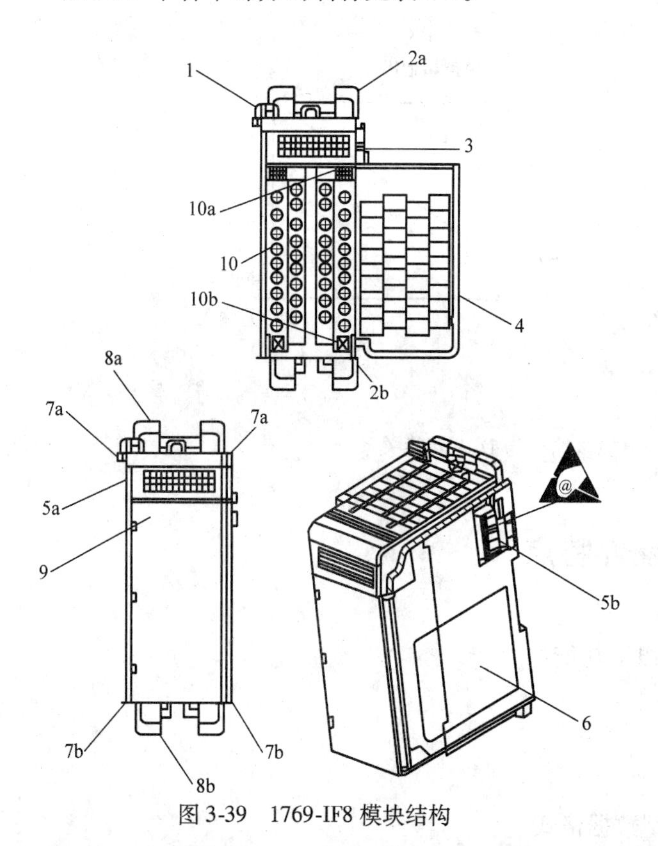

图 3-39 1769-IF8 模块结构

表 3-8 1769-IF8 模块硬件特性描述

标号	描 述
1	总线杆
2a	上面板固定键
2b	下面板固定键
3	I/O 诊断 LED
4	带标签的模块端子盖
5a	总线连接器
5b	总线连接器
6	模块标识标签
7a	上槽
7b	下槽
8a	上 DIN 导轨锁销
8b	下 DIN 导轨锁销
9	用户自定义可写标签
10	端子块
10a	端子块上垫板螺钉
10b	端子块下垫板螺钉

对于模拟量输出模块，由于是利用内部的数模转换器将数字量的信号转换为模拟量，所以还要为其提供 24V 直流电源。这个电源可以由 CompactLogix 系统的 1769 I/O 总线提供，也可以由外部电源通过接线连接到模块的端子上提供。选择 24V 电源由系统内部提供还是外部提供是通过模块电路板上的转换开关来进行选择。以 1769-IF4 为例，如图 3-40 所示，将转换开关拨到上面的位置，24V 电源由系统总线提供；开关拨到下面的位置，24V 电源由外部提供。

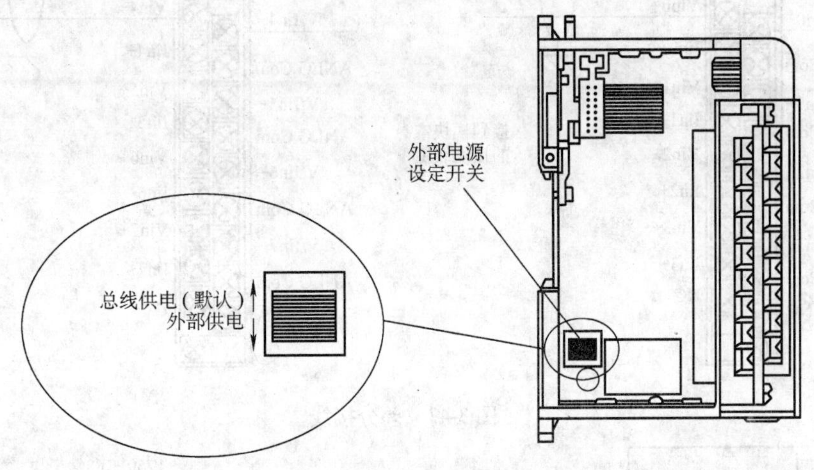

图 3-40　24V 电源选择开关

2. 1769 模拟量模块的接线

以 1769-IF8 为例，其端子如图 3-41 所示。

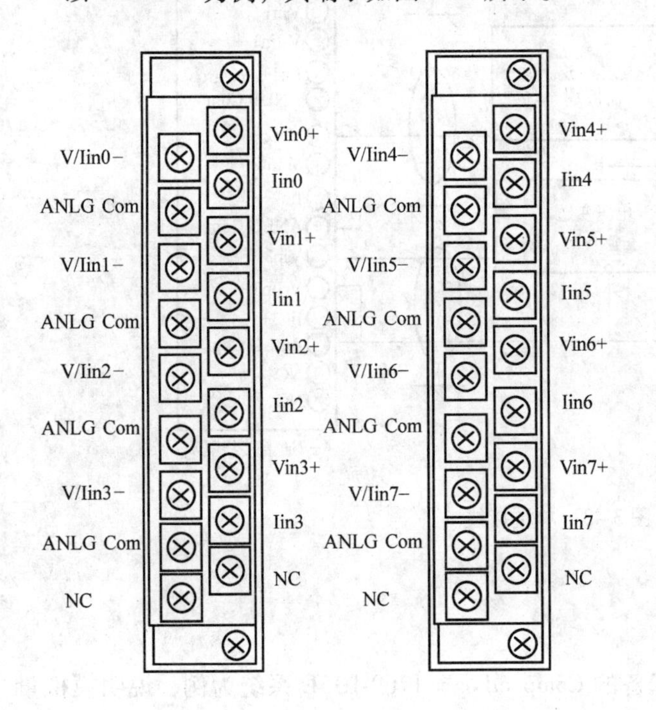

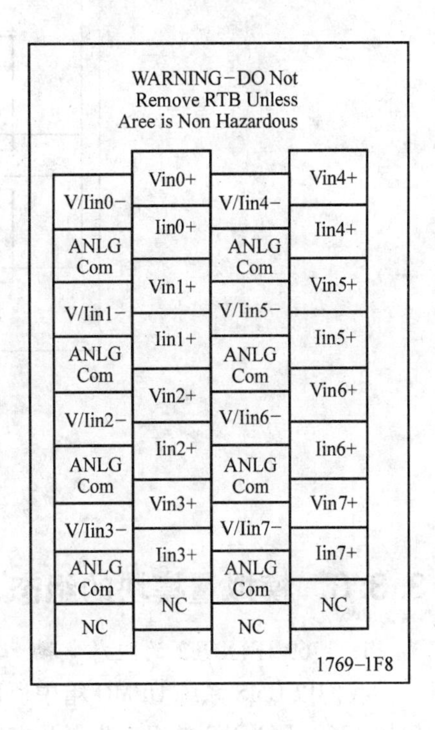

图 3-41　1769-IF8 端子图

1769-IF8 模拟量模块既可以接成差分输入的形式，也可以接成单端输入的形式。接线如图 3-42 和图 3-43 所示。

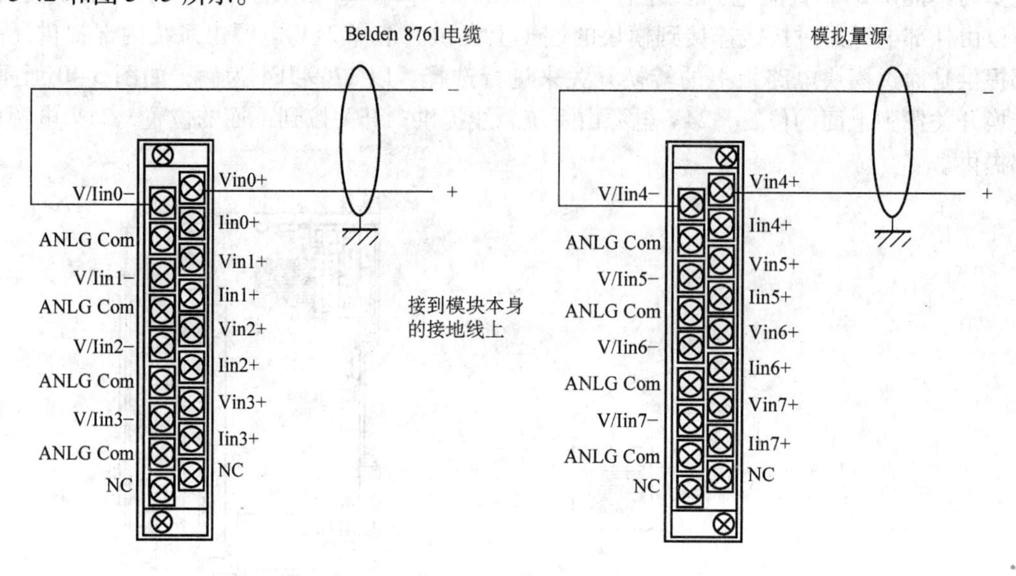

图 3-42　差分接线

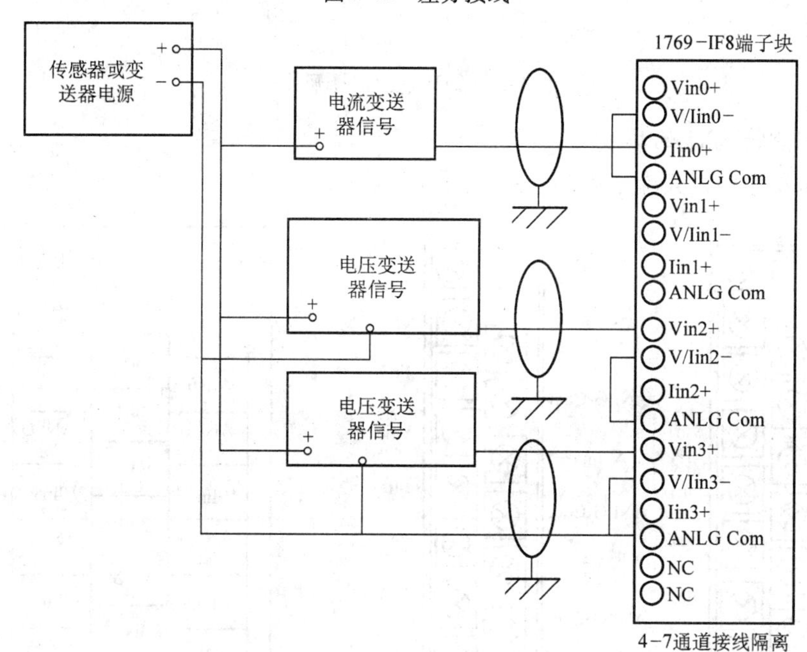

图 3-43　单端接线

3.3.3　模拟量模块的组态

1. 1769-IF4XOF2 的组态步骤

我们以 CMS 系统 DEMO 箱中所配备的 CompactLogix 1769-L35E 系统为例，说明模拟量模块 1769-IF4XOF2 的组态步骤及方法。

1）在 RSLogix5000 中新建一个工程，展开控制器项目管理器的“I/O Configuration”文件夹，可以看到如图 3-44 所示的画面，在 1769-L35E 控制器的虚拟背板下只有一个以太网端口和一个本地的 CompactBus。我们就是在 CompactBus 下添加并组态模块。

2）在“CompactBus Local”上点击右健，选择“New Module”，添加要组态的模块，如图 3-45 所示。

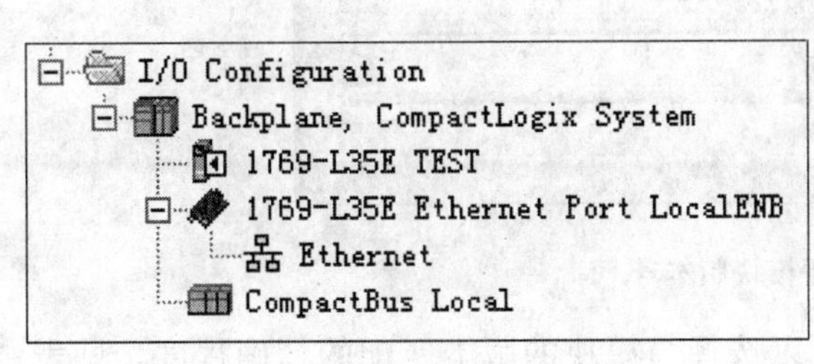

图 3-44　I/O Configuration 画面

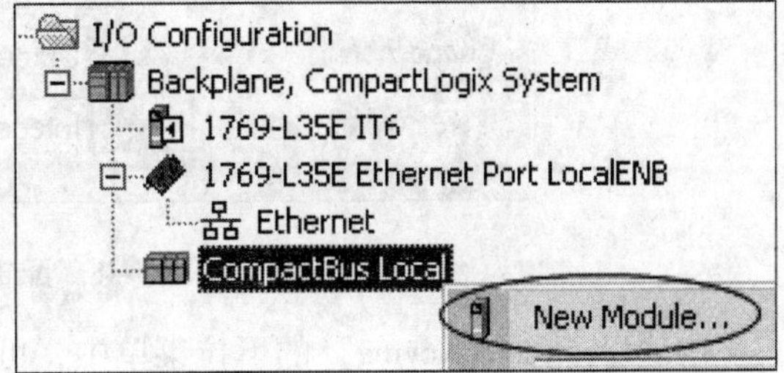

图 3-45　添加新模块

3）在弹出的窗口中选择模块类别，然后选择要添加的模块。在此，我们选择 1769-IF4XOF2 模拟量模块，点击“OK”按钮，如图 3-46 所示。

Select Module

Module	Description	Vendor
Analog		
1769-IF4	4 Channel Current/Voltage Analog Input	Allen-Bradl
1769-IF4I	4 Channel Isolated Analog Current/Voltage Inp...	Allen-Bradl
1769-IF4XOF2	4 Channel Input/2 Channel Output Low Resoluti...	Allen-Bradl
1769-IF8	8 Channel Current/Voltage Analog Input	Allen-Bradl
1769-IR6	6 Channel RTD/Direct Resistance Analog Input	Allen-Bradl
1769-IT6	6 Channel Thermocouple/mV Analog Input	Allen-Bradl

图 3-46　选择模拟量模块

4）弹出模块组态窗口，在“General”选项卡中，为模块命名并选择模块所处的槽号，如图 3-47 所示。

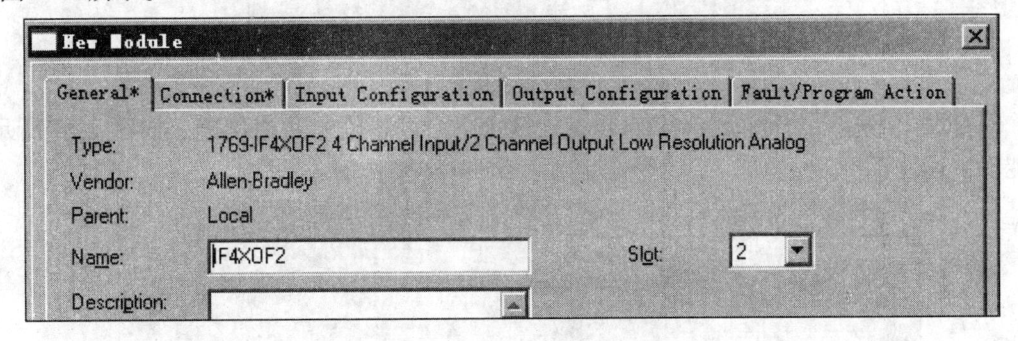

图 3-47　配置模块的基本信息

在“Module Definition”一栏中，点击“Change”按钮，可以选择模块的版本号，如图 3-48 所示。

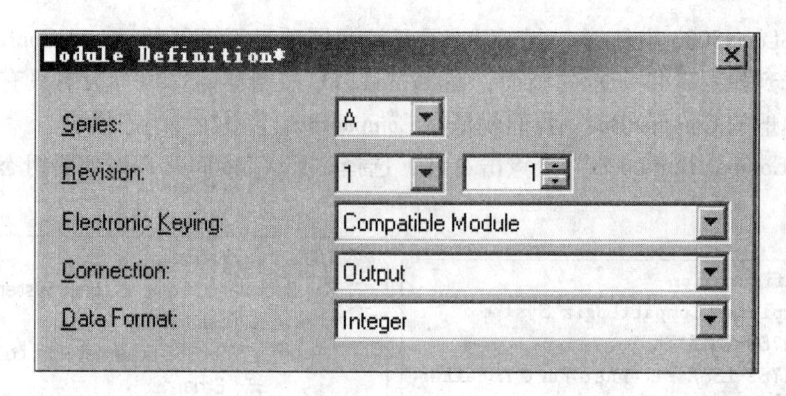

图 3-48　配置模块版本号

在“Electronic Keying”的下拉菜单中，可以选择与模块的版本匹配的精确程度。见表 3-9。

表 3-9　电子锁选项描述

选项	描　述
Exact Match	所设置的主版本号与次版本号要与模块的实际版本号精确匹配
Compatible Module	所设置的主版本号要与模块相一致，次版本号小于等于模块的实际版本号即可
Disable Keying	不考虑版本号信息

5）设置完模块的基本信息后，点击“Input Configuration”选项卡，在此选择需要使能的输入通道。如图 3-49 所示，将通道 0 使能。

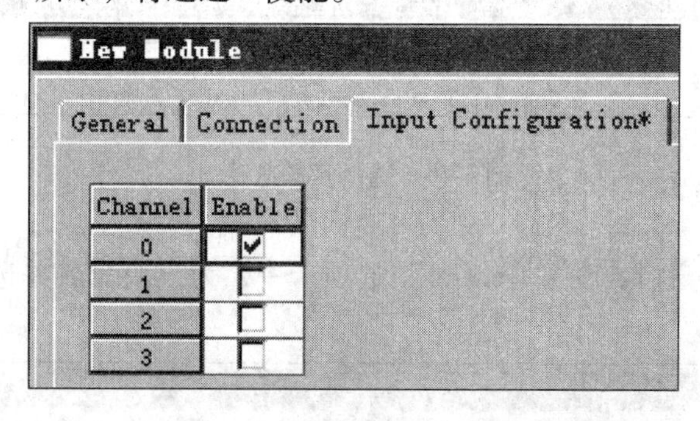

图 3-49　组态输入通道

6）同样，选择“Output Configuration”选项卡，设置输出通道使能。如图 3-50 所示，使能输出通道 0。

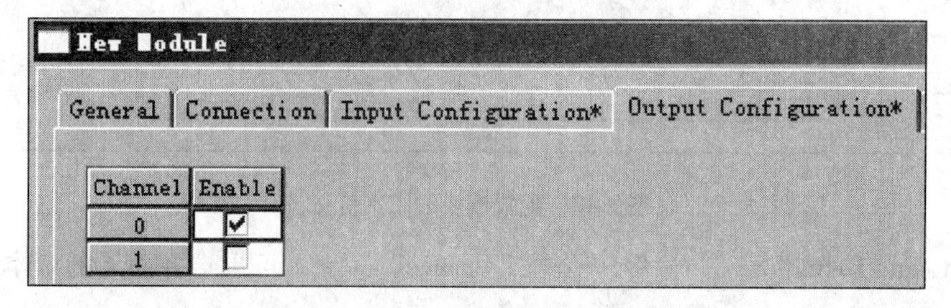

图 3-50　组态输出通道

7）组态窗口的最后一项为“Fault/Program Action”，是设置当控制器处于故障模式或编程模式下模块输出通道的状态的选项卡。如图 3-51 所示，设置输出通道 0 为当发生以上故障的时候，输出保持最后状态，通道 1 则以预先设定的值进行输出。

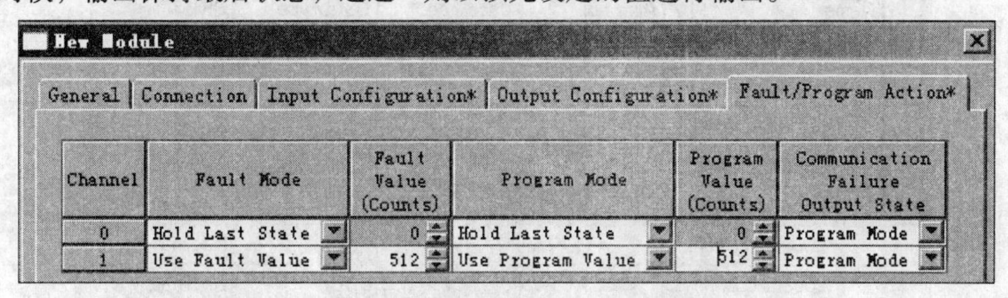
New Module

General | Connection | Input Configuration* | Output Configuration* | Fault/Program Action*

Channel	Fault Mode	Fault Value (Counts)	Program Mode	Program Value (Counts)	Communication Failure Output State
0	Hold Last State	0	Hold Last State	0	Program Mode
1	Use Fault Value	512	Use Program Value	512	Program Mode

图 3-51　组态通道的故障/编程动作

8）点击“OK”按钮，则完成了 1769-IF4XOF2 模块的组态。在控制器项目管理器中，可以看到，模块被添加到了 CompactBus 下，如图 3-52 所示。

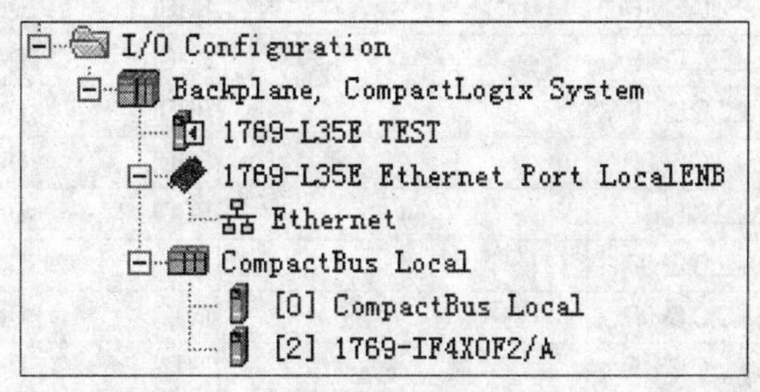

图 3-52　添加到系统中的 1769 – IF4XOF2 模块

9）双击控制器项目管理器中的“Controller Tags”，观察所生成的标签，如图 3-53 所示。

Controller Tags - TEST(controller)

Scope: TEST　Show...　Show All

Name	Alias For	Base Tag	Data Type
+-Local:2:C			AB:1769_IF4XOF2:C:0
+-Local:2:I			AB:1769_IF4XOF2:I:0
+-Local:2:O			AB:1769_IF4XOF2:O:0

图 3-53　对应模拟量模块的标签

可以看出，生成的标签有三种类型，分别为组态字标签、输入字标签和输出字标签。模块的组态信息存入到组态字标签中，输入通道的输入值存入到输入字标签中，输出通道的输出值存入到输出字标签中。

点击左边的“+”，Local: 2: C 下面列出了组态数据的具体含义。组态数据自动生成各种标签名，可直接调用，如图 3-54 所示。

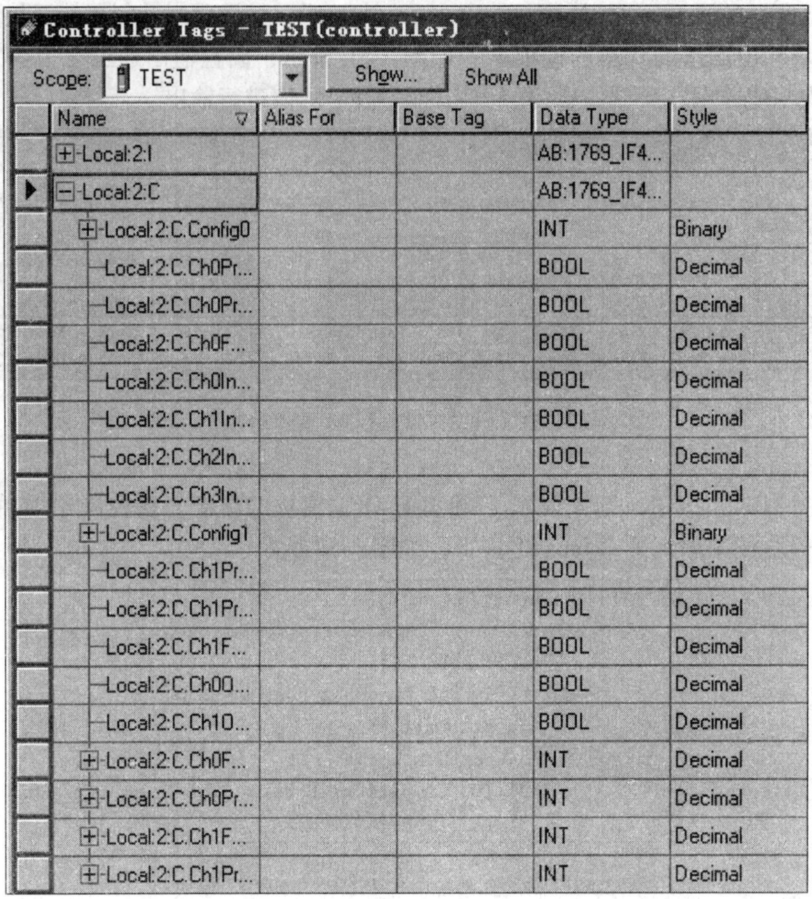

Controller Tags - TEST(controller)

Scope: TEST　Show...　Show All

Name	Alias For	Base Tag	Data Type	Style
⊞-Local:2:I			AB:1769_IF4...	
⊟-Local:2:C			AB:1769_IF4...	
⊞-Local:2:C.Config0			INT	Binary
Local:2:C.Ch0Pr...			BOOL	Decimal
Local:2:C.Ch0Pr...			BOOL	Decimal
Local:2:C.Ch0F...			BOOL	Decimal
Local:2:C.Ch0In...			BOOL	Decimal
Local:2:C.Ch1In...			BOOL	Decimal
Local:2:C.Ch2In...			BOOL	Decimal
Local:2:C.Ch3In...			BOOL	Decimal
⊞-Local:2:C.Config1			INT	Binary
Local:2:C.Ch1Pr...			BOOL	Decimal
Local:2:C.Ch1Pr...			BOOL	Decimal
Local:2:C.Ch1F...			BOOL	Decimal
Local:2:C.Ch0O...			BOOL	Decimal
Local:2:C.Ch1O...			BOOL	Decimal
⊞-Local:2:C.Ch0F...			INT	Decimal
⊞-Local:2:C.Ch0Pr...			INT	Decimal
⊞-Local:2:C.Ch1F...			INT	Decimal
⊞-Local:2:C.Ch1Pr...			INT	Decimal

图 3-54　1769-IF4XOF2 组态字结构

各组态字的含义见表 3-10。

表 3-10　1769-IF4XOF2 组态字含义

字	位															
	15	14	13	12	11	10	9	8	7	6	5	4	3	2	1	0
0	不使用								EI3	EI2	EI1	EI0	FM0	PM0		PFE0
1	不使用										EO1	EO0	FM1	PM1		PFE1
2	SGN	通道 0 故障值								0	0	0	0	0	0	0
3	SGN	通道 0 编程（空闲）值								0	0	0	0	0	0	0
4	SGN	通道 1 故障值								0	0	0	0	0	0	0
5	SGN	通道 1 编程（空闲）值								0	0	0	0	0	0	0

其中每一位的标识符的含义：

1）EI0～EI3：模拟量输入通道使能位；

2）EO0、EO1：模拟量输出通道使能位；

3）PM0、PM1：编程/等待状态输出保持位，默认为0时，当控制器由运行转换为编程状态时，输出保持最后的输出值；为1时，输出为用户定义值（对应 Word3 或 5）；

4）FM0、FM1：故障状态输出保持位，默认为0时，当控制器由运行转换为故障状态时，输出保持最后的输出值；为1时，输出为用户定义值（对应 Word2 或 4）；

5）PFE0、PFE1：安全状态位，默认为0时，为编程安全状态；为1时，为故障安全状态。

模块输入输出值范围见表3-11 和表3-12。

表 3-11　1769-IF4XOF2 输入范围

输入范围	输入值	实际输入值举例	输入范围条件	比例数值范围
DC0～10V	DC 大于 10.5V	DC11.0V	超范围	32640
	DC10.5V	DC10.5V	超范围	32640
	DC0～10.0V	DC10.0V	正常	31104
		DC5.0V	正常	15488
		DC0V	正常	0
0～20mA	大于 21mA	22.0mA	超范围	32640
	21mA	21mA	超范围	32640
	0～20mA	20mA	正常	31104
		10mA	正常	15488
		0mA	正常	0

表 3-12　1769-IF4XOF2 输出范围

输出范围	输出值	实际输出值举例	输出范围条件	比例数值范围
DC0～10V	DC 大于 10.5V	N/A	N/A	N/A
	DC10.5V	DC10.5V	超范围	32640
	DC0～10.0V	DC10.0V	正常	31104
		DC5.0V	正常	15488
		DC0V	正常	0
0～20mA	大于 21mA	N/A	N/A	N/A
	21mA	21mA	超范围	32640
	0～20mA	20mA	正常	31104
		10mA	正常	15488
		0mA	正常	0

2. 其他模拟量模块的组态方法

1769-IF4XOF2 模拟量模块在组态上相对其它模拟量模块要简单，因为没有涉及到数据格式、报警等概念，而这在组态其他模拟量模块的时候都是很重要的方面。

如图 3-55 所示为 1769-IF8 的组态窗口，可以组态的选项有通道使能、输入范围、滤波频率和数据格式。

（1）输入范围

对于不同的应用场合，模块接收模拟量信号的范围有所不同，对于 1769-IF8 模块，可以设定的输入电压，电流的范围为：－10～10V、0～5V、0～10V、1～5V、4～20mA 和 0～20mA。

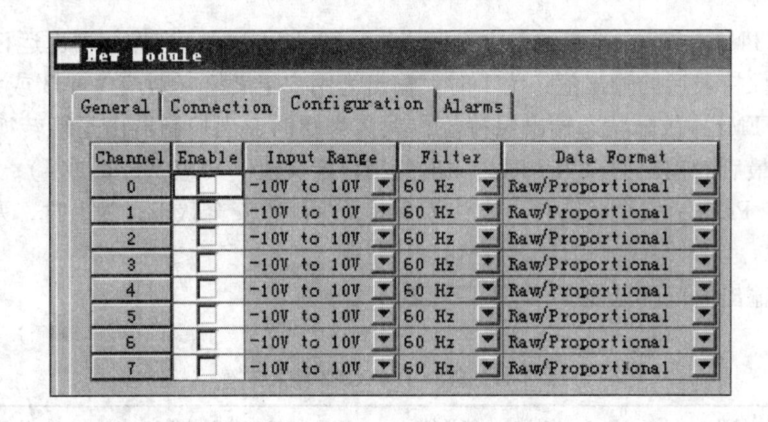

图 3-55　1769-IF8 组态窗口

（2）滤波频率

滤波频率可以对输入信号起到抗噪声干扰的作用。1769-IF8 模块提供了五种不同的滤波频率可供选择，分别为 10Hz、50Hz、60Hz、250Hz、500Hz。

滤波频率的选取将影响到抗噪声干扰的性能，选择较低的滤波频率，将提高通道抗噪声干扰的性能，但同时也增加了通道的响应时间。选择较高的滤波频率将使响应时间缩短，但通道抗噪声干扰的能力下降。表 3-13 提供了波段频率与更新时间的关系。

（3）数据格式

对应一定范围的模拟量输入，在通道的数据映像区中将以各种方式用数字量表示出来，这就是数据格式。常用的数据格式包括：工程单位、整定 PID、比例计数和百分数范围。

表 3-13　滤波频率与更新时间的关系

滤波频率/Hz	每个通道的更新时间/ms	每个模块的更新时间/ms
10	100	400
50	30	120
60	30	120
250	9	36
500	6	24

工程单位：对于电压输入类型，工程单位的标定是 1mV/step。对于电流输入类型，工程单位的标定是 1μA/step。例如，通道输入的模拟量电压是 10V，则在数据区中显示的数值为 10000。

整定 PID：整定 PID 是 14 位的无符号整数。其中 0 代表输入信号的最小值，16383 则代表输入信号的最大值。输入信号范围是与用户选择的输入类型成比例的。整定的数值范围为 0～16383。

比例计数：比例计数值是 16 位有符号整数。输入信号的范围由所选的输入类型决定，整定的数值范围是 -32768～32767，即 -32768 对应输入信号的最小值，32767 对应输入信号的最大值。

百分数范围：数据以百分数的形式表示出来。例如，整定的输入范围为 0～10V，则对应的为 0～100% 的数值。

数据格式与各输入范围的对应关系见表 3-14。

表 3-14　1769-IF8 的数据格式

1769-IF8 输入范围	全范围	比例计数	工程单位	整定 PID		百分数	
		全范围		正常操作范围	全范围	正常操作范围	全范围
-10~10V	-10.5~10.5V	-32767~32767	-10500~10500	0~16383	-410~16793	-100%~100%	-105%~105%
0~5V	0~5.25V	-27068~32767	0~5250		0~17202	0~100%	0~105%
0~10V	0~10.5V	-29788~32767	0~10500				
4~20mA	3.2~21mA	-32767~32767	3200~21000		-819~17407		-5%~106.25%
1~5V	0.5~5.25V		500~5250		-2048~17407		-12.5%~106.25%
0~20mA	0~21mA		0~21000		0~17202		0~105%

（4）报警

1769-IF8 模块为每一个通道提供报警功能，当输入的信号高于高报警值或低于低报警值的时候，将发生报警。报警选项卡的设置如图 3-56 所示。

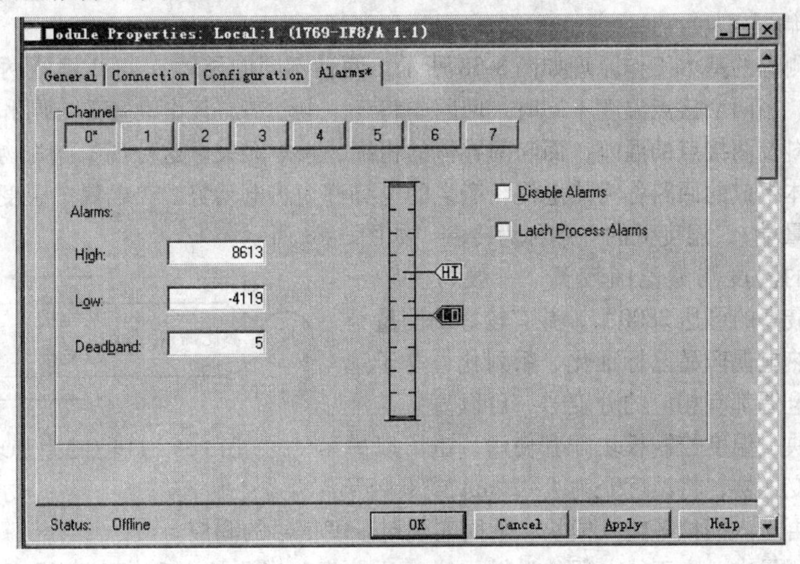

图 3-56　报警设置

选择需要设置报警的通道，然后将“Disable Alarms”前面的钩取消，即可使能报警功能。在“Alarms”一栏中，设置报警的高限位值和低限位值以及死区。死区按输入的值对设定点进行上下扩充，如图 3-57 所示。

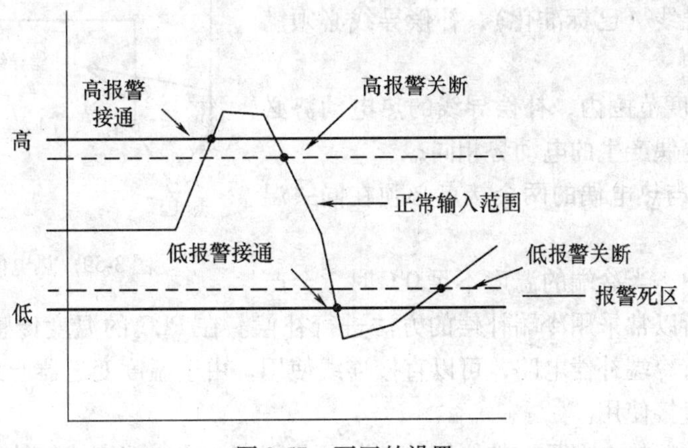

图 3-57　死区的设置

3.4　热电偶及热电阻模块

热电偶模块（1769-IT6）和热电阻模块（1769-IR6）属于温度模块，用来接收来自温度传感器的信号，并将以数字量表示的值传给 CompactLogix 控制器。与热电偶模块配合使用的温度传感器为热电偶，与热电阻模块配合使用的温度传感器为热电阻。使用温度模块相当于在温度传感器后面配置了变送器和 A/D 转换器，温度模块送给控制器的数据是现场的实际温度，便于监视。用温度模块与模拟量输出模块配合使用，可实现温度的自动控制。下面介绍热电偶及热电阻的测温原理。

3.4.1　热电偶及热电阻模块的测温原理

1. 热电偶测温

热电偶测温的基本工作原理如图 3-58 所示，两种不同的导体 A 与 B 组成两个接点，形成闭合回路。当两个接点温度不同时，回路中将产生电动势，该电动势的方向和大小取决于两导体的材料及两接点的温差，而与两导体的粗细、长短无关。这种现象称为物体的热电效应，两种导体组成的回路称为热电偶，产生的电势称为热电动势。热电偶中温度高的一端称为热端（测量端），温度低的一端称为冷端，如图 3-58 所示。

热电偶的温度测量范围较宽，一般为 －50 ~ ＋1600℃，最高的可达 2800℃，并有较好的测量精度。另外，热电偶产品已标准化、系列化，易于选用。各种热电偶都有相应的分度号，可以直接与温度传感器模块、温度控制模块配套使用，也可以另外配接温度变送器，将温度变为 4 ~ 20mA 或 1 ~ 5V 等模拟信号再送入模拟量输入模块，从而实现对温度信号的测控。

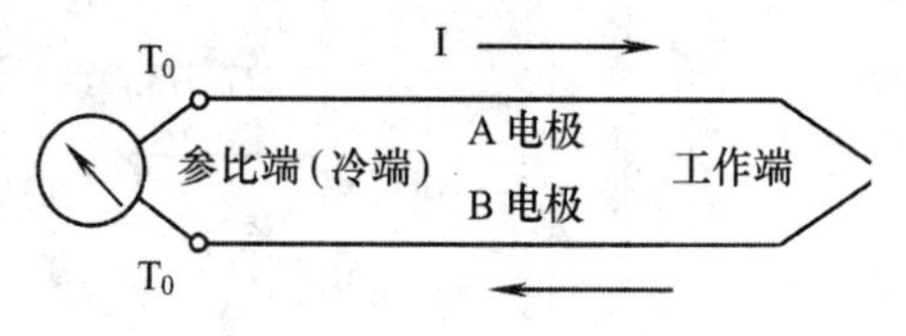

图 3-58　热电偶工作原理图

在实际测量中，由于热电偶的材料一般都比较贵，当测量点到仪表之间（热端与冷端之间）的距离较远时，为了节省热电偶的材料（或采用标准化的系列产品），通常在热电偶冷端接点上采用补偿导线，用它引入仪表，如图 3-59 所示。

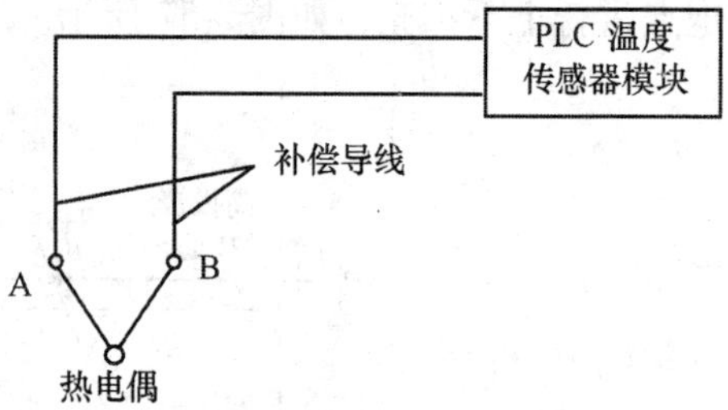

补偿导线采用多股廉价金属制造，不同热电偶采用不同的补偿导线（已标准化），补偿导线必须满足两个条件：

1）在一定温度范围内，补偿导线的热电动势必须与所延长的热电偶产生的电动势相同；

2）补偿导线与热电偶的两个接点必须在同一温度下。

图 3-59　热电偶补偿导线

在实际应用中，当冷端的温度不足 0℃时，会产生测量的误差，所以常采用冷端补偿的方法进行补偿。在 PLC 的温度传感器模块和温度控制模块上直接带有冷端补偿电路，可以直接连线使用。由于温度变送器产品自带冷端补偿电路，所以也可以直接使用。

与热电阻相比，热电偶具有结构简单、测量范围宽、响应速度快等特点，而且无需测量电路就能直接将温度的变化转化成输出电压的变化。但热电偶的稳定性不如热电阻，当被测温度较低时输出的热电动势较低，这时因自由端温度变化等因素引起的误差就显得很突出。因此，热电偶一般多用在中高温区测温。

2. 热电阻测温

热电阻测温是利用物质在温度变化时本身电阻也随着发生变化的特性来测量温度的，其主要材料有铂、铜和镍。

铂热电阻具有良好的稳定性和大的测量温度范围，其温度测量范围在 -200 ~ +600℃之间。但由于铂是贵金属，价格较高，所以主要用于高精度的温度测量和标准测温装置。

镍热电阻的温度测量范围在 -100 ~ +300℃之间。

铜热电阻的温度测量范围在 -50 ~ +150℃间。在一些测量精度要求不高，测量范围较小的情况下，铜热电阻被广泛采用。

目前，铜热电阻和铂热电阻都已标准化，并且有系列化的各种型号传感器，适用于各种场合。由于铂热电阻在零度时电阻值 $R=100\Omega$，铜热电阻在零度时电阻值 $R=50\Omega$，因此在传感器与测量仪表之间的引线过长会引起测量误差。在工业测量中，热电阻与仪表或放大器接线有两种方式，即两线制和三线制。两线制的引线电阻有一定要求，铜热电阻不超过零度电阻值的 0.2%，铂热电阻不超过零度电阻值的 0.1%。采用三线制可以消除由于连接线过长及连接线电阻随环境温度变化而引起的误差，其接线方法如图 3-60 所示。

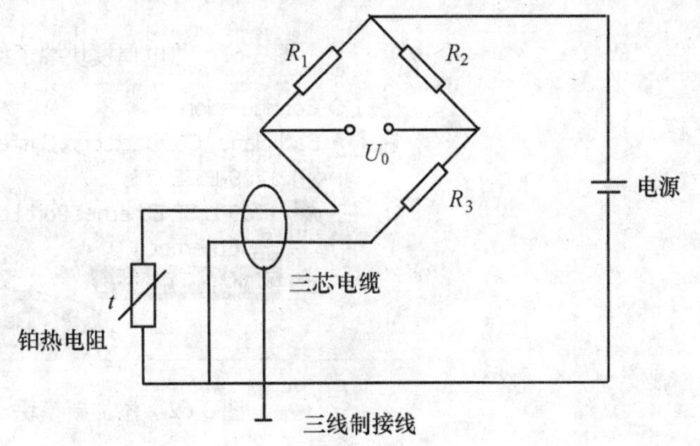

图 3-60　热电阻与仪表的连接方式

3.4.2　1769-IT6 热电偶模块硬件特性及组态

1. 热电偶模块的接线

1769-IT6 热电偶模块的端子接线如图 3-61 所示。

模块的输入电路包括 6 个微分模拟量输入端口，它们通过一个多路复用器连在一个 A/D 转换器上，A/D 转换器的作用是将模拟量信号转化成数字量。输入电路还包括两个冷端补偿传感器（CJC sensor），它不断地从冷端补偿传感器采样，来补偿冷端温度变化所带来的测量误差。

冷端补偿传感器对测量的准确性至关重要。冷端补偿传感器所测得的温度为热电偶的连线和模块输入通道之间的终端连接处的温度，以此温度来补偿热电偶所测得的温度使测量值更精确。两个冷端补偿传感器和可拆卸的端子是结合在一起的，不可以移除。

2. 热电偶模块的组态

使用 RSLogix5000 编程软件对 1769-IT6 热电偶模块进行组态。其步骤如下：

1）新建一个 RSLoix5000 的工程，在“CompactBus Local”上点击右健，选择“New Module”，添加要组态的模块，如图 3-62 所示。

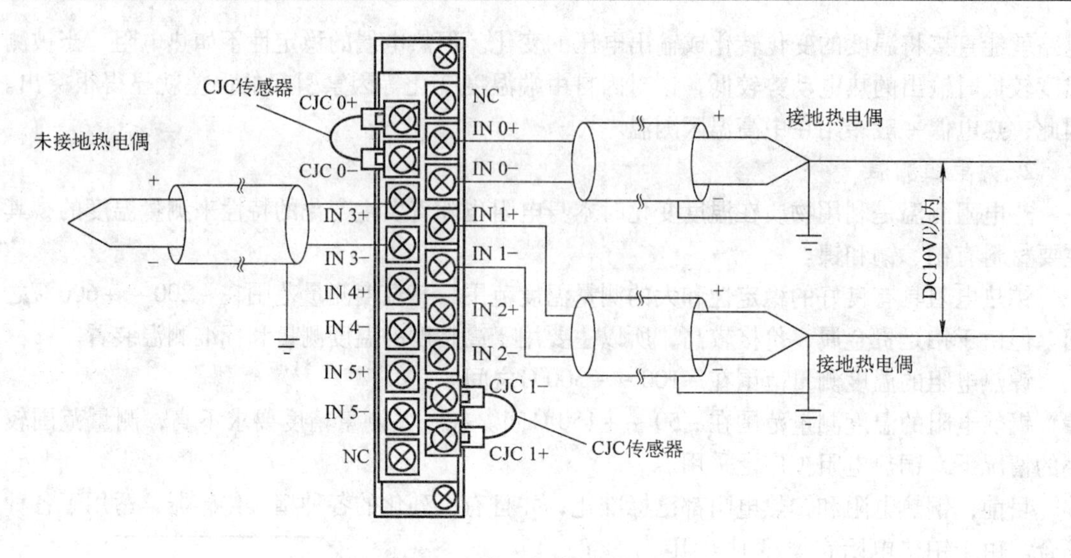

图 3-61　热电偶模块端子接线

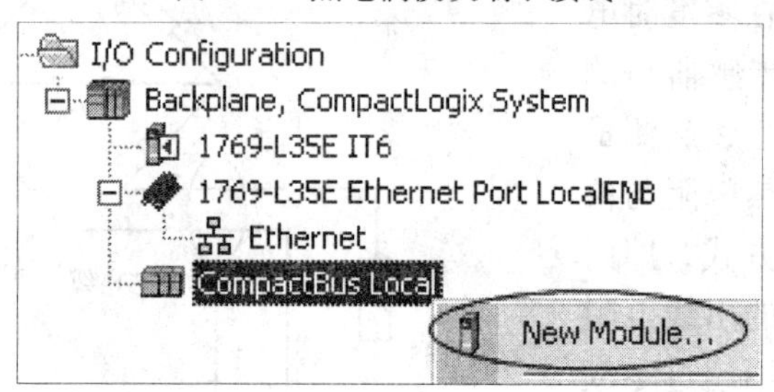

图 3-62　添加新模块

2）在弹出的窗口中选择模块类别，然后选择要添加的模块。在此，我们选择 1769-IT6 热电偶，点击“OK”按钮添加模块，如图 3-63 所示。

Select Module

Module	Description	Vendor
Analog		
1769-IF4	4 Channel Current/Voltage Analog Input	Allen-Bradley
1769-IF4I	4 Channel Isolated Analog Current/Voltage Input	Allen-Bradley
1769-IF4XOF2	4 Channel Input/2 Channel Output Low Resolution Analog	Allen-Bradley
1769-IF8	8 Channel Current/Voltage Analog Input	Allen-Bradley
1769-IR6	6 Channel RTD/Direct Resistance Analog Input	Allen-Bradley
1769-IT6	6 Channel Thermocouple/mV Analog Input	Allen-Bradley
1769-OF2	2 Channel Current/Voltage Analog Output	Allen-Bradley
1769-OF4CI	4 Channel Isolated Analog Current Output	Allen-Bradley

图 3-63　选择要添加的模块

3）在弹出窗口中的“General”选项卡中，选择模块所处的槽号并为模块命名，如图 3-64 所示。

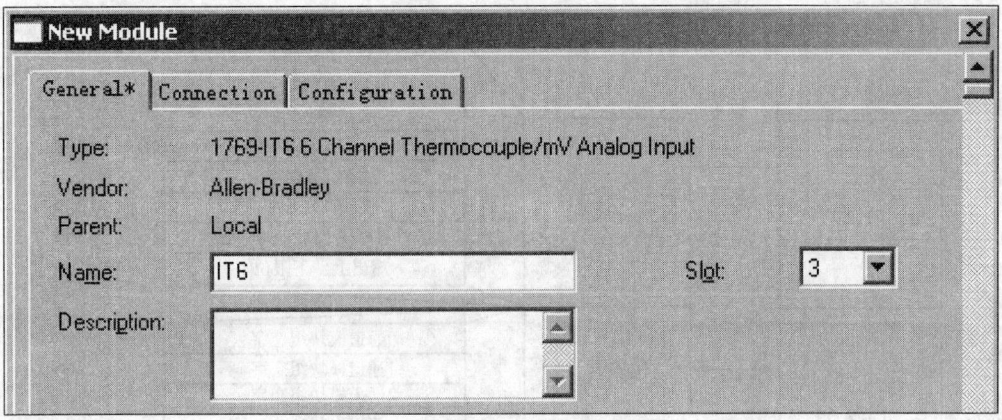

图 3-64　设置模块的常规属性

4）选择“Configuration”选项卡，设置模块的组态参数，如图 3-65 所示。

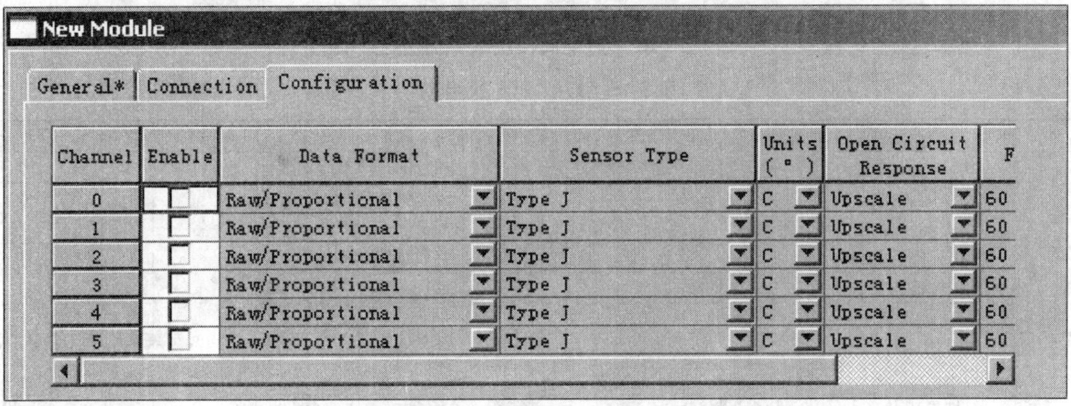

图 3-65　模块的组态参数

模块的组态包括通道使能、数据格式、热电偶类型、温度单位、开路响应和滤波频率。

打开处理器的控制器标签，添加模块生成的标签，如图 3-66 所示。其中由两个部分组成，输入映像区“Local: 3: I”和组态映像区“Local: 3: C”。

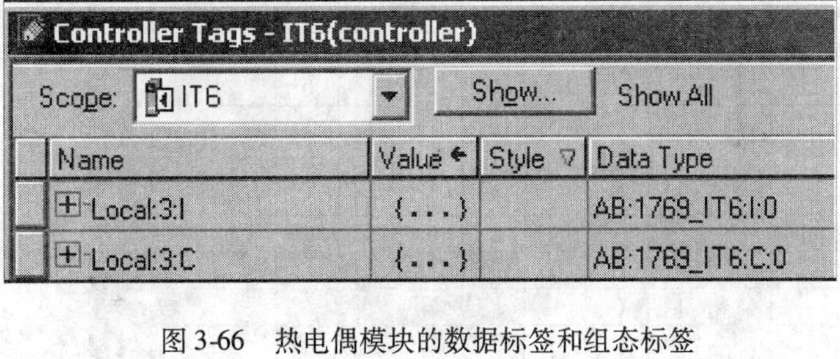

图 3-66　热电偶模块的数据标签和组态标签

输入映像区由 8 个字组成，组态映像区由 7 个字组成。映像区分配如图 3-67 所示。

组态字中各个位的含义见表 3-15。

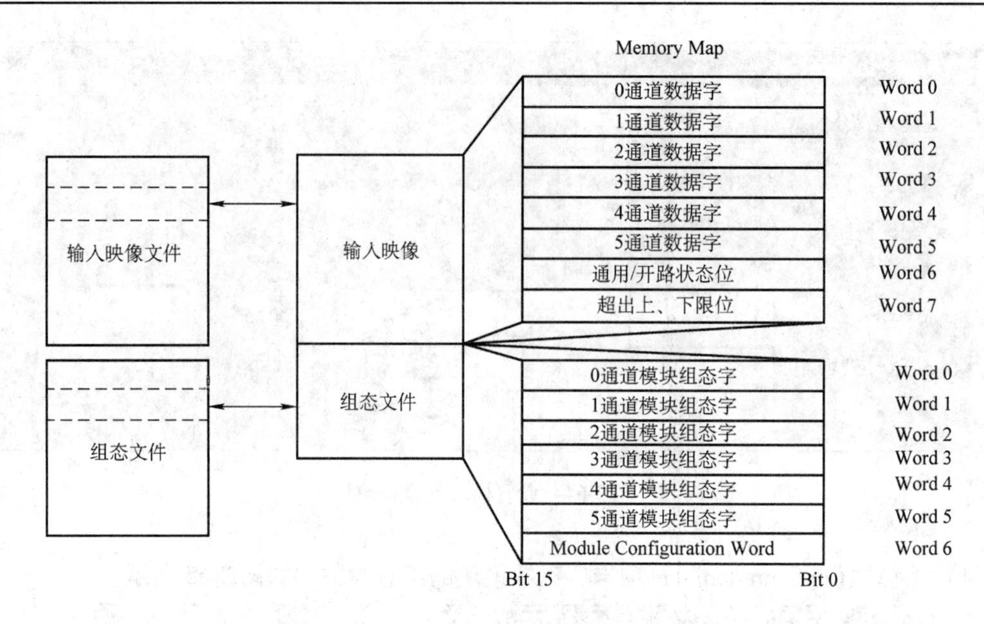

图 3-67　热电偶模块映像区分配

表 3-15　1769-IT6 的组态字

功　能	选　　项	15	14	13	12	11	10	9	8	7	6	5	4	3	2	1	0
滤波频率	10Hz 输入滤波														1	1	0
	50Hz 输入滤波														0	0	0
	60Hz 输入滤波														0	0	1
	250Hz 输入滤波														0	1	1
	500Hz 输入滤波														1	0	0
	1kHz 输入滤波														1	0	1
开路	最大值										0	0					
	最小值										0	1					
	保持最后状态										1	0					
	零										1	1					
温度单位	摄氏度									0							
	华氏度									1							
输入类型	J 型热电偶					0	0	0	0								
	K 型热电偶					0	0	0	1								
	T 型热电偶					0	0	1	0				不使用				
	E 型热电偶					0	0	1	1								
	R 型热电偶					0	1	0	0								
	S 型热电偶					0	1	0	1								
	B 型热电偶					0	1	1	0								
	N 型热电偶					0	1	1	1								
	C 型热电偶					1	0	0	0								
	-50 ~ +50mV					1	0	0	1								
	-100 ~ +100mV					1	0	1	0								
数据格式	比例计数		0	0	0												
	工程单位 ×1		1	0	1												
	工程单位 ×10		1	0	0												
	整定 PID		0	1	0												
	百分数范围		0	1	1												
通道使能	禁止	0															
	使能	1															

说明：

1）通道使能：通道使能位占用的是组态字中的第15位。如果此位置1，则相应的通道使能；如果此位置0，则通道关闭。IT6模块只扫描被使能的通道。被关闭的通道模块将不扫描，这样可以缩短扫描时间，提高执行效率。

2）数据格式：IT6的数据格式有工程单位、整定PID、比例计数等。占用的是组态字中的12、13、14位。其中：

①工程单位：有×1和×10两种形式。如果选择×1的形式，则工程单位的标定是0.1或0.01mV/step。如果选择×10形式，则工程单位的标定是1.0或0.1mV/step。

②整定PID：是14位的无符号整数，0代表最低的数值，16383则代表满量程数值。输入信号范围是与用户选择的输入类型成比例的，整定的数值范围为0~16383。它与PID指令算法相兼容，可直接应用于PID指令，而不需要再进行整定。所测量温度和数据映像区中数值的关系如图3-68所示。热电偶所能测量的温度范围为-200~630℃。

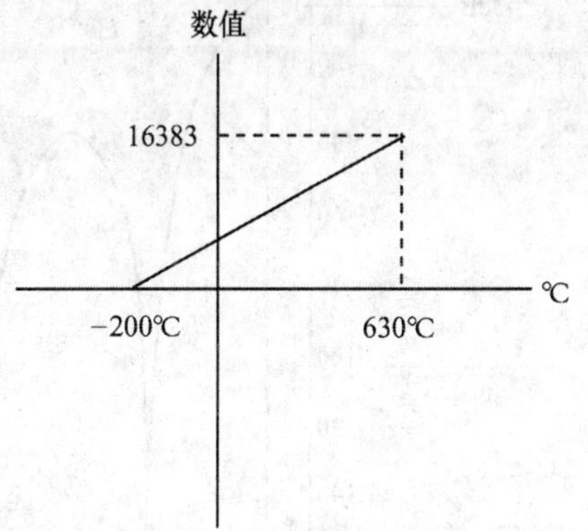

图3-68 所测温度与数值的关系

③选择不同输入类型和不同数据格式的时候，数据映像区中的数据范围见表3-16。

表3-16 NT8的数据格式

输入类型	工程单位×10		工程单位×1		整定PID	比例计数
	摄氏度	华氏度	摄氏度	华氏度		
J	-210~760	-346~1400	-2100~7600	-3460~14000	0~16383	-32768~32767
K	-270~1370	-454~2498	-2700~13700	-4540~24980	0~16383	-32768~32767
T	-270~400	-454~752	-2700~4000	-4540~7520	0~16383	-32768~32767
E	-270~1000	-454~1832	-2700~10000	-4540~18320	0~16383	-32768~32767
R	0~1768	32~3214	0~17680	320~32140	0~16383	-32768~32767
S	0~1768	32~2372	0~17680	320~23720	0~16383	-32768~32767
B	300~1820	572~3308	3000~18200	5720~33080	0~16383	-32768~32767
N	0~1300	32~2372	0~13000	320~23720	0~16383	-32768~32767
±50mV	-500~500	-500~500	-5000~5000	-5000~5000	0~16383	-32768~32767
±100mV	-1000~1000	-1000~1000	-10000~10000	-10000~10000	0~16383	-32768~32767

3）开路状态：占用的是通道组态字的5、6位。它定义了当通道电路发生开路的时候（如热电偶的接线断开或与端子接触不良），通道数据映像区中的数值将处于怎样的状态，有零、最大值、最小值和保持最后状态的四种情况可供选择。

①选择零，则当开路条件发生的时候，相应通道的数据字的值被强制置零。

②选择最大（小）值，则当开路条件发生的时候，相应通道数据字的值被置为整定值的最大（小）值。这个整定值的最大（小）值是由所选择的输入类型和数据格式所决定的。

③选择保持最后状态，则当发生开路的时候，通道的数据字保持不变。

4）温度单位：占用的是组态字的第7位。此位用来选择当通道被组态成热电偶输入的时候，工程单位将是以摄氏度显示还是以华氏度显示。置0是以摄氏度为单位显示，置1是以华氏度为单位显示。

5）滤波频率：1769-IT6 有 6 种通道滤波频率可供选择，选择较低的滤波频率，将使通道抗噪声的能力增强，但同时通道的更新时间变长。如果选择较高的滤波频率，模块拥有较低的抗噪声的能力，但模块的更新时间缩短。

滤波频率还影响到通道的截止频率，也叫 -3dB 频率。以 10Hz 的滤波频率为例，它的截止频率如图 3-69 所示。

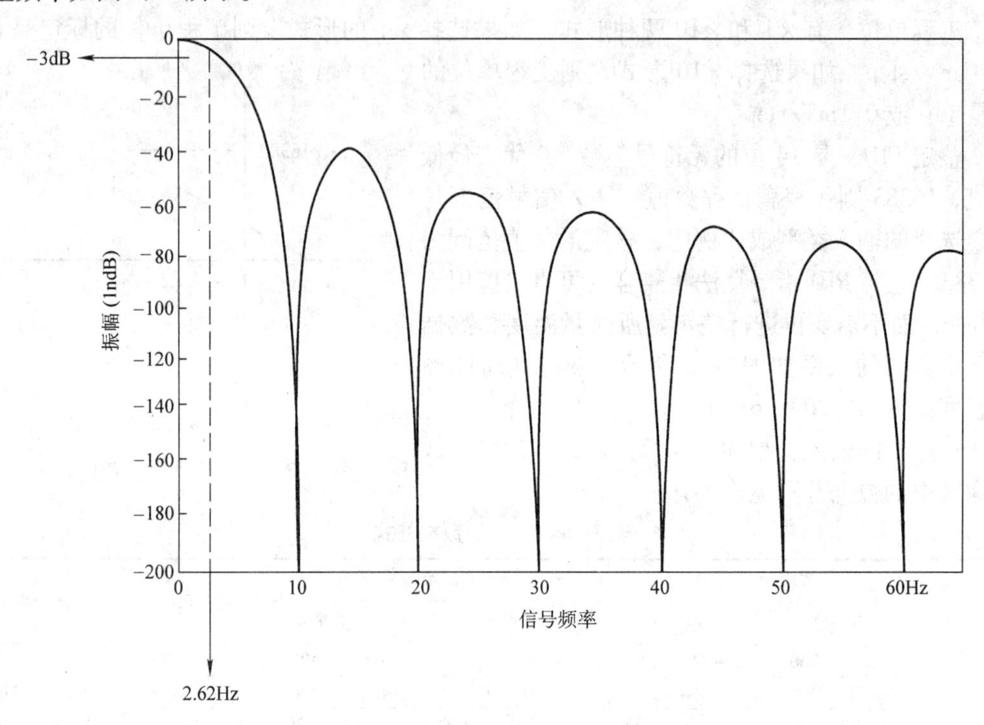

图 3-69　10Hz 滤波频率下的截止频率特性

由图中可知，选择 10Hz 的时候所对应的截止频率为 2.62Hz。不同滤波频率下所对应的截止频率见表 3-17。

表 3-17　滤波频率与截止频率的对应关系

滤波频率/Hz	截止频率/Hz
10	2.62
50	13.1
60	15.72
250	65.5
500	131
1k	262

滤波频率还影响到通道的阶跃响应。阶跃响应时间是模拟量信号达到它希望值的 95% 所需要的时间，这就意味着如果输入信号的变化比通道的阶跃响应时间快，则信号的一部分将被通道的滤波频率削弱。

3.4.3　热电偶模块应用举例

1. 系统及组态

本实验使用 lompactLogix L35E 控制器作为控制系统，并以罗克韦尔公司的 SK-2-10 型管式电阻炉为实际对象，采用 1769-IT6 热电偶模块进行测温和 PID 闭环控制，系统结构如图 3-70 所示。

带有 RSLogix5000 软件的个人计算机把程序下载到控制器中。热电偶输入模块 1769-IT6 读入传来的热电偶温度信号，经过控制器中的程序运算以后，由模拟量输出模块输出电压信号，控制执行环节（晶闸管电压调整器和晶闸管触发电路），进而控制炉温。

通过调节双向晶闸管的通断及输出的大小来调节电炉丝的输出功率，由温度监测元件热电偶将采集到的炉膛温度信号通过模数转换，变成数字量，编制好的程序对其进行计算，得到实际温度值，再与给定温度值相比较，得到的偏差值经过 PID 运算后，输出的数字量经过数模转换，再送给晶闸管电压调整器，生成晶闸管脉冲触发信号。该信号触发晶闸管电路（即调节供电电压每个周期的导通角），最终的输出电压给电路供电。通过调整晶闸管触发信号（即调节供电电压每个周期的导通角），即可控制电路电压的通断及大小，进而达到控制炉温的目的。

控制系统的配置如图 3-71 所示。第 2 槽为 1769-OF2 模拟量模块，第 3 槽为 1769-IT6 热电偶模块。

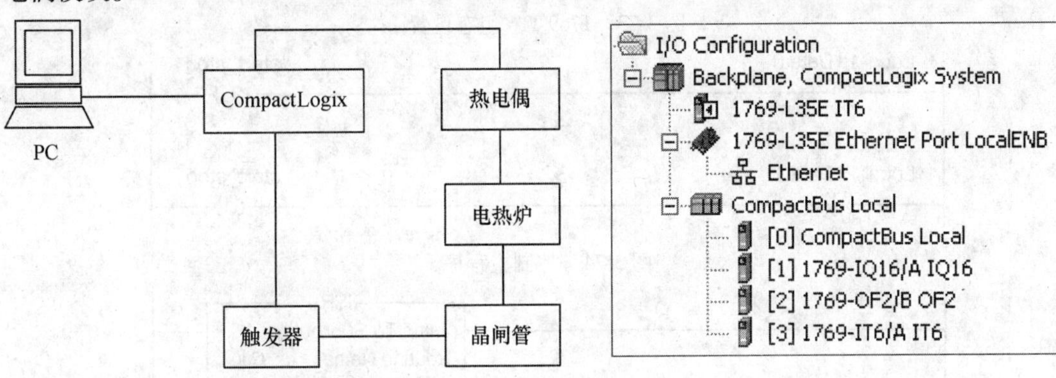

图 3-70　炉温控制系统结构图　　　　图 3-71　控制器系统组成

1769-OF2 模拟量模块的组态如图 3-72 所示。

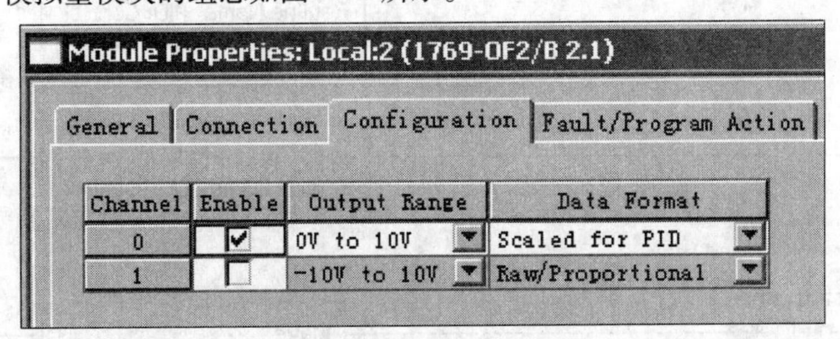

图 3-72　1769-OF2 组态设置

1769-IT6 热电偶模块的组态如图 3-73 所示。

2. 程序设计

程序共分为四个部分：主控程序、冷端补偿子程序、PID 控制子程序、控制输出子程序。

（1）主控程序

如图 3-74 所示，设置起、停位控制，在程序中用“Local：1：I. Data. 0”和“Local：1：I. Data. ”来控制输出子程序入口“start _ stop”的通断，即系统的起、停。

主程序依次调用子程序，以完成整个控制器的功能。其中控制输出子程序的调用要根据起、停控制位的状态而定，当控制位置 1 时才能调用控制输出子程序，如图 3-75 所示。

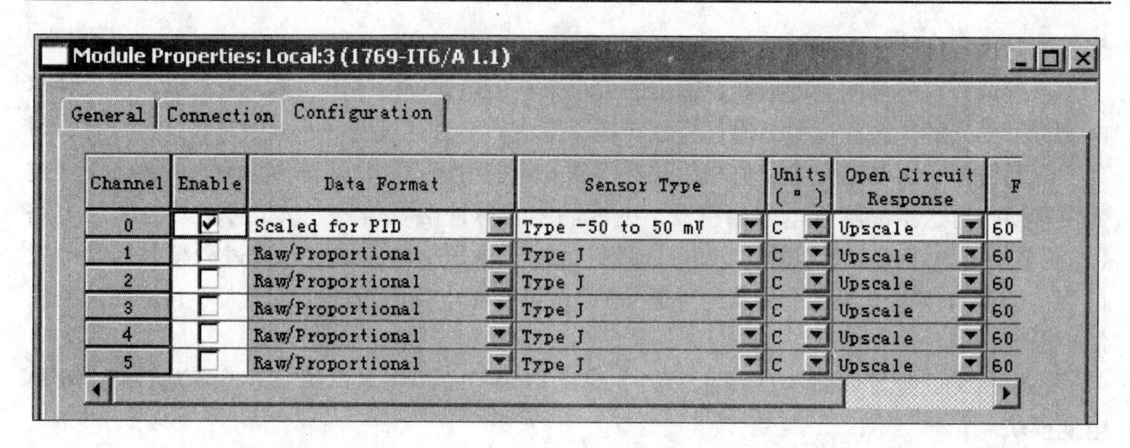

图 3-73　1769-IT6 组态设置

图 3-74　控制主程序

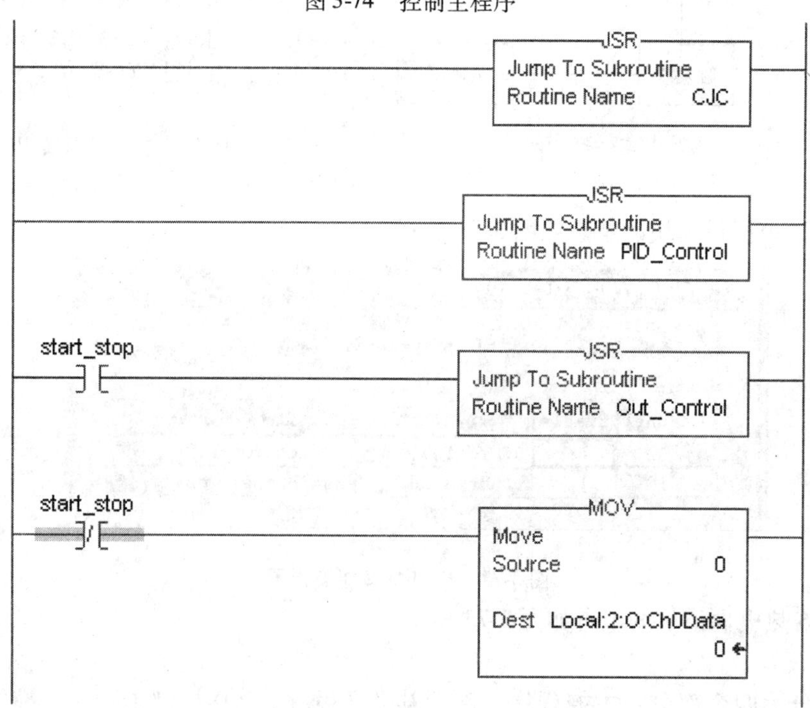

图 3-75　调用子例程

（2）冷端补偿子程序

对于 AB 公司出产的标准热电偶，都有相应配套的冷端补偿硬件。而我们所使用的热电偶不是标准热电偶。所以要在软件中实现冷端的补偿，这只是一种近似的，粗糙的补偿方法。

热电偶工作的曲线可以近似看成是线性的，即热电偶的工作端和冷端的温差和热电偶的输出电动势差成正比而与两端单独的温度无关。这样，只需用热电偶得出工作端和冷端的温度差，并用程序加入冷端的温度量，即完成了软件的冷端补偿。

如图3-76所示程序中，把实际的冷端温度值（这里设为20℃）按比例整定到0～16383的数值范围之后，加入到过程变量中去。

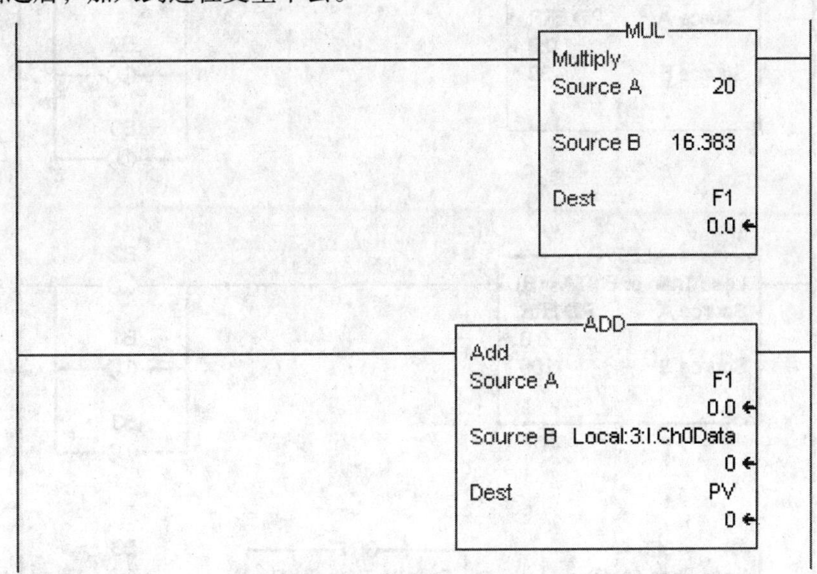

图3-76　冷端补偿子程序

（3）PID 控制子程序

如图3-77所示。

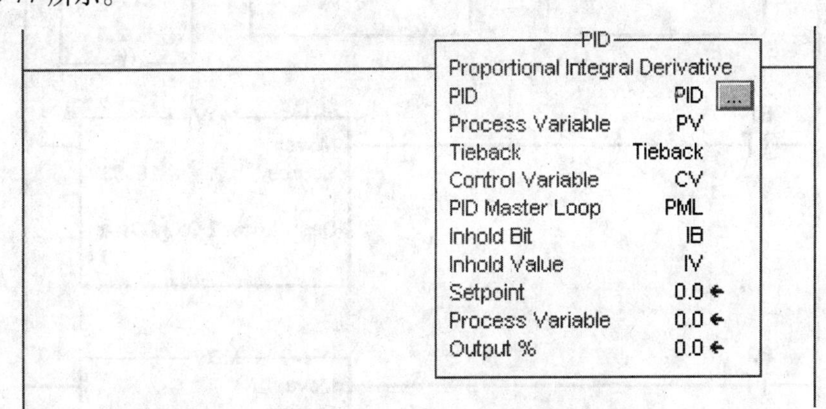

图3-77　PID 控制子程序

（4）控制输出子程序

控制输出的主要目的是对系统进行非线性的控制。当设定点比过程变量要大得多时，使控制系统满量程输出；当设定点比过程变量小得多时，使控制系统输出锁零；当设定点和过程变量的差值在一个较小的范围内时，使控制系统输出 PID 计算值，如图3-78所示。

程序中设计输出大小定义为：

1）SP-PV≥100时，输出值为最大值16383，使晶闸管触发器触发角为100%，即最大电压供电，使炉子快速升温；

2）SP-PV > -30 并且 SP-PV < 100时，输出为 PID 控制；

3）SP-PV < -30时，输出值为0，禁止晶闸管触发器触发，停止供电。

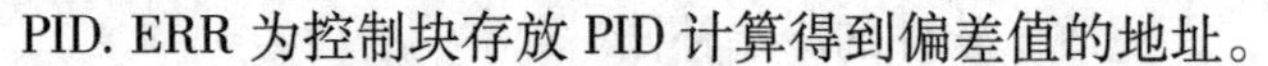

PID. ERR 为控制块存放 PID 计算得到偏差值的地址。

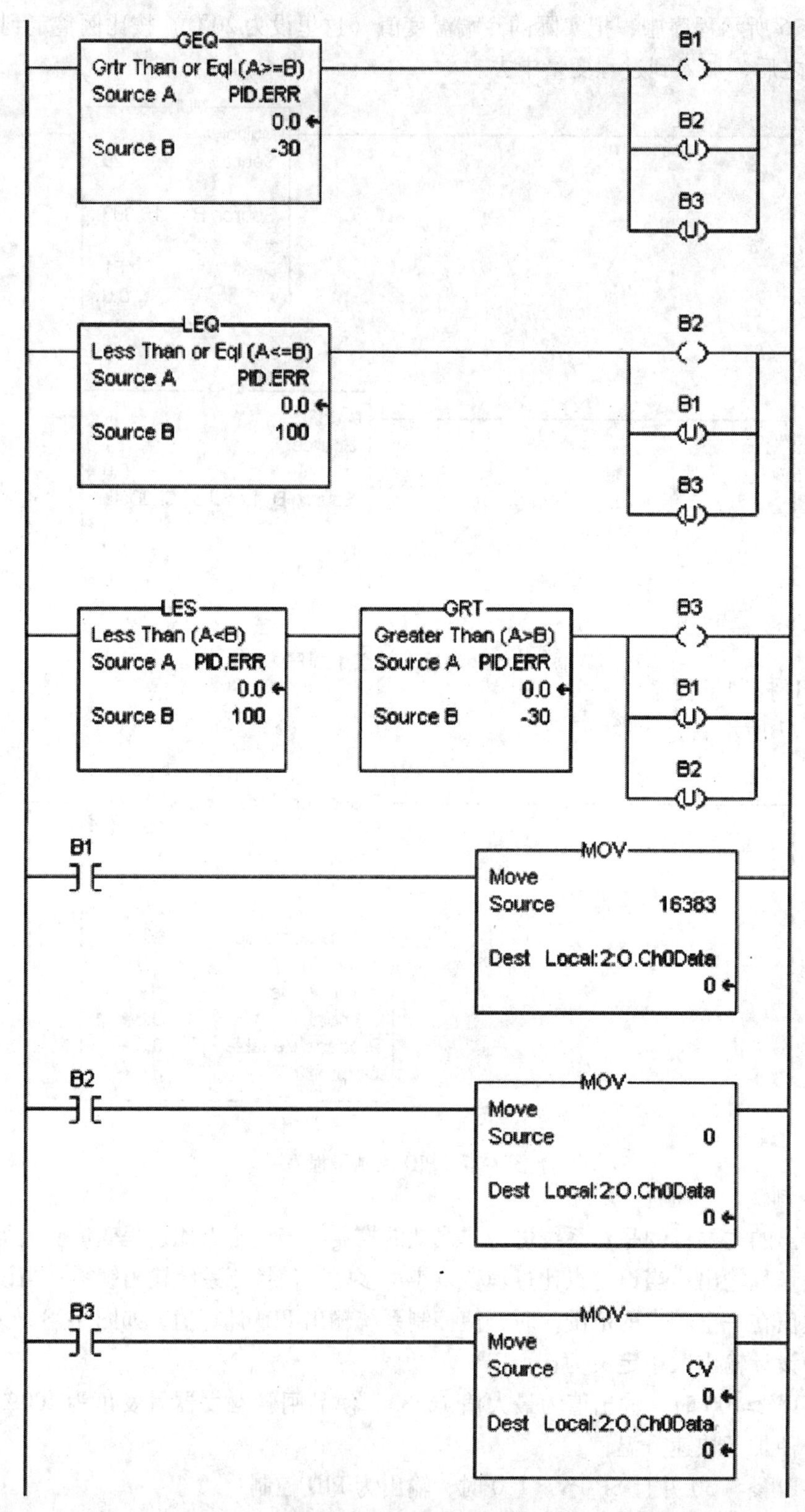

图 3-78　控制输出子程序

3.5　高速计数模块

1769-HSC 高速计数模块用计数器提供对来自编码器和各种高速开关的输入进行双向计数功能。这种模块接收高频率的输入脉冲，以进行快速运动的精密控制。其典型的应用如包装、材料处理、流量检测、定长切割、电动机速度控制以及加工等。1769-HSC 高速计数模块如图 3-79 所示。

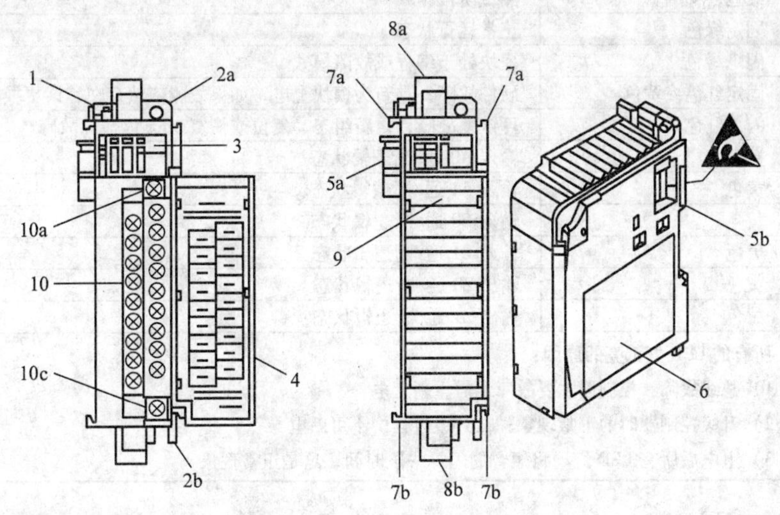

图 3-79　1769-HSC 模块

图 3-79 中各个部分的名称见表 3-18。

表 3-18　1769-HSC 模块硬件特性描述

标号	描　述	标号	描　述
1	总线杆	7a	上槽
2a	上面板固定键	7b	下槽
2b	下面板固定键	8a	上 DIN 导轨锁销
3	模块状态 LED（6 输入，4 输出，1 熔丝，1OK）	8b	下 DIN 导轨锁销
4	带标签的模块端子盖	9	用户自定义可写标签
5a	带插槽的总线连接器	10	端子块
5b	带插针的总线连接器	10a	端子块上垫板螺钉
6	标识标签	10b	端子块下垫板螺钉

模块的面板上有 12 个 LED 指示灯，表示模块在工作时的状态，如图 3-80 所示。每个指示灯不同状态的含义见表 3-19。

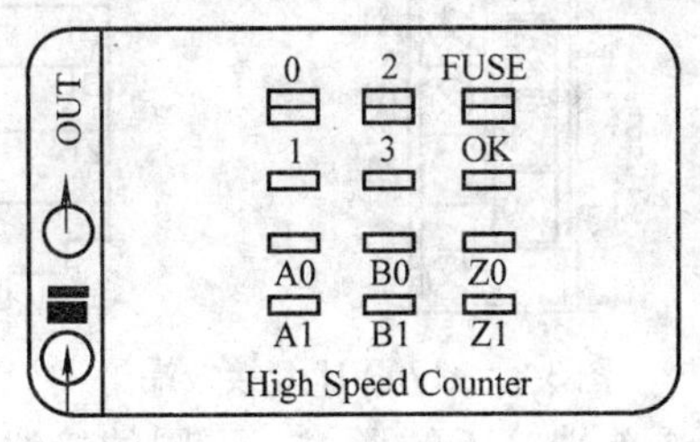

图 3-80　1769-HSC 指示灯

表 3-19　指示灯状态含义

LED	颜　色	描　述
0 OUT	黄色	输出 0 通/断逻辑状态
1 OUT	黄色	输出 1 通/断逻辑状态
2 OUT	黄色	输出 2 通/断逻辑状态
3 OUT	黄色	输出 3 通/断逻辑状态
FUSE	红色	过电流
OK	熄灭	没有供电
	红色（短暂）	测试阶段
	固定绿色	正常运行状态
	闪烁绿色	模块处于编程或故障模式
	固定红色或黄色	硬件故障，重新为模块上电，如果故障依然存在，请更换模块
	闪烁红色	可恢复故障，重新组态、复位或恢复 error 以清除故障
A0	黄色	输入 A0 通/断逻辑状态
A1	黄色	输入 A1 通/断逻辑状态
B0	黄色	输入 B0 通/断逻辑状态
B1	黄色	输入 B1 通/断逻辑状态
Z0	黄色	输出 Z0 通/断逻辑状态
Z1	黄色	输出 Z1 通/断逻辑状态
全亮	所有的 LED 灯都亮的原因： 1）总线故障：控制器主要故障，需重新上电 2）升级控制器时的正常现象：在升级过程中不可断电 3）上电后所有 LED 灯均将短暂的闪烁一段时间，这是正常现象	

3.5.1　高速计数模块的接线及操作

1. 1769-HSC 的接线

模块的端子如下图所示，其输入输出点是与 1769 CompactBus 相隔离的。每一个输入点需要两个输入端子，例如，输入点 A0 需要 A0 + 和 A0 – 端子，如图 3-81 所示。

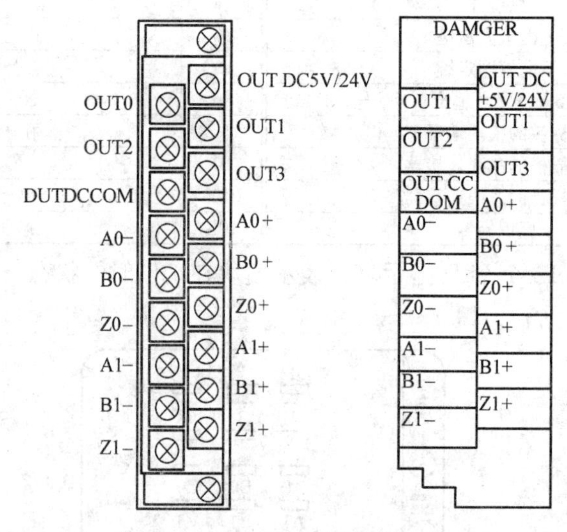

图 3-81　1769-HSC 接线端子

模块可以接线为差分输入或单端输入的形式，不同的接线方式分别如图 3-82 和图 3-83 所示。

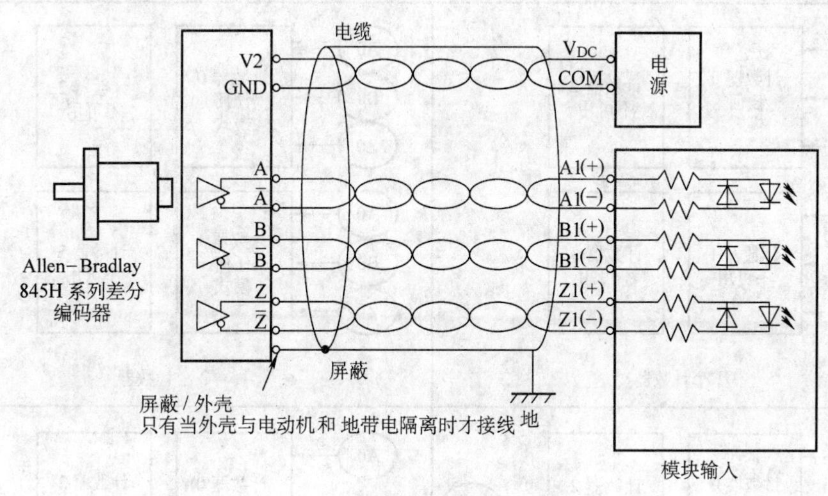

图 3-82　模块的差分输入接线

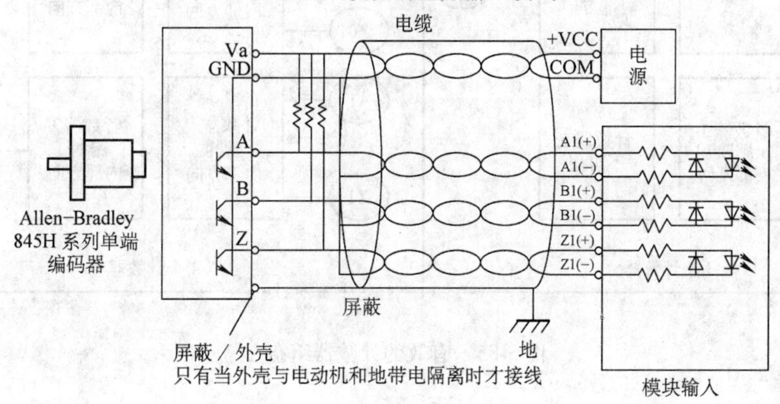

图 3-83　模块的单端输入接线

模块还有 4 个输出端子，需要外接直流电源，用以向所连接的外设提供 +5 ~ +30V 范围的直流电压。模块的输出端子之间彼此是不隔离的，但与输入端子和 1769 CompactBus 是隔离的。输出接线如图 3-84 所示。

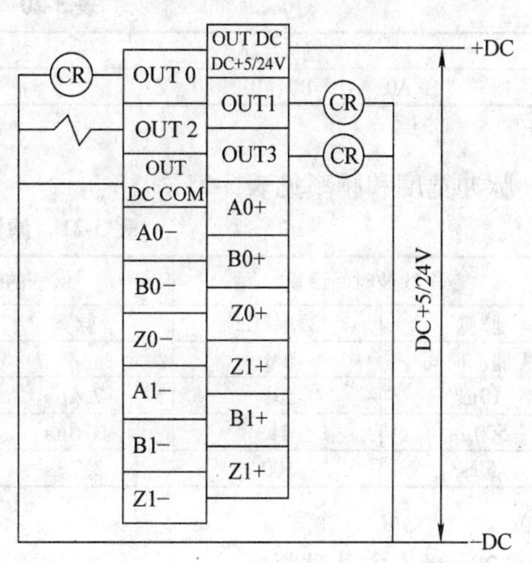

图 3-84　模块的输出接线

2. 模块的操作

在介绍高速计数模块的组态之前，我们先来熟悉一下组态过程中涉及到的几个概念。

（1）计数器个数

1769-HSC 高速计数模块有 6 个输入点，A0、B0、Z0、A1、B1 和 Z1。通过这 6 个输入点的组合，最多可以组态为 4 个计数器。每种计数器下所能组态的有效模式如图 3-85 所示。

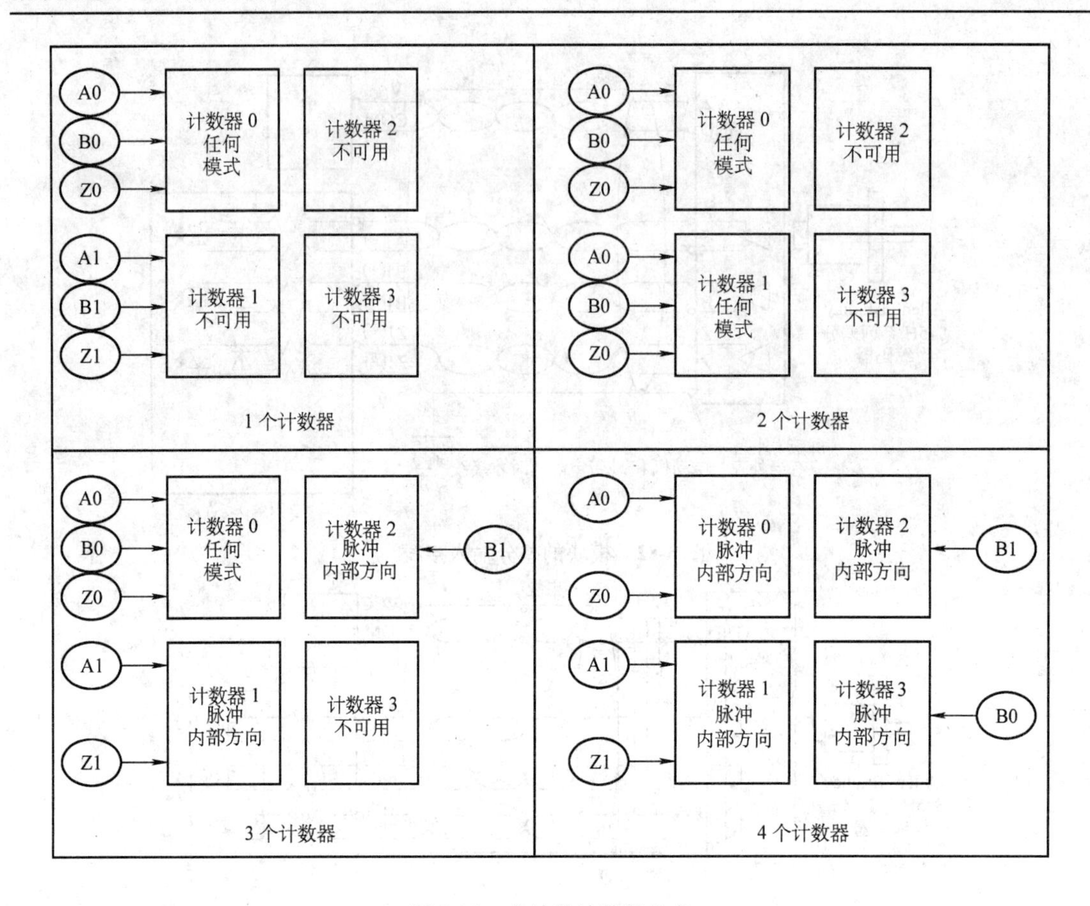

图 3-85　有效的计数器组态

（2）输入滤波

噪声干扰可能影响到计数的准确性，通过模块内置的滤波器进行滤波可以消除高频噪声的干扰，提高计数的精度。可选的滤波时间见表 3-20。

表 3-20　有效滤波时间

输　入	滤 波 时 间
A0、A1、B0、B1、Z0、Z1	5ms、500μs、10μs、无滤波时间

脉冲宽度和频率见表 3-21。

表 3-21　滤波脉冲宽度和频率

额定滤波时间设置		保证的最大阻止脉宽		保证的最小阻止脉宽	
脉宽	频率/Hz	脉宽	频率/Hz	脉宽	频率/Hz
无滤波时间	1M	/	/	250ns	2M
10μs	50k	7.4μs	67.5k	25μs	20k
500μs	1k	370μs	1.35k	1.25ms	400
5ms	100	3.7ms	135	12.5ms	40

（3）操作方式选择

1769-HSC 模块提供了三种操作方式可供选择，用来决定 A 通道和 B 通道的脉冲是怎样影响计数器进行加计数和减计数的。三种操作方式分别为：

1）脉冲和方向输入：计数脉冲从通道 A 输入，用户可以根据通道 B 的电平高低（外部）或程序（内部）来决定计数方向，即决定加计数还是减计数。

2）增/减脉冲输入：在这种方式下，对输入通道 A 的脉冲上升沿进行加计数，对输入通道 B 的脉冲上升沿进行减计数。

3）正交编码输入：对从通道 A 和 B 输入的脉冲进行计数，以两信号的相位差来决定计数的方向。其中根据对计数精度的要求不同，正交编码输入还分为 X1、X2 和 X4 三种类型。

（4）计数器类型

高速计数器模块提供两种计数器类型：环形计数器与线形计数器。环形计数器具有从最小组态值到最大组态值的双向计数范围。在此范围内任何一点，用户可以设置最大计数值，可以使用 Z 输入以及软件进行复位。线性计数器是一个计数范围从最小组态值到最大组态值的双向计数器。如果计数值超出允许范围，就会进行上溢出或下溢出报警。计数器可以复位成 0 或任意一个用户定义的值，可以使用 Z 输入复位以及软件复位，如图 3-86 所示。

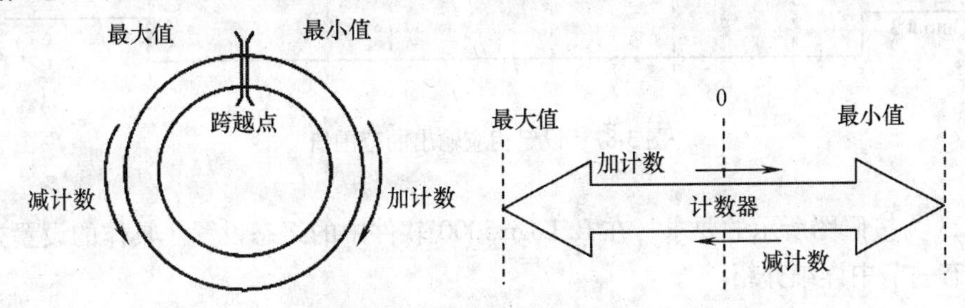

图 3-86　环形计数器与线形计数器

（5）Z 输入的作用

通过 Z 输入的信号，可以对计数的累加值进行存储、保持、复位或置位，见表 3-22。

表 3-22　Z 输入可完成的功能

设　置	功　能
存储	在 Z 的上升沿，存储计数输入字的计数值
保持	当 Z = 1 时，保持计数器的当前值
复位或置位	在 Z 的上升沿，将预置字赋值给计数器

（6）控制输出

1769-HSC 模块具有 16 个输出点，其中 4 个点为对应模块接线端子上的 4 个物理输出，12 个点为软输出。这些输出点可以由计数器控制或由程序直接控制进行任意组合的输出。用户可以在两种工作模式下控制输出，即范围模式和速率模式。

1）范围模式：在此模式下，用户指定一组计数范围并定义相应的输出，当累计计数值在指定范围时，定义的输出起作用。

2）速率模式：在此模式下，用户可以定义一组速率范围和相应的输出。当测到的速率在所定义的范围时，相应的输出就激活。

下面是一个范围模式下控制输出的例子，分别组态范围 1 到范围 4 的输出，如图 3-87 所示。

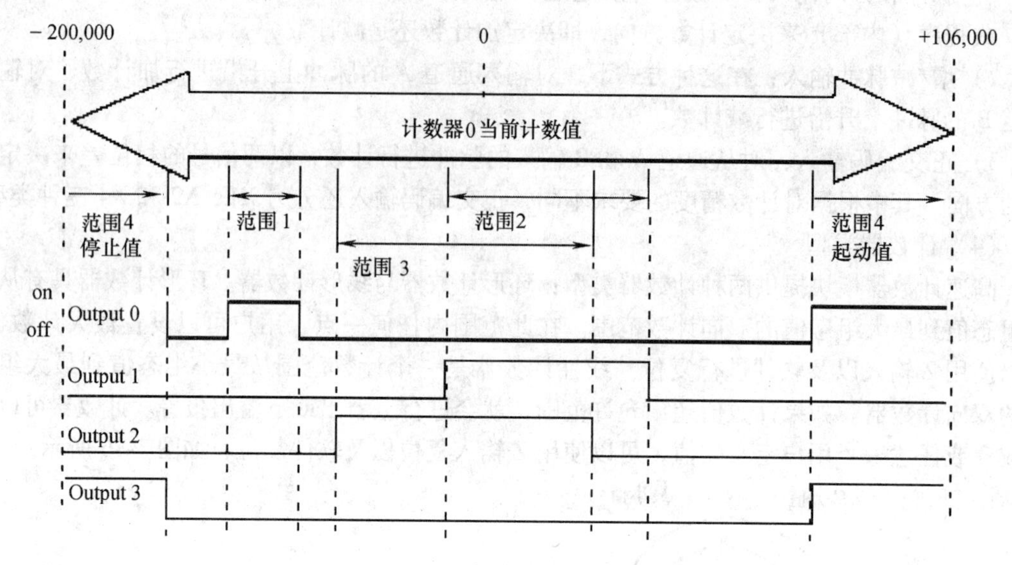

图 3-87　设定相应输出的范围值

表 3-23 为按照图所示的要求，在 RSLogix5000 软件中的组态设置。具体的设置方法将在模块的组态一节中详细介绍。

表 3-23　组 态 设 置

值域	范围计数器编号	范围类型	范围最小值	范围最大值	范围转换位	输出（值域，输出控制字）																输出响应
						15	14	13	12	11	10	9	8	7	6	5	4	3	2	1	0	
1	01	0	-7000	-5000	0	0	0	0	0	0	0	0	0	0	0	0	0	0	0	0	1	0
2	01	0	-1000	+4500	0	0	0	0	0	0	0	0	0	0	0	0	0	0	0	1	0	1
3	01	0	-4000	+3000	0	0	0	0	0	0	0	0	0	0	0	0	0	0	1	0	0	2
4	01	0	-9000	+9000	1	0	0	0	0	0	0	0	0	0	0	0	0	1	0	0	1	0 和 3

范围类型：0 = 计数范围，1 = 速率范围

0 至 3 位是实际输出，4 至 15 位是虚拟输出

3.5.2　高速计数原理及速度测量方法

常用的测速方法有三种：M 法、T 法、M/T 法。已知编码器的分辨率为 N 脉冲/转，高速计数器的时钟频率为 f_c。

（1）M 法测速是在规定的时间间隔 T_1 内，利用高速计数器的累加值 m_1 计算速度值。

电动机转速（r/min）：

$$n = \frac{60m_1}{NT_1}$$

M 法测量转速在极端情况下会产生 ±1 个转速脉冲的计数误差。只有在被测转速或编码器分辨率较高时，M 法才有较高的测量精度。

（2）T 法测速是通过测量高速计数器计入相邻两个输入脉冲之间的时间来确定被测速度。在此时间段内产生的时钟脉冲数为 m_1。

电动机转速（r/min）：

$$n = \frac{60m_1}{NT_1}$$

T 法测量转速在极端情况下对时间的测量会产生 ±1 个时钟脉冲周期的误差。只有在被测转速较低时，T 法才有较高的测量精度。

（3）M/T 法测速的原理如图 3-88 所示，还需要做如下设计：

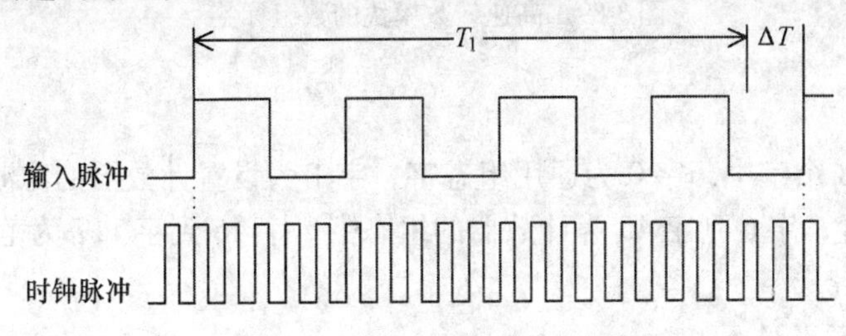

图 3-88　M/T 法测速原理图

首先确定一个时间 T，在这个时间内输入脉冲可达相当数量，而且这个时间的启动与输入脉冲的前沿或后沿同步。然后在 T 的基础上延长一个变动的时间 ΔT，使得计数要等到下一个输入脉冲到来时才算结束。因此实际的测量时间 $T = T_1 + \Delta T$。

若被测轴在 T 时间内转过 ϕ（rad），高速计数器计入编码器输出 m_1 个脉冲，得：

电动机转速（r/min）：

$$n = \frac{60\phi}{2\pi T} = \frac{60m_1}{NT}$$

则可得到转速（r/min）：

$$n = \frac{60f_c m_1}{Nm_2}$$

M/T 法测速在极端情况下对 m_2 的计算会产生 ±1 个计算误差。被测轴高速和低速运行时都可以进行较为准确的检测，因此在高速计数模块中常常采用此方法进行测速。

3.5.3　高速计数模块的组态方法

在安装完 1769-HSC 高速计数模块后，需要使用 RSLogix5000 软件对其进行组态。在 RSLogix5000 中添加高速计数模块后，在控制器标签中生成的数组标签如图 3-89 所示。模块含有三个标签数组：输出数组（Local: 1: O）、输入数组（Local: 1: I）和组态数组（Local: 1: C）。我们通过修改输出数组和组态数组中的值来对模块进行组态设置，输入数组中的值显示了模块发送到控制器中的数据。

其中，组态数组共含有 118 个字，用来设置模块计数器的功能，如计数器的数目、计数的上下限值、计数循环更新时间等。输出数组共含有 34 个字，用户可以更改输出数组中的实时的数据来控制模块。输入数组为只读参数，包含 35 个字，用来显示模块的组态信息及运行状态。

Name	Value	Forc	Style	Data Type
⊞-Local:1:O	{...}	{...		AB:1769_HSC:O:0
⊞-Local:1:I	{...}	{...		AB:1769_HSC:I:0
⊟-Local:1:C	{...}	{...		AB:1769_HSC:C:0
⊞-Local:1:C.Config0	2#0...		Binary	INT
-Local:1:C.OverCurrentLatchOff	0		De...	BOOL
-Local:1:C.CtrReset	0		De...	BOOL
-Local:1:C.ProgToFaultEn	0		De...	BOOL

图 3-89　高速计数模块的数组标签

1. 组态数组

组态数组的 118 个字中，字 0 为通用组态字，字 1 为设置计数器的滤波频率，字 2 到字 5 为物理输出的设置，字 6 到字 45 为计数器的组态字，字 46 到字 117 为范围组态字。

（1）通用组态字

字 0 的结构见表 3-24。

表 3-24　通用组态字

组态字 0	15	14	13	12	11	10	9	8	7	6	5	4	3	2	1	0
组态位	未用						计数器个数		未用			编程/故障模式切换使能	未用		复位	过电流保护输出关断

其中，字 0 的 08、09 位为设置模块使用计数器的个数，最多可以使用 4 个计数器，缺省情况下为 2 个计数器。设置见表 3-25。

表 3-25　设置计数器个数

08 位	09 位	计数器个数
0	0	1
0	1	2
1	0	3
1	1	4

（2）滤波频率设置

字 1 的结构见表 3-26，为 6 个通道选择滤波频率。

每个通道可以设置单独的滤波频率。具体设置见表 3-27。

表 3-26　滤波频率选择

组态字 1	15	14	13	12	11	10	9	8	7	6	5	4	3	2	1	0
滤波器选择	滤波器 Z1		未用	滤波器 B1		未用	滤波器 A1		滤波器 Z0		未用	滤波器 B0		未用	滤波器 A0	

表 3-27　设置滤波频率

滤波器及对应位	滤波器 A0	位 1-滤波器 A0 _ 1	位 0 – 滤波器 A0 _ 0
	滤波器 B0	位 4-滤波器 B0 _ 1	位 3-滤波器 B0 _ 0
	滤波器 Z0	位 7-滤波器 Z0 _ 1	位 6-滤波器 Z0 _ 0
	滤波器 A1	位 9-滤波器 A1 _ 1	位 8-滤波器 A1 _ 0
	滤波器 B1	位 12-滤波器 B1 _ 1	位 11-滤波器 B1 _ 0
	滤波器 Z1	位 15-滤波器 Z1 _ 1	位 14-滤波器 Z1 _ 0
额定频率设置	无	0	0
	0.01ms 最小脉宽	0	1
	0.5ms 最小脉宽	1	0
	5ms 最小脉宽	1	1

（3）编程模式物理输出

字2的结构见表3-28。当模块处于编程模式（PM）的时候，4个物理输出的状态为保持最后状态还是用户自定义安全状态。

1 = 保持最后状态

0 = 用户自定义安全状态

表3-28　编程模式输出状态

组态字2	15	14	13	12	11	10	9	8	7	6	5	4	3	2	1	0
编程模式输出（PM）和编程状态运行输出（PSR）	未用								O3 PSR	O2 PSR	O1 PSR	O0 PSR	O3 PM	O2 PM	O1 PM	O0 PM

字3的结构见表3-29。该表为当物理输出组态在用户自定义安全状态的时候，用此字来定义4个物理输出的状态。

表3-29　用户自定义物理输出

组态字3	15	14	13	12	11	10	9	8	7	6	5	4	3	2	1	0
编程输出值（PV）	未用												O3 PV	O2 PV	O1 PV	O0 PV

（4）故障状态物理输出

字4和字5为故障状态下的物理输出设置。其设置方法与编程状态下的设置相同，这里就不再赘述，结构见表3-30。

表3-30　故障状态下物理输出的设置

组态字4	15	14	13	12	11	10	9	8	7	6	5	4	3	2	1	0
故障模式输出（FM）和故障状态运行输出（FSR）	未用								O3 FSR	O2 FSR	O1 FSR	O0 FSR	O3 FM	O2 FM	O1 FM	O0 FM
组态字5	15	14	13	12	11	10	9	8	7	6	5	4	3	2	1	0
故障输出值（FV）	未用												O3 FV	O2 FV	O1 FV	O0 FV

（5）计数器最大范围值

4个计数器的最大范围值的设置见表3-31。允许的设置范围为 +1 ~ +2147483647。其中，计数器0和计数器1的缺省设置为 +2147483647，计数器2和计数器3的缺省设置为0。

表3-31　计数器最大范围值

	组态字	15	14	13	12	11	10	9	8	7	6	5	4	3	2	1	0
8 9	计数器0最大计数	Ctr0MaxCount															
18 19	计数器1最大计数	Ctr1MaxCount															
28 29	计数器2最大计数	Ctr2MaxCount															
38 39	计数器3最大计数	Ctr3MaxCount															

(6) 计数器最小范围值

4 个计数器的最小范围值的设置见表 3-32。允许的设置范围为 -1 ~ -2147483647。其中，计数器 0 和计数器 1 的缺省设置为 -2147483647，计数器 2 和计数器 3 的缺省设置为 0。

表 3-32 计数器最小范围值

<table>
<tr><th colspan="2">组态字</th><th>15</th><th>14</th><th>13</th><th>12</th><th>11</th><th>10</th><th>9</th><th>8</th><th>7</th><th>6</th><th>5</th><th>4</th><th>3</th><th>2</th><th>1</th><th>0</th></tr>
<tr><td>8</td><td rowspan="2">计数器 0 最小计数</td><td colspan="16" rowspan="2">Ctr0MinCount</td></tr>
<tr><td>9</td></tr>
<tr><td>18</td><td rowspan="2">计数器 1 最小计数</td><td colspan="16" rowspan="2">Ctr1MinCount</td></tr>
<tr><td>19</td></tr>
<tr><td>28</td><td rowspan="2">计数器 2 最小计数</td><td colspan="16" rowspan="2">Ctr2MinCount</td></tr>
<tr><td>29</td></tr>
<tr><td>38</td><td rowspan="2">计数器 3 最小计数</td><td colspan="16" rowspan="2">Ctr3MinCount</td></tr>
<tr><td>39</td></tr>
</table>

(7) 计数器预置值

当预置条件发生的时候，比如 Z 信号触发或是软复位置位，计数器的计数值将置为此值。所以，预置值的设置必须大于或等于计数器的最小范围值，并且小于计数器的最大范围值。缺省状态下为 0。

预置值的设置见表 3-33。

表 3-33 计数器预置值

<table>
<tr><th colspan="2">组态字</th><th>15</th><th>14</th><th>13</th><th>12</th><th>11</th><th>10</th><th>9</th><th>8</th><th>7</th><th>6</th><th>5</th><th>4</th><th>3</th><th>2</th><th>1</th><th>0</th></tr>
<tr><td>10</td><td rowspan="2">计数器 0 预置值</td><td colspan="16" rowspan="2">Ctr0Preset</td></tr>
<tr><td>11</td></tr>
<tr><td>20</td><td rowspan="2">计数器 1 预置值</td><td colspan="16" rowspan="2">Ctr1Preset</td></tr>
<tr><td>21</td></tr>
<tr><td>30</td><td rowspan="2">计数器 2 预置值</td><td colspan="16" rowspan="2">Ctr2Preset</td></tr>
<tr><td>31</td></tr>
<tr><td>40</td><td rowspan="2">计数器 3 预置值</td><td colspan="16" rowspan="2">Ctr3Preset</td></tr>
<tr><td>41</td></tr>
</table>

(8) 组态标志字

组态标志字的结构见表 3-34。

表 3-34 组态字结构

<table>
<tr><th colspan="2">组态字</th><th>15</th><th>14</th><th>13</th><th>12</th><th>11</th><th>10</th><th>9</th><th>8</th><th>7</th><th>6</th><th>5</th><th>4</th><th>3</th><th>2</th><th>1</th><th>0</th></tr>
<tr><td>15</td><td>计数器 0 组态标志位</td><td colspan="3">未用</td><td>线形</td><td>未用</td><td colspan="3">存储模式</td><td colspan="5">未用</td><td colspan="3">操作模式</td></tr>
<tr><td>25</td><td>计数器 1 组态标志位</td><td colspan="3">未用</td><td>线形</td><td>未用</td><td colspan="3">存储模式</td><td colspan="5">未用</td><td colspan="3">操作模式</td></tr>
<tr><td>35</td><td>计数器 2 组态标志位</td><td colspan="3">未用</td><td>线形</td><td colspan="12">未用</td></tr>
<tr><td>45</td><td>计数器 3 组态标志位</td><td colspan="3">未用</td><td>线形</td><td colspan="12">未用</td></tr>
</table>

对于计数器 0 和计数器 1 可以进行操作模式的选择，见表 3-35。

表 3-35　设置操作模式

设置位			功　能
CtrnConfig. OperationalMode _ 2	CtrnConfig. OperationalMode _ 1	CtrnConfig. OperationalMode _ 0	
0	0	0	脉冲内部方向
0	0	1	脉冲外部方向
1	0	0	正交编码器 X1
1	0	1	正交编码器 X2
1	1	0	正交编码器 X4
0	1	0	增/减脉冲
0	1	1	保留
1	1	1	保留

下面重点介绍这六种操作模式的使用方法。

(1) 脉冲外部方向模式

在这种模式下，通道 B 的输入控制计数器的方向。如果通道 B 输入为低电平，计数器在通道 A 的上升沿进行加计数。如果通道 B 的输入电平为高电平，计数器在通道 A 的上升沿进行减计数。通常在这种模式下，通道 B 连接的是限位开关或传感器等设备。如图 3-90 和图 3-91 所示。

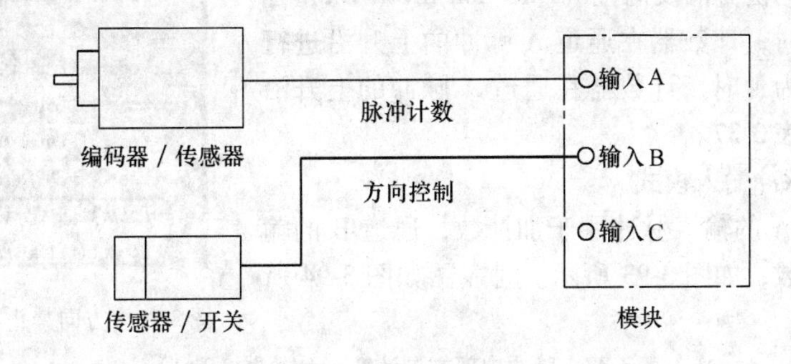

图 3-90　脉冲外部方向组态下的外部输入

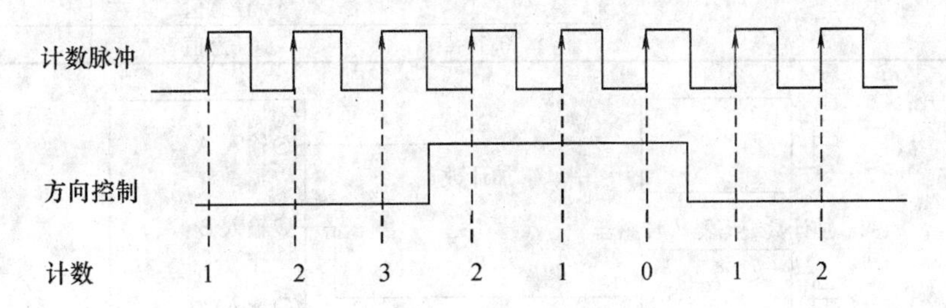

图 3-91　脉冲外部方向组态下计数时序

(Direction Inhibit Bit = 0, Direction Invert Bit = 0)

图 3-91 只表示了 Direction Inhibit Bit = 0，Direction Invert Bit = 1 时的计数时序，表 3-36 表示了脉冲外部方向组态下的各种情况的计数方向。

表 3-36　脉冲/外部方向计数

方向禁止位	方向反向位	输入 A(计数器)	输入 B(方向)	计数值的变化
0	0	↑	0 或打开	+1
		↑	1	-1
		0. 1. ↓	任意值	0
0	1	↑	0 或打开	-1
		↑	1	+1
		0. 1. ↓	任意值	0
1	0	↑	0 或打开	+1
		↑	1	+1
		0. 1. ↓	任意值	0
1	1	↑	0 或打开	-1
		↑	1	-1
		0. 1 ↓	任意值	0

Direction Inhibit Bit 和 Direction Invert Bit 在模块输出数组标签中，对应于每一个计数器都有一对 Direction Inhibit Bit 和 Direction Invert Bit，如图 3-92 所示。

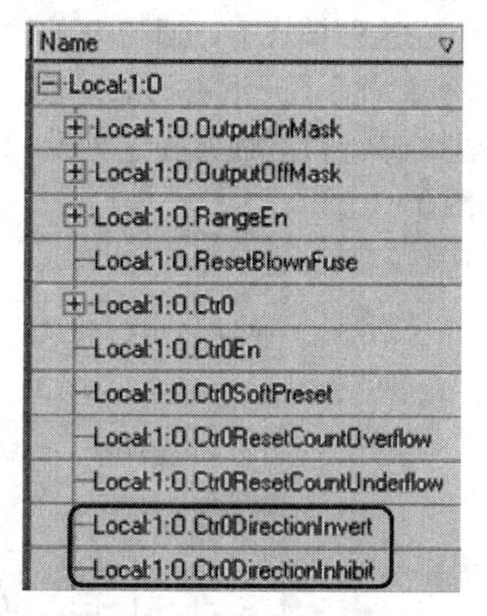

图 3-92　方向禁止与方向反向位

（2）脉冲内部方向模式

与脉冲外部方向模式相对应，选择脉冲内部方向模式时，计数的方向由方向反向位（Direction Invert Bit）控制。当此位为 0 时，计数器在通道 A 脉冲的上升沿进行加计数，当此位为 1 时，计数器在通道 A 脉冲的上升沿进行减计数。见表 3-37。

（3）增/减脉冲输入模式

编码器通道 A 的输入脉冲用于加计数，通道 B 的输入脉冲用于减计数，如图 3-93 所示。时序图如图 3-94 所示。

表 3-37　脉冲内部方向计数（计数器 0 和 1）

方向禁止位	方向反向位	输入 A(计数器)	输入 B(方向)	计数值的变化
任意值	0	↑	任意值	+1
		0. 1. ↓	任意值	0
任意值	1	↑	任意值	-1
		0. 1. ↓	任意值	0

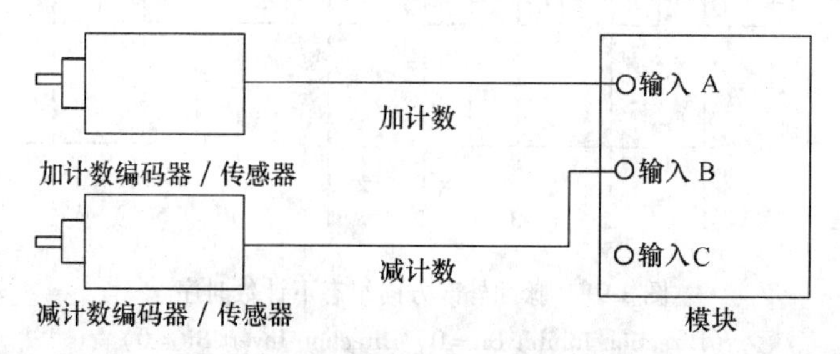

图 3-93　增/减脉冲组态下的外部输入

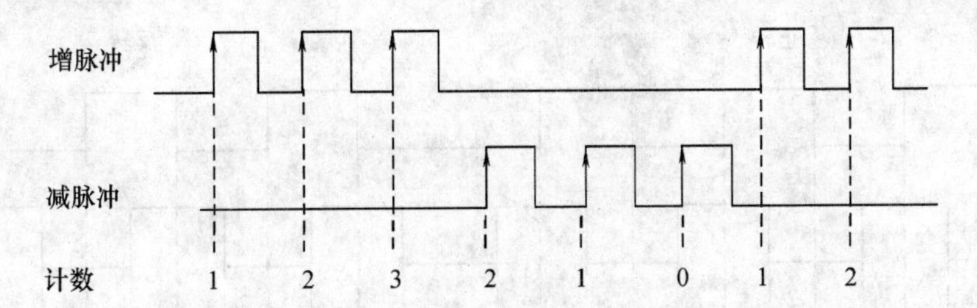

图 3-94　增/减脉冲组态下的计数时序（Direction Inhibit Bit = 0，Direction Invert Bit = 0）

Direction Inhibit Bit 和 Direction Invert Bit 在增/减脉冲模式下对计数的影响见表 3-38。

表 3-38　增/减脉冲计数

方向禁止位	方向反向位	输入 A（计数器）	输入 B（方向）	计数值的变化
		↑	0. 1. ↓	+1
0	0	0. 1. ↓	↑	-1
		↑	↑	0
		↑	0. 1. ↓	-1
0	1	0. 1. ↓	↑	+1
		↑	↑	0
		↑	0. 1. ↓	+1
1	0	0. 1. ↓	↑	+1
		↑	↑	0
		↑	0. 1. ↓	-1
1	1	0. 1. ↓	↑	-1
		↑	↑	0

（4）正交编码方式

编码器通道 A 和通道 B 输出的脉冲均用于计数，相位相差 90°，输入方向决定于 A 通道和 B 通道输入的相位差。如果 A 引前于 B，则进行加计数；反之，进行减计数。正交编码方式下的接线图如图 3-95 所示。

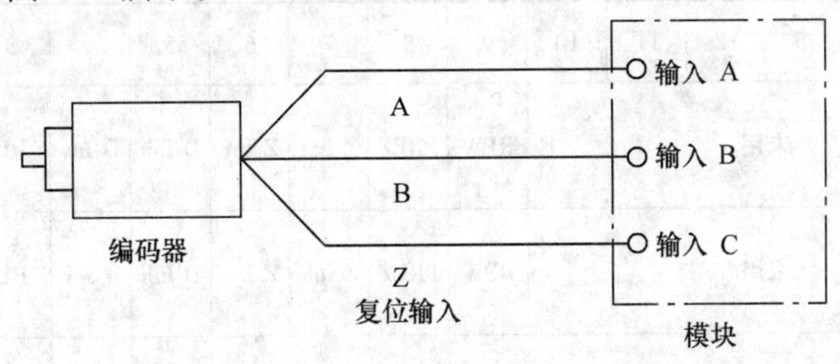

图 3-95　正交编码器输入组态下的外部输入

提高倍频数可以将两相输出（相位差 90°）的编码器分辨率提高两倍或四倍，可以有效的提高计数精度。原理如图 3-96 所示。

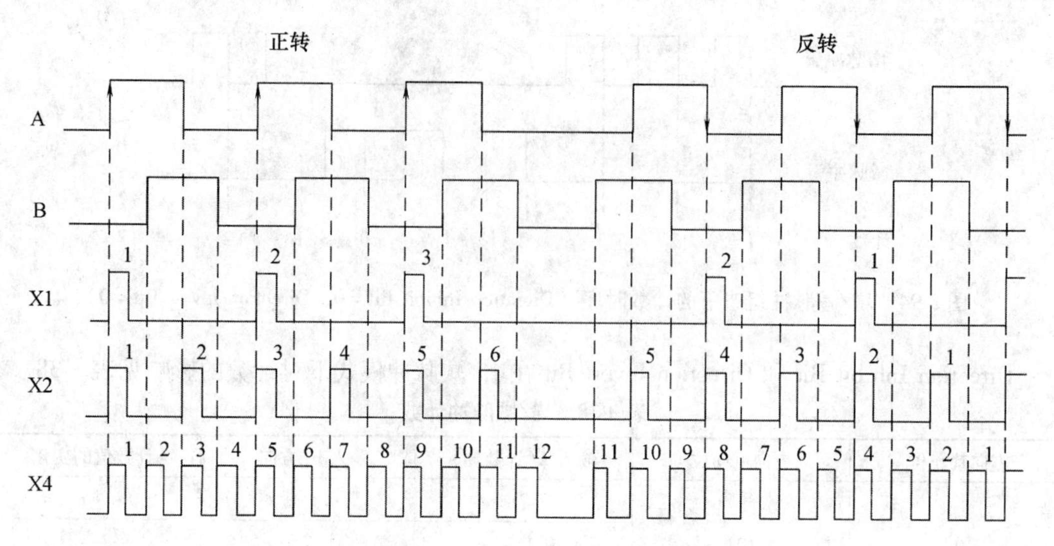

图 3-96　正交编码器输入组态下的时序（Direction Inhibit Bit = 0，Direction Invert Bit = 0）

组态标志字的 08、09、10 位为设置计数器的存储模式。这个功能定义了模块对 Z 信号的响应动作，设置见表 3-39。如果位 0（08）和位 2（10）同时置位，则当有 Z 信号输入的时候，计数器将当前的计数值存储后并置为预置值。

表 3-39　设置存储模式

设　置　位	功　　能
CtrnConfig. StorageMode _ 0	在 Z 的上升沿将当前计数值存储到输入文件 Ctr[n]. StoredCount 中
CtrnConfig. StorageMode _ 1	当 Z = 1 时，保持计数器当前值
CtrnConfig. StorageMode _ 2	在 Z 的上升沿预置计数器当前值

组态标志字的 12 位设置计数器的类型，置 0 为环形计数器，置 1 为线形计数器。关于线形和环形计数器的具体内容参见 3. 5. 1 节。

2. 输出数组

输出数组中，主要介绍计数器的控制字，字 5 ~ 8 分别对应 4 个计数器的控制字，结构见表 3-40。

表 3-40　输出数组控制字结构

输出字 5 到 8	15	14	13	12	11	10	9	8	7	6	5	4	3	2	1	0
计数器 0 控制位（字 5）	未用						RPW	PREZ	Z Inh	Z Inv	D Inh	D Inv	RU	RO	SP	En
计数器 1 控制位（字 6）	未用						RPW	PREZ	Z Inh	Z Inv	D Inh	D Inv	RU	RO	SP	En
计数器 2 控制位（字 7）	未用						RPW	未用				D Inv	RU	RO	SP	En
计数器 3 控制位（字 8）	未用						RPW	未用				D Inv	RU	RO	SP	En

其中，控制字中每个位的含义如下：

1）En（Enable Counter）：控制字的第 0 位为计数器的使能位，如果此位置 0，则计数器对来自 A 相和 B 相的脉冲不进行计数。

2）SP（Soft Preset）：控制字的第 1 位为计数器的软复位，当此位置位的时候，计数器的计数值复位为预置值，而这个预置值是在组态数组中的预置值字中设置的，具体参见组态数组中的介绍。

3）RO（Reset Counter Overflow）：控制字的第 2 位对计数器的高限溢出位进行复位，当此位置位的时候，即对计数器的高限溢出位进行复位。

4）RU（Reset Counter Underflow）：控制字的第 3 位对计数器的低限溢出位进行复位，当此位置位的时候，即对计数器的低限溢出位进行复位。

5）D Inv（Direction Invert）：此位置位的时候，相应计数器的计数方向会颠倒。

3. 输入数组

输入数组中的参数都为只读参数，反映了计数器的组态及状态等信息。

3.5.4　高速计数模块应用举例

1. 实验设计

如图 3-97 所示，编码器以单端的形式连接到高速计数模块上，高速计数模块处于第 1 槽。第 4 槽放置的是一个 32 点的数字量输出模块，每一个点连接一个发光二极管，对不同计数范围进行显示，并用手动开关控制计数器的使能，复位和改变一些动态参数。

2. 1769-HSC 模块的组态

1）在 RSLogix5000 中新建一个 1769-L35E 的工程，并且在控制器项目管理器中添加要组态的模块，如图 3-98 所示。

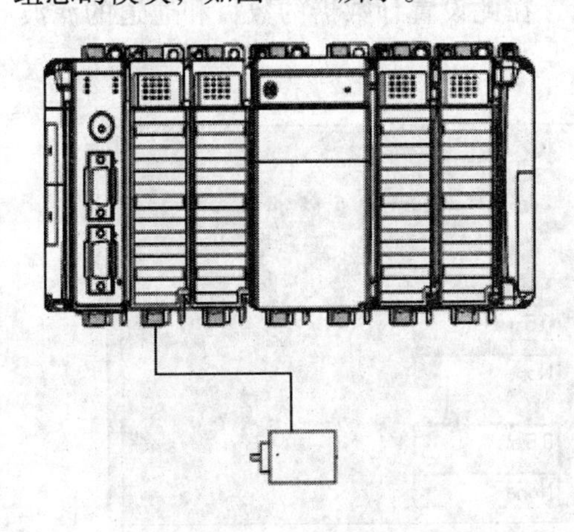

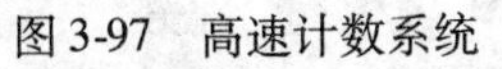

图 3-97　高速计数系统

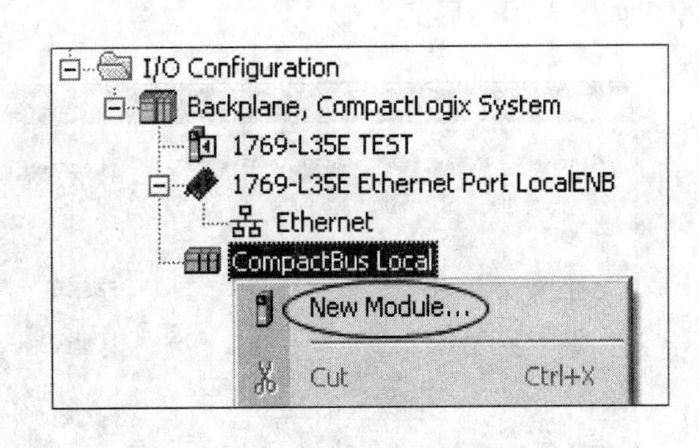

图 3-98　添加新模块

2）在弹出的模块列表窗口中，选择要添加的 1769-HSC 模块，点击“OK”按钮，如图 3-99 所示。

3）弹出的模块组态窗口如图 3-100 所示，在常规“General”选项卡中为模块命名，选择模块所在的槽号并设置版本号。

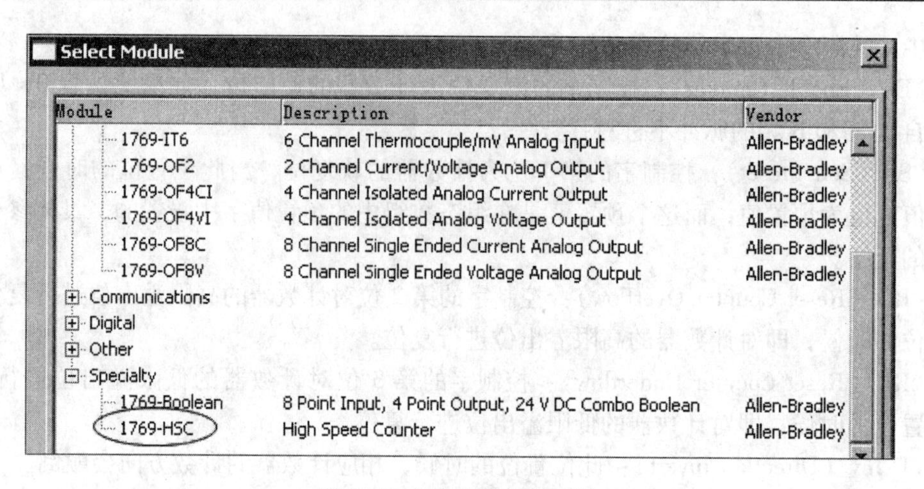

图 3-99　添加高速计数模块

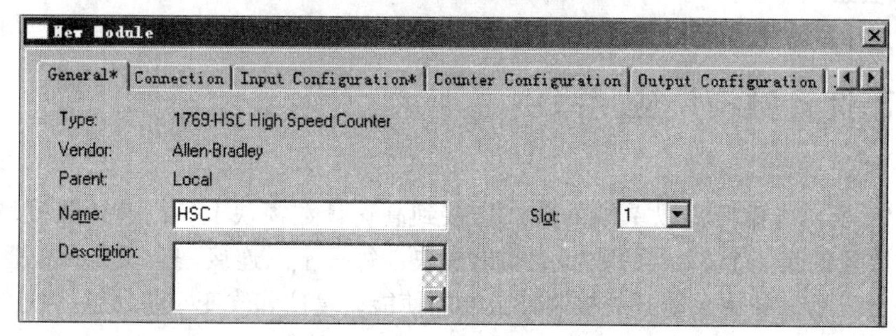

图 3-100　模块的常规组态

4）选择输入组态“Input Configuration”选项卡，在此设置计数器的数目和通道的滤波频率，如图 3-101 所示。

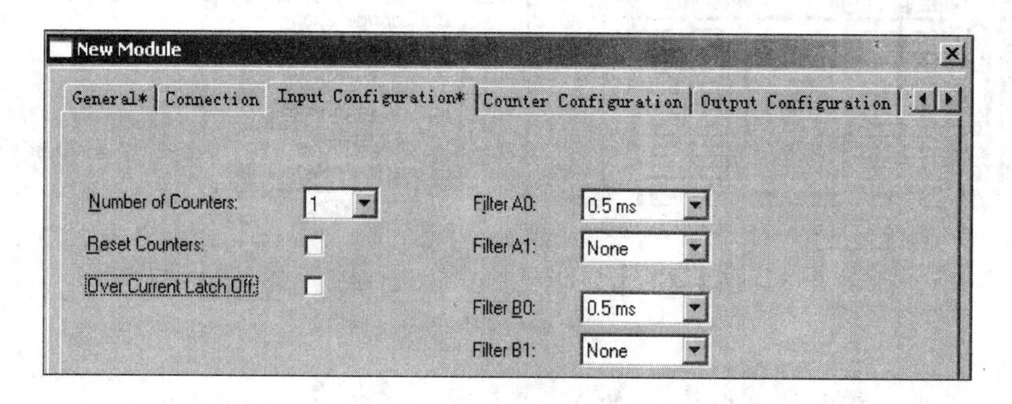

图 3-101　模块的输入组态

5）选择计数器组态“Counter Configuration”选项卡，对计数器 0 进行组态设置。在计数器模式“Counter Mode”一栏中选择计数器的计数模式为环形计数器，操作模式为正交编码方式。设置计数的最大值和最小值分别为 5000 和 0，如图 3-102 所示。

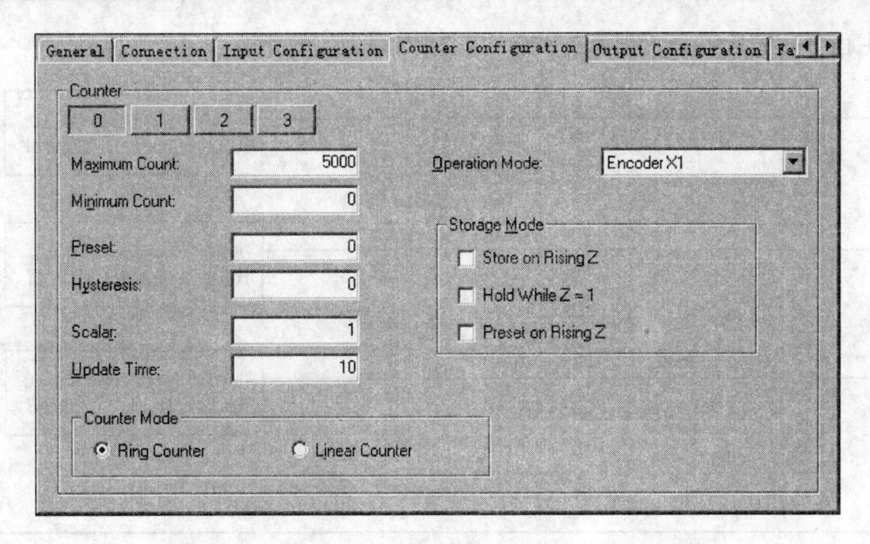

图 3-102　模块的计数器组态

6）选择输出组态“Output Configuration”选项卡。在本实验中设置 10 个计数范围，当计数到相应的范围时，对应的发光二极管亮起。设置如图 3-103 所示。

Range	Type	Counter	Invert	High Limit	Low Limit	Output Control
0	Count Value	0	☐	500	0	2# 0000_0000_0000_0000
1	Count Value	0	☐	1000	500	2# 0000_0000_0000_0001
2	Count Value	0	☐	1500	1000	2# 0000_0000_0000_0010
3	Count Value	0	☐	2000	1500	2# 0000_0000_0000_0011
4	Count Value	0	☐	2500	2000	2# 0000_0000_0000_0100
5	Count Value	0	☐	3000	2500	2# 0000_0000_0000_0101
6	Count Value	0	☐	3500	3000	2# 0000_0000_0000_0110
7	Count Value	0	☐	4000	3500	2# 0000_0000_0000_0111
8	Count Value	0	☐	4500	4000	2# 0000_0000_0000_1000
9	Count Value	0	☐	5000	4500	2# 0000_0000_0000_1001
10	Count Value	0	☐	0	0	2# 0000_0000_0000_0000
11	Count Value	0	☐	0	0	2# 0000_0000_0000_0000

图 3-103　模块的输出控制组态

7）选择故障/编程动作“Fault/Program Action”选项卡，设置 4 个物理输出在故障模式或编程模式下的输出状态，如图 3-104 所示。

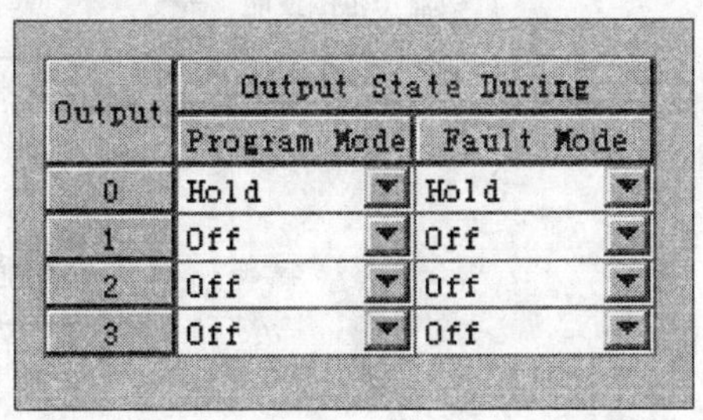

图 3-104　模块的故障/编程动作组态

3. 程序设计

程序分为主程序、控制子程序、输出子程序和测速子程序四部分，其中：

1）主程序：完成各个子程序的跳转。程序如图 3-105 所示。

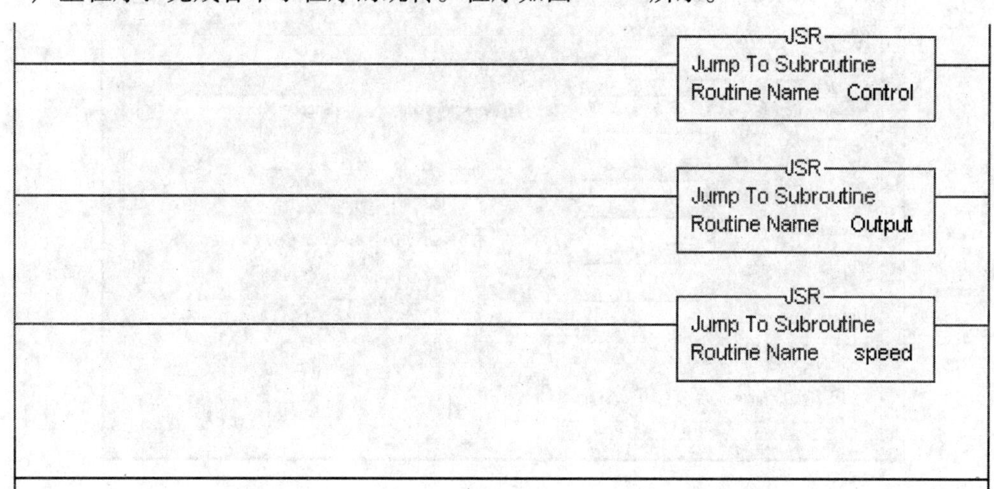

图 3-105 主程序

2）控制子程序：完成计数器的使能、复位及范围使能等功能。程序如图 3-106 所示。

计数器 0 使能
Ctr0En
Local:1:O.Ctr0En

计数器 0 软复位
Ctr0Sp
Local:1:O.Ctr0SoftPreset

选择计数器 0的类型
Ctr0Type
Local:1:C.Ctr0Linear

计数器 0范围使能
EnRange
MOV
Move
Source 1023
Dest Local:1:O.RangeEn
2#0000_0011_1111_1111

图 3-106 控制子程序

3）输出子程序：完成发光二极管对高速计数模块当前计数范围的指示。通过观察哪个灯亮，即可知道高速计数模块在哪个计数范围内。程序如图 3-107 所示。

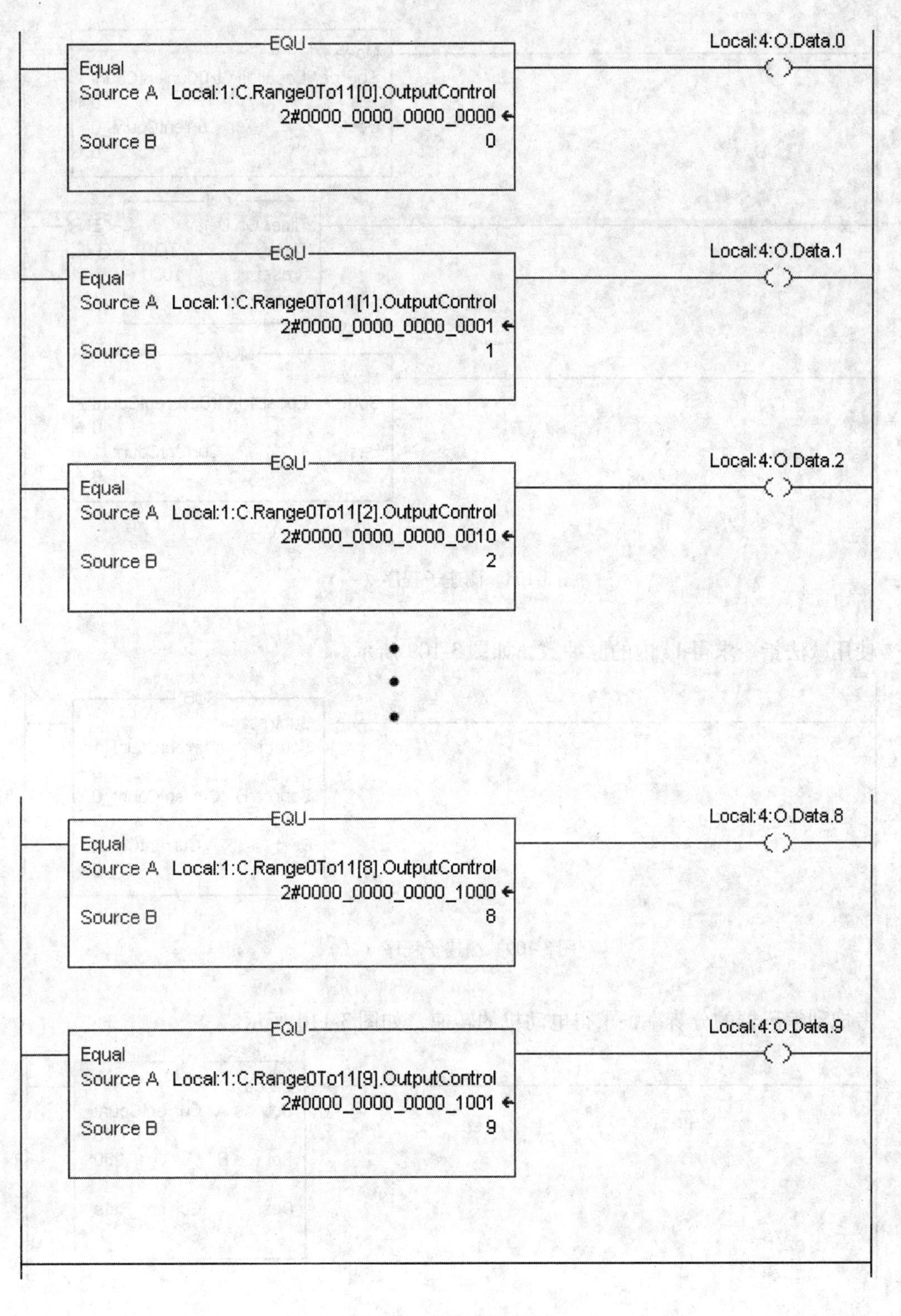

图 3-107　输出子程序

4）测速子程序

测速子程序中，首先计入当前和 1s 后的脉冲数，如图 3-108 所示。

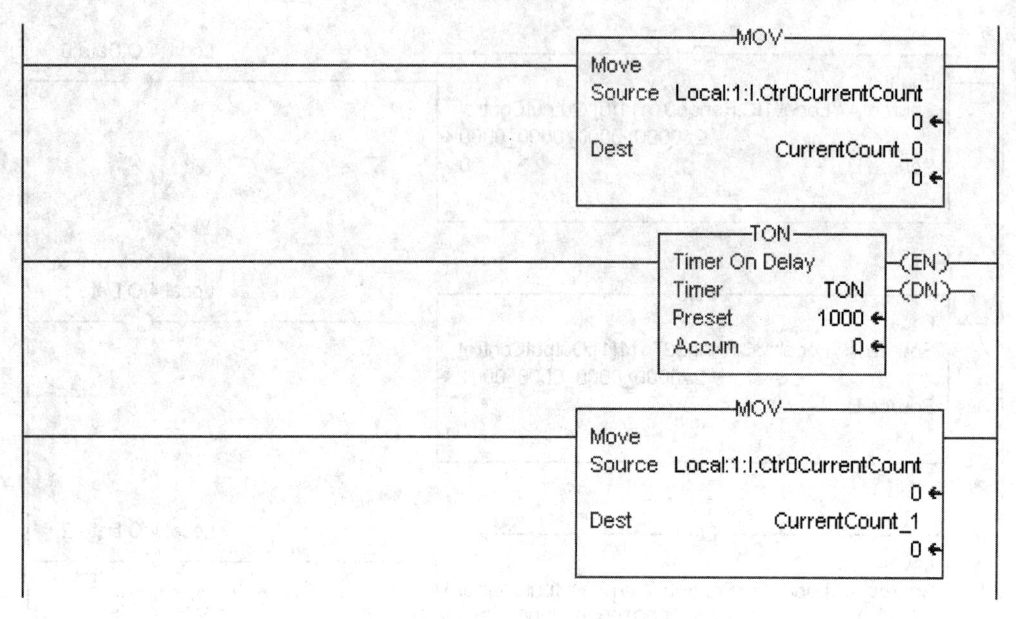

图 3-108　测速子程序（一）

使用减法指令求得 1s 内的脉冲数，如图 3-109 所示。

SUB
Subtract
Source A CurrentCount_1
0
Source B CurrentCount_0
0
Dest CurrentCount
0

图 3-109　测速子程序（二）

考虑到编码器的分辨率，求得电动机的转速，如图 3-110 所示。

图 3-110　测速子程序（三）

3.6 设备网模块

3.6.1 设备网简介

1. 设备网的特性及参数

DeviceNet 是一种开放的，柔性的底层网络，用于工厂设备层的现场总线。它能实现各种工业现场设备（如传感器和执行器等）和高层设备（如控制器等）之间的互联。基于标准的控制器局域网（CAN）技术，DeviceNet 现场总线保证了来自多个供应商的设备的互操作性。

DeviceNet 现场总线减少了安装费用，缩短了启动和调试时间，也缩短了系统和设备的停机时间。A-B 的 DeviceNet 设备还为用户提供了自动设备替换功能（ADR）。该功能保证了当 DeviceNet 上的智能设备更换时，无需用户对新设备进行组态，就可由系统自动完成原有设备参数的重新下载和 DeviceNet 网络通信的恢复。ADR 在常规现场总线的基础上，可以最大限度的减少系统维护和停机时间。

DeviceNet 网络的主要特点见表 3-41。

表 3-41　DeviceNet 网络的主要特点

网络节点数目	最多 64 个节点	
网络长度	网络的两端(干线)长度与网络运行速度有关	
	通信速率/Kbit/s	长度/m
	125	500
	250	250
	500	100
总线拓扑方式	直线(主干线/支线)通过总线向设备供电	
总线寻址方式	对等通信方式、广播、多主站、主/从方式	
系统特性	总线上添加/删除设备无需关闭总线电源	

2. 设备网网络结构及常用接口

典型的 CompactLogix 控制器的设备网结构如图 3-111 所示。

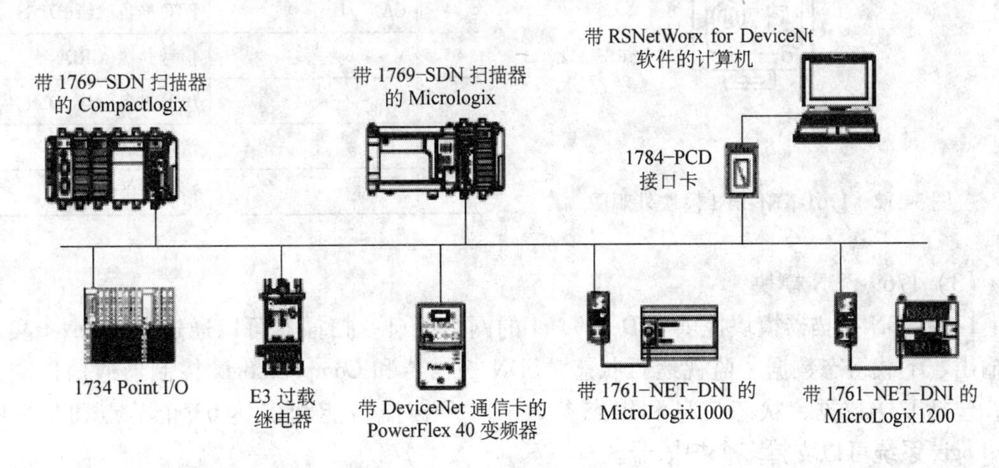

图 3-111　设备网结构

CompactLogix 控制器通过 1769-SDN 模块连接到设备网上，以采集连接到网络上的 I/O 及设备的信号。对于只有串口的 MicroLogix1000 系列控制器，可以通过 1761-NET-DNI 模块连接到设备网上。而 PC 机则通过 1784-PCD 卡连接到设备网上。接下来将分别介绍这些设备网接口设备。

（1）设备网 PC 插卡（1784-PCD）

设备网 PC 插卡是 PCMCIA 通信接口卡，使 Windows 兼容计算机可在设备网上通信。设备网可自动将其通信速率与网络上已建立的速率相匹配，并自动将节点地址建成为网络的下一个站址。

（2）1761-NET-DNI 模块

通过 1761-NET-DNI 模块，SLC500 控制器可成为低成本的 DeviceNet 网络从节点。1761-NET-DNI 模块可分配 64 个字的数据（其中 32 个输入字，32 个输出字）。当 DNI 模块处理 DeviceNet 网络通信的同时，还可以轮询或接收由其他 SLC500 控制器发送的数据，以保证 I/O 映像表数据的实时性。所有本地 I/O 仍由 SLC500 控制器直接控制，同时也可以被 DeviceNet 网络主节点监视。使用标准的信息通信命令，可方便地对其他控制器进行数据读写。

1761-NET-DNI 模块为 DeviceNet 网络带来了新的功能，允许使用 DF1 全双工协议在各个设备之间进行对等通信。DNI 使用 DF1 全双工通信命令，并将它融入 DeviceNet 协议中，将这些命令发送给目标 DNI。目标 DNI 取走 DeviceNet 信息后，再将 DF1 命令传递给后面的设备。这种通信用于控制器之间、控制器与 PC 之间的通信以及程序上载、下载。I/O 和数据的通信是优先的，从而保证 I/O 的确定性。

1761-NET-DNI 模块的前部面板如图 3-112 所示。

各端口的含义见表 3-42。

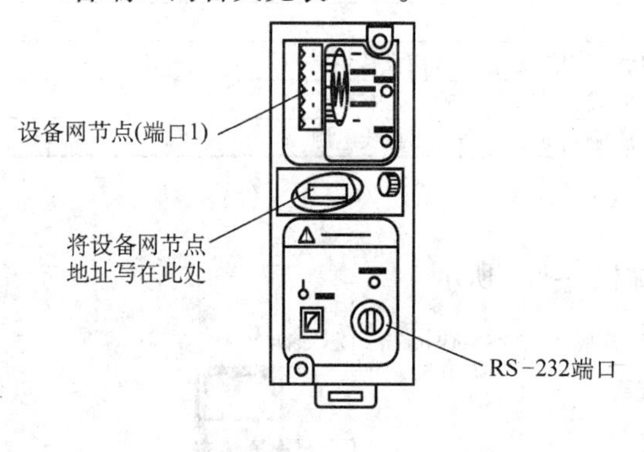

图 3-112　1761-NET-DNI 模块外观图

表 3-42　1761-NET-DNI 模块端口说明

项目	端口 1～5 针网络节点	端口 2-小型-8 针 RS-232
1	V－	与 1 口 DCD 信号相同状态
2	CAN _ L	接收数据(RxD)
3	SHIELD 屏蔽	发送数据(TxD)
4	CAN _ H	DTE 准备就绪(DTR)
5	V＋	信号共端(GRD)
6		DCE 准备就绪(DSR)
7		请求发送(RTS)
8		清除发送(CTS)

（3）1769-SDN 模块

1769-SDN 扫描器模块提供与 DeviceNet 的网络接口。扫描器可以通过 DeviceNet 实现输入输出、下载组态数据、监视运行状态。SDN 扫描器和 CompactLogix 控制器通信以交换数据，包括 I/O 数据、状态信息和组态参数。一个扫描器能和多达 63 个节点通信。CompactLogix 系统可以支持多个扫描器。

1769-SDN 模块如图 3-113 所示。模块各硬件名称见表 3-43。

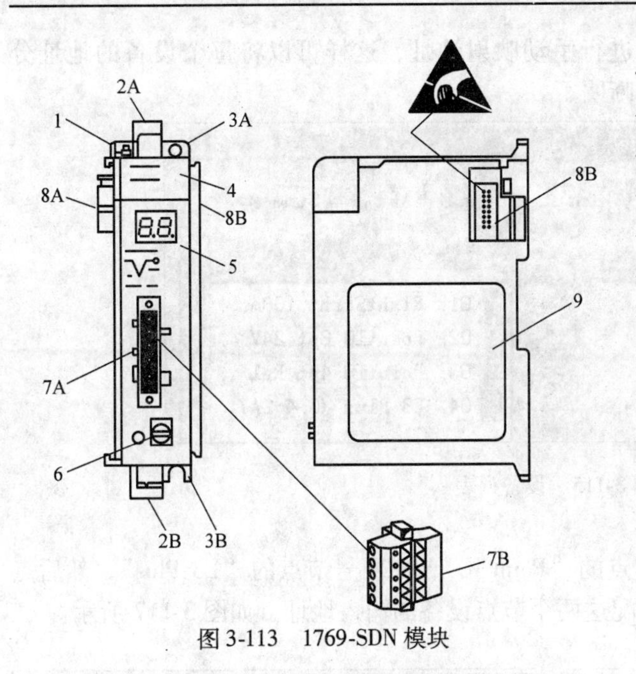

图 3-113　1769-SDN 模块

表 3-43　1769-SDN 模块各部件名称

标号	描　述
1	总线杆(带锁定功能)
2A	上 DIN 导轨锁销定键
2B	下 DIN 导轨锁销定键
3A	上面板固定键
3B	下面板固定键
4	模块和网络状态 LED 灯
5	地址和故障号显示总线连接器
6	接地螺钉模块标识标签
7A	DeviceNet 插针连接座
7b	可移动 DeviceNet 插槽连接器
8A	可移动的插槽总线连接器
8B	插针总线连接器
9	模块标识标签

3.6.2　设备网扫描器的组态

在 1769-SDN 能够成功的和网络上的设备进行通信之前，必须先对其进行组态。DeviceNet 网络为主/从工作模式，通过 I/O 字的映射实现。扫描器模块作为设备网的“主”，设备网的设备作为“从”映射到“主”中。可以将多个“从”映射到同一个“主”中，但一个“从”只能映射到一个“主”中。

1. 使用 RSNetWorx for DeviceNet 组态 1769-SDN

1769-SDN 的组态是通过 RSNetWorx for DeviceNet 软件来完成的。现处于离线状态下在 RSNetWorx for DeviceNet 中组态的设备如图 3-114 所示。

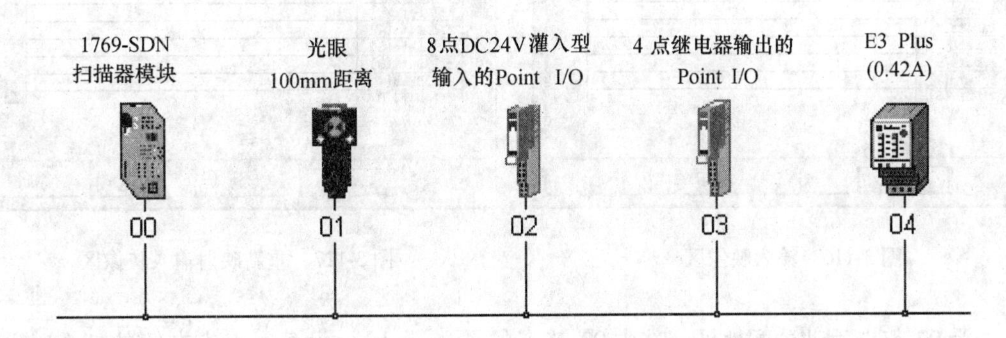

图 3-114　DeviceNet 网络设备

双击“00”节点的 1769-SDN 图标，弹出其组态窗口，在“Scanlist”选项卡中将所有的设备映射到扫描列表中，如图 3-115 所示。

选择“Input”选项卡，则可以看到系统已经为每个设备自动的分配了地址，如图 3-116 所示。这样分配地址的一个缺点就是映像区比较混乱，不便于编程和管理。利用 RSNetWorx for DeviceNet 软件提供的高级功能可以进行手动映射地址，这样可以将每个设备的地址分开，分别置于单独的双字中，使映射清晰明了。

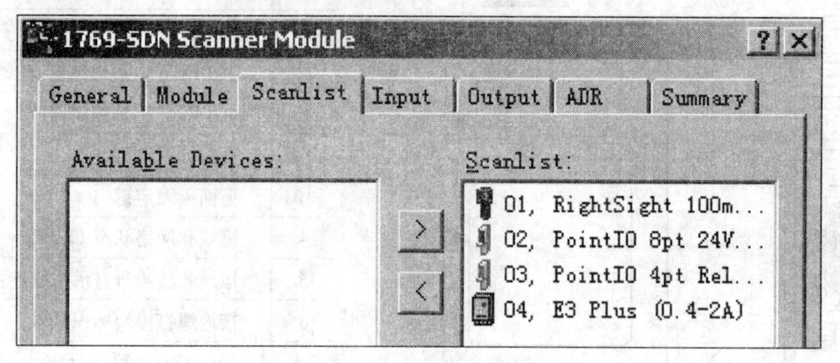

图 3-115　设备列表

按住“Ctrl”键，同时选中 02 号节点的“Point IO”和 04 号节点的“E3 Plus”，然后点击窗口右侧的“Unmap”按钮，重新分配这两个节点设备的输入地址，如图 3-117 所示。

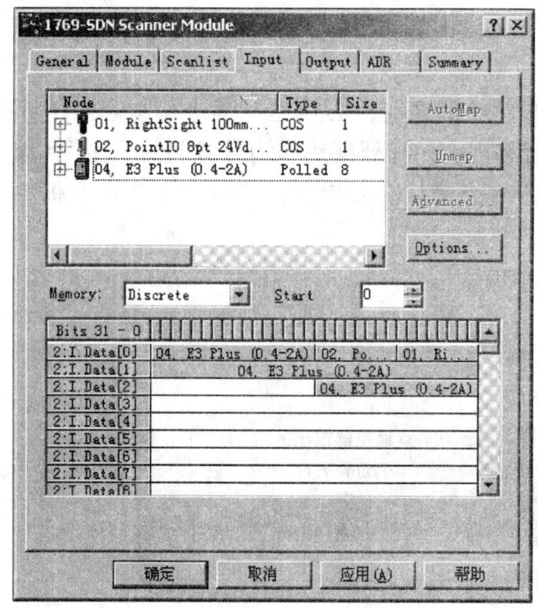

图 3-116　输入映像区

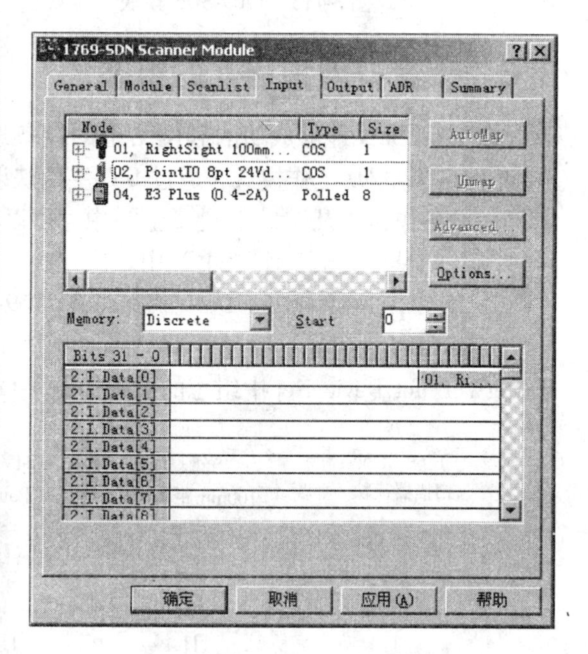

图 3-117　重新映射输入映像区

先为 02 节点手动分配地址，选中 02 节点的“Point IO”设备，点击右侧的“Advanced…”按钮，弹出高级映射窗口，在“Map From”一栏的“Message”中选择信息类型为“COS”（基于状态改变）。在“Map To”一栏中设置手动映射地址的位置，现将其映射到 2:I. Data[1]字中，0 位起始，映射到位数为 8 位，设置如图 3-118 所示。点击“Apply Mapping”按钮，应用设置。

接下来选中“04”节点的“E3 Plus”，按照同样的方法将地址分别映射到 2:I. Data[2]到 2:I. Data[5]字中，如图 3-119 所示。点击“Apply Mapping”按钮，应用设置。

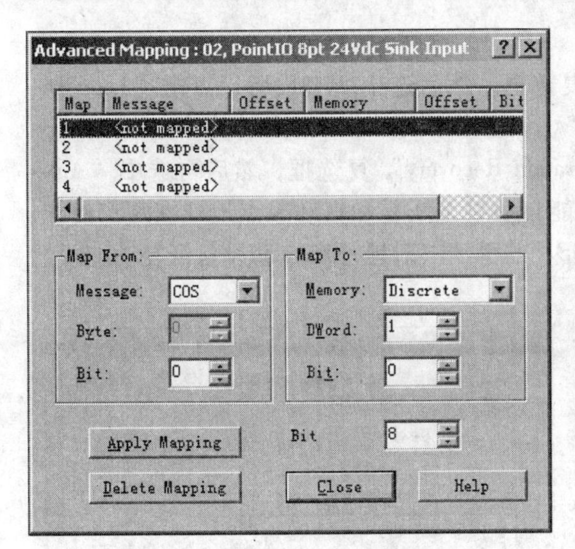

图 3-118　02 节点高级映射窗口

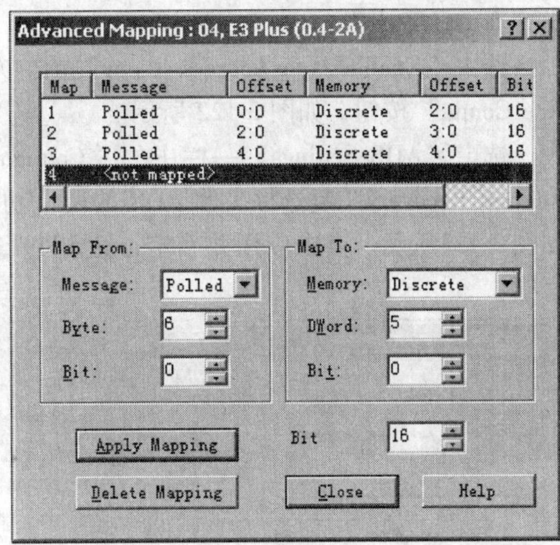

图 3-119　04 节点高级映射窗口

完成手动映射后的输入映像区如图 3-120 所示。这样使设备的地址分配变得清晰明了，但缺点是浪费了内存空间。

手动映射完输入输出映像区后，点击“ADR”选项卡设置设备的自动替换功能，如图 3-121 所示。

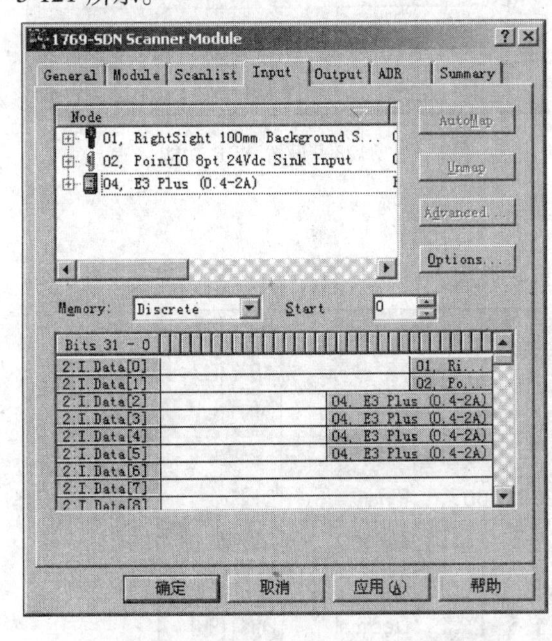

图 3-120　手动映射后的输入映像区

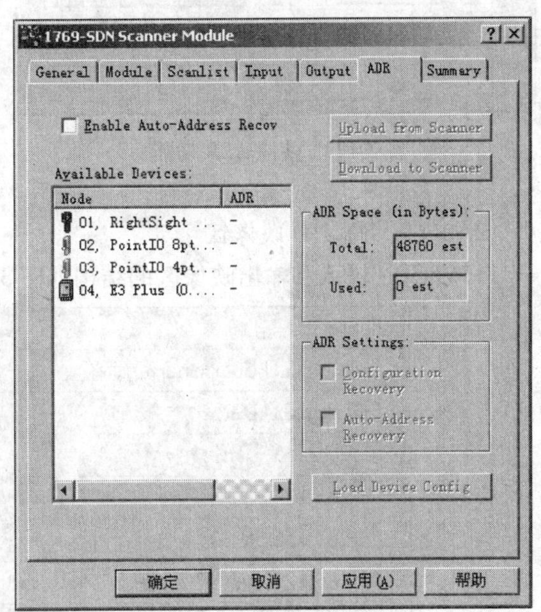

图 3-121　ADR 组态窗口

ADR（Automatic Device Replace）是由 Rockwell Automation 开发出来的应用于设备网扫描器的一种特殊功能。这种功能允许主扫描器将在它扫描名单上的每一种设备的组态数据都存储在它的内存中。当一个设备出现问题而用另一个设备代替时，扫描器将自动把组态参数送到新的设备中去。

选中“Enable Auto-Address Recov”前的复选框。然后选中所有设备，点击“Load Device Config”按钮，如图 3-122 所示。

选中“ADR Settings”一栏中的“Configuration Recovery”复选框，然后再选中“Auto-Address Recovery”复选框，使 ADR 的两个功能自动组态恢复和自动节点地址恢复都使能，如图 3-123所示。点击应用并确定，则 1769-SDN 的手动映射地址和自动设备恢复功能设置完毕。

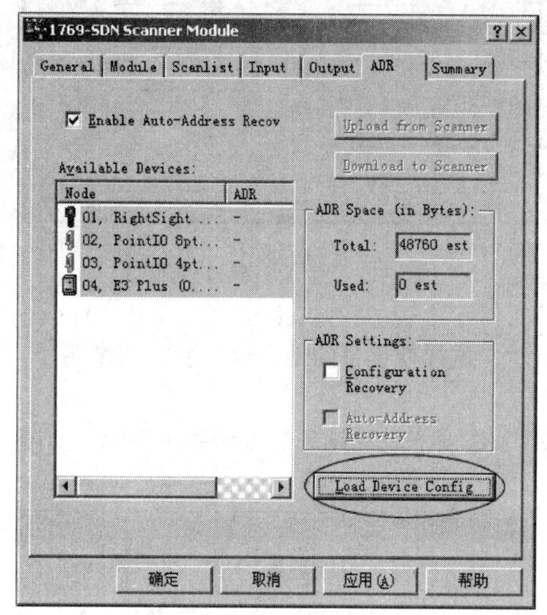

图 3-122　使能 ADR 功能

图 3-123　设置 ADR 功能

2. 1769-SDN I/O 映像区

1769-SDN 输入和输出映像区的结构如图 3-124 所示。

⊟-Local:2:O	{...}		AB:1769_...
⊞-Local:2:O.CommandRegister	{...}		AB:1769_...
⊞-Local:2:O.Data	{...}	Decimal	DINT[90]
⊟-Local:2:I	{...}		AB:1769_...
⊞-Local:2:I.Fault	2#000...	Binary	DINT
⊞-Local:2:I.Status	{...}		AB:1769_...
⊞-Local:2:I.StatusRegister	{...}		AB:1769_...
⊞-Local:2:I.Data	{...}	Decimal	DINT[90]

图 3-124　1769-SDN 映像区结构

其中，“Local:2. O. Data”为映射到 1769-SDN 中的设备的输出数据区，“Local:2. I. Data”为映射到 1769-SDN 中的设备的输入数据区。在上面的例子中，设备在数据区中所对应的地址如图 3-125 和图 3-126 所示。

⊟-Local:2:0	{...}		AB:1769_S...	
⊞-Local:2:0.CommandR...	{...}		AB:1769_S...	
⊟-Local:2:0.Data	{...}	Decimal	DINT[90]	
⊞-Local:2:0.Data[0]	0	Decimal	DINT	RightSight
⊞-Local:2:0.Data[1]	0	Decimal	DINT	Point I/O 8pt
⊞-Local:2:0.Data[2]	0	Decimal	DINT	E3 Plus Device Statrs
⊞-Local:2:0.Data[3]	0	Decimal	DINT	E3 Plus L1 Current
⊞-Local:2:0.Data[4]	0	Decimal	DINT	E3 Plus L2 Current
⊞-Local:2:0.Data[5]	0	Decimal	DINT	E3 Plus L3 Current

图 3-125　输出映像区

⊞-Local:2:0	{...}		AB:1769_S...	
⊟-Local:2:I	{...}		AB:1769_S...	
⊞-Local:2:I.Fault	2#000...	Binary	DINT	
⊞-Local:2:I.Status	{...}		AB:1769_S...	
⊞-Local:2:I.StatusRegister	{...}		AB:1769_S...	
⊟-Local:2:I.Data	{...}	Decimal	DINT[90]	
⊞-Local:2:I.Data[0]	0	Decimal	DINT	Point I/O 4pt
⊞-Local:2:I.Data[1]	0	Decimal	DINT	E3 Plus output&Trip Reset

图 3-126　输入映像区

当程序上线运行时，要将 1769-SDN 的运行位置位，如图 3-127 所示。

⊟-Local:2:0	{...}		AB:1769_...
⊟-Local:2:0.CommandRegister	{...}		AB:1769_...
Local:2:0.CommandRegister.Run	1	Decimal	BOOL
Local:2:0.CommandRegister.Fault	0	Decimal	BOOL
Local:2:0.CommandRegister.Disabl...	0	Decimal	BOOL
Local:2:0.CommandRegister.HaltSc...	0	Decimal	BOOL
Local:2:0.CommandRegister.Reset	0	Decimal	BOOL

图 3-127　使能 1769-SDN

3.6.3　设备网适配器的组态

1769-ADN 为设备网适配器模块，作为本地 DeviceNet 网络与远程 I/O 模块的接口，最多可以在 DeviceNet 网络上连接 30 个远程 I/O 模块。表 3-44 描述了 1769-SDN 和 1769-ADN 模块作为 DeviceNet 网络接口的不同应用。

表 3-44　1769-SDN 和 1769-ADN 应用

系统应用情况	选择网络接口	描　述
与其他 DeviceNet 设备通信，该扫描器允许： 1）使控制器作为 DeviceNet 上的主站或从站 2）使用控制器的 EtherNet 端口或串口用于其他通信	1769-SDN 扫描器模块	该扫描器充当 DeviceNet 设备和 CompactLogix 控制器接口，实现 1）从设备读数据 2）向设备写数据
3）通过 DeviceNet 网络访问远程 Compact I/O 4）向扫描器或控制器发送多达 30 个模块的 I/O 数据	1769-ADN 适配器模块	该适配器可： 1）连接多达 30 个 Compact I/O 模块 2）通过 DeviceNet 网络与其他网络系统进行通信

1. 1769-ADN 的硬件特性

1769-ADN 模块如图 3-128 所示。正面包括两组旋转开关和一个设备网连接器的接口。

两组旋转开关用来设置适配器在网络上的节点地址。其中，MSD 开关设置十位上的数字，LSD 开关设置的是个位上的数字。有效的节点地址为 0～63。如果旋转开关设为 64～99 之间的数，则表示模块的节点地址需要通过软件来设定。

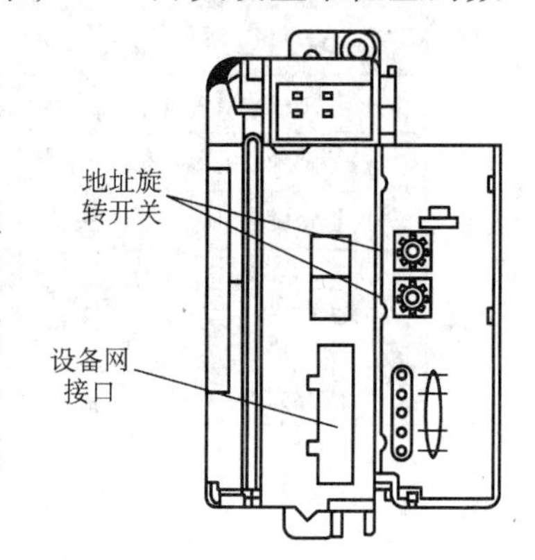

图 3-128　1769-ADN 适配器模块

1769-ADN 模块需要在 RSNetWorx for DeviceNet 中进行组态。组态的内容包括远程组的模块类型、电源、扩展电缆以及终端盖等信息。软件中的组态信息要与实际的硬件连接相一致，否则系统将报错。模块将组态信息保存在本身的非易失性内存中，所以当系统上电的时候，模块将组态信息与实际系统相对照。

2. 1769-ADN 的 I/O 结构

1769-ADN 适配器模块是按照远程组中模块安放的顺序来接收模块的输出数据的。最先接收第 1 槽中模块的输出数据，然后是第 2 槽的模块，直到最后一槽。如果远程组中的模块没有输出数据，即不占用输出映像区，则 1769-ADN 模块的输出映像区中也没有数据。1769-ADN 中只能映射远程组中模块的输出映像区，而不能映射组态数据映像区。

1769-ADN 的输入映像区的前两个字为该模块的状态字。接下来是远程组中第 1 槽模块的输入数据映像，直到最后一个槽。同样，如果远程组中的模块不占用输入映像区，则 1769-ADN 模块只占用两个字的输入映像作为本身的状态字。

以上所述的内容如图 3-129 所示。

1769-ADN 适配器的状态字占用两个字，即 32 位，其每一位的含义如下图所示。0～30 位分别为对应远程组中 30 个模块的数据无效位，31 位为节点地址改变位，32 位为无效位，如图 3-130 所示。

3. 通过 RSNetWorx for DeviceNet 软件组态 1769-ADN

1769-ADN 的组态主要是配置远程组的过程，需要通过 RSNetWorx for DeviceNet 来完成，可以在离线或在线的方式下进行。以下通过离线的方式介绍 1769-ADN 的组态步骤。

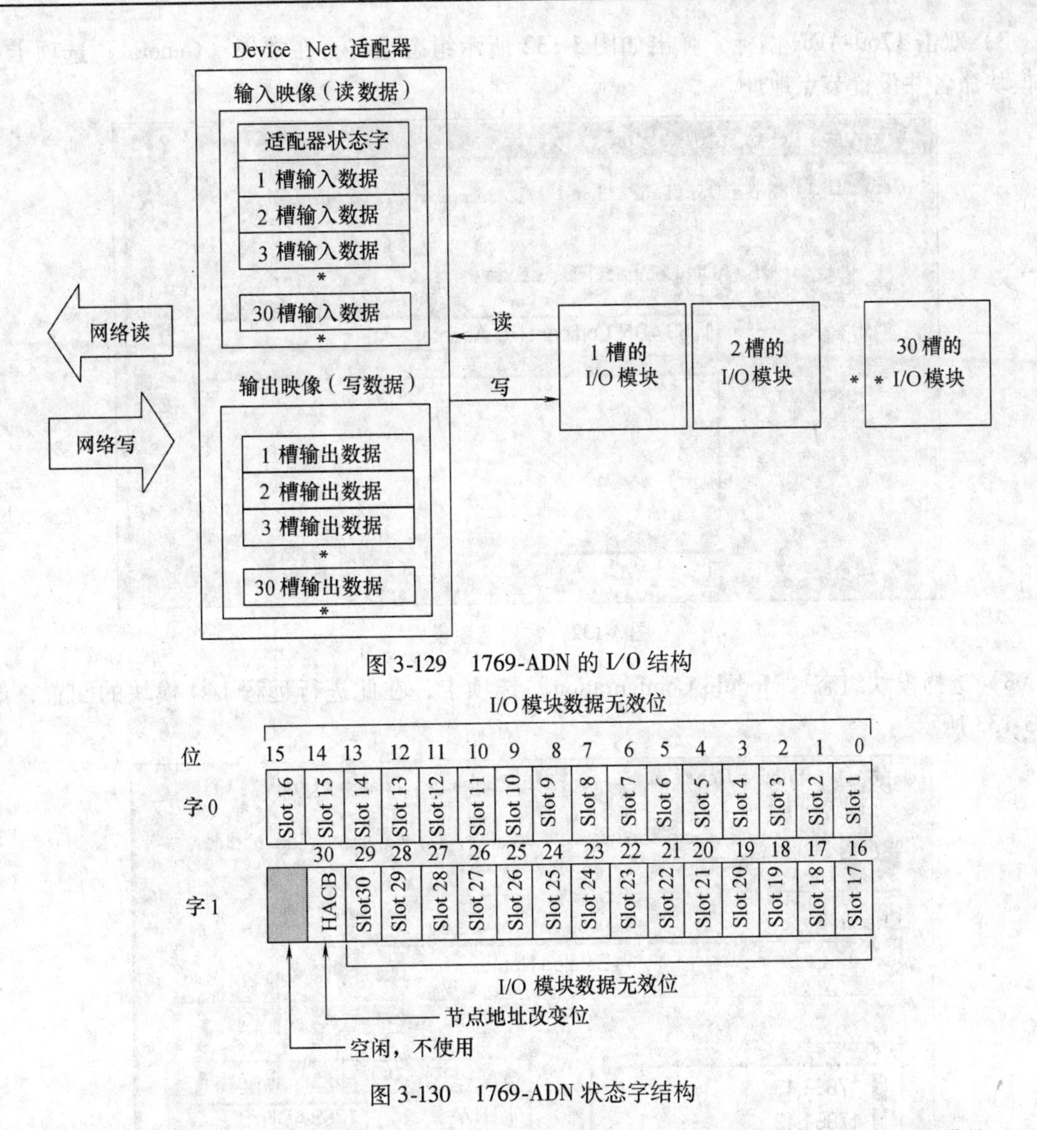

图 3-129 1769-ADN 的 I/O 结构

图 3-130 1769-ADN 状态字结构

1）运行 RSNetWorx for DeviceNet 软件，在左侧的设备列表中找到 1769-ADN 模块，双击添加到网络中，如图 3-131 所示。

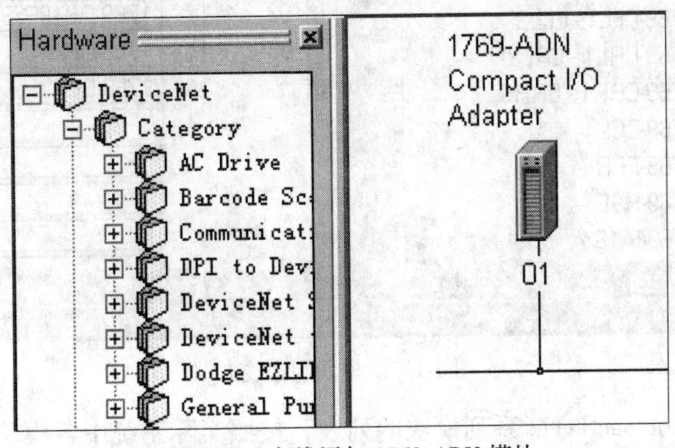

图 3-131 离线添加 1769-ADN 模块

2）双击 1769-ADN 图标，弹出如图 3-132 所示组态窗口，在常规（General）选项卡中为模块命名并设置节点地址。

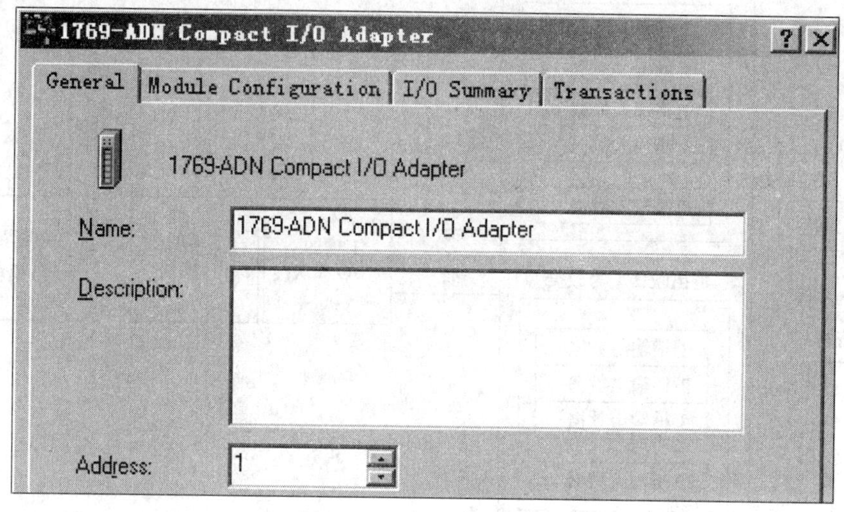

图 3-132　常规选项设置

3）选择模块组态“Module Configuration”选项卡，在此进行远程 I/O 模块的配置，如图 3-133 所示。

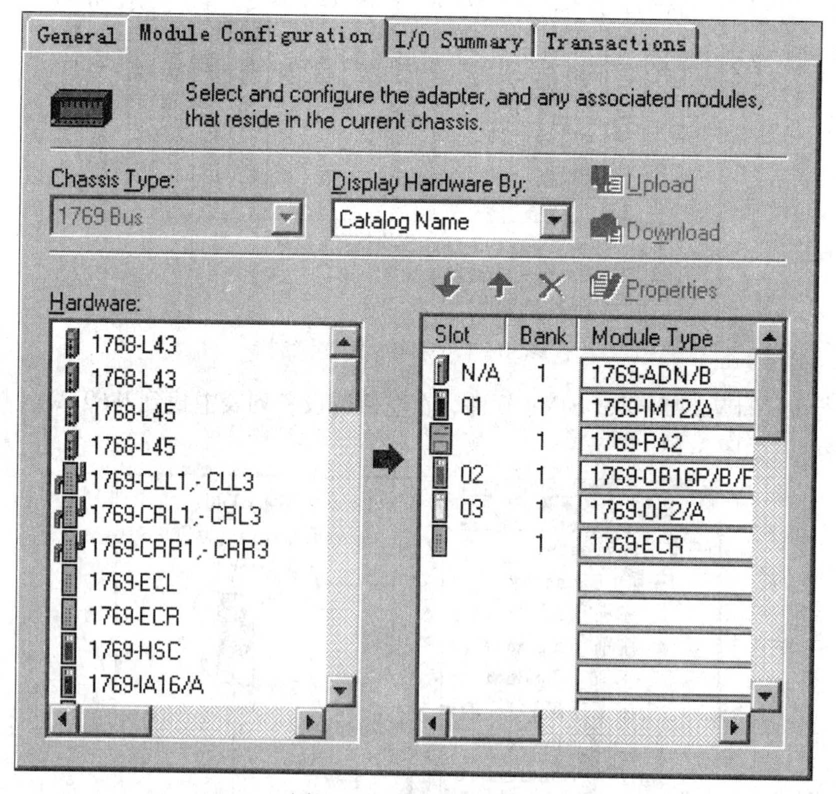

图 3-133　模块组态窗口

窗口中左侧为 CompactLogix 系列模块的列表，按照实际系统中各模块、电源、终端盖以及扩展电缆的位置，依次添加到右侧的列表中。1769-ADN 模块必须位于远程组中的 1 组 0

槽。电源和终端盖不占用槽号。

双击右侧列表中的模块，在弹出的模块属性窗口中可以配置模块所在远程 I/O 组的组号，如图 3-134 所示。

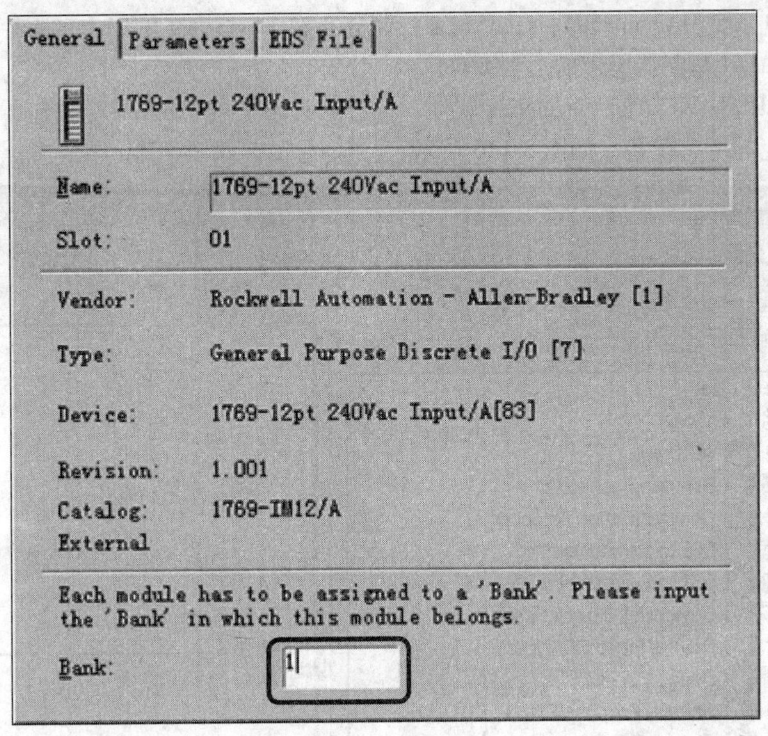

图 3-134 模块属性窗口

4）选择 I/O 概况“I/O Summary”选项卡，可以选择 I/O 类型，并且显示了每个模块所占用输入输出映像区的大小，如图 3-135 所示。

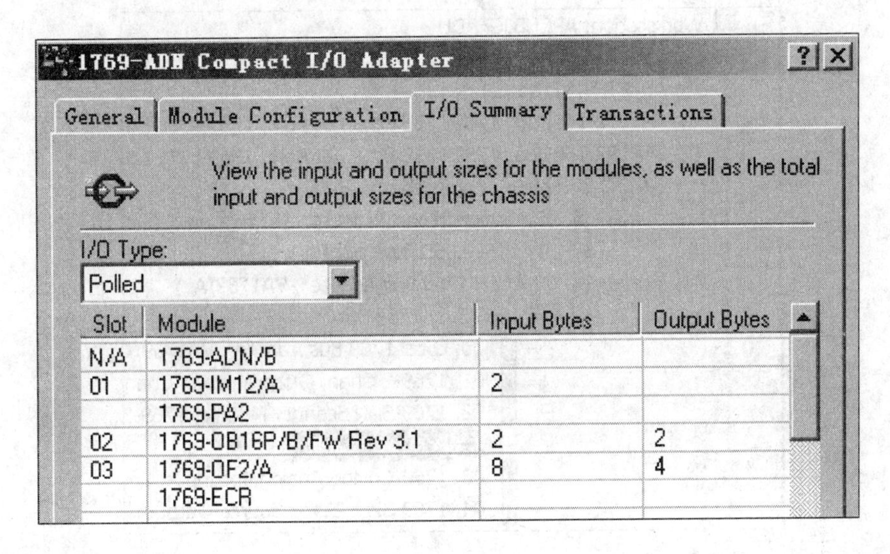

图 3-135 I/O 概况选项卡

5）点击应用按钮，1769-ADN 组态完毕。

3.6.4 通过设备网组态远程 I/O 及 E3 过载继电器应用举例

在本例中，使用 CompactLogix L35E 来控制分布在 DeviceNet 网络上的 E3 plus 过载继电器和由 1769-ADN 适配器所带的远程 I/O。

1）启动 RSNetWorx for DeviceNet 软件，点击工具条上的“online”按钮，在线扫描 DeviceNet 网络上的所有设备，如图 3-136 所示。

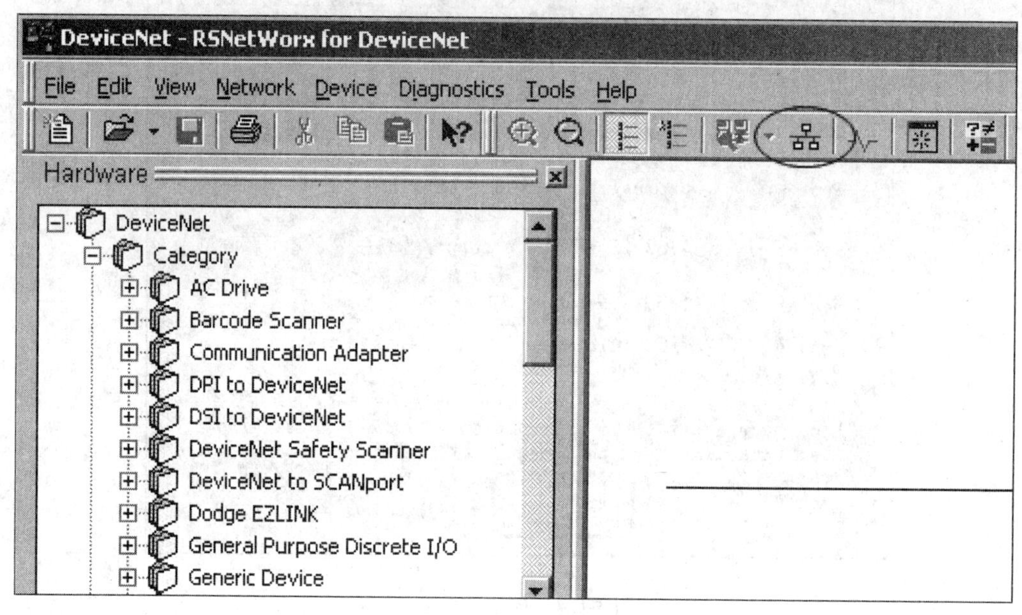

图 3-136 RSNetWorx for DeviceNet 界面

2）在网络浏览窗口中，选择 DeviceNet 网络，如图 3-137 所示。

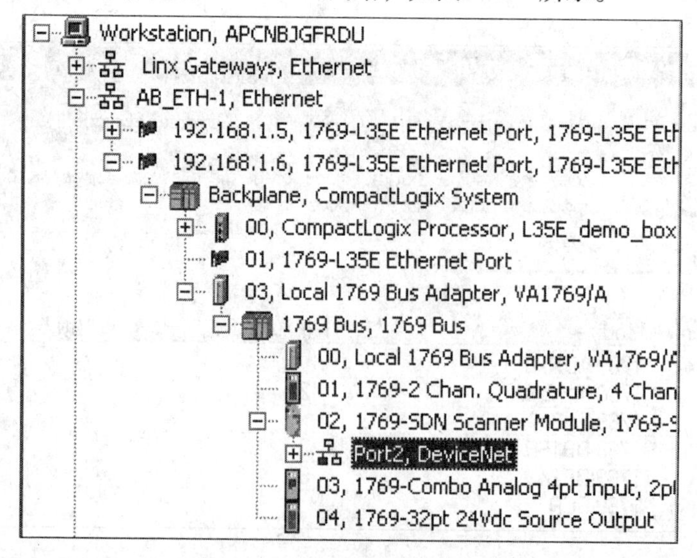

图 3-137 扫描 DeviceNet 网络

3）扫描完成后，网络上的设备会出现在屏幕上，如图 3-138 所示。

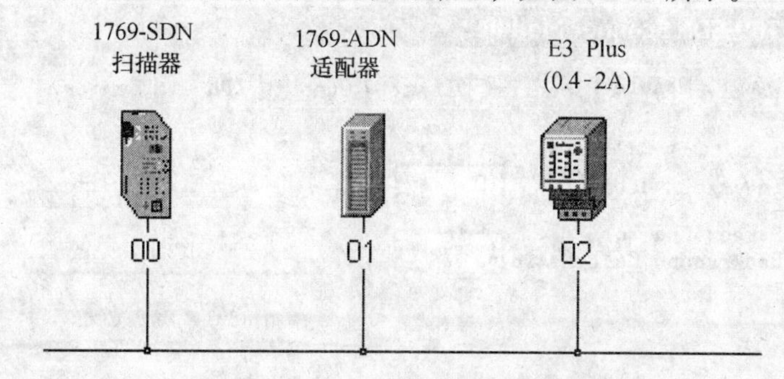

图 3-138　DeviceNet 网络上的设备

4）双击 01 节点的 1769-ADN 图标，按照上一节中所描述的组态方法配置远程组的模块，从左至右分别为 1769-ADN、1769-IQ16、1769-OB32、1769-PA2 电源、1769-OB16 和终端盖 1769-ECR，如图 3-139 所示。

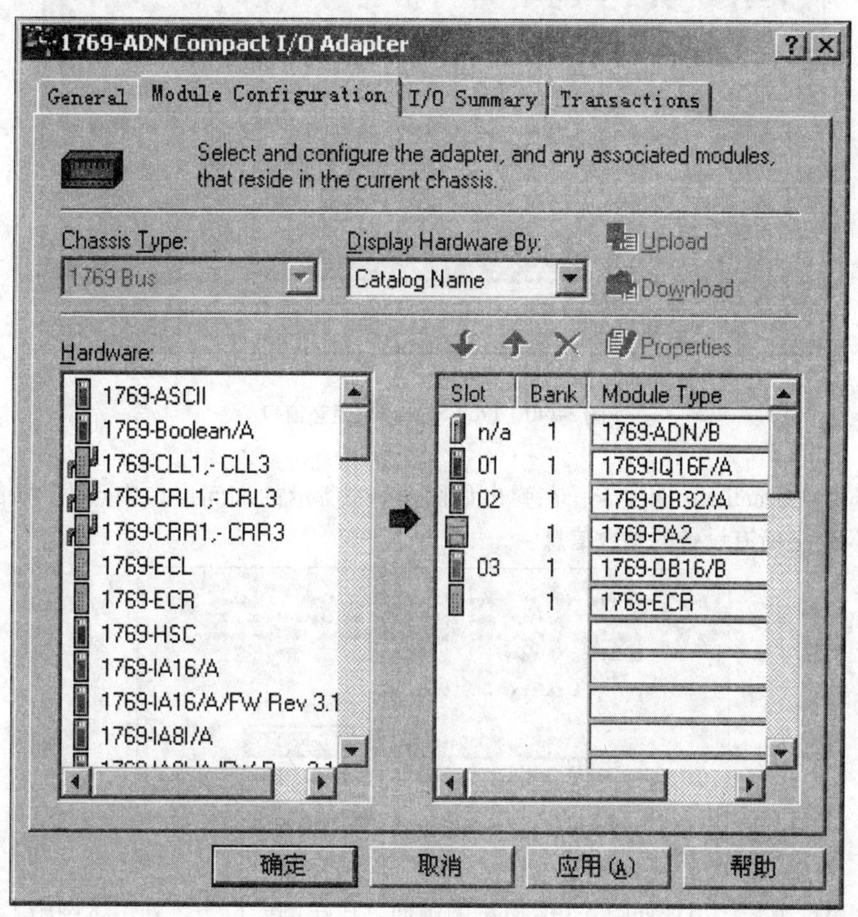

图 3-139　1769-ADN 组态窗口

5）双击“00”节点的 1769-SDN 图标，在弹出的窗口中选择“module”选项卡，设置扫描器模块工作的平台为“CompactLogix”和所处槽号为“2”，如图 3-140 所示。

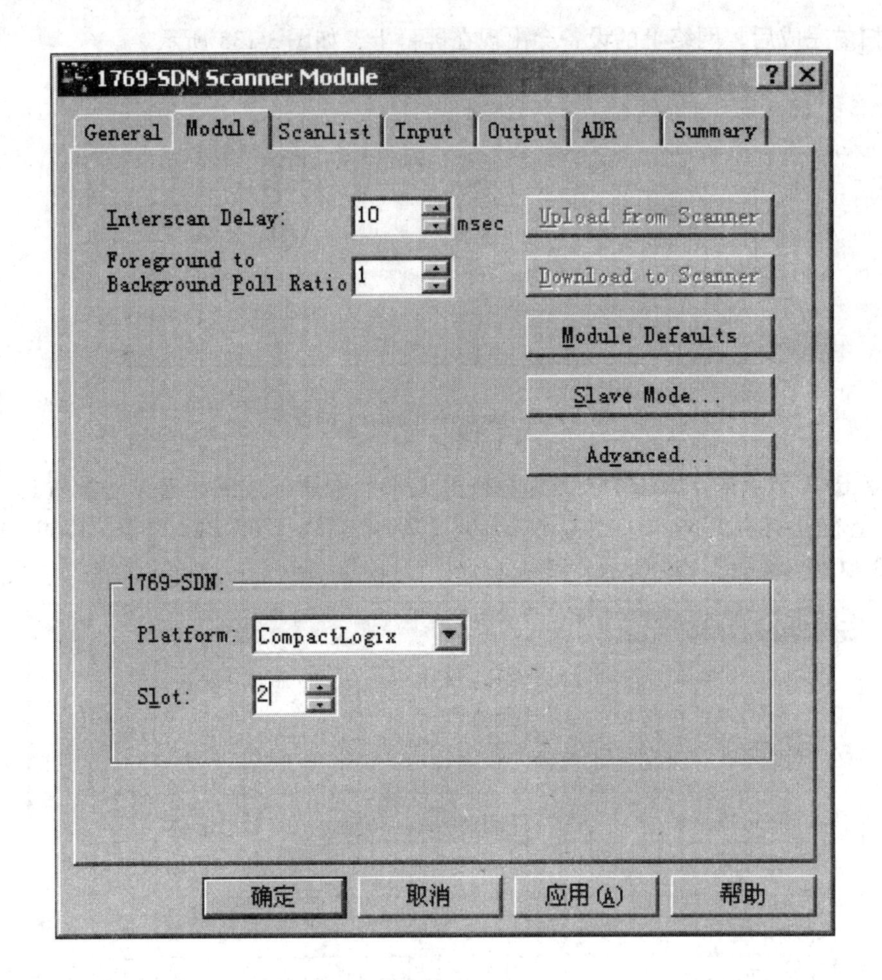

图 3-140　1769-SDN 模块组态窗口

6）选择“Scanlist”选项卡，在弹出如图 3-141 所示的询问窗口中点击“Upload”按钮，上载网络上所有设备的参数信息。

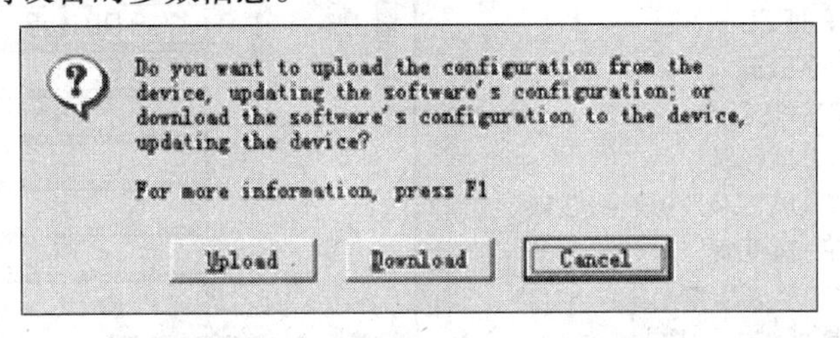

图 3-141　设备组态上载和下载询问窗口

7）上载完成后，出现如图 3-142 所示的画面，在左侧一栏中，列出了网络上的所有设备。

8）选中 01 节点的 1769-ADN 和 02 节点的 E3 plus，点击“〉”按钮，将设备映射到右侧一栏中的“Scanlist”中，如图 3-143 所示。

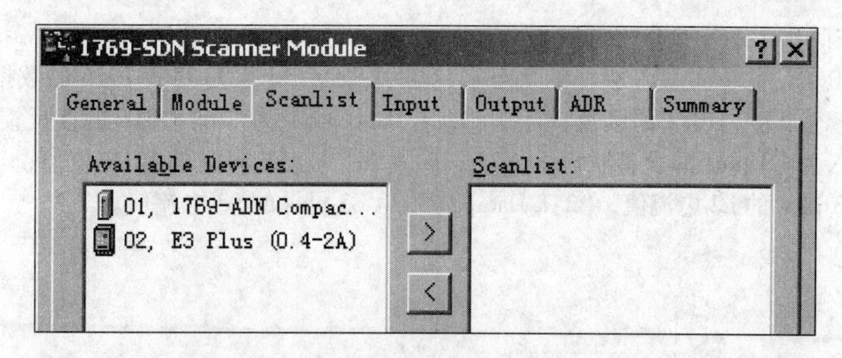

图 3-142　上载的设备扫描列表

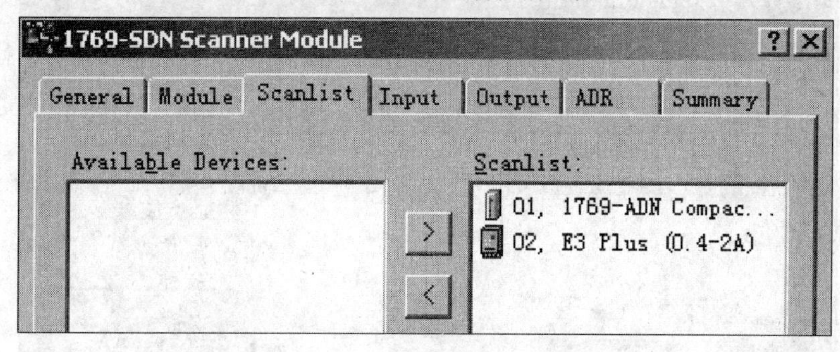

图 3-143　将设备映射到 Scanlist 中

9）选择“Input”选项卡，查看每个设备在输入映像区中自动映射地址空间的位置。其中，1769-ADN 及远程的 I/O 模块占 7 个字的地址空间，E3 plus 占 4 个字的地址空间，如图 3-144 所示。

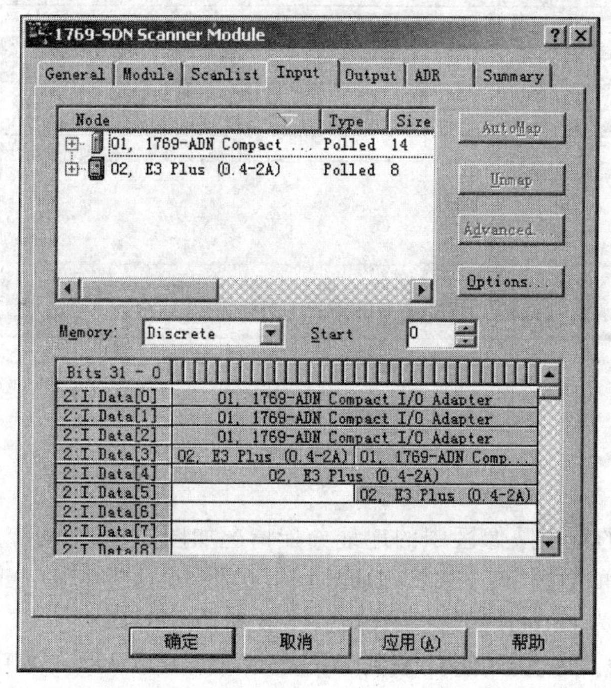

图 3-144　自动映射地址空间

10）按照3.6.2节中介绍的映射地址的方法进行地址的手动映射。如图3-145所示："2:I. Data[0]"为1769-ADN模块的状态字，"2:I. Data[1]"为1769-IQ16的数据字，"2:I. Data[2]"为1769-OB32的读反馈字，"2:I. Data[3]"为1769-OB16的读反馈字。"2:I. Data[4]"为E3 plus的设备状态，"2:I. Data[5]"为E3 plus的L1电流值，"2:I. Data[6]"为E3 plus的L2电流值，"2:I. Data[7]"为E3 plus的L3电流值。

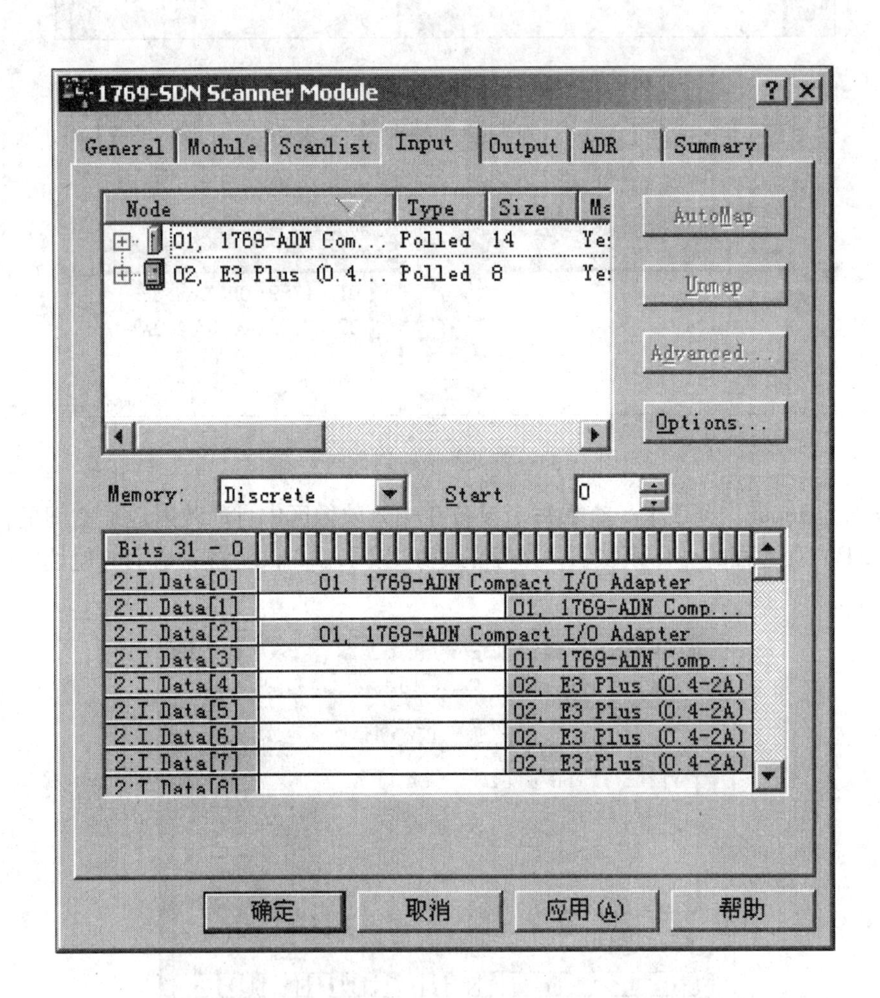

图3-145　手动映射地址空间

11）1769-SDN的输出映像区中的地址分配情况如图3-146所示。其中，"2:O. Data[0]"为1769-OB32的数据字，"2:O. Data[1]"的低16位为1769-OB16的数据字，"2:O. Data[2]"映像区为E3 plus的继电器输出A、B和Trip Reset位。

12）组态完毕后，将组态信息下载到1769-SDN中，在RSLogix5000中，将运行位置位，使设备网模块处于运行模式，如图3-147所示。

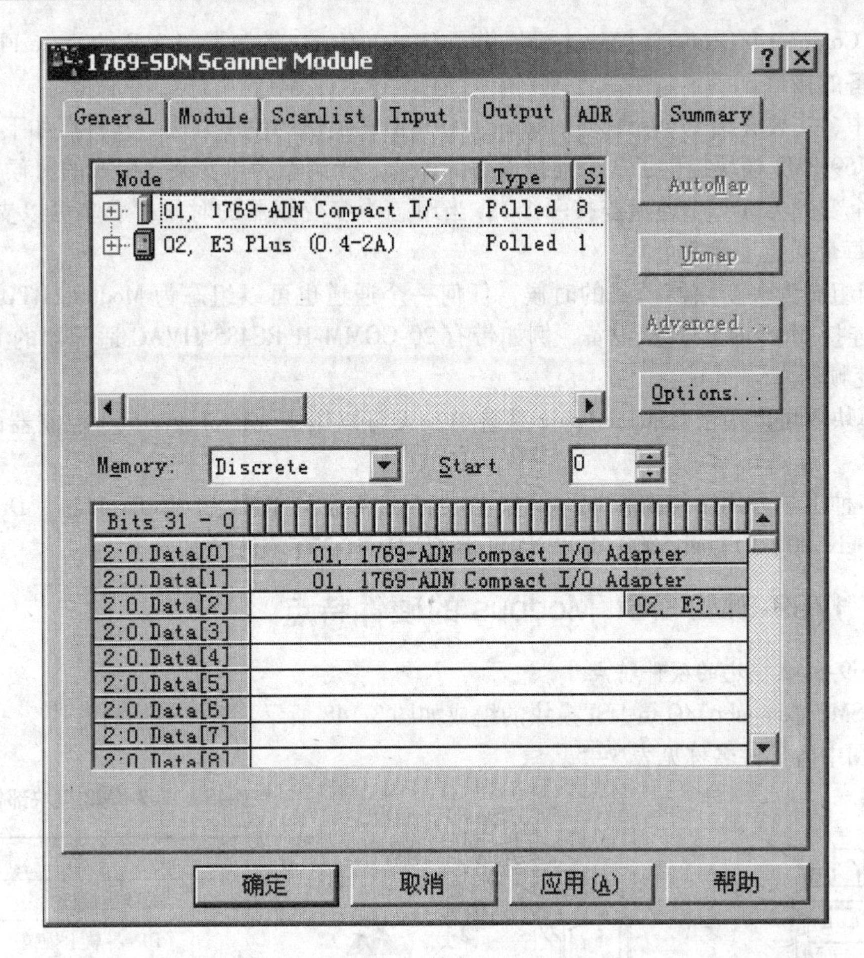

图 3-146　输出映像区

⊟-Local:2:O	{...}		AB:1...
⊟-Local:2:O.CommandRegister	{...}		AB:1...
Local:2:O.CommandRegister.Run	1	Decimal	BOOL
Local:2:O.CommandRegister.Fault	0	Decimal	BOOL
Local:2:O.CommandRegister.Dis...	0	Decimal	BOOL
Local:2:O.CommandRegister.Halt...	0	Decimal	BOOL
Local:2:O.CommandRegister.Reset	0	Decimal	BOOL

图 3-147　运行 1769-SDN

3.7　1769-MODULE 模块

1769-MODULE 模块包括两种类型，1769-SM1 Compact I/O to DPI/SCANport 模块和 1769-SM2 Compact I/O to DSI 模块。其中，1769-SM1 Compact I/O to DPI/SCANport 模块提供了 CompactLogix 控制器与 DPI/SCANport 设备的接口，如 A-B 的 PowerFlex 7 系列变频器、SMC 软启动器等支持 DPI 的设备和 1336 变频器、1394 伺服驱动器等支持 SCANport 的设备。而

1769-SM2 Compact I/O to DSI 模块主要提供了 CompactLogix 控制器与 A-B 的 PowerFlex 4 系列变频器设备的接口。

本节中，主要介绍 1769-SM2 Compact I/O to DSI 模块的使用方法。其特点如下：

1）1769-SM2 模块提供了 3 个连接设备的通道，当组态为单变频器模式的时候，最多可以支持 3 个变频器（每个通道连接一个），当组态为多变频器的时候，最多可以支持 15 个变频器（每个通道连接 5 个）。

2）当组态为多变频器模式的时候，任何一个通道也可以组态为 Modbus RTU 主设备，这样可以连接 Modbus RTU 从设备，例如带有 20-COMM-H RS485 HVAC 适配器的 PowerFlex 7 系列的变频器。

3）模块既可以用于 CompactLogix 系统中，又可以用于 MicroLogix1500 控制器的扩展模块。

4）多种工具可用于组态模块，例如 PowerFlex 4 系列 HMI、DriveExplorer、DriveExecutive、RSLogix500、RSLogix5000 和 RSNetWorx for DeviceNet 软件等。

3.7.1 1769-SM2 DSI/Modbus 的硬件特点

1. 1769-SM2 模块的硬件特点

1769-SM2 Compact I/O to DSI 模块的组成如图 3-148 所示。

示意图中各部件名称见表 3-45。

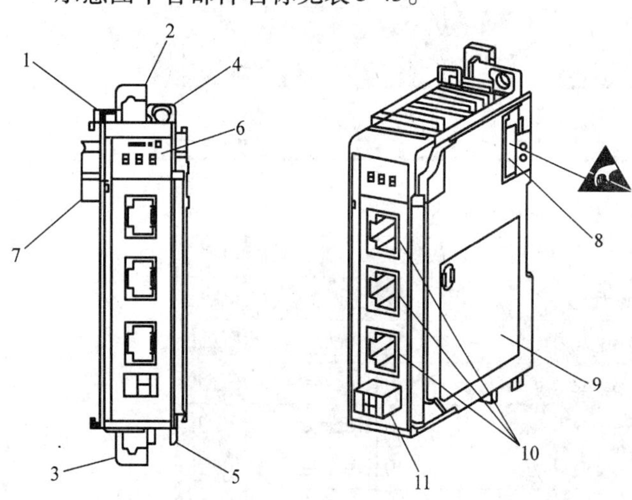

图 3-148 1769-SM2 模块示意图

表 3-45 1769-SM2 模块部件名称

序　号	名　称
1	总线连接杆
2	DIN 导轨上锁销
3	DIN 导轨下锁销
4	上面板固定键
5	下面板固定键
6	模块状态指示器
7	插槽总线连接器
8	插针总线连接器
9	标签
10	DSI 连接器
11	网络通信屏蔽和地线端子块

模块共有 4 个 LED 状态指示器来显示模块的操作状态。其中一个为模块状态指示器，另外三个为通道状态指示器。指示灯不同状态所表示的含义见表 3-46。

表 3-46 指示灯状态描述

指示器	状态	描　述
模块状态指示器	固定绿色	操作正常，模块已经和控制器建立了通信
	闪烁绿色	模块正在和控制器建立通信
通道状态指示器	固定绿色	操作正常，通道运行并且正在与控制器和变频器之间转换数据
	闪烁绿色	操作正常，通道处于运行状态，但是与控制器和变频器之间没有数据的交换

2. 1769-SM2 模块的工作模式

在安装模块之前，要先通过电路板上的两个 SW 开关设定模块的工作模式，如图 3-149 所示。其中，SW1 设定模块的组态模式，SW2 设定模块的操作模式。

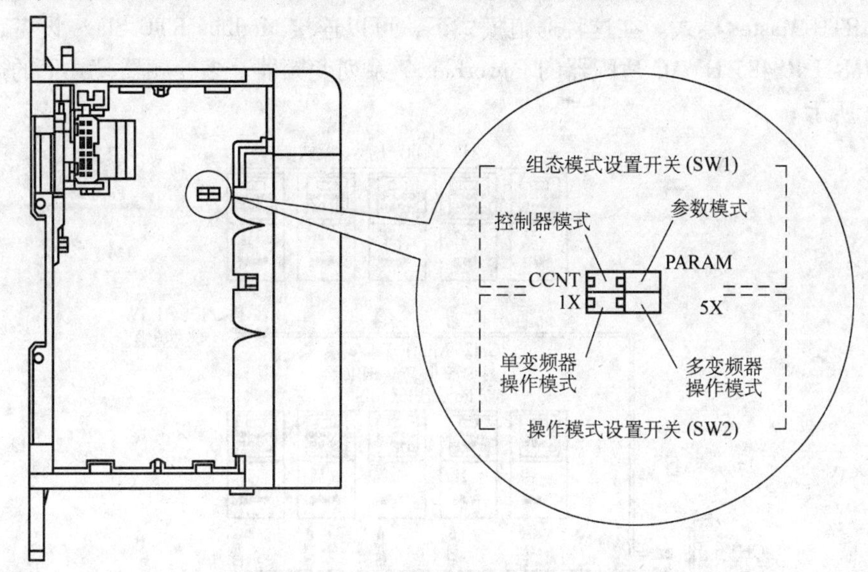

图 3-149 1769-SM2 模块的工作模式设定

当 SW1 开关拨到“Controller Position”一端的时候，模块是由下载到控制器中的数据进行组态，当控制器重新上电并运行的时候，组态参数生效。

当 SW1 开关拨到“Parameter Position”一端的时候，模块是由其内部非易失性内存所存储的参数进行组态，这时如果通过编程软件向控制器中下载组态数据，模块将忽略。

当 SW2 开关拨到“Single Operation Position”一端的时候，模块设置为单变频器操作模式，这种工作模式属于点对点连接。在这种情况下，模块的每个通道只能连接一个 PowerFlex 变频器，连接方式如图 3-150 所示。

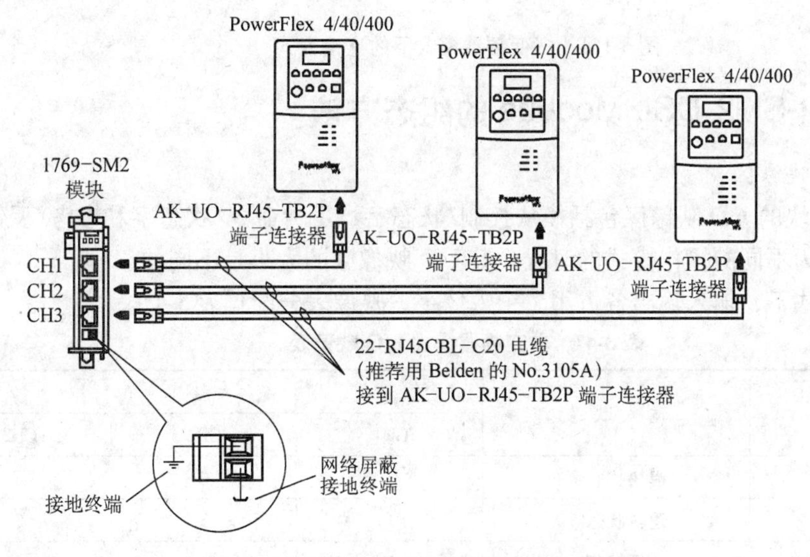

图 3-150 单变频器模式下的连接方式

当 SW2 开关拨到“Multi-Drive Operation Position”一端的时候，模块设置为多变频器操作模式。在这种操作模式下，模块的每个通道最多可以连接 5 个 PowerFlex 变频器，这些变频器是以菊花链的形式连接。在模块组态为多变频器模式的时候，任何一个通道还可以组态成 Modbus RTU Master 模式。在这种通道模式下，可以连接 Modbus RTU Slave 设备，例如带有 20-COMM-H RS485 HVAC 适配器的 PowerFlex 7 系列变频器。多变频器模式下的连接方式如图 3-151 所示。

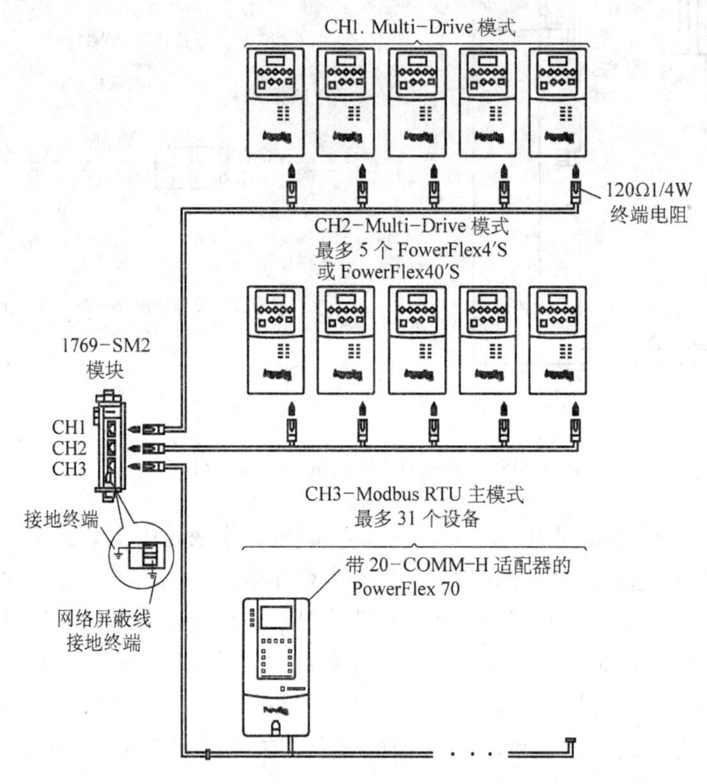

图 3-151　多变频器模式下的连接方式

3.7.2　1769-SM2 DSI/Modbus 的组态方法

1. 了解 I/O 映像区

1769-SM2 模块的 I/O 映像区包括模块控制/状态字、逻辑命令/状态字和参考/反馈频率字。当模块组态为不同的操作模式的时候，其 I/O 映像区的大小是不同的。

单变频器模式下，输入输出各占用 7 个映像字，映像表分配见表 3-47。

表 3-47　单变频器模式 I/O 映像表

输出映像	输入映像	字		
		CH1	CH2	CH3
模块控制字	模块状态字		0	
逻辑命令字	逻辑状态字	1	3	5
参考值	反馈值	2	4	6

多变频器模式下，输入输出各占用 31 个映像字，映像表分配见表 3-48。

表 3-48　多变频器模式 I/O 映像表

变频器	输出映像区	输入映像区	字		
			CH1	CH2	CH3
	模块控制字	模块状态字	0		
变频器 0	逻辑命令字	逻辑状态字	1	11	21
	参考值	反馈值	2	12	22
变频器 1	逻辑命令字	逻辑状态字	3	13	23
	参考值	反馈值	4	14	24
变频器 2	逻辑命令字	逻辑状态字	5	15	25
	参考值	反馈值	6	16	26
变频器 3	逻辑命令字	逻辑状态字	7	17	27
	参考值	反馈值	8	18	28
变频器 4	逻辑命令字	逻辑状态字	9	19	29
	参考值	反馈值	10	20	30

输出映像区中的字 0 为模块的控制字，其作用是使能通道，见表 3-49。

表 3-49　模块控制字

位	作　用	描　述
0	通道 1 使能	置 1 使能通道，当通道使能时，输出映像区（逻辑命令字/参考值）中的信息可以传送到相应的变频器，所有的输入映像区定时刷新 置 0 禁止通道，当通道禁止时，输出映像区中的信息不能传送到相应的变频器中，所有的输入映像区也不再被刷新
1	通道 2 使能	
2	通道 3 使能	
3 ~ 15	不使用	保留，作为以后新功能使用

输入映像区中的字 0 为模块的状态字，其作用是反映模块各个通道的状态，见表 3-50。

表 3-50　模块状态字

位	作　用	描　述
0	通道 1 逻辑状态 0 有效	"0" = 通道 1 的逻辑状态/反馈值无效（分别对应变频器 0 ~ 4，以下类同） "1" = 通道 1 的逻辑状态/反馈值有效
1	通道 1 逻辑状态 1 有效	
2	通道 1 逻辑状态 2 有效	
3	通道 1 逻辑状态 3 有效	
4	通道 1 逻辑状态 4 有效	
5	通道 2 逻辑状态 0 有效	"0" = 通道 2 的逻辑状态/反馈值无效 "1" = 通道 2 的逻辑状态/反馈值有效
6	通道 2 逻辑状态 1 有效	
7	通道 2 逻辑状态 2 有效	
8	通道 2 逻辑状态 3 有效	
9	通道 2 逻辑状态 4 有效	

（续）

位	作　用	描　述
10	通道 3 逻辑状态 0 有效	“0” = 通道 3 的逻辑状态/反馈值无效 “1” = 通道 3 的逻辑状态/反馈值有效
11	通道 3 逻辑状态 1 有效	
12	通道 3 逻辑状态 2 有效	
13	通道 3 逻辑状态 3 有效	
14	通道 3 逻辑状态 4 有效	
15	组态无效	“1” = 模块的组态数据有效

模块输出映像区中的逻辑命令字由控制器生产并传递到 1769-SM2 模块，从而控制变频器的运行，见表 3-51。

表 3-51　逻辑命令字

逻　辑　位																命　令	描　述
15	14	13	12	11	10	9	8	7	6	5	4	3	2	1	0		
															×	停止	0 = 不停止，1 = 停止
														×		启动	0 = 不启动，1 = 启动
													×			点动	0 = 不点动，1 = 点动
												×				清错	0 = 不清错，1 = 清错
										×	×					方向	01 = 正向，10 = 反向
									×							无效	
								×								无效	
						×	×									加速速率	01 = 加速度 1 10 = 加速度 2 11 = 保持加速度
				×	×											减速	01 = 减速度 1 10 = 减速度 2 11 = 保持减速度
	×	×	×													参考源选择	001 = 频率源(Select) 010 = 频率源(Int. Freq) 011 = 频率源(Comm) 100 = 预置频率 1 101 = 预置频率 2 110 = 预置频率 3 111 = 预置频率 4
×																无效	

模块输入映像区中的逻辑状态字由 1769-SM2 生产并传递到控制器，从而反映变频器的运行状态，见表 3-52。

表 3-52　逻辑状态字

逻辑位																状态	描述
15	14	13	12	11	10	9	8	7	6	5	4	3	2	1	0		
															×	就绪	0 = 没有就绪,1 = 就绪
														×		激活	0 = 没有激活,1 = 激活
													×			命令方向	0 = 反向,1 = 正向
												×				实际方向	0 = 反向,1 = 正向
											×					加速	0 = 没有加速,1 = 加速
										×						减速	0 = 没有减速,1 = 减速
									×							报警	0 = 没有报警,1 = 报警
								×								故障	0 = 没有故障,1 = 故障
							×									速度	0 = 没在参考频率下 1 = 在参考频率下
						×										频率	0 = 不由网络控制 1 = 由网络控制
					×											操作模式	0 = 不由网络控制 1 = 由网络控制
				×												参数	0 = 没有锁定,1 = 锁定
			×													数字输入 1	
		×														数字输入 2	
	×															数字输入 3	
×																数字输入 4	

模块输出映像区中的参考频率字由控制器传递到 1769-SM2 模块，控制变频器的输出频率。而输入映像区中的反馈频率字由 1769-SM2 模块将变频器的输出频率大小传送到控制器中。4 系列变频器的有效频率范围见表 3-53。

表 3-53　模块参考/反馈字

映像区位数	有效频率
16 位	PowerFlex4 :0. 0 ~ 240. 0 PowerFlex40 :0. 0 ~ 400. 0 PowerFlex400 :0. 0 ~ 320. 0

2. 1769-SM2 模块的组态字

1769-SM2 模块的组态数据占用映像区中的 42 个字的大小。当工作在控制器组态模式下的时候，可以通过 RSLogix5000 编程软件对其进行组态。1769-SM2 模块的组态字见表 3-54。

表 3-54　1769-SM2 模块的组态字

参数描述	CH1	CH2	CH3	参数描述	CH1	CH2	CH3
空闲动作	字 0	字 14	字 28	Drive 3 地址	字 7	字 21	字 35
故障组态逻辑命令	字 1	字 15	字 29	Drive 4 地址	字 8	字 22	字 36
故障组态参考频率	字 2	字 16	字 30	RTU 波特率	字 9	字 23	字 37
DSI I/O 组态	字 3	字 17	字 31	RTU 奇偶校验	字 10	字 24	字 38
Drive 0 地址	字 4	字 18	字 32	RTU Rx 延时	字 11	字 25	字 39
Drive 1 地址	字 5	字 19	字 33	RTU Tx 延时	字 12	字 26	字 40
Drive 2 地址	字 6	字 20	字 34	RTU Msg 超时	字 13	字 27	字 41

3.7.3　1769-SM2 DSI/Modbus 应用举例

1. 单变频器工作模式

1）将 1769-SM2 模块通过电路板上的 SW 开关设置为控制器组态并且工作模式为单变频

器模式。按照如图 3-152 所示连接设备。

2）按照表 3-55 所示设置 PowerFlex 40 变频器的参数。

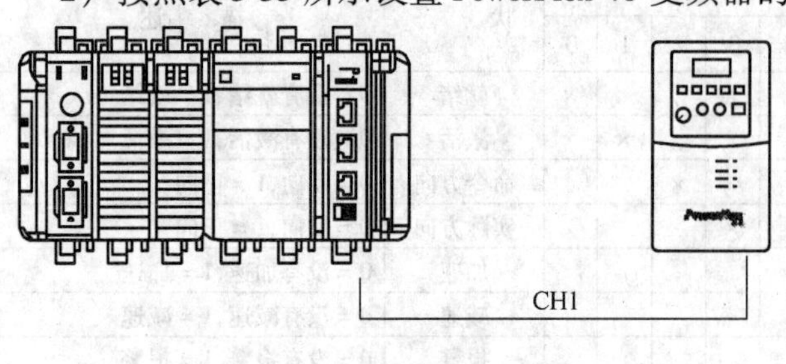

图 3-152　单变频器模式接线

表 3-55　单变频器模式下变频器参数设置

参数	参数名称	设　置
P036	启动源	5 = 通信端口
P038	速度参考频率	5 = 通信端口
A103	通信数据速率	4 = 19.2K
A104	通信节点地址	100
A107	通信格式	0 = RTU 8-N-1

3）打开 RSLogix5000 编程软件，新建工程，在 I/O 组态中添加 1769-SM2 模块，如图 3-153 所示。

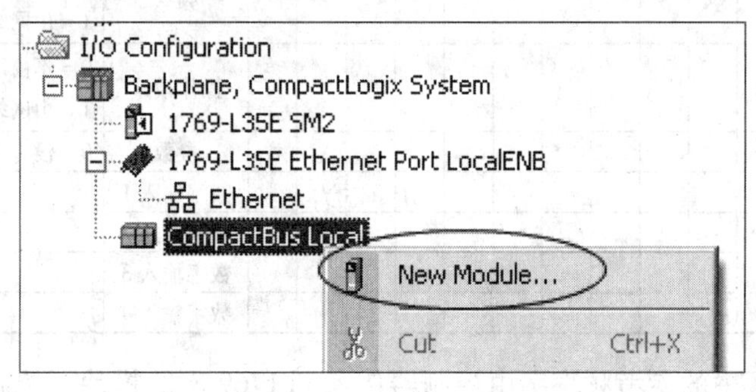

图 3-153　添加 1769-SM2 模块

4）在模块组态窗口中设置通信格式为“Data-INT”，并选择模块所处的槽号。在“Connection Parameters”一栏中，设置输入输出及组态映像字的大小。因为是变频器模式，所以分别设置为 7、7、42，如图 3-154 所示。

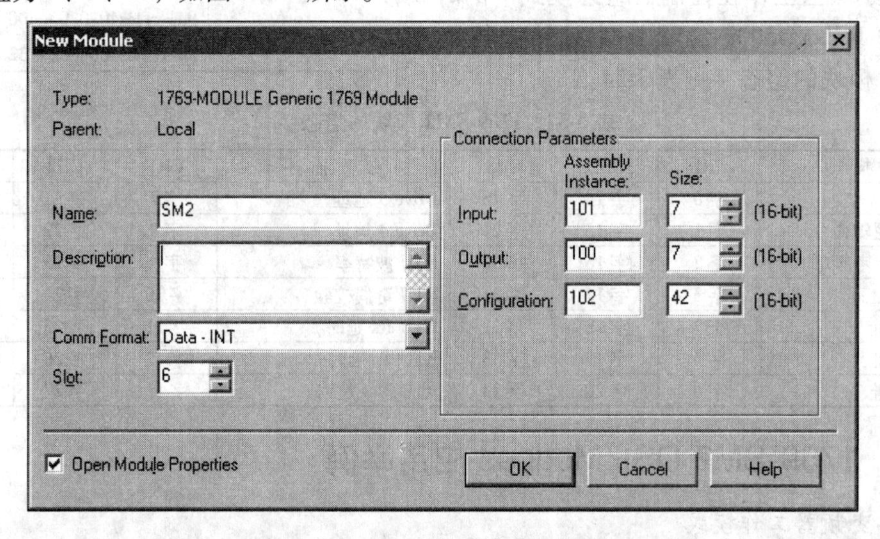

图 3-154　单变频器模式下 1769-SM2 的设置

5）编制简单的控制电动机的起停、正反转的程序，如图 3-155 所示。

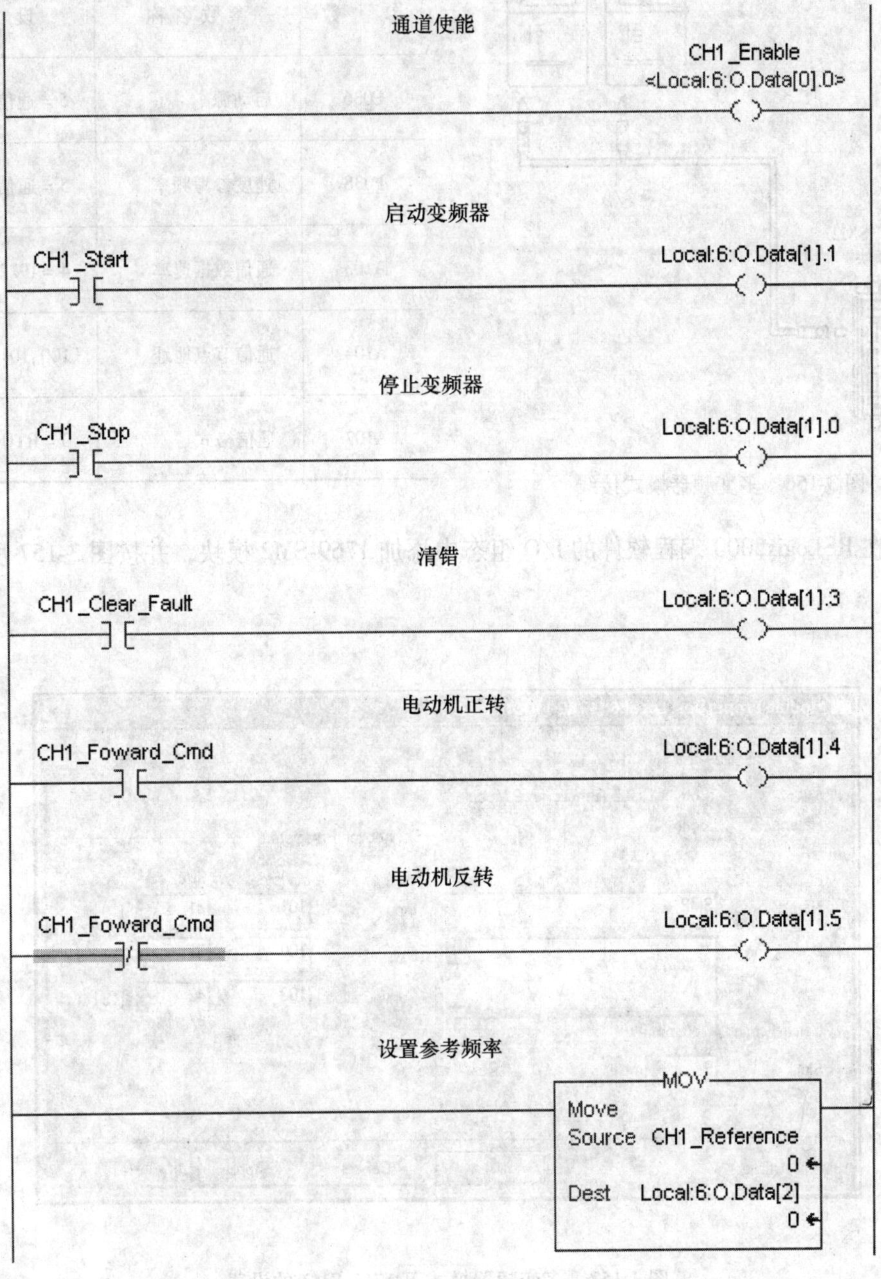

通道使能

CH1_Enable
<Local:6:O.Data[0].0>
( )

启动变频器

CH1_Start] [—— Local:6:O.Data[1].1 ( )

停止变频器

CH1_Stop] [—— Local:6:O.Data[1].0 ( )

清错

CH1_Clear_Fault] [—— Local:6:O.Data[1].3 ( )

电动机正转

CH1_Foward_Cmd] [—— Local:6:O.Data[1].4 ( )

电动机反转

CH1_Foward_Cmd]/[—— Local:6:O.Data[1].5 ( )

设置参考频率

MOV
Move
Source CH1_Reference
0
Dest Local:6:O.Data[2]
0

图 3-155　单变频器模式控制程序

2. 多变频器工作模式

1）在本例中将在 1769-SM2 的 CH1 通道上连接两个变频器。将模块通过电路板上的 SW 开关设置为控制器组态，并且工作模式为多变频器模式。按照如图 3-156 所示连接设备。

2）按照表 3-56 所示设置两个 PowerFlex 40 变频器的参数。

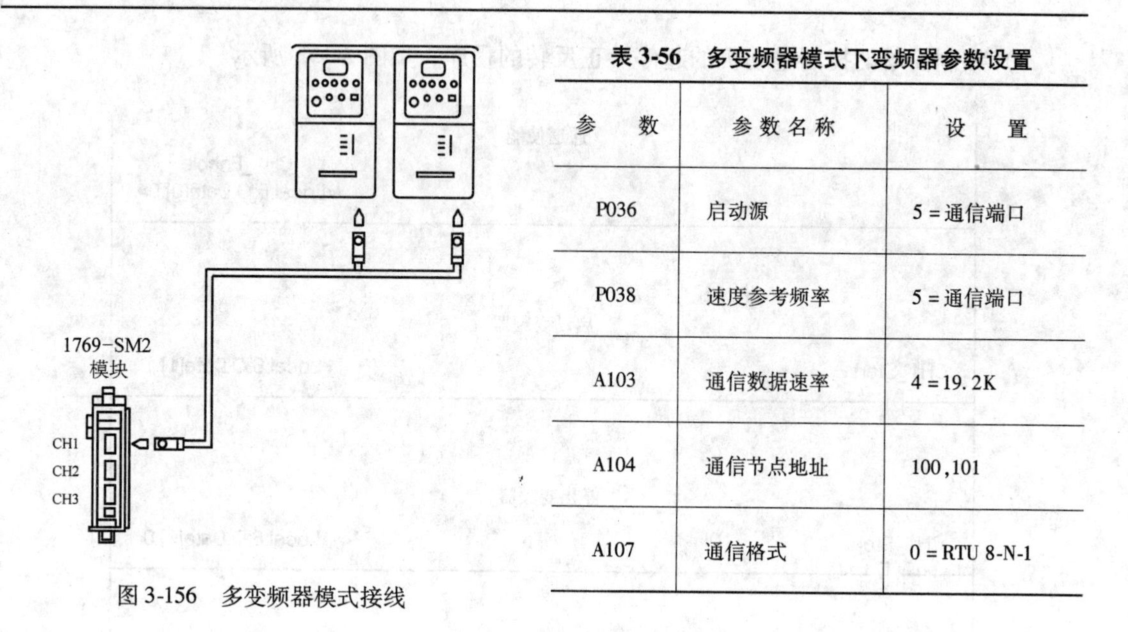

图 3-156　多变频器模式接线

表 3-56　多变频器模式下变频器参数设置

参　数	参数名称	设　置
P036	启动源	5 = 通信端口
P038	速度参考频率	5 = 通信端口
A103	通信数据速率	4 = 19.2K
A104	通信节点地址	100,101
A107	通信格式	0 = RTU 8-N-1

3）在 RSLogix5000 编程软件的 I/O 组态中添加 1769-SM2 模块，并按图 3-157 所示进行设置。

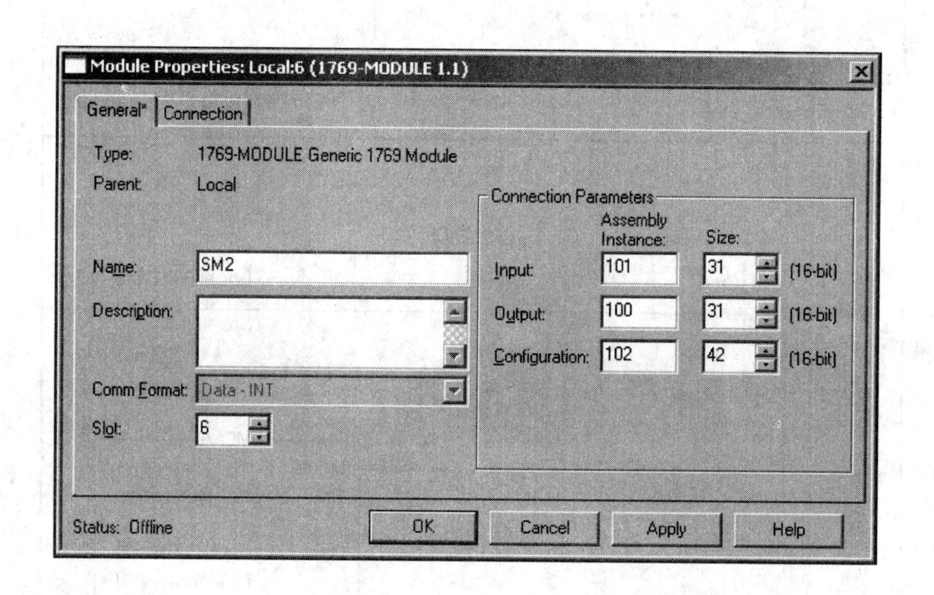

图 3-157　多变频器模式下 1769-SM2 的设置

多变频器模式下，输入输出映像区各占 31 个字的空间大小，在本例中，两个变频器连接到 CH1 上，CH2 和 CH3 不使用。为了节省地址空间，也可以只分配 CH1 的输入输出映像区空间大小，即 11 个字即可。

4）按照如图 3-158 所示设置模块的组态字。因为 CH1 上连接两个变频器，Drive0 和 Drive1，所以在“Channel 1 I/O Cfg”中设置为 1。节点地址分别设为 100 和 101。

Controller Tags - SM2(controller)

Scope: SM2　Show...　Show All

Name	Value	Style	Data Typ	Description
⊟-Local:6:C.Data	{...}	Decimal	INT[198]	
⊞-Local:6:C.Data[0]	0	Decimal	INT	Channel 1 Idle Action
⊞-Local:6:C.Data[1]	0	Decimal	INT	Channel 1 Flt Cfg Logic Command
⊞-Local:6:C.Data[2]	0	Decimal	INT	Channel 1 Flt Cfg Reference
⊞-Local:6:C.Data[3]	1	Decimal	INT	Channel 1 DSI I/O Cfg
⊞-Local:6:C.Data[4]	100	Decimal	INT	Channel 1 Drive 0 Address
⊞-Local:6:C.Data[5]	101	Decimal	INT	Channel 1 Drive 1 Address
⊞-Local:6:C.Data[6]	0	Decimal	INT	Channel 1 Drive 2 Address
⊞-Local:6:C.Data[7]	0	Decimal	INT	Channel 1 Drive 3 Address
⊞-Local:6:C.Data[8]	0	Decimal	INT	Channel 1 Drive 4 Address
⊞-Local:6:C.Data[9]	0	Decimal	INT	Channel 1 RTU Baud Rate
⊞-Local:6:C.Data[10]	0	Decimal	INT	Channel 1 RTU Parity
⊞-Local:6:C.Data[11]	0	Decimal	INT	Channel 1 RTU Rx Delay
⊞-Local:6:C.Data[12]	0	Decimal	INT	Channel 1 Tx Delay
⊞-Local:6:C.Data[13]	2	Decimal	INT	Channel 1 RTU Msg Timeout

图 3-158　1769-SM2 模块的组态设置

5）主程序如图 3-159 所示。

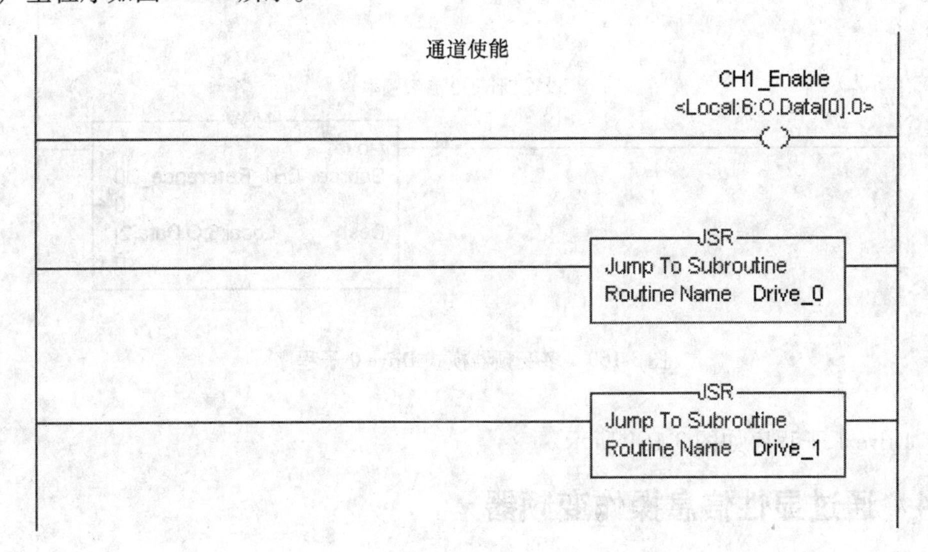

图 3-159　多变频器控制主程序

6）Drive 0 子程序如图 3-160 所示。

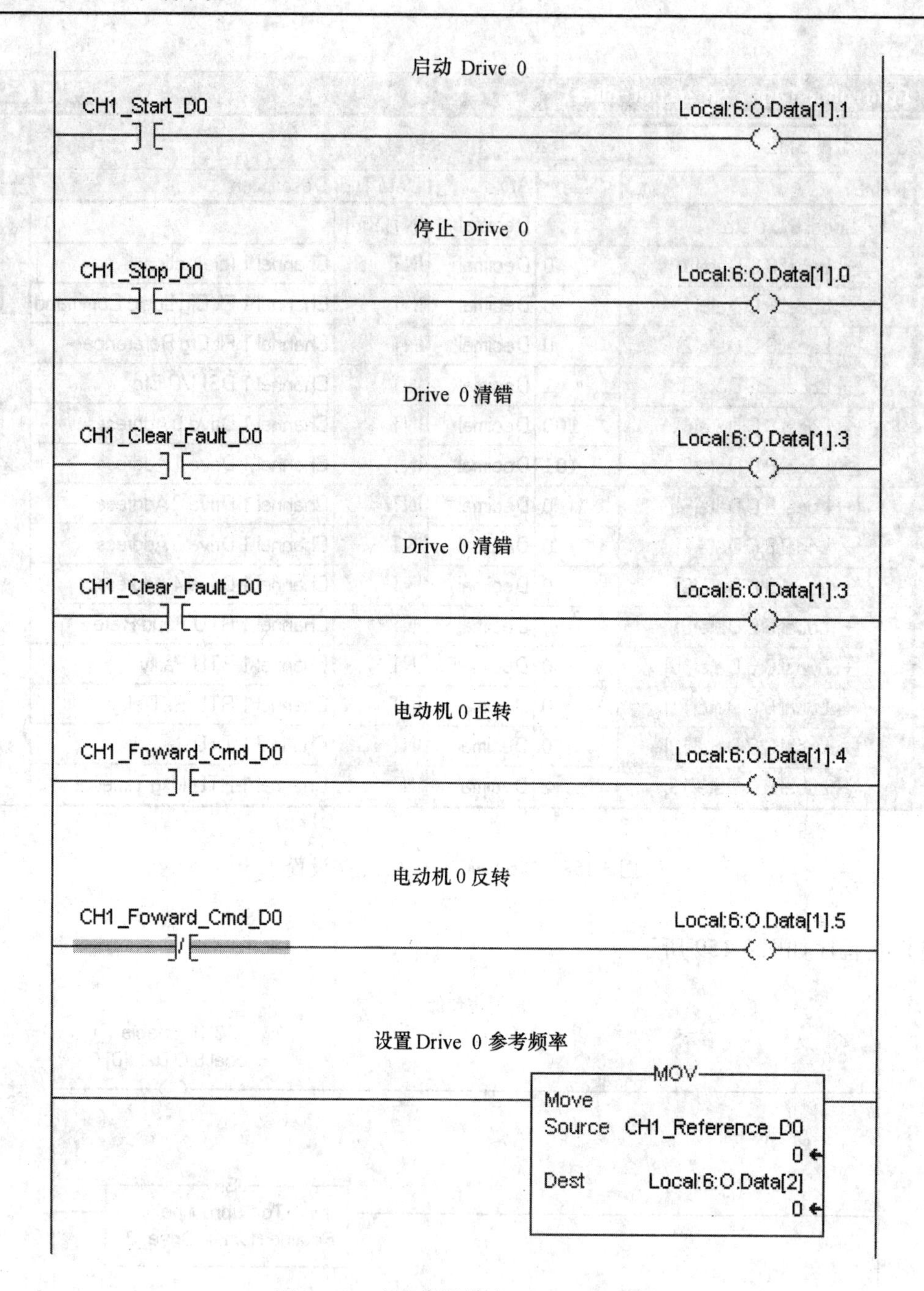

图 3-160 多变频器模式 Drive 0 子程序

7）Drive 1 子程序如图 3-161 所示。

3.7.4 通过显性信息操作变频器

当读取或写入的数据不属于模块映像区中的数据的时候，需要使用显性信息对变频器进行操作。例如读取变频器的 78 号参数（Jog Frequency），要使用 MSG 指令，如图 3-162 所示。

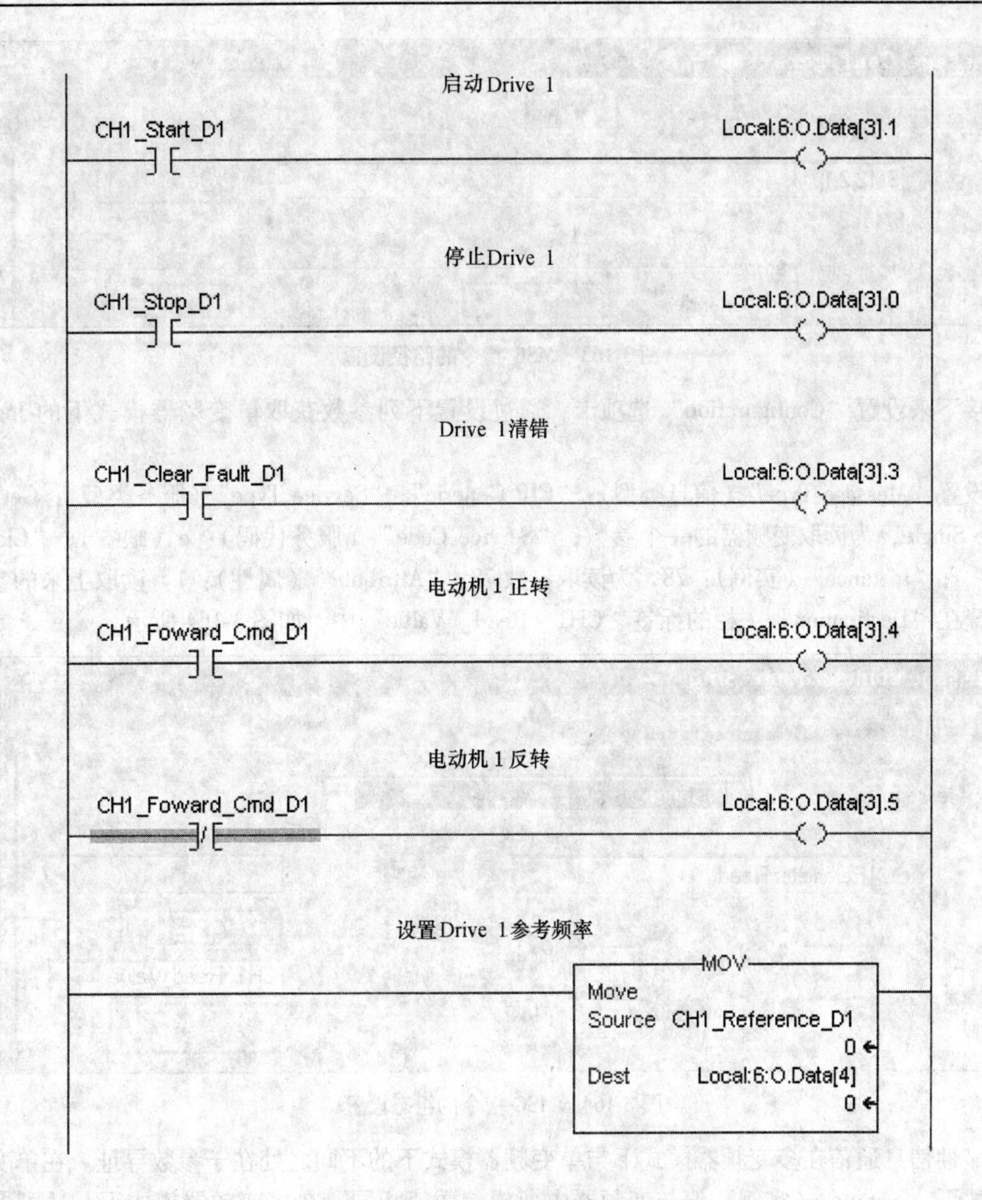

图 3-161　多变频器模式 Drive 1 子程序

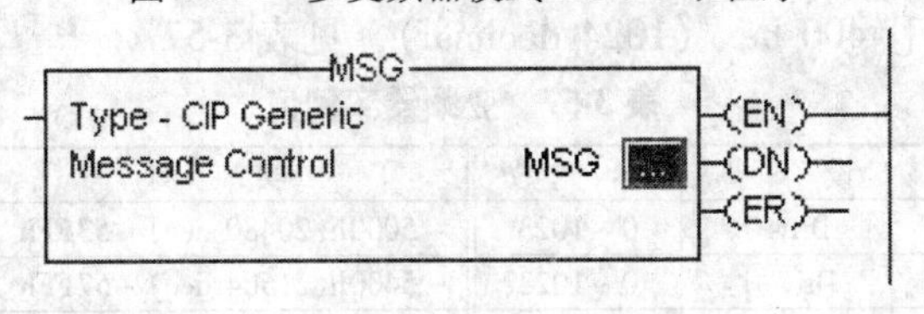

图 3-162　MSG 指令

点击“…”进入 MSG 指令的组态界面，先设置 MSG 指令的通信路径，在“Communication”选项卡中的“Path”一栏中将格式设置为“ <模块名称>，2，n”。其中，n 为 1769-SM2 模块的通道数。例如，模块名称为 SM2，通信通道为 CH1，则路径的设置如图 3-163 所示。

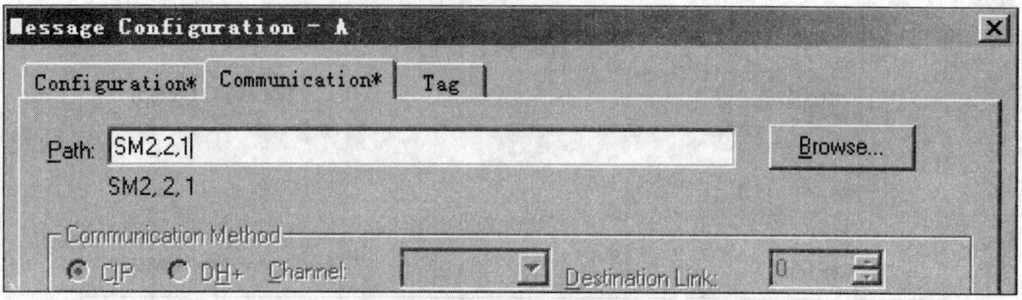

图 3-163　MSG 指令的路径设置

接下来设置“Configuration”选项卡，通过设置下列参数获取单变频器模式下的 Jog 频率值。

设置“Message Type”（信息类型）：“CIP Generic”；“Service Type”（服务类型）：Get Attribute Single，为读取变频器的一个参数；“Service Code”（服务代码）：e（缺省）；“Class”（类）：f；“Instance”（实例）：78，为读取参数 78；“Attribute”（属性）：1。读取上来的参数值放置在“Destination”一栏的标签“CH1 _ Read _ Value”中，如图 3-164 所示。

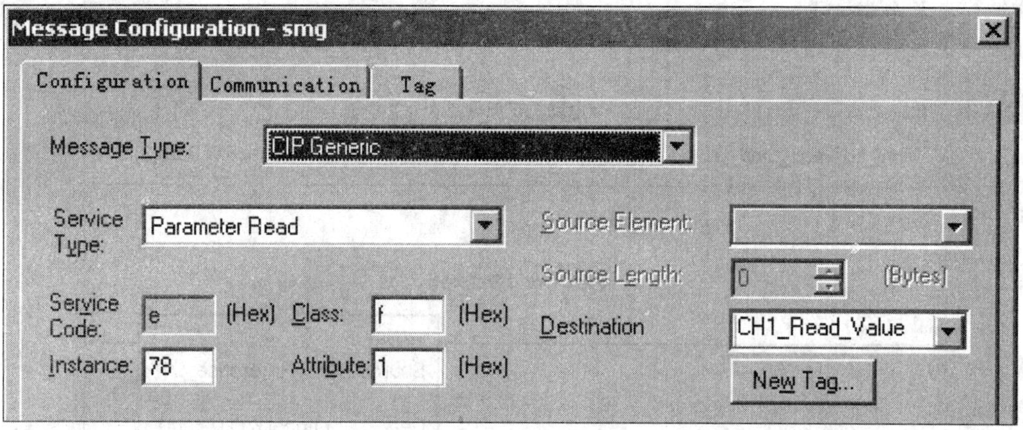

图 3-164　MSG 指令的组态设置

显性信息通信在多变频器模式下与单变频器模式下的不同之处在于参数寻址。在单变频器模式下，Instance（实例）值与变频器中期望参数值相同。在多变频器模式下，适配器和每个变频器的参数应偏移 400 hex（1024 decimal），见表 3-57。

表 3-57　变频器实例值

实　　例	设　　备	参　　数	实　　例	设　　备	参　　数
4400h(17408 dec) ~47FFh	Drive0	0 ~1023	5000h(20480 dec) ~53FFh	Drive 3	0 ~1023
4800h(18432 dec) ~4BFFh	Drive 1	0 ~1023	5400h(21504 dec) ~57FFh	Drive 4	0 ~1023
4000h(19456 dec) ~4FFFh	Drive 2	0 ~1023			

例如，要获取参数 P03-[Output Current]，需设置 Instance（实例）值，如下所示：

Drive 0 Instance = 17411（17408 +3）

Drive 1 Instance = 18435（18432 +3）

Drive 2 Instance = 19459（19456 +3）

Drive 3 Instance = 20483（20480 +3）

第4章

PowerFlex40 变频器

学习目标

- PowerFlex4 系列变频器的产品选型
- PowerFlex4 系列变频器的 I/O 端子接线
- PowerFlex40 变频器的内置键盘操作
- PowerFlex40 变频器的设备级控制功能
- PowerFlex40 变频器的网络控制
- PowerFlex40 变频器的多变频器功能

4.1 PowerFlex40 变频器应用

PowerFlex40 变频器的设计结合了应用灵活和控制功能强的优点，以无速度传感器矢量控制和外置 I/O 能力为特征。具有以下高级特性：

1）无速度传感器矢量控制在很宽的速度范围内扩展了高转矩输出，并适应于不同的电动机特性。

2）可变的 PWM 允许变频器在低频下输出更大的电流。

3）数字 PID 功能提高了应用的灵活性。

4）定时器、计数器、基本逻辑和步序逻辑功能可减少硬件设计成本并简化控制方案。

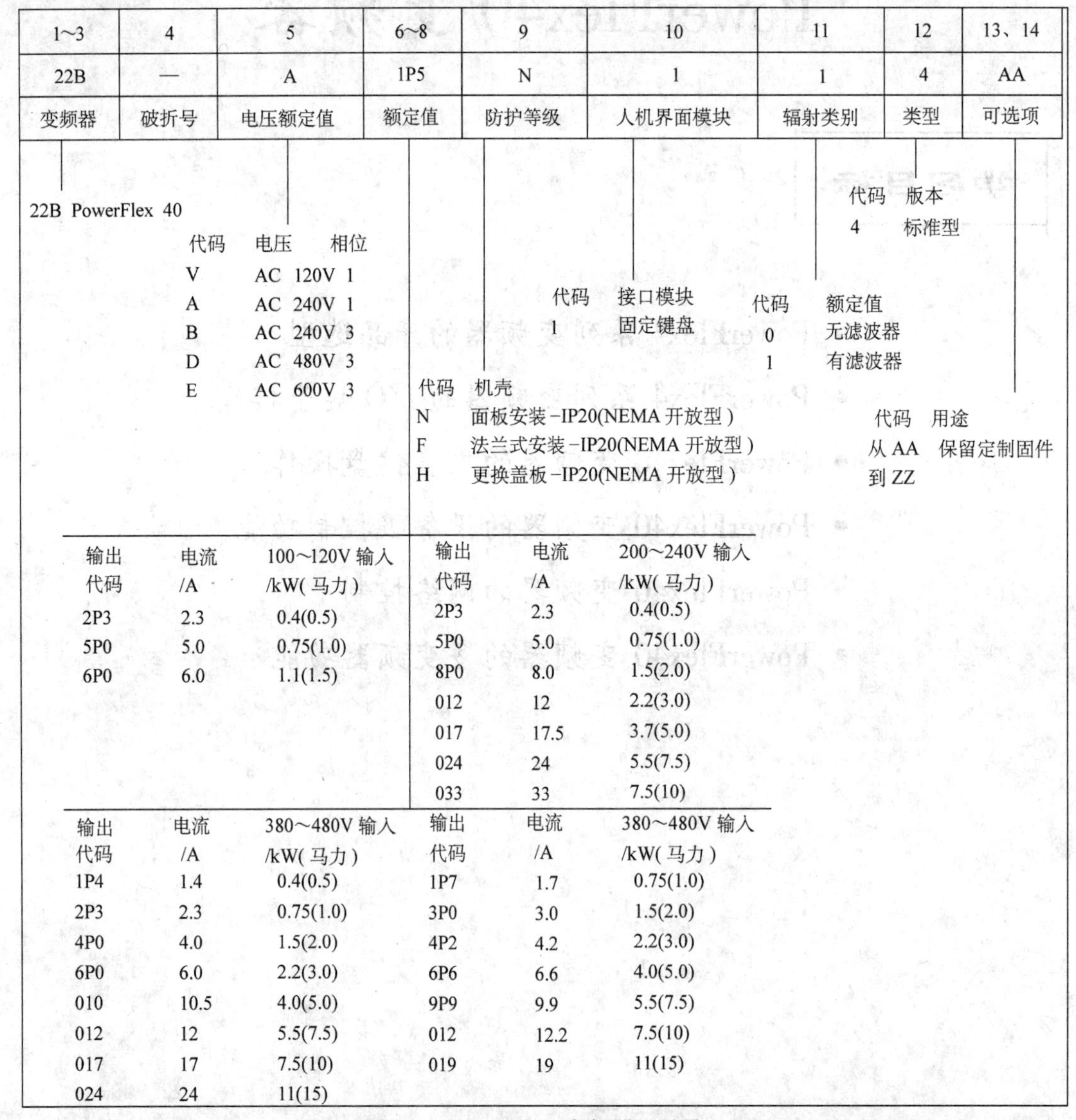

1~3	4	5	6~8	9	10	11	12	13、14
22B	—	A	1P5	N	1	1	4	AA
变频器	破折号	电压额定值	额定值	防护等级	人机界面模块	辐射类别	类型	可选项

22B PowerFlex 40

代码	电压	相位
V	AC 120V	1
A	AC 240V	1
B	AC 240V	3
D	AC 480V	3
E	AC 600V	3

代码	机壳
N	面板安装 -IP20(NEMA 开放型)
F	法兰式安装 -IP20(NEMA 开放型)
H	更换盖板 -IP20(NEMA 开放型)

代码	接口模块
1	固定键盘

代码	额定值
0	无滤波器
1	有滤波器

代码	版本
4	标准型

代码	用途
从 AA 到 ZZ	保留定制固件

输出代码	电流/A	100~120V 输入/kW(马力)
2P3	2.3	0.4(0.5)
5P0	5.0	0.75(1.0)
6P0	6.0	1.1(1.5)

输出代码	电流/A	200~240V 输入/kW(马力)
2P3	2.3	0.4(0.5)
5P0	5.0	0.75(1.0)
8P0	8.0	1.5(2.0)
012	12	2.2(3.0)
017	17.5	3.7(5.0)
024	24	5.5(7.5)
033	33	7.5(10)

输出代码	电流/A	380~480V 输入/kW(马力)
1P4	1.4	0.4(0.5)
2P3	2.3	0.75(1.0)
4P0	4.0	1.5(2.0)
6P0	6.0	2.2(3.0)
010	10.5	4.0(5.0)
012	12	5.5(7.5)
017	17	7.5(10)
024	24	11(15)

输出代码	电流/A	380~480V 输入/kW(马力)
1P7	1.7	0.75(1.0)
3P0	3.0	1.5(2.0)
4P2	4.2	2.2(3.0)
6P6	6.6	4.0(5.0)
9P9	9.9	5.5(7.5)
012	12.2	7.5(10)
019	19	11(15)

图 4-1 PowerFlex40 变频器目录号

5）定时器功能：由变频器控制的继电器或可选输出执行定时器功能。定时器功能由一个被编辑为“定时器输入”的数字量输入来启动。

6）计数器功能：由变频器控制的继电器或可选输出执行计数器功能。计数器功能由一个被编辑为“计数器输入”的数字量输入来激活。

7）基本逻辑：作为“基本逻辑输入”编程的数字量输入，它的状态控制继电器或可选输出，执行基本的布尔逻辑。

8）步序逻辑：基于逻辑的步序使用预置的速度设定。每个步序可以按照一个指定的速度、方向和加速/减速曲线进行编程。变频器的输出可用于指明正在执行哪个步序。

4.1.1 PowerFlex40 变频器选型

PowerFlex40 变频器目录号说明，如图 4-1 所示。

4.1.2 PowerFlex40 变频器的 I/O 端子接线

PowerFlex40 变频器的控制端子接线方式如图 4-2 所示，各端子说明见表 4-1。

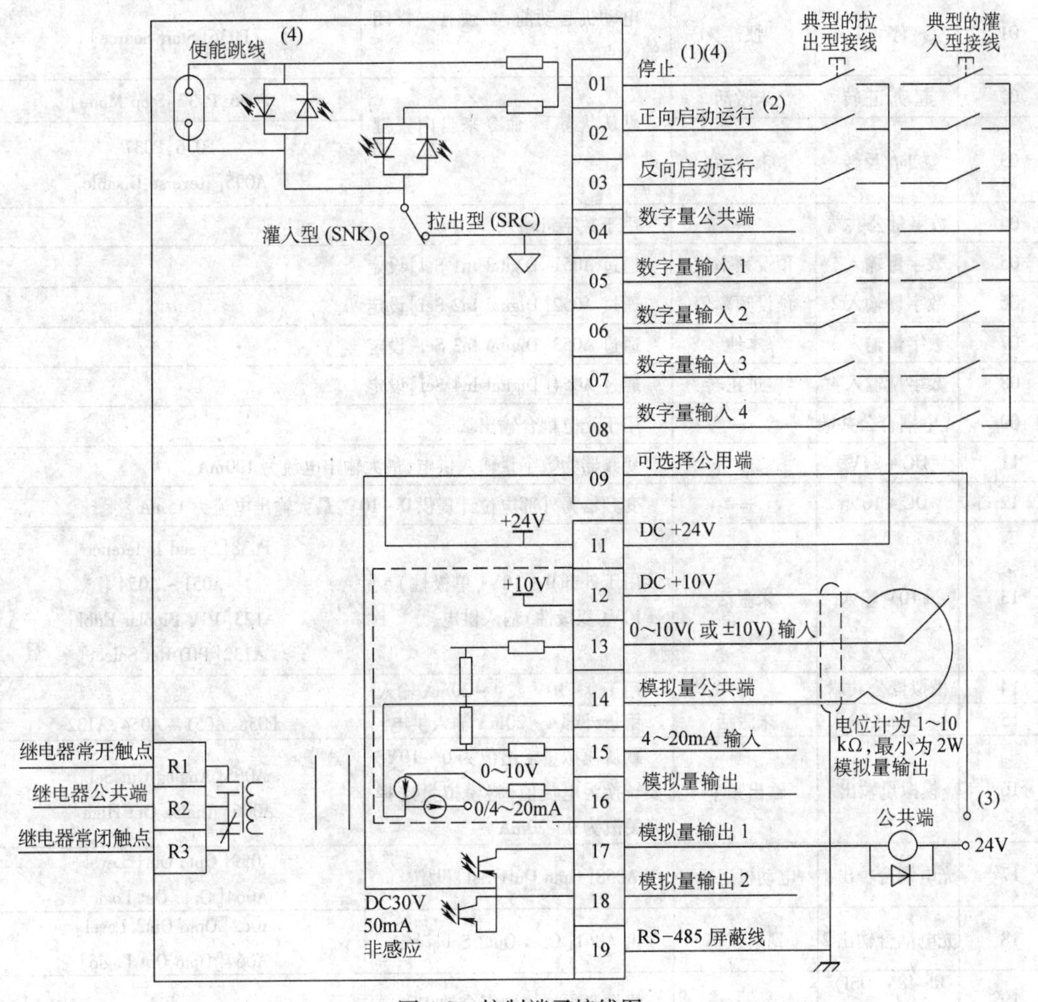

图 4-2 控制端子接线图

在电动机起动前，用户必须检查控制端子的接线，如：

1）检查并确认所有的输入连接是否正确。

2）检查并确认所有的数字量控制电源是否为 24V。

3）检查并确认，灌入（SNK）/拉出（SRC）DIP 的开关设置是否正确。

注意：默认状态 DIP 开关为拉出（SRC）状态。I/O 端子 01（停止）和 11（DC +24V）短接以允许从键盘启动。如果控制接线方式改为灌入（SNK），该短接线必须从 I/O 端子 01 和 11 间去掉，并安装到 I/O 端子 01 和 04 之间。

表 4-1　控制 I/O 端子

序号	信号名称	默认值	说明	相关参数
R1	常开继电器	故障	输出继电器常开点	A055[Relay Out Sel]
R2	继电器公共端	—	输出继电器公共端	
R3	常闭继电器	故障	输出继电器常闭点	A055[Relay Out Sel]
模拟量输出选择 DIP 开关		0~10V	设置模拟量输出为电压或电流，必须与 A065[Analog Out Sel]相匹配	
灌入/拉出 DIP 开关		拉出(SRC)	通过 DIP 开关设置，输入端子可接成灌入(SNK)或拉出(SRC)方式	
01	停止	惯性	电动机起动前，必须有一常闭输入点	P036[Start Source]
02	起动/正转	未激活	默认状态下，命令来自内置键盘	P036,P037[Stop Mode]
03	方向/反转	未激活		P036,P037 A095[Reverse Disable]
04	数字量公共端	—	用于数字量输入	
05	数字量输入 1	预设频率值	通过 A051[Digital In1 Sel]设定	
06	数字量输入 2	预设频率值	通过 A052[Digital In2 Sel]设定	
07	数字量输入 3	本地	通过 A053[Digital In3 Sel]设定	
08	数字量输入 4	慢进正转	通过 A054[Digital In4 Sel]设定	
09	光电耦合公共端	—	用于光电耦合输出端	
11	DC +24V	—	变频器为数字量输入供电，最大输出电流为 100mA	
12	DC +10V	—	变频器为外部电位计提供 0~10V，最大输出电流为 15mA	
13	±10V 输入	未激活	用于外部 0~10V(单极性)或±10V(双极性)输入供电	P038[Speed Reference] A051~A054 A123[10V Bipolar Enbl] A132[PID Ref Select]
14	模拟量公共端	—	用于 0~10V 或 4~20mA 输入	
15	4~20mA 输入	未激活	用于外部 4~20mA 输入供电	P038、A051~A054、A132
16	模拟量输出	输出频率	默认模拟量输出值为 0~10V，要转换为电流值，将模拟量选择开关改为 0~20mA	A065[Analog Out Sel] A066[Analog Out High]
17	光电耦合输出 1	电动机运行	由 A058[Opto Out1 Sel]设定	A059[Opto Out1 Level] A064[Opto Out Logic]
18	光电耦合输出 2	到达频率	由 A061[Opto Out2 Sel]设定	A062[Opto Out2 Level] A064[Opto Out Logic]
19	RS-485(DSI)屏蔽	—	终端必须连接到安全地-PE	

4.1.3　PowerFlex40 变频器内置键盘操作

PowerFlex40 变频器内置键盘的外观如图 4-3 所示，菜单说明见表 4-2，各 LED 和按键指示见表 4-3 和表 4-4。

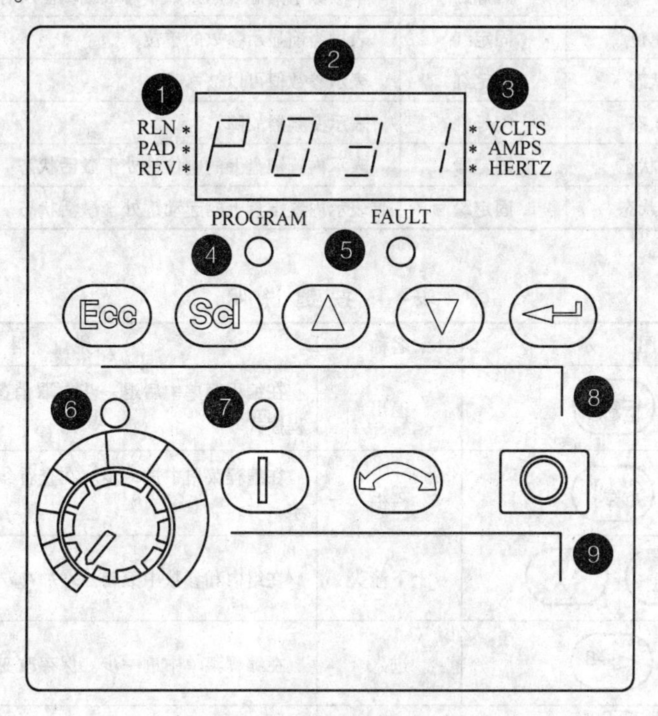

图 4-3　PoweFlex40 变频器内置键盘外观

表 4-2　菜 单 说 明

菜　单	说　明
d	显示组(只能查看) 包括通常要查看的变频器运行状况
P	基本编程组 包括大多数常用的可编程功能
A	高级编程组 包括其余的可编程功能
F	故障指示 包括特殊故障情况的代码 只有当故障发生时才显示

表 4-3　指示灯（LED）说明

编号	LED	LED 状态	说　明
1	运行/方向状态	固定红	表示变频器正在运行和命令的电动机方向
		闪烁红	变频器接受命令正在改变方向

（续）

编号	LED	LED 状态	说　明
2	符号显示	固定红	表示参数号,参数值,或故障代码
		闪烁红	单个数字闪烁表示该数字可被编辑。所有数字闪烁表示故障
3	显示单位	固定红	表示当前显示参数的单位
4	编程状态	固定红	表示参数值可以被修改
5	故障状态	闪烁红	表示变频器故障
6	电位计状态	固定绿	表示内置键盘上的电位计处于激活状态
7	起动键状态	固定绿	表示内置键盘上的起动键处于激活状态

表 4-4　按 键 说 明

编号	图　示	名称	说　明
8	Esc	退出	在编程菜单中后退一步。取消参数值的改变并退出编程模式
	Sel	选定	在编程菜单中进一步。在查看参数值时,可选择参数数字
	△ ▽	上下箭头	在组内和参数中滚动。增加/减少闪烁的数字值
		进入	在编程菜单中进一步。保存改变后的参数值
9		电位计	用于控制变频器的转速。默认值为激活
		起动	用于起动变频器。默认值为激活
		反转	用于反转变频器方向。默认值为激活
		停止	用于停止变频器或清除故障。该键一直激活

熟悉内置键盘各部分含义后，通过表 4-5 了解如何查看和编辑变频器的参数。

表 4-5　查看和编辑变频器的参数

步　骤	按　键	显示实例
1. 当变频器上电后，用户上次选择的显示组参数闪烁显示，然后显示为该参数当前值		0.0 VOLTS AMPS HERTZ
2. 按下 Esc 键，显示上电后的显示组参数。参数号闪烁	Esc	d001 VOLTS AMPS HERTZ

（续）

步 骤	按 键	显示实例
3. 再次按下 Esc 键，进入参数组菜单	Esc	d001 VOLTS AMPS HERTZ
4. 按下向上或向下箭头，在组菜单中滚动（d，P 和 A）	△ 或 ▽	
5. 按下 Enter 键或选择键进入参数组。该组上次查看的参数最右侧数字将闪烁	↵ 或 Sel	P031 VOLTS AMPS HERTZ
6. 按下向上或向下箭头，在组内参数中滚动	△ 或 ▽	
7. 按下 Enter 键或选择键来查看参数值。如果用户不想编辑参数值，按下 Esc 键返回	↵ 或 Sel	230 VOLTS AMPS HERTZ
8. 按下 Enter 键或选择键进入编程模式来编辑参数值。此时，Program LED 表示该参数是否可被编辑	↵ 或 Sel	230 VOLTS AMPS HERTZ PROGRAM FAULT
9. 按下向上或向下箭头来修改参数值。达到期望值后，按选择键修改下一位	△ 或 ▽	
10. 按下 Esc 键取消修改 按下 Enter 键保存修改	Esc ↵	220 VOLTS AMPS HERTZ
11. 按下 Esc 键返回到参数列表。连续按下 Esc 键退出参数菜单	Esc	P031 VOLTS AMPS HERTZ

4.2 PowerFlex40 变频器设备级控制实验

PowerFlex40 变频器具有最经济的设备级控制功能，包括计数器和定时器功能、带有布尔逻辑控制数字输出的基本逻辑功能和步序逻辑功能等。这些功能可以广泛地应用于搅拌机、装填机、包装机和码垛机等场合。

4.2.1 计数器和定时器功能

PowerFlex40 变频器自带计数器和定时器功能，其计数上限为 9999，定时上限为 9999s。

1. 计数器实验

（1）假设 PowerFlex40 变频器应用于以下实例

光眼（数字量输入 1）用于计算传送线上的包装箱数量，计数值一旦到 5，机械臂将 5 个包装箱推到打包区，机械臂返回，并将计数器复位。

（2）实验步骤

数字量输入和输出控制计数器功能。

1）设置 A051[Digital In1 Sel]（数字量输入 1 选择）为 19，“计数器输入”。

2）设置 A052[Digita2 In1 Sel]（数字量输入 2 选择）为 21，“复位计数器”。

3）数字量输出（继电器和光耦类型）设置选择输出、定义预设值并指示何时达到该预设值。设置 A055[Relay Out Sel]（继电器输出选择）为 17，“计数器输出”。

4）设置 A056[Relay Out Level]（继电器输出值）为 5.0，“计数值”。

（3）实验结果

将 Digital In1 开关闭合，通过面板查看 d014[Dig In Status]（数字量输入状态）的最右端位是否为 1。

查看参数 d025[Counter Status]（计数器状态）是否计数。

重复开闭 Digital In1，d025[Counter Status]（计数器状态）由 0 增加到 5，此时 Relay 指示灯点亮，表示输出继电器闭合。

将 Digital In2 开关闭合，此时计数器复位，同时将 d025[Counter Status]（计数器状态）值清零。

2. 定时器实验

使用 PowerFlex40 变频器的 Digital In1（数字量输入 1）开关，控制输出继电器在定时 10s 后闭合。

（1）实验步骤

数字量输入和输出控制定时器功能。

1）设置 A051[Digital In1 Sel]（数字量输入 1 选择）为 18，“起动定时器”。

2）设置 A052[Digita2 In1 Sel]（数字量输入 2 选择）为 20，“复位定时器”。

3）数字量输出（继电器和光耦类型）设置选择输出、定义预设值并指示何时达到该预设值。设置 A055[Relay Out Sel]（继电器输出选择）为 16，“定时器输出”。

4）设置 A056[Relay Out Level]（继电器输出值）为 10.0s，“定时值”。

（2）实验结果

将 Digital In1 开关闭合，通过面板查看 d014[Dig In Status]（数字量输入状态）的最右端位是否为 1。

查看参数 d026[Timer Status]（定时器状态）是否开始计时。

参数 d026[Timer Status]（定时器状态）至 10.0s，此时 Relay 指示灯点亮，表示输出继电器闭合。

将 Digital In2 开关闭合，此时定时器复位，同时将 d026[Timer Status](定时器状态)值清零。

4.2.2　基本逻辑功能

PowerFlex40 变频器自带基本逻辑控制功能，它的两个数字量输入可用作“逻辑输入1”与/或“逻辑输入2”。用一个或两个输入的逻辑功能（AND、OR）值通过编程控制数字量输出。基本逻辑功能也可用于步序逻辑控制中。此功能适用于包装机、传送机和码垛机等场合。

(1) 实验步骤

数字量输入和输出控制基本逻辑功能。

1) 设置 A051[Digital In1 Sel](数字量输入1选择)为23，“逻辑输入1”。

2) 设置 A052[Digita2 In1 Sel](数字量输入2选择)为24，“逻辑输入2”。

3) 数字量输出（继电器和光耦类型）设置选择输出、定义预设值并指示何时达到该预设值。

4) 设置 A055[Relay Out Sel](继电器输出选择)为13，“Logic 1&2”。

5) 此时，Digital In1 和 Digital In2 为“逻辑与”，将两开关闭合，Relay 指示灯点亮，表示输出继电器闭合。否则，输出继电器断开。

6) 设置 A055[Relay Out Sel](继电器输出选择)为14，“Logic 1 or 2”。

7) 此时，Digital In1 和 Digital In2 开关为“逻辑或”，将两开关断开，输出继电器断开。否则，输出继电器闭合。

4.2.3　步序逻辑功能

PowerFlex40 变频器内置步序逻辑功能，通过对最多8个预设速度进行编程实现步序逻辑控制。每个步序可以根据数字输入状态和特定时间的编程来实现。按已执行的各步骤也可控制数字量输出的状态。此功能适用于定位、往返运输物料车、机械工具以及批量处理等场合。

通常情况下，可以通过变频器的操作面板设置步序逻辑功能的参数，下面将以实现特定时间的步序逻辑功能为例，讲述其参数的设置。

1. 特定时间的步序逻辑功能

首先设置参数 P038[Speed Reference](速度参考值)为6“Stp Logic”(步序逻辑控制)。设置参数 A140[Stp Logic 0]~A147[Stp Logic 7]，确定步序逻辑方式。Step Logic 以一个有效的起动命令开始顺序动作，起始动作为 A140 [Spt Logic 0]。其参数设置方法参考图4-4及以下解释：

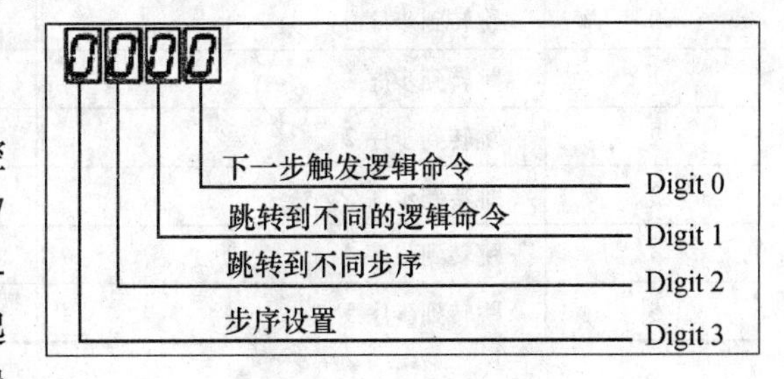

图4-4　A140 参数说明

(1) Digit 0：下一步触发逻辑命令

该数据位定义了触发下一步的逻辑命令。当外部条件符合程序设置时便进入下一步。从第 0 步依次至第 7 步。例如 Digit 0 设置为 3，表示当“Logic In2”激活，程序进入下一步。

(2) Digit 1：跳转到不同步的逻辑命令

如果该位设置值不为 F，那么当该条件满足，程序将自动屏蔽 Digit 0，并跳转到由 Digit 2 所指定的步序。当 Digit 1 所设定的条件满足，Digit 2 设置了跳转的下一步或中止程序。Digit 0 和 Digit 1 的设置代码见表 4-6。

表 4-6 Digit 0 和 Digit 1 的设置代码

序　号	描　述
0	忽略步序（立即跳转）
1	到达步序逻辑时间 *X*，进入下一步
2	如果“Logic In1”被激活，则进入下一步
3	如果“Logic In2”被激活，则进入下一步
4	如果“Logic In1”不被激活，则进入下一步
5	如果“Logic In2”不被激活，则进入下一步
6	如果“Logic In1”或“Logic In2”被激活，则进入下一步
7	如果“Logic In1”且“Logic In2”被激活，则进入下一步
8	如果“Logic In1”和“Logic In2”都不被激活，则进入下一步
9	如果“Logic In1”被激活且“Logic In2”不被激活，则进入下一步
A	如果“Logic In2”被激活且“Logic In1”不被激活，则进入下一步
B	在经过步序逻辑时间 *X* 且“Logic In1”被激活时，进入下一步
C	在经过步序逻辑时间 *X* 且“Logic In2”被激活时，进入下一步
D	在经过步序逻辑时间 *X* 且“Logic In1”不被激活时，进入下一步
E	在经过步序逻辑时间 *X* 且“Logic In2”不被激活时，进入下一步
F	不跳转/忽略 Digit 2 的设置

(3) Digit 2：跳转到不同步序。Digit 2 的设置代码见表 4-7。

表 4-7 Digit 2 的设置代码

序　号	描　述	序　号	描　述
0	跳转到步序 0	6	跳转到步序 6
1	跳转到步序 1	7	跳转到步序 7
2	跳转到步序 2	8	结束程序(正常停止)
3	跳转到步序 3	9	结束程序(惯性停止)
4	跳转到步序 4	A	结束程序并且出错(F2)
5	跳转到步序 5		

(4) Digit 3：步序设置

该位定义了当前步序的加速/减速曲线、速度命令以及继电器输出等。Digit 1 的设置代码见表 4-8。

表 4-8　Digit 1 的设置代码

所需设置	用户加减速参数	步序逻辑输出状态	命令方向
0	加速/减速 1	关闭	前向
1	加速/减速 1	关闭	反向
2	加速/减速 1	关闭	无输出
3	加速/减速 1	开启	前向
4	加速/减速 1	开启	反向
5	加速/减速 1	开启	无输出
6	加速/减速 2	关闭	前向
7	加速/减速 2	关闭	反向
8	加速/减速 2	关闭	无输出
9	加速/减速 2	开启	前向
A	加速/减速 2	开启	反向
B	加速/减速 2	开启	无输出

然后根据以上叙述设置步序逻辑相关参数见表 4-9。

表 4-9　步序参数设置

频率预设值参数	值	步序逻辑参数	值	逻辑时间参数	值
A070[Preset Freq 0]	5.0	A140[Stp Logic 0]	00F1	A150[Stp Logic Time 0]	10.0
A071[Preset Freq 1]	10.0	A141[Stp Logic 1]	00F1	A151[Stp Logic Time 1]	10.0
A072[Preset Freq 2]	15.0	A142[Stp Logic 2]	00F1	A152[Stp Logic Time 2]	3.0
A073[Preset Freq 3]	20.0	A143[Stp Logic 3]	00F1	A153[Stp Logic Time 3]	6.0
A074[Preset Freq 4]	40.0	A144[Stp Logic 4]	00F1	A154[Stp Logic Time 4]	13.0
A075[Preset Freq 5]	5.0	A145[Stp Logic 5]	00F1	A155[Stp Logic Time 5]	8.0
A076[Preset Freq 6]	45.0	A146[Stp Logic 6]	00F1	A156[Stp Logic Time 6]	10.0
A077[Preset Freq 7]	10.0	A147[Stp Logic 7]	3811	A157[Stp Logic Time 7]	8.0

通过参数 A070 ~ A077[Preset Freq x](预设频率 x)设置表 4-9 中变频器的 8 个预设速度。

每步序的操作时间由参数 A150 ~ A157[Stp Logic Time x](步序逻辑时间)设置。

设置 A055[Relay Out Sel](继电器输出选择)为 15，“Stp Logic Out”(步序逻辑输出)。以上参数设置完成后，打开起动开关，变频器将按图 4-5 所示的曲线运行。

步序执行到第 7 步时，输出继电器闭合，RELAY 指示灯亮，变频器停止运转后指示灯熄灭。

2. 逻辑控制的步序逻辑功能

特定时间的步序逻辑功能实验是通过操作面板进行设置的，由于操作面板 LED 显示的局限化，使大家对整个系统的实现过程无法建立清晰的概念。为了便于调试，目前在罗克韦尔自动化公司的变频器调试工具软件 DriveExecutive 中，为该功能提供了结构化的图形界面，从而可以更直观、更系统地了解步序逻辑功能的设置。现在以逻辑控制的步序逻辑功能为例，通过该软件进行参数的设置，完成实验。

打开“DriveExecutive”软件。单击“Start”→“Program”→“DriveTools”→“DriveExecutive”。如图 4-6 所示。

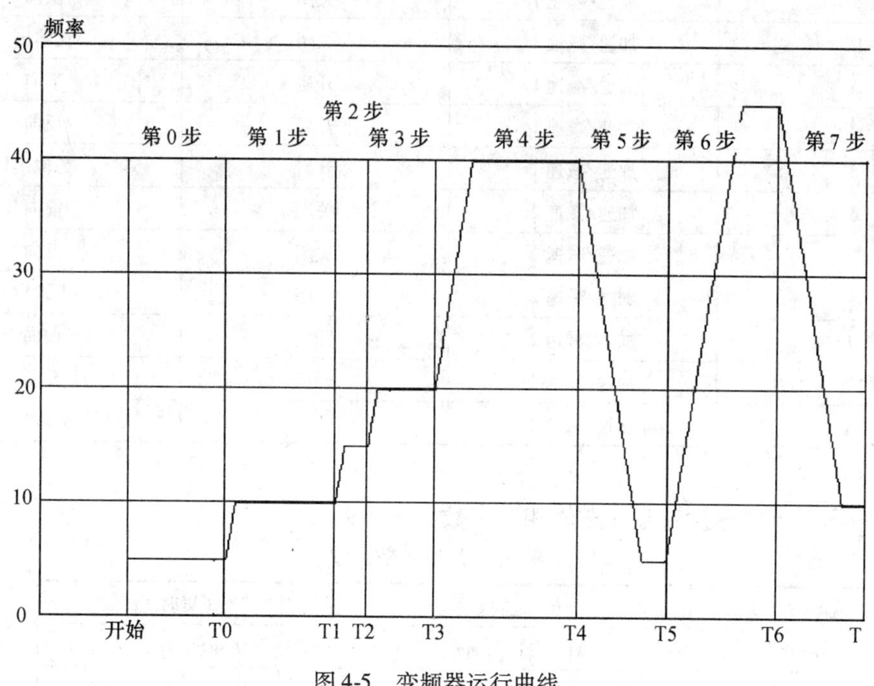

图 4-5　变频器运行曲线

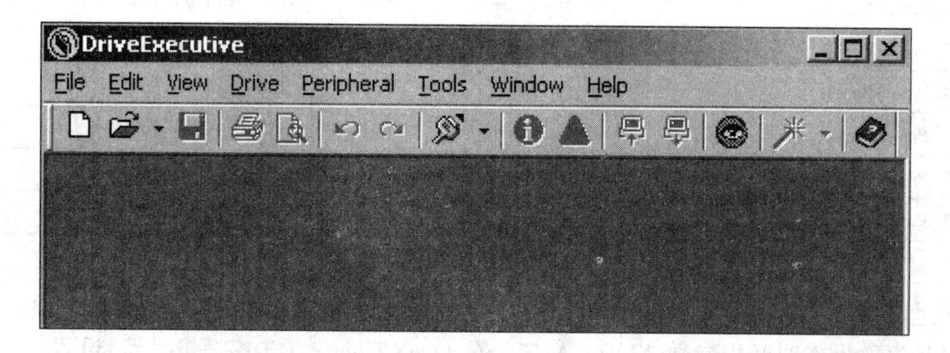

图 4-6　打开 DriveExecutive 软件

单击“File”→“New”…，弹出如图 4-7 所示画面，选择设备类型为 PowerFlex40。

单击“下一步”，选择相应类型的 PowerFlex40 变频器，如图 4-8 所示。

变频器选型完成后，会出现如图 4-9 所示的界面。下面对逻辑控制的步序逻辑功能在实验中的相关参数进行设置。

实验步骤：

通过 DriveExecutive 软件中基本功能的设置，选择步序逻辑控制。

设置参数 P038[Speed Reference]（速度参考值）为 6，“Stp Logic”（步序逻辑控制）。

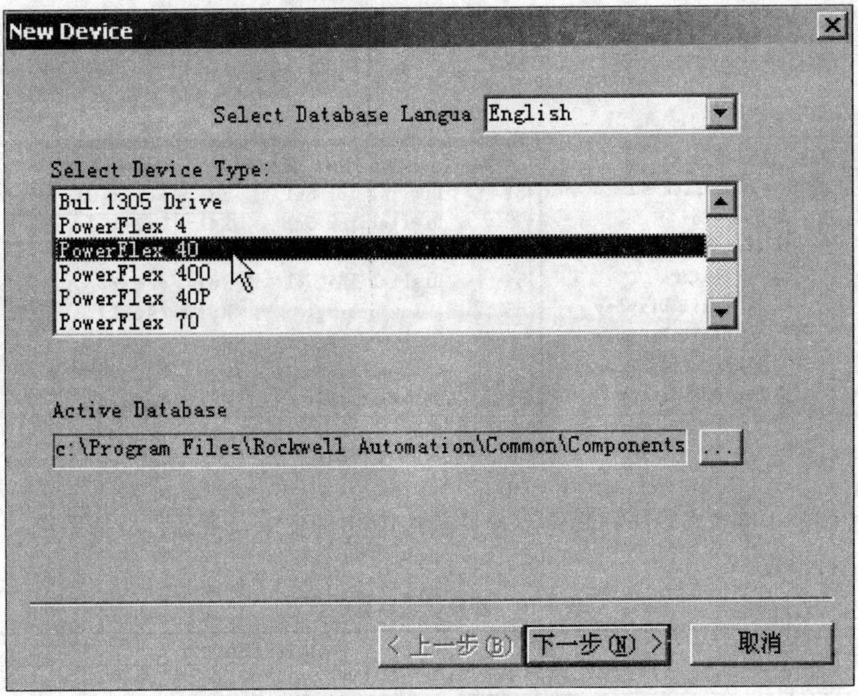

New Device

Select Database Langua　English

Select Device Type:

Bul.1305 Drive
PowerFlex 4
PowerFlex 40
PowerFlex 400
PowerFlex 40P
PowerFlex 70

Active Database

c:\Program Files\Rockwell Automation\Common\Components

< 上一步(B)　下一步(N) >　取消

图 4-7　选择设备类型

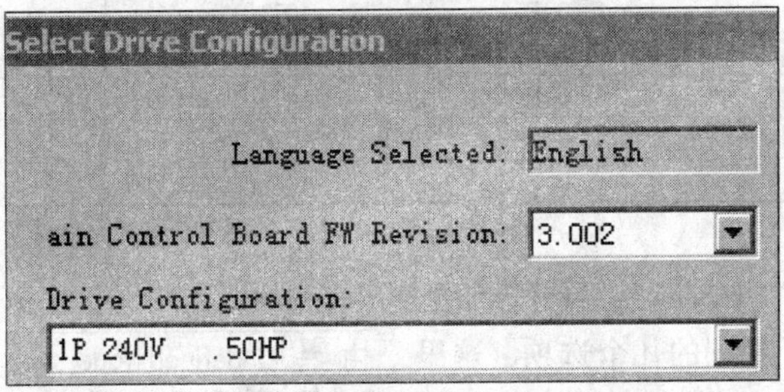

Select Drive Configuration

Language Selected:　English

ain Control Board FW Revision:　3.002

Drive Configuration:

1P 240V　.50HP

图 4-8　选择变频器型号

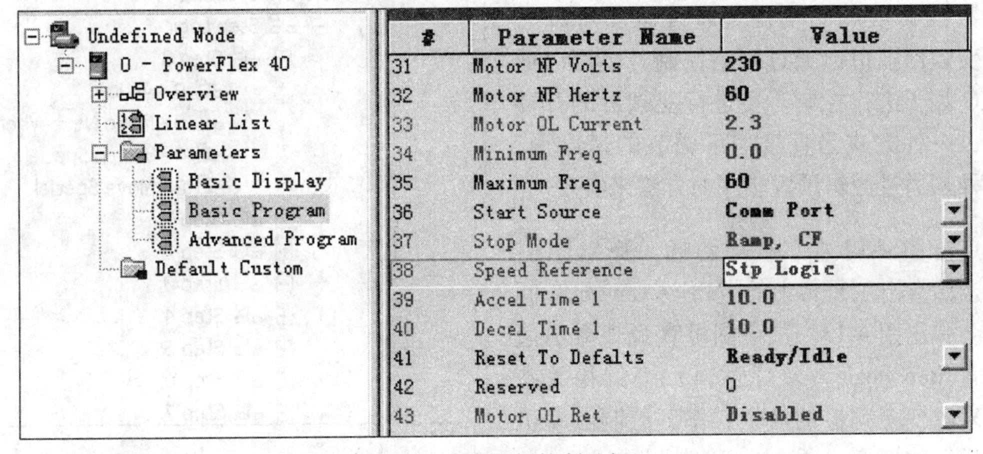

图 4-9　步序逻辑控制选择

设置参数 A051[Digital In1 Sel]为 23(逻辑输入 1)和参数 A052[Digital In2 Sel]为 24(逻辑输入 2)，如图 4-10 所示，这样就可以通过控制逻辑输入 1 和逻辑输入 2 的状态来控制步序逻辑。

Undefined Node
0 - PowerFlex 40
Overview
Linear List
Parameters
Basic Display
Basic Program
Advanced Program
Default Custom

#	Parameter Name	Value
51	Digital In1 Sel	23 - Logic In 1
52	Digital In2 Sel	24 - Logic In 2
53	Digital In3 Sel	Local
54	Digital In4 Sel	Jog Forward
55	Relay Out Sel	Ready/Fault
56	Relay Out Level	0
57	Relay Out LevelF	0.0
58	Opto Out1 Sel	MotorRunning

图 4-10　逻辑输入的设定

逻辑控制的步序逻辑功能的具体实验见表 4-10 中的要求，下面将根据系统结构图的设计思想来进行设置。

表 4-10　步序逻辑参数的设置

步序逻辑参数	值	频率预置值参数	值
A140[Stp Logic 0]	00F2	A070[Preset Freq 0]	5.0
A141[Stp Logic 1]	00F3	A071[Preset Freq 1]	10.0
A142[Stp Logic 2]	00F4	A072[Preset Freq 2]	15.0
A143[Stp Logic 3]	00F5	A073[Preset Freq 3]	20.0
A144[Stp Logic 4]	00F6	A074[Preset Freq 4]	15.0
A145[Stp Logic 5]	00F7	A075[Preset Freq 5]	30.0
A146[Stp Logic 6]	00F8	A076[Preset Freq 6]	10.0
A147[Stp Logic 7]	00F2	A077[Preset Freq 7]	15.0

点击工程树中的“Overview”，展开界面左侧的工程树，在“Step Logic”目录下的“Step0 ~ Step7”，每步都包含了相同的几个选项，这里只展开了 Step0 的内容，如图 4-11 所示。

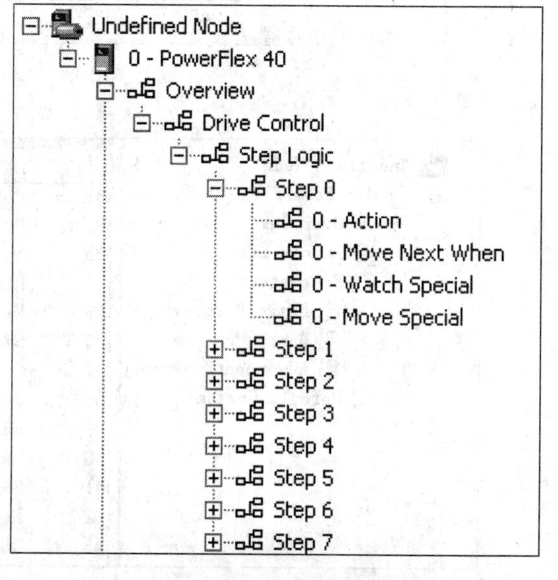

图 4-11　步序逻辑控制功能概况

弹出如图 4-12 所示的变频器与外部信号进行数据交换的结构图。通过该图可以看出，变频器既可以通过网络控制，也可以通过 I/O 端子进行控制。要进行变频器的开环控制，一种方式是直接加可调节的速度源，另一种是通过逻辑预置步序的方法来实现。

点击图 4-12 中的图标，弹出图 4-13，当然点击工程树中的“Drive Control”同样也会弹出图 4-13。从该图可直观地看出通过设置 Step Logic（步序逻辑）中的相关参数，来改变变频器的命令频率，控制电动机达到相应的速度。

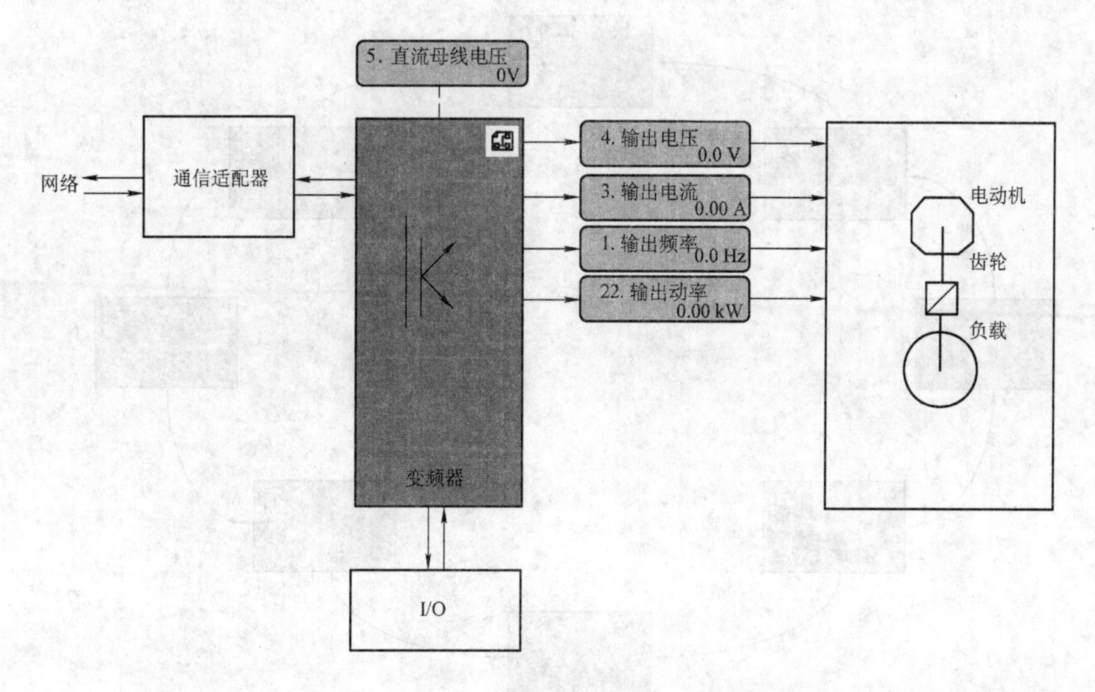

图 4-12　变频器外部信号框图

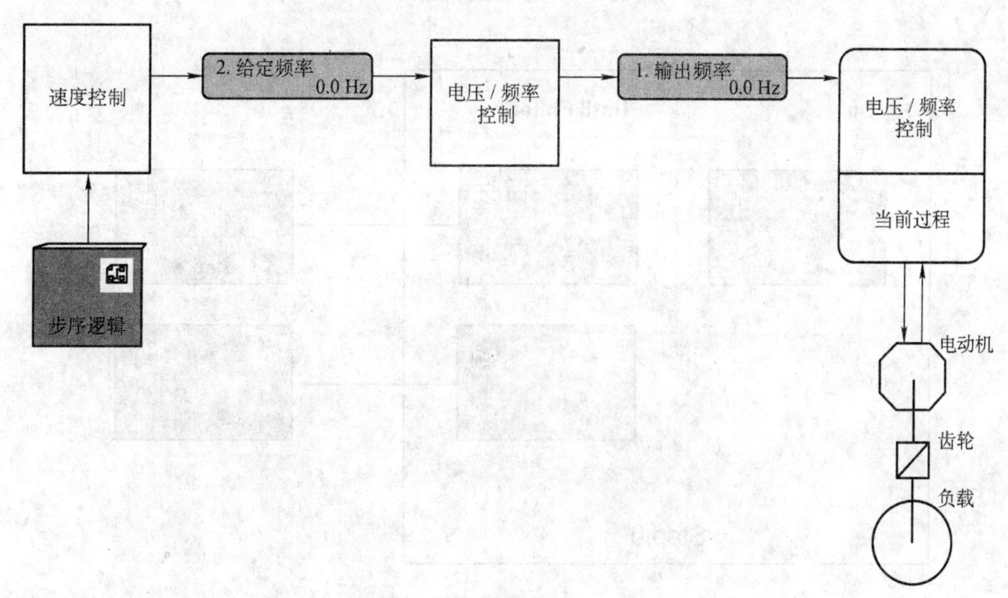

图 4-13　变频器开环控制系统结构图

双击“Step Logic”（步序逻辑）中的图标，弹出图 4-14。

双击“Step0”中的图标，弹出如图 4-15 所示的图形，通过该图形可以直观地看到执行每个步序时所包含的几个内容：执行的动作以及何时进行跳转。

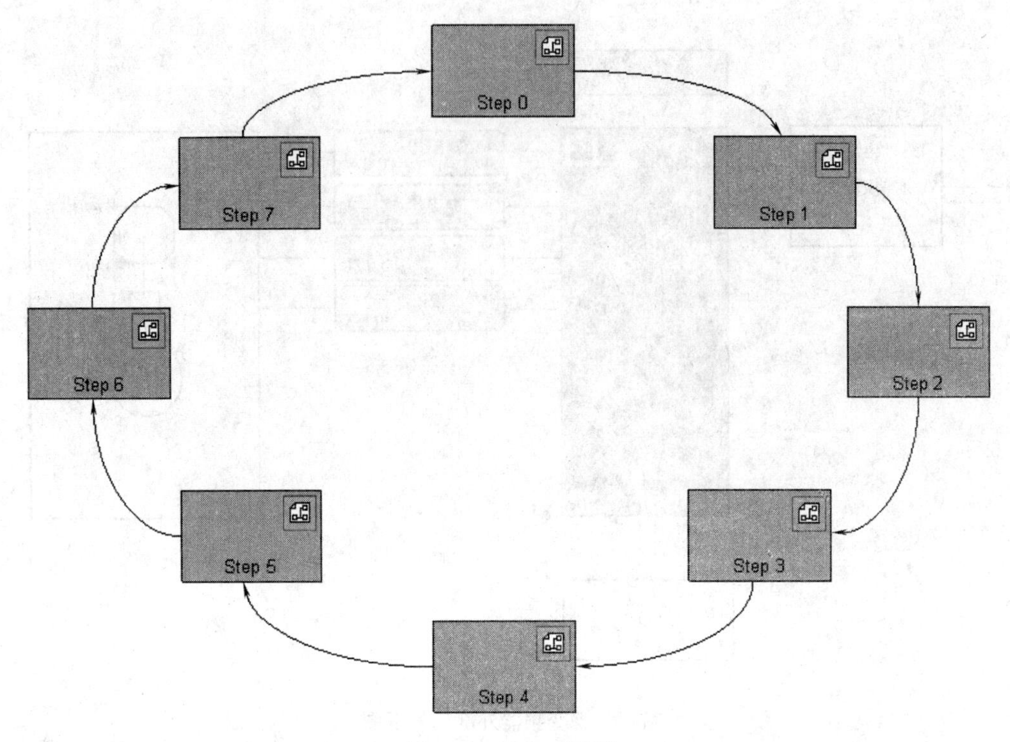

图 4-14　步序逻辑图

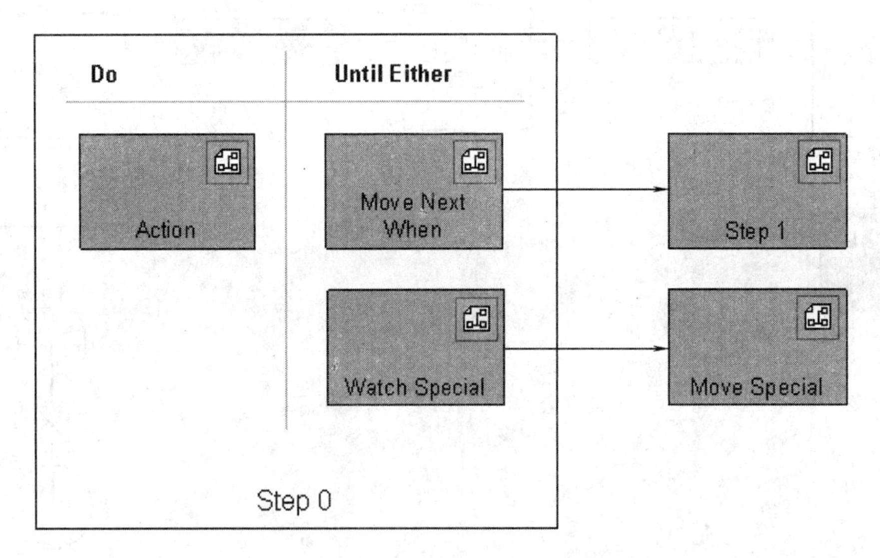

图 4-15　Step0 的步序控制流程图

单击每个图形中的图标，都会弹出相应的参数设置的图形界面。在图 4-15 中点击“Move Next When”（何时进入下一步），弹出图 4-16。

从图 4-16 中可以看出该步序执行时需要设置的三个参数：70-Preset Freq 0（预置频率）、150-Stp Logic Time 0（步序逻辑执行时间）和 140-Stp Logic 0（步序逻辑动作）。

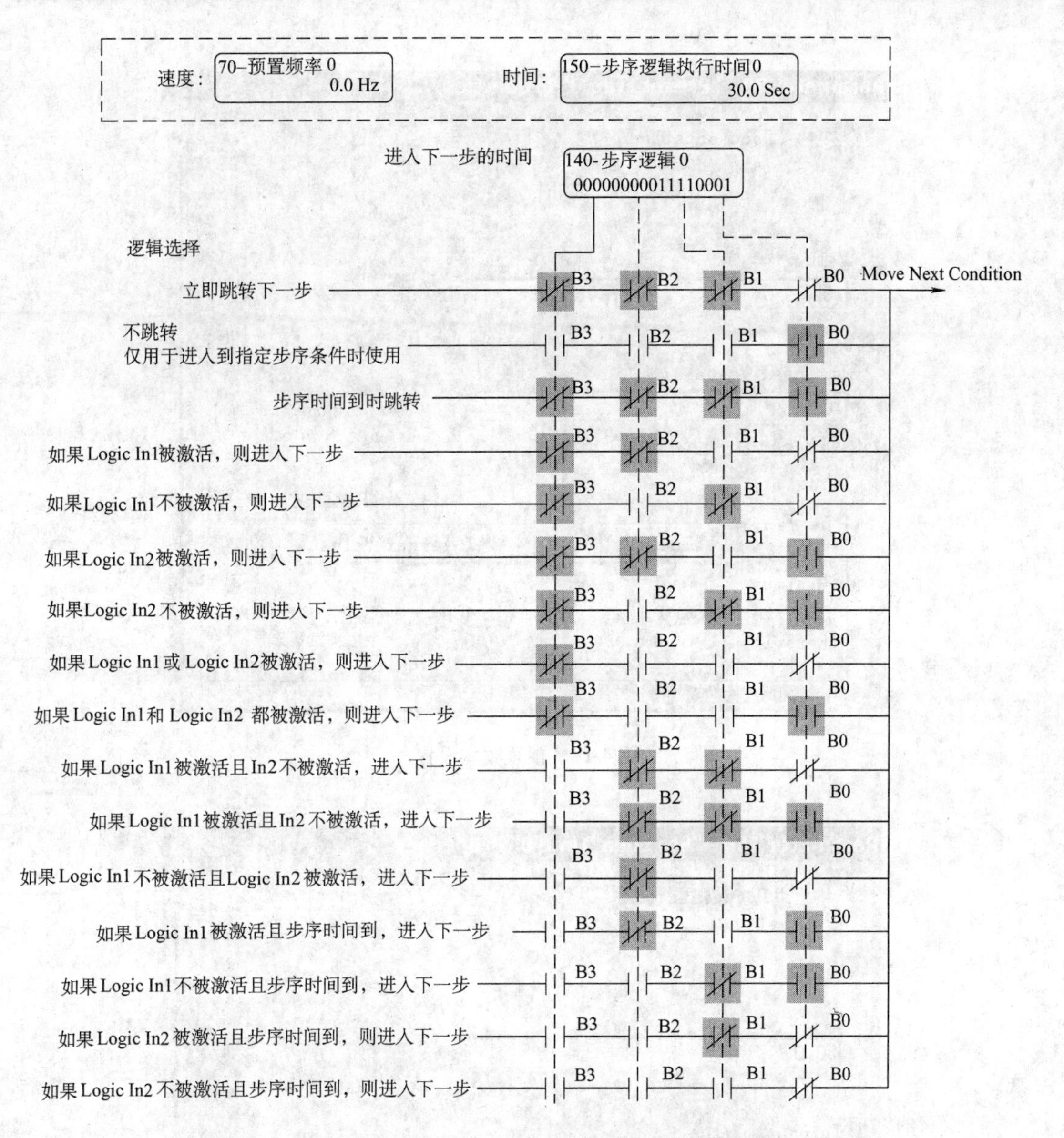

图 4-16　Move Next When 的逻辑选择条件

双击图 4-16 中的“70-Preset Freq 0”，打开预置频率设置界面，可以对步序执行的频率进行设置，如图 4-17 所示。如果需要设置预置频率为 10Hz，就在 Value(值) 一栏中填入数字 10，相应 Internal Value(内部值) 一栏会自动地出现数值 100，它们之间是 10 倍的关系。设置第 1 ~ 7 步的相应预置频率参数为 71-Preset Freq 1 ~ 77-Preset Freq 7 时，参照以上设置即可。

双击图 4-16 中的“150-Stp Logic Time 0”，打开步序逻辑时间设置界面，如图 4-18 所示。

在这里可以对步序执行的时间进行设置。如果需要设置步序逻辑执行的时间为 30s，就在“Value(值)”一栏中填入数字 30，相应的“Internal Value”（内部值）一栏会自动出现 300 的数值，它们之间是 10 倍的关系。设置 Step1 ~ 7 相应时间参数为 151-Stp Logic Time 1 ~ 157-Stp Logic Time 7 时，参照以上设置即可。

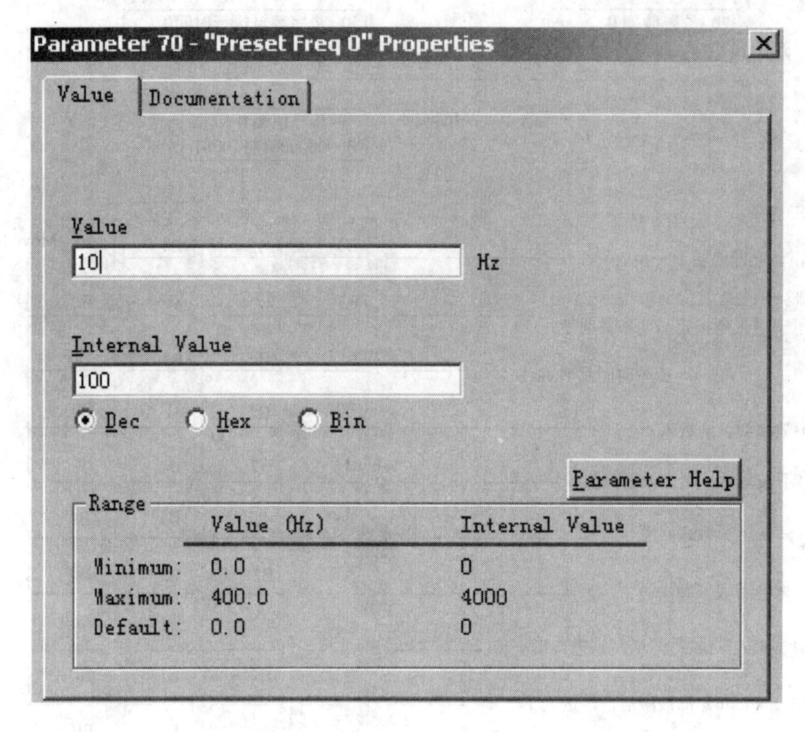

图 4-17　预置频率设置

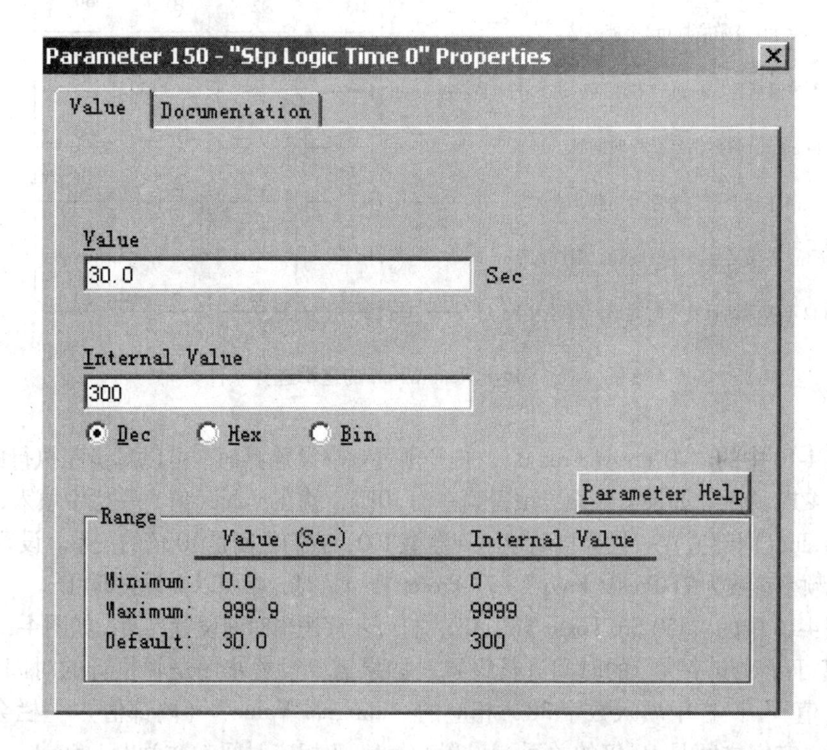

图 4-18　步序逻辑时间设置

双击图 4-16 中的参数“140-Stp Logic 0”，打开步序逻辑设置界面，如图 4-19 所示。

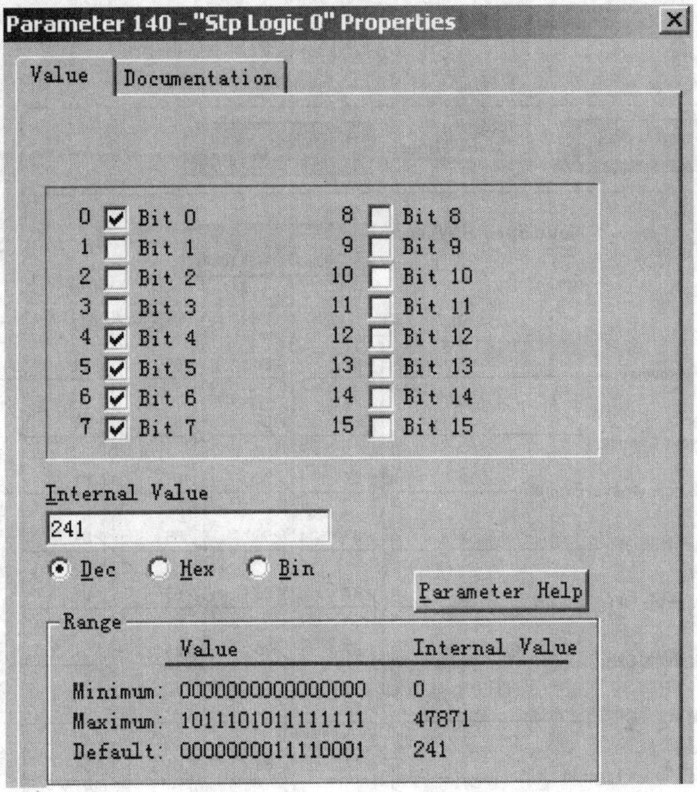

图 4-19　步序逻辑设置

在这里可以对步序何时进行跳转进行设置，和 Step0 相关的是 140 号参数的 Bit0 ~ 3 位，它们根据外部数字量输入 1 和输入 2 的逻辑与/或的逻辑运算结果及特定时间的完成结果，确定何时跳转到下一步序。如果选中某位表明该位值为 1，不选中表明该位值为 0，只要在图 4-19 中点击该位旁边的方框即可选中该位。在该示例中 Bit0 ~ 3 被设置为 0001，查看图 4-16 说明此设置的含义为：到达步序逻辑时间时自动跳入下一步序。

在图 4-15 中点击“Watch Special”（何时进入指定步）弹出图 4-20，通过设置 140 号参数的 Bit4 ~ 7 位，根据外部数字量输入 1 和输入 2 的逻辑与/或的逻辑运算结果及特定时间的完成结果，确定跳转的条件。如果 Bit4 ~ 7 位不设置为 1111，那么当条件满足时，程序将自动屏蔽该号参数的 Bit0 ~ 3 位设置，并跳转到由 Bit8 ~ 11 位定义的步序，具体设置参照图 4-19 及相应设置方法。

在图 4-15 中点击“Move Specil”（进入指定步序），弹出图 4-21，通过设置 140 号参数的 Bit8 ~ 11 位，决定跳转到指定的步序，具体设置参照图 4-19 及相应设置方法。

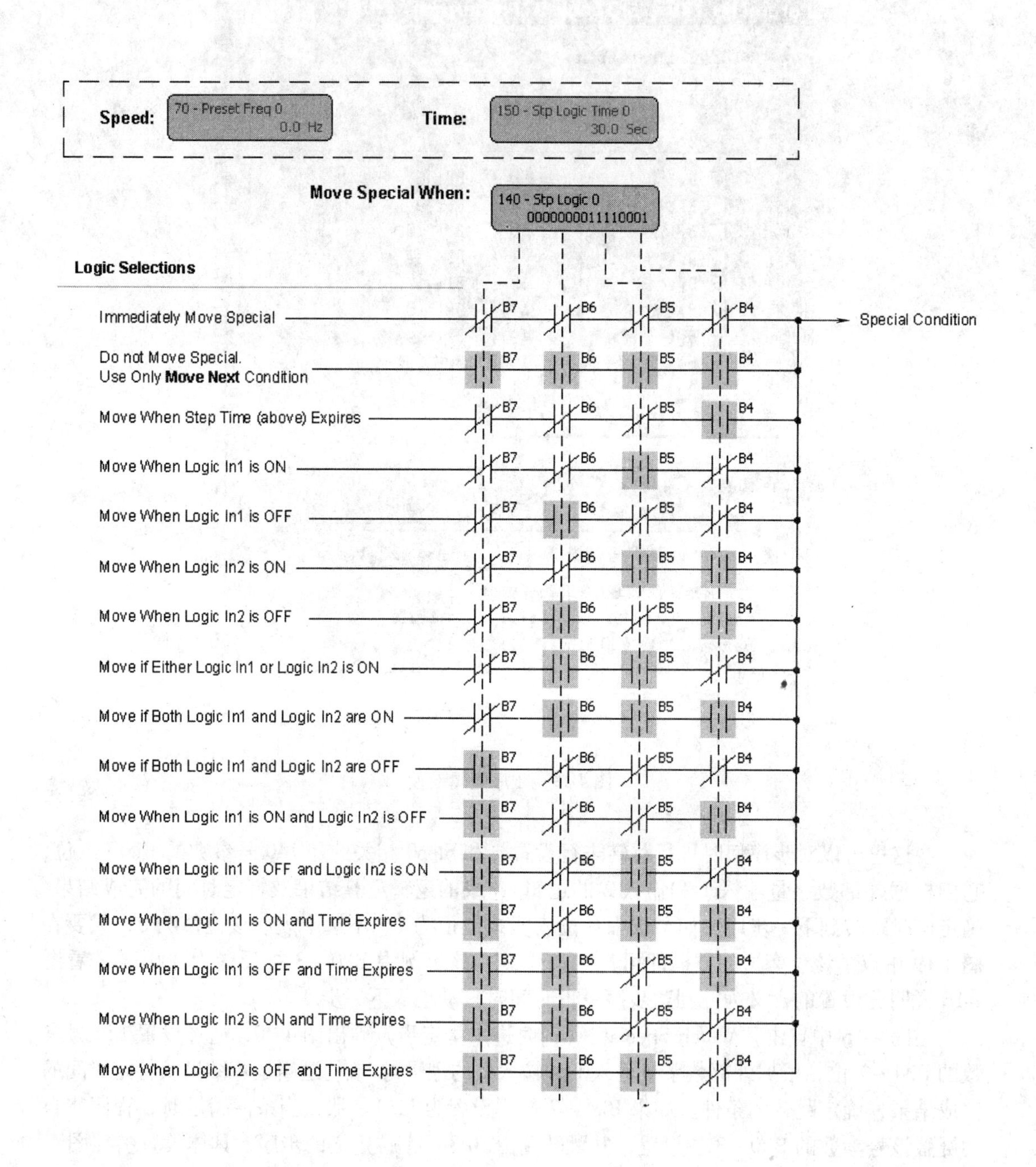

图 4-20　Move Special When 的逻辑选择条件

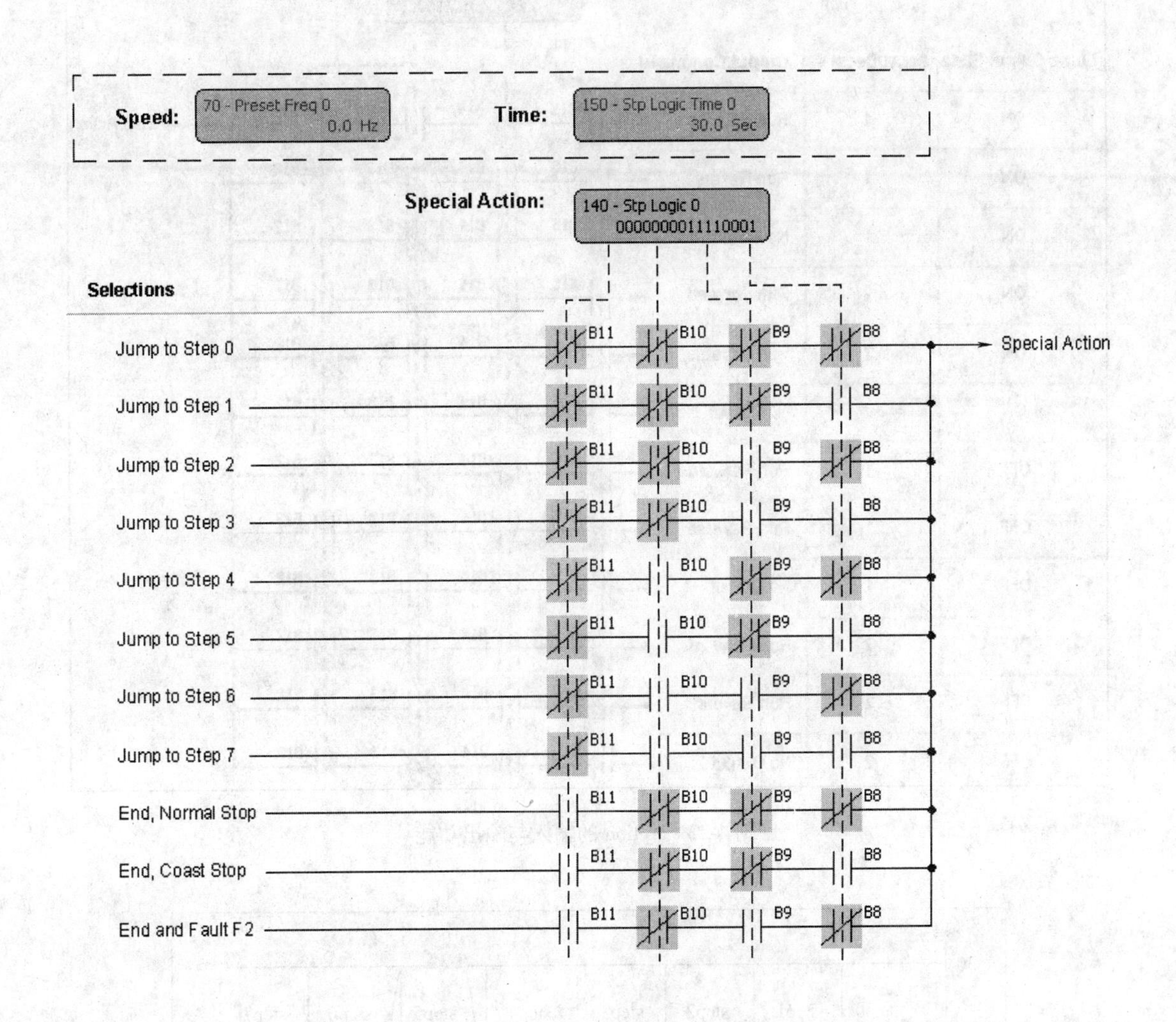

图4-21 Move Specil 跳转到指定步的选择

在图4-15中点击“Action”（动作），弹出如图4-22所示界面。通过设置140号参数的Bit12~15位，决定步序执行的运动方向、加/减速设定和逻辑输出状态。具体设置参照图4-19及相应设置方法。通过表4-10的参数A070~A077[Preset Freq x]（预设频率 x）设置好变频器的8个预设速度。打开起动开关，通过操作外部的Digital In1 和 Digital In2 开关，变频器将按如图4-23所示的曲线运行。

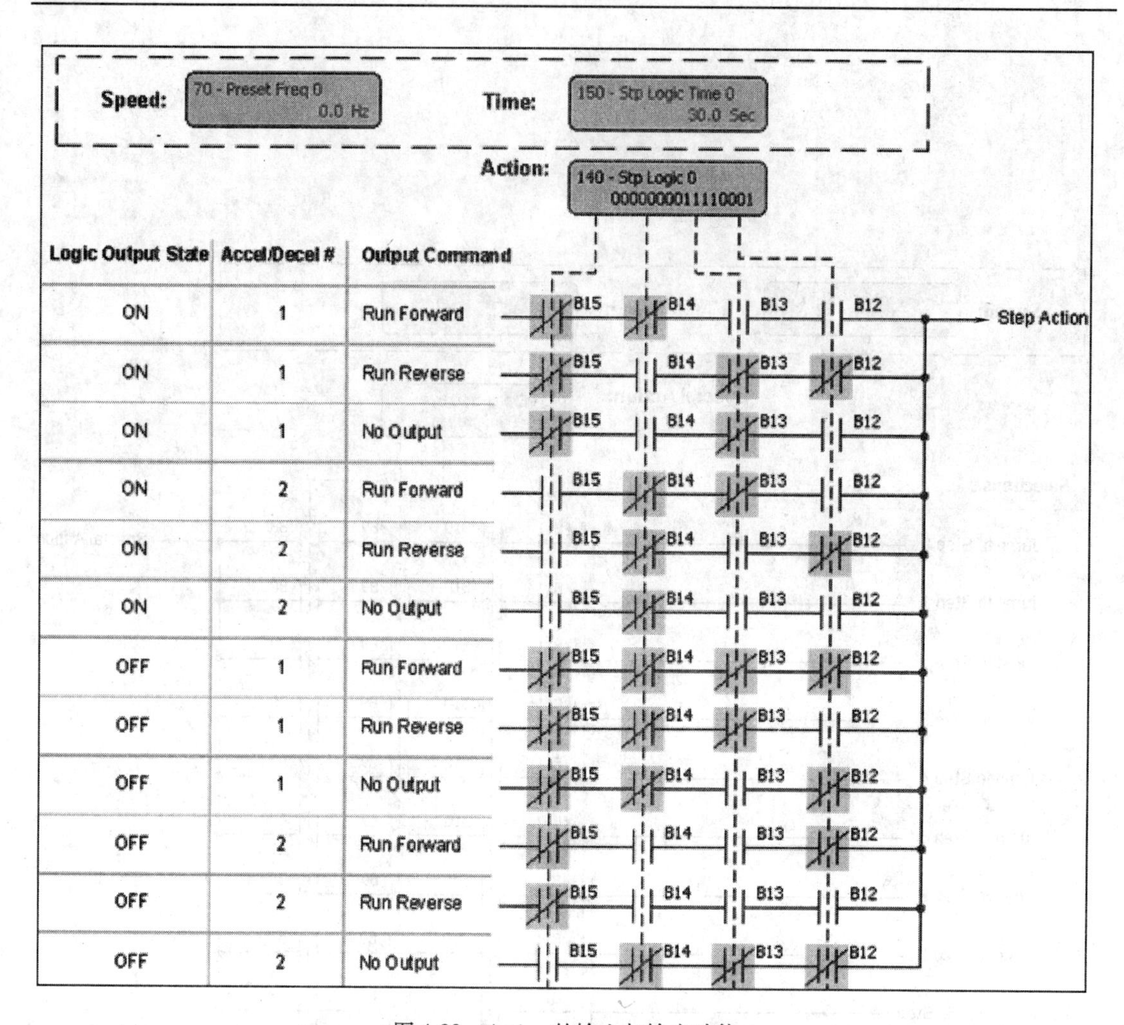

图 4-22　Action 的输入与输出功能

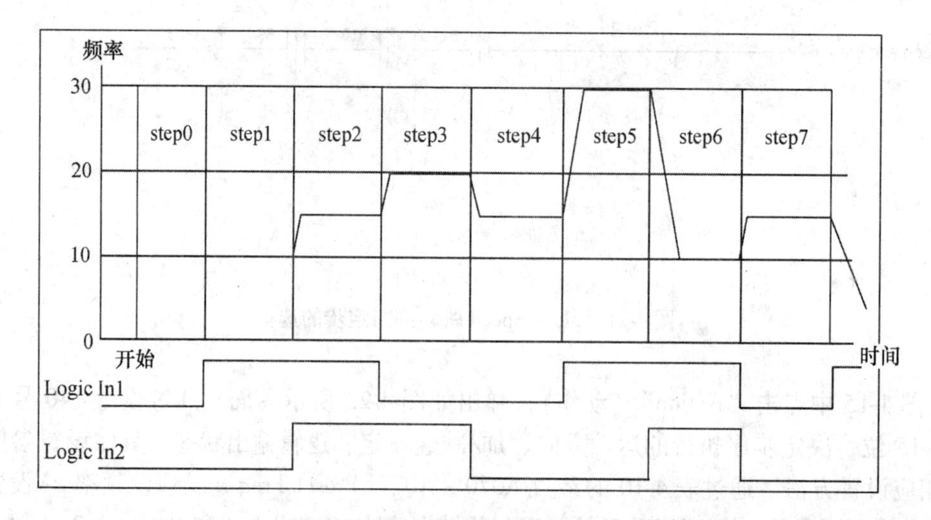

图 4-23　变频器按逻辑控制的步序逻辑功能运行曲线

4.3　PowerFlex40变频器的EtherNet/IP网络控制实验

1. 实验主题

1）创建一个CompactLogix项目

2）通过EtherNet/IP控制PowerFlex40变频器

2. 实验步骤

1）变频器参数设置。将带有22-COMM-E适配器的PowerFlex40变频器上电，通过它的操作面板对其进行参数设置。为实现网络控制，将P036[Start Source](起动源)设为5，即选择Comm Port(通信端口给定)；将P038[Speed Reference](速度给定)设为5，即选择Comm Port(通信端口给定)。

2）RSLinx通信组态。单击“Start”→“Program”→“Rockwell Software”→“RSLinx”→“RSLinx”，启动RSLinx。

3）单击菜单栏“Communications”→“Configure Drivers”…或在工具条上单击“Configure Drivers”（组态驱动），如图4-24所示。

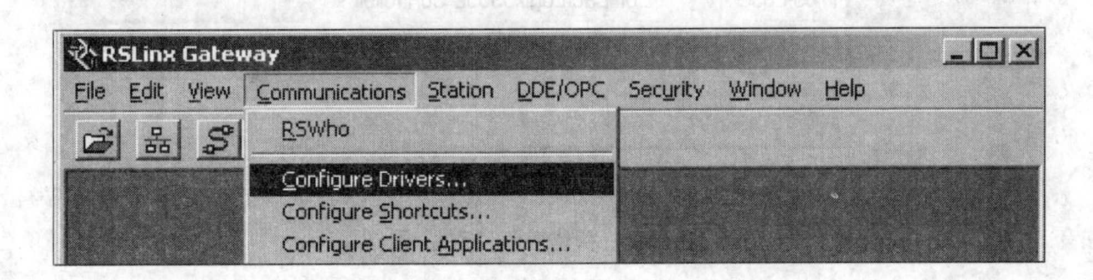

图4-24　组态驱动

4）弹出标题为“Configure Drivers”（组态驱动）的窗口。单击“Available Driver Types”（可用驱动类型）对话框中的下拉箭头，选择“EtherNet/IP Driver”。这些驱动是Allen-Bradley公司的产品在各种网络上的通信卡的驱动程序，这些通信卡的驱动程序保证了用户对网络的灵活选择和使用。可以根据设备的实际情况来选择适当的驱动程序，注意要和使用的硬件类型相匹配。单击“Add New”（添加）按钮，将弹出如图4-25所示的窗口。

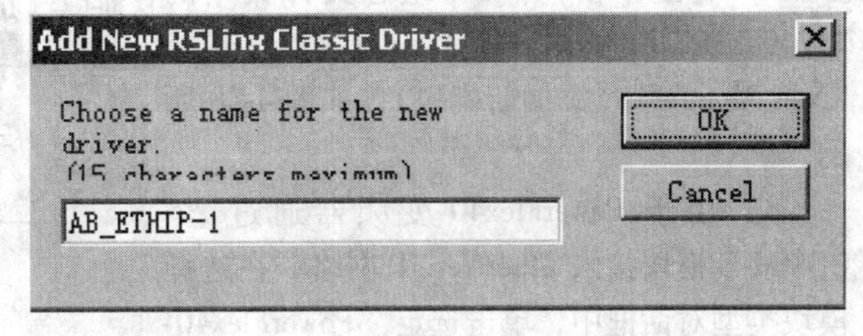

图4-25　命名驱动

5）单击“OK”按钮，在“Configure Driver”（组态驱动）窗口下的列表中出现“AB _ ETHIP-1、A-B Ethernet RUNNING”的字样表示该驱动程序已经运行。现在工作区左侧列表中多了“AB _ ETHIP-1”的网络图标，选中左上角“Autobrowse”（自动浏览）或单击“Refresh”（刷新），如果驱动组态正常，单击该网络图标，会出现所配置好的设备的图标，如图4-26所示。

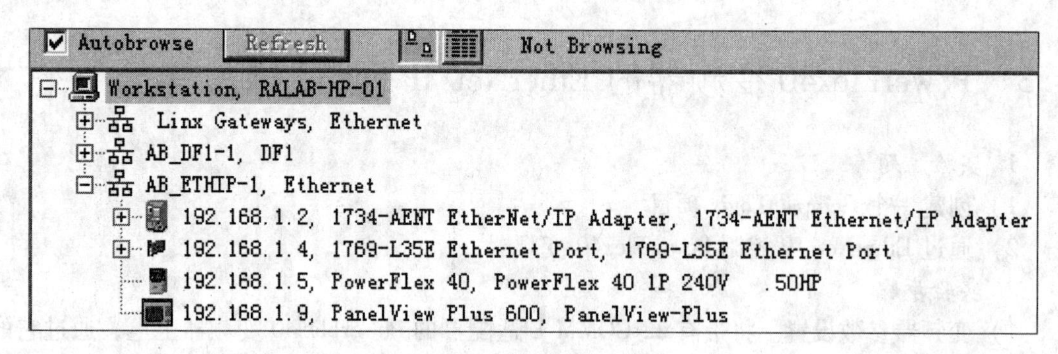

图 4-26 新组建的 Ethernet 网络

6）打开 RSLogix5000 软件，单击“File”→“New”创建新项目。看到“New Controller”（新建控制器项目）界面。配置好的界面如图 4-27 所示。

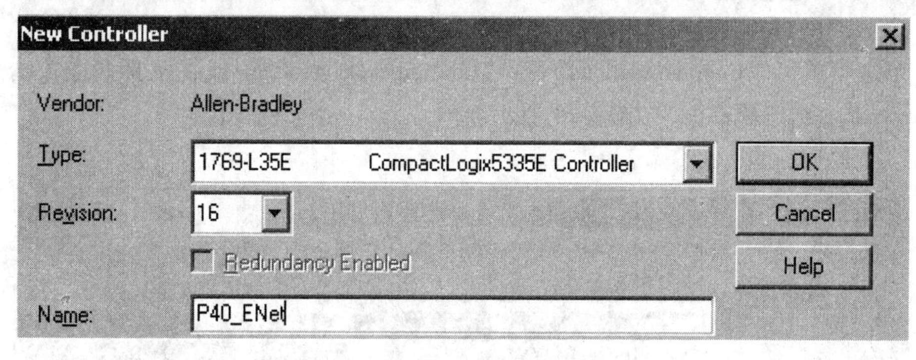

图 4-27 新建控制器对话框

单击“OK”按钮，现在已经创建了一个 ControlLogix 项目。此时还没有添加任何与项目相关的可执行代码（如梯形图）。

7）右键单击“I/O”组态文件夹中的“1769-L35E Ethernet Port Local ENB”，选择“New Module”（添加新模块），如图 4-28 所示。

图 4-28 添加新模块

8）由于 PowerFlex40 变频器通过 22-COMM-E 模块接入 EtherNet/IP 网络，在选择模块类型对话框中，单击选定“PowerFlex40-E”模块，如图 4-29 所示。

Module	Description
1397DigitalDCDrive-EN1	1397 Digital DC Drive via 1203-EN1
2364F RGU-EN1	2364F Regen Bus Supply via 1203-EN
PowerFlex 4-E	PowerFlex 4 Drive via 22-COMM-E
PowerFlex 40-E	PowerFlex 40 Drive via 22-COMM-E
PowerFlex 40P-E	PowerFlex 40P Drive via 22-COMM-E

图 4-29 选择 PowerFlex40-E 模块

9）22-COMM-E 的 IP 地址：192.168.1.5，设置如图 4-30 所示。

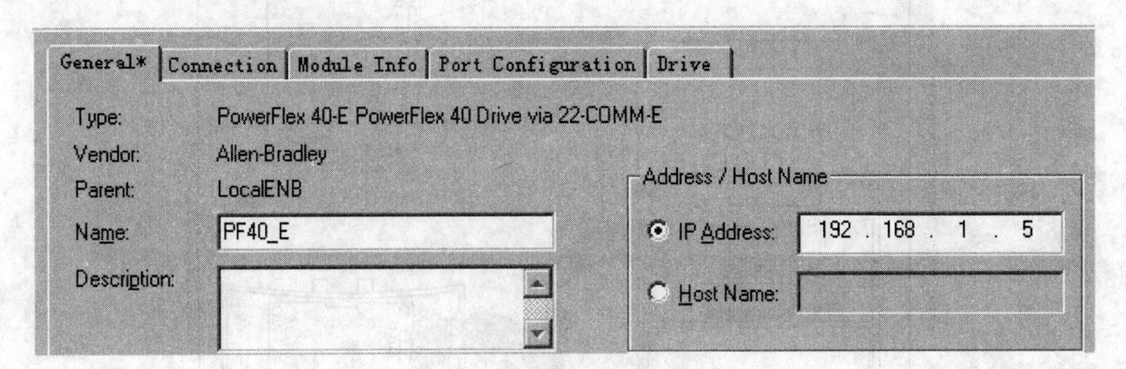

图 4-30　设置通用模块属性

10）自动生成如图 4-31 所示数据结构体，I/O 映像具体含义见表 4-11。

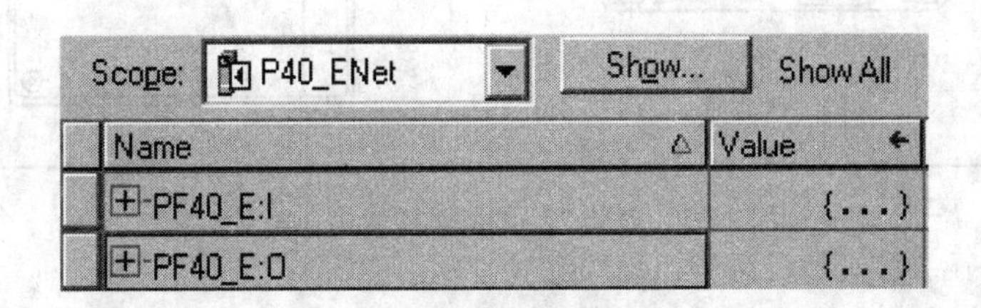

图 4-31　自动生成数据结构体

表 4-11　PF40 I/O 映像含义

输　入　字	输　出　字
PF40 _ E:I 逻辑状态字和速度反馈值	PF40 _ E:O 逻辑命令字和速度给定值

11）将程序下载到 CompactLogix 控制器中，然后将 PowerFlex40 结构体中 PF40 _ E：O. Start 起动位置 1，并给定 PF40 _ E：O. FreqCommand 频率值为 300。此时，变频器控制的电动机开始旋转。

4.4　PowerFlex40 变频器的 DeviceNet 网络控制实验

1. 实验主题

1）掌握 PowerFlex40 变频器，通过 22-COMM-D 接入 DeviceNet 网络；

2）通过 RSNetWorx for DeviceNet 软件组态 PowerFlex40；

3）通过 RSNetWorx for DeviceNet 软件组态 1769-SDN。

2. 硬件配置

1）PowerFlex40 变频器通过 22-COMM-D 适配器接入 DeviceNet 网络，如图 4-32 所示，图 4-32 中说明见表 4-12。

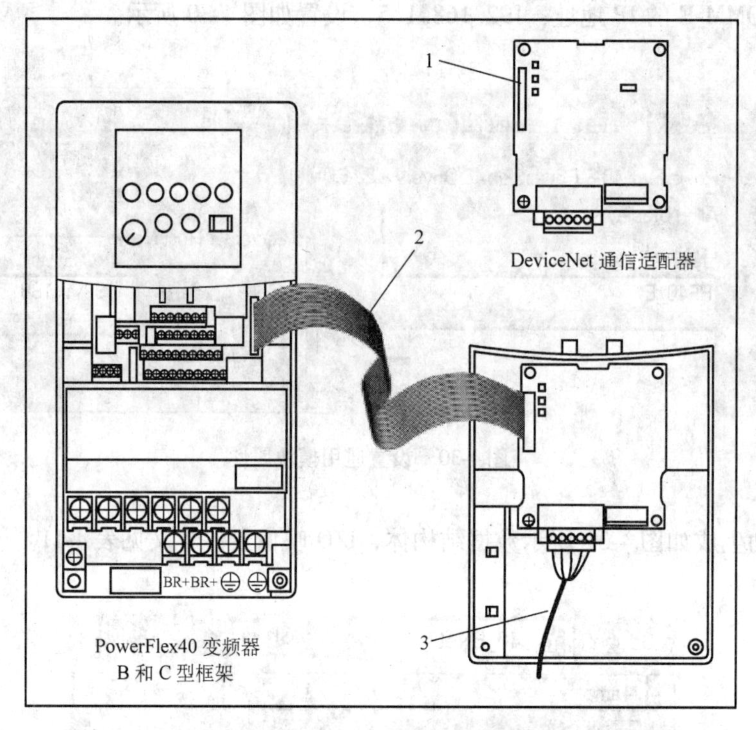

图 4-32　安装 22-COMM-D 通信适配器

表 4-12　安装 22-COMM-D 通信适配器说明

#	说　明
①	DSI 连接器
②	15.24cm 内部接口电缆
③	DeviceNet 电缆

2）通过 22-COMM-D 通信卡上的 DIP 拨码开关设置节点地址和数据传送速率，设置规则见表 4-13，并选择单变频器模式或多变频器模式。在此，节点地址设为 5，传送速率为 125kbit/s 的单变频器工作模式。

表 4-13　设 置 规 则

拨 码 开 关	说　明	默 认 值	
SW1	节点地址最低位	1	节点号 63
SW2	节点地址位 1	1	
SW3	节点地址位 2	1	
SW4	节点地址位 3	1	
SW5	节点地址位 4	1	
SW6	节点地址最高位	1	
SW7	数据速率最低位	1	自动检测速率
SW8	数据速率最高位	1	

注意：如果所有的拨码开关都处于关状态（值为0），则节点地址由参数2[DN Addr Cfg] 设定，通信速率由参数4[DN Rate Cfg] 设定。

3. 实验步骤

1）变频器参数设置。将带有22-COMM-D适配器的PowerFlex40变频器上电，通过它的操作面板对其进行参数设置，在此，为实现网络控制，将P036[Start Source](起动源)设为5，即选择Comm Port(通信端口给定)；将P038[Speed Reference](速度给定)设为5，即选择Comm Port(通信端口给定)。

2）RSLinx通信网络组态。组态方法与PowerFlex40的EtherNet/IP网络控制实验相同，在本实验中依然通过以太网连接上位机和控制器。

3）在RSLinx软件界面中，单击“Communications”→“RSWho”，并选中右上角“Autobrowse”或单击“Refresh”，如果驱动组态正常，单击该网络图标，会出现配置好的设备图标，如图4-33所示。

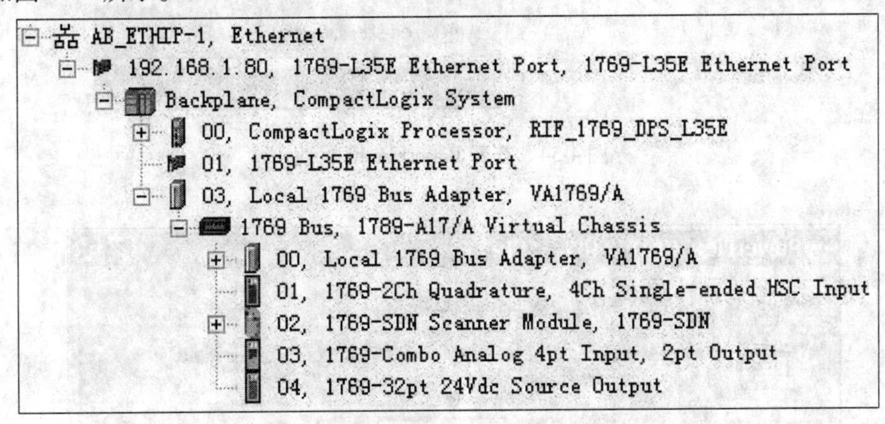

图4-33 查看网络配置

4）RSNetWorx for DeviceNet网络组态。单击“Start”→“Program”→“Rockwell Software”→“RSNetWorx”→“RSNetWorx for DeviceNet”，打开“RSNetWorx for DeviceNet”软件。

5）单击在线图标，弹出网络浏览界面，选择访问DeviceNet网络的路径。选择Ethernet网络驱动，逐层展开后选择DeviceNet网络，然后单击“OK”按钮。

6）此时，RSNetWorx for DeviceNet软件开始扫描网络，将自动查找网络驱动列表下的所有设备。扫描完成后，DeviceNet网络上设备均以图标形式显示，鼠标右击“PowerFlex40”图标，选择“Preperties”（属性），如图4-34所示。

7）单击“Parameters”（参数）选项卡，将参数“P178-[DSI I/O Cfg]”设置为“Drv 0”，如图4-35所示，点击应用将修改后的参数下载。

8）将参数“P178-[DSI I/O Cfg]”设置为“Drv 0”，点击“Apply”，将修改后的参数下载。

9）组态扫描器1769-SDN。扫描器（1769-SDN）中扫描列表包含与网络上每个设备通信所需的信息。如果某个设备不存在于扫描列表中，处理器无法周期性的向该设备发送信息。双击“1769-SDN”，并单击“Module”选项卡。将“Slot”（槽号）修改成1769-SDN当前所在槽号“2”，如图4-36所示。

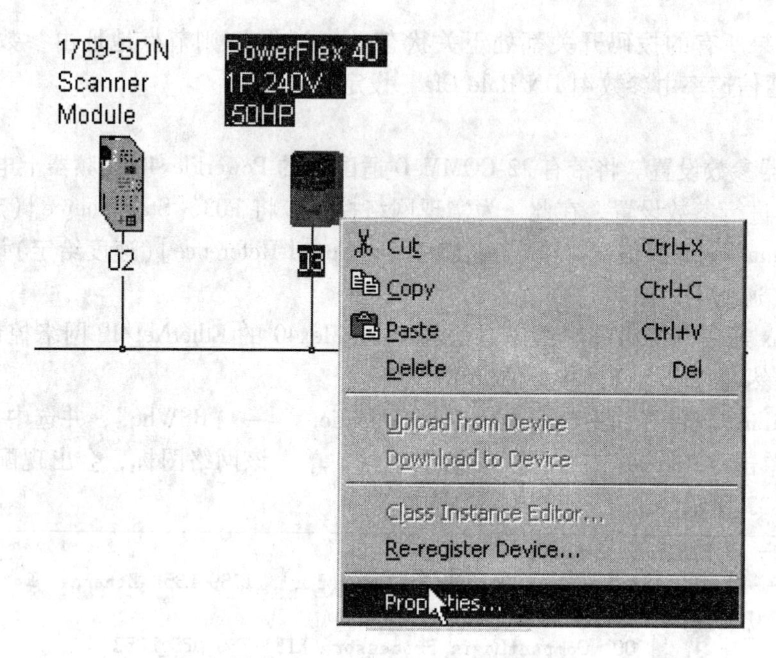

图 4-34　查看 PowerFlex40 属性

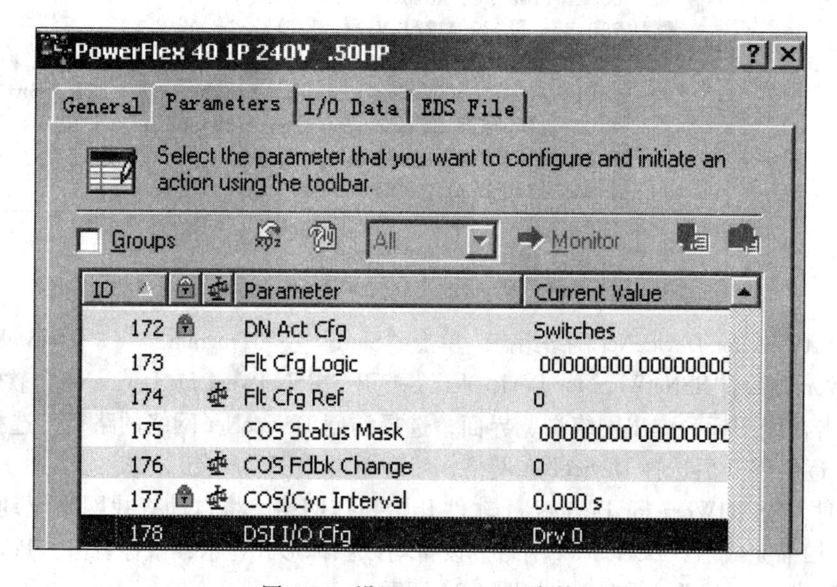

图 4-35　设置 PowerFlex40 参数

10）组态扫描器 Scanlist（扫描列表）。单击扫描列表选项卡，将看到所有设备在可用设备窗口中。用户单击可用设备窗口中设备图标，使用单箭头一次添加一个设备。将 3 号节点“PowerFlex40”添加到“Scanlist”（扫描列表）中，如图 4-37 所示。

11）单击“3”号节点“PowerFlex40”，然后选择“Edit I/O Parameters”（编辑 I/O 参数）。在弹出的对话框中复选 Polled（轮询），并设置 Input（输入字）：4B，Output（输入字）：4B，Poll rate（轮询速率）：Every Scan。

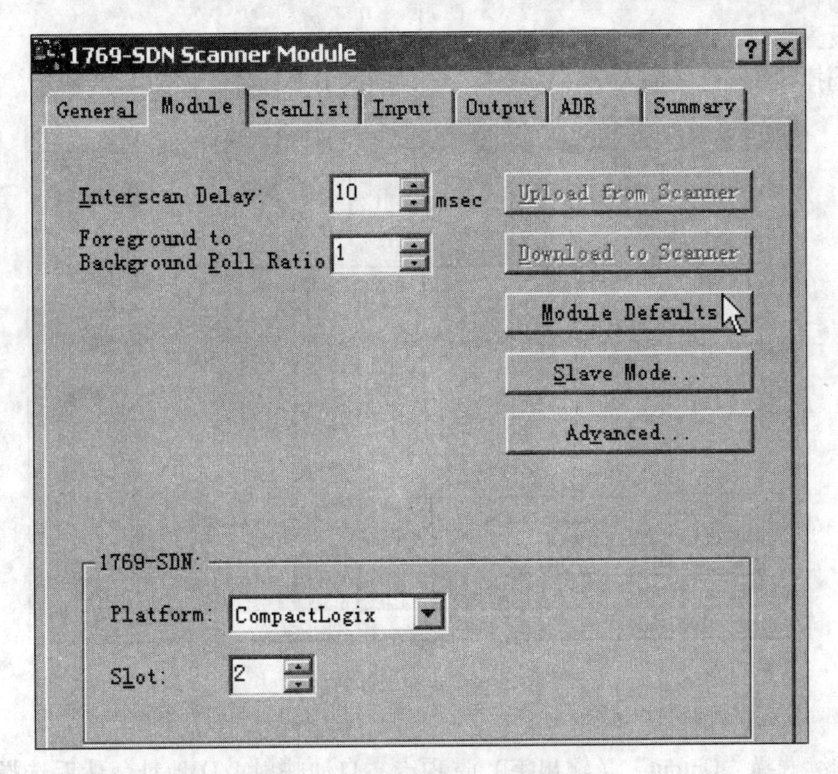

图 4-36　设置 1769-SDN 槽号

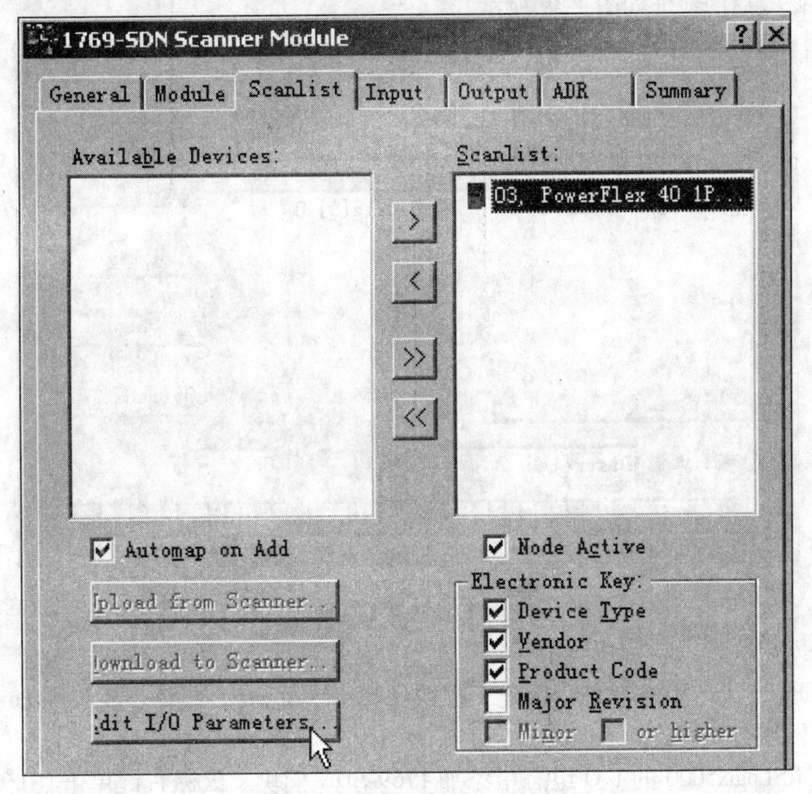

图 4-37　组态扫描器 Scanlist

12）设置完成，点击“OK”按钮。

13）选择“Input”（输入字）选项卡，自动映射 I/O 地址，如图 4-38 所示。

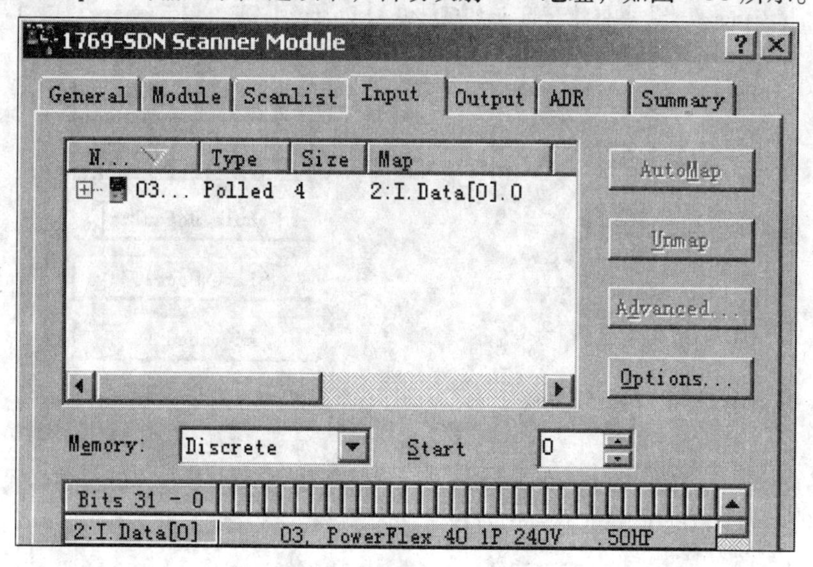

图 4-38　映射 I/O 地址

14）继续选择“Output”（输出字）选项卡，自动映射 I/O 地址，然后选择“Apply”接受更新。修改后的地址如图 4-39 所示。

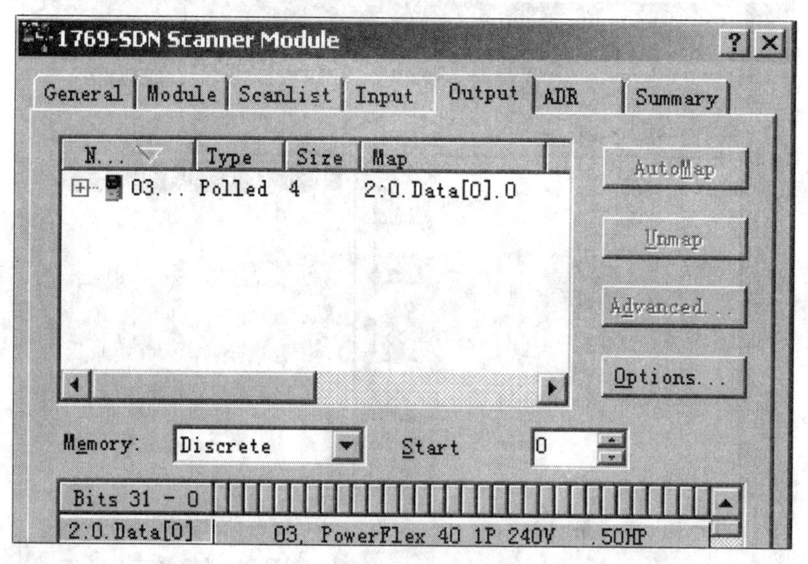

图 4-39　映射 I/O 地址

15）打开 RSLogix5000 软件。新建工程项目 PF40 _ device，具体步骤参照 PowerFlex40 的 EtherNet/IP 网络控制实验。

16）在 RSLogix5000 的 I/O 组态中添加 1769-SDN 模块。鼠标右键单击“I/O Configuration”组态，并选择“New Module”（新模块），如图 4-40 所示。

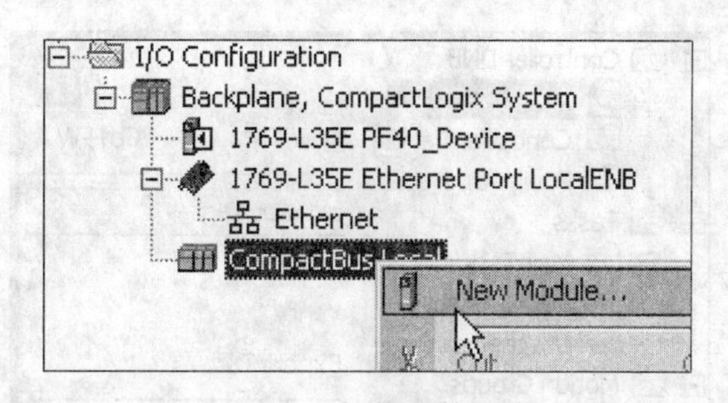

图 4-40　添加新模块

17）在弹出的界面中选择“1769-SDN/A”。选中之后，单击“OK”按钮，如图 4-41 所示。

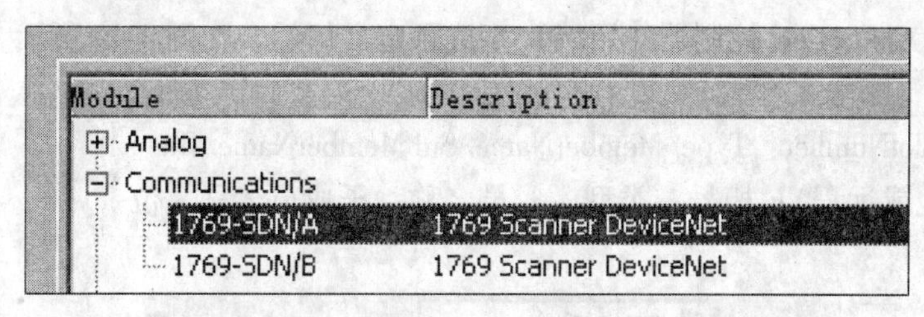

图 4-41　选择模块类型

18）1769-SDN 模块位于 2 号槽，按照如图 4-42 所示的内容填写，单击“完成”。

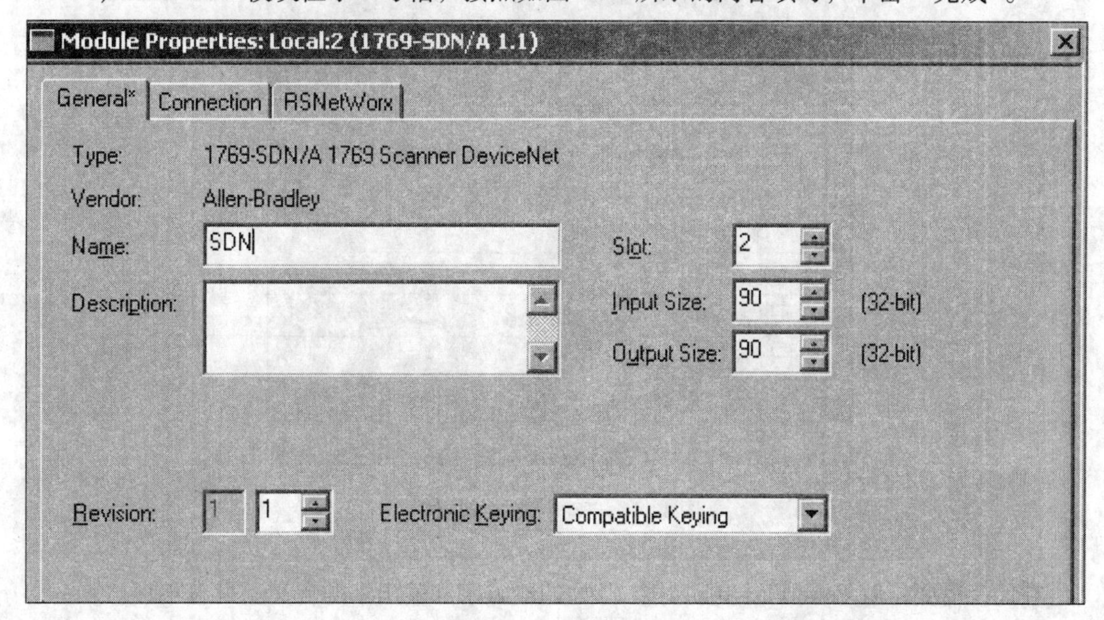

图 4-42　SDN 模块设置

19）左键单击选择“Controller Tags”（控制器标签），单击右键在弹出菜单中选择“Monitor Tags”（监视标签），弹出如图 4-43 所示的窗口。

图 4-43 监视标签

20）此时，Controller（控制器作用域）生成预定义标签，如图 4-44 所示。标签名称遵循以下格式：

Location：SlotNumber：Type. MemberName. SubMemberName. Bit

位置（本地或远程）：槽号：类型．成员名称．子成员名称．位

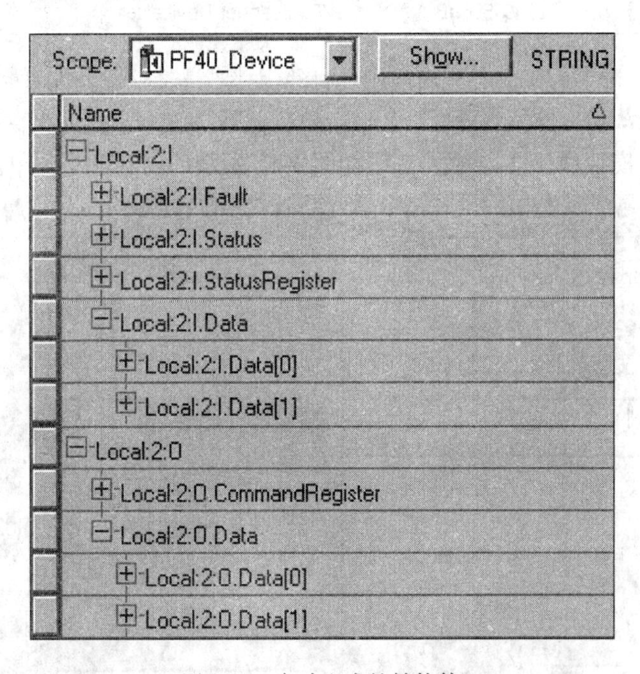

图 4-44 自动生成的结构体

在此，需要了解 PowerFlex40 映射在 SDN 的输入字和输出字的含义。见表 4-14。

表 4-14 I/O 映射字含义

字	状态字（输入字）	控制字（输出字）
字 0	逻辑状态字	逻辑命令字
字 1	速度反馈值	速度给定值

21）创建一个新的标签。右键单击“Controller Tags”（控制器标签），在弹出的菜单中选择“New Tag”…（新建标签）。在对话框中输入名称“Drive Input Image”，数据类型选择 INT[2]，标签类型为 Base（基本型），范围为控制器域，显示类型为 Decimal（十进制）。同理，继续创建标签“Drive Output Image”。

22）再创建程序域内的标签，见表 4-15。

表 4-15 程序范围内标签列表

标签名称	类 型	说 明
DriveCommandStop	BOOL	逻辑命令位 0（停止位）
DriveCommandStart	BOOL	逻辑命令位 1（起动位）
DriveCommandJog	BOOL	逻辑命令位 2（点动位）
DriveCommandClearFaults	BOOL	逻辑命令位 3（清除故障位）
DriveCommandForward	BOOL	逻辑命令位 4（正转）
DriveReference	INT	速度给定值
DriveStatusReady	BOOL	逻辑状态位 0（准备好）
DriveStatusActive	BOOL	逻辑状态位 1（运行）
DriveStatusForward	BOOL	逻辑状态位 3（正转）
DriveStatusFaulted	BOOL	逻辑状态位 7（故障）
DriveStatusAtReference	BOOL	逻辑状态位 8（AT SPEED）
DriveFeedback	INT	速度反馈值

23）输入梯形图逻辑。右键单击“MainTask”→“MainProgram”→“MainRoutine”，从弹出菜单中选择“Open”（打开），如图 4-45 所示。

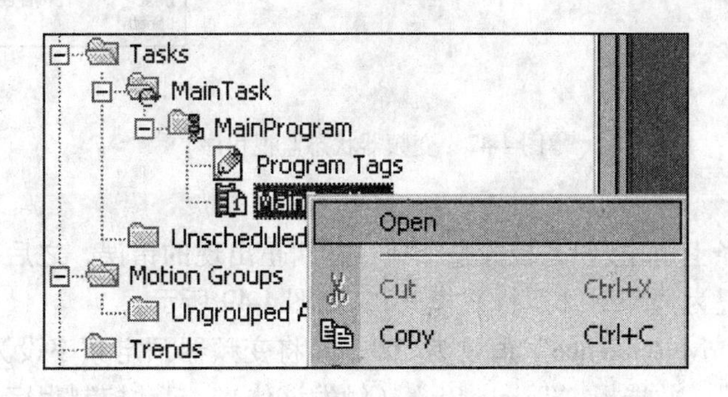

图 4-45 打开主例程

24）在弹出的编程窗口中编写主例程。首先，使能 1769-SDN 模块，如图 4-46 所示，编程置位 Local：2：O. CommandRegister. Run。

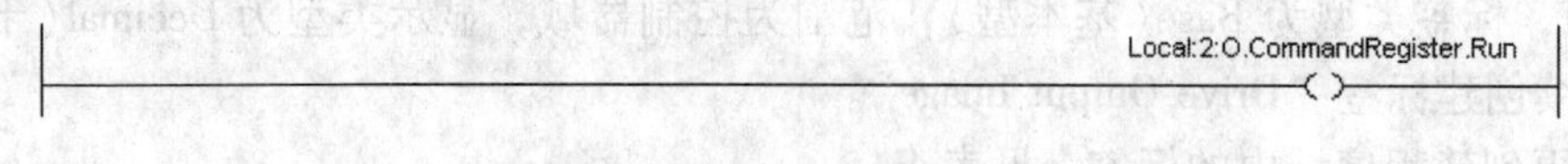

图 4-46　使能 SDN 模块运行位

然后，编程监视变频器运行状态。程序如图 4-47 所示。接着，编程控制变频器运行，程序如图 4-48 所示。

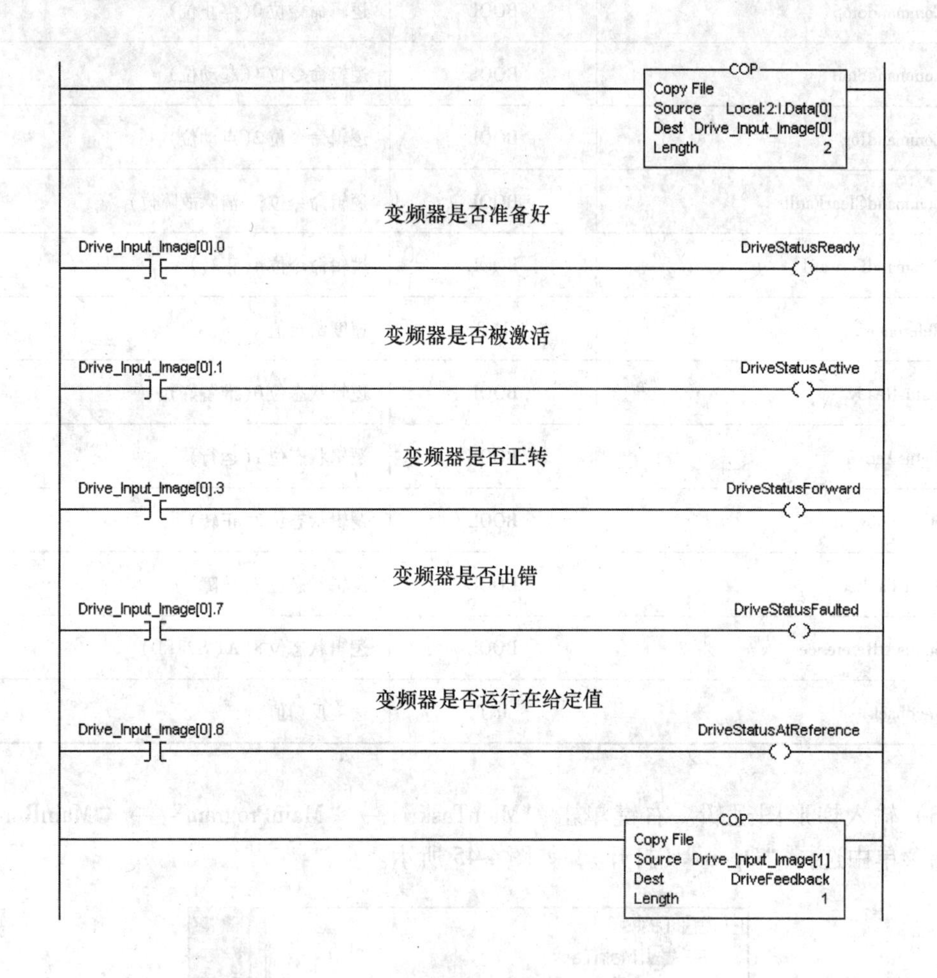

图 4-47　变频器状态监视程序

25）单击工具条上按钮，校验整个项目并纠正出现的错误，之后保存该项目。下载程序并将处理器设置为“RUN（运行）模式”，如图 4-49 所示。

26）将标签“DriveReference”值设为 300，即将变频器预定频率设为 30Hz。右键单击“DriveCommandStart”，并选择“Toggle Bit”（触发该位），起动控制程序，变频器以设定频率 30Hz 运行。

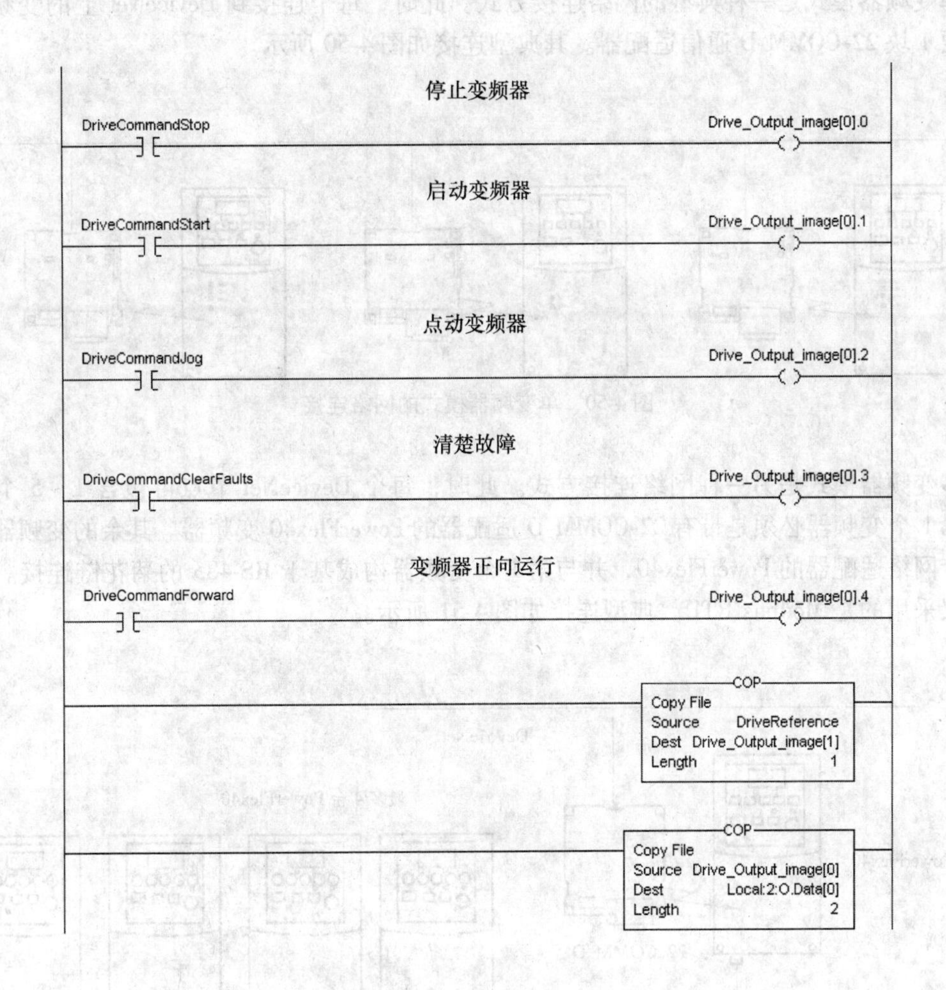

图 4-48　变频器控制程序

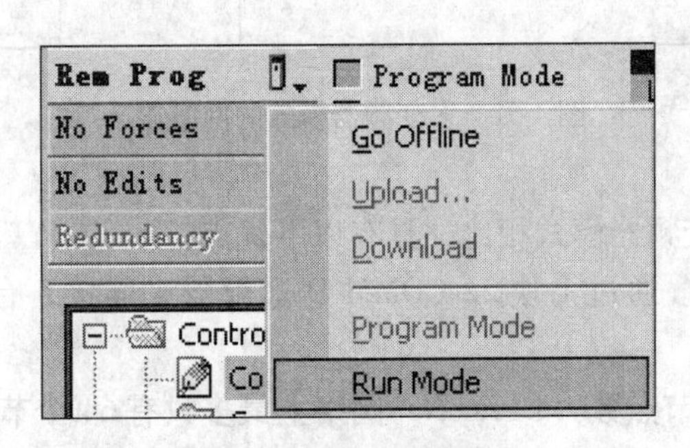

图 4-49　设为运行模式

4.5　PowerFlex40 多变频器模式

单变频器与多变频器模式比较：

单变频器模式是一种典型的网络连接方式。此时，每个连接到 DeviceNet 上的变频器节点需要 1 块 22-COMM-D 通信适配器。其典型连接如图 4-50 所示。

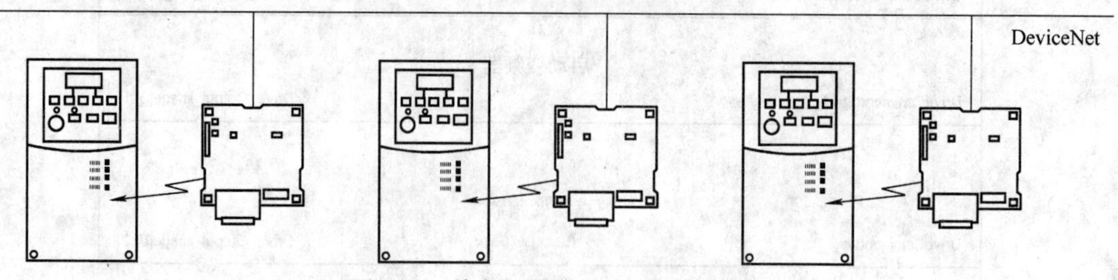

图 4-50　单变频器模式的网络连接

多变频器模式是另一种网络连接方式。此时，每个 DeviceNet 节点可包含 1 ~ 5 个变频器。第 1 个变频器必须是带有 22-COMM-D 适配器的 PowerFlex40 变频器。其余的变频器可以为不带网络适配器的 PowerFlex40，并与第 1 个变频器构成基于 RS-485 的菊花链连接。其通信协议采用的是 Modbus RTU。典型连接如图 4-51 所示。

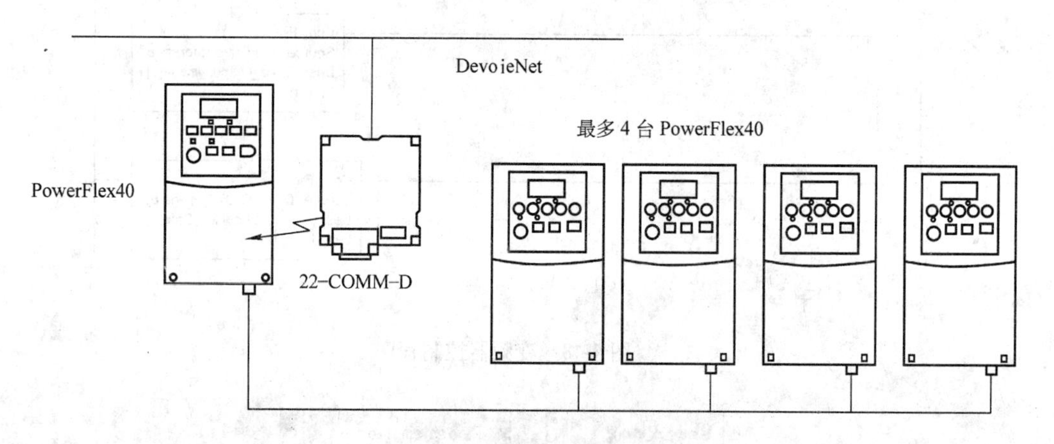

图 4-51　多变频器模式的网络连接

多变频器模式和单变频器模式相比，具有以下优点：

1）更低的硬件成本。通过 1 块 22-COMM-D 适配器来连接 5 台变频器，降低了硬件的成本。

2）减少占用网络上节点数（DeviceNet 网络上最多只有 64 个节点）。例如在单变频器模式下，要控制 30 台变频器需要占用 30 个 DeviceNet 的节点；而在多变频器模式下，只需要 6 个 DeviceNet 的节点。

3）控制器可以实现对每台变频器的控制、监视以及参数的读写。

实验主题：

构建 PowerFlex40 多变频器链路结构：

1）通过 RSNetWorx for DeviceNet 软件组态 PowerFlex40；

2）通过 RSNetWorx for DeviceNet 软件组态 1769-SDN；

硬件配置：

通过多变频器模式，用 1 台带有 22-COMM-D 适配器的 PowerFlex40 变频器，通过 RS-485 接口连接 3 台 PowerFlex40 变频器，实现 4 台变频器的顺序起动和停止功能。其接线方式如图 4-52 所示。

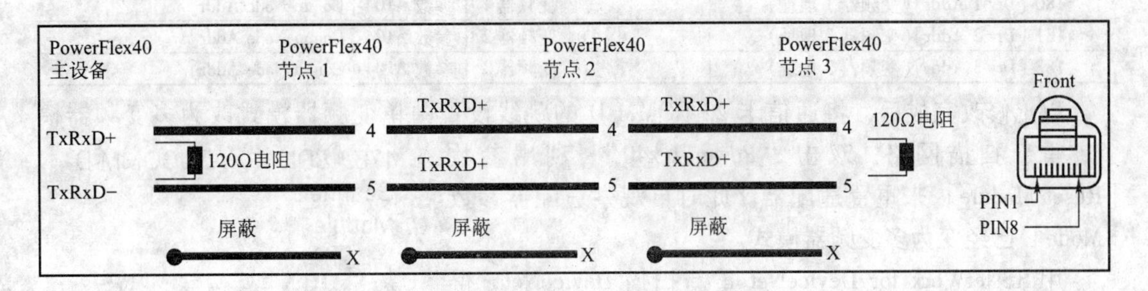

图 4-52　多变频器接线方式

实验步骤：

设置变频器内部参数。将所有变频器上电，按照表 4-16 设置参数。

表 4-16　变频器参数设置

参数名称	参数值			
	变频器 0	变频器 1	变频器 2	变频器 3
P36-[Start Source]（起动源）	5	5	5	5
P38-[Speed Reference]（速度给定）	5	5	5	5
A104-[Comm Data Rate]（通信速率）	4	4	4	4
A104-[Comm Node Addr]（通信节点地址）	1	2	3	4
A105-[Comm Loss Action]（通信丢失动作）	0	0	0	0
A106-[Comm Loss Time]（通信丢失时间）	5	5	5	5
A107-[Comm Format]（通信格式）	0	0	0	0

各参数含义见表 4-17。

表 4-17　变频器各参数含义

参数名称	参数值
P36-[Start Source]（起动源）	5（“RS-485[DSI]端口”）
P38-[Speed Reference]（速度给定）	5（“RS-485[DSI]端口”）
A104-[Comm Data Rate]（通信速率）	4（“19.2k”）
A104-[Comm Node Addr]（通信节点地址）	1～247（惟一地址）
A107-[Comm Format]（通信格式）	0（“RTU 8-N-1”）

RSLinx 通信组态方式与单变频器模式时相同。

RSNetWorx for DeviceNet 软件组态与单变频器实验类似。另外，还需要设置表 4-18 中的参数。

表 4-18　变频器参数设置

参　数	设　值
177-[DSI I/O Cfg](DSI I/O 组态)	Drv 0 ~ 3
179-[Drv 0 Addr](变频器 0 地址)	变频器 0 中参数 A104-[Comm Node Addr]
180-[Drv 1 Addr](变频器 1 地址)	变频器 1 中参数 A104-[Comm Node Addr]
181-[Drv 2 Addr](变频器 2 地址)	变频器 2 中参数 A104-[Comm Node Addr]
182-[Drv 3 Addr](变频器 3 地址)	变频器 3 中参数 A104-[Comm Node Addr]

以上修改完成后，将通信卡 22-COMM-D 的跳线设置由单变频器模式改为多变频器模式，重新扫描网络，双击“PowerFlex40”，利用参数 [Reset Module] 来重置适配器。此时再观察适配器参数 [Mode] 已经变为多变频器模式。

用 RSNetWorx for DeviceNet 重新扫描 DeviceNet，得到如图 4-53 所示的网络设备。

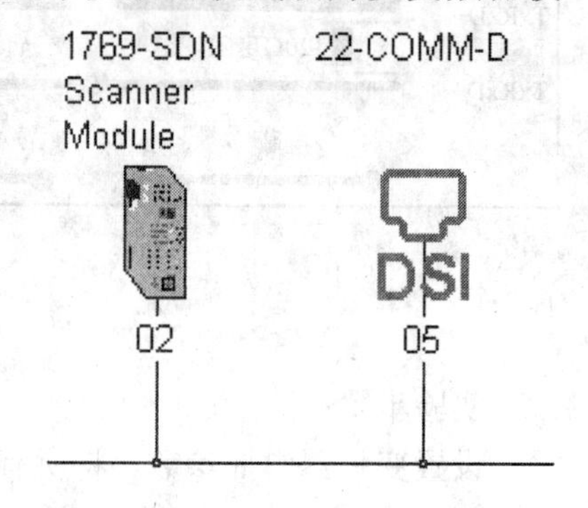

图 4-53　多变频器模式网络扫描图

组态扫描器 1769-SDN 模块。根据变频器的数量对应 22-COMM-D 不同的输入和输出映射字，见表 4-19。单击 5 号节点 22-COMM-D，将其加入 1769-SDN 扫描列表。然后，单击“Edit I/O Parameters”（编辑 I/O 参数）。由于选择了 Multi-Drive(多变频器模式）模式的 Drive 0 ~ 3，在弹出对话框中复选 Polled(轮询)，并设置 Input：16B，Output：16B，Poll Rate(轮询速率)：Every Scan(每次扫描)。如图 4-54 所示。

表 4-19　输入/输出组态

输入大小	输出大小	逻辑命令/状态	速度给定/反馈	参数 16-[DSI I/O Active]	参数 1-[Mode]
4	4	√	√	Drive 0	Single
8	8	√	√	Drive 0 ~ 1	Multi-Drive
12	12	√	√	Drive 0 ~ 2	
16	16	√	√	Drive 0 ~ 3	
20	20	√	√	Drive 0 ~ 4	

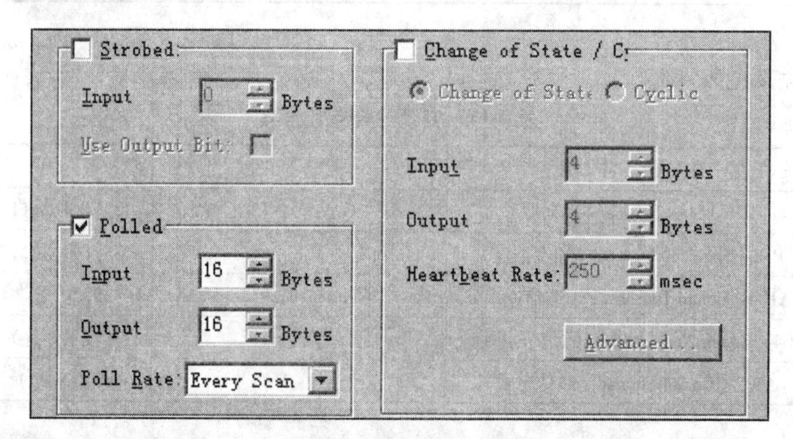

图 4-54　设置输入和输出字

将 PowerFlex40 加入扫描列表，采用自动地址映射。单击输入映射字选项卡，输入映射字如图 4-55 所示。

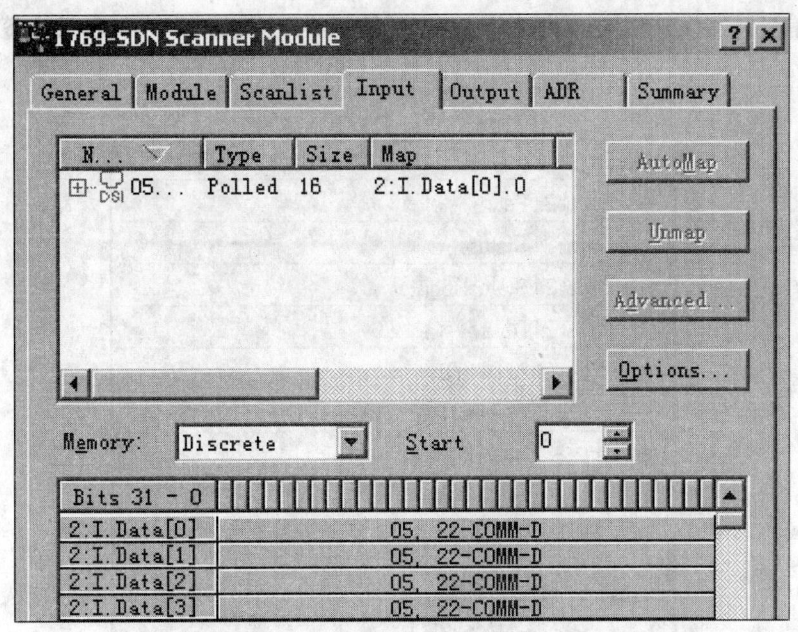

图 4-55　输入映射字

单击输出映射字选项卡，输出映射字如图 4-56 所示。

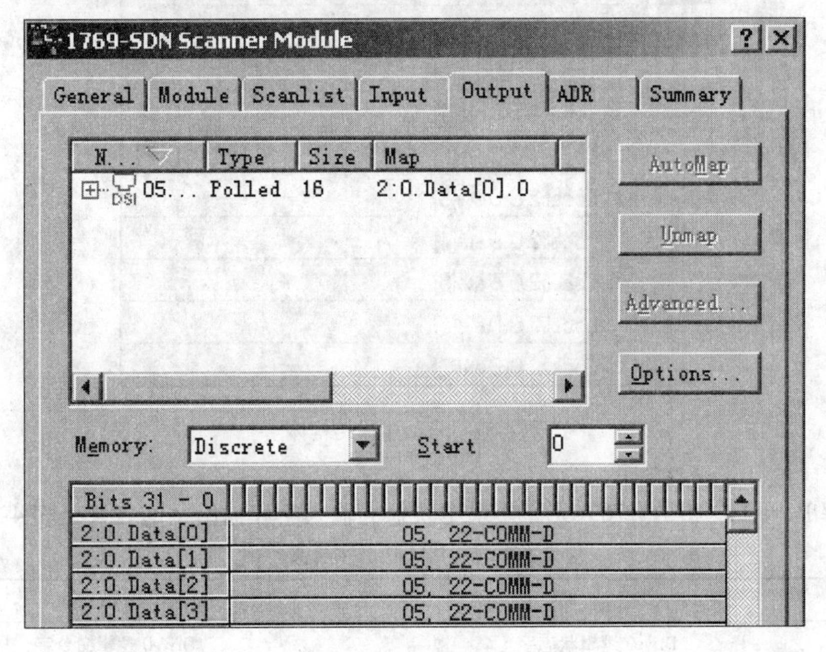

图 4-56　输出映射字

打开 RSLogix5000 软件。新建工程项目 PF _ 40DeviceM，具体步骤参照 PowerFlex40 的

EtherNet/IP 网络控制实验。

在 RSLogix5000 的 I/O 组态中添加 1769-SDN 模块，并对其 1769-SDN 模块进行配置，该模块配置和单变频器模式相同。此时 Controller(控制器作用域) 生成预定义标签，如图 4-57 所示。

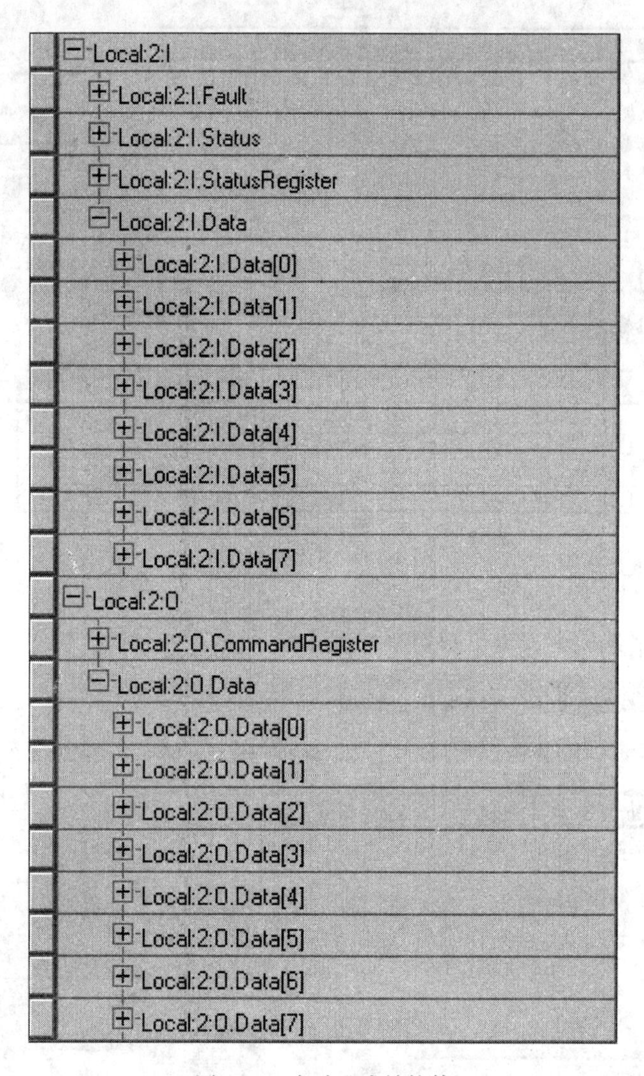

图 4-57　自动生成结构体

要了解 PowerFlex40 在 1769-SDN 模块中映射的输入字和输出字的含义见表 4-20。

表 4-20　I/O 映射字含义

字	输入状态字(输入字)	输出控制字(输出字)
字 0	Drive0 逻辑状态字	Drive0 逻辑命令字
字 1	Drive0 速度反馈值	Drive0 速度给定值
字 2	Drive1 逻辑状态字	Drive1 逻辑命令字
字 3	Drive1 速度反馈值	Drive1 速度给定值

（续）

字	输入状态字(输入字)	输出控制字(输出字)
字 4	Drive2 逻辑状态字	Drive2 逻辑命令字
字 5	Drive2 速度反馈值	Drive2 速度给定值
字 6	Drive3 逻辑状态字	Drive3 逻辑命令字
字 7	Drive3 速度反馈值	Drive3 速度给定值

创建控制器域的标签，见表 4-21。

表 4-21 创建通用标签

标签名称	类 型	说 明
DriveInputImage	INT[8]	输入映像表
DriveOutputImage	INT[8]	输出映像表

为 Drive1 创建 MainProgram 程序域的标签，见表 4-22。

表 4-22 程序域内标签列表

标 签 名 称	类型	说 明
Drive1CommandStop	BOOL	逻辑命令位 0(停止位)
Drive1CommandStart	BOOL	逻辑命令位 1(起动位)
Drive1CommandJog	BOOL	逻辑命令位 2(点动位)
Drive1CommandClearFaults	BOOL	逻辑命令位 3(清除故障位)
Drive1CommandForward	BOOL	逻辑命令位 4(正转)
Drive1Reference	INT	速度给定值
Drive1StatusReady	BOOL	逻辑状态位 0(准备好)
Drive1StatusActive	BOOL	逻辑状态位 1(运行)
Drive1StatusForward	BOOL	逻辑状态位 3(正转)
Drive1StatusFaulted	BOOL	逻辑状态位 7(故障)
Drive1StatusAtReference	BOOL	逻辑状态位 8(达速)
Drive1Feedback	INT	速度反馈值

与 Drive1 相同，用户也可为 Drive0、Drive2 和 Drive3 创建相应标签。

输入梯形图逻辑。右键单击“MainTask”→“MainProgram”，选择“New Routine”…（新建例程），如图 4-58 所示。

图 4-58 新建例程

将该例程命名为 Drive0，类型为梯形图，如图 4-59 所示。同理，创建例程 Drive1、Drive2 和 Drive3。

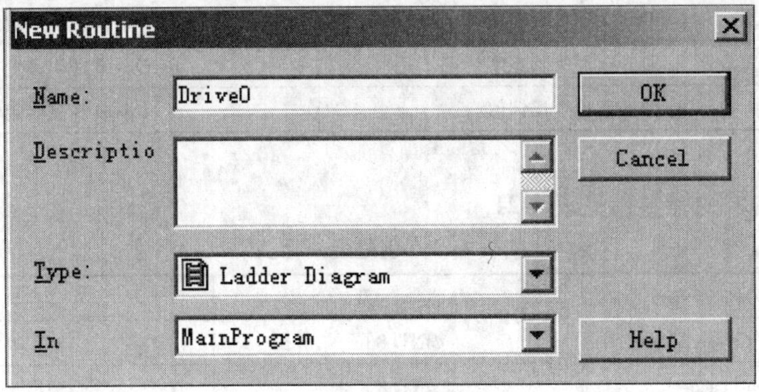

New Routine
Name: Drive0
Descriptio
Type: Ladder Diagram
In MainProgram
OK
Cancel
Help

图 4-59　设置例程属性

右键单击 “MainTask” → “MainProgram” → “MainRoutine”，从弹出菜单中选择 “Open”（打开），如图 4-60 所示。

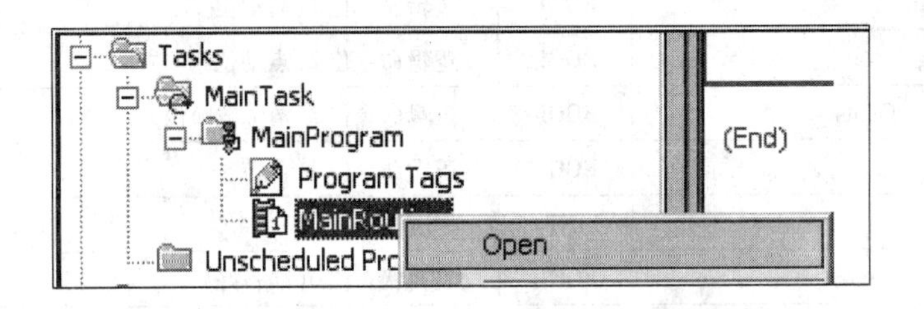

图 4-60　打开主例程

在弹出的编程窗口中编写主例程。首先，使能 1769-SDN 模块，编程置位 Local：2：O. CommandRegister. Run，如图 4-61 所示。

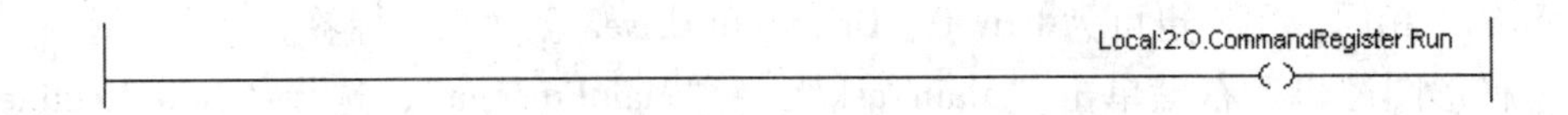

图 4-61　使能 SDN 模块运行位

按照上述步骤，编写主例程（MainRoutine），如图 4-62 所示。处理器从 1769-SDN 扫描器中读取网络输入映像数据，主例程调用多个变频器控制子程序进行运算。运算结束后再将网络的输出映像数据写至 1769-SDN 扫描器。

以 Drive1 为例，编写其状态和速度反馈监视程序，如图 4-63 所示。

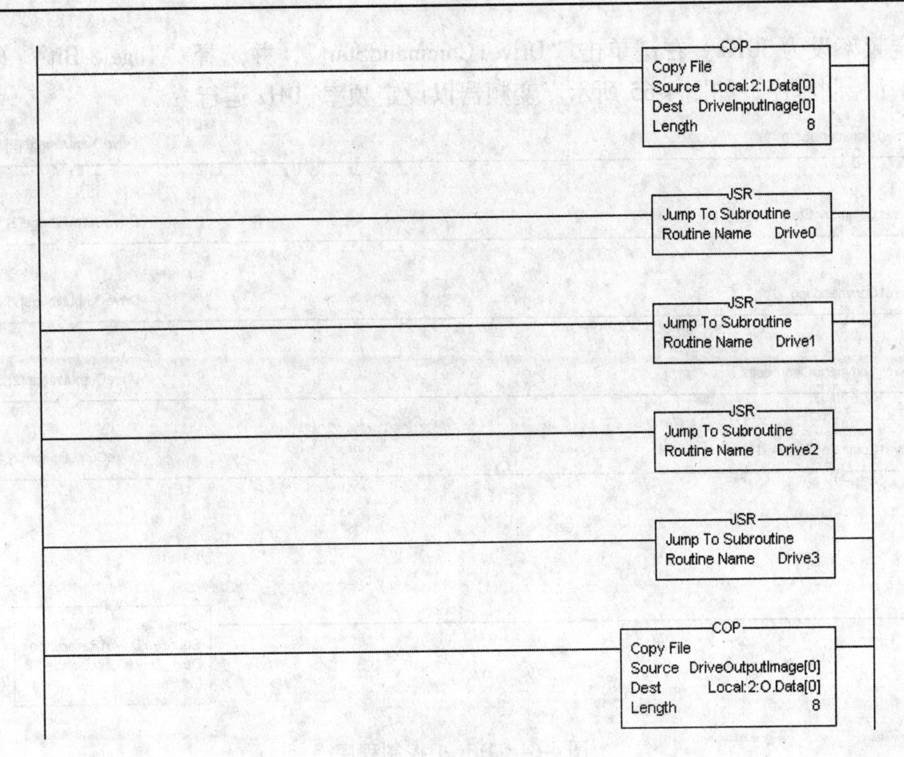

图 4-62　编写主例程

DriveInputInage[2].0　Drive1StatusReady

DriveInputInage[2].1　Drive1StatusActive

DriveInputInage[2].3　Drive1StatusForward

DriveInputInage[2].7　Drive1StatusFaulted

DriveInputInage[2].8　Drive1StatusAtReference

COP
Copy File
Source DriveInputInage[3]
Dest DriveFeedback0
Length 1

图 4-63　Drive1 监视程序

编写 Drive1 的命令和速度给定控制程序，如图 4-64 所示。

同理，将 Drive0、Drive2 和 Drive3 的程序编写完成。

单击工具条上按钮，校验整个项目，纠正出现的错误并保存该项目。将程序下载到控制器中。

将处理器设置为“RUN(运行）模式”。将标签“Drive1Reference”值设为 300，即将变频器给定频率设为 30Hz。右键单击“Drive1CommandStart”，并选择“Toggle Bit”（触发该位），起动控制程序，如图 4-65 所示。变频器以设定频率 30Hz 运行。

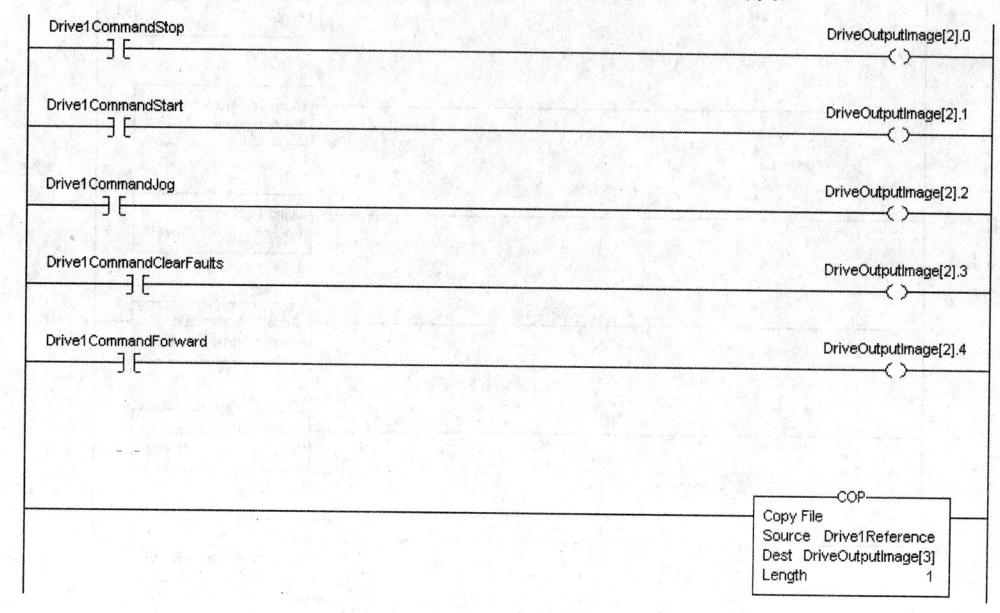

图 4-64　Drive1 控制程序

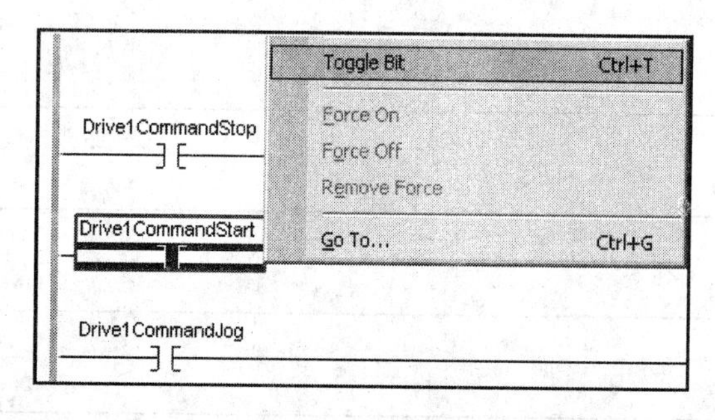

图 4-65　触发起动位

第5章

PanelView Plus 项目开发及应用

学习目标

- PanelView Plus 操作员终端
- 使用 FactoryTalk View ME 软件
- 创建 FactoryTalk View ME 应用项目
- 对应用项目进行初始化设置
- 画面导航功能
- 数字量输出功能
- 数字量显示功能
- 趋势图功能
- 报警功能
- 测试应用项目

5.1 PanelView Plus 操作员终端

5.1.1 硬件特性

PanelView Plus 400 和 600 操作员界面(见图 5-1)具有如下特性:

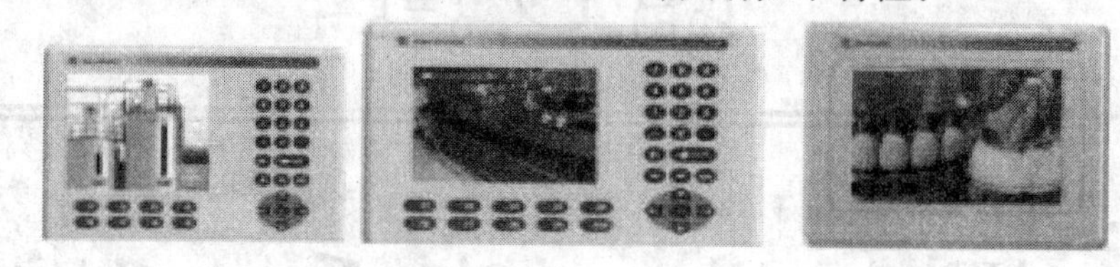

图 5-1 Panel View Plus 400 和 600

(1) PanelView Plus 400 操作员界面可提供:

1) 灰度图形显示;

2) 支持键盘输入。

(2) PanelView Plus 600 操作员界面可提供:

1) 彩色或灰度图形显示;

2) 键盘、触摸屏或键盘/触摸屏输入。

(3) 基本单元配置有:

1) 仅有 RS-232 端口;

2) RS-232、以太网及通信模块接口;

3) 可以在带有模块化通信接口的基本单元上安装通信模块,增强其通信功能;

4) 可以采用交流 (85 ~ 264V) 或直流 (18 ~ 32V) 电源供电;

5) 通过 CF 插槽,支持类型 I 的 CF 闪存卡;

6) USB 端口可用于连接鼠标、键盘、打印机、条码扫描器及其他设备。

5.1.2 基本单元配置

PanelView Plus 400 和 600 操作员界面基本单元有两种配置版本:

1) 仅带有 1 个 RS-232 端口及 1 个 USB 端口的基本单元,如图 5-2 所示。

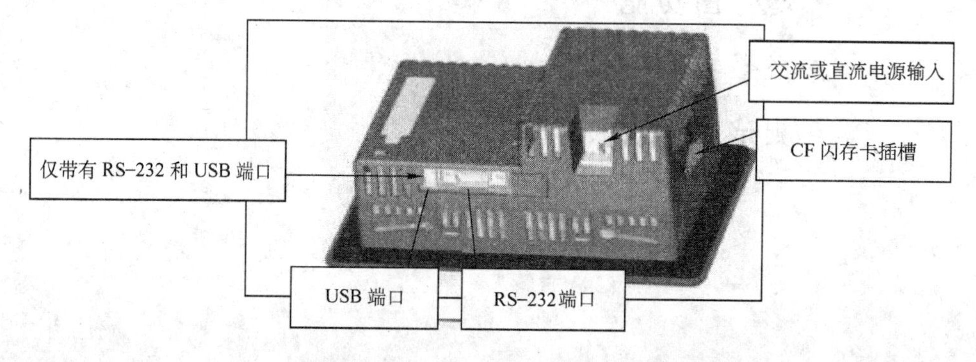

图 5-2 仅带有 1 个 RS-232 端口的基本单元配置

2）带有 RS-232、10/100BaseT 以太网端口、USB 端口及通信模块接口的基本单元，如图 5-3 所示。

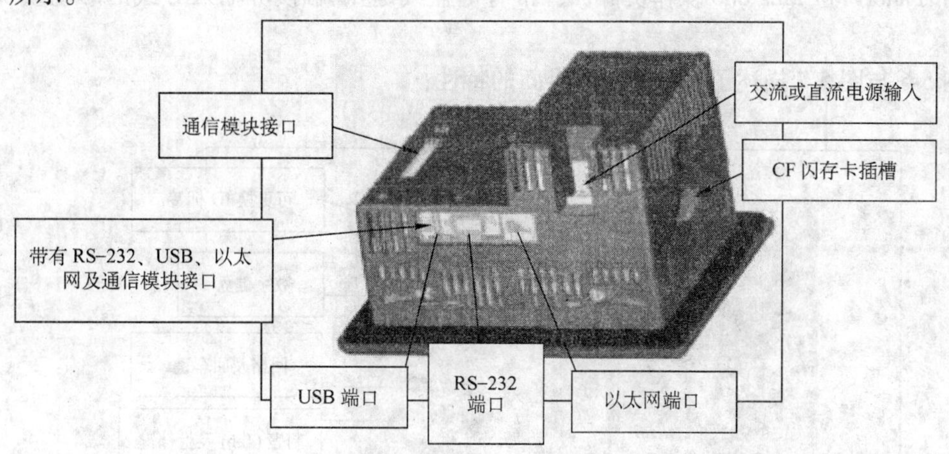

图 5-3　带有 RS-232、USB、以太网的基本单元配置

5.1.3　通信模块

用户可以将一个独立的通信模块连接到带有通信模块接口的 PanelView Plus 基本单元上，用于增强通信能力。

1）ControlNet

2）DeviceNet

3）EtherNet

4）DH-485

5）DH +

6）Remote I/O

7）隔离型 RS-232

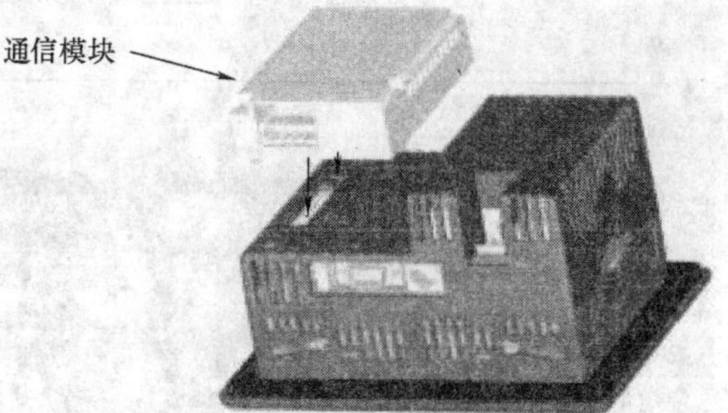

图 5-4　安装通信模块

通信模块可以很容易地安装在基本单元背部，如图 5-4 所示。

5.1.4　显示屏与输入选项

PanelView Plus 400 和 600 操作员界面可以使用以下显示屏和操作员输入方式：

1）PanelView Plus 400 操作员界面：带有键盘的 3.8in(1in =0.0254m)(320 ×240)灰度图形显示屏。

2）PanelView Plus 600 操作员界面：带有键盘、触摸屏或键盘/触摸屏的 5.5in(320 ×240)彩色或灰度图形显示屏。

PanelView Plus 600 操作员界面提供了一个压感模拟触摸屏，允许灵活地配置触摸区域，如图 5-5 所示的触摸屏型 PanelView Plus 600。

图 5-5　触摸屏型彩色或灰度操作员界面

PanelView Plus 400 和 600 操作员界面的键盘型具有下列选项：

1）PanelView Plus 400 操作员界面：带有键盘输入方式的灰度显示屏。

2）PanelView Plus 600 操作员界面：带有键盘或键盘/触摸屏输入方式的彩色或灰度显示屏。

图 5-6 与图 5-7 描述了每种操作员界面的特性：

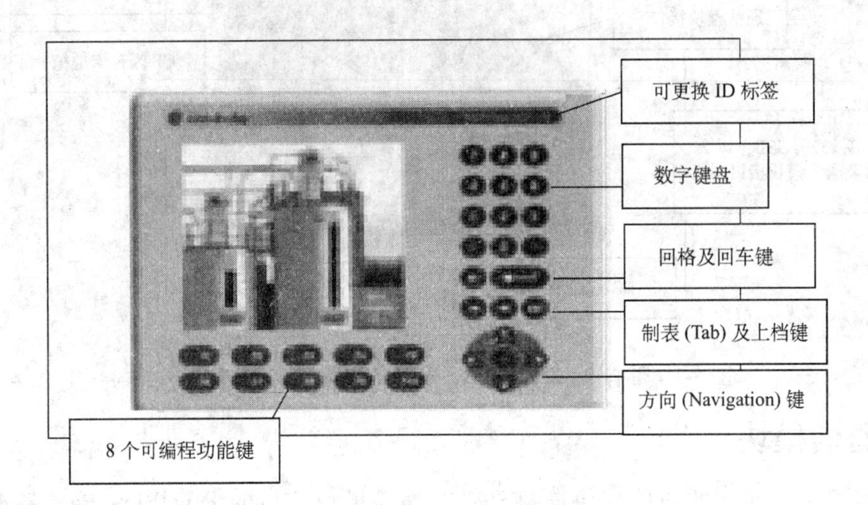

图 5-6　键盘型 400 灰度显示屏操作员界面

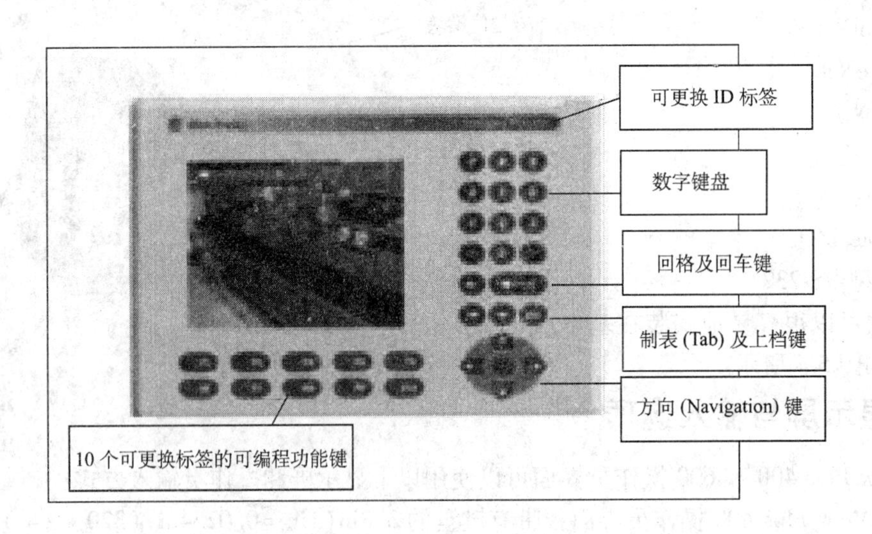

图 5-7　键盘型或键盘/触摸屏型 600 灰度或彩色显示屏操作员界面

5.2　FactoryTalk View ME 的使用

本节中将通过实例来熟悉 FactoryTalk View ME 软件开发平台。

主要涉及的内容有：创建应用项目，初始化系统设置，创建操作员界面各种类型按钮的使用，数字的输入与显示，柱状图、测量盘及刻度尺的使用和设置趋势图、报警，生成 .mer 文件测试应用项目以及下载并且运行应用项目。

FactoryTalk View Machine Edition（以下简称 FactoryTalk View ME）是 FactoryTalk View Enterprise 系列软件中的一员，它提供了一套在企业内不同地点进行监测与控制的解决方案。FactoryTalk View ME 可以运行在不同的操作系统平台上，包括 Windows CE、Windows 2000 和 Windows XP。该软件由两部分组成，基于个人计算机的 FactoryTalk View Studio 开发系统和独立的运行系统 FactoryTalk View ME Station。后者用于运行由前者开发出来的监控系统应用项目。

FactoryTalk View ME 提供如下功能：

1）全功能的图形编辑、绘制及动画能力；

2）在开发过程中可以方便地进行测试运行、模仿运行效果；

3）提供趋势图、数据记录、报警、安全限制和表达式等功能；

4）与罗克韦尔自动化公司设备无缝连接；

5）支持 Active™和 OPC 技术。

5.2.1　FactoryTalk View Studio 开发平台

FactoryTalk View Studio 是 PanelView Plus 界面的开发环境，对于整个工厂中全部人机界面的开发，都可以通过 FactoryTalk View Studio 完成，且这些画面可以在不同操作终端上进行移植。

1）打开 FactoryTalk View Studio 集成开发平台。

2）单击“New”选项卡，输入应用项目的名称如 PVP_ SIMP，在语言框中选择“中文（中国），zh-CN”，单击“Create”创建新的项目，如图 5-8 所示。

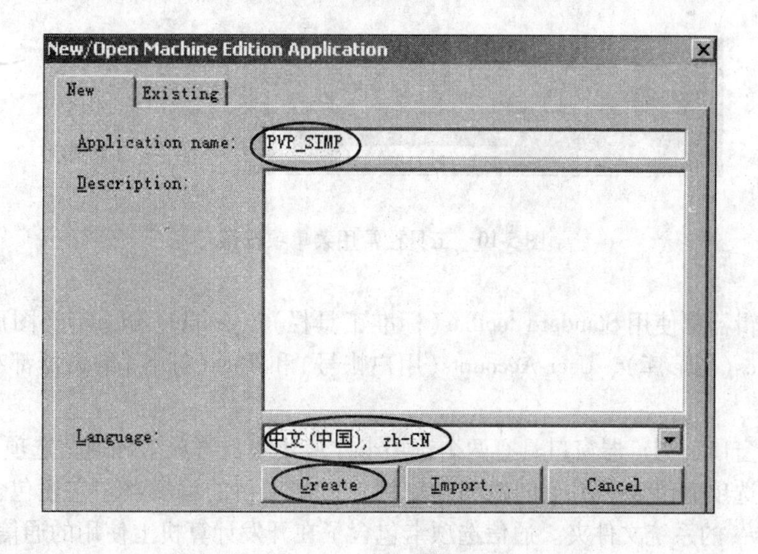

图 5-8　创建应用项目

3）浏览 FactoryTalk View Studio 主窗口，如图 5-9 所示。

①菜单栏　菜单栏包含当前激活窗口的菜单项。每一个编辑器都有其独特的菜单。

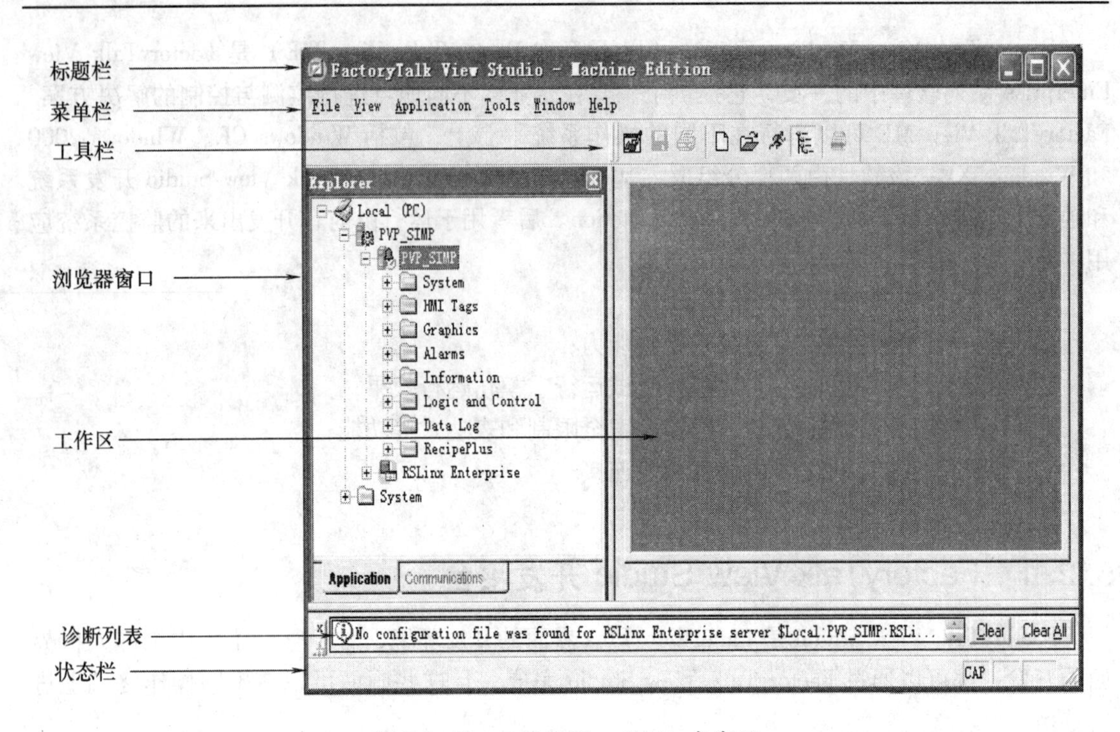

图 5-9　FactoryTalk View Studio 主窗口

②工具栏　工具栏包含一些常用菜单项的按钮，因此用户可以快速地访问这些项而不用打开菜单查找，如图 5-10 所示。

图 5-10　工具栏常用菜单项按钮

所有的编辑器都使用 Standard toolbar（标准工具栏）。Graphic Displays（图形显示画面）、Graphic Libraries（图形库）、User Accounts（用户帐号）和 Tags（标签）编辑器都有其独特的工具栏。

③浏览器窗口　浏览器窗口具有两个选项卡：应用项目选项卡和通信选项卡。

应用项目选项卡包含了用于创建和编辑用户应用项目的编辑器。它还包含了用于设置 RSAssetSecurity™的系统文件夹。通信选项卡包含了在开发计算机上使用的通信项目树。

④工作区　工作区是 FactoryTalk View Studio 窗口中的空白区域。用户可以将浏览器窗口中的图标拖拽到其中，以便于打开编辑器和组件。

⑤诊断列表　Diagnostics List（诊断列表）显示了系统的活动消息。用户可以设定在诊断列表中显示的活动消息类型，也可以调整其大小，移动和清除其中的消息。

⑥状态栏　状态栏显示了关于当前激活窗口或者所选工具及菜单项的信息。显示的信息

取决于鼠标指向的位置。例如如果用户在图形编辑器中选择了一个图形对象，则关于该对象的信息就会出现在状态栏中，如图 5-11 所示。

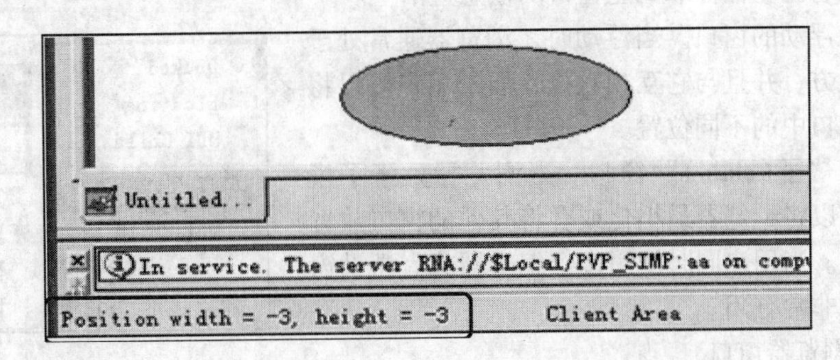

图 5-11　状态栏显示信息

4）使用浏览器窗口

浏览器窗口是使用 FactoryTalk View Studio 的主要工具。它列出了用户用于开发应用项目以及组件（例如用户创建的图形显示画面）的编辑器。

一个应用项目是由一个或者多个数据服务器以及 HMI 工程（也被称为 HMI 服务器）组成。数据服务器为工程提供了通信。工程是由图形显示画面、报警信息、用户信息以及其他的设置组成的，如图 5-12 所示。

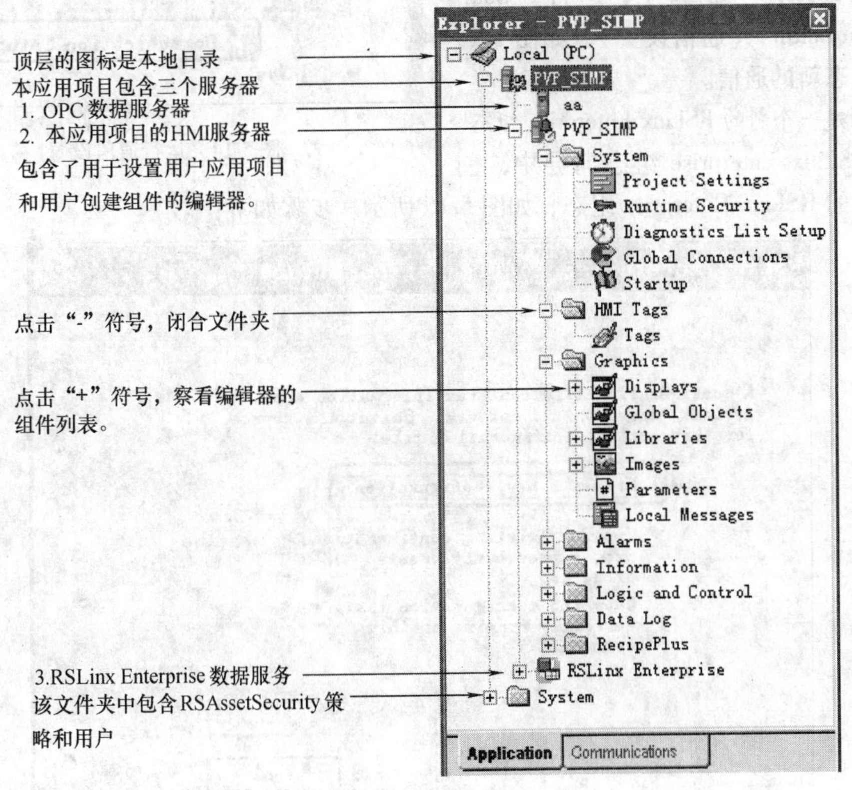

图 5-12　浏览器窗口

用户可以使用以下几种方式查看浏览器窗口：

①如果是停靠的窗口。当停靠时，浏览器通常处于其他窗口的上方，并且与它们相互重叠。用户可以将浏览器停靠到主窗口的任意边沿上。

②如果是浮动的窗口。当浮动时，浏览器通常处于其他窗口的上方，并且与它互相重叠，但是用户可以将其移动到主窗口中的不同位置。

③如果是“子(child)”窗口。当浏览器处于子模式时，用户可以将浏览器最小化或者将其他的窗口放置在此窗口之前。当用户同时使用多个编辑器或者帮助窗口时，此模式非常有用。

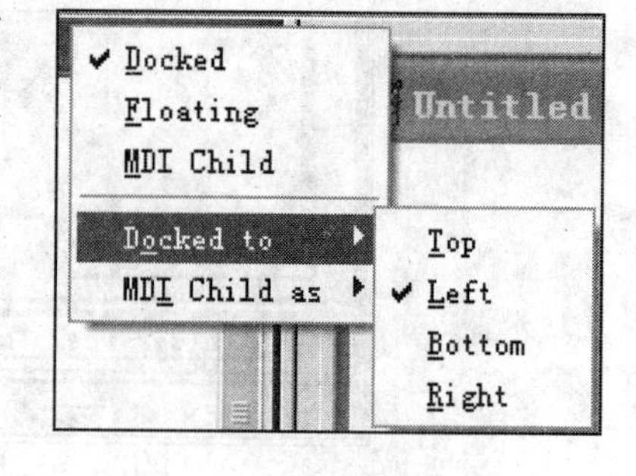

图 5-13　移动浏览器窗口

5）移动浏览器窗口

用户可以使用以下几种方式移动浏览器窗口：

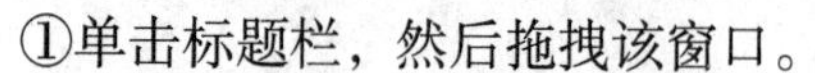

①单击标题栏，然后拖拽该窗口。

②右键单击标题栏，然后选择新的停靠位置、浮动模式或者子模式(Child mode)，如图 5-13 所示。

5.2.2　通信设置

1. 创建 RSLinx Enterprise 组态

在“Explorer”窗口中，运行“Communication Setup”（通信设置），如图 5-14 所示，组态新的通信。

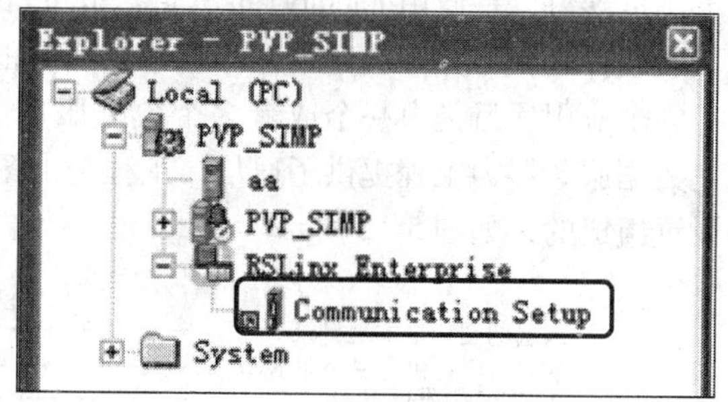

图 5-14　运行通信设置

2. 创建一个新的 RSLinx Enterprise 组态

在 RSLinx Enterprise 组态向导中，创建一个新的 RSLinx Enterprise 组态，如图 5-15 所示。步骤如下：

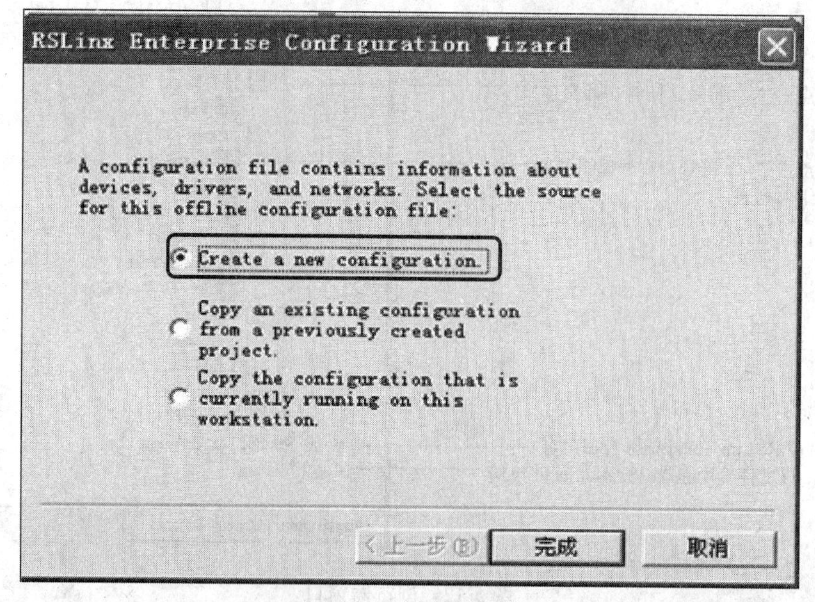

图 5-15　创建新的通信

1）选择“Create a new configuration”（创建新组态）。

2）单击“完成”。

3. 选择本地(Local)通信

使用 FactoryTalk View Studio 为应用项目的开发模式(Local)和运行模式(Target)配置相对独立的通信路径。这样，开发人员可以不必到实际操作终端就可测试应用项目，节省了调试和开发时间。对于本实验，用于开发的上位机是通过 Ethernet 网络与 CompactLogix 控制器实现通信的。

选择“Local”选项卡，右键单击“RSLinx Enterprise”，选择“Add Driver”，如图 5-16 所示，在弹出的“Add Driver Selection”界面中选择“Ethernet”。输入建立连接的名称，通常默认即可，单击“OK”按钮确定。

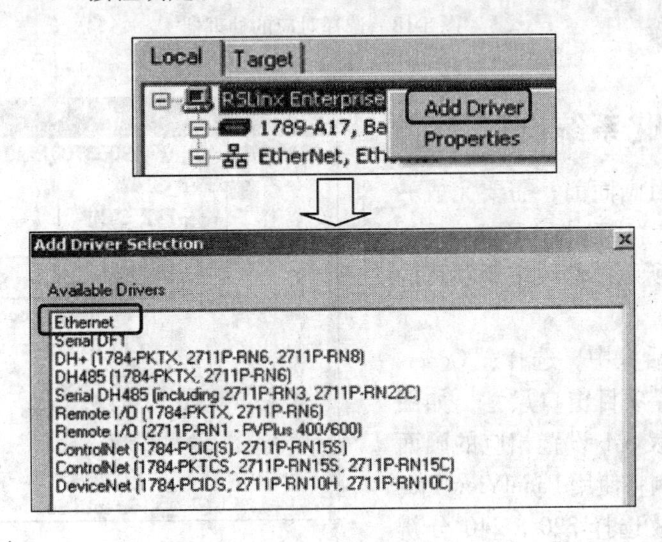

图 5-16　添加“Ethernet”驱动

单击“Add”添加 Device Shortcut——定义 FactoryTalk View Studio 与控制器的通信。输入名称 Logix，然后单击“Apply”，将 Logix 与正在运行的控制器 PVP_ Exp 对应起来，如图 5-17 和图 5-18 所示。最后单击“Copy”将该 Logix 复制到 Target 中。

此时弹出覆盖的提示框，单击“OK”按钮即可。

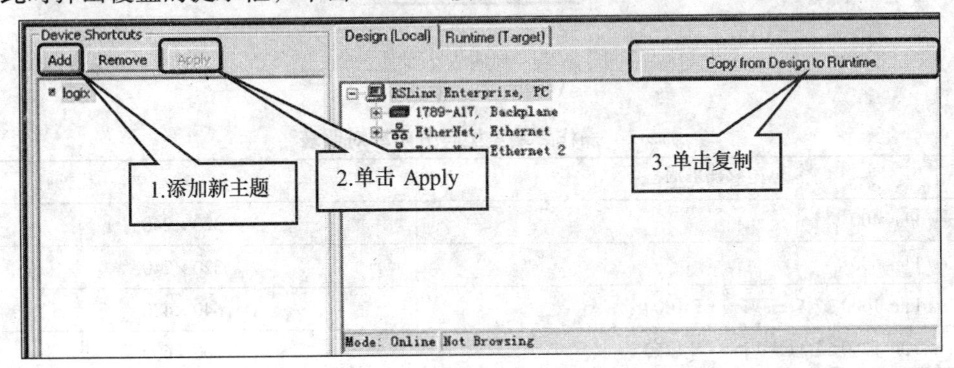

图 5-17　输入新的通信组态名称

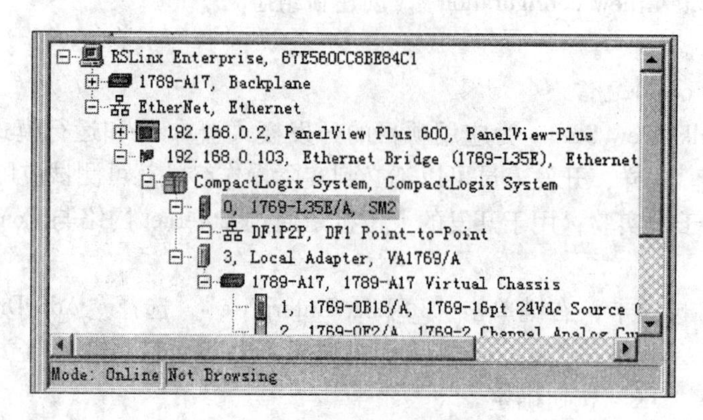

图 5-18　选择对应的处理器

5.2.3　初始化系统设置

编辑应用项目画面前，需要完成一些基本的系统配置。双击“Project Settings”如图 5-19 所示，修改应用项目的分辨率。

在弹出的对话框中，选择“General”选项卡并设置项目窗口尺寸，如图 5-20 所示。根据表 5-1 设置相应的画面大小。本应用实例将使用 PanelView Plus 600 终端设备，故选择 320 × 240 分辨率。

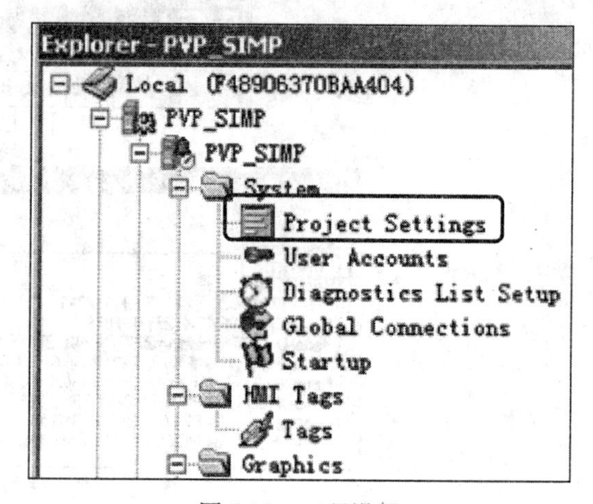

图 5-19　工程设置

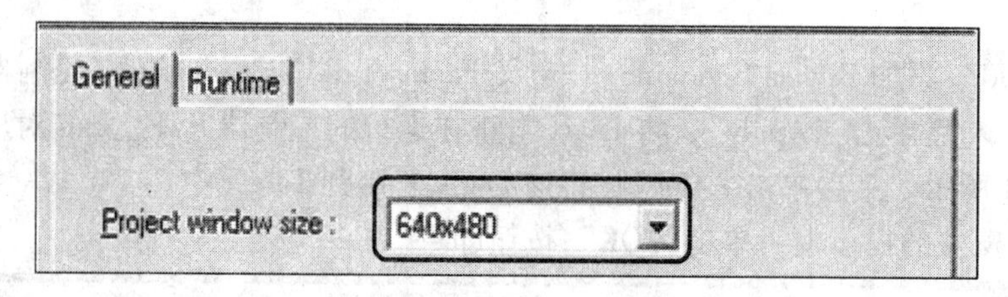

图 5-20　画面大小设置

表 5-1　操作终端类型与分辨率对照表

操作终端类型	分　辨　率
PanelView Plus 400	320 × 240
PanelView Plus 600	320 × 240
PanelView Plus 1000 或 VersaView CE 1000	640 × 480
PanelView Plus 1250 或 VersaView CE 1250	800 × 600
PanelView Plus 1500 或 VersaView CE 1500	1024 × 568

选择“Runtime”选项卡，修改项目运行时的设置。对于该项目，“Runtime”选项卡中标题栏显示的内容是“PVP_ SIMP”，取消“Control Box”的最小化功能按钮选择，并使能 10min 后自动注销功能，这可以使系统运行时更加安全，如图 5-21 所示，单击“OK”按钮，完成设置。

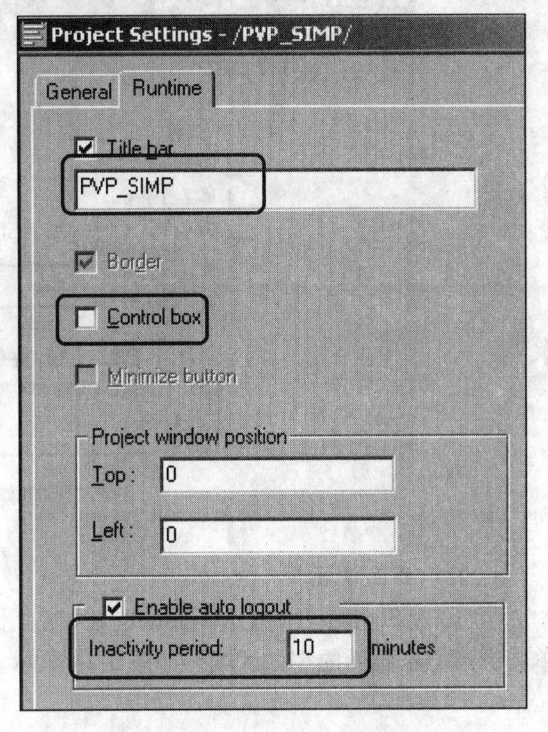

图 5-21　设置运行时的标题栏

5.2.4　图形显示

FactoryTalk View Studio 为开发人员提供各种工具和图形库来创建用于表示机器或生产线的图形显示画面。在本实例中，讲述了图片库、按钮及数字输入/显示等常用功能。

系统的主画面主要有以下几种功能：

1）显示整个系统的运作，使工程人员对整个系统的概貌、功能一目了然。

2）切换到各个子画面，详细显示各部分环节的运作。

1. 图形显示编辑器

通过打开 Project Explorer(工程浏览器)中的 Graphics(图形)文件夹可以创建并修改 ME 显示画面。如图 5-22 所示。

1）Displays(显示画面)编辑器包含了工程中所有的图形显示画面。

2）Libraries(库)编辑器包含了许多预定义的图形，它们可以很容易地添加到工程的显示画面中。

3）Images(图象)编辑器包含了可以在工程的图形显示画面中使用的位图图像。

4）Parameters(参数)编辑器包含了 Parameter Files(参数文件)，它们可以与含有 Tag Placeholders(标签占位符)的图形显示画面一起使用。

5）Local Messages(本地信息)编辑器包含了 Local Messages(本地信息)文件，它们可与含有 Local Message Display(本地信息显示)对象的图形显示画面一起使用。

2. 创建新的图形显示画面

创建一个新的显示画面，如图 5-23 所示。在“Explorer”中，右键单击“Displays”选择“New”。

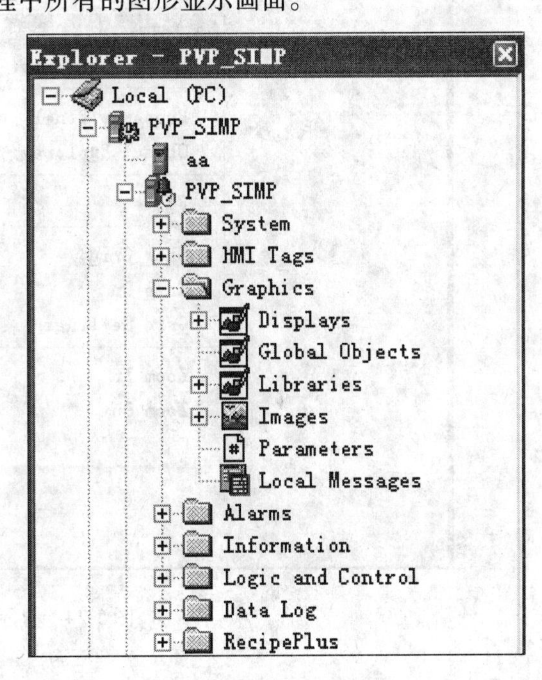

图 5-22　图形显示编辑器

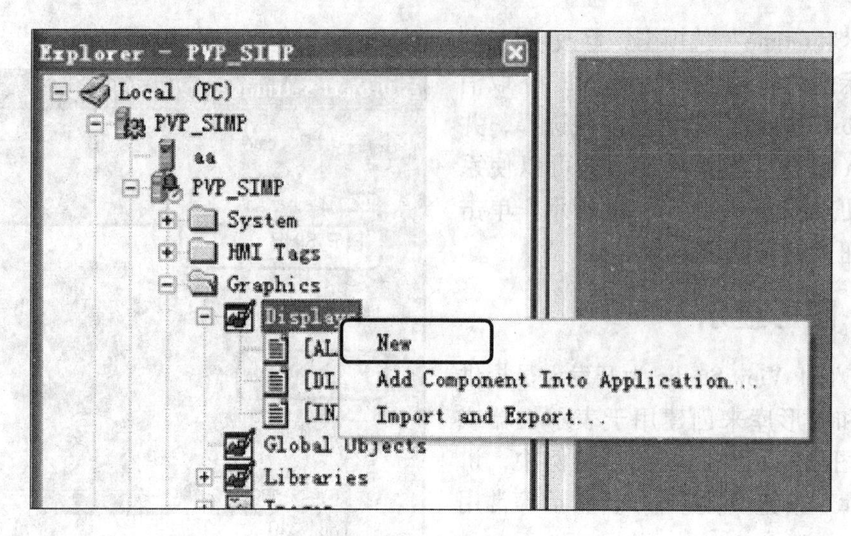

图 5-23　创建显示画面

3. 显示画面设置

“Display Settings”（显示画面设置）决定了图形显示画面在运行时的外观和行为。右键单击图形显示画面的空白区域，如图 5-24 所示。

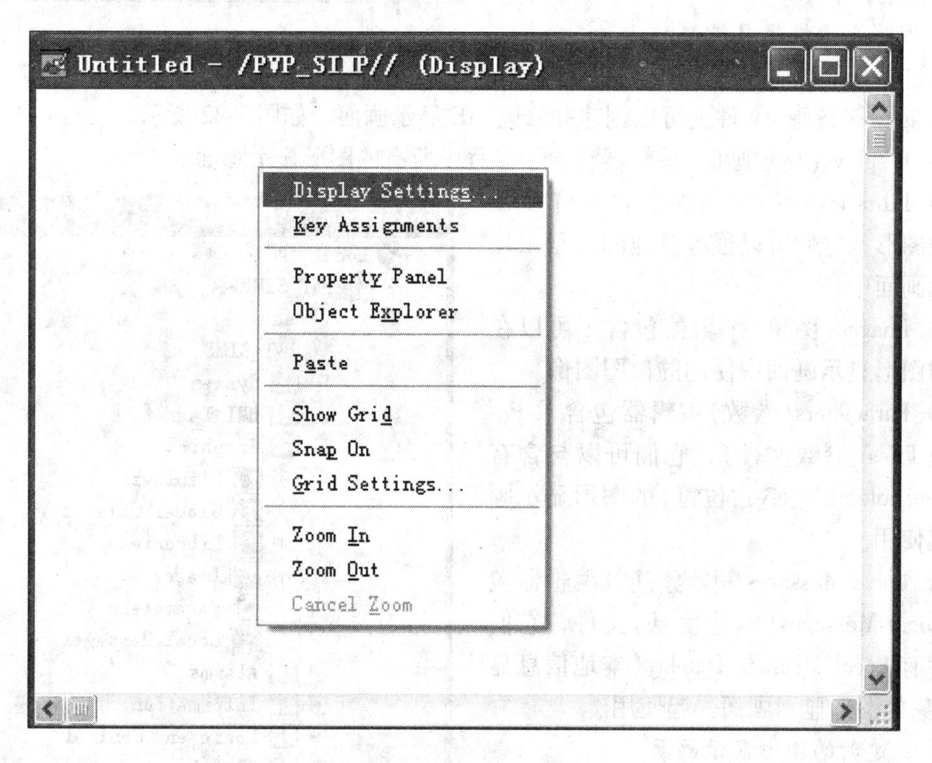

图 5-24　显示画面设置

属性选项卡如图 5-25 所示，显示画面有下面两种类型：

Display Settings
General
Behavior
Display Type
Replace
On Top
Cannot Be Replaced
Size
Use Current Size
Specify Size in Pixels
Width: 640
Height: 480
Display 1
Position
X: 0
Y: 0
Security *
Title Bar
Background
Insert Variable...
Disable Initial Input
Maximum Tag Update Rate:
1
seconds
确定
取消
Apply
Help

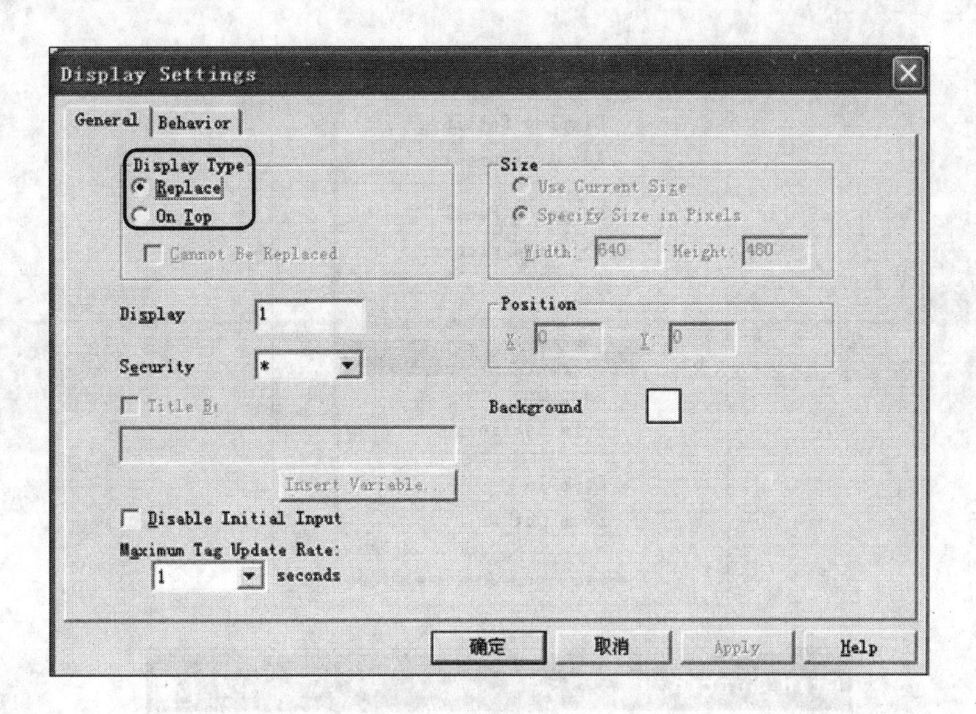

图 5-25　属性选项卡

1）Replace(替换)：选择“Replace”可以使得该显示画面在运行时替换屏幕上任何类型的显示画面，哪怕是该显示画面与另一个显示画面仅仅重叠了一个像素点。

2）On Top(位于前端)：选择“On Top”可以将该显示画面放置在其他任何显示画面的前端，即使其他显示画面在运行时已打开。

行为选项卡如图 5-26 所示，当显示画面启动或关闭时，可以运行命令或宏。

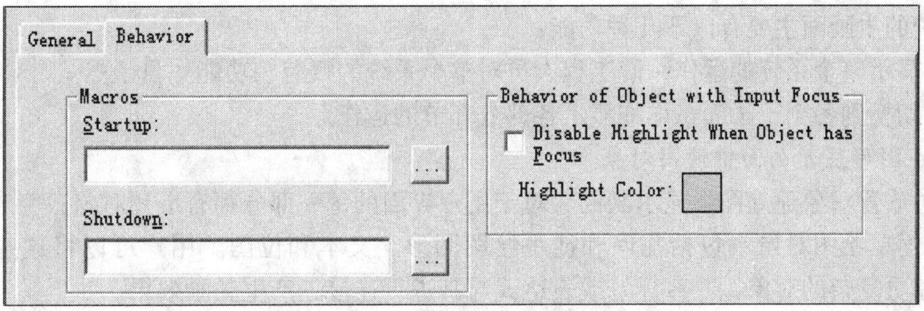

General
Behavior
Macros
Startup:
Shutdown:
Behavior of Object with Input Focus
Disable Highlight When Object has Focus
Highlight Color:

图 5-26　行为选项卡

网格、快照和缩放如图 5-27 所示，从右键单击的菜单中或者从 View(查看)菜单中选择“Grid Settings”(网格设置)命令，可以组态网格的外观。“Show Grid”(显示网格)和“Snap On”(对齐网格)命令可以从同样的菜单中进行触发。此外，还可以放大和缩小图形。

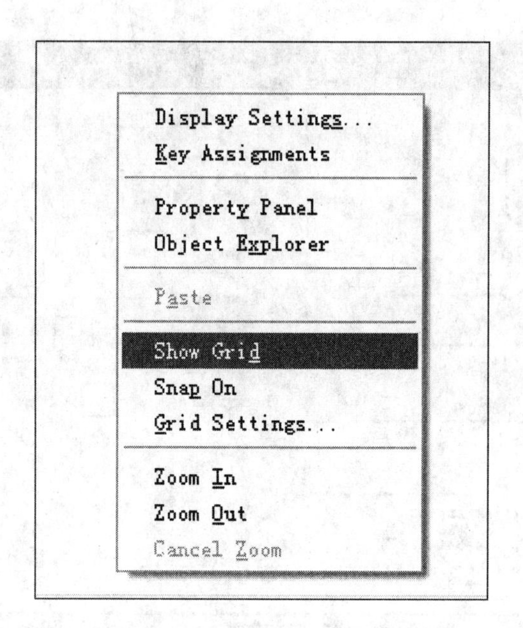

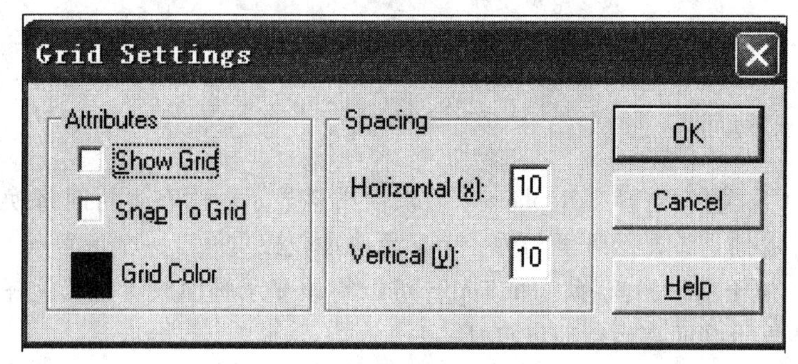

图 5-27　网格、快照和缩放

系统的主画面主要有以下几种功能：

1）显示整个系统的运作，使工程人员对整个系统的概貌、功能一目了然。

2）切换到各个子画面，详细显示各部分环节的运作。

4. *在图形显示画面中使用对象*

通过放置对象建立图形显示画面。对于用户界面的每一部分都有下列对象：

1）简单绘图对象　包括几何和徒手绘图图形、文本和位图。用户可以将这些对象组合，创建更复杂的对象，并将标签或表达式与其进行连接，产生动画效果。

2）需要设置的固有对象　包括按钮、数值和字符串输入和显示对象、指示器、测量盘、刻度表、键以及高级子菜单中的对象。

3）ActiveX 对象　包含第三方提供特殊功能的 ActiveX 对象，诸如滚动条、复选框、单选按钮、网页浏览器等。可用的 ActiveX 对象取决于系统中安装的软件。

从“Objects(对象)”菜单或者通过显示的 Objects(对象)工具箱选择一个对象，如图 5-28 所示。

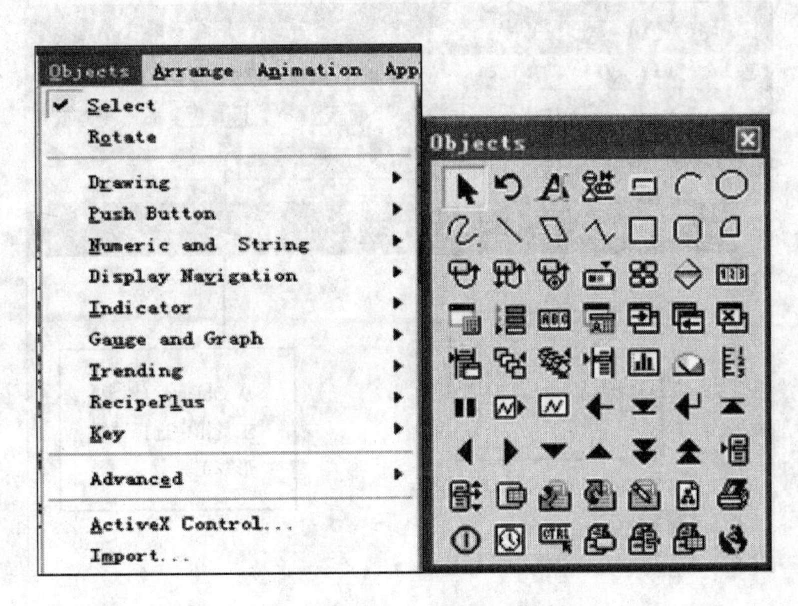

图 5-28　Objects（对象）菜单

（1）绘图对象

图 5-29 中的 Drawing Objects（绘图对象）可以添加到图形显示画面中。

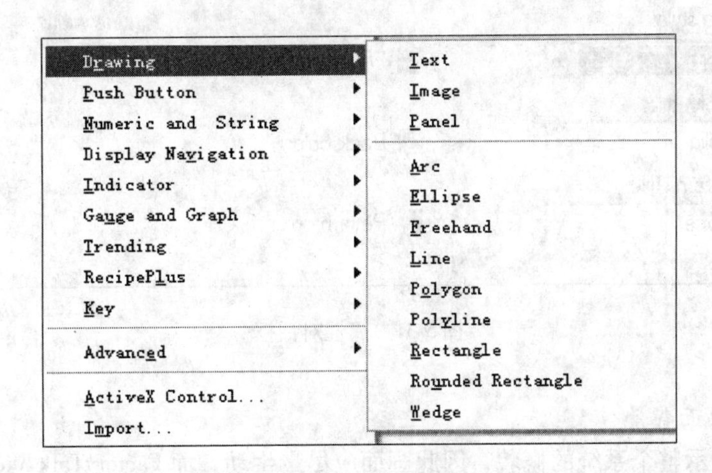

图 5-29　绘图对象

（2）注释

当创建正方形（矩形工具）（见图 5-30）、圆（椭圆工具）、水平线或垂直线（直线工具）时，按下“Ctrl”键。

（3）对象属性

双击某个对象可以弹出其 Properties（属性）对话框。根据对象的不同，其选项也不同。例如双击椭圆会弹出如图 5-31 所示的对话框。

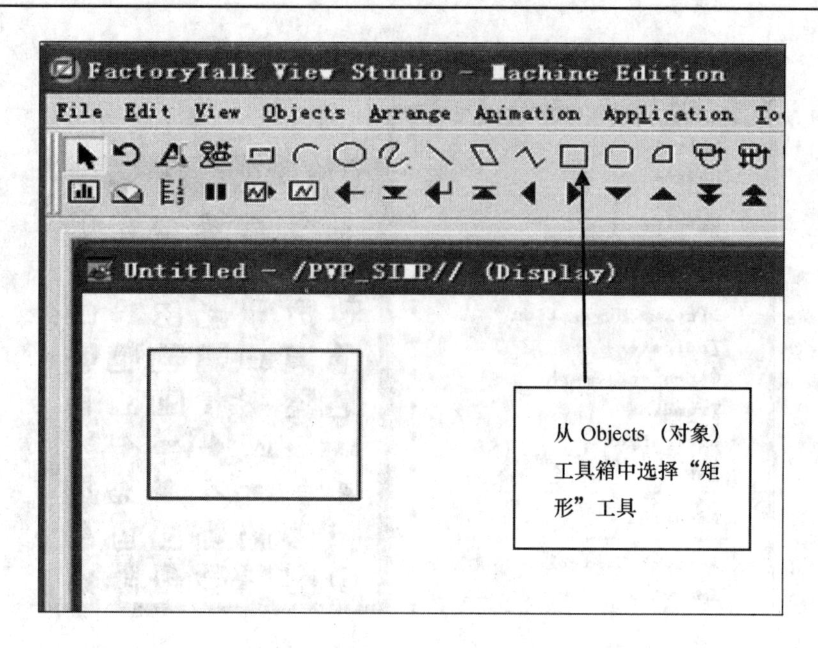

图 5-30 矩形工具

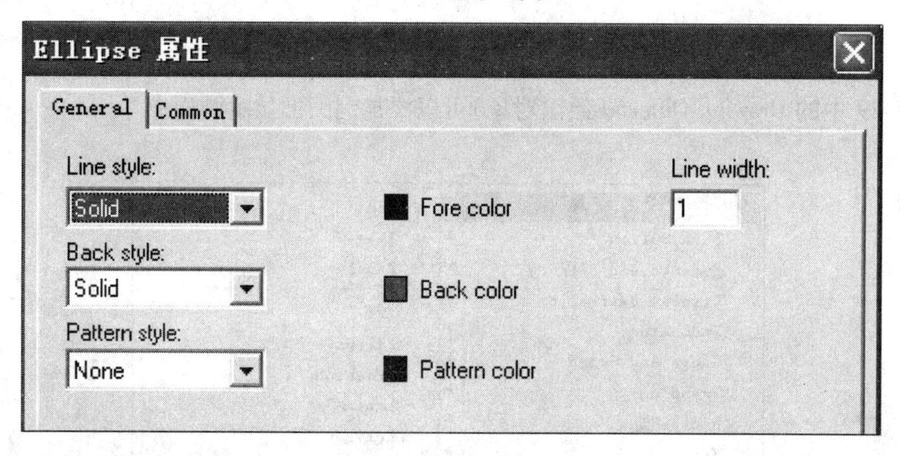

图 5-31 属性对话框

5. 创建主画面背景

主画面要显示整个系统的概貌，因此画面应尽量生动，而 FactoryTalk View ME 提供的图形都过于简单，不过该软件提供了图形的导入导出功能，可以将 bmp、Jp8 格式的图片导入到 PanelView Plus 终端中，这样画面就会相对生动许多，具体操作步骤如下。

1）组态主画面显示。双击“Application Explorer（应用项目资源管理器）Graphics”文件夹，创建新显示画面，右键单击“Display”，并选择“New”。此时，弹出一个白色的空白区域。

2）导入背景图片。在工具栏中，选择 导入 .jpg 文件。

3）单击“Add”。使用“Files of type”下拉菜单选择 JPEG 图像（*.jpg、*.jpeg、*.jpe、*.jif、*.jfif）；浏览到 PVP_ SIMP 文件夹并选择 main.jpg 文件（分辨率相同），如图

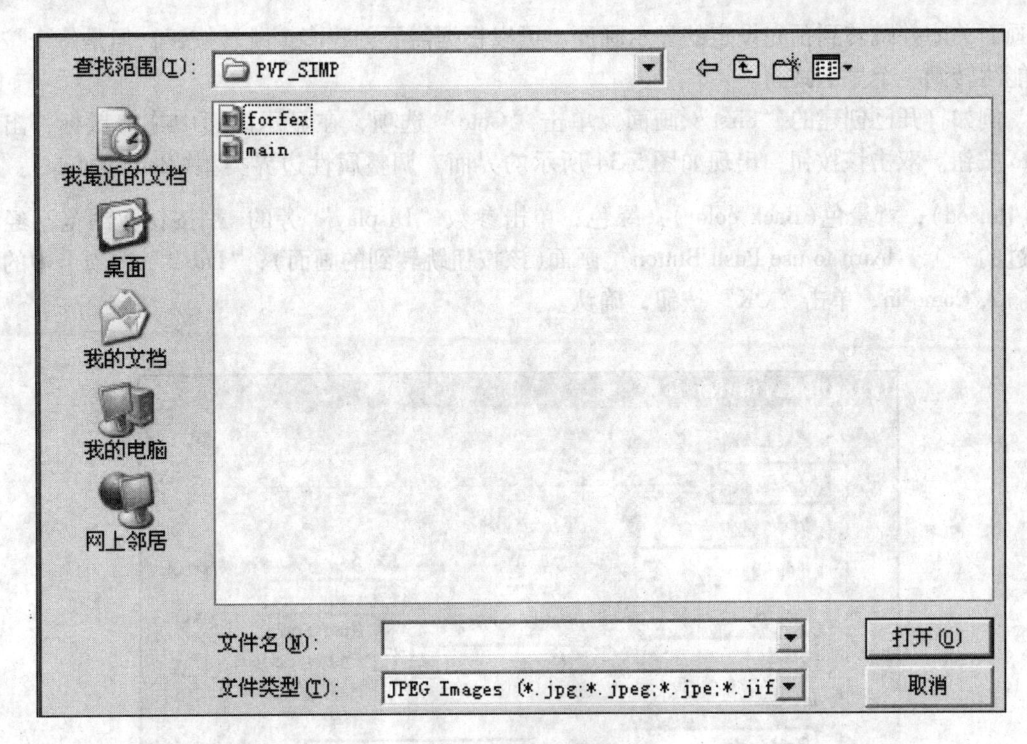

图 5-32　添加图形文件

5-32所示。单击“打开”，并单击“OK”按钮，确认。

4）该图片将作为背景出现，若要节约控制器资源，使其创建其他对象更容易，则需要将该图像转换为墙纸，该图像永久作为显示画面的一部分。右键单击图像，并选择“Convert to Wallpaper”（转换为墙纸）。一旦图像被转为墙纸，便不能被移动。如果需要移动它，必须通过“Edit→Wallpaper→Unlock All Wallpaper”将图像解锁。

5）选择工具栏中 A（文本对象）并拖拽成矩形。

6）此时将出现一对话框，设置如下信息：

文本：Welcome to Study PanelView Plus；字体：Arial；尺寸：根据显示界面分辨率而定；背景色：暗红；前景色：白色；背景类型：固态。单击“OK”按钮。

7）将该背景画面命名为 First，另外再新建一个名为 main menu 画面，该画面主要实现进入各子画面的功能，或者直接使用背景画面进入各个子画面。

5.2.5　画面切换功能

FactoryTalk View ME 提供了画面选择切换的功能控件，在“Objects”下拉菜单的画面导航“Display Navigation”中共有 4 种按钮，如图 5-33 所示。

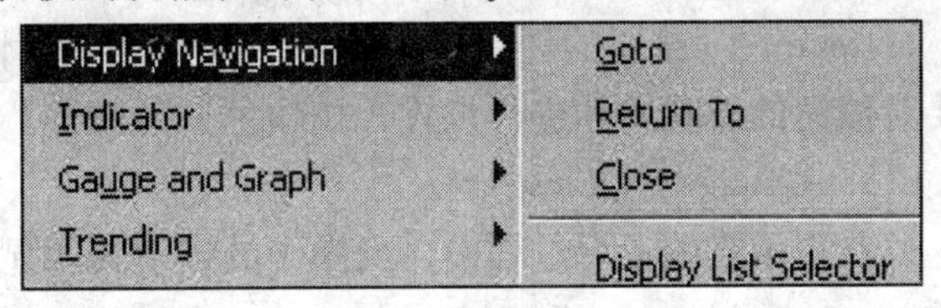

图 5-33　导航按钮

1. 跳转按钮(Goto)

在显示终端运行过程中，当操作员按下跳转显示画面按钮，按钮所处的显示画面关闭并跳转到预先设定的显示画面。可以根据需要创建多个跳转按钮，但是每个按钮只能跳转到一个显示画面。

例如打开已创建的“First”画面，单击“Goto”选项，在显示画面中拖拽鼠标，出现 Goto 按钮。双击该按钮，出现如图 5-34 所示的界面。调整属性边界类型(Border style)：凸起(Raised)；背景色(Back color)：绿色；单击参数“Display”旁的 ... 按钮，浏览已经创建过的一个“learn to use Push Button”画面(该按钮跳转到的画面)；“Label”选项卡中的标题输入 Come in，单击“OK”按钮，确认。

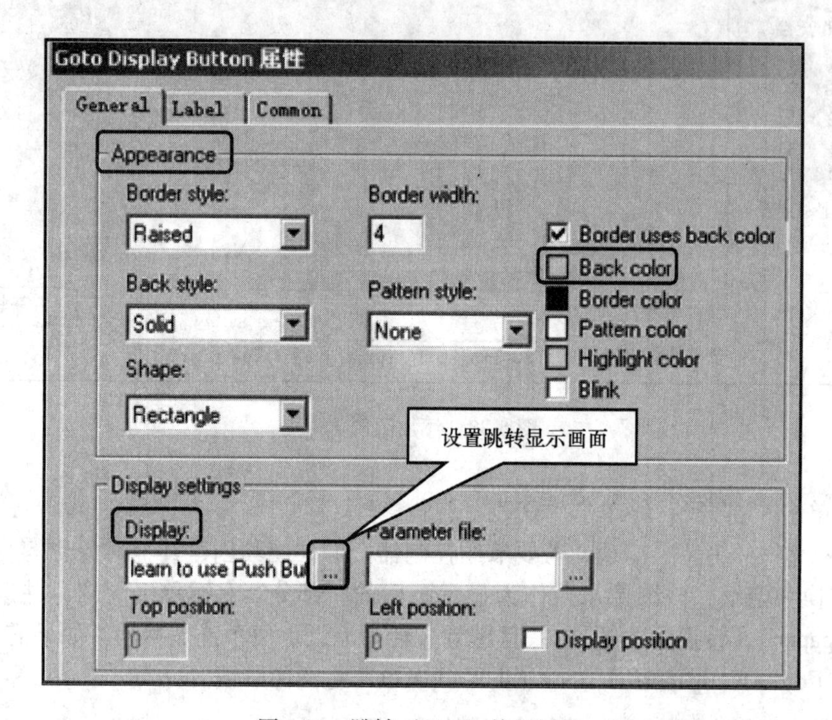

图 5-34　跳转（Goto）按钮属性

在常规“General”选项卡中，设置按钮运行时的显示外观，要打开的显示画面和使用的参数文件。

在标注“Label”选项卡中，设置在按钮上显示的文本或图像。

在通用“Common”选项卡中，设置按钮的三维属性、名称和可见性。

2. 返回按钮（Return To）

在显示终端运行过程中，当操作员按下返回按钮，按钮所处的显示画面会关闭，并且重新打开最近一次进行操作的画面。

Return To 按钮的创建与 Goto 按钮相同，其属性设置如图 5-35 所示，在属性对话框中主要对按钮的外观属性进行设置，如颜色、形状等。

3. 关闭按钮（Close）

在显示终端运行过程中，当操作员按下关闭显示画面按钮，该按钮所处的显示画面将关闭。

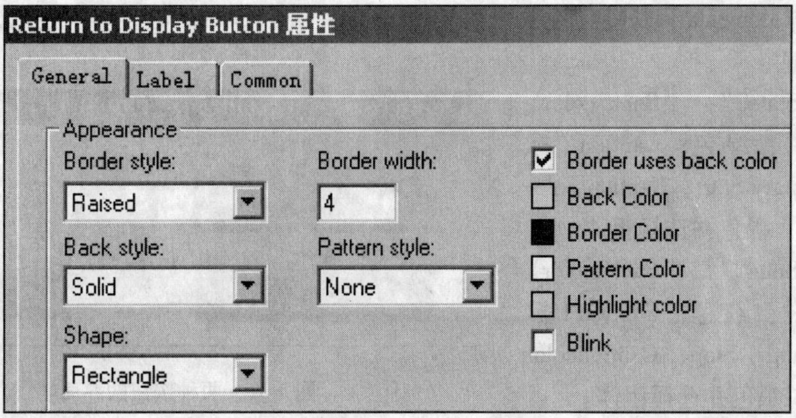

图 5-35　返回（Return to）按钮

其中关闭按钮属性中的“Connections”选项卡可以设置 Tag（标签），当显示画面关闭时会将“General”选项卡中的“Close value”中数值写入到“Connection”选项卡的标签中，如图 5-36 所示的设置。

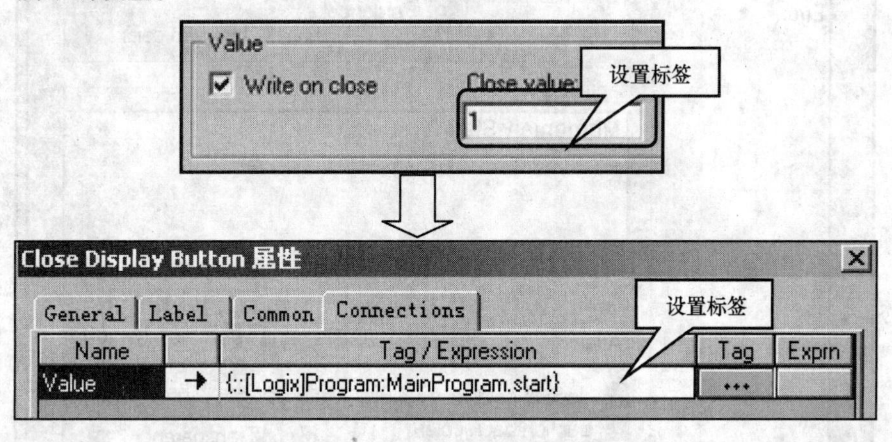

图 5-36　关闭（Close）按钮

5.2.6　输入与输出功能

1. 按钮

在“Objects”的下拉菜单中选择 Push Buttons，其中包含 6 种按钮：Momentary、Maintained、Latched、Multistate、Interlocked 和 Ramp。

本节仅介绍 Momentary、Maintained 两种类型的按钮，其他的按钮使用起来与此相似。

Momentary-瞬时型按钮，按下时改变状态（断开或闭合），松开时返回到其初值。

Maintained-保持型按钮，按下时改变状态，松开时仍保持该状态。再次按下并松开该按钮，回到选定的初始状态。

下面通过一个实例来说明这两种按钮的使用。

1）选择 Momentary 后，在编辑画面上，按住鼠标左键拖拽到合适大小时释放鼠标左键，则 Momentary 按钮出现在编辑画面上。同样的方法设置 Maintained 按钮，如图 5-37 所示。

2）双击 Momentary 按钮出现属性编辑窗口，单击“States”选项卡，如图 5-38 所示。设置如下信息：

单击“State0”，“Back color”（背景颜色）：绿色；Caption（标题）：Momentary Start；Caption color（标题颜色）：黑色并选择粗体。

单击“State1”，“Back color”（背景颜色）：红色；Caption（标题）：Momentary Stop；Captioncolor（标题颜色）：黑色并选择粗体。

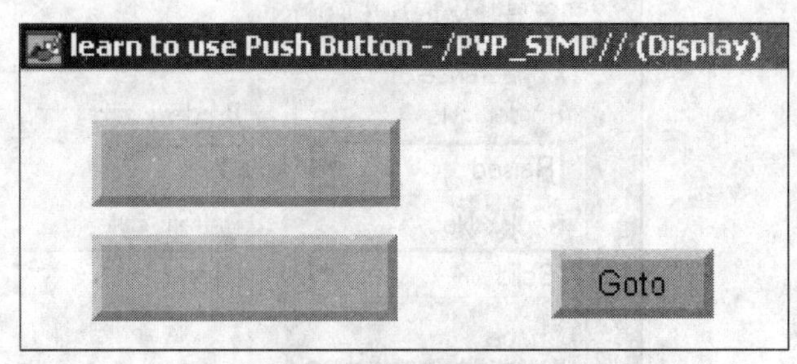

图 5-37 两种按钮的界面

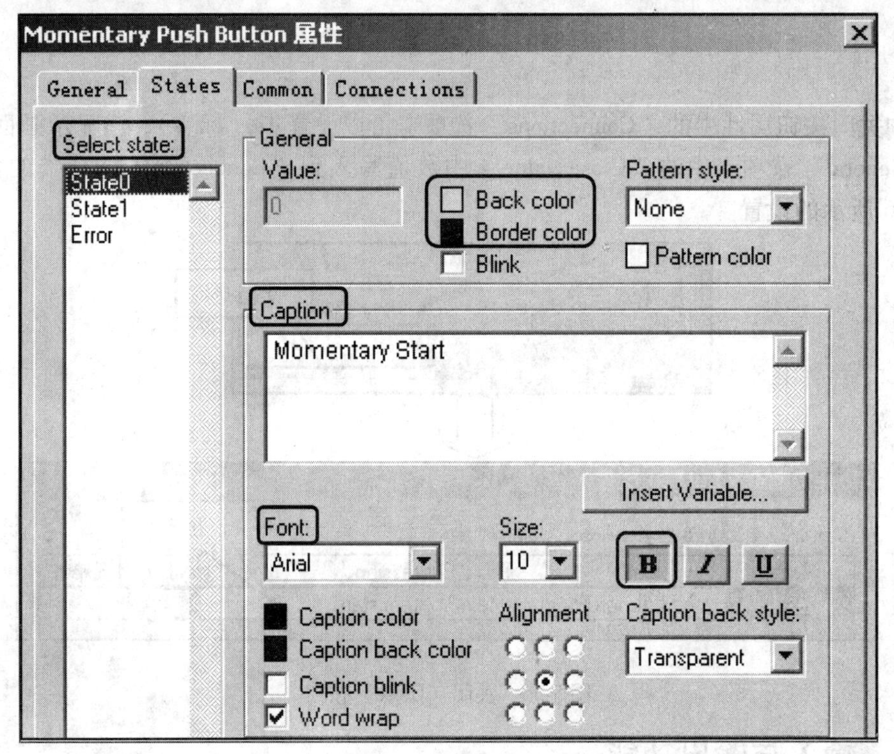

图 5-38 按钮的设置界面

3）单击“Connections”选项卡，为给定对象分配一个标签，如图 5-39 所示。单击“Tag”（标签）下的 ⋯ ，选择已建立的 Logix 通信路径下的标签。

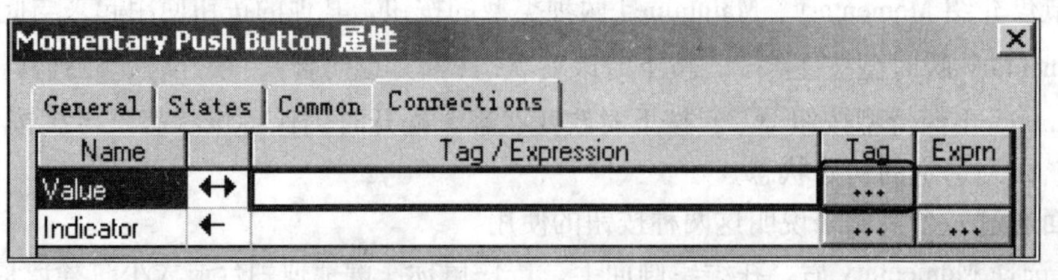

图 5-39 Connections 选项卡界面

4）右键单击“PVP_ SIMP”服务器，如图 5-40 所示。选择“Refresh All Folders”（刷新全部文件夹）更新当前可用的实时标签。

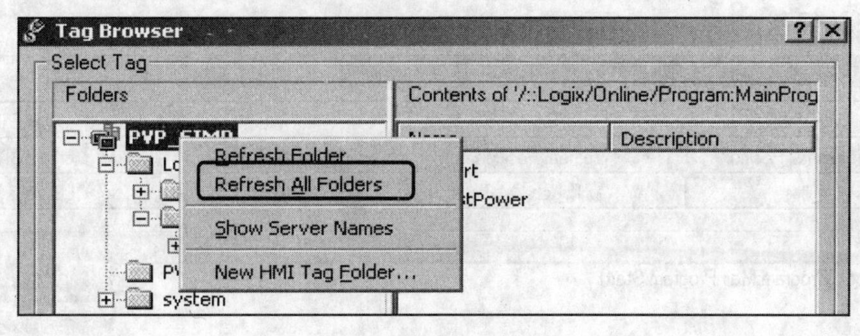

图 5-40　刷新文件界面

5）选择控制器的标签，按照以下路径选择“Logix→Online→Program：MainProgram→Start”，如图 5-41 所示。单击“OK”按钮，确认。

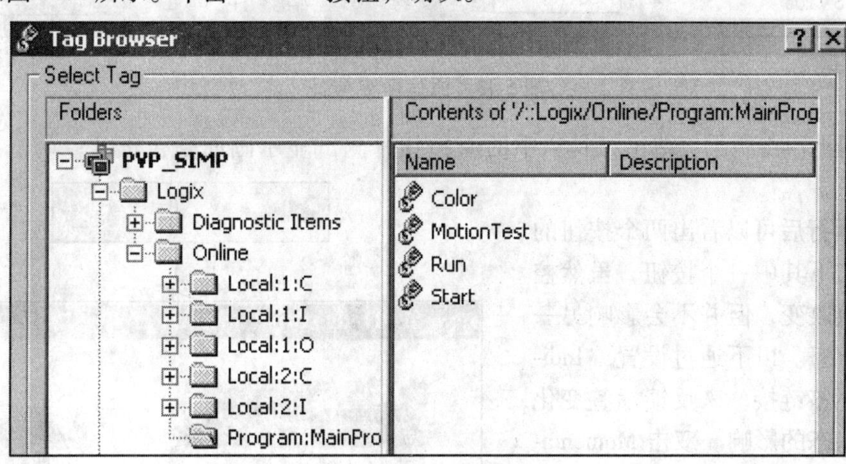

图 5-41　映射标签界面

6）使用与步骤 5 同样的方式设置 Maintained 按钮。其中“Connections”选项卡的标签链接路径“Logix → Online → Program：MainProgram→Start”。

7）绘制一个简单的图形，并使用动画功能来对 Momentary 按钮和 Maintained 按钮进行测试。选择“Objects→Drawing→Arc”，并在画面右上角画一个圆。右键单击此图形，选择“Animation”（动画），然后选择“Color”，根据标签值改变颜色。具体的操作如图 5-42 所示。

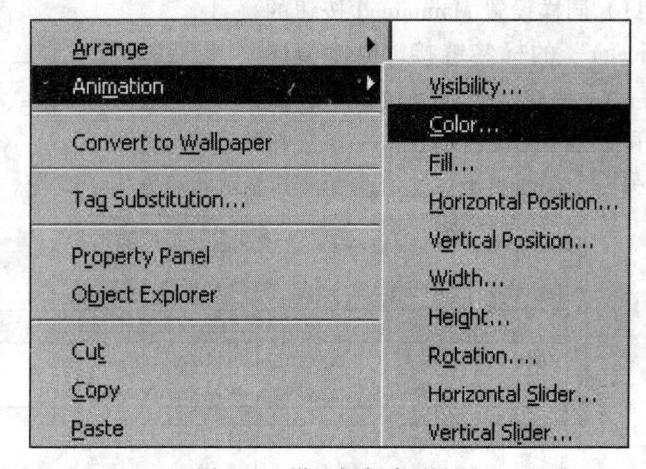

图 5-42　设置颜色动画界面

8）在图 5-43 中单击 Tags... 按钮，并链接标签“Logix→Online→Program：MainProgram→Start”，单击“OK”按钮，确认。修改值 A \ 0 颜色：Background 为红色，值 B \ 1 颜色：Background 为绿色。

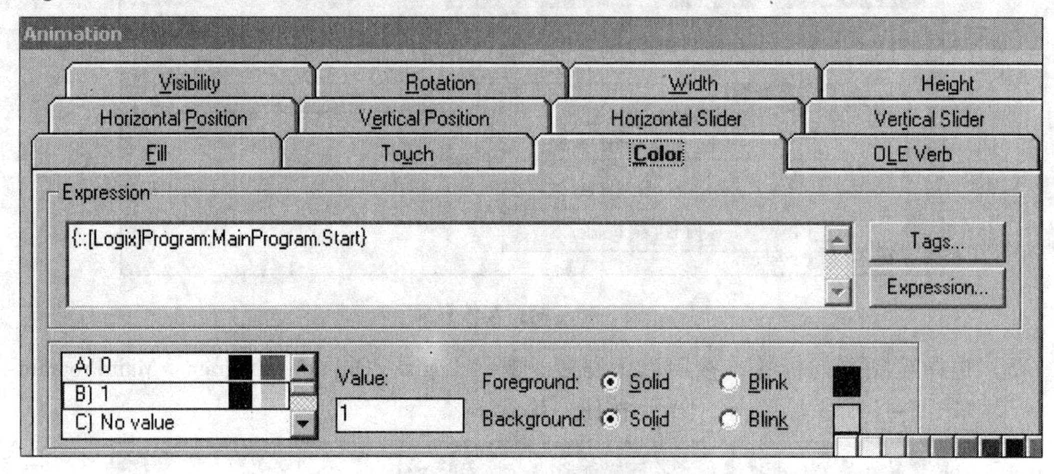

图 5-43　添写标签界面

9）如图 5-44 所示，单击工具栏中的 按钮，测试显示画面是否正常；单击 键，停止测试。

10）运行后可以看出两个按钮的区别，当按下其中一个按钮，虽然控制器标签值改变，但并不会影响另一个按钮的状态。以下通过设置“Indicator”的标签链接，来反馈标签变化后对按钮状态的影响。双击 Momentary 按钮，并单击“Connections”选项卡，为“Indicator”分配标签，如图 5-45 所示。

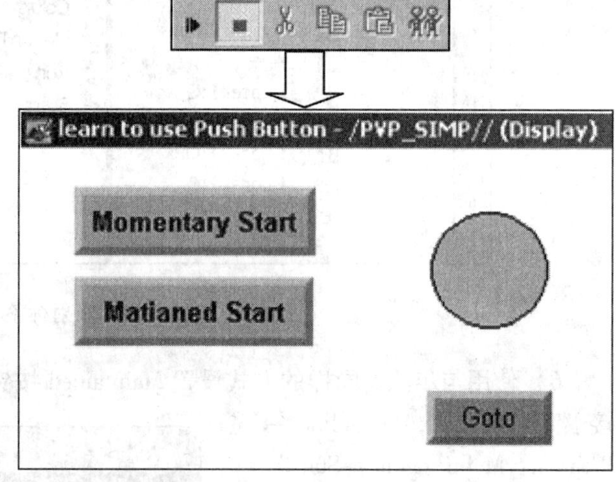

图 5-44　测试动画界面

11）同样设置 Maintained 按钮的“Indicator”的标签链接，标签值同 Momentary 按钮。使用 按钮进行测试。可以看出，点按其中一个按钮后，另一个按钮由于标签值改变使其显示状态发生了改变。

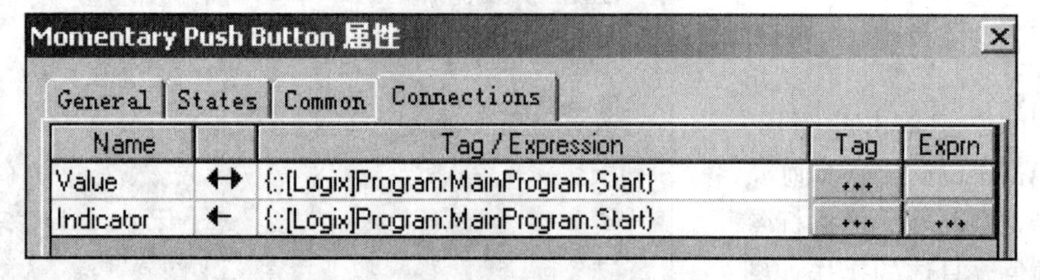

图 5-45　为 Indicator（显示）分配标签

2. 数字的输入与显示

下面在新建的“learn to use Numeric Input”画面中学习如何使用数据的输入和显示。

(1) 数字的输入

FactoryTalk View ME 为用户提供了 Numeric Display(数字型输入使能)按钮和 Numeric Input Cursor Point(数字型输入光标)按钮，两者功能都是输入数字，但是后者的功能要多一些，它除了具有输入功能外，还具有显示输入数据功能，这里仅介绍后者。

Numeric Input Cursor Point 按钮属性设置如图 5-46 所示。

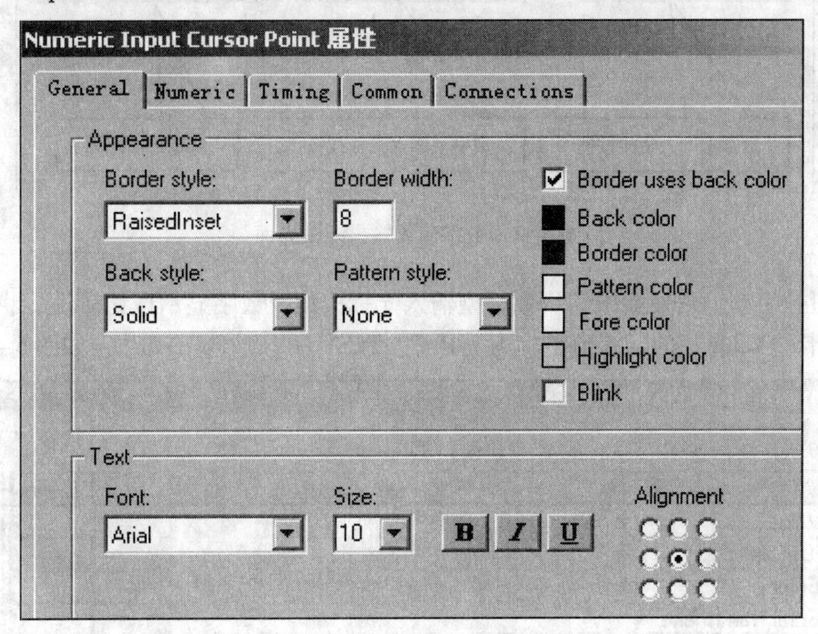

图 5-46　Numeric Input Cursor Point 界面

各选项卡功能如下所示：

1) 常规“General”选项卡：设置光标在运行时的外观，设置操作员是否可以使用键盘或键区导航光标。

2) 数字型“Numeric”选项卡：设定可以打开的窗口(如果有)、斜坡值(如果有)、发送数据到数据源的最大值和最小值，以及小数点和显示画面的设置。

3) 定时“Timing”选项卡：可以为回车键设定计时和握手。当斜坡增加或减少数值时这些设置将不予应用。

4) 通用“Common”选项卡：设置对象的三维属性、名称和可见性。

5) 连接“Connections”选项卡：设置与数字型输入光标交换数据的标签或表达式。在本小节后续中，通过实例介绍其具体的使用。

(2) 数字的显示

FactoryTalk View ME 为用户提供了 Numeric Display(数字显示)按钮来显示数据。

Numeric Display(数字显示)按钮：用于显示数据源的数据信息。

以下通过具体操作来说明这几种按钮的使用。

1）选择工具栏上的数字型输入使能按钮并在画面上拖拽为适当大小。同样方式设置数字型输入光标按钮及数字显示按钮，如图 5-47 所示。

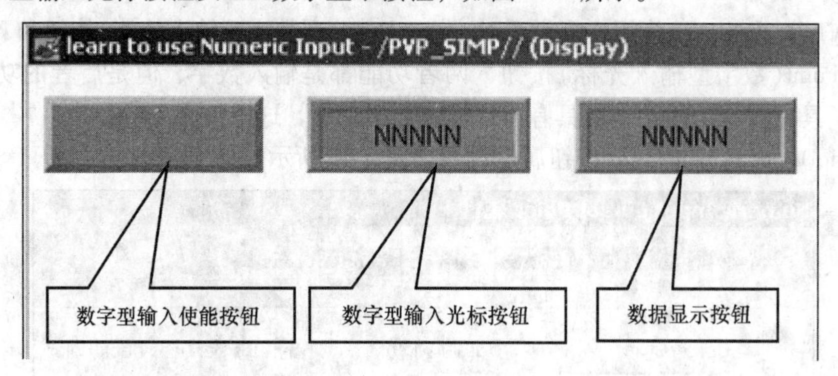

图 5-47　数字输入输出测试界面

2）设置数字型输入使能按钮、数字型输入光标按钮及数字显示按钮属性，将“Connections”选项卡“Value”的标签值链接为｛PVP_ TEST \ PVP_ PowerUP｝，如图 5-48 所示。

Numeric Input Enable 属性

General | Label | Numeric | Timing | Common | Connections

Name		Tag / Expression	Tag	Exprn
Value	→	{PVP_TEST\PVP_PowerUP}	...	
Optional Exp	→			...
Enter	→		...	
Enter Handshake	←		...	...

图 5-48　数字输入连接选项卡界面

3）单击工具栏中的按钮测试。可以看出，当点按“Numeric Display Enable”按钮或“Numeric Input Cursor Point”按钮时，会弹出数据型键盘，并且当输入值为 1 ~ 100 时，Numeric display 会显示出相应的数据源的数值，如图 5-49 所示。

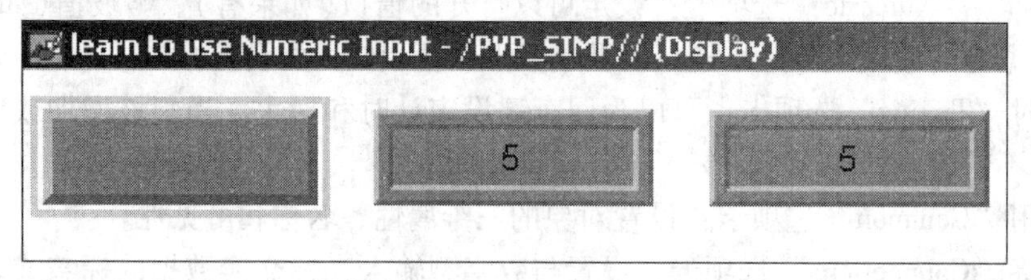

图 5-49　测试界面

注意：当输入其他 1 ~ 100 范围以外的数字时，数字型键盘的显示区会变为红色，并且禁止输入。这是由于 HMI 标签的默认设置范围为 1 ~ 100。

3. 柱状图、测量盘及刻度尺

FactoryTalk View ME 为用户提供了 Bar Graph（柱状图）和 Gauge（测量盘）来为数字型数

值加以图形化显示。而Scale(刻度尺)可以与柱状图一起使用于标定柱状图的数值范围。下面将分别说明。

(1) Bar Graph(柱状图)　Bar Graph 通过填充和清空柱状图对象，表示数字型数值的上升和下降。其属性如图5-50所示。

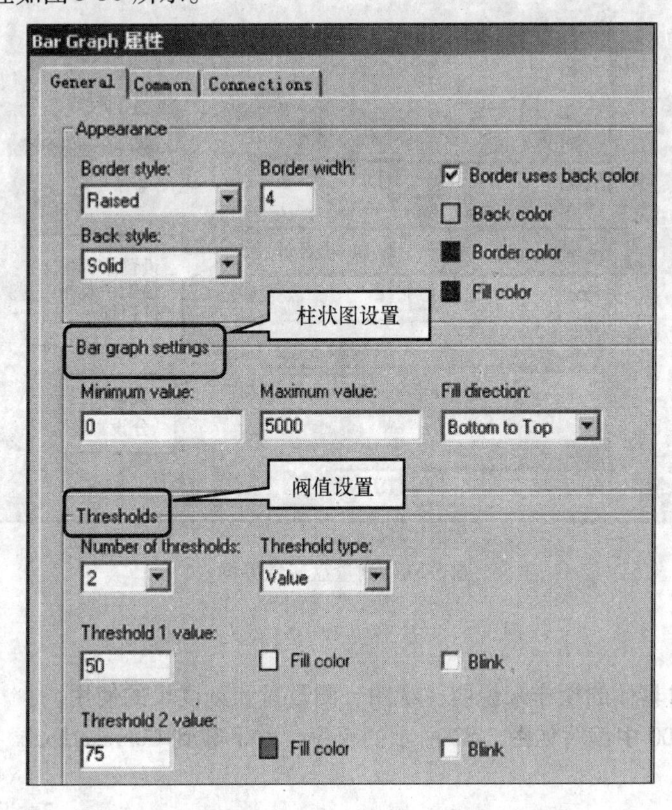

图5-50　柱状图属性界面

各选项卡功能如下：

1) “General”(常规)选项卡：设置柱状图在运行时的显示外观、柱状图设置和阀值设置。

2) “Common”(通用)选项卡：设置柱状图的三维属性、名称和可见性。

3) “Connections”(连接)选项卡：设置柱状图接收数据的标签或表达式。

(2) Gauge(测量盘)　Gauge 通过测量盘上的指针显示数字型数据的当前数值。其属性如图5-51所示。

各选项卡功能如下：

1) 常规“General”选项卡：设置测量盘在运行时的显示外观及测量盘显示方式。

2) 显示“Display”选项卡：设置在运行时测量盘显示刻度数值的方式。

3) 通用“Common”选项卡：设置刻度表的三维属性、名称和可见性。

4) 连接“Connections”选项卡：设置刻度表接收数据的标签或表达式。

(3) Scale(刻度尺)

刻度尺图形对象可以标示出柱状图的刻度范围。属性设置中只涉及到了刻度尺的外观，

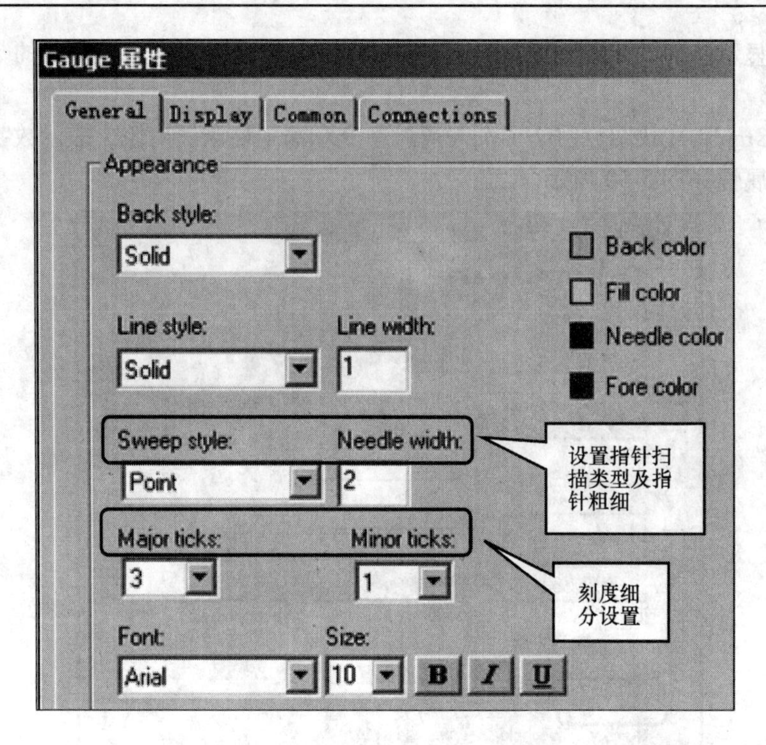

图 5-51 测量盘属性界面

此处不做介绍。

（4）以下通过具体的操作来说明柱状图、测量盘和刻度尺的使用。

在 RSLogix 5000 中编写如图 5-52 所示的程序，并下载到 CompactLogix 控制器中。

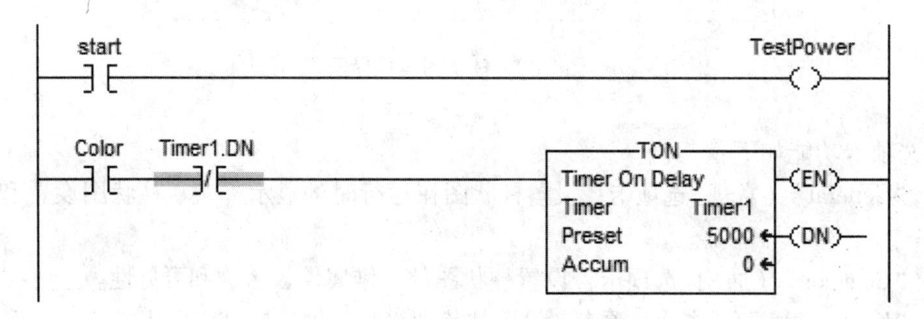

图 5-52 测试画面的程序

1）在“learn to use Gauge and Graph”画面中添加 Bar Graph、 Gauge、 Scale 对象，如图 5-53 所示。

2）双击“Bar Graph Setting”，设置其属性值。属性设置如图 5-54 所示。

3）单击“Connections”选项卡，添加 CompactLogix 控制器中的标签，标签为{::[Logix] Program: MainProgram. Timer1. ACC}，如图 5-55 所示。

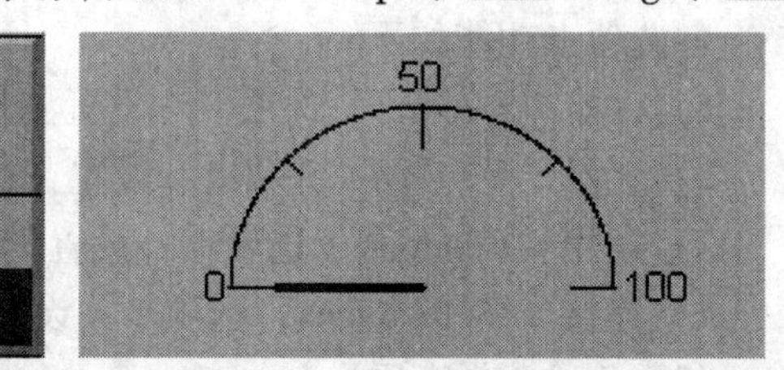

图 5-53 柱状图和测量盘界面

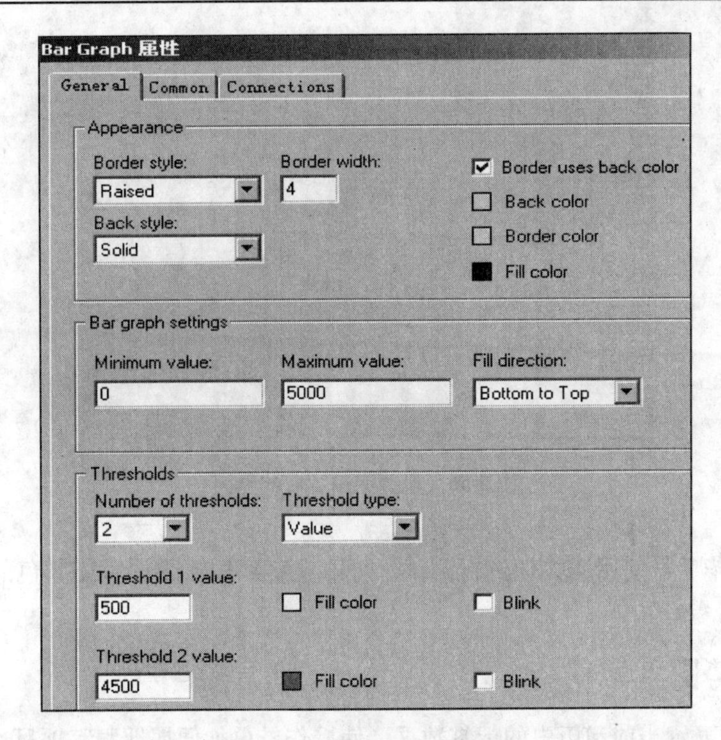

图 5-54　柱状图属性设置界面

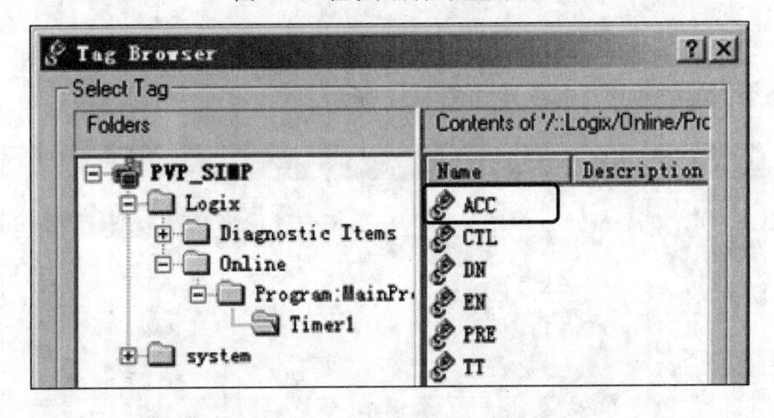

图 5-55　“Connections”选项卡标签设置界面

4）使用同样的方法设置 Gauge 对象属性，具体设置如下：

“General”选项卡：Fill color（填充颜色）设为黄色；Sweep style（扫描类型）选择 Fill；Major ticks（主刻度）选择 10；Minor ticks（细分刻度）选为 5。

“Display”选项卡：Maximum value 设为 5000；Number of thresholds 选为 2；Threshold1 value 设为 500，Fill color（填充颜色）选择蓝色；Threshold2 value 选择 4500，Fill color（填充颜色）选为红色，闪动。

“Connections”选项卡：Tag 值设为{::[Logix]Program:MainProgram. Timer1. ACC}。

5）设置 Scale 对象属性，将 Major ticks 设为 10，Minor ticks 设为 5。设置后的画面如图 5-56 所示。

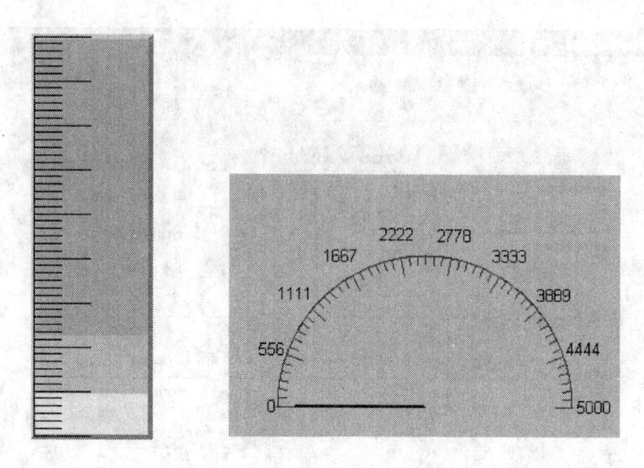

图 5-56 设置完刻度后的界面

6）设置完毕后，使用▶按钮进行测试，可以观察到柱状图中填充颜色的升高和刻度盘指针的指示变化。

5.2.7 趋势图

趋势图用于显示当前和历史的标签数据，使操作员更加便捷地跟踪项目运行时发生的变化。

Trend——趋势图对象，以线条的方式来显示标签或表达式的数据值。每个趋势图中最多可以显示 8 个标签或数据。其属性如图 5-57 所示。

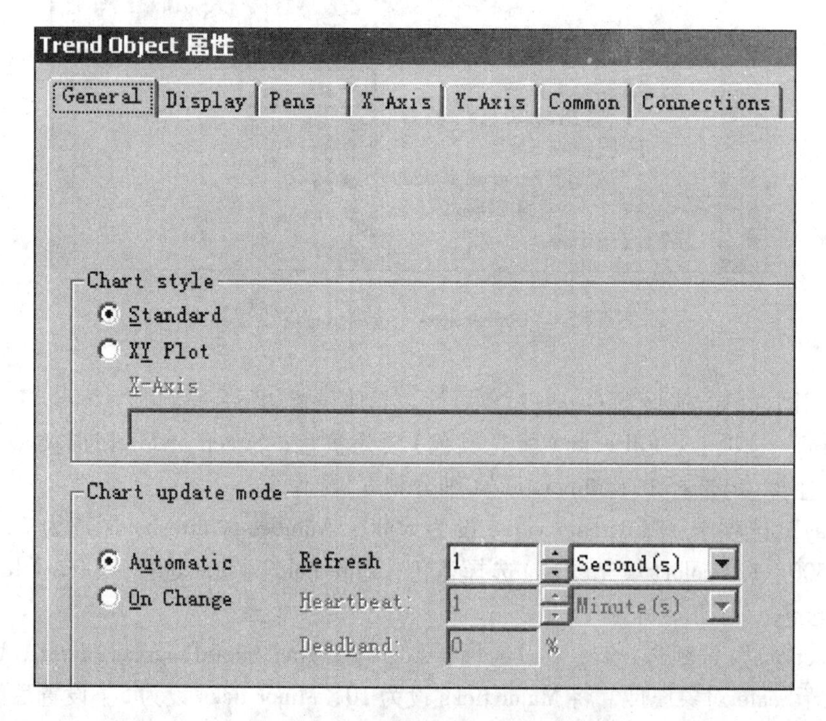

图 5-57 趋势图属性界面

各选项卡功能如下所示：

1）常规“General”选项卡：设置图表类型和更新模式。

2）显示“Display”选项卡：设置运行时趋势图如何工作。

3）画笔“Pens”选项卡：设置需要观察的数据曲线以及曲线颜色等属性。

4）横轴“X-Axis”选项卡：设置横轴数值范围。

5）纵轴“Y-Axis”选项卡：设置纵轴数值范围。

6）通用“Common”选项卡：设置焦点突出显示和键盘导航。

7）连接“Connections”选项卡：设置要显示数据的标签。

以下通过具体操作来说明如何使用趋势图。

1）创建 Data Log（数据记录）。要记录历史数据，开发人员可以使用 FactoryTalk View Machine Edition 创建一个数据记录，将历史数据保存到终端或远程网络驱动器上。数据记录可以按照周期或事件来进行。

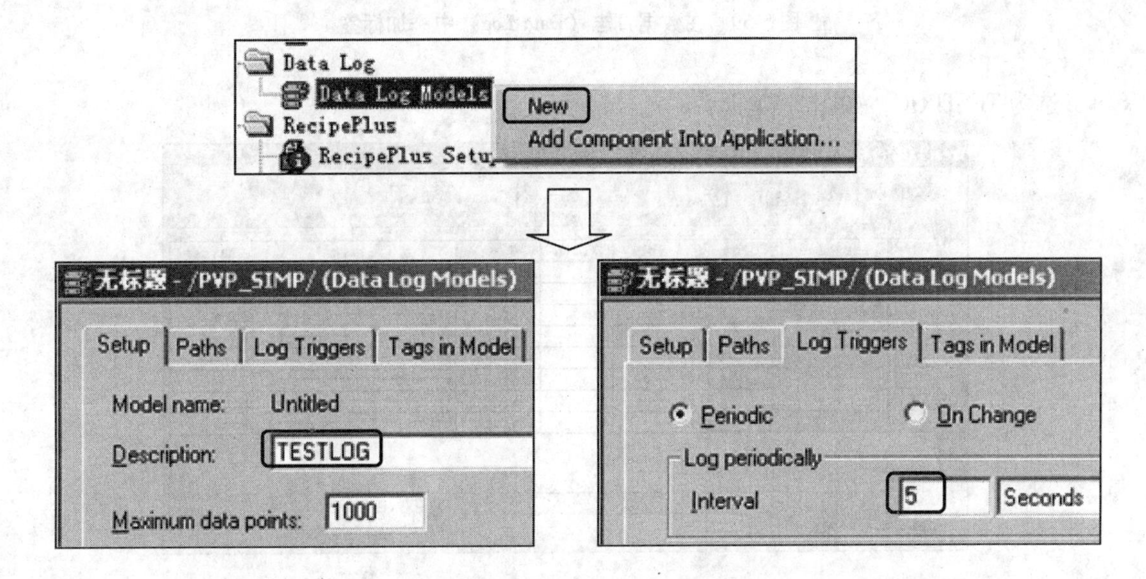

图 5-58　设置数据日志（Data Log）界面

2）双击应用程序资源管理器中 Data Log 文件夹，然后右键单击“Data Log Models”，并选择“New”。组态数据记录描述为“TESTLOG”，并设置每 5s 记录一次数据，如图 5-58 所示。

3）单击“Tag to add”右侧的 … 按钮，将路径“Logix→Online→Program：MainProgram→Timer1→ACC”的标签添加到数据记录模型，如图 5-59 所示。

4）单击“Close”，并将“Data Log”保存为“TESTLOG”。

5）创建趋势图对象。首先，使用应用程序资源管理器打开“learn to use Trend”显示画面。使用（趋势图对象）创建趋势图，占用显示画面的 2/3 大小。双击趋势图对象进行组态。在“Pens”选项卡下，设置 1 个可见画笔（1 号画笔 Visable 为 On）并将“Data Log Mod-

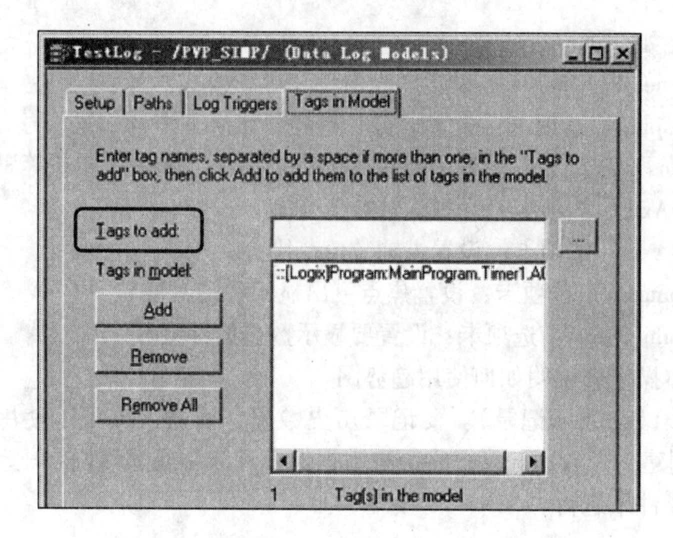

图 5-59　在数据日志（Data Log）中添加标签

el”选为 TESTLOG，如图 5-60 所示。

Trend Object 属性

General | Display | Pens | X-Axis | Y-Axis | Common | Connections

Pen Attributes

	Tag Name	Color	Visible	Width	Type	Style	Marker
1			On	1	Analog	----------------------	None
2			Off	1	Analog	----------------------	None
3			Off	1	Analog	----------------------	None
4			Off	1	Analog	----------------------	None
5			Off	1	Analog	----------------------	None
6			Off	1	Analog	----------------------	None
7			Off	1	Analog	----------------------	None
8			Off	1	Analog	----------------------	None

Data Log Model　TESTLOG

图 5-60　在趋势图中添加数据日志(Data Log)

6）在“Y-Axis”选项卡下，设置 Y 轴刻度为 Preset(预置值)，即使用标签的最小和最大值分别作为 Y 轴的最小和最大刻度，如图 5-61 所示。

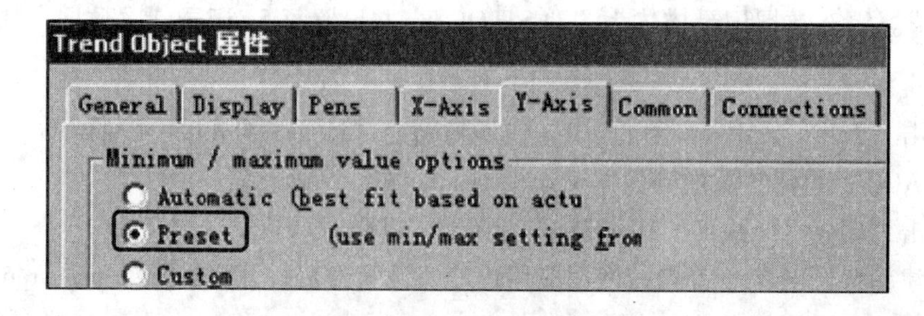

图 5-61　设置 Y 轴坐标格式

7）在“Connection”选项卡中，添加路径为“Logix→Online→Program：MainProgram→Timer1→ACC”的标签到相应画笔，如图 5-62 所示。

Trend Object 属性

General | Display | Pens | X-Axis | Y-Axis | Common | Connections

Name		Tag / Expression
Pen 1	←	{::[Logix]Program:MainProgram.Timer1.ACC}
Pen 2	←	

图 5-62　添加标签

8）单击工具栏中（Pause）暂停按钮，在画面合适的位置创建暂停按钮，设置其属性，在“Label”选项卡中将标题命名为“Pause”并选择粗体。然后在工具栏中选择（左移）和（右移）按钮添加到趋势图画面中，如图 5-63 所示。

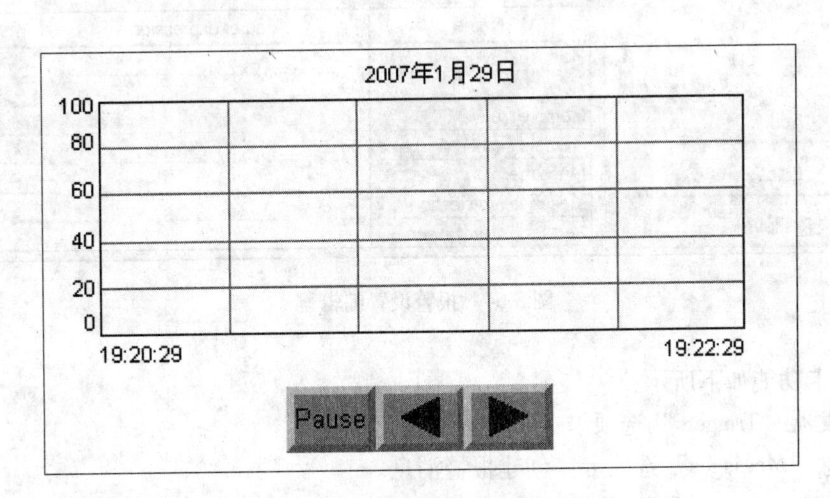

图 5-63　添加辅助功能后的趋势图

通过暂停按钮使趋势图停止，以及左右移动按钮来移动趋势图，可以观察趋势图中的任意段的历史数据。

9）创建 Goto 按钮用于返回主画面。选择“Object→Display Navigation→Goto”，新建一个跳转到主画面的按钮。设置相应属性，命名“Goto First”表示跳转到主画面，存盘退出。

至此，完成了操作员终端画面设置的基本功能。

5.2.8　报警

报警是应用项目的重要部分，开发人员可使用 FactoryTalk View ME 创建并显示基于特定条件的报警信息。

对于报警的组态步骤可归纳如下：

1）在 Alarm Setup editor（报警设置编辑器）中，设置报警触发、定义报警消息和它们的触发数值，并且设置在报警发生时打开指定的图形显示画面。

2）在 Startup（启动）编辑器中，确保选中报警框（缺省为选中报警框）。

3）创建用户自定义的图形显示画面或直接使用 Graphics editor（图形编辑器）中 ALARM 显示画面。

4）在运行系统中测试报警。

其中，报警设置编辑器如图 5-64 所示：

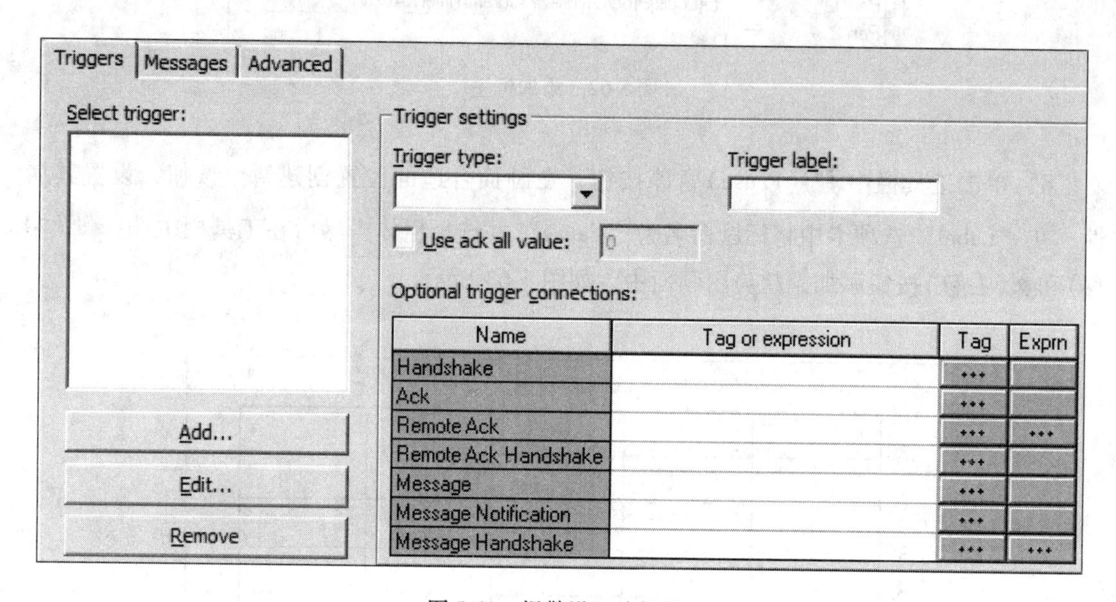

图 5-64　报警设置编辑器

各选项卡功能如下所示：

1）触发器“Triggers”选项卡：设置报警触发。

2）信息“Messages”选项卡：创建报警消息。

3）高级“Advanced”选项卡：指定在运行时用于显示报警消息的图形显示画面。

以下通过具体操作来说明如何使用报警。

1）创建一个新的显示画面并将其命名为“Alarm History”，作为报警显示的画面。

2）组态报警设置。FactoryTalk View Machine Edition 中报警由多个 Triggers（触发）组成，一旦触发值为真，相应的报警信息被触发。

3）双击应用项目资源管理器中“Alarms”文件夹，并双击“Alarm Setup”。如图 5-65 所示。

4）选择“Triggers”选项卡，选择“Add”，并在弹出的窗口中按下“Expm”…。如图 5-66 所示。

5）在表达式编辑器中选择“Tags…”，选择“Logix→On-line→Program：MainProgram →Timer1→ACC，OK”退出。按下“Relational”按钮，选择≥GE，在≥后加 4000，最后按下 Check Syntax 校验表达式是否有效。按下“OK”按钮。如图 5-67 所示。

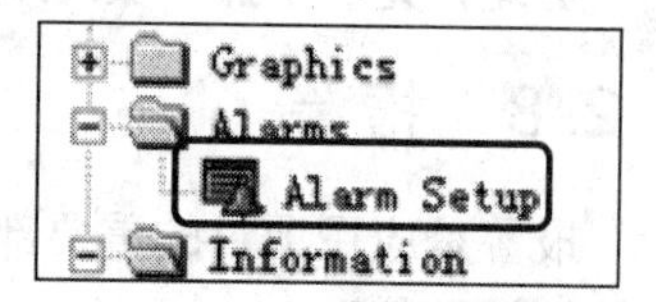

图 5-65　选择报警设置

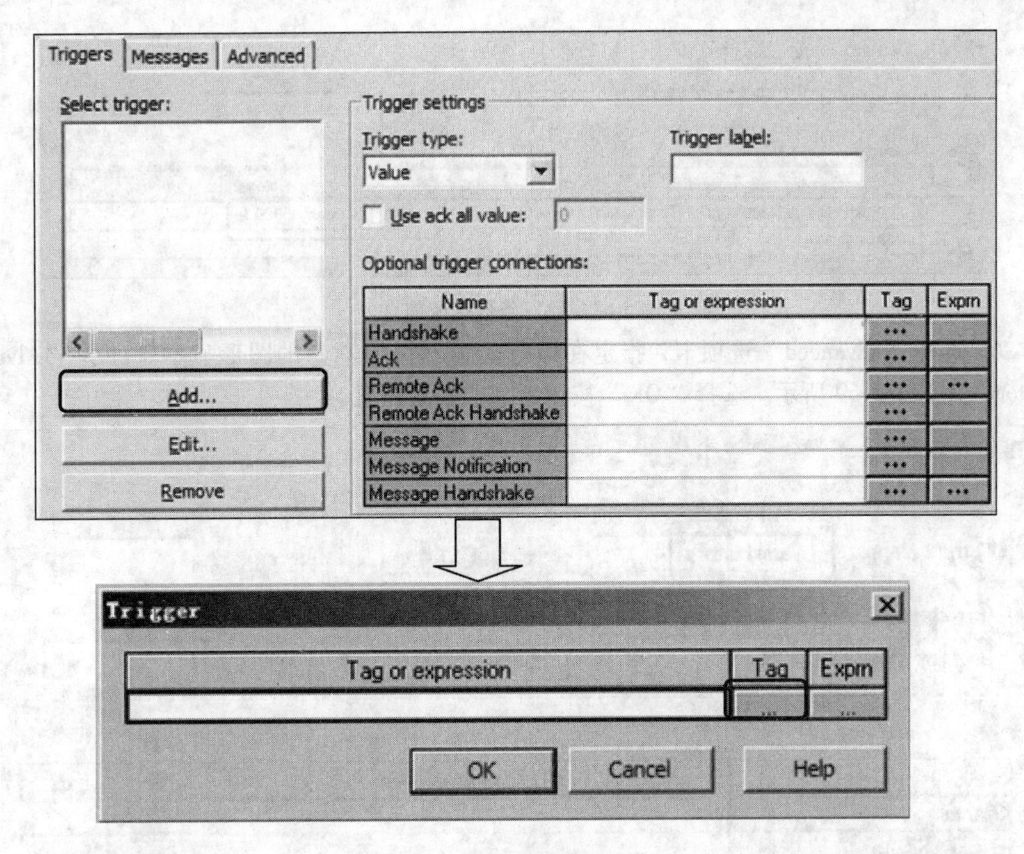

图 5-66　设置报警触发器

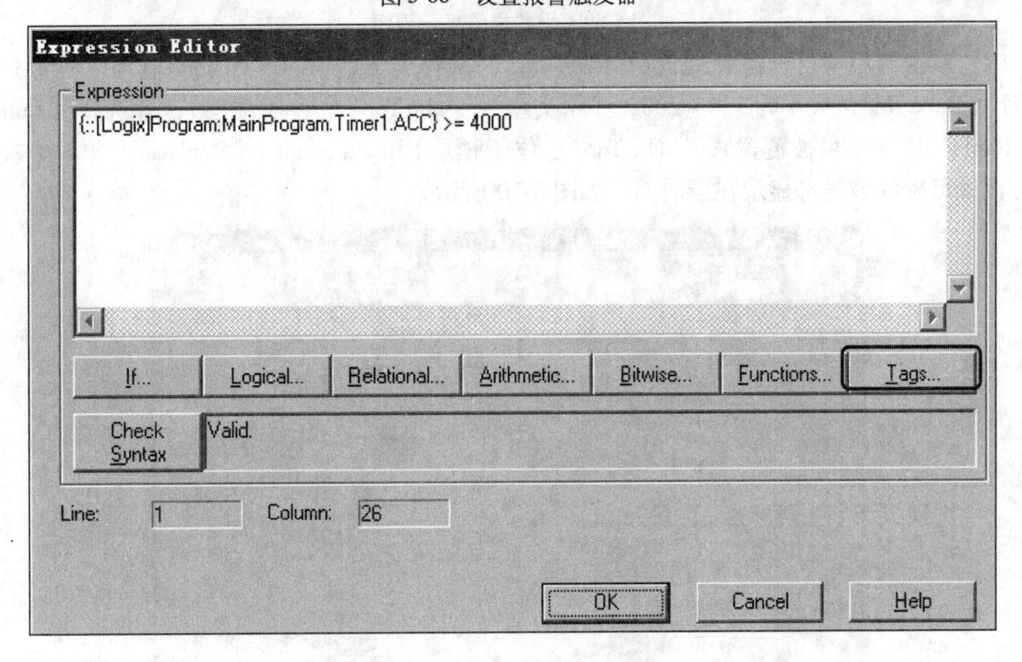

图 5-67　设置表达式编辑器

6）选择“Messages”选项卡为触发条件组态特定信息。在“Messages”栏下输入“timer1 is nearly 5000 !!!”。如图 5-68 所示。

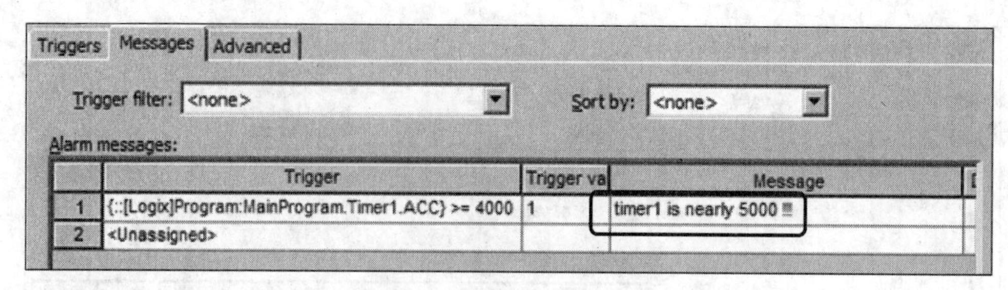

图 5-68　触发条件对应信息

7）选择“advanced”选项卡，指定在运行时显示报警消息的图形显示画面为“Alarm History”。如图 5-69 所示。选择“OK”按钮，完成报警设置。

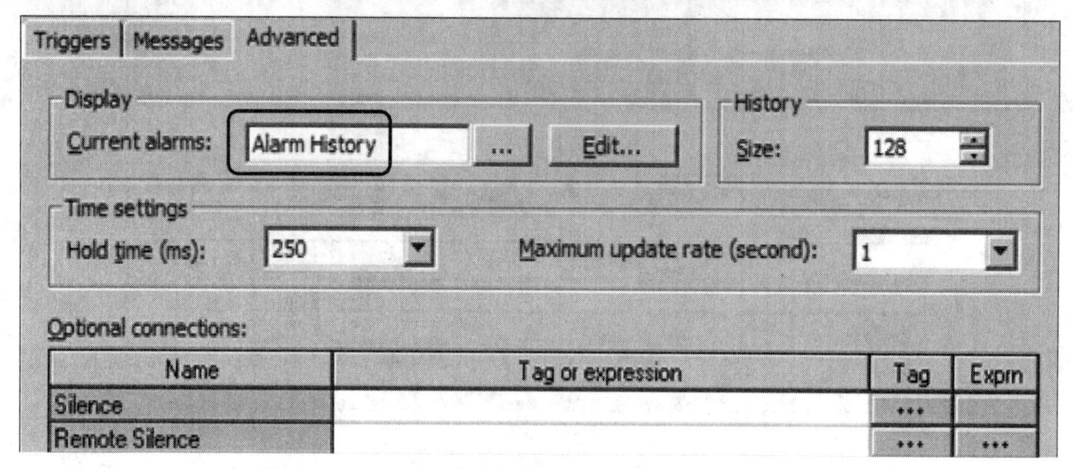

图 5-69　设置报警显示画面

8）双击应用项目资源管理器中“Displays”文件夹下的 Alarm History 显示。将背景色设置为 Dark Red，大小为 320 * 200，显示类型为“On Top”（位于顶层），并选择“Cannot Be Replaced”（不可被覆盖）。‘On Top’（位于顶层）和‘Cannot be Replaced’（不可被覆盖）设置可确保该屏幕显示在最前面。如图 5-70 所示。

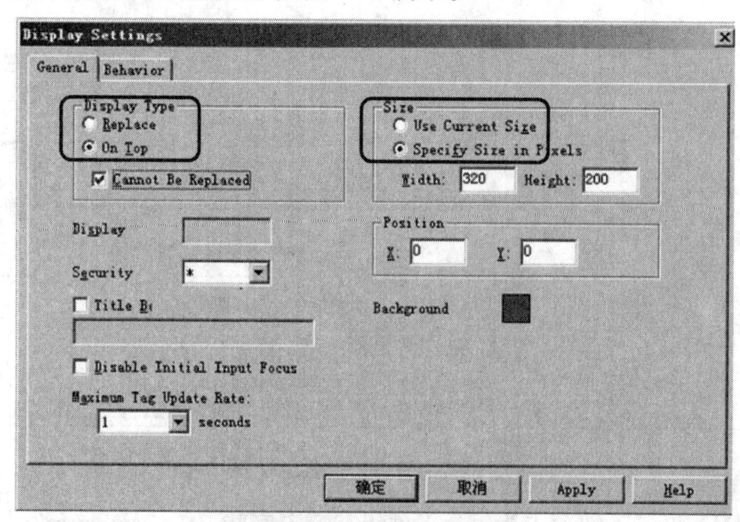

图 5-70　设置报警历史显示

9）在显示画面上拖拽一个报警列表对象占整个画面2/3，选择Objects→Advanced→ Alarm→Alarm List(对象→高级→报警→报警列表)。

10）使用▲和▼(向上和向下箭头)在显示画面上绘制向上和向下箭头。

11）通过访问菜单中"Objects→Advanced→Alarm→Acknowledge"（对象→高级→报警→应答)绘制一个"ACK"按钮。

12）通过访问菜单中"Objects→Advanced→Alarm→Acknowledge All"(对象→高级→报警→应答全部)绘制一个"ACK ALL"按钮。

13）绘制一个Clear History Button(清除历史报警按钮)，命名为Clear。

图5-71　历史报警画面

14）右键单击"Up"向上箭头按钮，并选择Property Panel（属性面板)。将背景色改为红色，边界颜色为白色。

15）同样，设置向下箭头、应答按钮、应答全部和清除按钮的背景色和文字颜色。保存显示，Alarm History显示画面如图5-71所示。

5.2.9　测试显示画面

1）在测试整个应用项目之前，须生成一个.mer文件，即运行应用项目文件，具体操作如图5-72所示，选择"Application"菜单下面的"Create Runtime Application"，这时会提示选择保存的文件名称，输入文件名称后单击保存即可。

2）创建完成后，选择应用程序菜单下"Test Application"测试项目，如图5-73所示。

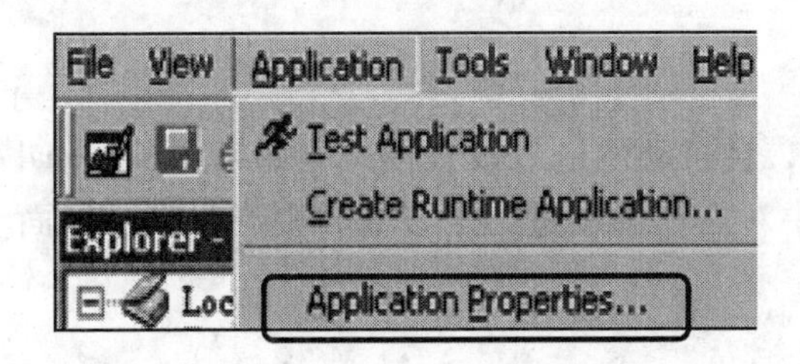

图5-72　创建运行时的应用项目文件

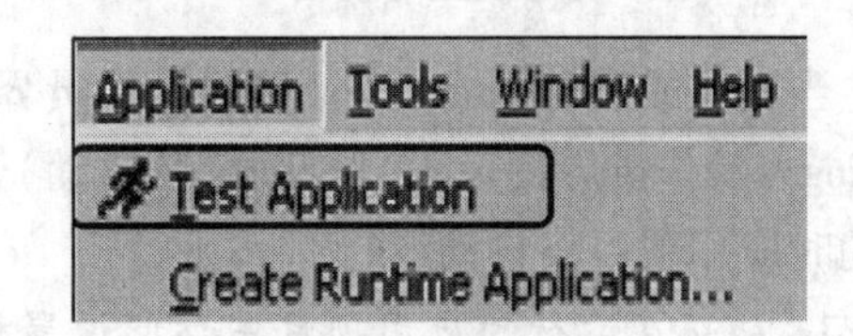

图5-73　测试应用项目

3）测试所有画面，确认无误后，按"X"键退出。

4）将应用项目下载到PanelView Plus终端中：选择菜单栏的"Tools→Transfer Utility…"。单击[...]浏览已创建的.mer文件，然后选择PanelView Plus 600终端的通信路径，如图5-74所示。

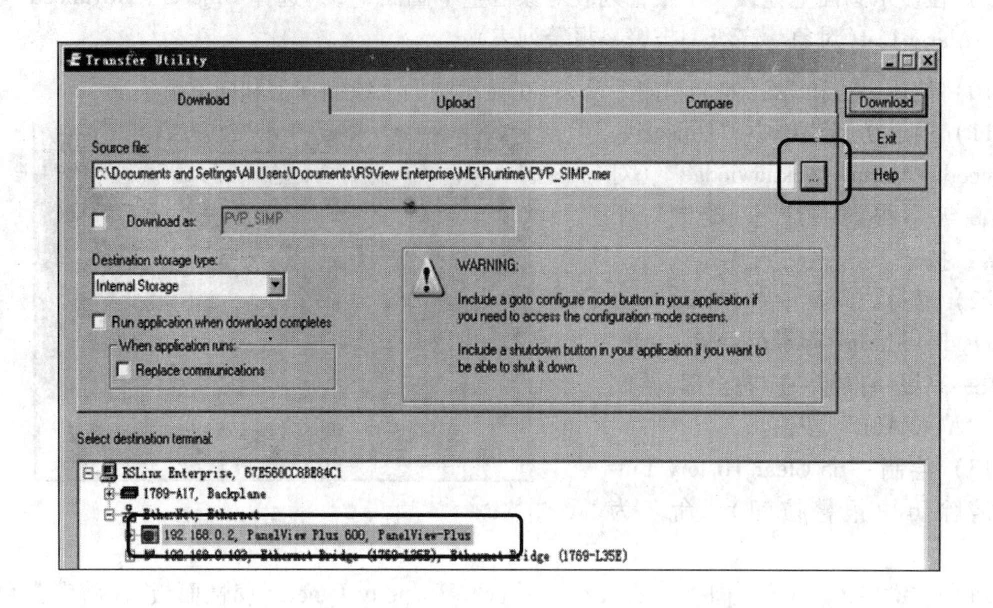

图 5-74　下载应用项目

5）单击“Download”，将工程文件下载到目标终端 PanelView Plus 600 中。

6）在 PanelView Plus 终端上，单击“Load Application”(载入应用程序)并选择 PVP_SIMP，然后单击载入。

7）单击“Run Application”(运行应用程序)运行该项目。

至此，完成了画面的测试、下载和运行。

5.3　PanelView Plus 使用设置模式

5.3.1　启动设置模式

当复位或启动 PanelView Plus 操作员界面时，会自动地进入设置模式。如果在 Terminal Settings(操作员界面设置) > Startup(启动)选项中对启动选项进行了设置，则当操作员界面启动时应用项目将自动运行。

1. 从正在运行的应用项目中访问设置模式

按下 Goto Configuration Mode button(进入设置模式按钮)。这个按钮是在 FactoryTalk View Studio 中添加到应用项目屏幕中的。应用项目停止运行但仍被加载。如图 5-75 所示。

2. 输入面板

许多屏幕都有按钮，用于访问用户必须输入/编辑数据的区域。当用户按下按钮或功能键时，Input Panel(输入面板)会打开，以便用户输入数据。

如果某区域只限制输入一个数字数值，则只有 0 ~ 9 及小数点键可以使用。所有其他键都被禁止。

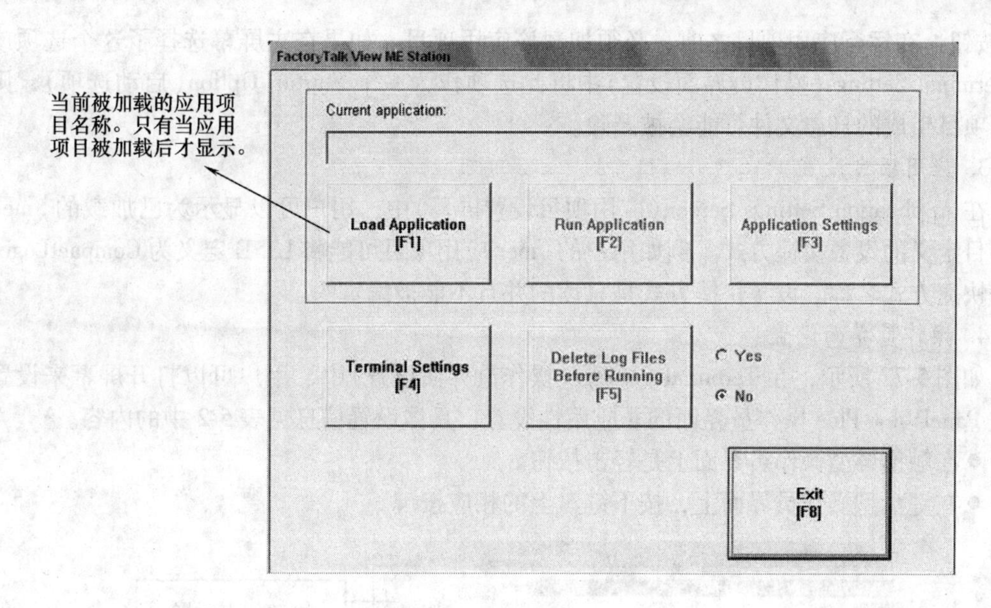

图 5-75　访问设置模式

5. 3. 2　加载 ME 应用项目

1. 加载 ME 应用项目

如需加载 FactoryTalk View ME. mer 应用项目，在主屏幕上选择 Load Application（加载应用项目）按钮，如图 5-76 所示。

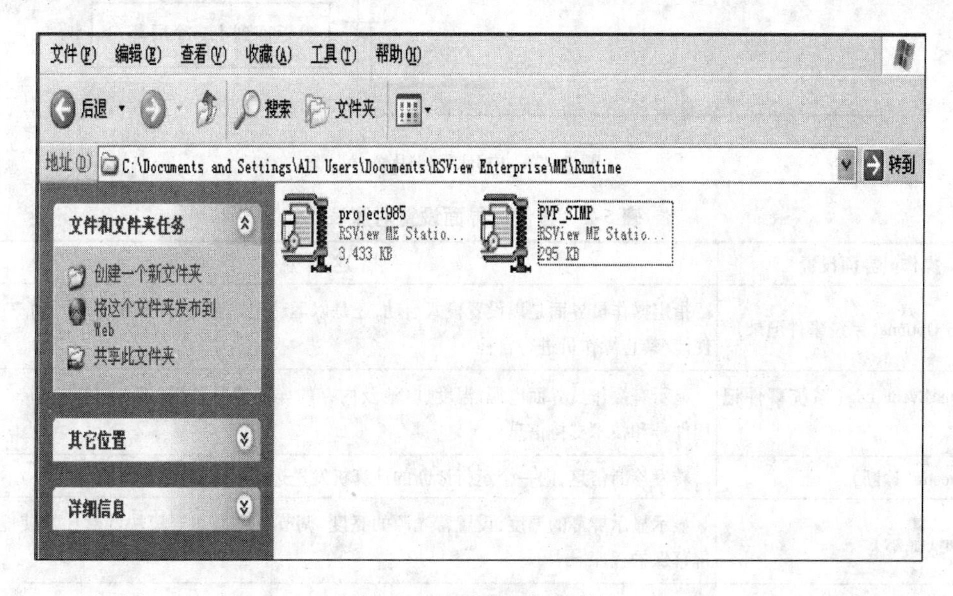

图 5-76　加载 ME 应用项目

2. 运行应用项目

要运行当前加载的应用项目，在主设置模式屏幕中，选择 Run Application（运行应用项目)按钮。在运行应用项目之前，必须加载该应用项目。如果在主屏幕选择了这个选项或者在 Terminal Settings(操作员界面设置)中将此选项作为一个 Startup Option(启动选项)，则由应用项目生成的日志文件可能会被删除。

3. 应用项目设置

在 Application Settings Screen(应用项目设置屏幕)中，用户可以显示为已加载的 . mer 应用项目定义的设备快捷方式。例如用户的 . mer 应用项目可能将 L35E 定义为 CompactLogix 的设备快捷方式名称。设备快捷方式是只读的并且不能被编辑的。

4. 操作员界面设置

如图 5-77 所示，在 Terminal Settings(操作员界面设置)中，用户可以打开屏幕来设置或修改 PanelView Plus 操作员界面的非应用性设置，具体设置信息见表 5-2 中的内容。

- 在触摸屏型操作员界面上是轻击按钮。
- 在键盘型操作员界面上，按下键盘上的相应按键。

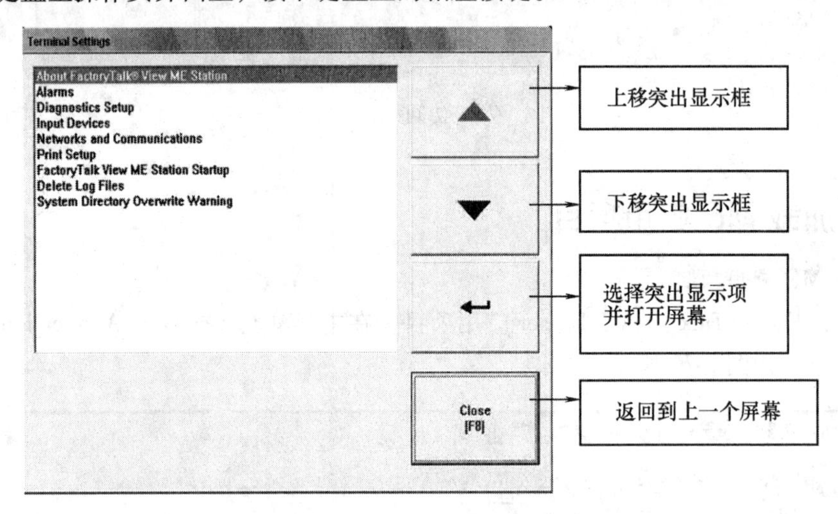

图 5-77 应用项目设置

表 5-2 操作员界面设置对照表

操作员界面设置	描 述 信 息
Statup Options(系统事件记录)	指定操作员界面是以设置模式启动，还是以运动模式启动，并且在启动时用户也可以使能/禁止操作员进行自检
System Event Log(系统事件记录)	显示有操作员界面电源、温度、电池及内存的详细情况，以及 FactoryTalk View ME 的固件号和技术支持信息
Diagnostic(诊断)	转发诊断信息，向一个运行诊断的计算机发送远程日志
Display(显示)	显示显示屏幕的温度，设置背光源的亮度，调节灰度显示屏模块的对比及使能/禁止屏幕保护程序
File Management(文件管理)	从存储位置复制或删除应用项目文件或字体文件
Font Linking(输入设备)	将一个字体文件连接到已加载到操作员界面的基本字体上
Input Devices(输入设备)	对键盘、触摸屏或相连接的键盘及鼠标进行设置

（续）

操作员界面设置	描述信息
Network and Communications（网络与通信）	组态应用项目的网络连接及通信设置
Print Setup（打印设置）	为打印显示画面以及应用项目产生的报警信息及诊断信息，进行设置
System Information（系统信息）	显示操作员界面电源、温度、电池及内存的详细情况，以及 FactoryTalk View ME 的固件号和技术支持信息
Time/Date/Regional Settings（时间/日期/区域设置）	设置操作员界面及应用项目使用的日期、时间、语言及数字格式

5.4 PanelView Plus 应用项目开发实例

5.4.1 PanelView Plus 应用项目的组成

本章前几节已对 PanelView Plus 的部分功能进行说明。本节主要通过一个具体的涂料颜色控制应用项目来使用户了解 PanelView Plus 在控制中的常用操作。该应用项目实现涂料颜色的选择、监视罐中液位以及复位液位。

本节中的应用项目的画面组成如图 5-78 所示。

在本节的画面设置中，还将涉及动画、宏的组态设计。由于篇幅的限制，本部分中暂不涉及登录及安全组态功能，读者可参考下一章的讲解。

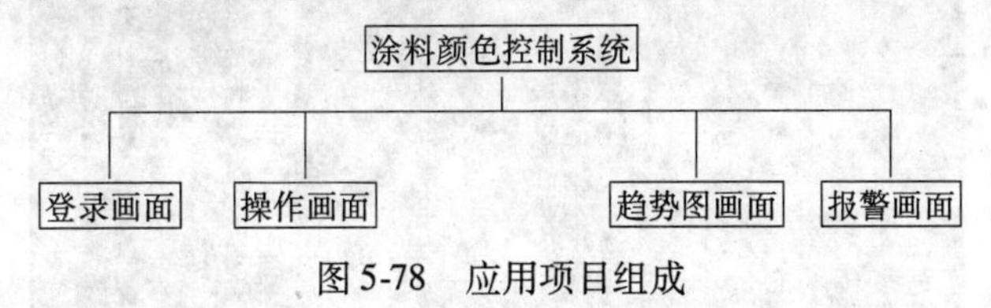

图 5-78 应用项目组成

5.4.2 PanelView Plus 应用项目的开发

在开发此应用项目前，完成通信、初始化系统的设置，以及开机运行画面。在此就不做过多的介绍，具体操作请参阅上节。

1. 操作画面的开发

FactoryTalk View Studio 为开发人员提供各种工具和图形库来创建用于表示机器或生产线的图形显示画面。本实例的操作画面主要用于控制调色过程并提供颜料罐的相关信息。完成后的画面如图 5-79 所示。以下将针对此画面的设置过程做简单的介绍，具体操作请查阅 5.2 节。

1）创建新的显示画面并选择工具栏中的导入颜料生产线的图片文件。

2）创建 Goto Config Mode（进入组态模式）按钮。打开属性窗口。单击“Label”（标签）选项卡并输入“Exit”。用户可根据需要改变其背景和边框颜色。完成后，单击“OK”按钮。

3）创建文本对象。选择工具栏中的（文本对象）并拖拽成一矩形。在弹出的属性框中设置以下信息：

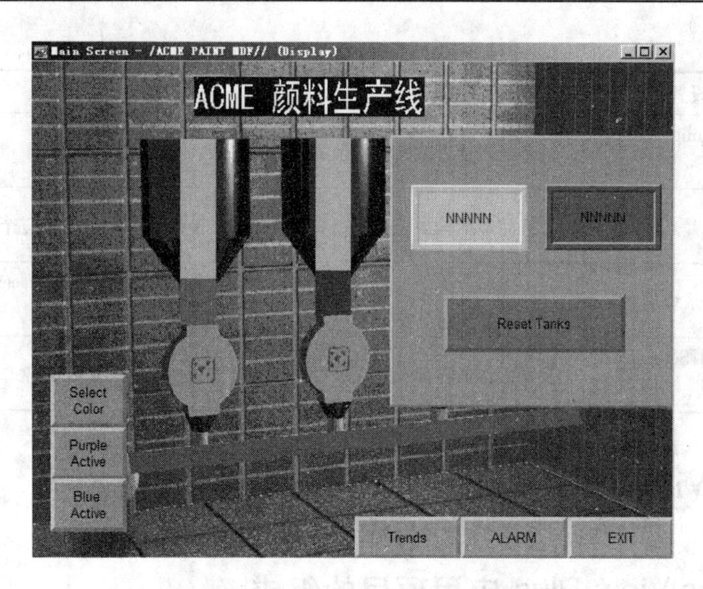

图 5-79　应用项目操作画面

文本：ACME 颜料生产线；字体：Arial；尺寸：根据显示画面分辨率而定；背景色：暗红；前景色：白色；背景类型：实心。

4）单击“OK”，保存画面名称为“Main Screen”。画面如图 5-80 所示。

图 5-80　添加文本

5）创建棒状图形对象。用户需要图形化显示每个主上色罐的液位。选择（棒状图）对象并在左侧第一个罐上拖拽并释放。

6）双击对象设置 Bar Graph 属性，填写信息如下：

General 选项卡：

边界类型：镶边；背景类型：实心；边界宽度：2；背景颜色：暗红；填充色：亮红；最小值：0；最大值：100。

Connections 选项卡：

Value：{::[Logix]Program:MainProgram. Red_Tank. Fill_Level. ACC}。如图 5-81 所示。

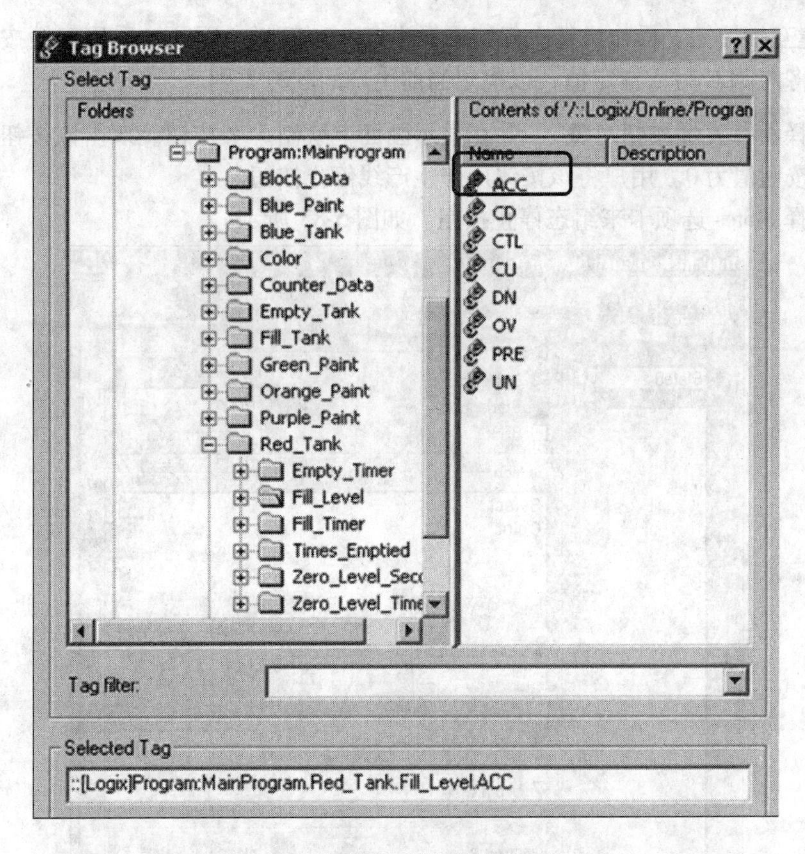

图 5-81　添加标签

7）在红色棒状图上单击右键并选择复制，然后在第二个罐上粘贴该对象。单击右键并选择属性面板(Property Panel)，将红色改为蓝色。完成后，关闭面板。

8）在蓝色棒状图上单击右键并选择“Tag Substitution”（标签替换）。在该对话框中，查找{::[LOGIX]Program:MainProgram.Red_Tank.Fill_Level.ACC}并将其替换为{::[LOGIX]Program:MainProgram.Blue_Tank.Fill_Level.ACC}。如图 5-82 所示。

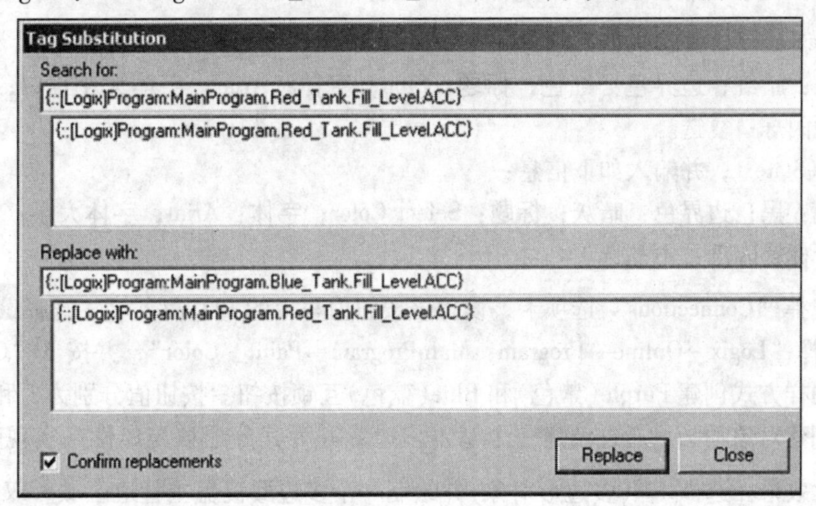

图 5-82　标签替换

9）创建互锁按钮。操作员每次仅能选择生产一种颜料。因此，采用互锁按钮实现该功能。该按钮将向 PLC 写入指定值，以决定当前生产的颜料类别。

10）选择（互锁按钮对象），并在显示画面上绘制一个按钮。双击该按钮来组态其属性。确定该按钮值为 0。用户将该按钮用作生产线停止按钮。

11）选择 States 选项卡来组态停止按钮。如图 5-83 所示。

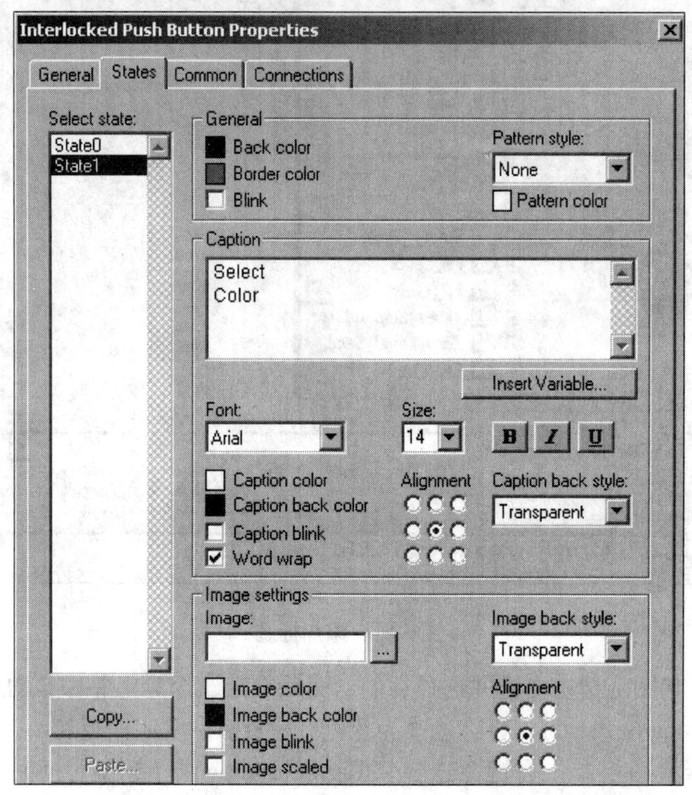

图 5-83　设置互锁按钮属性

①选择 State 0，并输入如下信息：

背景色：暗红；边界色：红色；标题：Stop；字体：Arial；字体大小：14；标题颜色：白色；标题闪烁：复选。

②选择 State 1，并输入如下信息：

背景色：黑；边界色：暗灰；标题：Select Color；字体：Arial；字体大小：12；标题颜色：白色；标题闪烁：不复选。

12）选择“Connections”选项卡，设置该按钮值写入的 PLC 标签名。选择 ... （标签浏览）并选择“Logix→Online→Program：MainProgram→Paint_ Color”，并按下“OK”按钮。

13）同样方式创建 Purple（紫色）和 Blue（蓝色）互锁按钮。按钮值分别为 1 和 3。

14）创建对象动画。通过创建一个基本多边形并为其分配填充属性来实现颜料流经主管道的视觉效果。选择（多边形对象）并绘制一个多边形覆盖主管道区域。双击多边形并设置线条类型是 None，然后单击“OK”。右键单击多边形对象，选择“Animation”（动画)，然后选择 Color 来根据 PLC 标签值改变颜色。如图 5-84 所示。

图 5-84　创建对象颜色动画

15）按下 Tags... 按钮，并查找表示当前生产颜料类别的标签“Logix→Online→Program：MainProgram→Paint_ Color”。设置颜色属性：0 白色；1 紫色；3 蓝色。如图 5-85 所示。

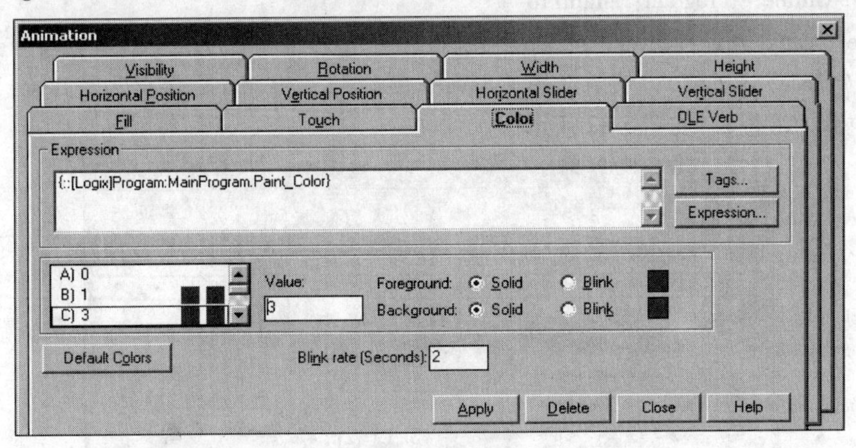

图 5-85　设置动画属性

16）选择“Visiblity”（可见性）选项卡来控制长方形何时显示。选择 Tags... 按钮，并找到 PLC 标签“Logix→Online→Program：MainProgram→Paint_ Color”。当“Paint_ Color”标签为 0 时，长方形不可见。选择“Close”（关闭）。如图 5-86 所示。

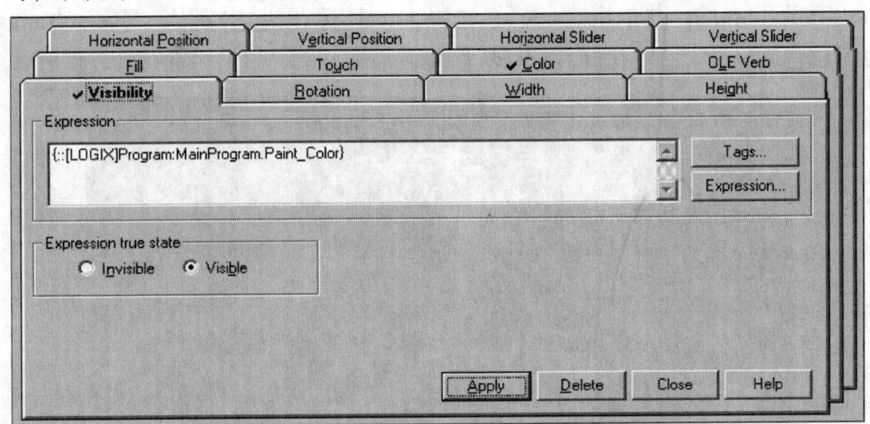

图 5-86　设置 Visibility 属性

17）添加罐中液位的百分比显示。进入“Objects→Drawing→Panel”。在显示画面的右侧绘制一个矩形面板。用户可在属性中设置相应颜色。在面板上添加 2 个（数字显示）。在 Connections 选项中分别设置标签为：：[LOGIX] Program：MainProgram. Red_ Tank. Fill_

Level. ACC 和::［LOGIX］Program:MainProgram. Blue_Tank. Fill_Level. ACC。

18）使用 Macro(宏)创建对象。FactoryTalk View Studio 允许开发者创建 Macro 将任一 HMI 或 PLC 标签改为指定值。双击应用项目浏览器的“Logic and Control”文件夹，右键单击“Macros”，并选择“New”。如图 5-87 所示。

19）使用标签浏览器，选择以下标签并将它们的表达式值设置为 100。

Logix→Online→Program：MainProgram→Red_ Tank→Fill_ Level→ACC

Logix→Online→Program：MainProgram→Blue_ Tank→Fill_ Level→ACC

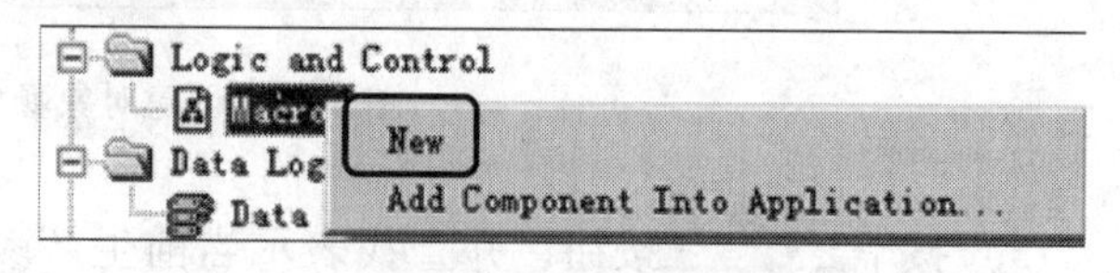

图 5-87　新建宏对象

按下“Close”（关闭），然后选择“Save”（保存），将 Macro 保存为“Reset Tank Levels”（复位罐内液位）。如图 5-88 所示。

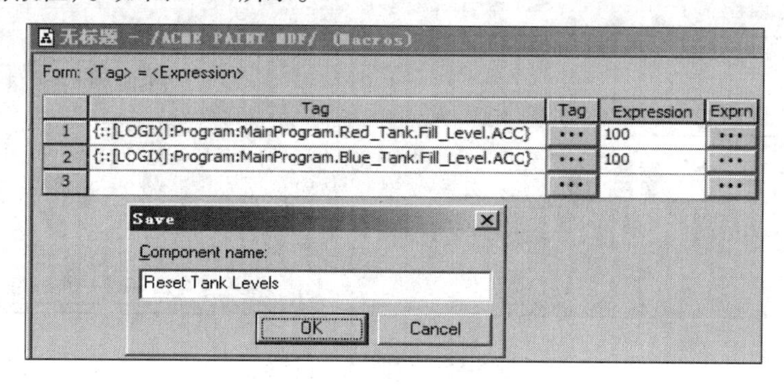

图 5-88　设置宏表达式

20）使用 (Macro Button Object)在数字显示下创建宏按钮。单击，打开宏浏览器。选择“Reset Tank Level”，并单击“OK”。选择 Label(标题栏)并键入“Reset Tanks”。单击“OK”，关闭属性对话框。显示画面图 5-89 所示。

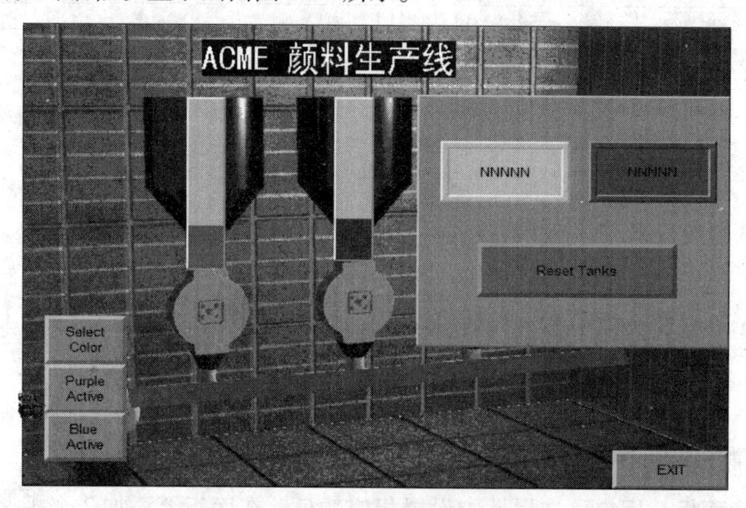

图 5-89　操作显示画面

2. 趋势图画面的开发

FactoryTalk View ME 最多能够创建300 000数据点的历史和实时趋势。

对于本项目，用户主要查看颜料罐液位的历史和实时趋势数据曲线。画面中包括趋势图对象，用于显示颜料罐液位数据曲线。左移按钮、右移按钮、起始按钮、结束按钮、下一画笔按钮、暂停按钮，用于完成对趋势图的操作。数字显示用于显示液位的数据。画面跳转按钮用于将画面跳转至操作画面。

趋势图画面如图5-90所示。具体的开发操作过程，可参阅5.2节。

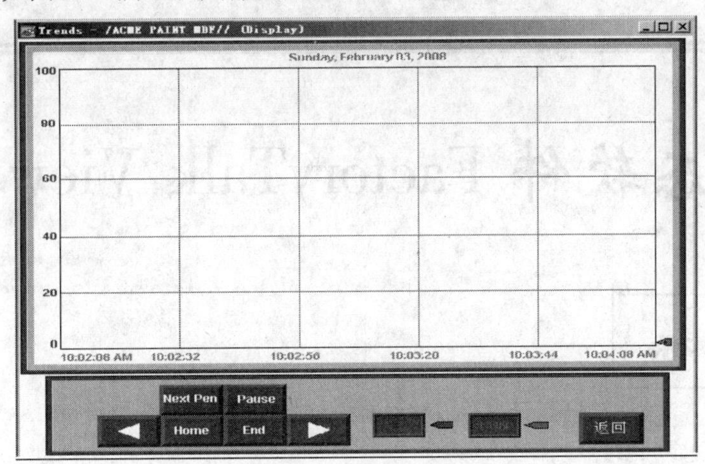

图5-90 趋势图画面

3. 报警画面的开发

对于本项目，用户需要当红色罐内颜料液位低于10或蓝色罐内颜料液位低于15时显示报警信息，除此之外，还需要查看历史报警信息状态。

画面包括：报警列表对象，用来查看历史报警信息。上移按钮、下移按钮，用来上移或下移报警条目。确认报警按钮、确认全部报警按钮，用来确认并静音所选中的报警或全部报警。清除报警历史按钮用来清除报警历史中的报警。关闭画面按钮用来关闭报警画面。

报警画面如图5-91所示。在操作画面上添加进入Alarm History画面及Trends画面的按钮。

至此，涂料颜色控制应用项目开发完毕。

图5-91 报警画面

第6章

组态软件 FactoryTalk View SE

学习目标

- 组态软件 FactoryTalk View SE 的特点
- 分布式应用项目设计
- 使用组态软件 FactoryTalk View SE
- 组态软件 FactoryTalk View SE 单机版

6.1　FactoryTalk View SE 应用项目

FactoryTalk View SE 是基于集成的、可扩展的架构，它适用于传统的单机版人机界面以及大型分布式工业自动化系统的开发。无论在小车间还是在国际大型企业里，FactoryTalk View SE 均为操作员、工程师和管理者提供了关键数据，并随时随地将系统的数据提供给所需的人员。作为 Client/Server 结构系统，FactoryTalk View SE Server 具有检测事件、管理报警、采集数据以及处理其他相关运行过程的功能，而 FactoryTalk View SE Client 则可以显示当前系统运行状况和历史数据，并为操作员提供用于控制的操作界面。

FactoryTalk View SE 为生产过程提供了交互窗口、面向对象的动画图形、开放的数据库格式、历史数据存储、增强的趋势分析、报警、直接引用数据服务器标签和 Object Smart Path™（对象智能路径）的能力。

6.1.1　FactoryTalk View SE 的架构

作为 FactoryTalk View 企业版系列的重要部分，FactoryTalk View SE 软件包括 FactoryTalk View SE 分布式开发版和 FactoryTalk View SE 单机开发版。

1. FactoryTalk View SE 分布式架构

FactoryTalk View SE 支持多服务器和多客户端的分布式应用项目。

FactoryTalk View SE Client 用于浏览应用项目或与其进行交互操作。应用项目的 HMI 服务器及数据服务器组件与客户端分离。这使得服务器和客户端在网络上的放置有完全的灵活性。FactoryTalk View SE 分布式应用系统架构如图 6-1 所示。

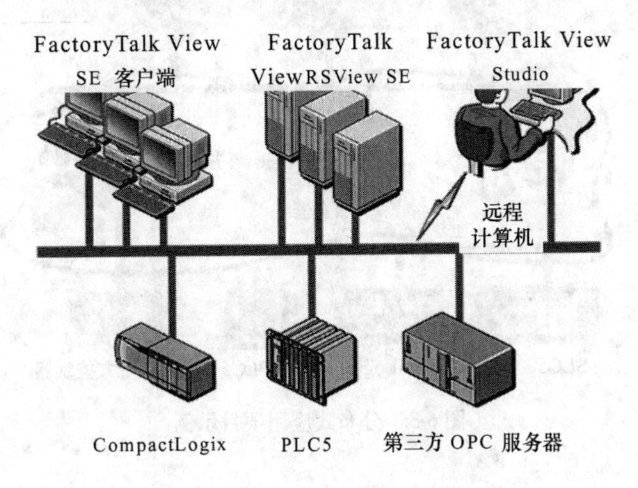

图 6-1　FactoryTalk View 分布式应用系统架构

2. FactoryTalk View SE 单机式架构

FactoryTalk View SE 单机工作站将服务器和客户端捆绑在一起。HMI 服务器组件安装在 SE 工作站上，而数据服务器组件可以使用本地的或远程的来为单机应用项目提供数据。

FactoryTalk View SE 单机应用系统结构如图 6-2 所示。

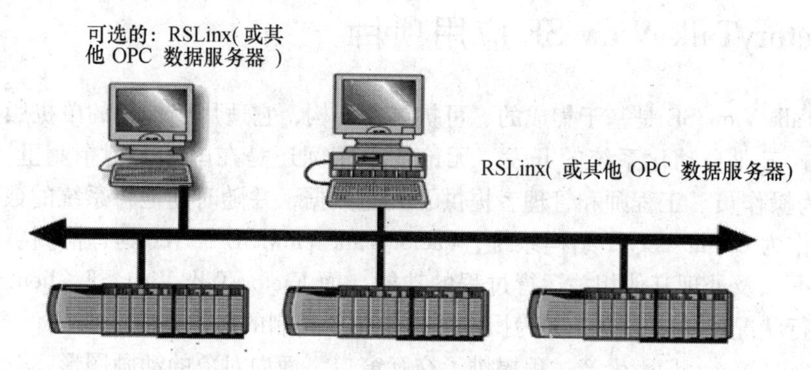

图 6-2　FactoryTalk View 单机应用系统架构

6.1.2　FactoryTalk View SE 分布式应用项目

在“FactoryTalk View Studio”中，用户可以创建两种监控管理级应用项目：单机应用项目或分布式应用项目。在分布式应用项目中，允许分布式应用项目运行的软件程序位于网络上不同的计算机上。这些软件程序包括，FactoryTalk Directory、HMI 服务器、HMI 客户端和 OPC 数据服务器等等。

分布式应用项目的一个示例如图 6-3 所示。

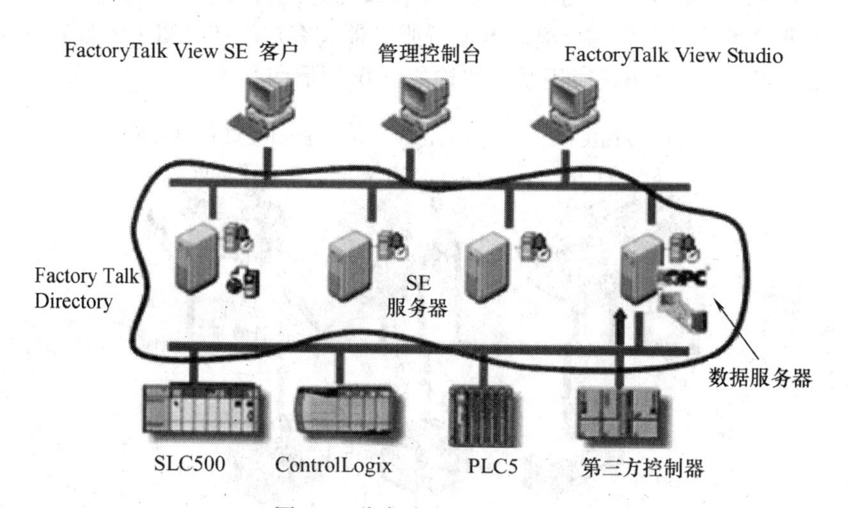

图 6-3　分布式应用项目示例

1. 分布式概念

(1) FactoryTalk Directory

FactoryTalk Directory（FactoryTalk 目录）是一种允许应用项目的各个部分在计算机或者网络上互相查找对方的软件。它是 FactoryTalk View SE 网络架构的基础。例如：要访问分布式应用项目中 HMI 服务器上的图形显示画面，HMI 客户端可以使用 FactoryTalk Directory 找出网络上哪些计算机是 HMI 服务器的主机。

FactoryTalk Directory 可以包含多个应用项目，这使得用户可以在同一个网络上运行多个项目。如果用户想要在另一个项目正在运行的同时开发某个应用项目，那么此功能极为有用。或者多个应用项目能够同时处于运行状态，每个应用项目都控制其共有网络中的一套不同的设备。所有参与特定应用项目的计算机都共享位于网络服务器上的通用 FactoryTalk Directory。所有连接到该项目的计算机还都必须位于同一个 Windows 域或工作组中。

注意：网络上的每台计算机只能连接到一台运行着 FactoryTalk Directory 软件的计算机上。用户不能够将计算机同时连接到多台运行着 FactoryTalk Directory 软件的计算机上。

（2）应用项目

应用项目包括：

1）用于访问应用项目及其内容的 Windows 用户和他们访问代码（称为权限）的列表。

2）HMI 服务器。

3）对于分布式的应用项目可以包括多个区域。

每个 FactoryTalk View Site Edition 应用项目必须包含至少一台 HMI 服务器。用户可以为每个 HMI 服务器设置一对冗余的主机计算机。

（3）区域

区域使得应用项目可以被组织并细分。应用项目中的每个区域只能包含一个 HMI 服务器，但可以包含多个数据服务器。用户可以使用区域将包含相同名字的服务器分开，例如：将两台运行着包含相同的画面或标签的工程的 HMI 服务器分开。

（4）HMI 服务器

HMI 服务器是在客户端向其发送请求时能够将信息提供给客户端的软件程序。HMI 服务器可存储 HMI 工程组件（包括显示画面、日志模型、报警、HMI 标签和其他服务图形显示画面），并将这些组件提供给客户端。每台 HMI 服务器同时也可以管理标签数据库，以及执行报警检测和历史数据管理（日志）。

（5）数据服务器

数据服务器使得客户端可以访问可编程序控制器、设备和其他与 OPC-DA 2.0 规范兼容的数据服务器上的数据，而不必使用 HMI 标签。用户还可以为每台数据服务器设置一对冗余的主机计算机。

用户在 FactoryTalk View SE 中可以创建 OPC 数据服务器，也可以创建 RSLinx Enterprise 数据服务器。

2. 分布式应用项目开发的步骤

（1）设置 FactoryTalk Directory（FactoryTalk 目录）软件

分布式应用项目的信息保存在 FactoryTalk Directory（FactoryTalk 目录）中。用户必须确定网络上的哪台计算机作为 FactoryTalk Directory 服务器。当安装 FactoryTalk View SE 时，系统会提示用户指定 FactoryTalk Directory 服务器。

无论何时，用户都需要使用 Specify FactoryTalk Directory Location（指定 FactoryTalk Directory 位置）工具（Start → Programs→Rockwell Software→Utilities）设置已经安装了 FactoryTalk Directory 的计算机的名称。用户必须在网络中每台想要访问应用项目的计算机上使用 Specify FactoryTalk Directory Location 工具进行设置。

（2）创建与组织分布式应用项目

创建在运行时，操作员可使用的应用项目。

分布式应用项目可以按 Areas（区域）的方式进行组织，并包含 HMI 服务器和数据服务器。该应用项目可以包括一个或者多个区域，每个区域包括一个 HMI 服务器及一个或多个数据服务器。

（3）添加 HMI 服务器

HMI 服务器可以存储工程组件（例如：图形显示画面），并将这些组件提供给客户。该服务器还包含一个标签数据库，执行报警检测和历史数据管理（日志）。

（4）添加数据服务器

一个区域中可以设置多个数据服务器，组态好的数据服务器可以通过 RSLinx Enterprise 或 OPC 数据服务器与控制器建立通信。

注：以下步骤与单机版开发过程基本相似，具体可参阅前面相应小节中的论述。

（5）创建 HMI 标签。

（6）创建图形显示画面、趋势和报警汇总。

（7）创建日志。

（8）为用户设置系统安全。

（9）用户定制 FactoryTalk View 并将其与其他应用程序进行集成。

6.1.3 FactoryTalk View SE 冗余系统

冗余系统是一种复制设备的某个功能的备份系统。当主要组件失效时，冗余组件会取代正在使用的组件。要想提高系统可用性的水平，请考虑下列系统组件：

以防系统出现 PLC 故障，使用冗余的可编程序控制器（PLC）。例如：罗克韦尔自动化公司的 CompactLogix 平台允许在发生故障时将控制权从主 PLC 转移到冗余的 PLC。

以防系统出现 PLC 网络故障，安装冗余的 PLC 网络，例如：可以使用罗克韦尔自动化公司的 ControlNet。

以防系统出现信息网络故障，安装具有冗余域控制器、网络线缆和网络适配卡（NIC）的冗余 Ethernet。

以防系统出现主机硬件故障，为主机应用项目软件（如 FactoryTalk View Site Edition）提供冗余的计算机。

以防系统出现软件故障，设置冗余的 FactoryTalk View 和 RSLinx 应用服务器。

本小节包括关于利用 FactoryTalk View SE 内置的冗余特性来保护监控管理级应用系统的信息。

1. FactoryTalk View SE 的冗余系统

FactoryTalk View SE 的冗余系统包括：HMI 服务器冗余、数据服务器冗余。

（1）HMI 服务器冗余

HMI 服务器可以设置为当主服务器出现故障时，切换到从服务器。当主服务器重新可用时，它会自动接管 HMI 服务器的活动。

当设置冗余的 HMI 服务器时，一定要谨记下列注意事项：

1）同步报警。HMI 服务器管理报警的同步，这使得主从服务器之间的报警状态保持同步。

2）同步内存标签值、衍生标签和数据日志文件。要想保持这些元素的同步，可以在主从服务器上同时运行相同的衍生标签组件和数据日志模型。如果其数值为衍生标签的结果，则内存标签也可以保持同步。

作为维护冗余系统的一部分，需要制定好规划表，用于将工程文件从主 HMI 服务器复制到从服务器。可以采用手动方法来复制工程文件，也可以直接在每台 HMI 服务器计算机上复制变化的工程文件。

（2）数据服务器冗余

主数据服务器（例如：RSLinx 或任何 OPC-DA 数据服务器）都可以设置为当主服务器失效时，切换到冗余服务器。作为组态冗余数据服务器的一部分，可以设置在失效的主服务器恢复后，系统是否应该自动切回到主服务器，还是继续使用从服务器。该选项可以使用户避免在数据从服务器流向客户端时出现的不必要中断。

要想使完成故障切换的时间最小化，系统需要在主服务器和从服务器上创建包含必要标签的 OPC 组。然而，这些组和标签只能被激活的数据服务器进行激活或扫描，因此组态冗余的服务器不会为 PLC 带来更多的通信负担。

2. 规划冗余系统的布局

因为分布式 HMI 系统中包含三种类型的服务器都是独立的实体，因此它们可以安装在网络中的任何计算机上。这使得在设计冗余架构时具有很大的灵活性。

（1）具有一对冗余 HMI 服务器的系统架构

如图 6-4 所示。

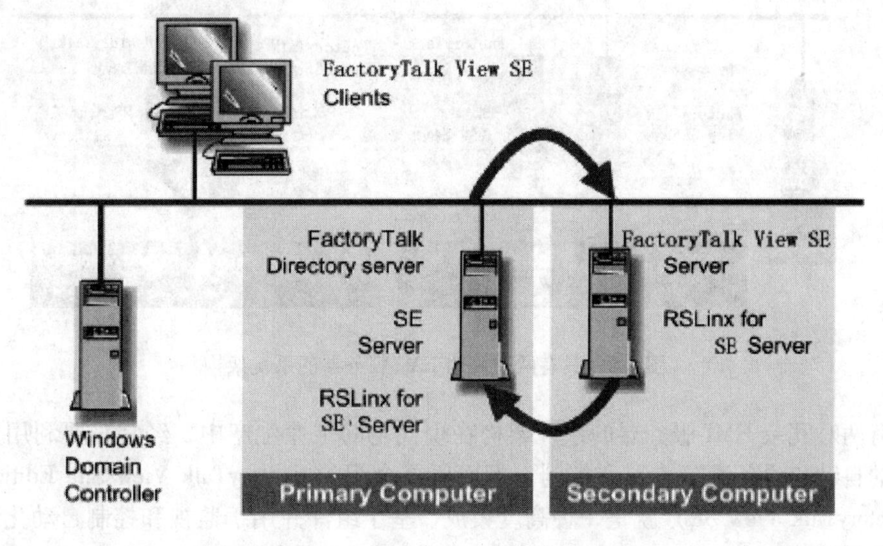

图 6-4　具有一对冗余 HMI 服务器的系统架构

除此之外，每个主和从服务器也可以安装在不同的计算机上，如图 6-5 所示。

注意：不要在作为 Windows 域控制器的计算机上运行 FactoryTalk Directory。

（2）具有两对冗余 HMI 服务器的系统架构

在包含两个 HMI 服务器的应用项目中，并且需要控制两个区域或生产过程，则可以在 4 台计算机上安装这两个区域的所有服务器，其中一对安装区域 1 的主和从服务器，第二对安装区域 2 的主和从服务器，如图 6-6 所示。

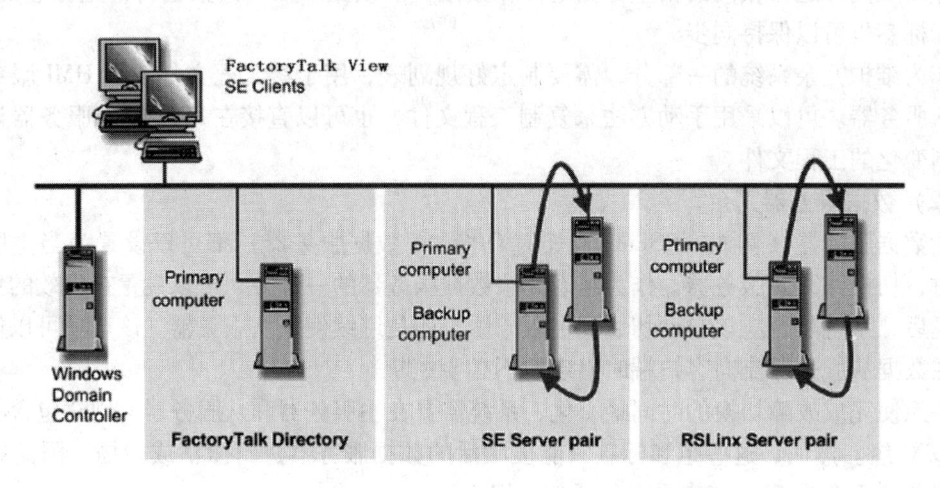

图 6-5　具有一对冗余 HMI 服务器的系统架构

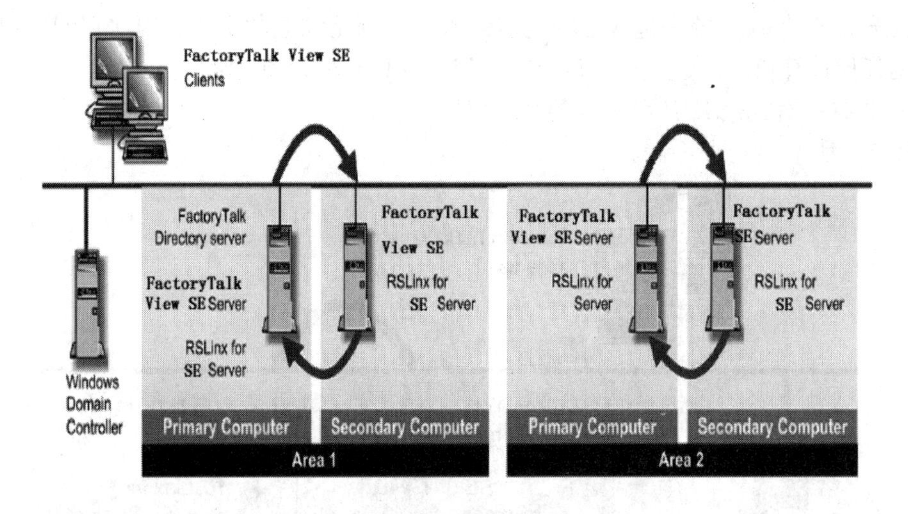

图 6-6　具有两对冗余 HMI 服务器的系统架构

具有两对冗余 HMI 服务器的系统架构在现代化的工业生产中，经常需要利用监控软件对现场的自动化设备进行监视和控制。下面所要介绍的 FactoryTalk View Site Edition（以下简称 FactoryTalk View SE）就是一种高度集成、基于组件并用于监视和控制自动化设备的人机界面监控软件。

6.1.4　创建 FactoryTalk View SE 应用项目

结合水箱的实例，创建 FactoryTalk View SE 应用项目。

1）双击图标，打开“FactoryTalk View Studio”集成开发平台。选择“Site Edition (Local)”图标，单击“Continue”，如图 6-7 所示。

2）单击“New”（新建）选项卡，输入项目名称“Tank”，语言选择“中文”并单击“Create”（创建）新的项目，如图 6-8 所示。

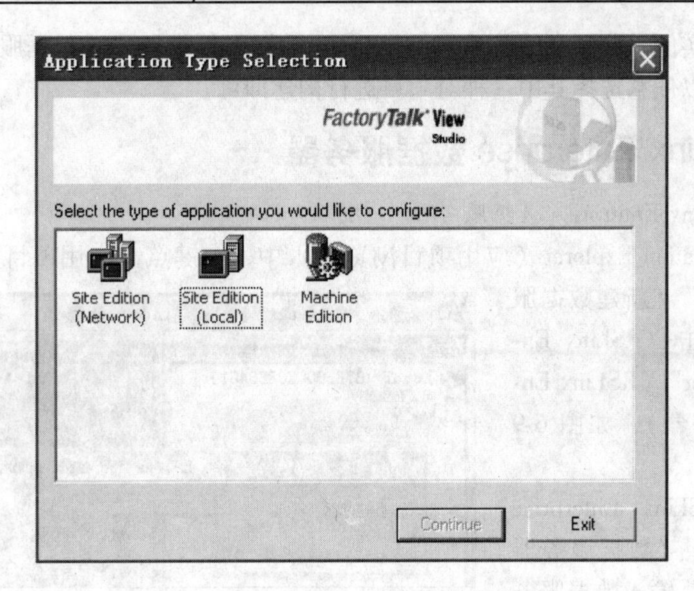

图 6-7　FactoryTalk View Studio 集成开发平台

图 6-8　创建应用项目

6.2　组态数据服务器

在 FactoryTalk View SE 中，可以创建两种类型的数据服务器：

1）RSLinx Enterprise 数据服务器；

2）OPC 数据服务器。

如果使用 RSLinx for FactoryTalk View、RSLinx Gateway 或第三方 OPC 服务器来建立通信，则需要创建一个 OPC 数据服务器。如果使用 RSLinx Enterprise 来建立通信，则需要创建一个 RSLinx Enterprise 数据服务器。

现结合水箱实例，分别介绍 RSLinx Enterprise 数据服务器和 OPC 数据服务器的创建。在实际应用时，可以任意选择其中一种对项目进行构建即可。

6.2.1 RSLinx Enterprise 数据服务器

1. 添加 RSLinx Enterprise 数据服务器

1）在 Application Explorer（应用项目浏览器）中，右键点击应用项目根文件夹，选择“New Data Server”（新建数据服务器），然后点击“RSLinx Enterprise Data Server”（RSLinx Enterprise 数据服务器），如图 6-9 所示。

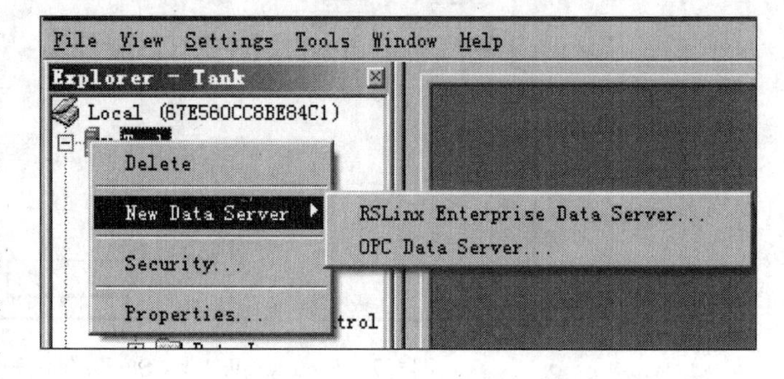

图 6-9 创建 RSLinx Enterprise 数据服务器

2）在“RSLinx Enterprise Server Properties”（数据服务器属性）对话框中，输入数据服务器的名字“RSLinx Enterprise”。完成该操作之后，点击“OK”按钮。

2. 在 RSLinx Enterprise 中组态通信

使用 Communication Setup（通信设置）编辑器来添加设备、设置驱动程序以及设置设备快捷方式。

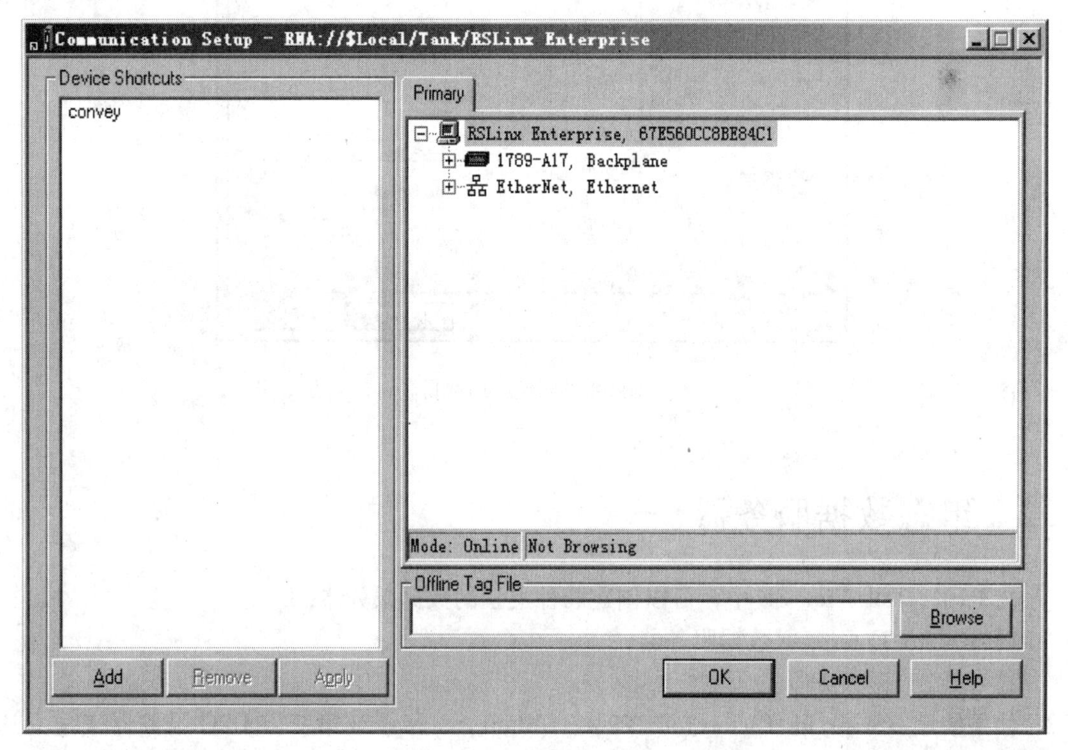

图 6-10 创建 shortcut

1）双击“Communication Setup”，点击“Add”按钮，添加一个 Shortcut 并命名为“convey”，如图6-10所示。

2）展开 EtherNet 驱动，访问 CompactLogix 的背板，进而将 Shortcut 与 CompactLogix 控制器相关联，如图6-11所示。

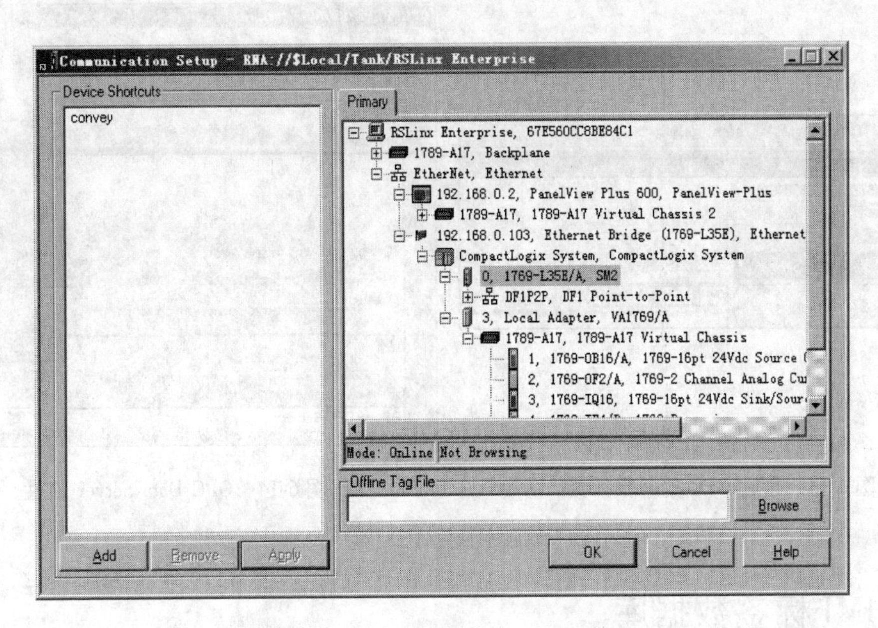

图6-11　关联 CompactLogix 控制器

3）点击“Apply（应用）”，然后单击“OK”按钮退出。

6.2.2　组态 OPC 数据服务器

1. 在 RSLinx 中创建 OPC Topic

通过 RSLinx 建立 OPC 的 Topic（主题），用于采集 CompactLogix 控制器中的数据。

1）打开 RSLinx 软件，选择“DDE/OPC”→“Topic Configuration”，如图6-12所示。

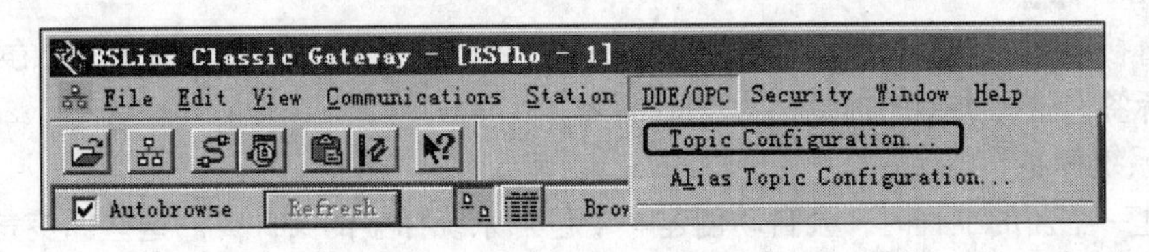

图6-12　Topic 组态

2）创建 OPC Topic，并命名为“convey”，展开 Ethernet 驱动访问 CompactLogix 的背板，进而找到 CompactLogix 控制器。

3）单击“Done”，完成 DDE/OPC Topic Configuration 选项的操作，单击“Apply”。

2. 在 FactoryTalk View SE 中添加 OPC 数据服务器

1）右键点击“Application Explorer”的应用项目根目录，选择“New Data Server”，然

后点击“OPC Data Server”，如图 6-13 所示。

2）在 OPC Data Server Properties 对话框中输入 OPC 数据服务器名称“Convey”，点击“Browse（浏览）”按钮，选择 RSLinx for FactoryTalk View 作为 OPC 服务器，完成该操作之后，点击“确定”，如图 6-14 所示。

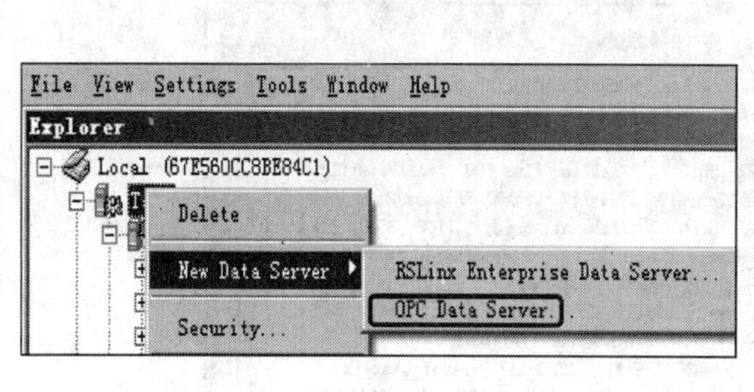

图 6-13　创建 OPC 数据服务器

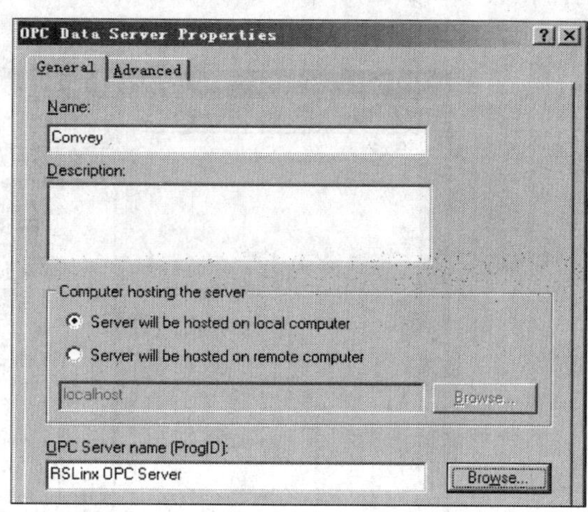

图 6-14　OPC Data Server 属性

6.3　HMI 标签数据库

6.3.1　标签变量

1. 标签

标签是设备或内存中一个变量的名字。标签可分为：

（1）直接引用的标签

FactoryTalk View SE 可以直接得到控制器中某个数据点的数值。当需要使用控制器中标签时，通过建立的数据服务器直接在线选择该标签即可。

（2）HMI 标签

除了直接引用标签以外，FactoryTalk View SE 还提供了具有报警、安全和数据操作等附加属性的标签。这种类型的标签称为 HMI 标签。

（3）系统标签

当创建一个新的工程时，会自动创建一个包含系统标签的文件夹。这些标签是用于保持系统信息的专用内存型标签。用户只能使用它，不能编辑和删除它。它包括报警信息、通信状态、系统时间和日期等。

2. 标签的类型

FactoryTalk View SE 使用标签的类型如下：

（1）模拟量

在一个范围内可以连续变化的量。这类标签能够代表变量的状态，如：温度、压力、电压、电流和液位等。

(2) 数字量

0 或 1。这类标签仅能表示设备的开关状态，如：开关、继电器和接触器等。

(3) 字符串

ASCII 字符串。一系列字符或完整语句（最多 82 个字符）。这类标签能够代表使用文本的标签，如条形码扫描器。

3. 数据源

定义了数据的类型后，必须指定数据的来源。数据源决定标签是从外部还是从内部接收它的数值。

(1) 设备

标签把设备作为它的数据来源，它是从 FactoryTalk View SE 的外部接收数据的。该数据可以通过数据服务器从可编程序控制器或其他设备中获得。

(2) 内存

标签把内存作为它的数据来源，它是从 FactoryTalk View SE 的内部数值表中接收数据。内存标签可以用作存储内部值。

4. 标签编辑器

在 Application Explorer 中，打开 HMI Tags 文件夹，双击“Tags”图标，进入标签编辑器，如图 6-15 所示。

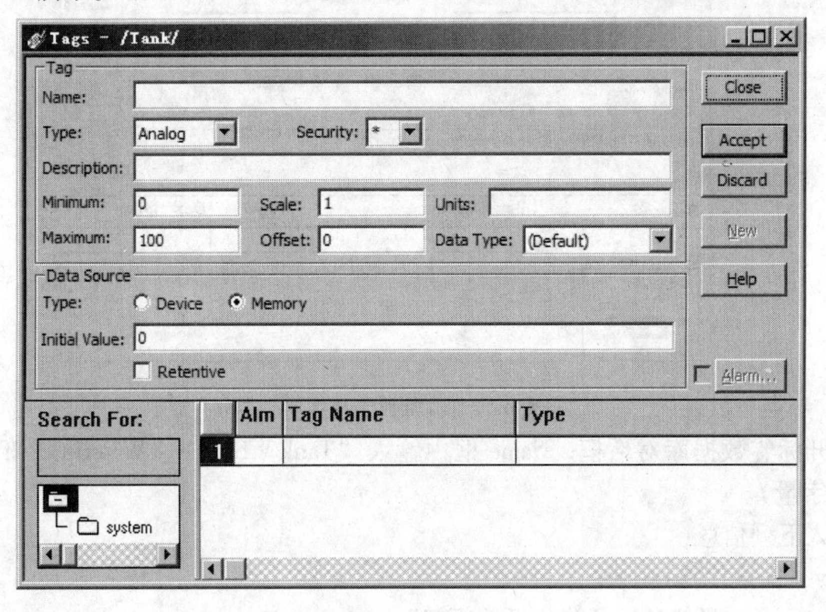

图 6-15　Tags 编辑器

在标签数据库中可以定义标签的名称、类型、安全等级和指定跟标签类型相关的内容等信息。

6.3.2　创建标签

结合水箱控制系统，创建 Tank 文件夹及系统中使用的标签。

1. 创建文件夹

在标签编辑器中，点击菜单栏中编辑按钮，在编辑菜单中，选择新建文件夹，或在工具栏中，点击新建文件夹按钮，输入文件夹名称“Tank”，如图 6-16 所示。

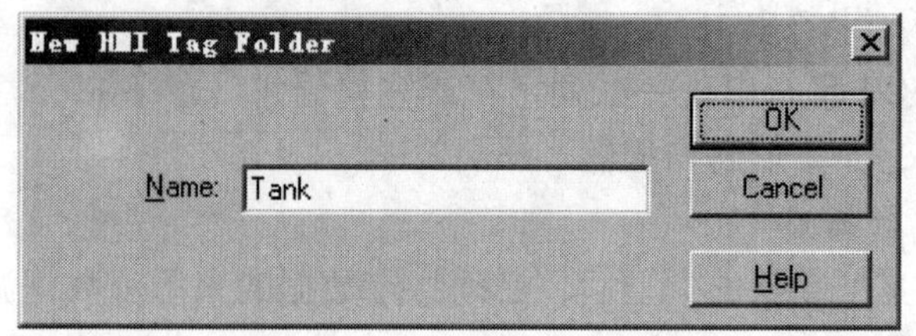

图 6-16　添加文件夹

2. 添加标签

双击打开文件夹，在文件夹中添加标签。在此水箱控制系统中只添加一个数字量标签和一个模拟量标签，图形画面中其余标签将直接引用 CompactLogix 控制器中的标签。

（1）添加数字量标签　在 Tank 文件夹中，创建进水阀开关 Switch_ WaterIn 标签，如图 6-17 所示。

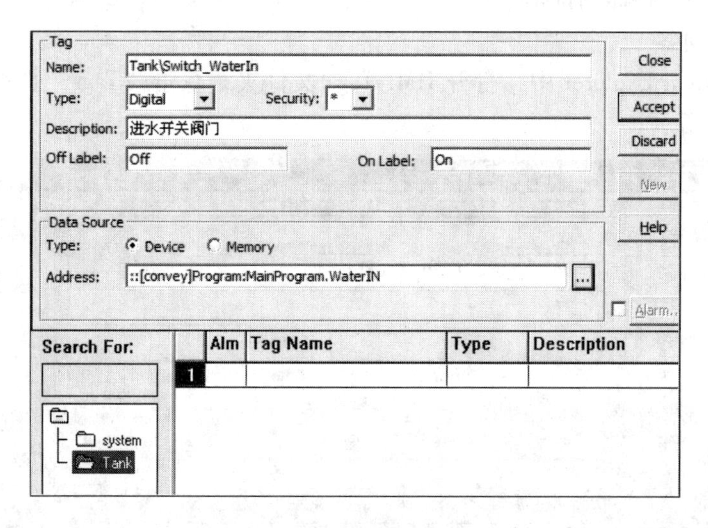

图 6-17　编辑数字量标签

1）打开标签数据库对话框，Name 框中输入“Tank \ Switch_ WaterIn”，Type 中选择 Digital（数字量）。

2）填入下列信息：

Security（安全代码）：*；

Description（注释信息）：“进水开关阀门”；

Off Label（标签值为 0 时的注释文本）：“off”；

On Label（标签值为 1 时的注释文本）：“on”；

Data Source 框中：

Type（数据源的设备类型）：“Device”；

Address（标签值所对应 PLC 的地址）：“::[convey]Program:MainProgram. WaterIN”。

3）点击“Accept”按钮。

（2）添加模拟量标签　在 Tank 文件夹中，创建液位显示模拟量 Water_ Situation 标签，如图 6-18 所示。

1）点击“New”按钮，在 Name 框中输入“Tank \ Switch_ Situation”，Type 中选择 Analog（模拟）。

2）填入下列信息：

Security（安全代码）：*；

Description（注释信息）：“液位”；

Minimum（写入数据服务器的最小值）：“0”；

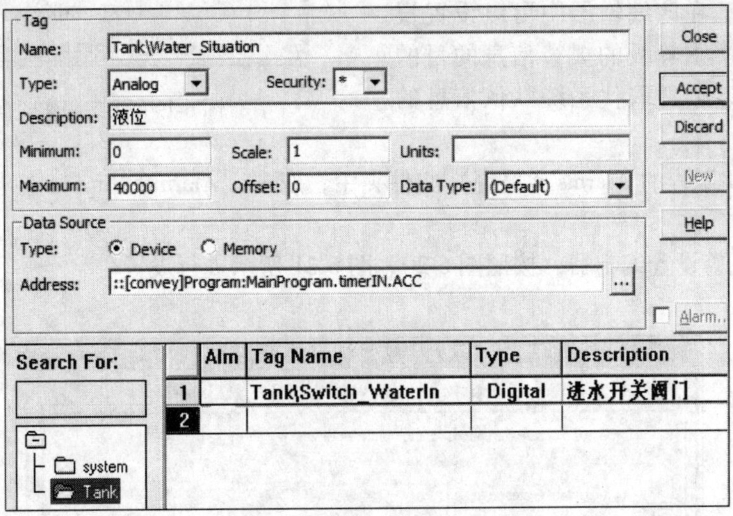

图 6-18　编辑模拟量 Tag

Maximum（写入数据服务器的最大值）：“40000”；

Scale（比例）：“1”；

Offset（偏移量）：“0”；

Data Source 框中：

Type（数据源的设备类型）：“Device”；

Address（地址）：“::[convey]Program:MainProgram. timerIN。”。

其中，Scale 和 Offset 为比例和偏移量，它可以修正来自或发送到 PLC 的“原始数据”。公式如下：

进入 FactoryTalk View SE 的值 = 从 PLC 来的值 * Scale + Offset

3）点击“Accept”按钮。

至此完成了标签的添加。

6.4　组态报警

报警在工业应用中具有十分重要的地位。在事故发生前或事故发生的初期，技术人员能够知道事故发生的地点和时间，并能够及时地排除故障，这是工业生产中对 FactoryTalk

View SE 工作站的基本要求。因此，如何正确地制作报警是 FactoryTalk View SE 学习的一个重要的方面。FactoryTalk View SE 组态软件提供了完善的报警功能，在实际工程中应用广泛。

下面围绕实例，具体介绍组态报警的方法：

1. 组态报警设置编辑器

在报警设置编辑器中，为所有的报警定义常规特性。在该编辑器中可以设置报警通告和每个严重等级的报警信息的目的文件，并且可以创建取代系统默认信息的信息。

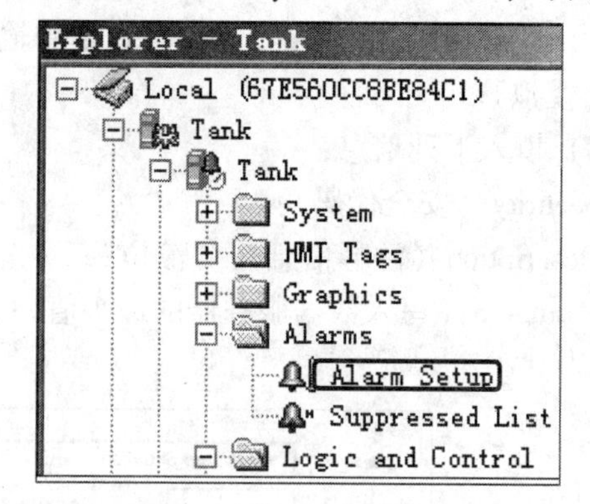

图 6-19　组态报警设置

1）在 HMI 工程的 Alarms（报警）文件夹中，双击“Alarm Setup”，打开该编辑器，如图 6-19 所示。

2）组态报警设置编辑器，按照图 6-20、图 6-21 所示进行设置。

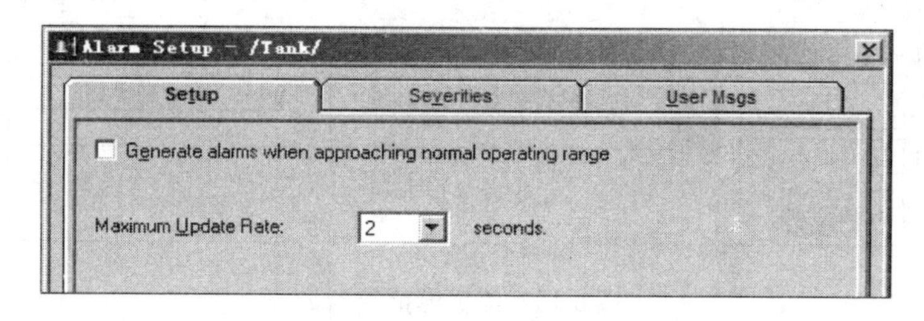

图 6-20　设置 Setup 选项卡

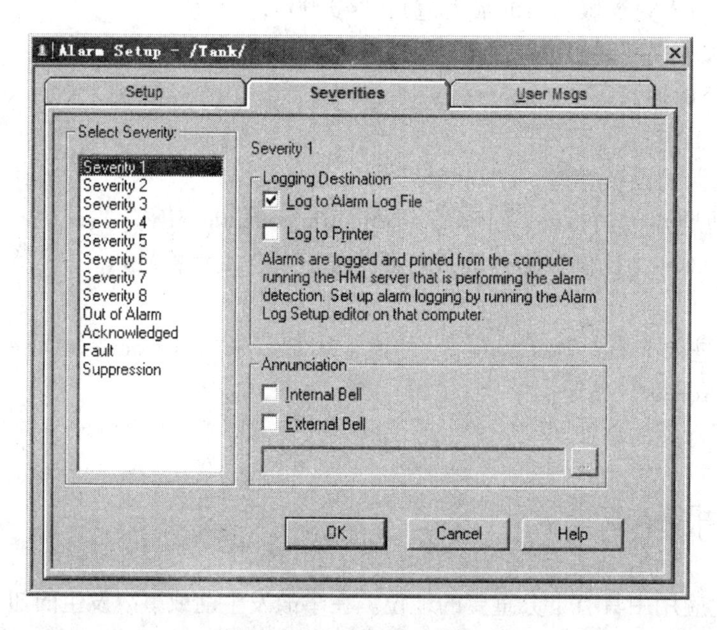

图 6-21　Severities 选项卡

Alarm Setup 的设置选项含义如下：

Setup 选项卡（如图 6-21 所示）：

Generate alarms when approaching normal operating range：当接近正常运行范围时产生报警。当点选此复选框，则穿越报警阈值的模拟量标签数值返回到正常运行范围时产生报警事务。如果用户不想产生这些报警，确保 Setup 选项卡中该选项为未选中状态。

Maximum Update Rate：最大更新速率。从列表中选择一个数值，设置具有报警定义的 HMI 标签被扫描的频率，或者保持默认的更新速率为 2s。该数值的范围为 0. 50 ~ 120s。

Severities（严重等级）选项卡（如图 6-21 所示）：

所有的报警都必须分配严重等级。这样可以使用一组报警。对于每种严重等级，设置一个日志目的文件以及使能内部响铃（Windows 的感叹号声音）或使能外部响铃（可以激励控制器中某个位的数字量型标签。当操作员确认或静音报警时，该位会被复位）。

User Msgs 选项卡：

当产生报警时，会有一条信息发送到日志文件或打印机。在此处可以为所有的报警都组态默认的“用户信息”。该默认信息可以被标签级的“系统信息”（不可编辑）或“定制的信息”所覆盖。

2. 创建报警标签

系统需要报警，因此在建立报警汇总之前，必须先建立报警标签，每一个报警标签实际上代表着系统的一个状态量，如果这个量超过了预定的标准，则需要报警。

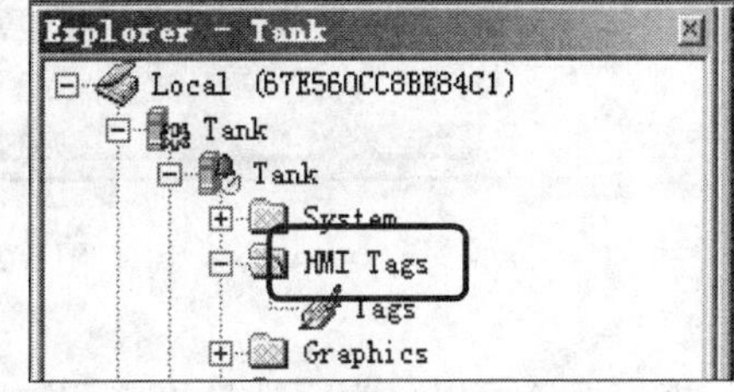

图 6-22　建立报警标签

下面以水箱液位控制系统为例来制作报警。

1）在编辑模式下双击“标签数据库”，如图 6-22 所示。

2）在弹出的对话框中找到“Tank \ Water_ Situation”标签，如图 6-23 所示。

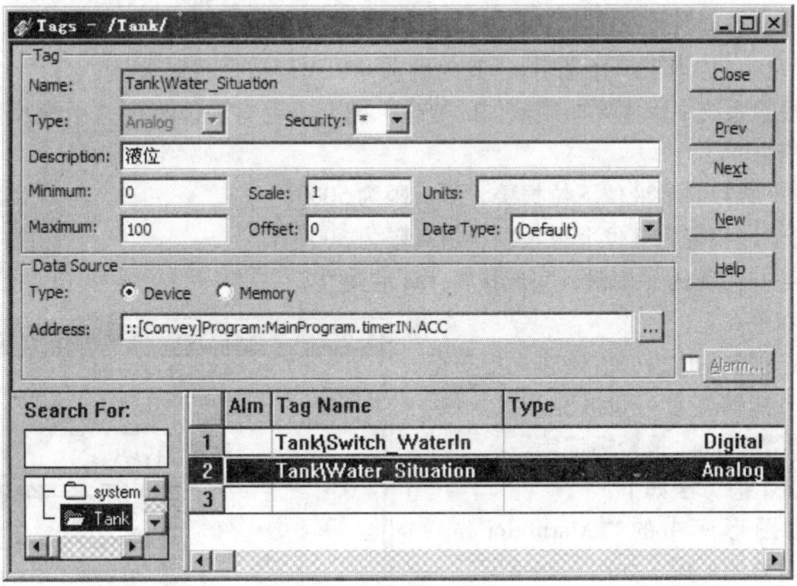

图 6-23　编辑报警标签

3）选择上图中报警按钮，出现如图 6-24 所示的报警编辑对话框。

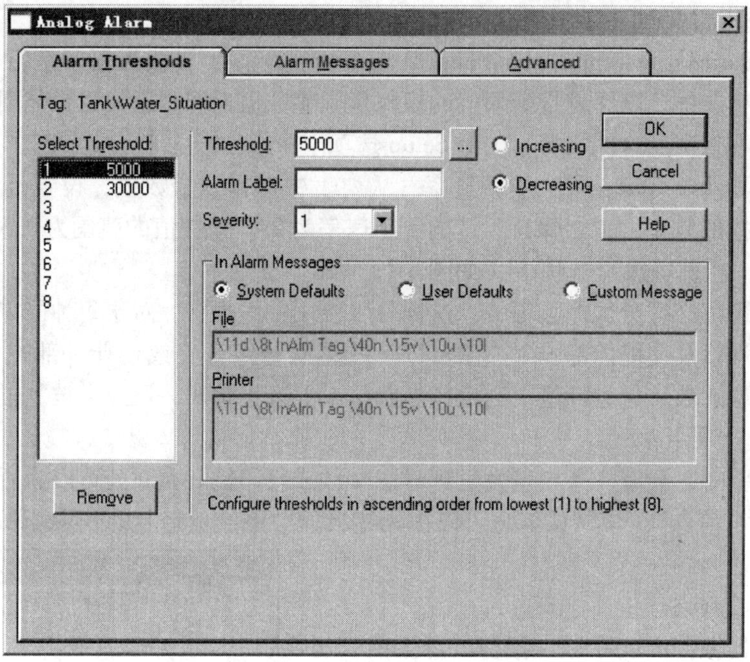

图 6-24　编辑报警对话框

报警标签可以分为模拟量报警和数字量报警，Tank \ Water_ Situation 为模拟量报警。模拟量报警可以有 8 个阈值，每个阈值都可以设置报警，其中阈值表示报警的临界值。“增加”（Increasing）和“减少”（Decreasing）分别表示：当“增加”选中，增加到超过阈值则报警；当“减少”选中时，减少到少于阈值则报警。

报警的严重程度分 8 个等级，一级为最高等级，八级为最低等级。报警标签中填入用户需要报警的信息（相当于解释说明），其他的选择项可以选择系统默认。

在水箱报警系统中，主要监视液位的变化，因此需要对液位高度这个模拟量进行报警。输入下面的信息：

1）设置 1 级报警为液位下位报警，最低限为 5000；

2）设置 2 级报警为液位上位报警，最高限为 30000。

最后，点击“确认”按钮，完成报警 Tag 的建立。

3. 建立报警汇总

报警标记建立完成后，应该建立报警汇总以便操作员能够查看一些报警信息。如：报警日期、报警时间、报警标记等。

建立报警汇总方法如下：

1）双击图形库中的“Alarm Information”，打开报警图形库，如图 6-25 所示。

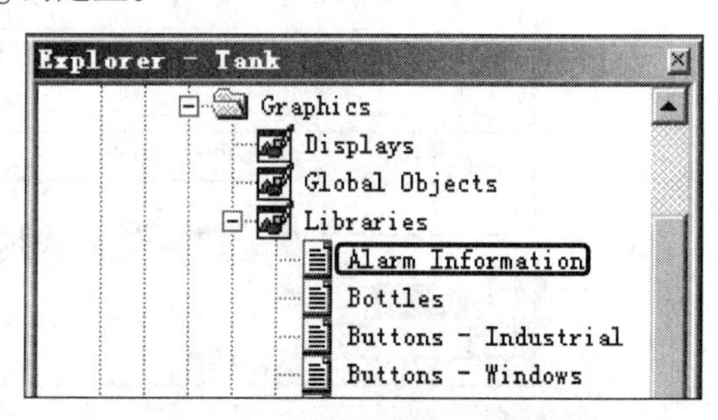

图 6-25　Alarm Information 图形库

2）拖拽报警汇总、报警信息及报警按钮和报警确认按钮到水箱报警画面，如图

6-26所示。

图中报警报表及起动报警和关闭报警等都是从图库中复制的。如果不用图库中的起动报警和关闭报警按钮，用户可以使用绘图工具箱中的按钮通过 Command 命令来创建报警的发生和结束按钮，创建方法如下：

在报警界面中，使用绘制按钮工具创建两个按钮。

在按钮属性 Action 标签中选择 Command 方式。

在 Release 命令输入框中分别输入 alarmon（开报警）和 alarmoff（关报警）两个命令，来实现报警的起动和关闭。

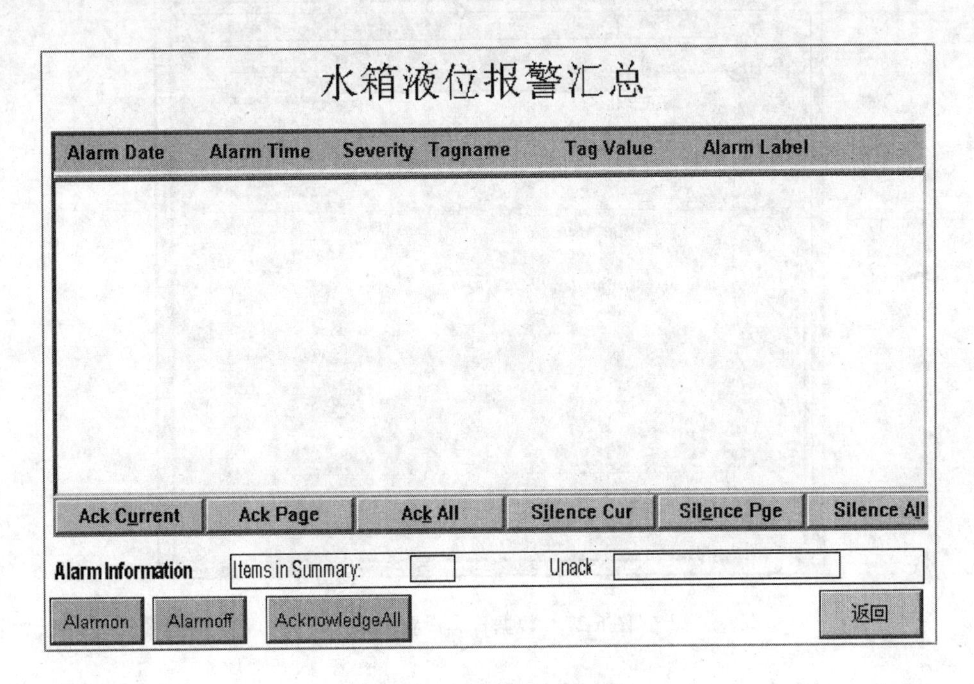

图 6-26　系统报警汇总画面

3）点击工具栏中的“Text”按钮，添加“水箱液位报警汇总”文本。

6.5　组态数据日志

数据日志是 FactoryTalk View SE 的一种用于采集和存储标签值的组件。用户需要在定义数据日志模型时设置要采集何种标签数值、何时采集以及将其存储到什么位置。被采集的数据可以存储到内部文件中，也可以存储到 ODBC（开放式数据库连接）兼容数据库中。

数据记录的主要用途如下：

1）在一个趋势图里显示。

2）可以使用任何 ODBC 兼容的报表软件进行分析，如 Microsoft Excel。

3）存档以备以后分析。

下面主要介绍如何建立数据日志。

设置一个数据日志模式，需要指定日志路径和存储格式、触发数据日志的条件、创建和删除日志文件的时间以及该模式监视的标记类型。

以水箱控制系统为例，介绍设置数据日志记录的方法。

1. 启动“项目管理器”里的“数据日志设置”（Data Log Models）编辑器

2. Setup 选项卡设置

按图 6-27 所示，添加数据日志描述信息为“液位变化”，并在存储形式中选择文件集形式。

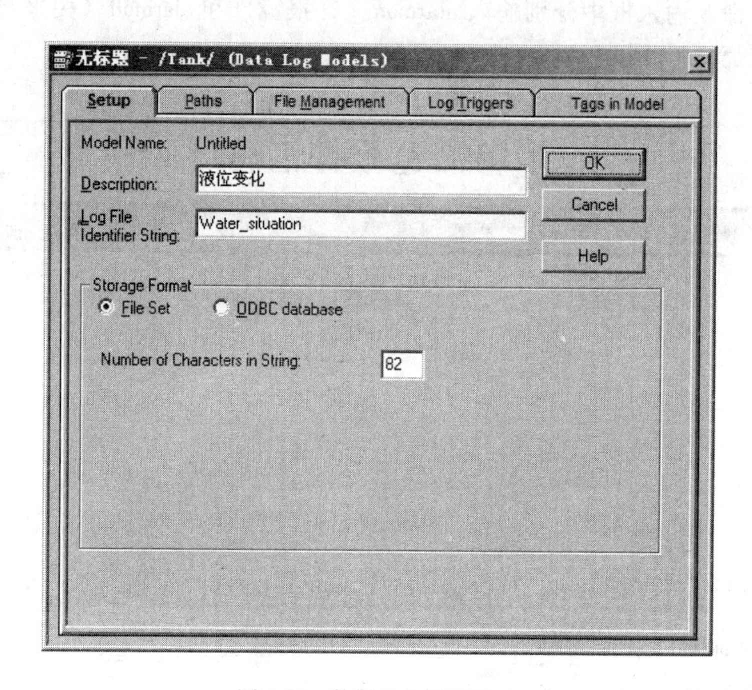

图 6-27　数据日志设置窗口

在“设置”选项卡里可以对数据日志作简要的描述，包括数据存储的位置及记录文件的存储格式。数据日志信息可以用两种格式来存储，一种是扩展名为 .DAT 的文件集，另一种为 ODBC 数据源。如果使用 File Set（文件集）存储格式，则标签值将会以私有格式文件存储，用户只能使用 FactoryTalk View SE 趋势图查看这些文件集的内容。如果将日志记录到 ODBC 数据库，则可以使用第三方的 ODBC 兼容工具来分析数据以及创建数据报表。

3. 路径选项卡设置

在“路径”选项卡里指定数据存储在哪里。一般情况下，数据存储在主要路径。只有在无法访问主要路径时才会记录到次级路径，例如：当网络无法连接到主要路径时，或者是主要路径所在磁盘已满。本例中不做任何改变，选择默认即可，如图 6-28 所示。

4. 文件管理选项卡设置

在“文件管理”选项卡里可以指定何时创建新文件以及何时删除旧文件，如图 6-29 所示。

文件集形式每次创建一组三个，系统自动给出“数据日志”文件名。本例采用默认设置，不做任何修改。

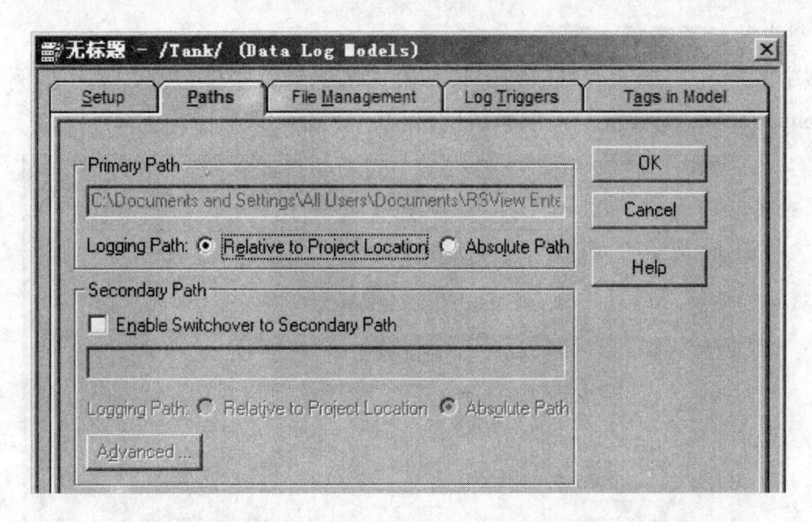

图 6-28　数据日志路径设置（. DAT 格式时）

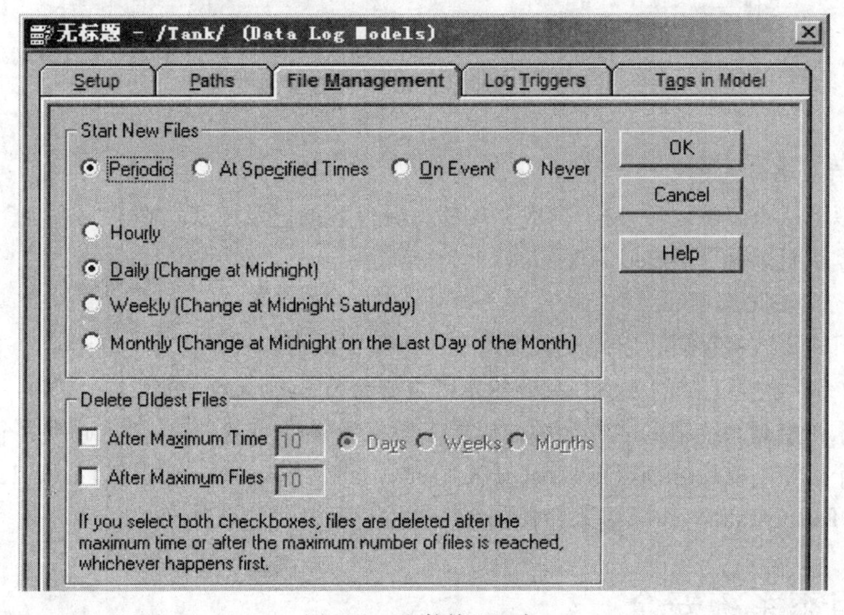

图 6-29　文件管理组态

5. 日志触发选项卡设置

在“日志触发”选项卡里，用户可以指定何时触发对标签数值的记录。

本例中选择 1s 进行一次数据记录，如图 6-30 所示。

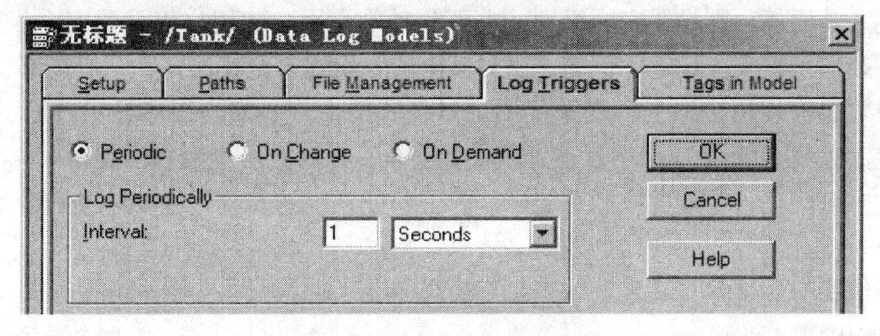

图 6-30　数据记录触发记录

6. 模型中的标签选项卡设置

“模型中的标签”选项卡可以指定某种模式将记录哪些标记的数值。本例中添加“Tank\Water_ Situation”，记录水箱控制系统的液位，如图 6-31 所示。

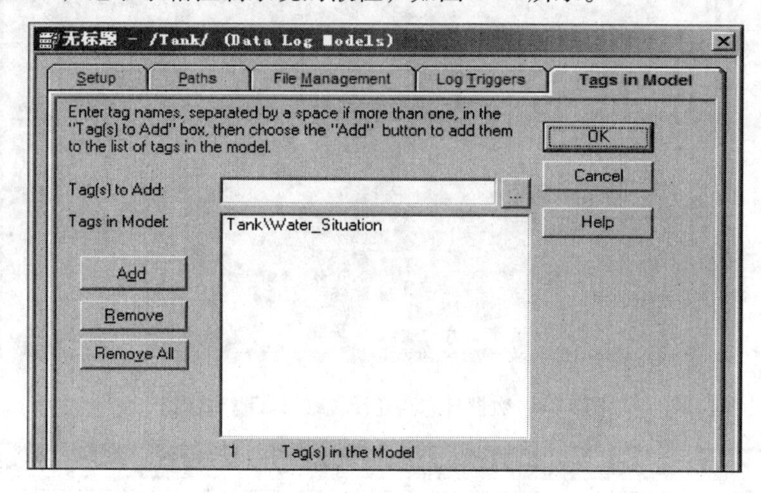

图 6-31 添加标签到记录模型文件中

7. 保存数据日志模式

完成以上所有步骤之后，按“OK”按钮，保存数据记录模式。在“另存为”对话框里键入该数据记录名称“FactoryTalk View”。

8. 运行数据记录

数据日志模式保存后，它并没有真正工作，需要执行相关的命令才能激活。FactoryTalk View SE 有多种激活记录的方法，只要使用可执行命令 DataLogOn 即可。

在本水箱控制系统中的主界面中，设置了数据记录“查看”和“关闭”两个按钮。通过对这两个按钮的操作分别执行 DataLogOn FactoryTalk View 和 DataLogOff FactoryTalk View 两个命令，“FactoryTalk View”是水箱控制系统数据记录模式的名称。

6.6 组态系统安全

在工业生产中，一个系统的安全非常重要，它关系到整个系统是否安全运行。组态软件 FactoryTalk View SE 为用户提供了项目级的安全保障，对 FactoryTalk View SE 的命令、宏、数据库标签、画面等分别设置安全级别，也可针对单个用户或用户组设置安全级别的组合，从而实现复杂的系统安全设定。例如，当对某个命令设置安全代码时，只有能够访问该安全代码的用户才能够使用该命令。安全代码可以设置给命令、宏、图形显示画面、OLE 对象和 HMI 标签。此外，整个应用项目还可以设置安全，以防止不经授权的编辑。

基于这一点，在水箱液位控制系统中，为了保证系统的安全，主要涉及到设置用户账号和安全代码。

设置系统安全的基本步骤为：

1）组态用户账号；

2）将安全应用于期望的元素。

1. 设置用户账号

用户账号和安全码一起确定了谁可以访问哪些应用项目。用户可以使用 Windows 操作系统已定义好的用户进行权限的设置，也可以使用 RSAssetSecurity 对 FactoryTalk View SE 应用项目进行用户的创建和权限的管理，RSAssetSecurity 允许引用已经在 Windows 中设置好的用户账号或单独创建 FactoryTalk ViewSE 用户。以下将介绍如何使用 RSAssetSecurity 创建用户和设置用户权限。

图 6-32　创建 RSAssetSecurity 用户

（1）创建 RSAssetSecurity 用户

1）右键单击“应用浏览器”窗口下的“system”→“Users and Groups→User”，如图 6-32 所示，选择“New→User”，创建新用户。

2）在弹出窗口中设定用户名、密码和密码选项。在本实例中，共创建两个用户，分别为 Operator 为操作人员，密码设置为“operator”；Engineer 为管理员，密码设置为“admini”，如图 6-33 所示。

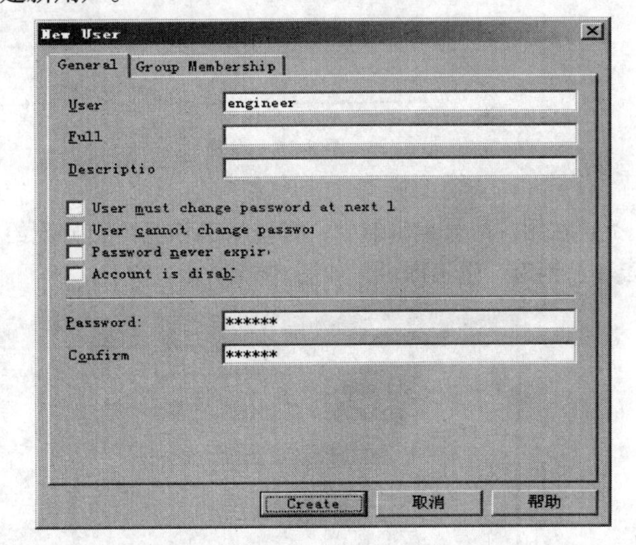

图 6-33　创建用户

（2）将 RSAssetSecurity 用户添加到 FactoryTalk View 并且分配用户安全代码

1）在 Settings（设置）菜单中点击 FactoryTalk View User Accounts...，弹出 User Accounts 窗口，如图 6-34 所示。

2）在 Setup 菜单中，点击“Add Users/Groups”（添加用户/组），或点击工具栏上的“Add User/Group”工具。

3）点击“Add”，在 Filter（筛选）选项中选择 Show all，选中想要添加的用户，点击“OK”按钮退出。

4）在“Security Settings”（安全设置）对话框中，将安全代码分配给用户，如图 6-35 所示。FactoryTalk View 有 17 种安全代码：星号（*）和字符 A ~ P。星号代表无限制权限，字符代表限制权限。这些符号并不分级——所有的符号具有相同的安全等级。用户不必使用所有的安全代码，也不必按照特定的顺序设定代码。

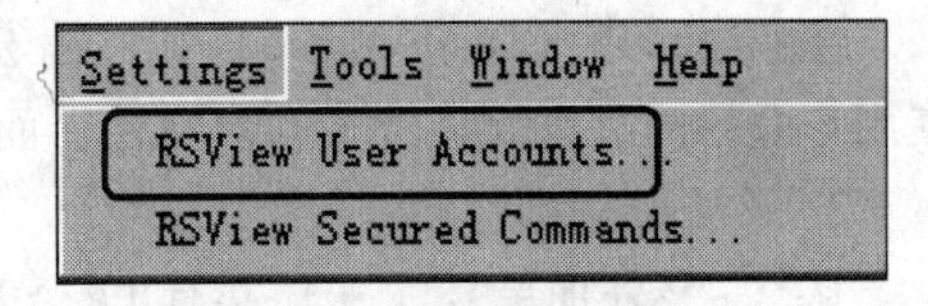

图 6-34　选择用户权限菜单

在水箱控制系统中共创建了两个用户：Operator 为操作人员，不具备 B 的安全代码；Engineer 为管理员，具备所有的权限。以上权限将在下节 VBA 代码中加以验证。

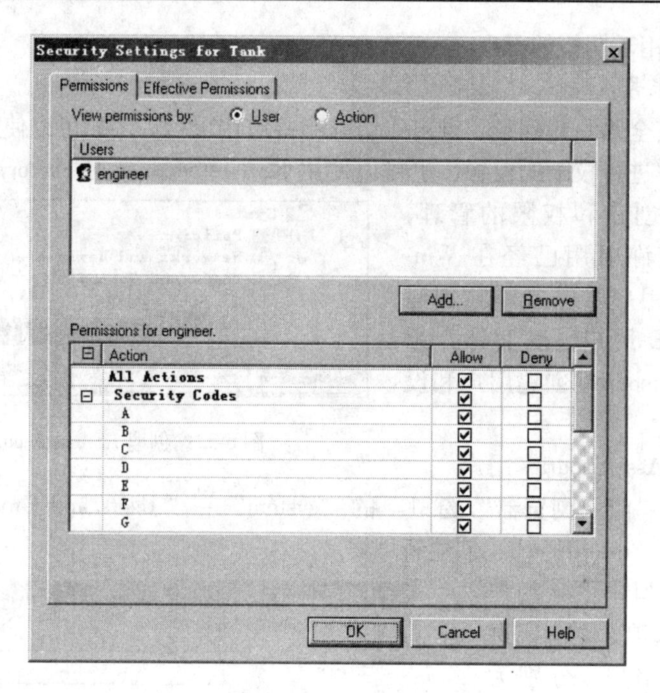

图 6-35　设置 Security Settings（安全设置）

5）在用户账号编辑器中，将登录宏和注销宏分配给用户和组，本水箱实例不需设置登录宏和注销宏，退出即可，如图 6-36 所示。

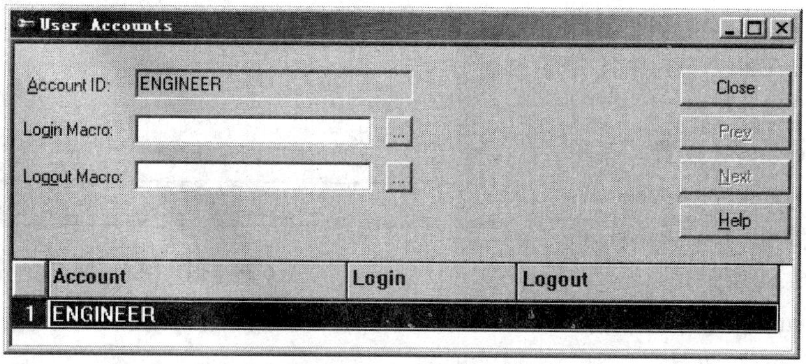

图 6-36　用户账号编辑器

注：登录宏（Login Macro）和注销宏（Logout Macro）为选用项，其中登录宏的作用是在用户登录时启动允许选择的宏文件，而注销宏则是在用户注销是运行选择的宏文件。

2. 设置安全码

从 A ~ P 外加星号（*）共有 17 个安全码。“*”表示无限制访问（默认设置）。如果要限制命令、宏、图形显示、OLE 动词或标记的使用，需要设定它的安全码（从 A ~ P）。要使用一个安全码非“*”的条目，用户必须有一个拥有对应安全码的账号。

用“图形显示”编辑器菜单中的“显示设置”命令设定图形显示的安全码。

用“标签数据库”编辑器设定标签的安全码。

用“安全码”编辑器设定命令和宏的安全码，过程如下：

（1）设置安全码

1）双击“安全码”图标启动编辑器。

2）键入需设置安全的宏或命令的名字。

3）如果想进一步提供关于宏或命令的信息，请输入描述。

4）单击“安全码”框旁边的向下箭头，列出安全码，选择一个，或在电子数据表里键入安全码。

5）单击“接受”加以确认。

6）设置完安全码后选择“文件”菜单下的“保存”。

（2）选项

1）命令（Command）：键入命令或宏的全名。

2）描述（Description）：输入如何使用命令或宏的说明。

3）安全码（Security Code）：为条目在 A ~ P 之间选择一个安全码。

如果一个用户没有使用这个安全码的权利，就不能运行该命令或宏，无限制访问（ * ）。

作为默认安全码，可以用（ * ）做为那些全部用户都需要使用的命令的安全码，例如“登录”和“退出”，如图 6-37 所示。水箱系统选择默认。

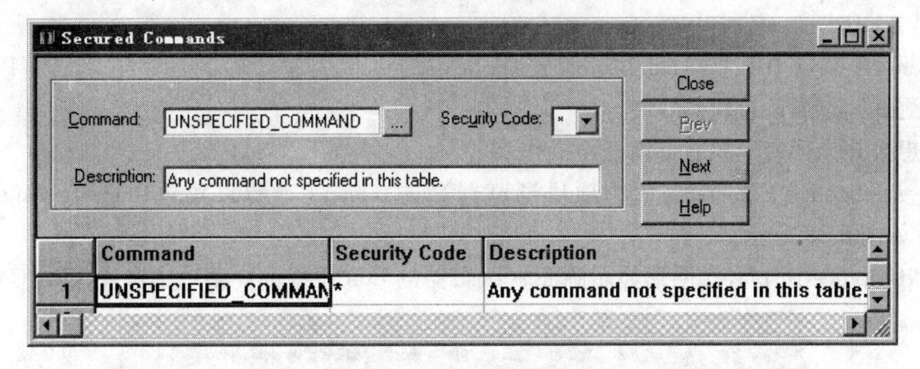

图 6-37　安全代码设置选项

6.7　使用 VBA 显示代码

1. FactoryTalk View SE 中的 VBA

Visual Basic for Applications 是一种嵌入到 FactoryTalk View Studio 中的 Microsoft 编程语言。用户可以直接对图形显示画面的对象进行代码编写，以便定制和扩展 FactoryTalk View SE 客户端的功能。

代码是在 FactoryTalk View Studio 中编写的，却是作为图形显示画面的一部分。代码在 SE 客户端作为显示画面的一部分执行。

下面列举了一些使用 VBA 代码的方式：

1）与其他应用程序一起使用数据：如果经常需要把 FactoryTalk View 数据在其他诸如

Microsoft Excel 或 SQL Server 等程序中使用，则可以考虑将 FactoryTalk View SE 客户端对象模型和显示代码与 VBA 一起使用，以便将这些应用程序与 FactoryTalk View 集成。

2）为操作员创建定制的表格：可以使用 VBA 创建定制的表格，例如：在运行时弹出操作员可以与其进行交互的对话框。还可以使用 VBA 逻辑来验证操作员的输入，例如：用于确保操作员在数值型输入框中输入的数值比另一个数值型输入框中的数值小 10%。

3）设计直观的图形显示画面：使用 FactoryTalk View SE 客户端对象模型可以在 ActiveX 控件中存储数据，以便在图形显示画面中使用。例如：在图形显示画面中使用列表框或组合框允许操作员选择配方等选项。

4）操作 FactoryTalk View SE 客户端窗口：编写 VBA 代码可以根据 FactoryTalk View SE 客户端窗口的大小排列图形显示画面。这使得应用项目可以动态地使用不同的屏幕桌面尺寸和分辨率。

5）将定制的信息发送到活动日志文件：将特定的信息发送到活动日志窗口和活动日志文件，以便通过 VBA 代码记录操作的条件和事件。

6）设置系统安全：FactoryTalk View SE 客户端对象模型允许用户获取安全信息（例如：谁在使用系统等），并使用这些安全信息和事件来控制对系统的访问。例如：通过为用户所登录的工作站上所显示的图形画面创建特定的安全代码，可以限制用户对某个安全计算机上图形显示画面的访问。

2. VBA IDE

Microsoft VBA IDE（Visual Basic for Applications，集成设计环境）使得用户可以编写、编辑、测试运行和调试代码。

要想打开该环境，执行下面任一操作：

1）Application Explorer（应用项目浏览器）的 View（查看）菜单中选择 Visual Basic Editor，如图 6-38 所示。

2）Graphics Display（图形显示画面）编辑器的 Edit（编辑）菜单中选择 VBA Code...。

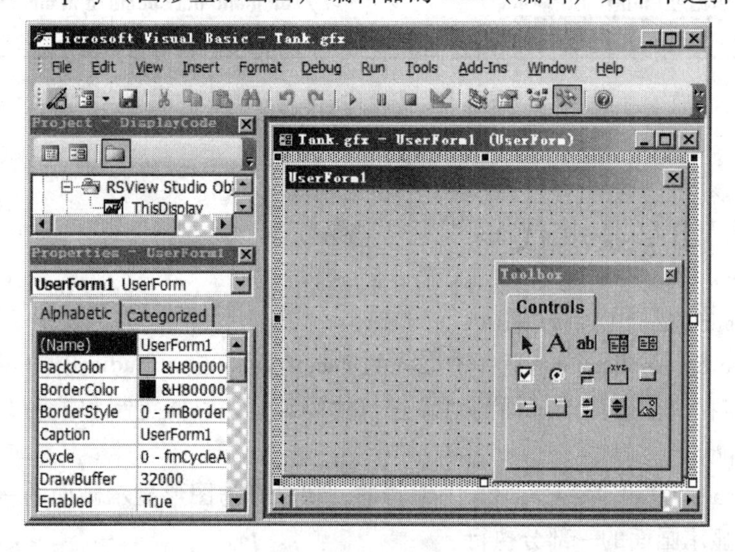

图 6-38 VBA IDE

3）某个显示画面在 Graphics Display（图形显示画面）编辑器中打开时，右键点击该显示画面，然后从菜单中选择 VBA Code...。

4）右键点击显示画面中的某个元素，然后从菜单中选择 VBA Code...。

VBA IDE 包含工程浏览器、属性窗口和代码窗口。

3. 应用举例

下面以水箱液位控制系统为例，实现根据登录用户的安全代码使能或禁止按钮的功能。

1）打开 Tank 画面，鼠标右键点击数据记录的关闭按钮并选择 Property Panel，修改 Name 为 ButtonNoOperator，ExposeToVBA 为 VBA Control，退出，如图 6-39 所示。

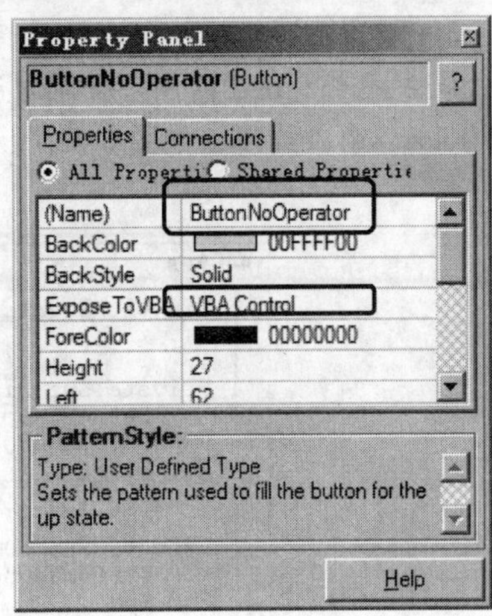

图 6-39　设置 Property Panel

2）右键点击数据记录的关闭按钮，然后从菜单中选择 VBA Code...，进入 VBA IDE 开发环境。

3）首先定义一个变量，用户需要创建一个对象来代表 Display Client Application，将对象命名为 oDCApp。使用 WithEvents 关键词，允许该对象唤起事件。在随后的步骤中，用一个事件就可以触发代码。在图 6-40 中键入如下代码：Dim WithEvents oDCApp As DisplayClient. Application。

图 6-40　定义变量

4）添加代码，将变量（oDCApp）设置给特定的 Display Client Application，并根据登录用户使能或禁止按钮。当显示画面启动时——也就是当 Display AnimationStart 事件发生时会运行该代码。通过使用 Application 对象的 CurrentUserHasCode 方法可以测试该代码，如图 6-41 所示。

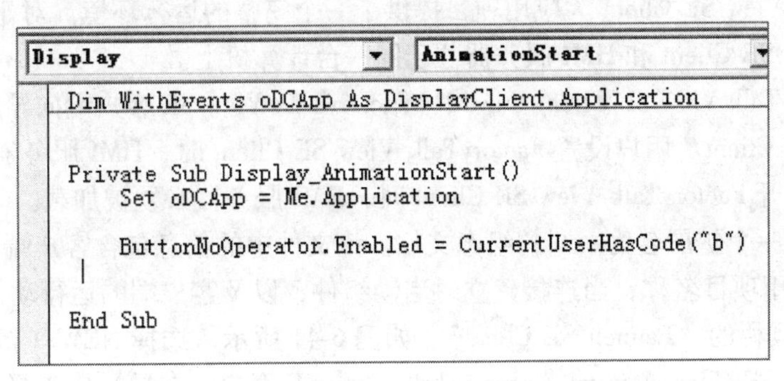

图 6-41　设置 Display_ AnimationStart( )代码

添加如下代码:

Set oDCApp = Me. Application

ButtonNoOperator. Enabled = CurrentUserHasCode("b")

5）设置 oDCApp 对象的 Login 事件。上述输入的代码仅检验显示画面首次启动时的安全代码，还需要在任何用户登录时进行检查，只要从先前创建的代码复制到设置 oDCApp 对象的 Login 事件即可，如图 6-42 所示。

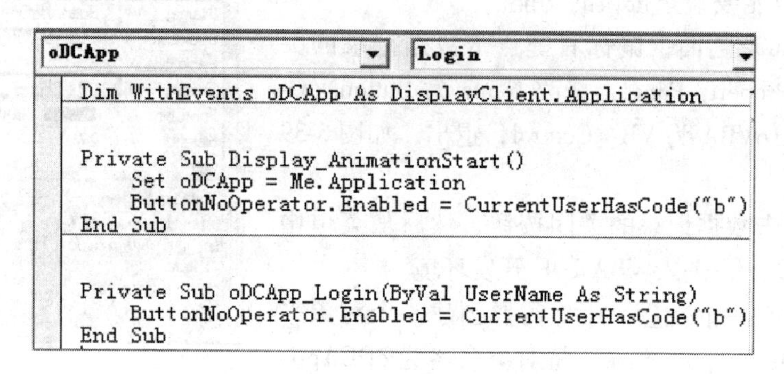

图 6-42　设置 oDCApp 对象的 Login 事件

6）最后，在代码中释放 oDCApp 对象。在 Display 对象的 AfterAnimationStop 事件中键入：Set oDCApp = Nothing，如图 6-43 所示。

```
Private Sub Display_AfterAnimationStop()
    Set oDCApp = Nothing
End Sub
```

图 6-43　设置 Display 对象的 AfterAnimationStop 事件

完成后，存盘退出。

6.8　组态 FactoryTalk View SE 客户端

FactoryTalk View SE Client 为应用项目提供了一个完整的运行环境。对于单机应用项目，FactoryTalk View SE Client 和 HMI 服务器位于同一台计算机上。

使用 FactoryTalk View SE Client Wizard（FactoryTalk View SE 客户端向导）可以设置 FactoryTalk View SE Client。用户设置 FactoryTalk View SE Client 时，HMI 服务器没有必要运行，然而，当用户打开 FactoryTalk View SE Client 时，HMI 服务器必须被加载。

向导会创建一个扩展名为 .cli 的组态文件。该文件中的信息包含客户端可以连接的 FactoryTalk View 应用项目名称，当连接建立时启动组件，以及客户端的运行动作。

1）点击工具栏的“Launch SE Client”，如图 6-44 所示，选择 NEW（新建）。在启动的 FactoryTalk View SE Client Wizard（FactoryTalk View SE 客户端向导）中选择 New（新建客户端文件），如图 6-45 所示。

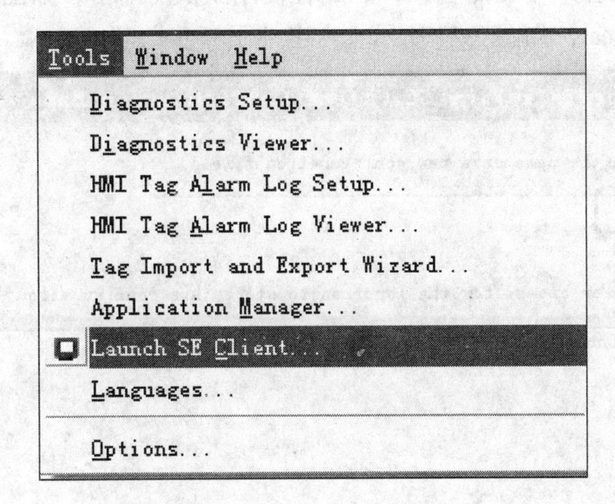

图 6-44　点击“Launch SE Client”

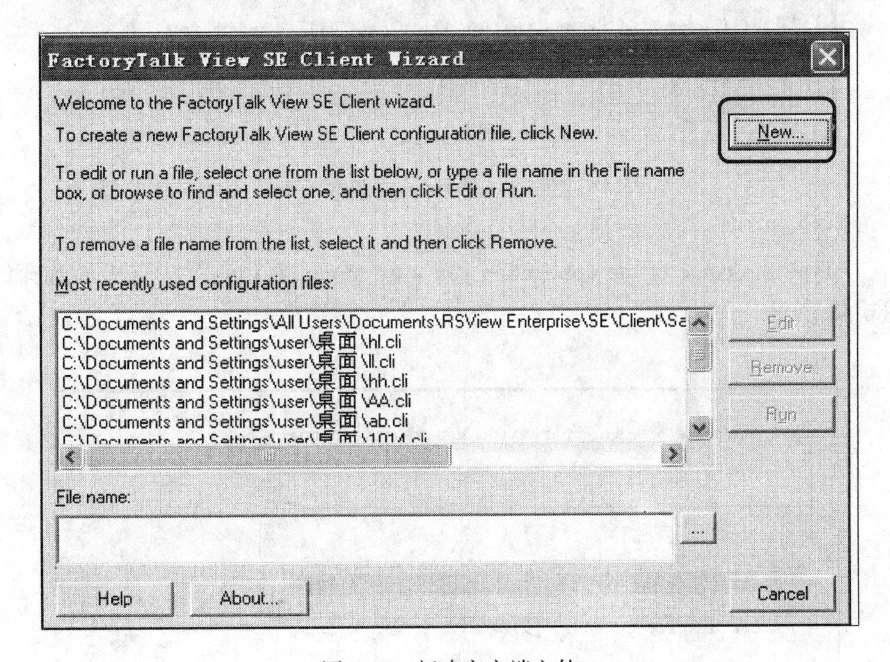

图 6-45　新建客户端文件

2）输入新建的客户端文件名：SE，路径使用默认的即可，如图 6-46 所示。完成后点击“下一步”，选中 Local，如图 6-47 所示，点击“下一步”。

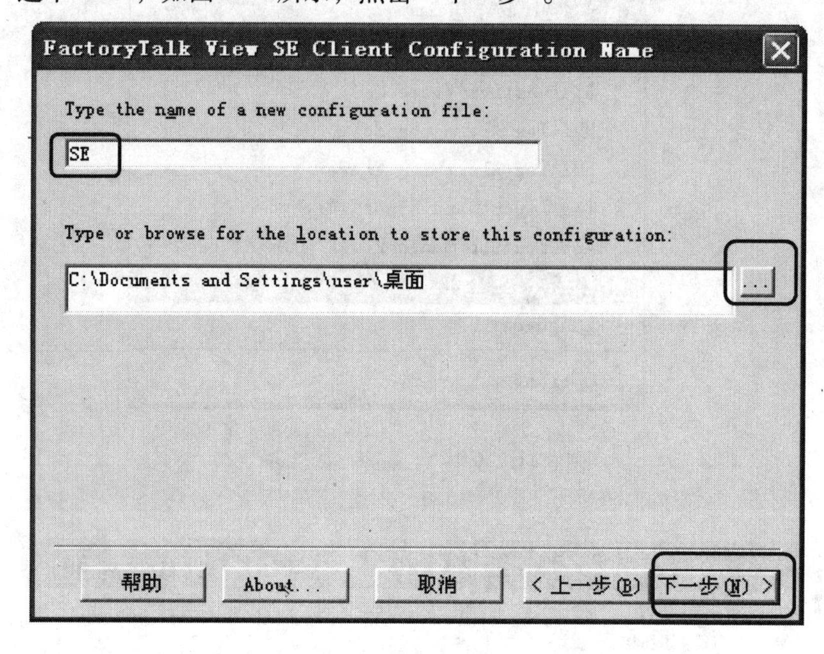

图 6-46　输入文件名及选择存储路径

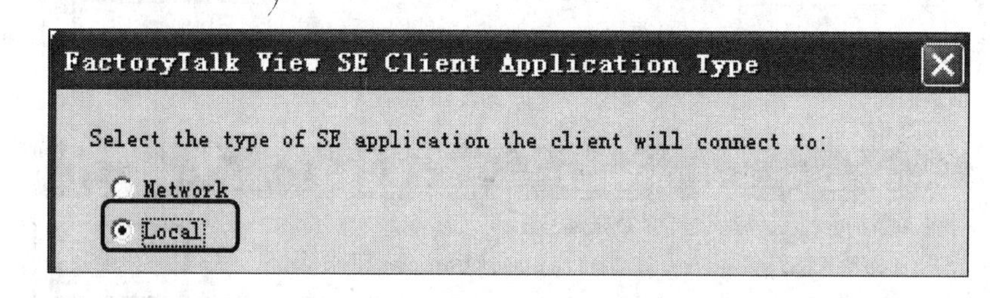

图 6-47　选择 Local 版本

3）在“Type the name of the application you want to connect to:”中选中所选择的项目名称，如图 6-48 所示。

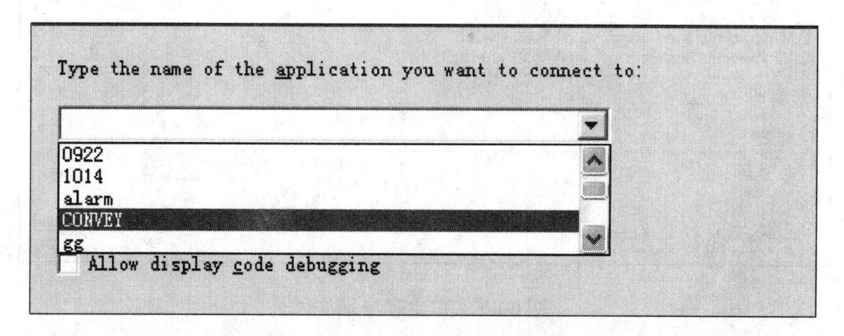

图 6-48　选择所选项目名称

4）组态客户端组件，选择初始画面及开启/关闭时所执行的宏，如图6-49所示。

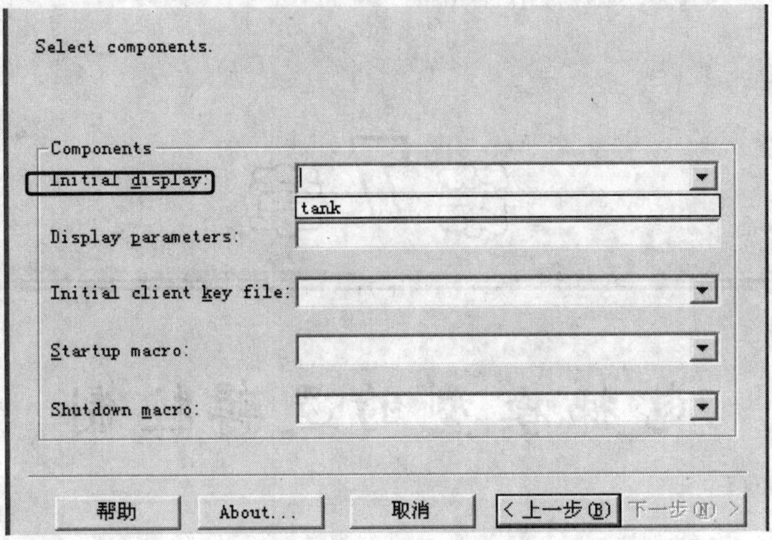

图6-49　组态客户端组件

5）设置客户端窗口属性，在此步骤中的设置决定了SE Client打开时其外观和行为。选中Maximaze window（最大化窗口），其余使用默认即可。

6）设置客户端自动退出。用户可以为SE Client设置组态文件，使得在一段时间内如果鼠标或键盘没有任何动作，则当前用户就会自动从客户端退出，所有的显示画面都会关闭，并且会显示一个登录屏幕。

7）完成客户端组态。组态文件的最后一步非常简单，保存该文件即可，或者保存该文件并打开测试客户端文件，如图6-50所示。

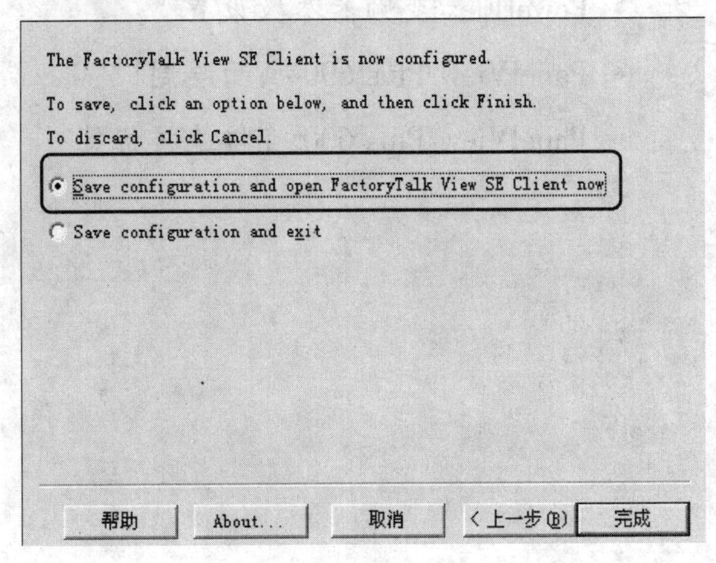

图6-50　完成客户端组态

第7章

电梯模型的逻辑控制

学习目标

- 电梯的功能
- 电梯程序结构
- CompactLogix 的标签映射
- PowerFlex 变频器参数设置
- PanelView Plus 600 画面绘制
- PanelView Plus 600 直接连接标签

7.1　CMS 四层电梯控制系统

CMS 四层电梯控制系统是罗克韦尔公司为了充分体现 CMS 控制系统的特点和优势而专门开发的应用实例。主要包括两部分：CMS 四层电梯模型和 CMS 控制系统 DEMO 箱。整个系统采用单一的网络 EtherNet/IP 进行通信，通过 CompactLogix 控制器对电梯模型进行逻辑控制；通过 Point I/O 输入输出模块进行远程 I/O 扩展；通过 PowerFlex40 变频器对电梯的运行速度进行调节，使其满足控制要求；通过 PanelView Plus 600 操作员面板进行人机交互。

7.1.1　CMS 四层电梯控制系统组成

CMS 四层电梯模型是专门为此系统设计的电梯模型，如图 7-1 所示。该电梯模型在设计时尽量遵照了实际电梯，并简化了一些功能。在设计中尽量贴近实际电梯，以反映真实电梯的控制过程。

图 7-1　CMS 四层电梯模型

在图 7-1 中，电梯模型的最上端有 1 个用于显示电梯层数的七段数码管，其左侧和右侧分别有 1 个上行显示器和 1 个下行显示器。当电梯上行时，上行显示器点亮；当电梯下行时，下行显示器点亮。电梯模型的 1 层右侧有 1 个红色的按钮，该按钮同时也具有显示功能，当该按钮点亮时，表示 1 层具有上呼唤请求；2 层的红色和绿色按钮分别表示 2 层上呼唤请求和 2 层下呼唤请求；3 层和 4 层的按钮依次类推。在电梯模型的底端内部有 1 个控制轿箱上行、下行的交流电机，并用 1 个直流电机控制轿箱门的开与关。在轿箱的背面有 7 个光电开关，用于获得轿箱信号，包括：位置信号、上减速信号、下减速信号和报警信号等。现在已经对电梯模型有了基本的了解，下面介绍 CMS 控制系统 Demo 箱。

CMS 控制系统 Demo 箱如图 7-2 所示。处理器选用 CompactLogix 系列中的 1769-L35E 处理器，使用 1 个 1769-IQ6XOW4 6 输入/4 继电器输出数字量组合模块和 1 个 1769-IF4XOF2 高速 4 输入/2 输出模拟量组合模块。Point I/O 作为远程扩展 I/O，使用 2 个 1734-IB8 数字量输入模块、2 个 1734-OB8 数字量输出模块和 1 个 1734-VHSC24 高速计数模块。变频器选用 PowerFlex 40 变频器，人机交互界面选用触摸式 PanelView Plus 600 操作员终端。这些产品都通过以太网进行通信。

除了这些主要的设备外还有一些辅助设备，如模拟量输入、模拟量输出显示屏、显示灯、开关以及按钮等。

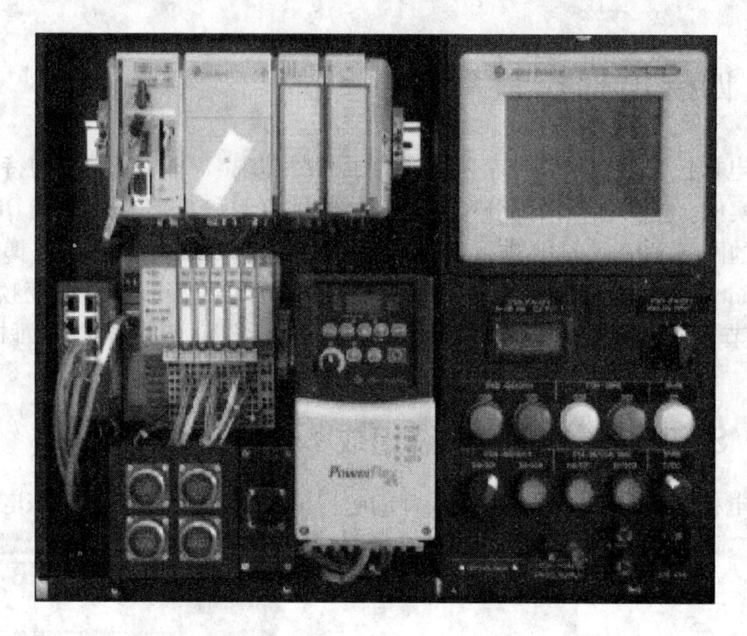

图 7-2 CMS 控制系统 Demo 箱

7.1.2 CMS 四层电梯控制系统功能

CMS 四层电梯控制系统控制的主要设备是电梯模型，而该电梯模型在设计时基本遵照了实际的电梯，只是简化了一些功能，所以该电梯模型的基本控制逻辑应该与实际电梯的控制逻辑相同。

1. 电梯轿厢内部功能

在电梯内部，有 4 个楼层（1～4 层）按钮、开门和关门按钮以及楼层显示器、上升和下行显示器。当乘客进入电梯后，电梯内应有能让乘客按下的代表其要去的目的楼层按钮，称为内呼换按钮。电梯停下时，应具有开门、关门的功能，即电梯门可以自动打开，经过一定的延时后，又可自动关闭。而且，在电梯内部也应有控制电梯开门、关门的按钮，使乘客可以在电梯停下时可以控制电梯的开门与关门。电梯内部还应配有显示器，用来显示电梯现在所处的状态，即电梯是上升还是下降以及电梯所处的楼层，这样可以使电梯里的乘客清楚地知道自己所处的位置，电梯是上升还是下降等。

CMS 四层电梯也应该具有上述的功能，但由于只是个电梯模型，电梯内部的空间有限，而且无法看到，所以要将此部分控制功能在 PanelView Plus 人机交互界面中进行相应的开发，具体开发过程请参阅 7.2.5 节。

2. 电梯轿厢外部功能

电梯的外部共分 4 层，每层都有呼梯按钮、呼唤显示器、上行和下行显示器以及楼层显示器。呼唤按钮是乘客用来发出呼唤的工具，呼唤显示器在完成相应的呼唤请求之前应一直保持为亮，它和上行显示器、下行显示器、楼层显示器一样，都是用来显示电梯所处的状态。4 层楼电梯中，1 层只有上呼按钮，4 层只有下呼按钮，其余 3 层都同时具有上呼和下呼按钮。而上行、下行显示器以及楼层显示器，4 层电梯均应该相同。

此部分功能不但在电梯模型中有所体现，而且在 PanelView Plus 人机界面中也应进行相应功能的开发。

3. 电梯各阶段状态

初始状态：假设电梯位于 1 层待命，各层显示器都被初始化，电梯处于以下状态：

1）各层呼唤灯均不亮；

2）电梯外部及人机界面各楼层显示器显示均为 1；

3）电梯轿箱门关闭。

运行过程：

1）按下某层呼唤按钮（1 ~4 层）后，该层呼唤灯亮，电梯响应该层呼唤；

2）电梯上行或下行直至该层；

3）楼层显示随电梯移动而改变；

4）运行中电梯门始终关闭，到达指定层时，门才打开；

5）在电梯运行过程中，支持其他呼唤；

6）当电梯下行到 1 层时继续下行或者电梯上行到 4 层时继续上行，这说明电梯运行出了问题，应在收到报警信号后立刻产生限位报警，同时使电梯停止运行。

电梯运行后状态：在到达指定楼层后，继续待命，直至新命令产生。

1）电梯在到达指定楼层后，电梯门会自动打开，一段延时自动关闭，在此过程中，支持手动开门或关门；

2）楼层显示值为该层所在位置，且上行与下行显示器均灭。

上面提出了电梯在自动运行情况下的控制要求。在此应用实例中，考虑到电梯是需要维护的，所以需要加一个自动运行和维护状态的切换开关。在维护状态下，可以手动对电梯进行控制，包括上行、下行、停止、开门及关门等。

7.2　CMS 四层电梯控制系统设计

7.2.1　电梯模型的网络结构和 I/O 组态

CMS 四层电梯控制系统采用以太网进行通信，网络结构图如图 7-3 所示。

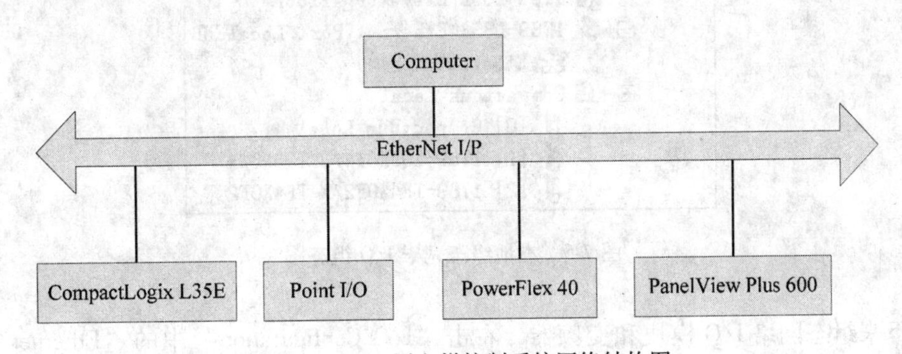

图 7-3　CMS 四层电梯控制系统网络结构图

所有的信息和数据：

打开 RSLogix5000 软件，单击 File -> New，创建名为 Elevator_ 4floor 的新应用项目，配置好的画面如图 7-4 所示。

New Controller

Vendor: Allen-Bradley

Type: 1769-L35E CompactLogix5335E Controller

Revision: 16

Redundancy Enabled

Name: Elevator_4floor

Description: CMS四层电梯应用项目

Chassis Type: <none>

Slot: 0 Safety Partner Slot:

Create In: C:\RSLogix 5000\Projects

OK

Cancel

Help

Browse...

图 7-4　新建控制器对话框

下面进行 I/O 的硬件组态，首先组态本地 I/O 模块，在本地添加 1769-IQ6XOW4、1769-IF4XOF2 两个模块，本地模块添加完毕之后的界面如图 7-5 所示。

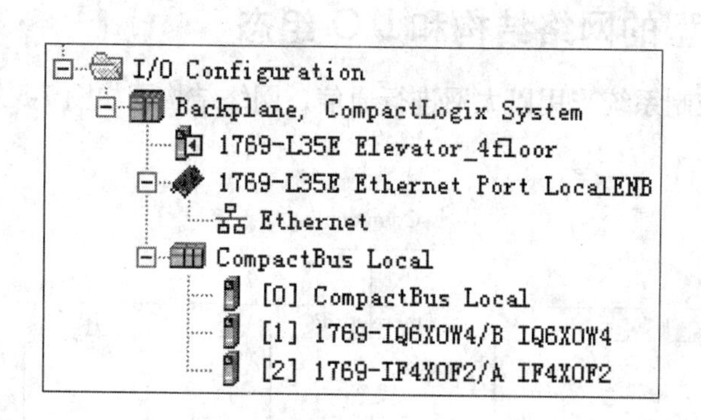

图 7-5　本地组态完毕 I/O 组态图

接下来组态网络 I/O 模块和变频器，右击“I/O Configuration”中的“Ethernet”，选择“New Module…”，如图 7-6 所示。

在出现的对话框中选择 Communications，然后选择 1734-AENT，如图 7-7 所示。

I/O Configuration
Backplane, CompactLogix System
1769-L35E Elevator_4floor
1769-L35E Ethernet Port LocalENB
Ethernet
CompactBus
[0] Comp
[1] 1769
New Module...
Paste
Ctrl+V

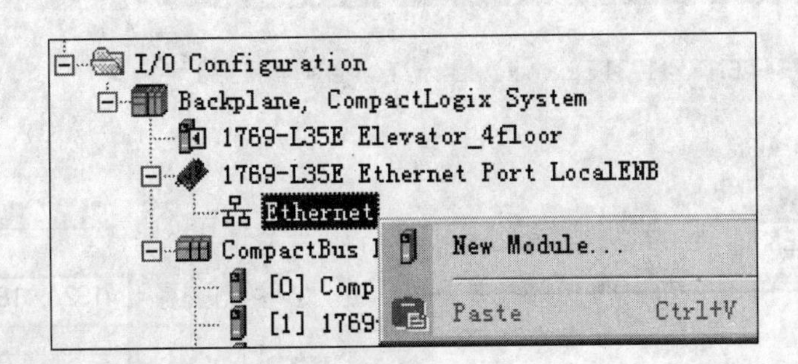

图 7-6　添加网络模块

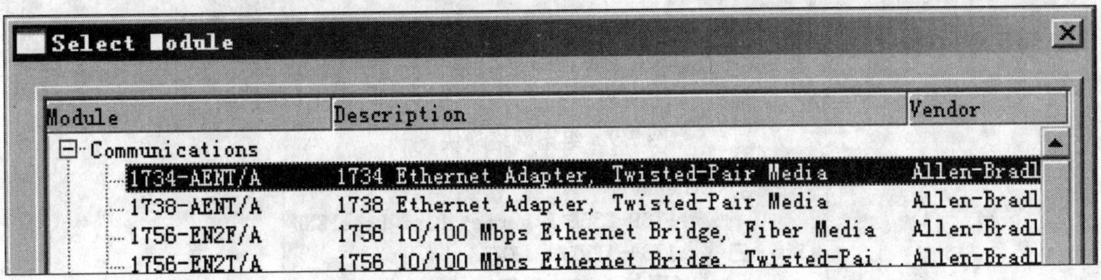

Select Module
Module
Description
Vendor
Communications
1734-AENT/A
1734 Ethernet Adapter, Twisted-Pair Media
Allen-Bradl
1738-AENT/A
1738 Ethernet Adapter, Twisted-Pair Media
Allen-Bradl
1756-EN2F/A
1756 10/100 Mbps Ethernet Bridge, Fiber Media
Allen-Bradl
1756-EN2T/A
1756 10/100 Mbps Ethernet Bridge, Twisted-Pai...
Allen-Bradl

图 7-7　选择网络模块

然后单击“OK”按钮，弹出选择主版本的对话框，根据实际 1734-AENT 模块的版本号设置，这里选择 1，如图 7-8 所示。

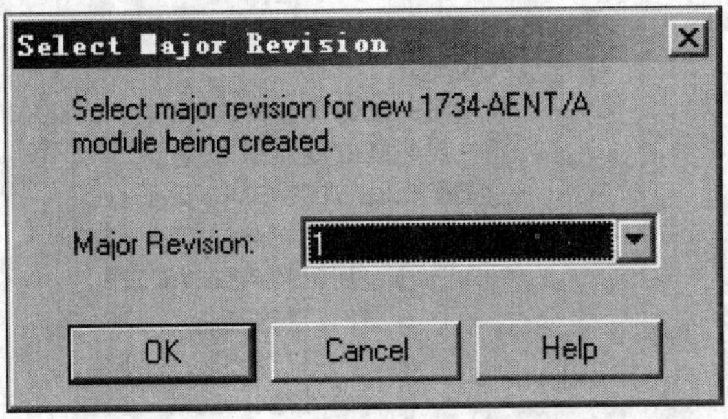

Select Major Revision
Select major revision for new 1734-AENT/A module being created.
Major Revision:
1
OK
Cancel
Help

图 7-8　选择硬件主版本

单击“OK”按钮，出现模块的组态界面，按照图 7-9 所示进行组态。其中 Chassis Size 按照实际的使用进行添加，在本应用项目中共使用了 7 个模块，因此组态为 7。

单击“OK”按钮，则 I/O Configuration 中的结构如图 7-10 所示。

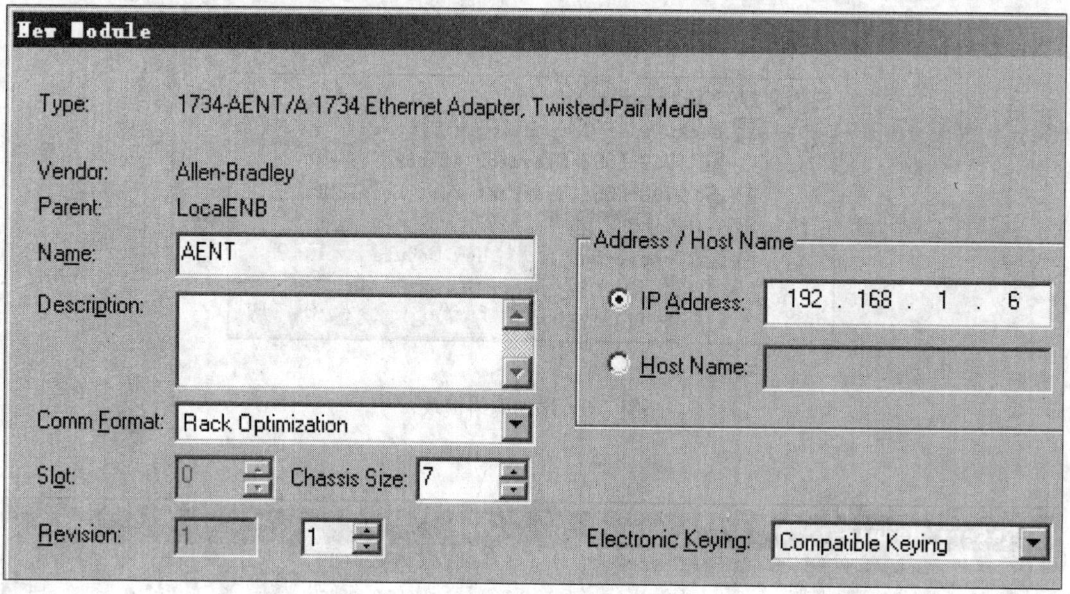

New Module
Type: 1734-AENT/A 1734 Ethernet Adapter, Twisted-Pair Media
Vendor: Allen-Bradley
Parent: LocalENB
Name: AENT
Description:
Comm Format: Rack Optimization
Slot: 0
Chassis Size: 7
Revision: 1 1
Address / Host Name
IP Address: 192 . 168 . 1 . 6
Host Name:
Electronic Keying: Compatible Keying

图 7-9　组态网络模块

Ethernet
1769-L35E Ethernet Port LocalENB
1734-AENT/A AENT
PointIO 7 Slot Chassis

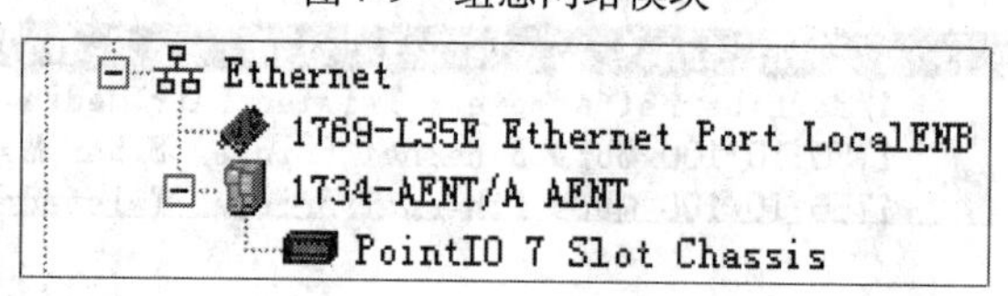

图 7-10　网络组态图

右击图 7-10 中的“PointI/O 7 Slot Chassis”，选择“New Module…”，然后根据实际的 I/O 模块添加 I/O 模块，过程同组态本地模块类型，远程 I/O 组态完成的界面如图 7-11 所示。

I/O Configuration
Backplane, CompactLogix System
1769-L35E Elevator_4floor
1769-L35E Ethernet Port LocalENB
Ethernet
1769-L35E Ethernet Port LocalENB
1734-AENT/A AENT
PointIO 7 Slot Chassis
[0] 1734-AENT/A AENT
[1] 1734-IB8/C IB8
[2] 1734-IB8/C IB81
[3] 1734-OB8/C OB8
[4] 1734-OB8/C OB81
[5] 1734-OB4E/C OB4E
[6] 1734-VHSC24/C VHSC24
CompactBus Local
[0] CompactBus Local
[1] 1769-IQ6XOW4/B IQ6XOW4
[2] 1769-IF4XOF2/A IF4XOF2

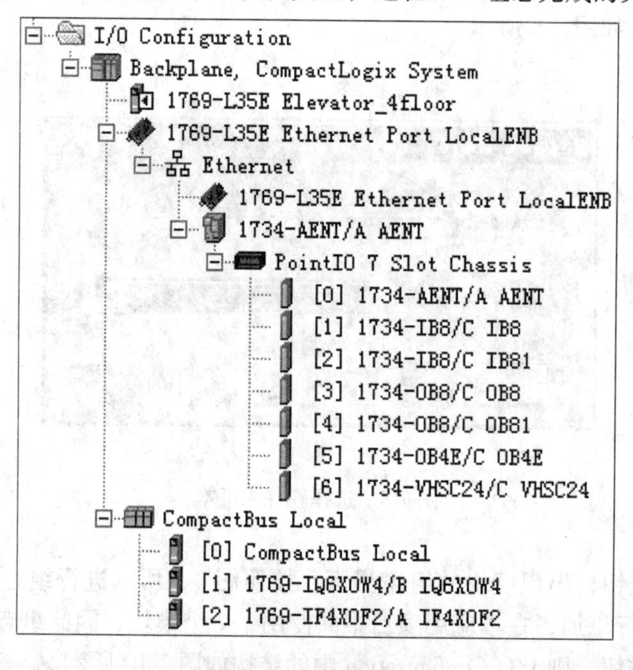

图 7-11　网络模块组态图

接下来，对变频器进行组态，右击“I/O Configuration”中的“Ethernet”，选择“New Module…”，如图 7-12 所示。

1769-L35E Ethernet Port LocalENB
Ethernet
1769-
1734-
New Module...
Paste
Ctrl+V

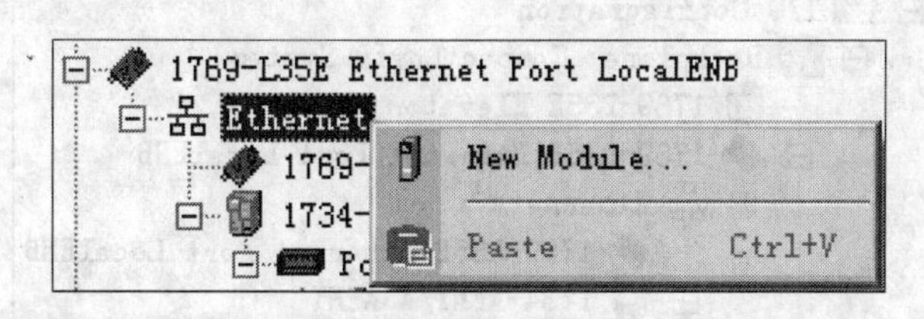

图 7-12　添加变频器

在出现的对话框中，选择 Drives 中的“PowerFlex 40-E”，如图 7-13 所示。

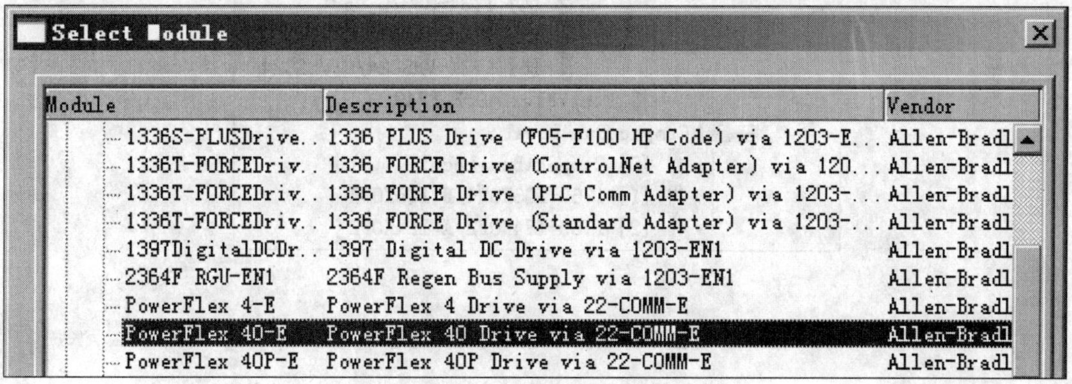
Select Module
Module
Description
Vendor
1336S-PLUSDrive..
1336 PLUS Drive (F05-F100 HP Code) via 1203-E...
Allen-Bradl
1336T-FORCEDriv..
1336 FORCE Drive (ControlNet Adapter) via 120...
Allen-Bradl
1336T-FORCEDriv..
1336 FORCE Drive (PLC Comm Adapter) via 1203-...
Allen-Bradl
1336T-FORCEDriv..
1336 FORCE Drive (Standard Adapter) via 1203-...
Allen-Bradl
1397DigitalDCDr..
1397 Digital DC Drive via 1203-EN1
Allen-Bradl
2364F RGU-EN1
2364F Regen Bus Supply via 1203-EN1
Allen-Bradl
PowerFlex 4-E
PowerFlex 4 Drive via 22-COMM-E
Allen-Bradl
PowerFlex 40-E
PowerFlex 40 Drive via 22-COMM-E
Allen-Bradl
PowerFlex 40P-E
PowerFlex 40P Drive via 22-COMM-E
Allen-Bradl

图 7-13　添加变频器

单击“OK”按钮，按照图 7-14 所示对变频器进行组态。

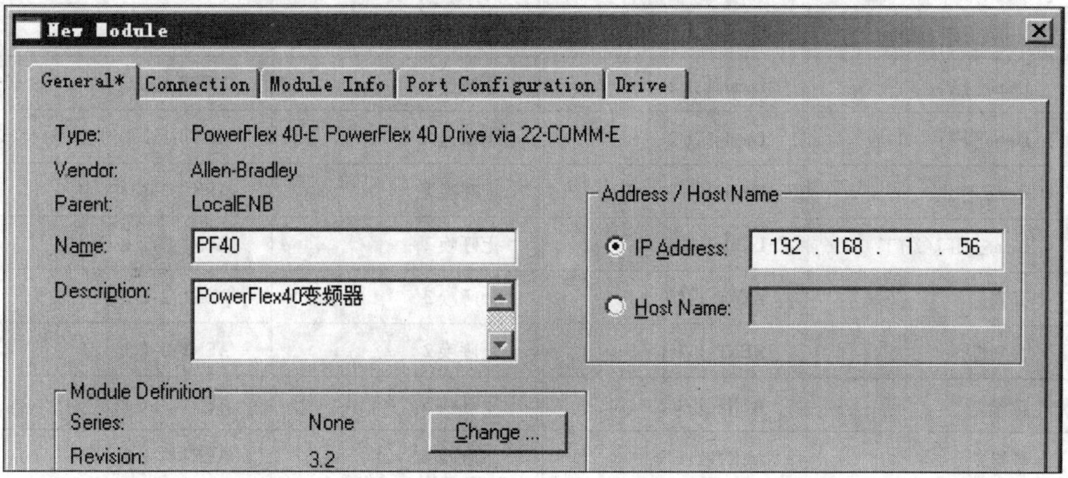
New Module
General*
Connection
Module Info
Port Configuration
Drive
Type:
PowerFlex 40-E PowerFlex 40 Drive via 22-COMM-E
Vendor:
Allen-Bradley
Parent:
LocalENB
Name:
PF40
Description:
PowerFlex40变频器
Address / Host Name
IP Address:
192 . 168 . 1 . 56
Host Name:
Module Definition
Series:
None
Revision:
3.2
Change ...

图 7-14　组态变频器

这样所有的硬件组态就完成了，全部完成的 I/O Configuration 如图 7-15 所示。

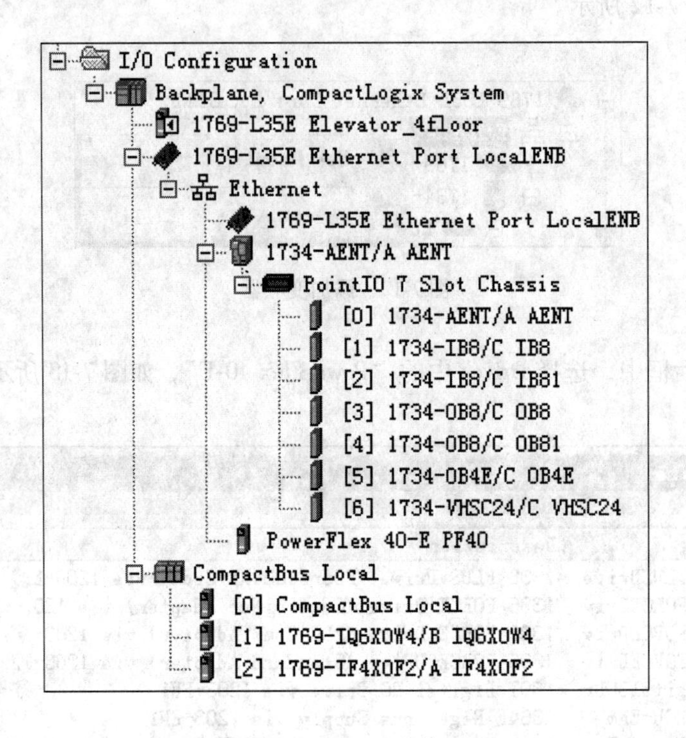

图 7-15　全部完成的硬件组态

根据实际接线，电梯模型的输入输出标签的分配情况见表 7-1、表 7-2。

表 7-1　电梯模型输入信号表

输入信号	对应地址	输入信号	对应地址
Demo_维护/运行	Local:1:I.0	位置 4	AENT:1:I.5
Demo_上行	Local:1:I.1	下减速	AENT:1:I.6
Demo_下行	Local:1:I.2	上减速	AENT:1:I.7
Demo_停止	Local:1:I.3	上呼唤 1	AENT:2:I.0
Demo_开门/关门	Local:1:I.4	上呼唤 2	AENT:2:I.1
开到位	AENT:1:I.0	上呼唤 3	AENT:2:I.2
关到位	AENT:1:I.1	下呼唤 2	AENT:2:I.3
位置 1	AENT:1:I.2	下呼唤 3	AENT:2:I.4
位置 2	AENT:1:I.3	下呼唤 4	AENT:2:I.5
位置 3	AENT:1:I.4	限位报警	AENT:2:I.6

表 7-2　电梯模型输出信号表

输出信号	对应地址	输出信号	对应地址
Demo_运行/维护灯	Local:1:O.0	数码管 A	AENT:4:O.0
Demo_开门/关门灯	Local:1:O.1	数码管 B	AENT:4:O.1
电梯输出开门	Local:1:O.2	数码管 C	AENT:4:O.2
电梯输出关门	Local:1:O.3	数码管 D	AENT:4:O.3
上呼唤显示 1	AENT:3:O.0	数码管 E	AENT:4:O.4
上呼唤显示 2	AENT:3:O.1	数码管 F	AENT:4:O.5
上呼唤显示 3	AENT:3:O.2	数码管 G	AENT:4:O.6
下呼唤显示 2	AENT:3:O.3	Demo_运行灯	AENT:4:O.7
下呼唤显示 3	AENT:3:O.4	Demo_报警灯	AENT:5:O.0
下呼唤显示 4	AENT:3:O.5	Demo_维护灯	AENT:5:O.1
上行显示	AENT:3:O.6	Demo_下行灯	AENT:5:O.2
下行显示	AENT:3:O.7	Demo_上行灯	AENT:5:O.3

电梯模型输入信号包括：开到位信号、关到位信号、1 层位置信号、2 层位置号、3 层位置信号、4 层位置信号、上减速信号、下减速信号、1 层上呼唤信号、2 层上呼唤信号、3 层上呼唤信号、2 层下呼唤信号，3 层下呼唤信号、4 层下呼唤信号、维护/运行切换信号、维护上行信号、维护下行信号、维护停止信号、维护开门/关门信号和限位报警信号。

电梯模型输出信号包括：1 层上呼唤显示信号、2 层上呼唤显示信号、3 层上呼唤显示信号、2 层下呼唤显示信号、3 层下呼唤显示信号、4 层下呼唤显示信号、上行显示信号、下行显示信号、电梯当前楼层显示信号（七段数码管，代号为 A、B、C、D、E、F、G）、运行/维护显示灯、开门/关门显示灯、电梯输出开门信号、电梯输出关门信号、运行显示灯、维护显示灯、上行显示灯、下行显示灯、报警显示灯。

7.2.2　程序设计

根据前面的功能描述，将整个程序分成以下几个部分：indicate_ floor 和 show 例程用来指示电梯所在的层；open_ close_ floor 例程用来进行开关门控制；repair 例程用来进行检修控制；waiting、start、run_ down、run_ up、unrepair 例程用来控制电梯的运行。

创建上面所提到的例程，创建后的例程如图 7-16 所示。

1. MainRoutine

主例程用来调用以上的各种子例程来完成电梯的控制功能，在图 7-16 所示的例程中，indicate_ floor、show 子例程不论电梯是否运行，是否处于检修状态，都需要执行，因此在主例程中如图 7-17 所示进行调用。

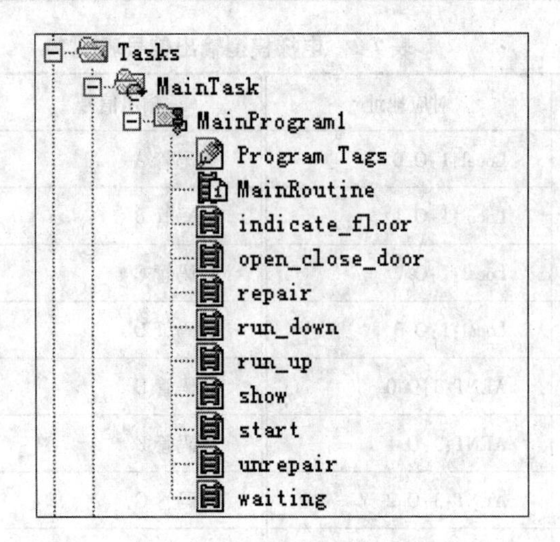

图 7-16　程序例程结构

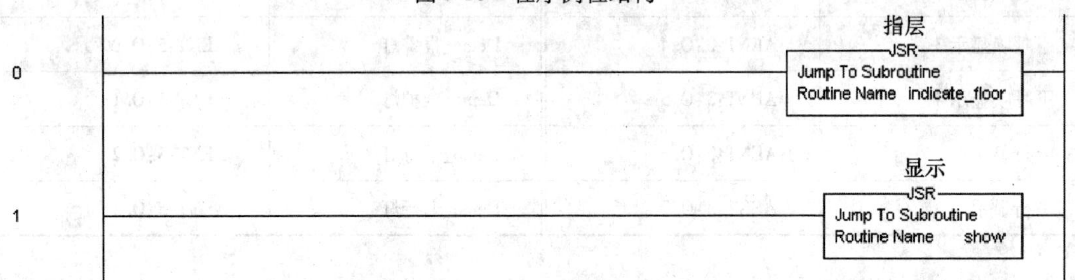

图 7-17　调用指层和显示例程

如图 7-18、图 7-19 所示的程序，如果没有检修信号则调用正常程序，如果有检修信号则调用检修程序并停止执行。

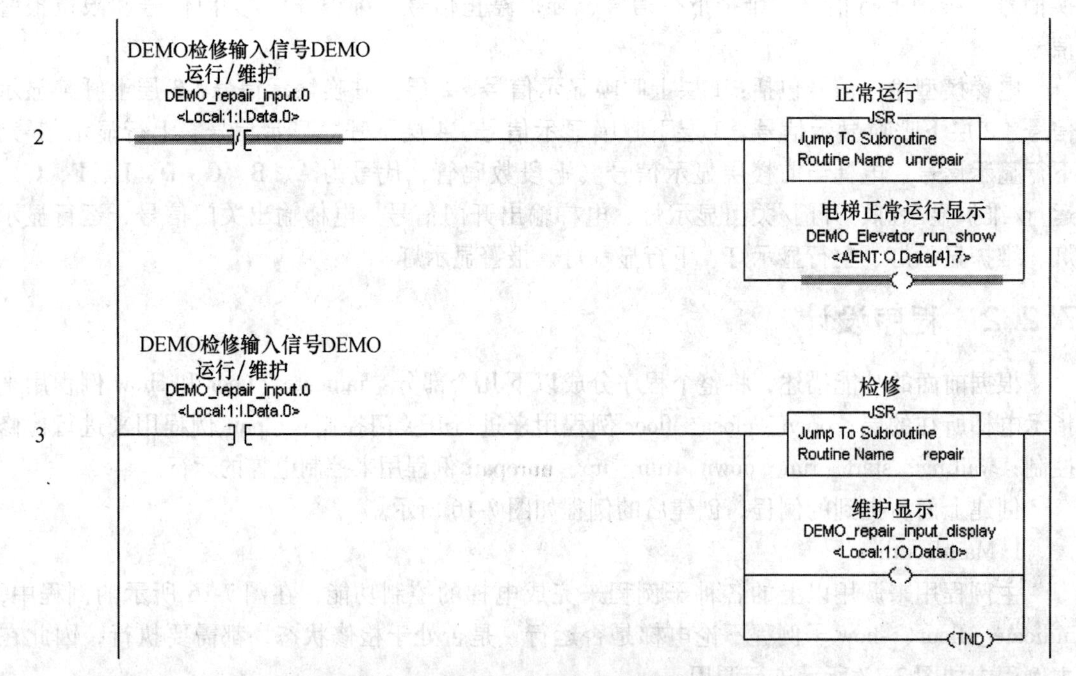

图 7-18　调用正常运行和检修例程

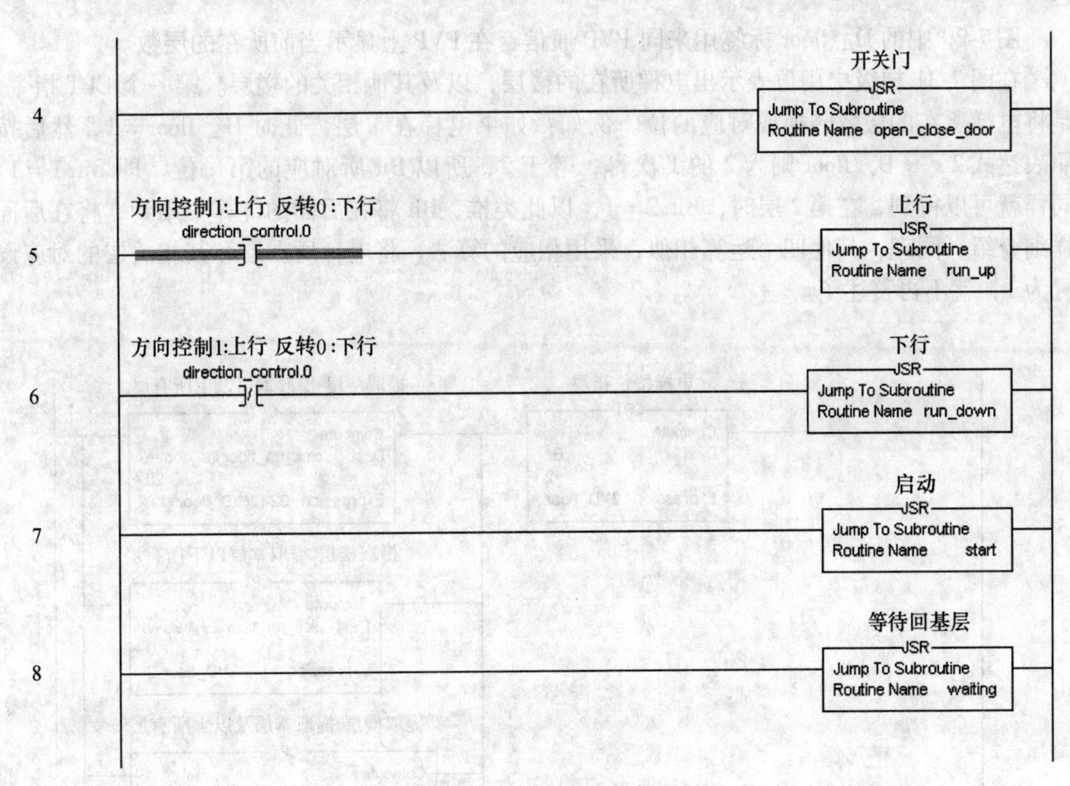

图 7-19　调用正常运行例程

2. indicate_ floor 例程

该例程用来指示电梯运行到第几层，梯级如图 7-20 所示。

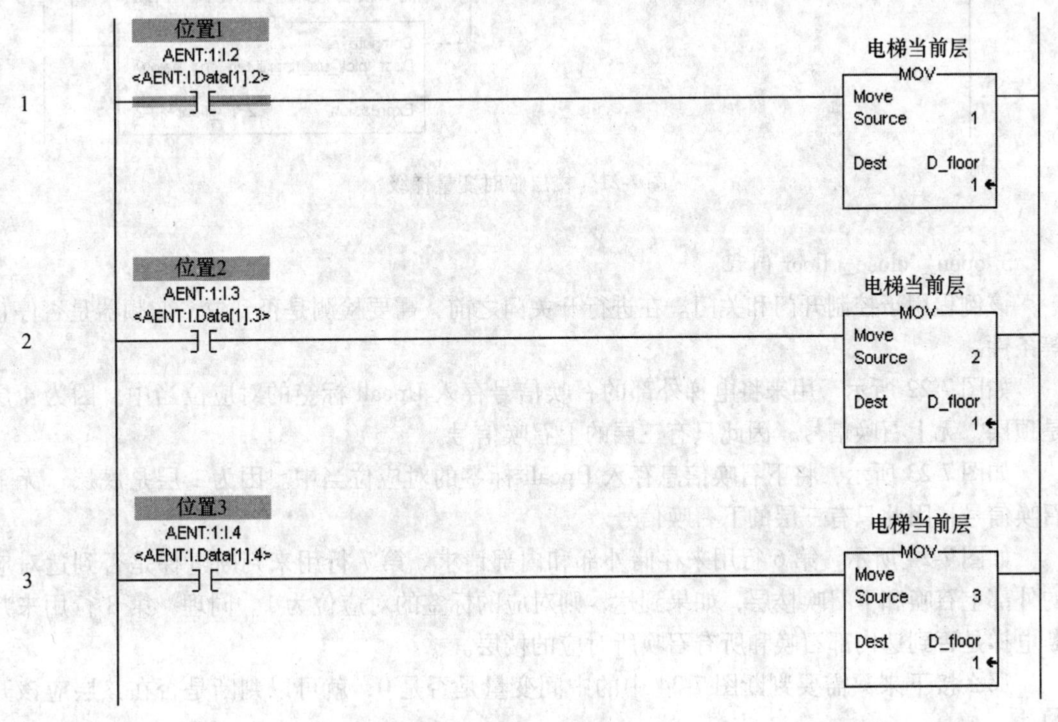

图 7-20　显示层数梯级

图 7-20 中的 D_ floor 标签用来同 PVP 通信，在 PVP 上显示当前所在的层数。

在图 7-21 梯级中用位表示出电梯所在的楼层，以及其他相关的楼层。第一个 CPT 指令，是将电梯所在的层数转换成对应的位。例如：如果电梯在 1 层，此时 D_ floor = 1，然后按照表达式 2 * * D_ floor 则为 2 的 1 次幂，等于 2，所以 Bit 所对应的第一位，即 Bit. 1 = 1。同样就可以得到，在第 2 层时，Bit. 2 = 1，以此类推，Bit 将在后面的计算中用到，将在后面详细介绍。同理，其他四个运算相似，采用相应的算法，将电梯所在层和其相关层的对应设置为 1，就不再赘述了。

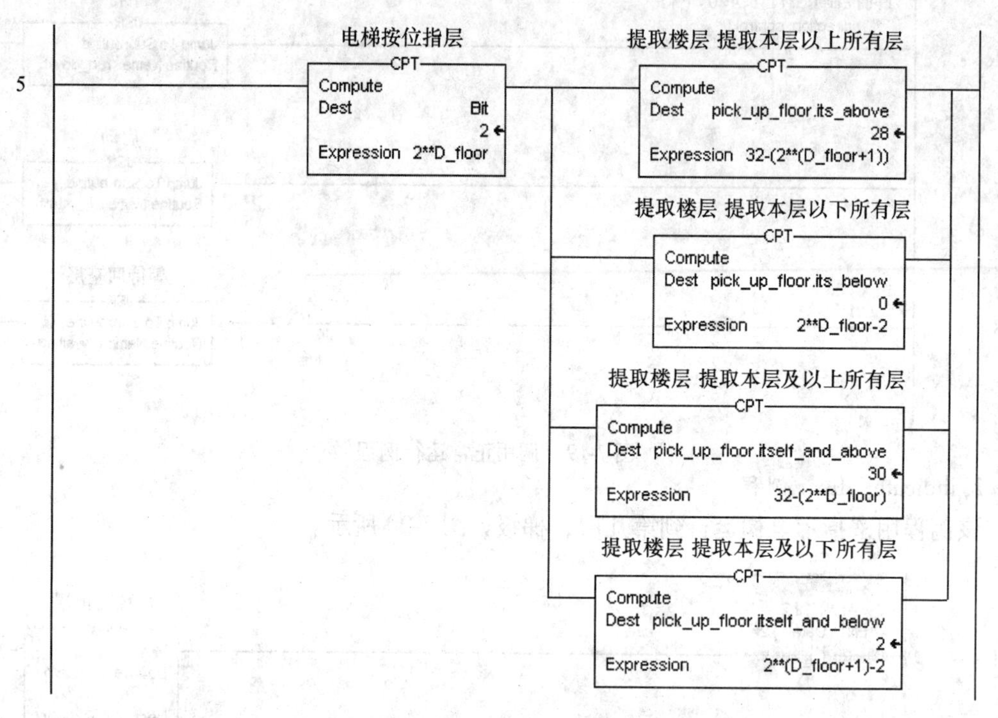

图 7-21　楼层临时变量梯级

3. open_ close_ floor 例程

该例程用于控制开门和关门。在进行开关门之前，需要检测是否到位、变频器是否停止等条件。

如图 7-22 所示，用来将电梯外部的召唤信号存入 Upcall 标签的对应位当中。因为 4 层是顶层，无上召唤信号，因此只有三层的上召唤信号。

如图 7-23 所示，将下召唤信息存入 Upcall 标签的对应位当中。因为 1 层是底层，无下召唤信号，因此只有三层的下召唤信号。

如图 7-24 所示，第 6 行用来存储外部和内部请求。第 7 行用来判断电梯是否到达对应的外部上召唤和下召唤楼层，如果到达，则对应的标签的对应位为 1。同理，第 8 行用来判断电梯是否到达内部召唤和所有召唤所对应的楼层。

那么接下来只需要判断图 7-24 中的中间变量是否是 0，就可以判断是否在该层应该开门。

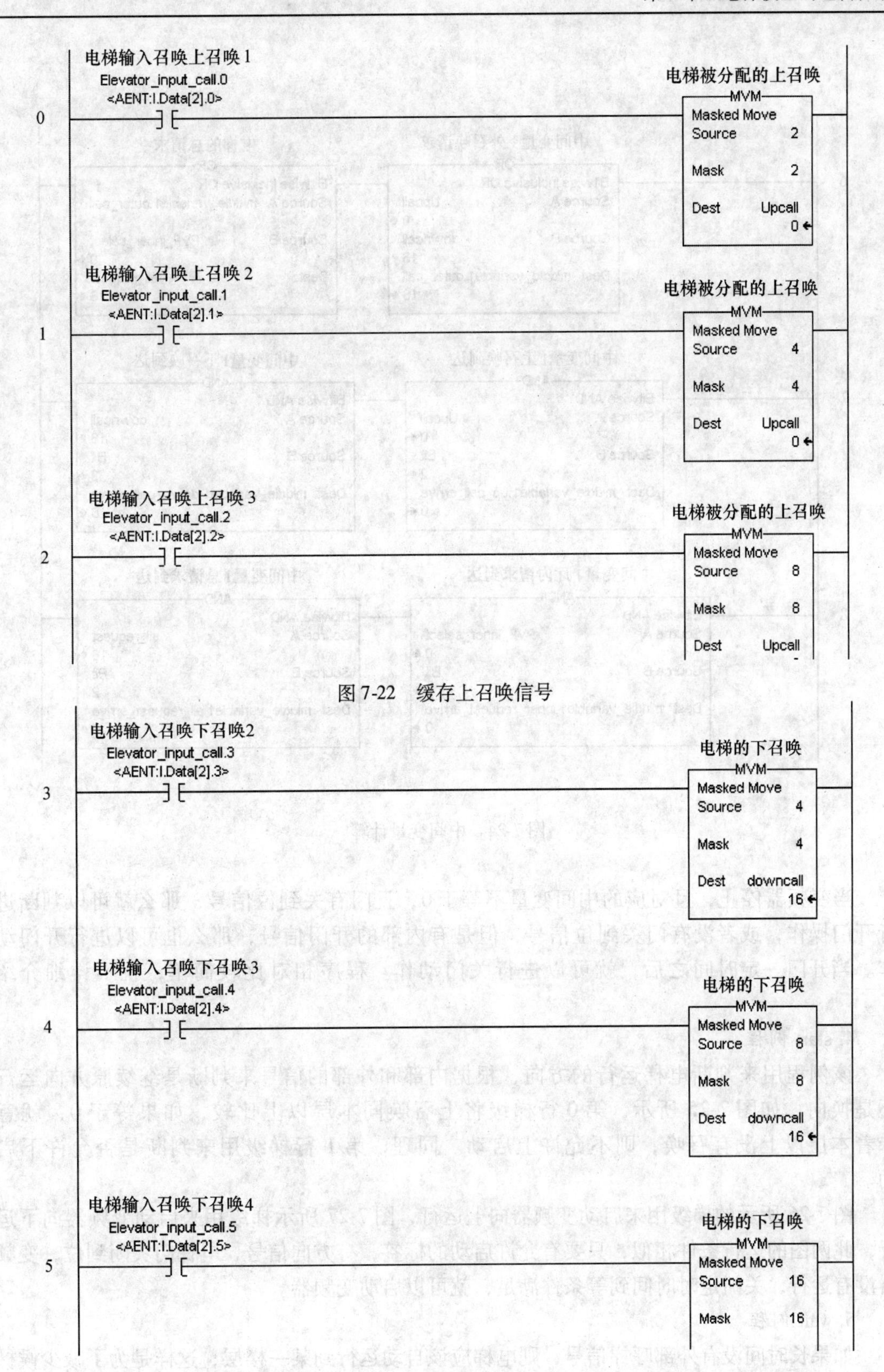

图 7-22　缓存上召唤信号

图 7-23　缓存下召唤信号

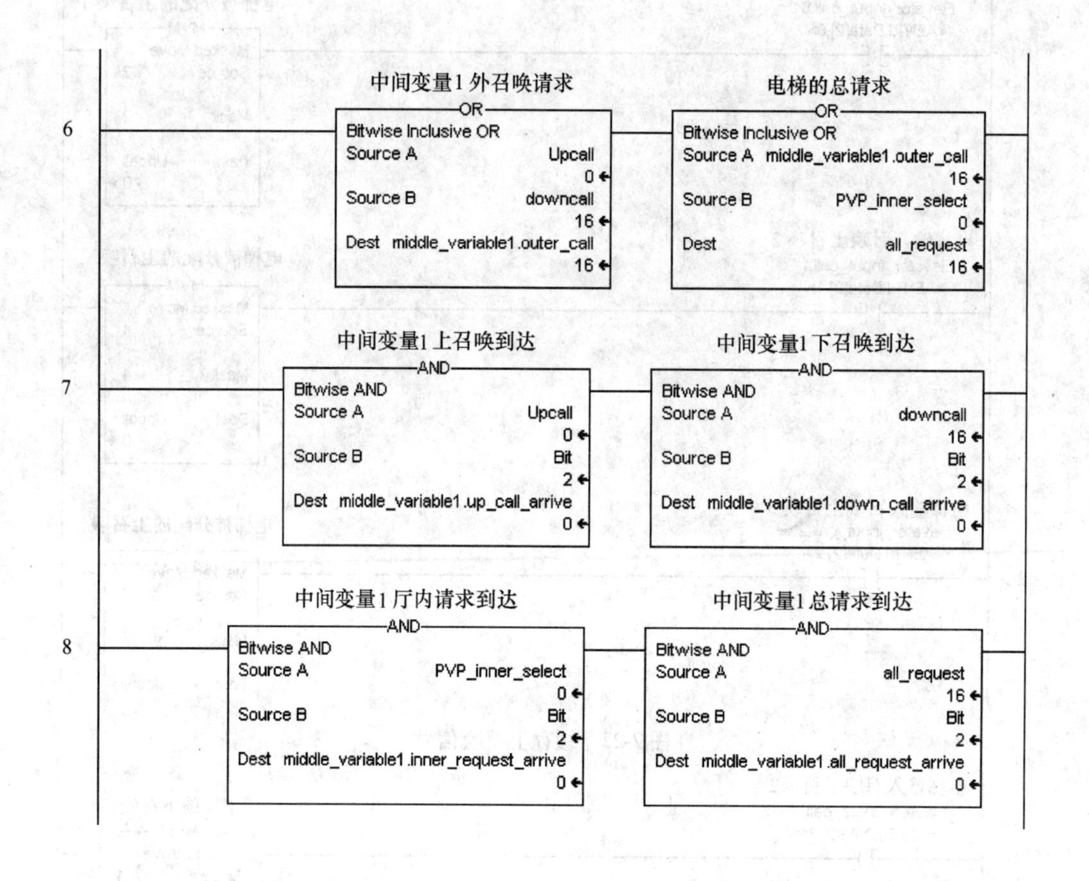

图 7-24　中间变量计算

当变频器停止，且对应的中间变量不等于 0，且门有关到位信号，那么就可以判断进行开门操作，或者没有门关到位信号，但是有内部的开门信号，那么也可以进行开门动作。当开门一定时间之后，就可以进行关门动作。程序相对比较简单，就不详细介绍了。

4. start 例程

该例程用来判断电梯运行的方向，根据内部和外部的信号来判断是继续原方向运行还是换向。如图 7-25 所示，第 0 行梯级将上召唤同本层以上比较，如果等于 0，就意味着本层以上没有召唤，则不允许上启动。同理，第 1 行梯级用来判断是否允许下启动。

图 7-26 所示的梯级用来启动变频器向上运行，图 7-27 所示梯级用来启动变频器向下运行，此两图的运行条件相似，只要有允许启动的标签，有方向信号，电梯门关闭到位，变频器没有运行，关门定时时间到等条件满足，就可以启动变频器。

5. wait 例程

如果长时间没有外部呼梯信号，则电梯应该自动运行到某一楼层，这样是为了减少候梯的时间，节省能源。在本实验中，如果长时间没有呼梯信号，电梯则自动运行到 1 层。

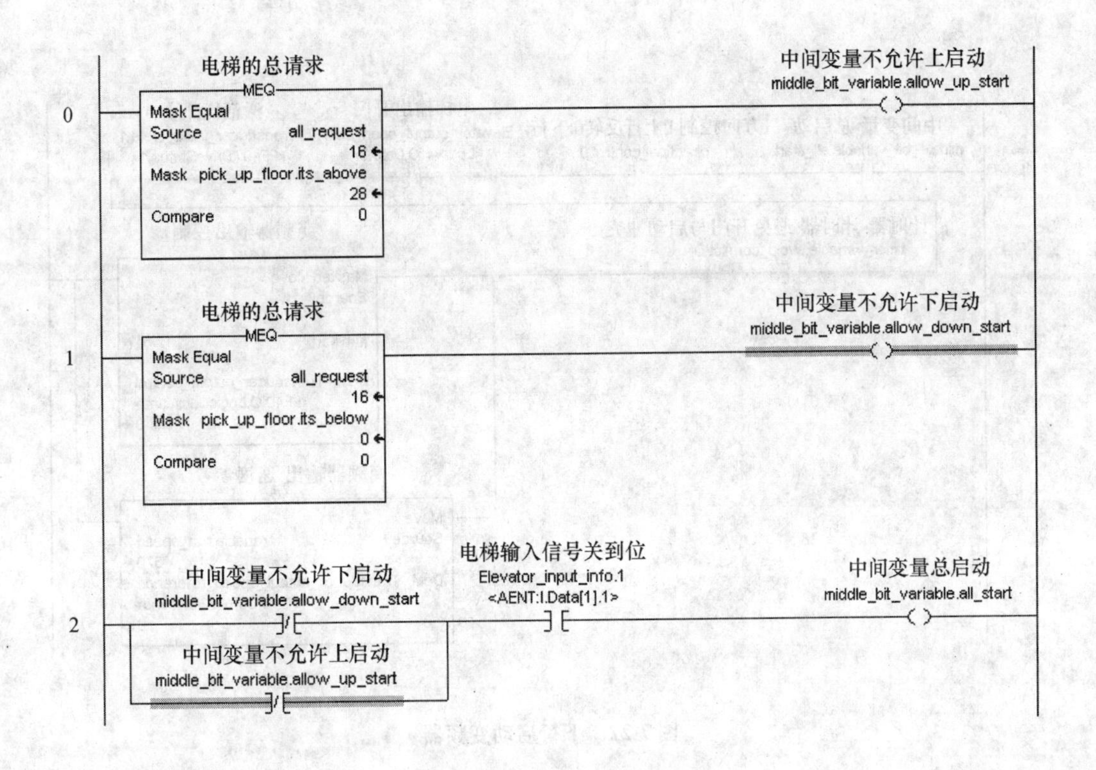

图 7-25　上下启动方向判断

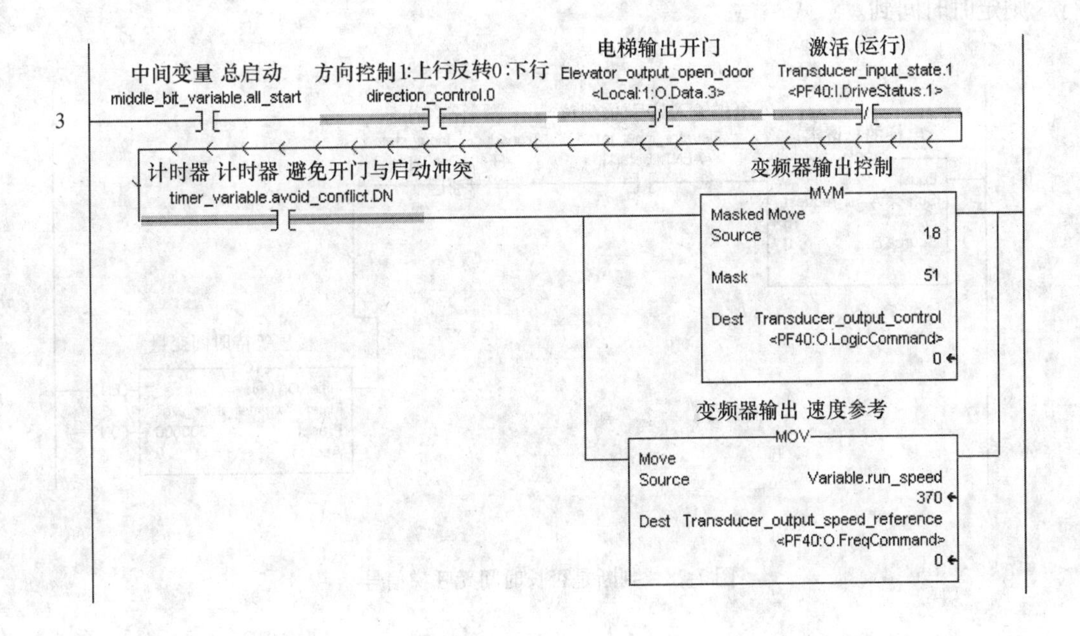

图 7-26　上行启动变频器

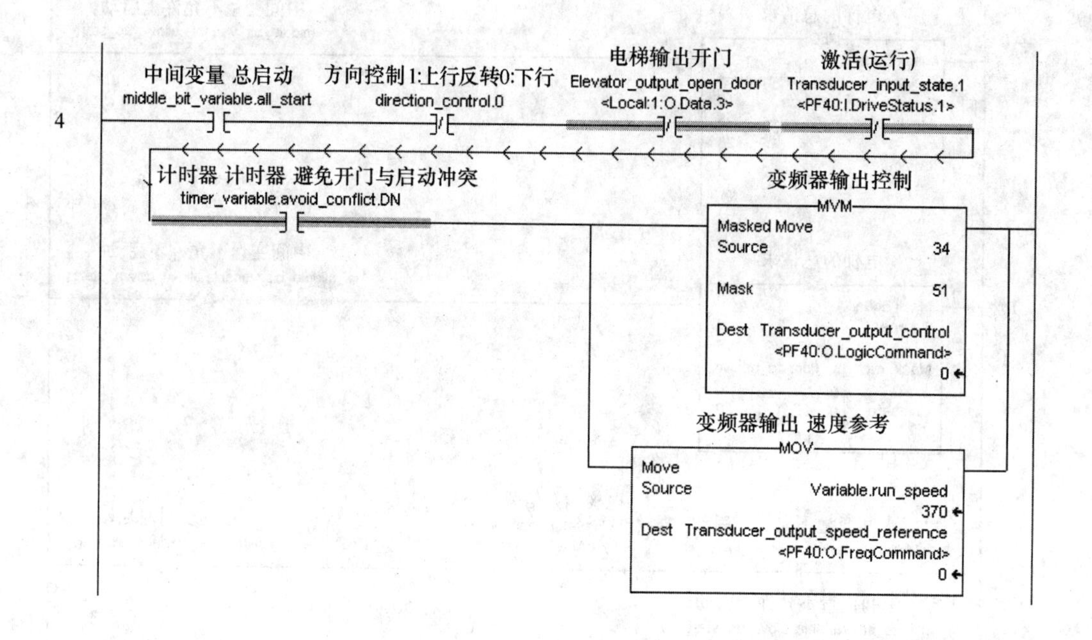

图 7-27　下行启动变频器

如图 7-28 所示，如果 300s 也就是 5min 之内没有呼梯信号且电梯门关到位，电梯没有运行，则定时时间到。

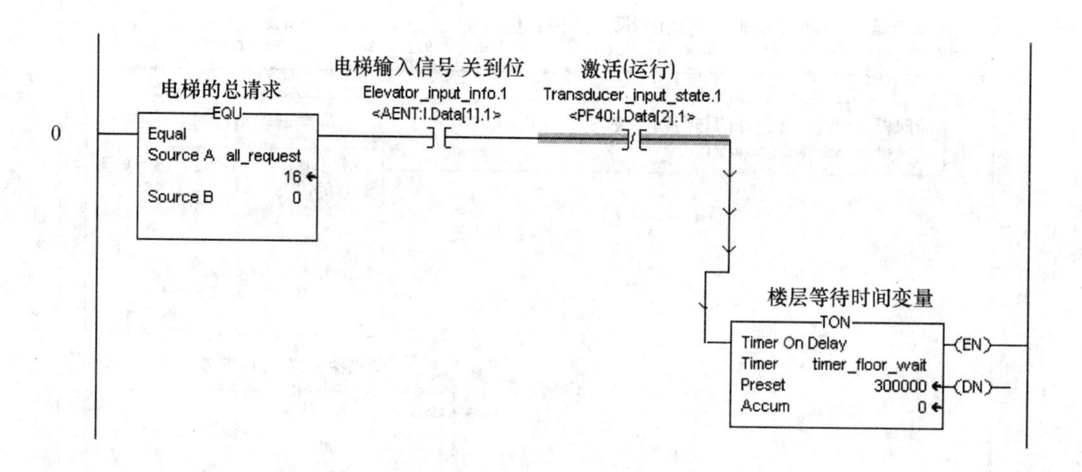

图 7-28　判断是否长时间无呼梯信号

那么如图 7-29 所示的逻辑，没有请求，且时间到，电梯不在 1 层，电梯没有开门，电梯没有运行，则启动变频器。

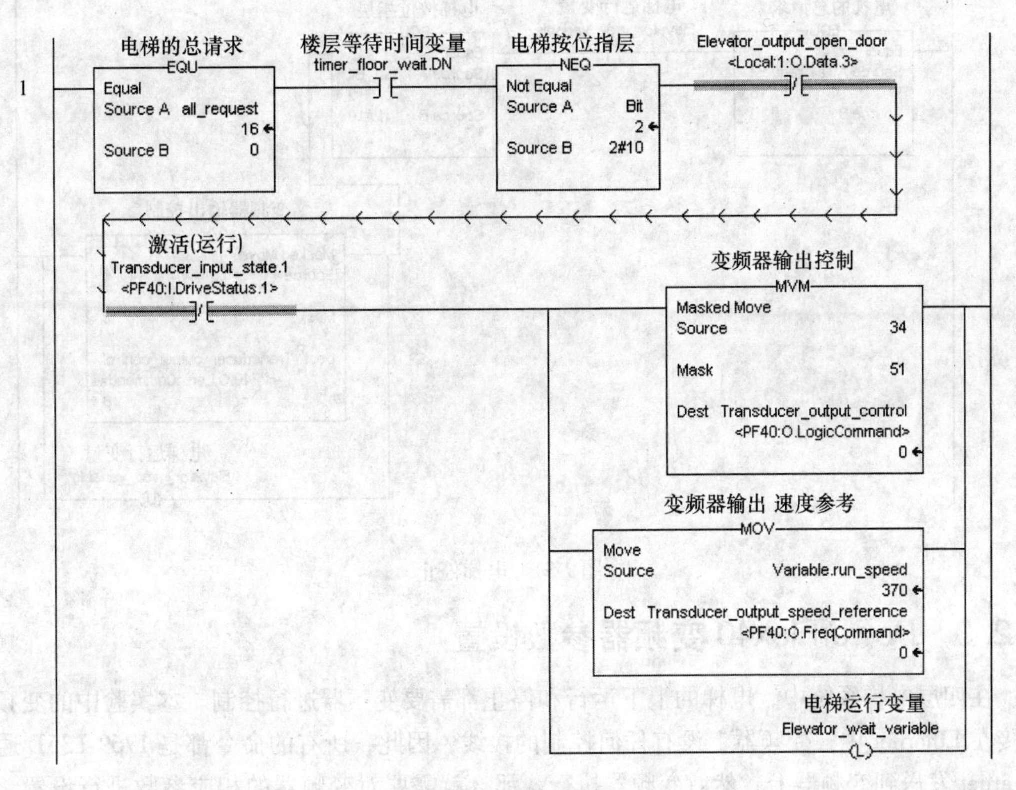

图 7-29　电梯自动运行

如图 7-30 所示，电梯运行到第 2 层时，且有了下减速信号，则改变变频器速度，降速下降。

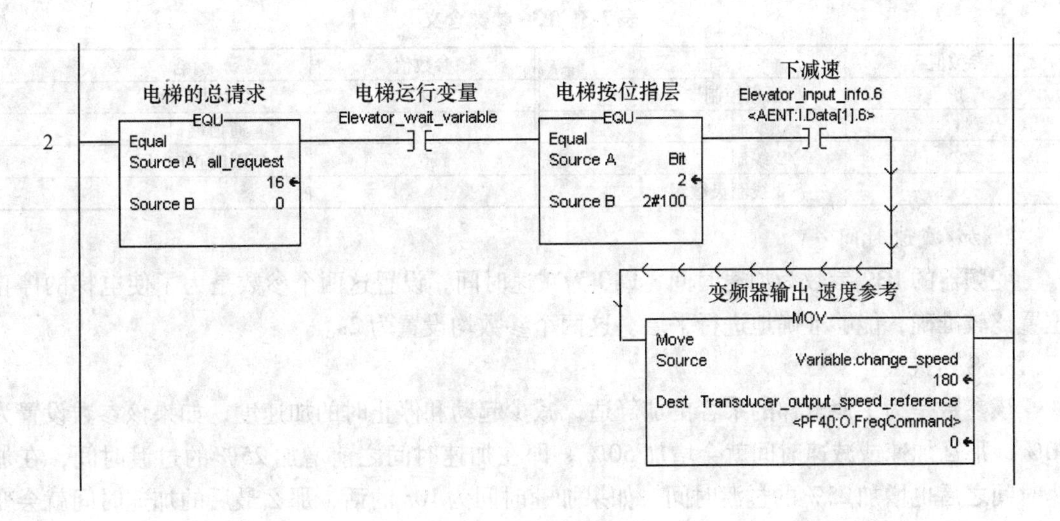

图 7-30　电梯自动减速

如图 7-31 所示，电梯运行到 1 层时，则变频器停止运行。

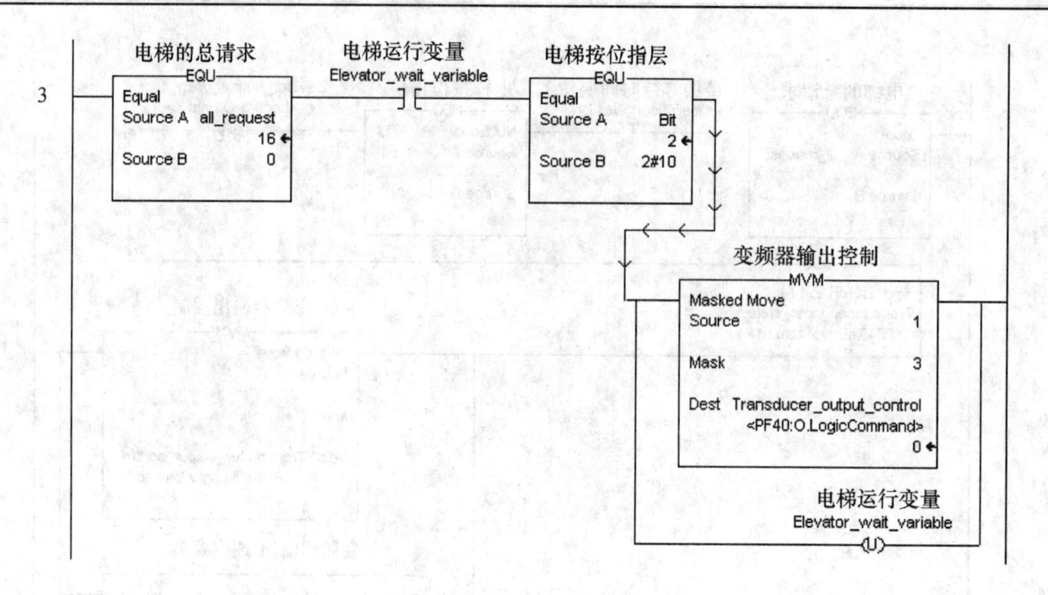

图 7-31 电梯停止

7.2.3 PowerFlex40 变频器参数设置

在四层电梯系统中，电梯的上下运行和停止都需要变频器进行控制。本实验中的变频器连接在 Ethernet 中，变频器上没有任何控制的接线，因此，所有的命令都是 1769-L35E 通过 Ethernet 发送到变频器上，然后变频器执行。那么就需要对变频器的相应参数进行设置，以进行网络控制。

1. 起动源参数

因为变频器不是通过面板也不是通过端子接线的方式起动，而是通过网络起动，因此对变频器的 P36 参数，变频器起动源进行设置，见表 7-3，因此该参数应该设置为 5。

表 7-3 P36 参数含义

参数值	含 义	参数值	含 义
0	面板控制	4	2 线制高速
1	3 线制	5	通信端口
2	2 线制	6	瞬时正向/反向
3	2 线制灵敏级		

2. 加/减速时间

变频器的 P39 参数为加速时间，P40 为减速时间，设置这两个参数是为了使电梯的停止位置比较准确，能够准确地进行平层。这两个参数均设置为 2s。

3. S 曲线

该参数是为了使电梯的乘客更加舒适，减少起动和停止时的加速度，如果该参数设置为 50%，那么加速或减速时间就会增加 50%。即在加速时间之前增加 25% 的过渡时间，在加速时间之后也增加 25% 的过渡时间，如果加速时间为 10s 的话，那么最后的加速时间就会变为 2.5s + 10s + 2.5s = 15s，如图 7-33 所示。减速时间也是同样原理。

因该电梯并非真正的载人电梯，因此该参数并未经过严格计算，而是为了使平层更加准确，同加减速参数配合，设置为 20%。

设置好参数之后，需要在 1769-L35E 中对变频器进行控制，在 7.3.2 通信和 I/O 组态中已经将变频器添加到 I/O Configuration 中，那么在 Controller Tags 中就会出现相应的标签，如图 7-32 所示。

点击图 7-32 中 PF40：I 和 PF40：O 中的 + 号，输入输出映射如图 7-34 和图 7-35 所示。

⊞PF40:I			AB:PowerFle...
⊞PF40:O			AB:PowerFle...

图 7-32　1769-L35E 内置的 PF40 结构体

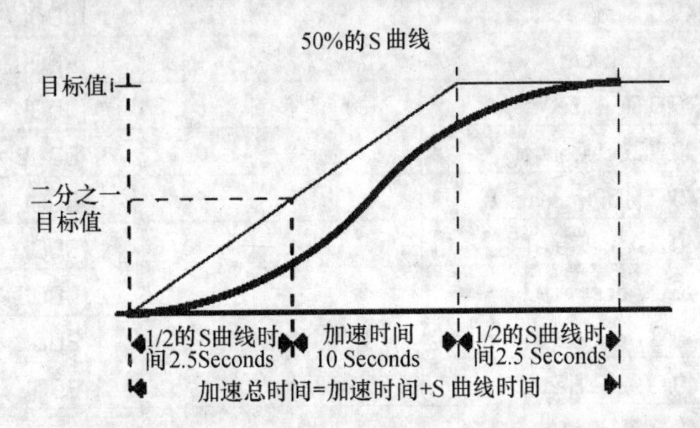

图 7-33　S 曲线

⊟PF40:I			AB:PowerFle...
⊞PF40:I.DriveStatus			INT
PF40:I.Ready			BOOL
PF40:I.Active			BOOL
PF40:I.CommandDir			BOOL
PF40:I.ActualDir			BOOL
PF40:I.Accelerating			BOOL
PF40:I.Decelerating			BOOL
PF40:I.Alarm			BOOL
PF40:I.Faulted			BOOL
PF40:I.AtReference			BOOL
PF40:I.CommFreqCnt			BOOL
PF40:I.CommLogicCnt			BOOL
PF40:I.ParmsLocked			BOOL
PF40:I.DigIn1Active			BOOL
PF40:I.DigIn2Active			BOOL
PF40:I.DigIn3Active			BOOL
PF40:I.DigIn4Active			BOOL
⊞PF40:I.OutputFreq			INT

图 7-34　变频器输入映射

⊟PF40:O			AB:PowerFle...
⊞PF40:O.LogicCommand			INT
PF40:O.Stop			BOOL
PF40:O.Start			BOOL
PF40:O.Jog			BOOL
PF40:O.ClearFaults			BOOL
PF40:O.Forward			BOOL
PF40:O.Reverse			BOOL
PF40:O.LocalControl			BOOL
PF40:O.MOPIncrement			BOOL
PF40:O.AccelRate1			BOOL
PF40:O.AccelRate2			BOOL
PF40:O.DecelRate1			BOOL
PF40:O.DecelRate2			BOOL
PF40:O.FreqSel01			BOOL
PF40:O.FreqSel02			BOOL
PF40:O.FreqSel03			BOOL
PF40:O.MOPDecrement			BOOL
⊞PF40:O.FreqCommand			INT

图 7-35　变频器输出映射

在图 7-34 中可以看到，变频器的各种状态和变频器的输出频率都可以在该标签中进行监视；在图 7-35 中，1769-L35E 可以通过该标签完成对变频器的各种控制。如图 7-26、图 7-27、图 7-29、图 7-30、图 7-31 中的梯级所示，使用相应的指令就可以完成对变频器的控制。

7.2.4　电梯模型操作界面开发

本实验中的 PanelView Plus 作为电梯轿厢内部的各种信号，包括内呼梯、检修、开关门、层数显示、故障显示等信号。因此需要作一个界面模拟真正电梯内的轿厢面板，并同控制器的标签做相应的连接。

1. 画面绘制

首先新建一个项目，如图 7-36 所示。

然后将项目的分辨率设置为 PVP 屏所对应的分辨率，如图 7-37 所示。

根据程序的需要，PVP 屏中需要轿厢内呼梯模拟，轿厢外呼梯模拟，以及一些辅助画面，因此创建如图 7-38 所示的画面。

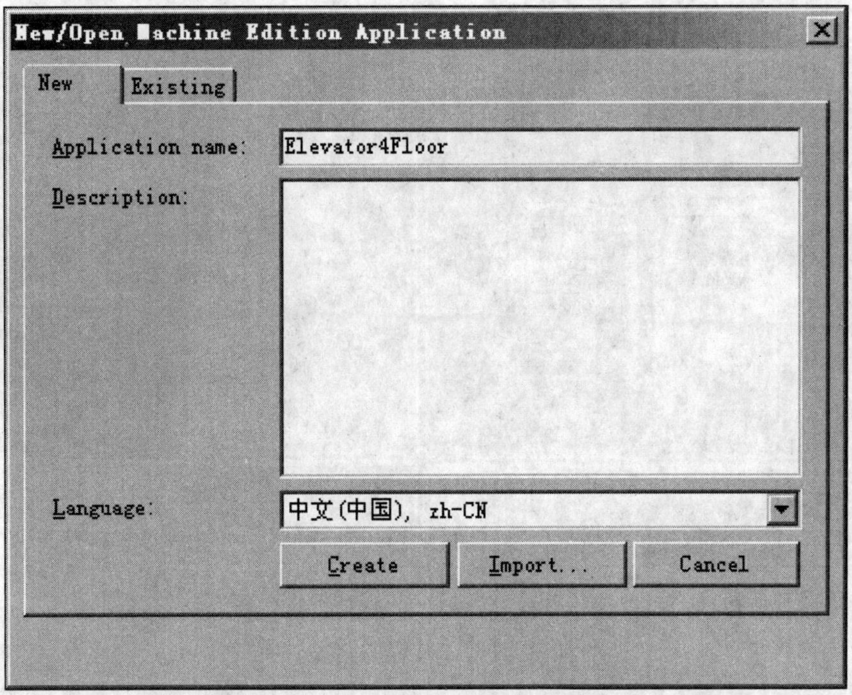

New/Open Machine Edition Application
New
Existing
Application name:
Elevator4Floor
Description:
Language:
中文(中国), zh-CN
Create
Import...
Cancel

图 7-36　新建 ME 项目

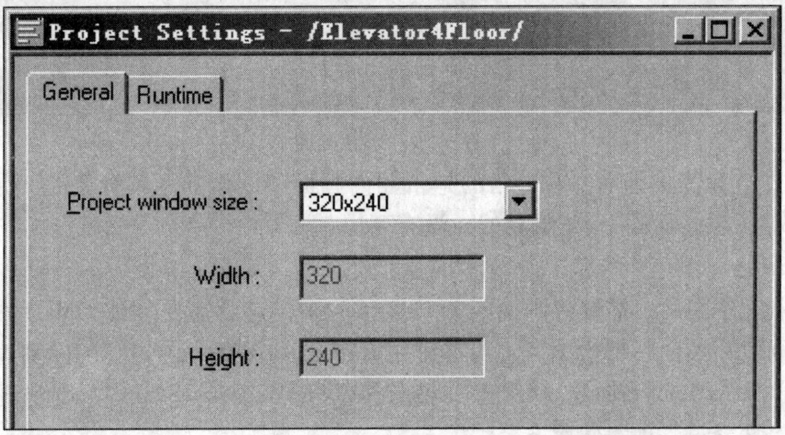

Project Settings - /Elevator4Floor/
General
Runtime
Project window size:
320x240
Width:
320
Height:
240

图 7-37　更改分辨率

Graphics
Displays
inner
main
outer_1Floor
outer_2Floor
outer_3Floor
outer_4Floor
screen
startup_display

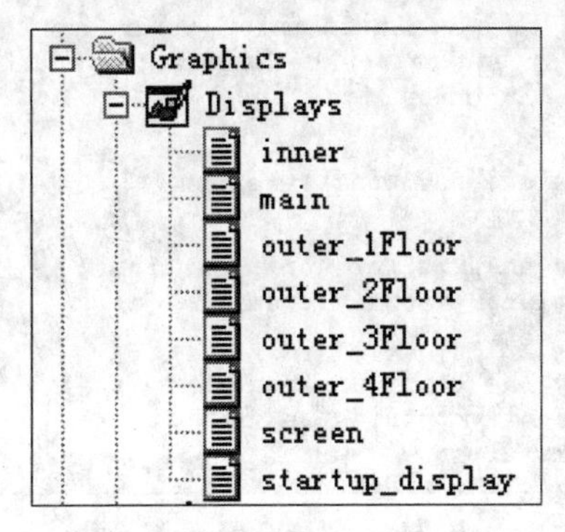

图 7-38　创建 PVP 画面

每一个画面的具体绘制过程不详细介绍了，绘制好的画面如图 7-39 所示。

图 7-39　PVP 画面

图 7-39 左上角为主画面，右上角的是轿厢内画面，下面的两幅分别是 1 层和 2 层的轿厢外画面，3、4 层画面同 1、2 层相似，没有列出。

2. 标签连接

画面绘制完毕之后，需要将画面同 PLC 连接起来，这就需要创建 HMI 标签或直接访问处理器，下面以轿厢内呼梯为例，说明不建立 HMI 标签，直接同 PLC 的标签连接。

首先对 RSLinx Enterprise 进行组态，双击“Communication Setup”，则出现如图 7-40 所示的对话框，选择第一项，然后选择“完成”。

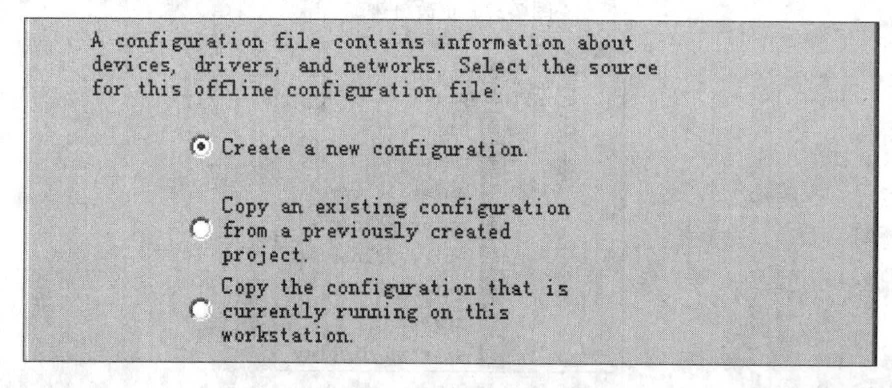

图 7-40　创建通信

然后在出现界面中，选择“Add”添加一个新的Shortcut，如图7-41所示。

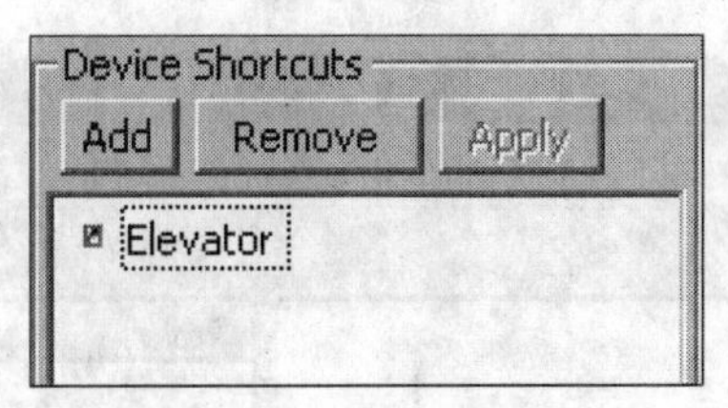

图7-41　新建Shortcut

然后将Shortcut连接到1769-L35E上，如图7-42所示。

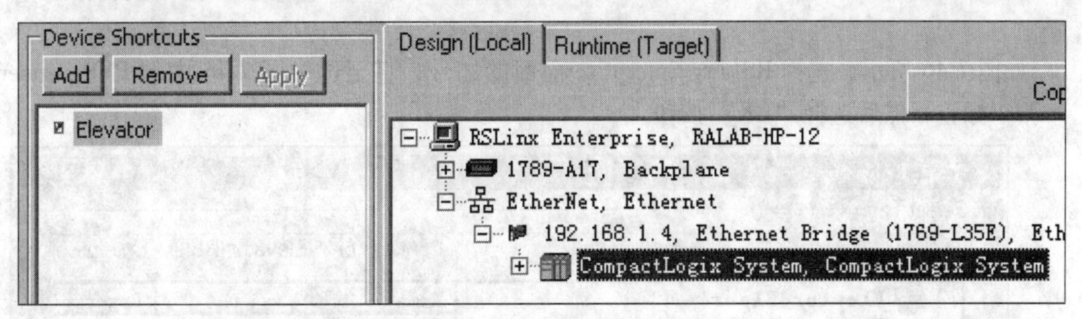

图7-42　建立连接

接下来，选择图7-43中的Copy From Design to Runtime按钮。

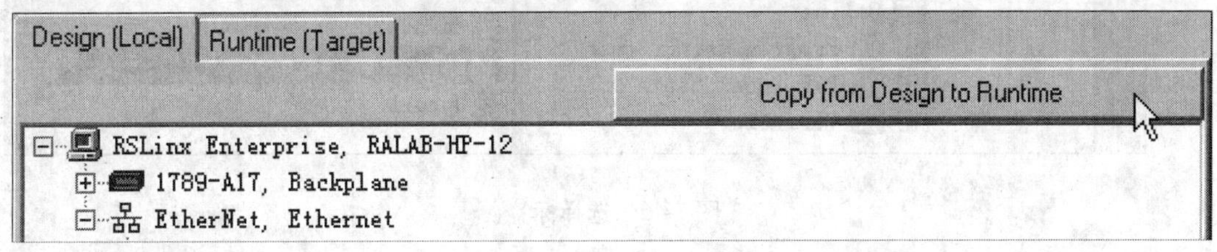

图7-43　链接复制

在弹出的对话框中选择“是”，单击“Copy from Design to Runtime”按钮，然后关闭通信组态界面，就完成了通信组态。

接下来打开inner画面，双击图中4，选择“Connections”选项卡，则出现如图7-44所示的画面。

图7-44　按钮通信设置

单击图 7-44 中“Tag”下面的按钮，则出现选择标签界面，如图 7-45 所示。

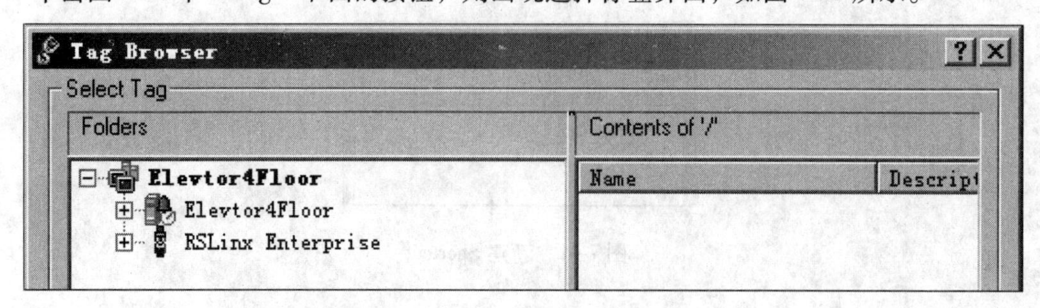

图 7-45　标签选择界面

如图 7-46 所示，选择 RSLinx Enterprise 前面的加号，直至选中图 7-46 中的 PVP_ inner _ select 标签，然后选择“OK”按钮。

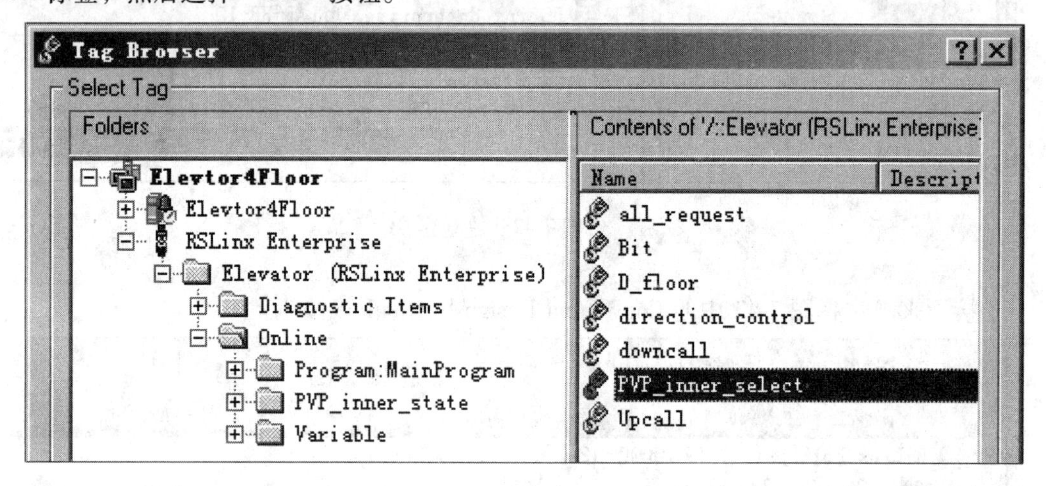

图 7-46　选择标签

该标签应该为 Bool 型变量，但此时添加的是一个 INT 型变量，因此按照 4 层的对应关系将标签的连接进行修改，如图 7-47 所示。

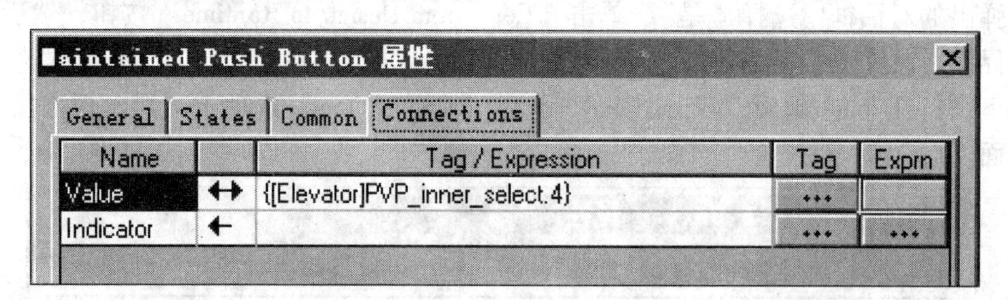

图 7-47　修改标签

最后选择“确定”就完成了对画面同 PLC 标签之间的连接。至此，全部的实验就完成了，该电梯实验是经典的逻辑控制实验，能够全面地反映对于逻辑控制编程的掌握能力，再加上 PowerFlex40 变频器和 PanelView Plus 600 操作员终端的组态，是一个相对比较完整的实验。

在整个实验中需要注意的是电梯的逻辑编程部分，需要考虑的内容很多，容易疏漏造成电梯错误运行；其次是 PowerFlex40 变频器参数的设置和 CompactLogix 标签的映射关系要一致；最后是 PanelView Plus600 操作员终端的画面同 CompactLogix 标签之间的直接连接问题。处理好以上的问题就可以顺利地完成整个实验了。

第8章

锅炉水箱的过程控制

学习目标

- 掌握 RSLogix5000 功能块编程
- PIDE 功能块参数选择和整定
- PIDE 功能块自整定的使用方法
- 使用功能块进行单回路程序设计
- 使用功能块进行串级控制系统设计
- 使用功能块进行复合控制系统设计

8.1　锅炉水箱控制系统

8.1.1　锅炉水箱设备结构

锅炉水箱过程控制系统是由被控过程、过程检测与变送、过程控制以及执行机构4部分组成，并把温度、液位、压力、流量作为其主要受控变量或操纵变量，锅炉水箱过程控制系统的教学科研实验设备如图8-1所示。

图8-1　锅炉水箱过程控制系统的实验装置

1. 锅炉水箱系统的组成

1）由变频水泵、高位恒压水塔和蓄水池构成的供排水系统。在这一系统中，包括德国格兰富公司原装不锈钢体水泵一台，美国A-B公司PowerFlex40交流变频器一台以及一台扩散硅液位传感变送器。

2）分布在三个不同层面上的被控过程。有冷却水夹套的热水锅炉单元是整个被控过程的核心，在热水锅炉上面带有一个液位检测及变送仪表，一个夹套冷却水温装置，一个锅炉水温温度检测传感器以及锅炉水加热执行器。被控过程中的五个单元彼此之间均相对独立，可根据具体情况自由选取，具有较大的灵活性。

2. 锅炉水箱过程控制实验装置的特点

1）锅炉过程控制实验装置，不仅它的所有容器、阀体、泵体均选用不锈钢材料制作而成，就连整个外形框架结构也由不锈钢管或不锈钢复合管制做成，加之其管路选用意大利进口绿色PPR水管，并且水泵为德国进口不锈钢水泵，这样不但使其抗振强度、使用寿命和工作可靠性得到较大提高，而更值得一提的是，其整个流水回路内的锈源被彻底根除了，使实验水质获得了改善，并且由水泵运行而引起的噪声污染也不再存在了。

2）双容单元的存在使实验内容有了进一步的拓展，不但能做并联双容系统的有关实验，还能做串联、二阶、三阶系统的有关实验。

3）可将快装接头应用于单元之间的管路连接中，这也就意味着从此做过程控制实验就可像做电路实验那样，在同一台设备上仅仅依靠快装接头灵活而快捷的不同连接，便可轻而易举地改变管路的走向，从而演变出多种生产过程，据此拟定出或者设计出相应的控制方案，比如：串级控制、前馈控制、比值控制等等，以便于分析比较和研究，从而极大地丰富了实验内容和提高了本实验装置的使用价值。

整个锅炉水箱控制系统由CMS控制系统组成。处理器选用CompactLogix系列1769-L35E处理器，使用3个1769-IF4模拟量输入模块、2个1769-OF2模拟量输出模块、1个1769-IQ16数字量输入模块、1个1769-OB16数字量输出模块和1个1769-SDN DeviceNet扫描器模块(通过 DeviceNet 控制 PowerFlex40 变频器)。CMS 系统中的输入模块与锅炉水箱模型的现场传感器和执行机构位置反馈相连，输出模块与现场执行器相连。使用 1794-AENT 以太网适配器模块和 1794-IR8 热电阻模块构成系统的扩展 I/O，用来检测锅炉温度和夹套温度。最后将 1769-L35E 处理器接入以太网，与 PanelView Plus 600 和 PC 工作站构成 SCADA 系统。系统结构图如图 8-2 所示。

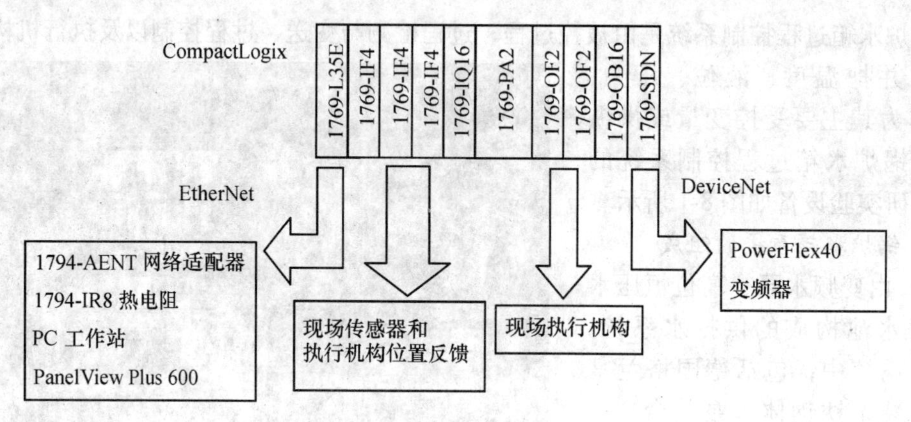

图 8-2　锅炉水箱系统控制结构图

8.1.2　过程控制系统基础

过程控制系统一般指工业生产过程中自动控制系统的被控变量为温度、压力、流量、液位、成分等这样一类变量的系统。

1. 过程控制系统的组成

一般的过程控制系统由 4 部分组成，包括被控对象、检测元件(现场传感器和变送器)、调节器和执行器。过程控制系统的组成方框图如图 8-3 所示。

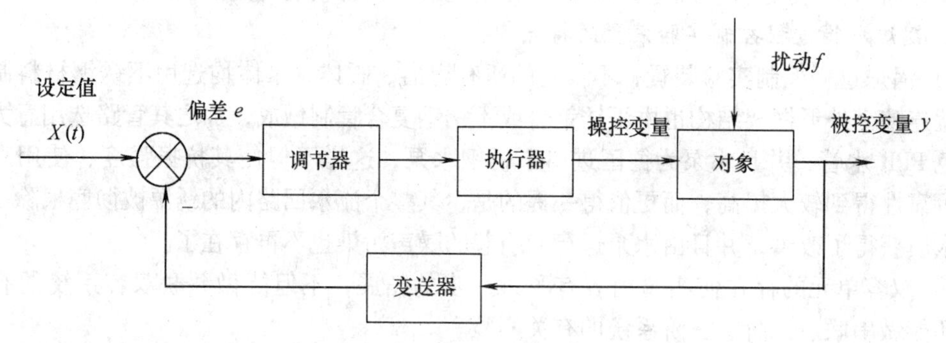

图 8-3　过程控制系统方框图

控制系统中常用的名词术语如下：

1）被控对象：需要实现控制的设备、机器或者生产过程，称为被控对象，例如：锅炉。

2）被控变量：对象内要求保持设定值(接近恒定值或者按照预订规律变化)的物理量，称为被控变量，如锅炉水位。

3）操纵变量：受整定操纵，用以使被控变量保持设定值(给定值)的物料量或者能量，称为操纵变量，如锅炉给水。

4）扰动（干扰）：除操纵变量以外，作用于对象并能引起被控变量变化的因素，称为干扰或者扰动。负荷变化就是一种典型的扰动，如蒸汽用量的变化对锅炉水位控制是一种典型的扰动。

5）设定值（给定值）：被控变量的目标值（预定值），称为设定值。

6）偏差：偏差理论上应该是被控变量的设定值与实际值的差值。但是能够直接获取的是被控变量的测量值信号而不是实际值，因此通常把给定值与测量值之差作为偏差。

2. 过程控制系统的分类

（1）开环控制系统

控制系统的输出信号（被控变量）不反馈到系统的输入端，因而也不对控制作用产生影响的系统，称为开环系统。

开环系统又分为两种：一种是按照设定值进行控制，如蒸汽加热器，其蒸汽量与设定值保持一定的函数关系，当设定值变化时，操纵变量随之变化；另一种是按照扰动量进行控制，即所谓的前馈控制。在蒸汽加热器中，若负荷为主要干扰，如果使蒸汽流量与冷却流体流量保持一定的函数关系，当出现扰动时，操纵变量随之变化。

图8-4是前馈控制系统的方框图。扰动量$f(t)$是引起被控量$y(t)$变化的原因，通过前馈控制，可以及时消除扰动$f(t)$对被控量$y(t)$的影响。但是，由于前馈控制是一种开环控制，最终无法检查控制的效果，所以在实际生产过程中是不能单独采用的。

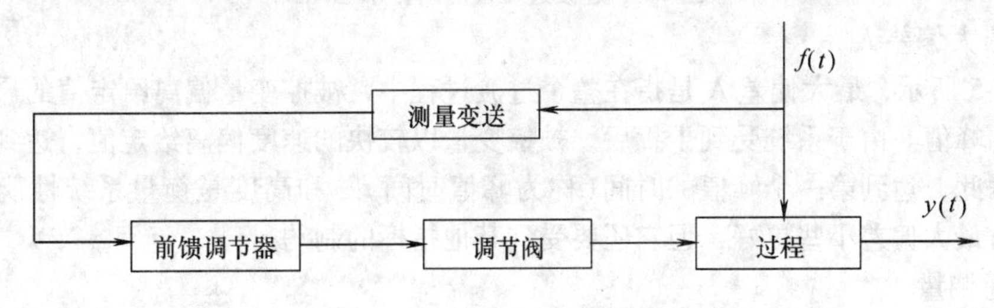

图8-4　前馈控制系统方框图

（2）闭环控制系统

从图8-3方框图可以看出，系统的输出（被控变量）通过测量变送环节，返回到系统输入端，与给定信号比较，以偏差的形式进入调节器，对系统起控制作用，整个系统构成了一个封闭的反馈回路，这种控制系统被称为闭环控制系统或者反馈控制系统。如在蒸汽加热器的出口温度控制系统中，温度调节器接受检测元件及变送器送来的测量信号，并与设定值相比较，根据偏差的情况，按照一定的控制规律调整蒸汽阀门的开度，以改变蒸汽量。在闭环控制系统中，按照设定值的情况不同，可以分为3种类型。

1）定值控制系统：所谓定值控制系统，是指这类控制系统的给定值是恒定不变的。如蒸汽加热器在工艺上要求出口温度按给定值保持不变，因而它是一个定值控制系统。定值控制系统的基本任务是克服扰动对被控变量的影响，即在扰动作用下仍能使被控变量保持在设定值（给定值）或者在允许范围内。

2）随动控制系统：随动控制系统也称为自动跟踪系统，这类系统的设定值是一个未知的变化量。这类控制系统的主要任务，是使被控变量能够尽快地、准确无误地跟踪设定值的变化，而不考虑扰动对被控变量的影响。在化工生产中，有些比值控制系统就属于此类。

3）程序控制系统：程序控制系统也称顺序控制系统。这类控制系统的设定值也是变化的，但它是时间的已知函数，即设定值按照一定的时间顺序变化。在化工生产中，如间歇反应器的升温控制系统就是程序控制系统。

3. 过程控制系统性能指标

除了一些不允许产生振荡的系统之外，通常都希望系统既有充分的快速性，又有足够的稳定性和准确性，这需要合理设计控制系统，使其具有衰减振荡过程。为了合理地评价衰减振荡过程型过渡过程的性能，人们设计并提出了如下一系列控制系统过渡过程的性能指标。

设系统最初处于平衡状态，而且被控量等于给定值。此时，施加一个单位阶跃干扰，系统的被控变量开始衰减振荡过渡过程，如图 8-5 所示。

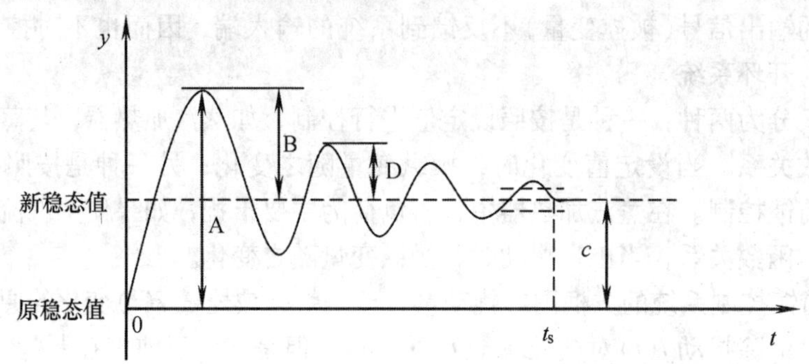

图 8-5　过渡过程性能指标示意图

（1）最大偏差 A

如图 8-5 所示，最大偏差 A 是指在整个过渡过程中，被控变量偏离给定值的最大量，是第一个波的峰值。由于系统受到干扰后，被控变量以较快的速度偏离给定值，达到最大偏差峰值点，因此，达到第一个峰值的时间（称为峰值时间 t_p）和高度是衡量系统性能的重要指标。显然，最大偏差小些更好，但它还要受到其他指标的制约。

（2）超调量

如图 8-5 所示，超调量等于每一个波峰值减去新稳态值，有一个波峰就有一个超调量。最大超调量与最大偏差相似，如果新稳态值等于原稳态值，则最大超调量 B 就等于最大偏差 A。这时系统的余差为零。

（3）衰减比 n

如图 8-5 所示，第一个超调量与第二个超调量的比值体现了过渡过程的衰减程度。$n = B/D$，称为衰减比。

显然，衰减振荡过渡过程的衰减比总是大于 1 的。n 接近于 1，过渡过程的衰减速度太慢。n 越接近 1，过渡过程就越接近于等幅振荡过程。由于这样的系统振荡频繁，难以稳定，不应该采用。另一方面，n 越大，过渡过程衰减越快。当 n 很大时，接近非振荡衰减过程，也不宜采用。

（4）余差 c

如图 8-5 所示，余差是过渡过程最终的新稳态值与过渡过程开始之前的原稳态值之差。它表明了系统克服干扰回到原来给定值的能力大小，是反映系统准确性的重要指标。显然，人们希望余差越小越好。有余差的系统叫做有差系统，反之称为无差系统。余差的幅值与系统的放大倍数以及输入信号的幅值有关。工程实际中，有些被控变量的控制精度要求较高，应尽量减小余差。由于物理极限的限制，理论上，余差不可能为零；实际上，当余差很小时，可以认为是一个无差系统。有些被控变量，如液位变量，允许有一定的余差。

（5）过渡时间 t_s

如图8-5所示，过渡时间 t_s 定义为当过渡曲线进入最终稳态值附近的一定范围内，就不再超出这个范围的时刻。一般可以认为到了这个时刻，过渡过程就基本结束了。这个一定的范围一般定为新稳态值的 ±5% 或者 ±2%。过渡时间 t_s 是衡量过渡过程快速性的重要指标。t_s 越小，快速性就越好，能够适应干扰频繁出现的场合；如果 t_s 较大，有可能第一个过渡过程尚未结束，第二个干扰又出现了，多个干扰的作用叠加，有可能使系统的控制不能满足生产的要求。

上述各个控制系统过渡过程的性能指标，其重要程度各有不同，且相互之间既有矛盾又有联系。在实际使用中，要综合考虑过程的快速性、稳定性和准确性。这主要取决于被控对象工艺上的要求，要一切从实际处罚，不要过分追求高性能指标。

8.2　功能块编程基础

在工业过程控制领域中，功能块是一种广泛采用的编程语言。就PID控制回路的编程而言，功能块(FBD)是最合适的编程语言。使用功能块(FBD)开发程序即是在一个图表中放入代表各项功能的指令块(例如:PIDE指令)，再连接到一系列功能模块输入和输出端。这些功能块完成的功能涉及领域很广，从最简单的逻辑操作到自适应调节PID回路控制。滤波、比例积分、微分控制、模糊控制、脉宽调制变换、统计、三角法和集成的用于阀、泵、电动机的现成控制算法模块，所有这些都作为标准功能模块包含在RSLogix5000集成开发环境中。

8.2.1　功能块的属性

1. 选择功能块单元

选择使用图8-6所示的功能块单元来控制一台设备。

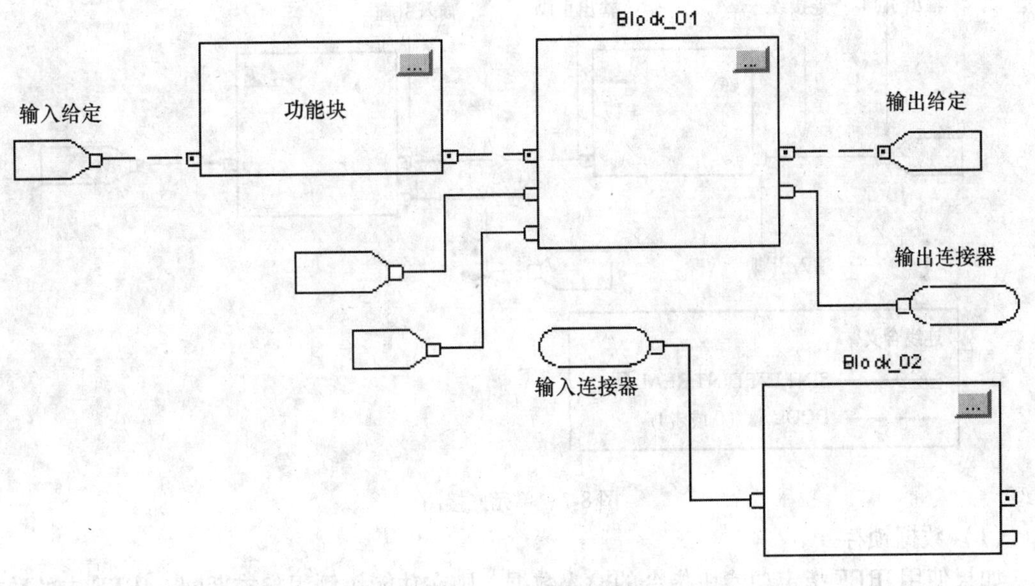

图8-6　功能块选择图

可以根据不同的控制需要选择不同的功能块单元，基本功能块选择方法见表 8-1。

表 8-1　基本功能块单元表

考　虑　项	选　用　项
由输入设备或标签提供数据	输入参考(IREF)
向输出设备或标签发送数据	输出参考(OREF)
对一个或多个输入执行操作并产生一个或多个输出数据	功能块
位于同一表内但距离较远或位于同一例程不同表内的两个功能块间传送数据	输出线连接器(OCON)和输入线连接器(ICON)
分散数据到例程中多个点	单个输出线连接器(OCON)和多个输入线连接器(ICON)

2. 选择单元标签名

为每个功能块选择一个标签来存储指令的组态信息和状态信息。

当添加功能块指令时，RSLogix5000 软件会自动为功能块创建一个标签，可以按照默认模式使用这个标签，也可以重新命名或者分配另一个不同的标签。

对于 IREF 和 OREF 来说，必须自行创建标签或者分配一个已有的标签。

I/O 模块数据更新与逻辑执行是不同步的。如果在逻辑中多次使用一个输入，输入将会在各自的给定中有不同的状态。如果需要在每次给定时输入相同的状态，可以将输入值放入寄存器，并在使用时调用寄存器标签。

3. 定义执行顺序

通过单元连接来定义执行顺序(数据流)，并在需要时指出输入(反馈)接线。功能块的位置不影响执行顺序，如图 8-7 所示。

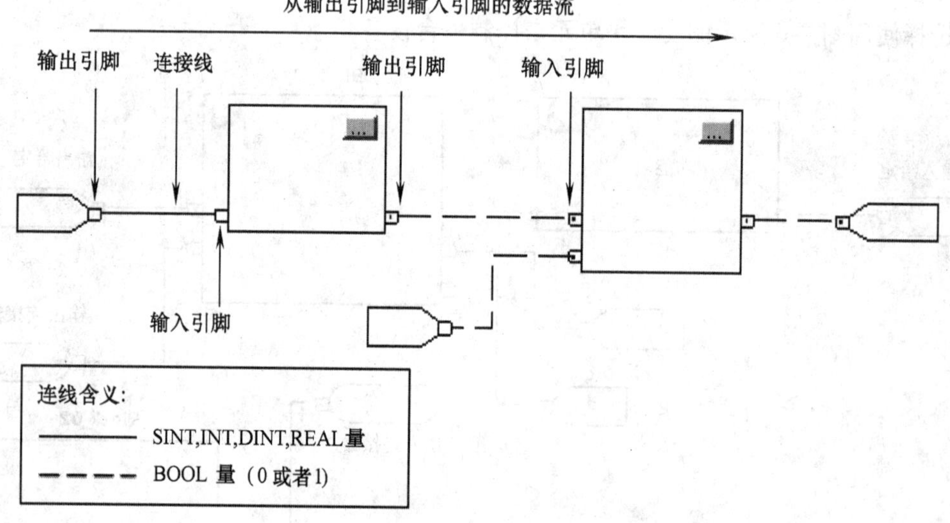

图 8-7　单元连接图

(1) 数据锁存

如果使用 IREF 指定功能块指令的输入数据，则在功能块例程扫描期间，IREF 内的数据被锁存。IREF 锁存来自程序域和控制器域的标签数据。控制器在每次扫描开始时更新所有的 IREF 数据。

如图 8-8 所示，示例 1 中 TagA 的数值在开始执行例程时被存储。当 Block _01 执行时使用该存储值。当 Block _02 执行时使用同一存储值。如果在程序执行期间 TagA 存储值改变，在 IREF 内的 TagA 的存储值直到下一次执行程序时才改变。

从 RSLogix5000 11 版开始，可以在一个例程的多个 IREF 和一个 OREF 中使用同一标签。IREF 中标签的数值在程序扫描过程中被锁定，因此在例程执行过程中，即使 OREF 中有多个标签值，所有的 IREF 仍为相同值。如图 8-9 示例 2，如果例程开始执行扫描时，TagA 值为 25.4，Block _01 将 TagA 的数值变为 50.9，但 Block _02 执行此次扫描时，连接到 Block _02的第二个 IREF 仍然使用 25.4。直至下次扫描开始，TagA 的新值 50.9 才能被 IREF 使用。

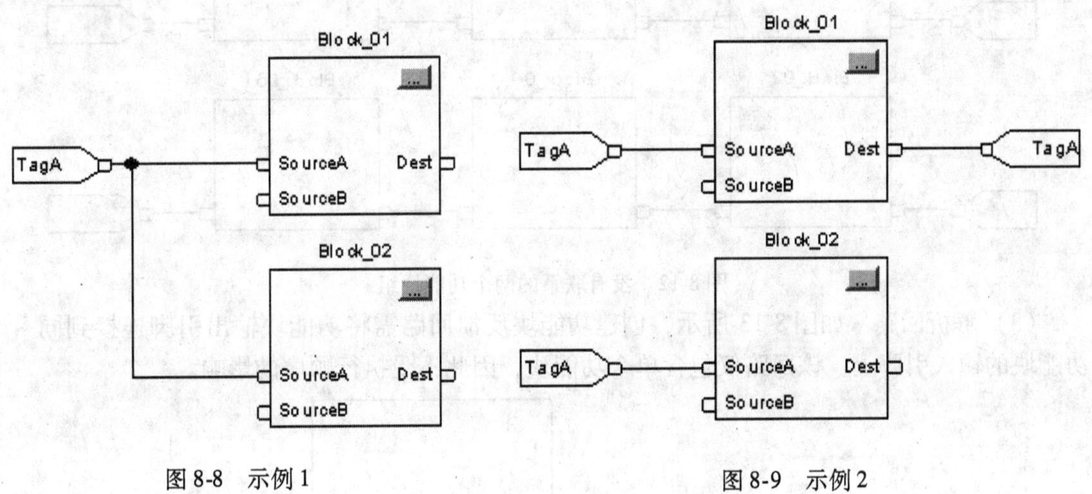

图 8-8　示例 1　　　　图 8-9　示例 2

（2）执行顺序

当进行如下操作时，RSLogix 5000 编程软件自动确定例程内功能块的执行顺序：

校验功能块例程；

校验含有功能块例程的项目；

下载含有功能块例程的项目。

如有必要，可以通过连接功能块并指明反馈线数据流来指定执行顺序。如果功能块没有连接在一起，哪个功能块首先执行没有影响。如图 8-10 所示，功能块间无数据流。

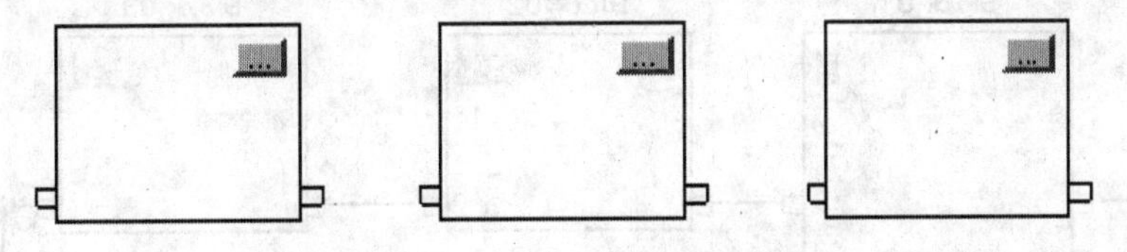

图 8-10　功能块间无数据流

如图 8-11 所示，如果顺序连接功能块，则执行顺序为从输入到输出。功能块的输入必须在控制器执行该功能块前可用。例如：因为功能块 2 的输出是功能块 3 的输入，功能块 2 必须在功能块 3 前执行。

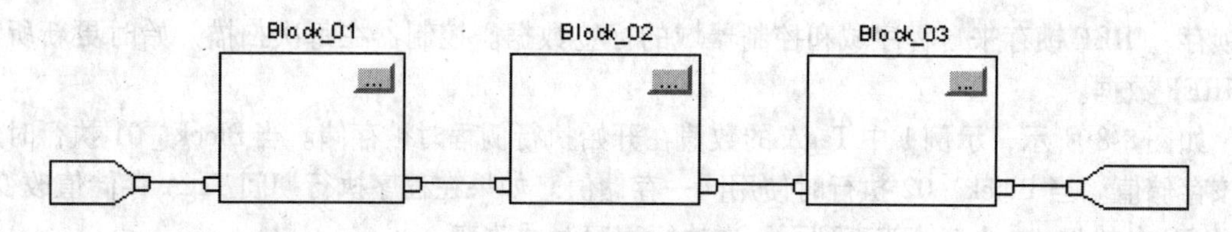

图 8-11　功能块的顺序连接

执行顺序只与连接的功能块相关。如图 8-12 所示，两个功能块组没有连接在一起，在每一组内的功能块执行顺序只与该组内的功能块有关。

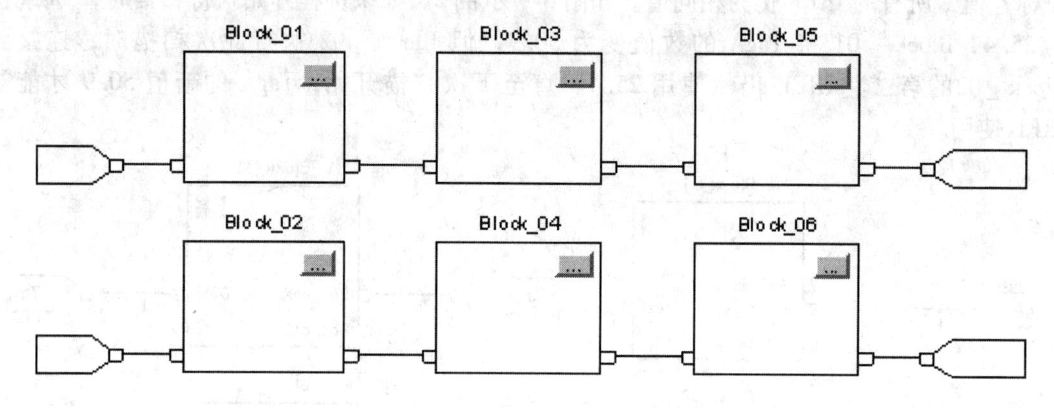

图 8-12　没有联系的两个功能块组

（3）解析回路　如图 8-13 所示，创建功能块反馈回路需将功能块输出引脚连接到同一功能块的输入引脚上。该回路仅包含单个功能块，因此不受执行顺序的影响。

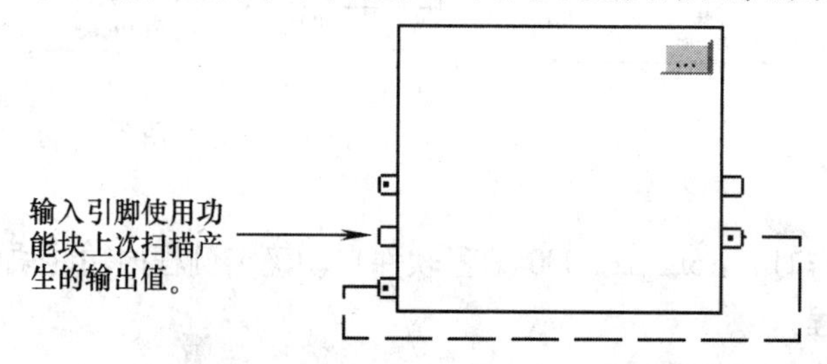

图 8-13　单个功能块的反馈回路

如果一组功能块在同一闭环内，则控制器无法确定哪个功能块最先执行，也就是说，它无法解析回路，如图 8-14 所示。

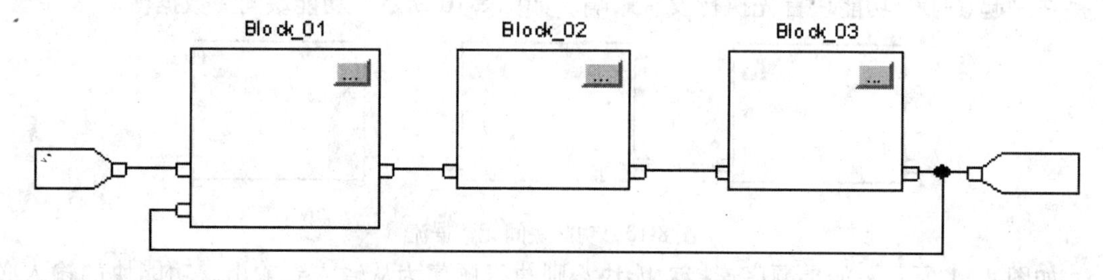

图 8-14　多个功能块的反馈回路

为确定功能块的执行顺序，可使用假定数据有效指示来标记用于创建回路(反馈线)的输入线。如图 8-15 所示，功能块 1 使用功能块 3 在上次例程执行时产生的输出。右键单击连接线，可以选择删除和假定数据有效功能。

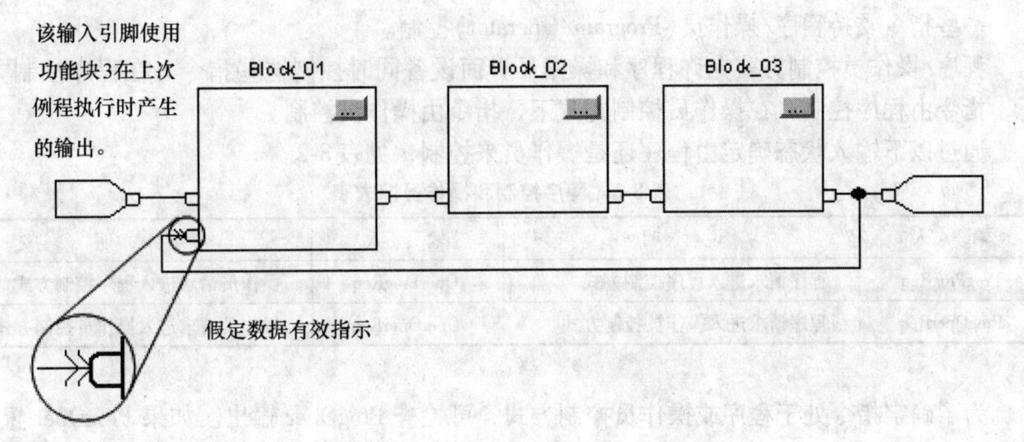

图 8-15　确定功能块执行顺序

假定数据有效指示确定了回路内数据流向。箭头指示了数据输入到回路的首个功能块。

(4) 总结

总之，功能块程序按以下顺序执行：

控制器锁存 IREF 内的所有数据；

控制器按顺序(由功能块接线方式决定)执行其他功能块；

控制器将输出写入 OREF。

4. 使用连接器

如图 8-16 所示，连接器像导线一样，从输出引脚向输入引脚传递数据。连接器在下列情况中使用：想要连接的元素在同一梯级上的不同页中；作为连接线，在很难绕过其他的元素或者组件时；想要将数据分散到例程中的若干点。

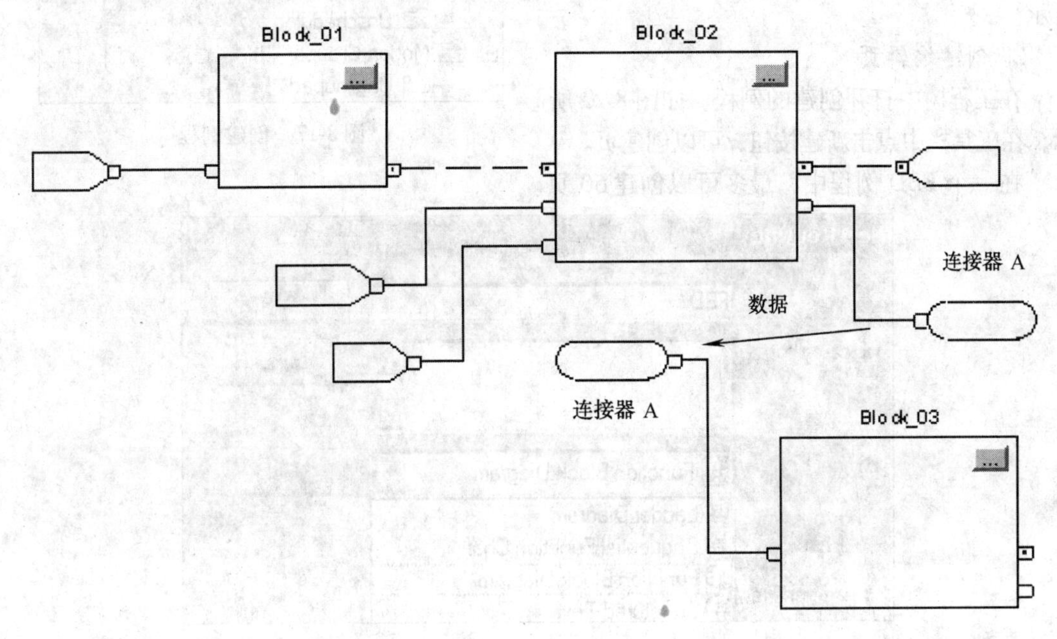

图 8-16　使用连接器

5. 定义程序/操作员控制

一些指令支持程序/操作员(Program/Operator)控制。

程序/操作员控制方式允许程序和操作员界面设备同时控制这些指令。在程序控制方式下，指令由程序控制；在操作员控制方式下，指令由操作员控制。

通过以下输入状态确定由程序还是操作员来控制，见表 8-2。

表 8-2　程序控制和操作员请求表

输　入	说　明	输　入	说　明
ProgProgReq	程序请求进入程序控制方式	OperProgReq	操作员请求进入程序控制方式
ProgOperReq	程序请求进入操作员控制方式	OperOperReq	操作员请求进入操作员控制方式

为了确定指令处于程序或操作员控制方式，可检查 ProgOper 输出。如果 ProgOper 置位，则该指令处于程序控制方式；如果 ProgOper 清零，则该指令处于操作员控制方式。

如果两个输入请求位都置位，则操作员控制优先于程序控制。例如，如果 ProgProgReq 和 ProgOperReq 都置位，则指令进入操作员控制。

8.2.2　功能块的使用

1. 创建功能块例程

右键点击“Program”（程序），选择“New Routine”（新建例程），如图 8-17 所示。

输入例程起名字“FBD _ Test”，然后选择例程类型，如图 8-18 所示，在下拉菜单中选择“Function Block Diagram”功能块类型的例程。新创建的功能块例程如图 8-19 所示。

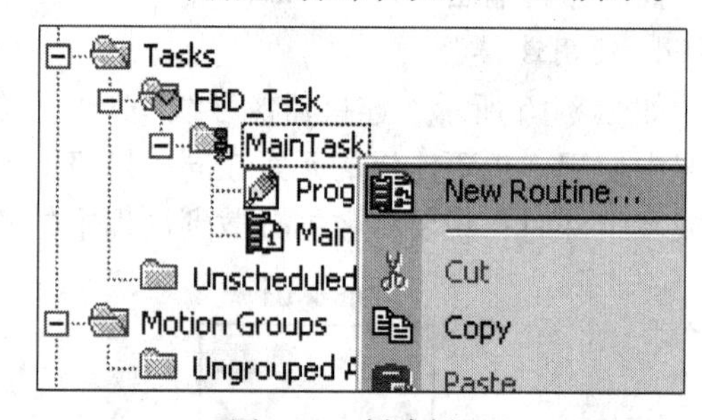

图 8-17　创建例程

2. 创建编辑页

在工程树中打开创建的例程。如图 8-20 所示，在工具栏中点击新建按钮，可以创建页。

在一个 FBD 例程中，最多可以创建 50 页。

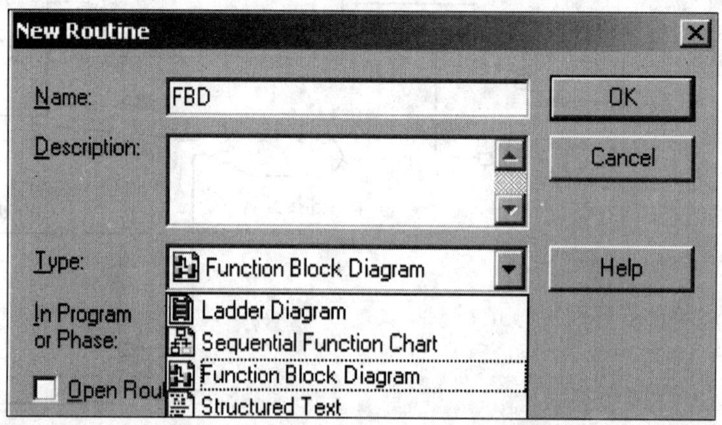

图 8-18　选择功能块类型的例程

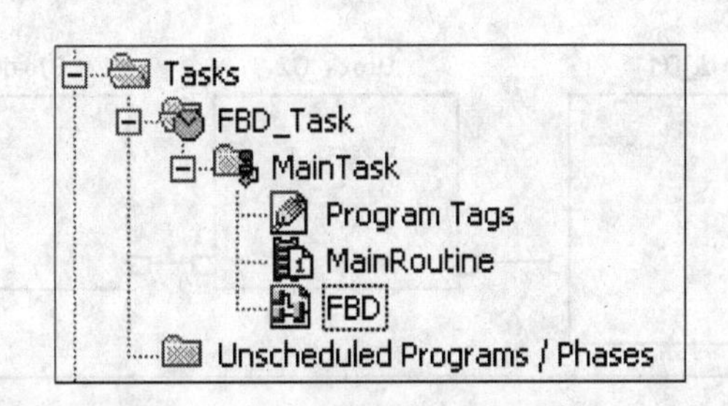

图8-19　新创建的功能块例程

图8-20　创建编辑页

3. 添加功能块单元

如图8-21所示，可以从指令库中添加需要使用的功能块单元，库中的指令按照功能的不同分为多个组，比如Process(过程控制组)、Drives(传动组)、Filters(滤波组)等。

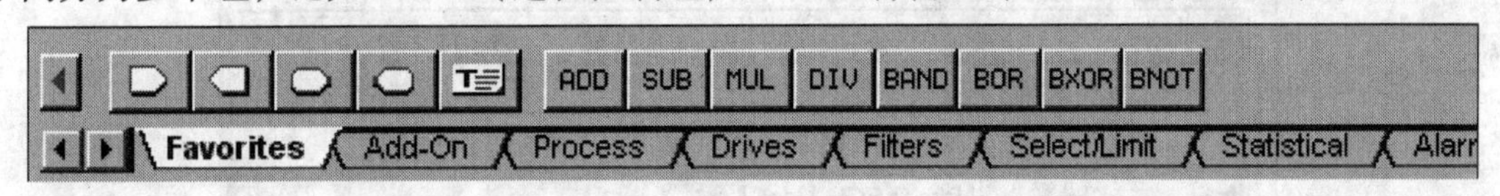

图8-21　添加功能块

4. 连接单元

(1) 显示或隐藏引脚　当添加一个功能块指令时，功能块将会显示默认状态下的一组引脚。其余的引脚隐藏起来，可以通过点击功能块属性按钮，在参数前的可见性选择框中进行选择。

(2) 连接功能块　如图8-22所示，要将两个功能块连接在一起，需要点击第一个单元的输出引脚，然后点击另一个单元的输入引脚。绿色小点表示有效的连接点。

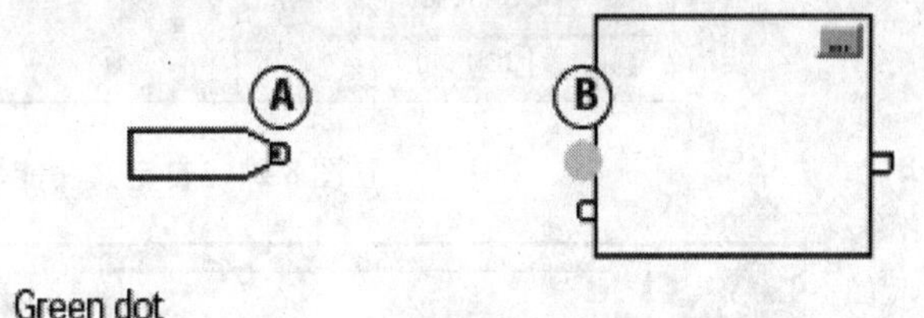

图8-22　连接功能块有效连接点

(3) 使用假定数据有效指示器的连接线　要定义一条连线作为输入，右键点击连线，并选择Assume Data Available(假定数据有效)选项，如图8-23所示。

5. 分配标签

如图8-24所示，给创建的功能块分配标签。除输入和输出功能块外，一般在创建功能块之后，RSLogix5000软件会自动给功能块创建标签，可以点击标签名进行修改，或者在点击后的下拉菜单中选择要自行添加的标签类型。在使用输入和输出功能块时，要根据程序需要，自行定义标签数据类型。

6. 校验例程

在编程结束之后，点击标准任务栏中的校验例程(Verify Routine)，有利于校验程序中的常见错误，如图8-25所示。

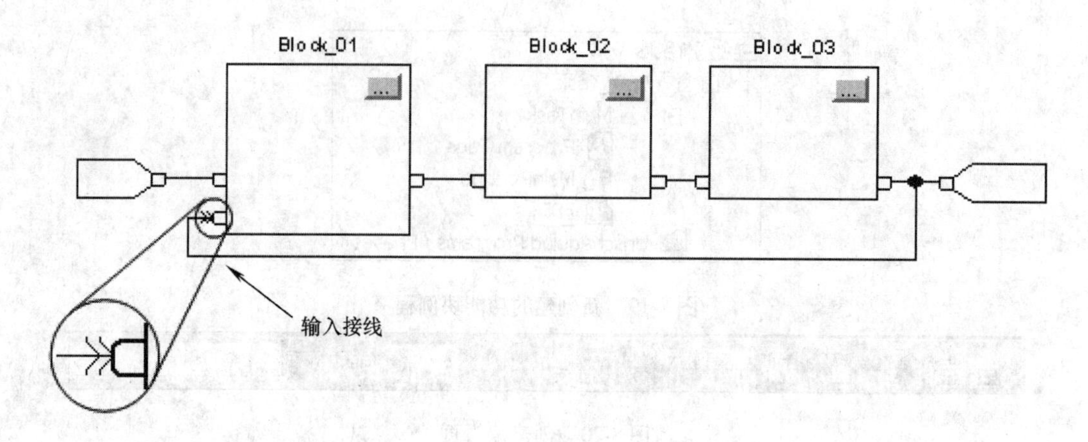

图 8-23　选择假定数据有效选项

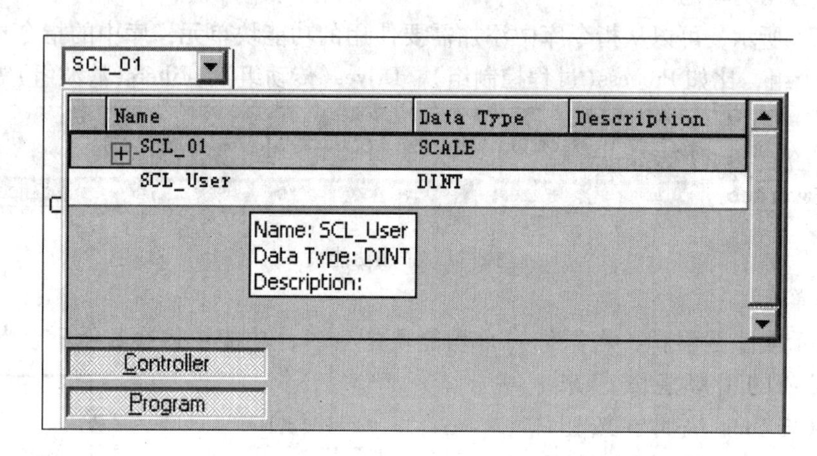

图 8-24　自定义功能块标签类型

图 8-25　例程校验

8.3　单回路过程控制系统设计

单回路控制系统是石油、化工等行业的实际生产过程中最常见、应用最广泛、数量最多的控制系统。单回路控制系统包括被控对象，测量变送器、整定和执行器。单回路控制系统结构简单，投资少，易于调整和投运，能满足一般生产过程的控制要求。本节主要讨论在 CMS 控制系统下，如何设计单回路控制系统以及对系统进行参数整定。

8.3.1　CompactLogix 水箱液位控制系统

液位控制系统是典型的工业过程控制系统，广泛地应用在工业生产的各个领域中。比如锅炉的水位调节、反应箱内的液位控制等。液位控制系统的时间滞后小，响应较快，易于控制，但是噪声较大。

锅炉水箱模型的液位系统由液位变送器、入口压力变送器、单容容器、入水阀门、出水阀门、变频器和高频水泵组成。系统设备结构如图 8-26 所示。

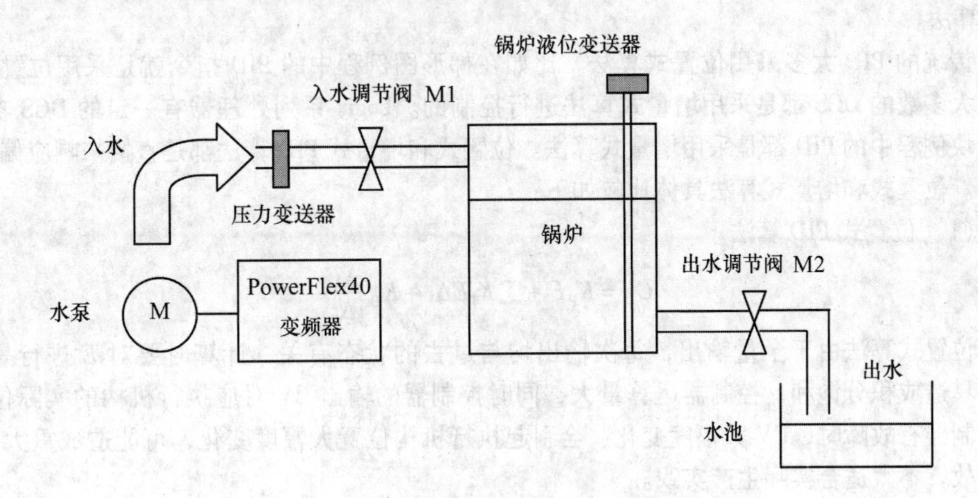

图 8-26　水箱液位系统设备结构图

这是一个多输入、单输出的控制系统，可以单独使用变频器的输出频率、入水调节阀门的开度和出水调节阀门的开度来调节锅炉的液位。在本例中，液位传感器作为变送器采集容器的液位信号，通过内部的变送器装置将标准信号(4 ~ 20mA)送入模拟量输入模块。将采集的液位标准信号作为液位反馈值，与液位给定信号进行比较，得到的偏差经过 PID 运算后，输出给模拟量输出模块。输出模块输出标准信号(4 ~ 20mA)给执行机构，执行机构能够调节入水阀门的开度来控制锅炉的液位。在水泵给水的同时，实时检测入口压力，如果压力超出范围，要求停止电机，防止造成入水管道压力过大。液位系统的系统方框图如图 8-27 所示。

模拟量模块采集模拟量信号时，要注意采集的信号是否是标准信号(0 ~ 10V 或者 4 ~ 20mA)，如果不是标准信号，需要使用电压或者电流变送器将信号整定成标准信号，再输入模拟量模块，否则会有烧毁模块的危险。模拟量模块输出的模拟量信号也是标准信号，如果执行机构或者控制装置需要非标准信号，需要使用电压或者电流变送器将标准信号整定成参考信号，否则会造成执行机构或者控制装置故障甚至损坏。

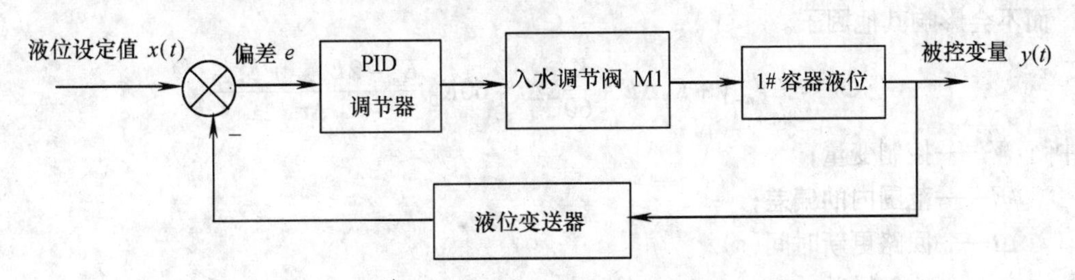

图 8-27　水箱液位控制系统方框图

8.3.2　PIDE 功能块

PIDE 指令是功能块编程中最重要的指令之一，几乎所有的功能块例程都会用到 PIDE 功能块指令。PIDE 是增强型的 PID 指令，除了 PID 功能外，还包括输入输出限制、控制模式选择、参数整定、过程控制类型选择和 PID 参数自整定等功能。首先介绍 PIDE 指令中的 PID 算法。

传统的 PID 大多采用位置式算法，比如在梯形图例程中的 PID 指令就是采用位置式算法，大多数的 DCS 都是采用增量式算法进行控制的。Logix 系列处理器有一定的 DCS 功能，功能块例程中的 PID 都是采用增量式算法。位置式和增量式 PID 算法都是直接来响应偏差的改变。位置式和增量式算法具体比较如下：

（1）位置式 PID 算法

$$CV = K_{\mathrm{P}}E + \sum K_{\mathrm{I}}E\Delta t + K_{\mathrm{D}}\frac{\Delta E}{\Delta t}$$

位置式算法由于全量输出，每次输出均与过去的状态有关，计算时要对 E 进行累加，很容易造成积分饱和，控制器运算量大，同时控制器的输出 CV 对应执行机构的实际位置，当控制器有故障时，CV 大幅度变化，会引起执行机构位置大幅度变化，可能造成重大的生产事故，不太适合实际生产实践。

（2）增量式 PID 算法

$$CV_n = CV_{n-1} + K_{\mathrm{P}}\Delta E + K_{\mathrm{I}}E\Delta t + K_{\mathrm{D}}\frac{E_n - 2E_{n-1} + E_{n-2}}{\Delta t}$$

增量式算法由于输出增量，所以误动作时影响小，必要时可以用逻辑判断的方法去掉。在手动/自动切换时冲击小，便于实现无扰动切换。当控制器发生故障时，由于输出通道或者执行装置具有信号锁存作用，仍然能够保持原值。计算式中不需要累加，较容易获得比较好的控制效果。但是增量式也有不足之处，积分截断效应大，有静态误差等。

在位置式 PID 中，比例项作用于偏差，积分项的累加包含在积分项的和中；在增量式 PID 中，比例项作用于偏差的变化，积分项的累加包含在先前的输出中。功能块的 PIDE 指令使用 PID 方程式的增量式算法。

PIDE 功能块支持两种不同的增量式算法格式——独立增益方程（Independent Gains Form）和相关增益方程（Dependent Gains Form）。

独立增益方程（Independent Gains Form）：在这种算法中，算法中的每个因子，比例因子、积分因子和微分因子是一个单独的增益因子。改变其中一个增益因子，只会影响该因子，而不会影响其他因子。

$$CV_n = CV_{n-1} + K_{\mathrm{P}}\Delta E + \frac{K_{\mathrm{I}}}{60}E\Delta t + 60K_{\mathrm{D}}\frac{E_n - 2E_{n-1} + E_{n-2}}{\Delta t}$$

式中 CV——控制变量；

E——范围内的偏差；

Δt——回路更新时间（s）；

K_{P}——比例增益；

K_{I}——积分增益（1/min），注意：较大的值 K_{I} 会导致较快的积分增益；

K_{D}——微分增益（min）。

相关增益方程（Dependent Gains Form）：在这种算法中，比例增益是控制器的有效增益。通过改变控制器增益，能够同时改变所有因子，比例因子、积分因子和微分因子。

$$CV_n = CV_{n-1} + K_C\left(\Delta E + \frac{1}{60T_I}E\Delta t + 60T_D\frac{E_n - 2E_{n-1} + E_{n-2}}{\Delta t}\right)$$

式中　CV——控制变量；

E——范围内的偏差；

Δt——回路更新时间(s)；

K_C——控制器增益；

T_I——积分时间改变；

T_D——微分时间常数。也就是说，积分因子在 T_I 分钟之内使比例因子反复作用来响应偏差阶跃的微分时间常数(min)。

但使用 PIDE 指令时，如果参数 DependIndepend 复位，参数 PGain、IGain 和 DGain 用来表示 K_P、K_I 和 K_D；如果参数 DependIndepend 置位，参数 PGain、IGain 和 DGain 用来表示 K_C、T_I 和 T_D。

通过以下的方程式，可以在独立增益和相关增益 PID 算法之间进行增益转换：

$$K_P = K_C,\ K_I = \frac{K_C}{T_I},\ K_D = K_C T_D$$

这两种类型的算法(独立增益和相关增益)对于适当的增益下是等效的，算法的选用取决于对 PID 算法的熟悉程度。使用独立增益 PID 算法能够控制单独的增益因子而不影响其他增益因子；使用相关增益 PID 算法能够在一定范围内只需要改变控制器增益因子，不需要单独改变每个增益因子就能够对 PID 回路有较为全面的控制。下面介绍 PIDE 功能块。

PIDE 指令只能在功能块例程和结构文本例程中使用(结构文本不支持自整定功能)，在梯形图和顺序功能流程图中不能使用该指令。首先在程序中创建一个功能块例程，双击功能块文件，将例程打开。为了便于功能块的使用，在功能块编程语言组件(Language Element)中根据功能块的控制功能，将指令分为若干个组。选择过程控制(Process)组，点击 PIDE 按钮，这样就在功能块编程区创建 PIDE 功能块，如图 8-28 所示。

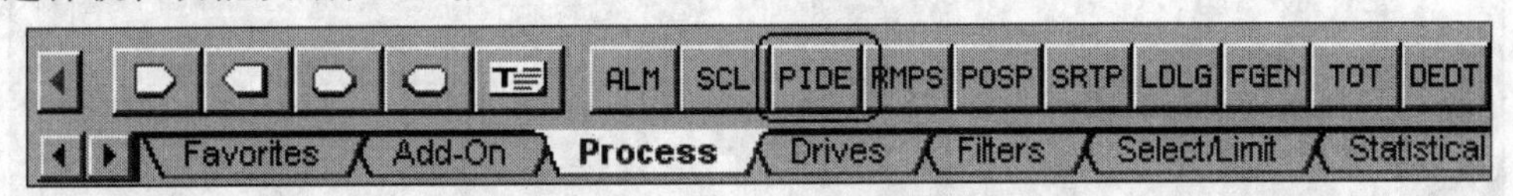

图 8-28　创建 PIDE 功能块

如图 8-29 所示，创建 PIDE 功能块后，会自动生成一个标签名为 PIDE _ 01、数据类型为 PID _ ENHANCED 的标签，可以根据编程标准的需要修改标签名。同时注意到自整定的标签名为空，需要使用自整定功能时，需要自行添加数据类型为 PID _ AUTOTUNE 的标签。功能块的左侧是输入引脚，右侧是输出引脚，可以将需要输入和输出的点连接到引脚上。

创建 PIDE 功能块之后，根据控制的需要，对功能块参数和功能块属性进行设置。点击 PIDE 功能块属性查看按钮，设置 PIDE 参数。PIDE 功能块属性对话框包括 7 个选项卡。

1. 通用组态选项卡(General Configuration)

通用选项卡中包含一些 PIDE 的基本组态信息和组态参数，在使用 PIDE 功能块之前，这些信息和参数是必须设置的，如图 8-30 所示。

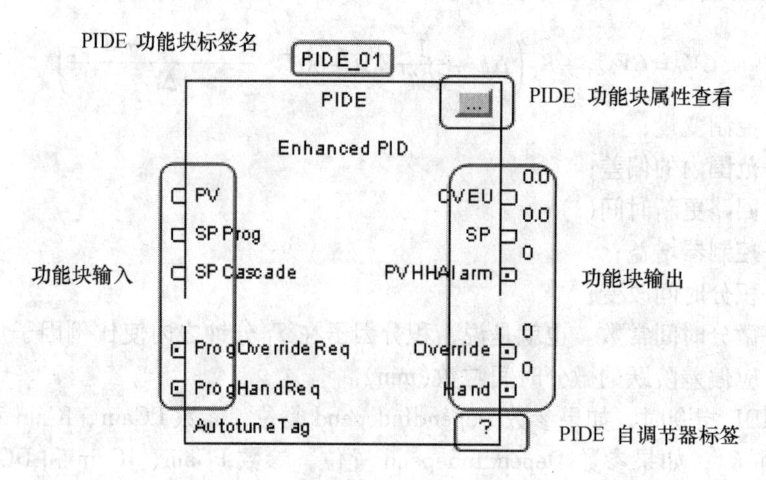

图 8-29　PIDE 功能块外观

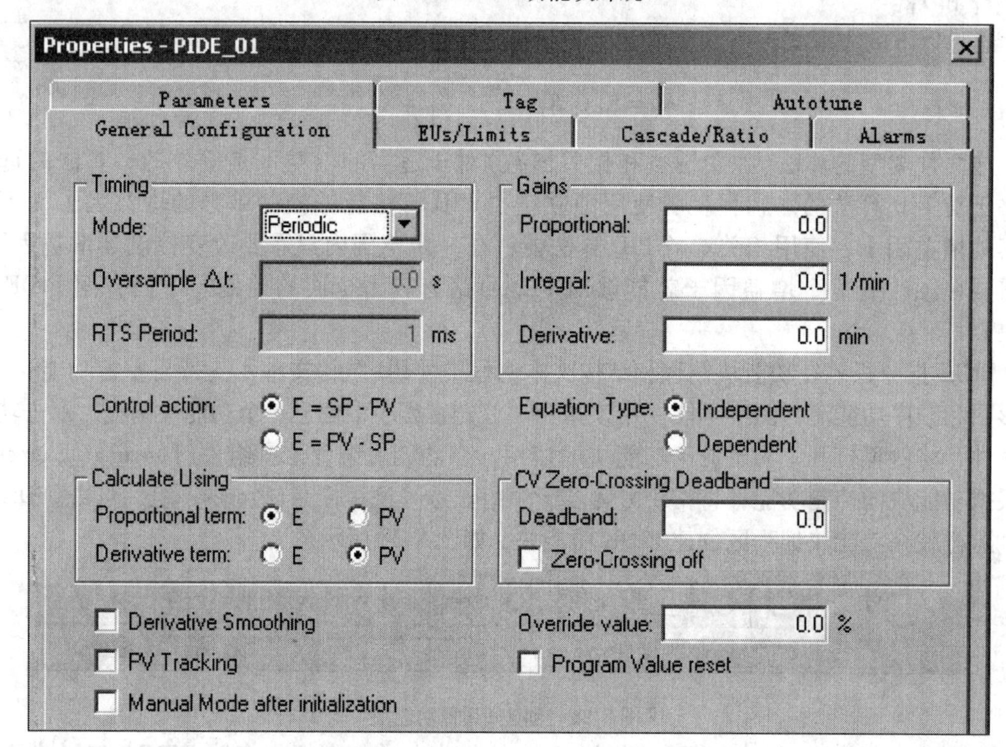

图 8-30　通用组态信息设置

（1）时间模式(TimingMode)

为了正确的执行，调整控制指令需要一个已知的刷新时间(例如,PIDE 方程式中 Δt)，PIDE 指令支持 3 个不同的时间模式来获得刷新时间，见表 8-3。

表 8-3　PIDE 指令时间模式表

周期型 (Periodic Mode)	默认的时间模式。要使用这模式，将指令拖放到周期型任务运行的例程中。指令自动使用周期型任务的刷新速率作为刷新时间。该模式最容易执行并且能被大多数的应用项目使用。使用 PIDE 的最简单模式是周期模式。PIDE 在周期型任务中编程，并且任务在控制工程师选择的时间间隔中执行。系统能够在输出标签 DeltaT 中查看时间间隔。时间模式参数 TimingMode 要设置为 0

（续）

过采样型 （OversampleMode）	本时间模式提供完全的手动控制来控制指令如何执行。要使用这个模式，在 OversampleDT 中组态刷新速率。每个 OversampleDT 秒必须置位 EnableIn。当 PIDE 用在连续型任务中时，使用过采样模式。时间模式参数 TimingMode 要设置为 1。Delta 时间数值是写入到参数 OversampleDT 中的数值。当指令在连续型任务中执行并且过程输入没有与输入相关联的时间戳时（注意，如果过程输入有时间戳，推荐使用实时采样模式），使用这种模式。当指令运行时，需要在程序中写入一些逻辑来进行控制。使用一个时间继电器来设置 OversampleDT 的值，用于控制 PIDE 指令的 EnableIn 输入。当指令的输入和输出对时间有严格要求的情况下，不能使用这种方式
实时采样 （Real Time Sampling Mode）	无论何时接到一个新的模拟量输入，采样时间模式作用于模拟量输入模块来执行指令算法。要使用这个模式，将模拟量输入模块的 RollingTimeStamp 参数和指令上 RTSTimeStamp 参数连接在一起。将模拟量输入模块的 RealTimeSample 参数和指令上的 RTStime 参数连接在一起。如果想要最精确地执行指令（例如：出现小偏差超时累积的 Totalizer），该模式是很有用的。当 PIDE 指令用在一个连续型任务中或者过程输入有与输入相关联的时间戳时，使用这种采样模式。时间模式参数 TimingMode 要设置为 2。指令对组态的 RTSTime 数值（期望的更新周期）和计算的 DeltaT 值进行比较，确定是否每次过程刷新时间是由 PIDE 指令读取。使用实时采样，指令使用的 delta 时间（DeltaT）是响应过程输入刷新的两个时间戳的差值。指令将组态的 RTSTime 值（期望刷新周期）和计算 DeltaT 进行比较，来确定是否每次过程输入的刷新是由 PIDE 读取

（2）选择控制作用方向（ControlAction）

在实际控制中，我们需要根据控制对象和控制执行机构的情况来选择合适的动作方向，见表 8-4。

表 8-4　控制方向选择表

ControlAction = 0	E = SP – PV
ControlAction = 1	E = PV – SP

（3）比例因子和微分因子的计算（PVEPropottional 和 PVEDerivative）

通过这两个参数可以选择使用 PV 或者使用 E 计算比例因子或者是微分因子，见表 8-5。

表 8-5　比例和微分因子计算方法表

PVEPropottional = 0	使用偏差变化量（EPercent）计算比例系数
PVEPropottional = 1	使用过程变量的变化量（DeltaPTerm）计算比例系数
PVEDerivative = 0	使用偏差变化量（EPercent）计算微分系数
PVEDerivative = 1	使用过程变量的变化量（DeltaPTerm）计算微分系数

对于比例因子和微分因子来说，通过改变参数 PVEPropottional 和 PVEDerivative 值，可以用过程变量（PV）的变化来代替偏差的变化。在默认状态下，PIDE 指令的比例因子中使用偏差的变化，微分因子中使用过程变量（PV）的变化。这样能够消除设定点变化上很大的微分尖峰。

（4）独立和相关控制请求（DependIndepend）

用来设置 PID 算法的独立和相关控制，具体两种控制形式的区别请参阅前面 PIDE 中的 PID 算法介绍部分，见表 8-6。

表 8-6　PID 算法控制形式表

DependIndepend = 0	使用独立形式的 PID 公式
DependIndepend = 1	使用相关形式的 PID 公式

（5）增益(Gains)

比例、积分和微分增益用来设置 PIDE 中的 PID 增益参数。在实际控制中，选择控制参数的好坏对控制系统的性能有很大的影响，见表 8-7。

表 8-7 PID 增益参数表

PGain	比例增益。选择相关形式的 PID 算法时，输入无量纲的比例增益到该数值。选择独立形式的 PID 算法时，输入无量纲的控制增益到该数值。输入 0 可禁止比例控制。如果 PGain <0，指令置位状态字中的相应位并使 PGain =0
IGain	积分增益。选择相关形式的 PID 算法时，输入以 1/minutes 为单位的积分增益到该数值。选择独立形式的 PID 算法时，输入以 1/minutes 为单位的积分时间常数到该数值。输入 0 可禁止积分控制。如果 IGain <0，指令置位状态字中的相应位并使 IGain =0
DGain	微分增益。选择相关形式的 PID 算法时，输入以 minutes 为单位的微分增益到该数值。选择独立形式的 PID 算法时，输入以 minutes 为单位的微分时间常数到该数值。输入 0 可禁止微分控制。如果 DGain <0，指令置位状态字中的相应位并使 DGain =0

（6）高级参数设置

在基础选项卡中也包括一些高级参数，例如设置死区的参数、控制微分平滑的参数和手动自动无扰动切换的参数等。具体的解释见表 8-8。

表 8-8 高级参数设置表

输入参数	数据类型	描述
ZCDeadband	REAL	过零死区范围，整定为 PV 单位。定义过零死区的范围。输入 0 可禁止过零死区检测。如果 ZCDeadband <0，指令置位状态字中的相应位并禁止过零死区检测。 有效值 =0.0 到最大正浮点数，默认值 =0.0
ZCOff	BOOL	禁止过零请求。置位时，禁止死区计算过零。默认状态为清零
DSmoothing	BOOL	微分平滑请求。置位时，微分系数的变化是平滑的。微分平滑产生的对 PV 信号的噪声干扰只引起微小的输出“抖动”且能有效抑制高微分系数影响。默认状态为清零
PVTracking	BOOL	SP 跟踪 PV 请求。在手动方式下置位，使 SP 跟踪 PV。串级/比例或自动时请求被忽略。默认状态为清零
ManualAfterInit	BOOL	初始化后人工方式请求。置位时，如果 CVInitializing 也置位则指令切换到人工方式，除非当前方式为自动或手动。当 ManualAfterInit 清零时，如果无其他方式请求，指令方式不改变。默认状态为清零
CVOverride	REAL	CV 自动值。在自动方式下 CV 等于该数值。该数值与 PID 环节的安全状态输出相对应。CVOverride <0 或 >100 时指令置位状态字中的相应位并限制 CV 值 有效值 =0.0 到 100.0，默认值 =0.0

2. 工程单位整定和限位选项卡(EUs/Limits)

在选项卡中，主要描述变量的工程整定和限位，包括过程变量(PV)最大最小值整定，控制变量(CV)最大最小值整定；设定点(SP)上下限位和控制变量(CV)上下限位。注意设定点(SP)和过程变量(PV)的单位要保持一致。如果工程对象需要，可以设置变化率限制，如图 8-31 所示。

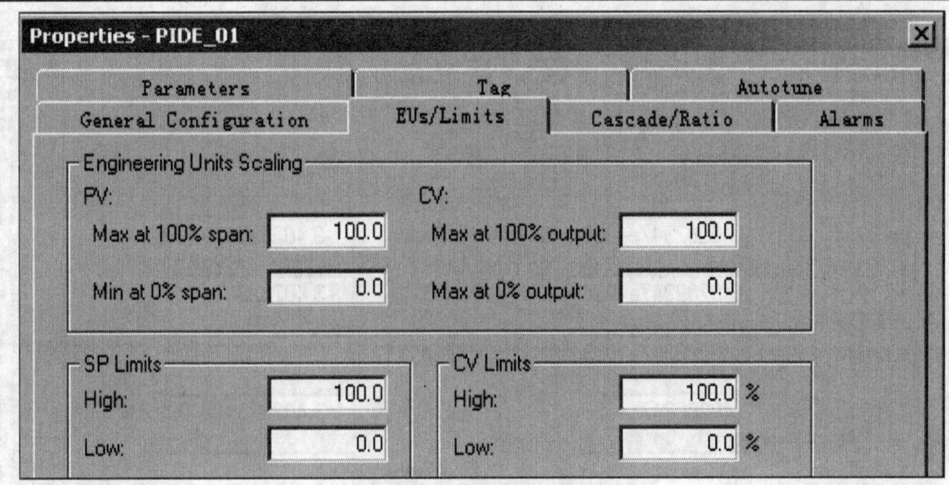

图 8-31　工程单位整定和限位设置

3. 串级和比值控制选项卡(Cascade/Ratio)如图 8-32 所示。

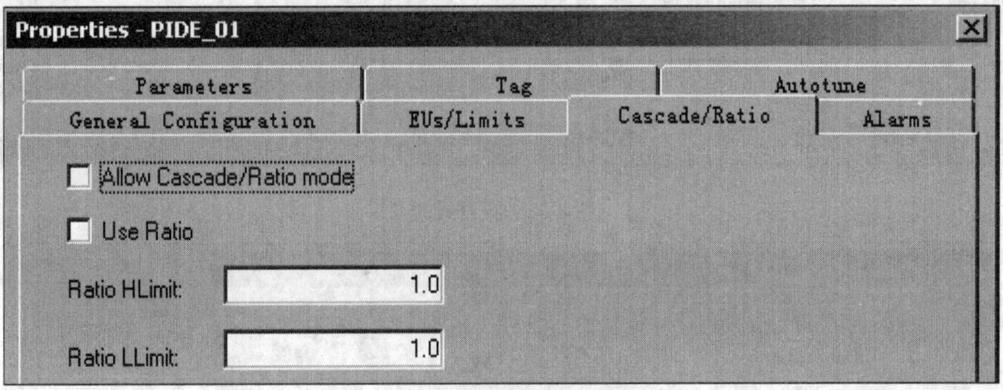

图 8-32　串级和比值控制设置

当 PIDE 功能块用在串级或者比值控制系统中时，需要使用该功能，能够使能串级或者比值控制，并设置比值的上下限位。

4. 报警选项卡(Alarms)

本选项卡包括变量的报警设置。如图 8-33 所示，有过程变量(PV)限位报警和偏差(Deviation)限位报警，还可以设置相应的死区。

5. 参数选项卡(Parameters)

前面的选项卡提供主要的参数组态，参数选项卡提供全部的参数设置，提供更高级的控制功能和全部参数信息。具体每个参数的使用说明请参阅相关的 PIDE 功能使用手册，如果在后面的项目中用到特定的参数，会做特殊说明。下面仅介绍 PIDE 功能块中的控制模式选择参数，如图 8-34 所示。

PIDE 指令通过使用许多的控制模式提供附加的功能。除了传统的模式，例如自动(Auto)和手动(Manual)之外，PIDE 指令还支持程序/操作员(Program/Operator)控制模式，这样定义允许何种模式来改变回路。如果回路是在程序(Program)控制模式，用户程序能够将回路置于适当的模式(例如：Auto/Manual)，并改变回路的设定点或者回路的手动(Manual)输出。相反地，如果回路在操作员(Operator)控制模式的情况下，操作员能够改变模式和数值。支持的控制类型和回路模式见表 8-9。

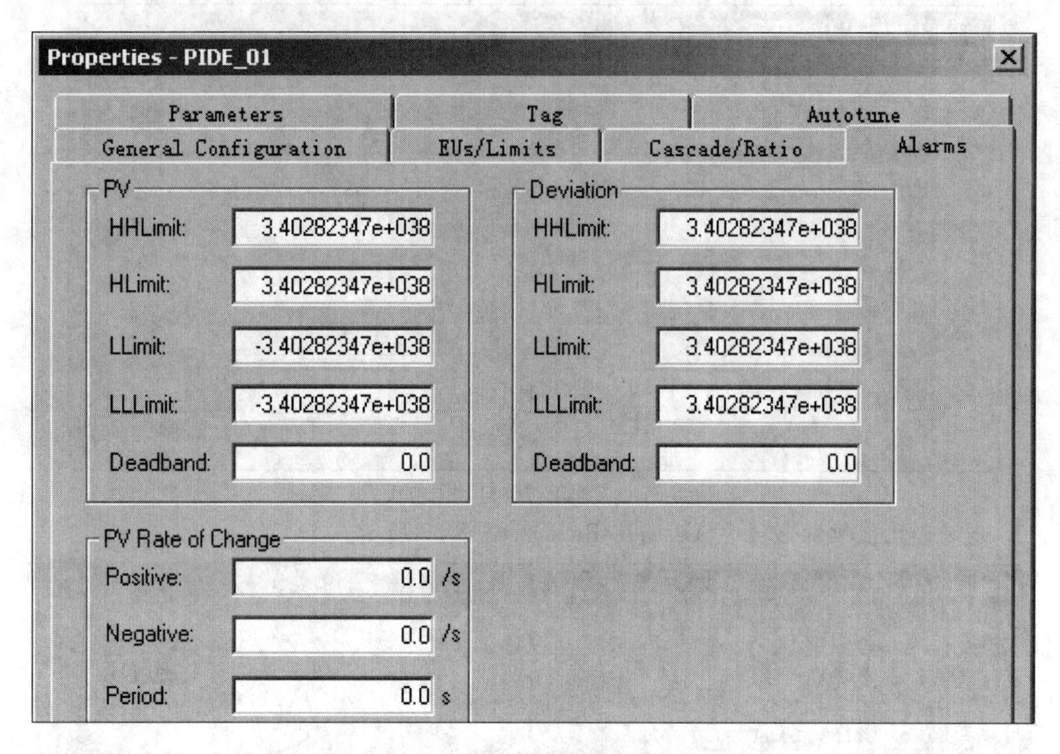

图 8-33　报警设置

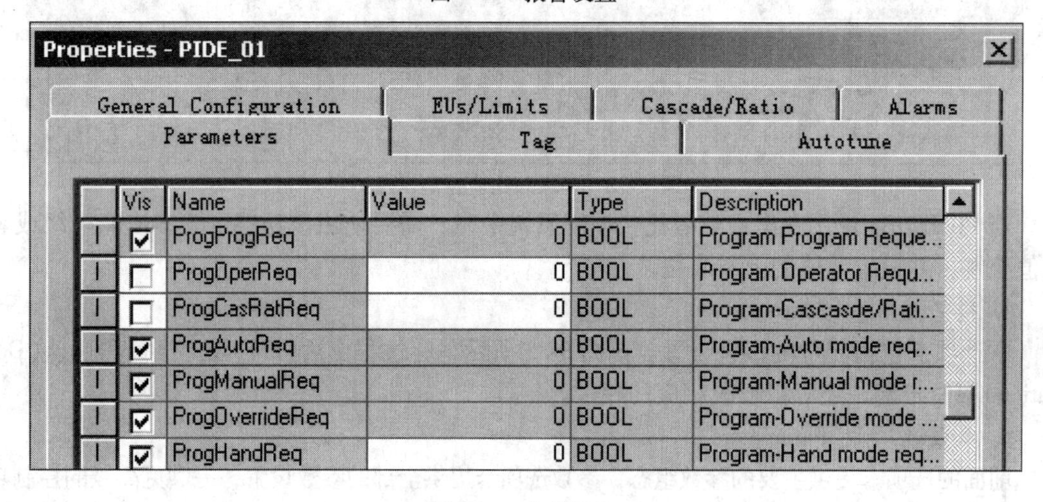

图 8-34　参数设置

表 8-9　控制模式选择表

程序(Program)控制	当在程序(Program)控制模式时，回路模式由用户程序决定。用户程序也能够改变设定点和回路的手动(Manual)输出
操作员(Operator)控制	当在操作员(Operator)控制模式时，回路模式由操作员决定。操作员能够改变设定点和回路的手动(Manual)输出
串级/比例(Cascade/Ratio)模式	当在串级/比例(Cascade/Ratio)模式时，回路将会像在自动模式中那样自动调节它的输出，但是设定点将会从外部源给定，例如，连接到 SPCascade 输入参数。如果置位 UseRatio 参数，在应用到设定点之前，SPCascade 输入将会乘以一个比例系数

（续）

自动(Auto)模式	当在自动(Auto)模式时，回路将会自动调整它的输出来维持PV在设定点
手动(Manual)模式	当在手动(Manual)模式时，回路将会通过用户程序(当在程序控制时)或者操作员(当在操作员控制时)设置它的输出
超驰(Override)模式	当在超驰模式时，回路将会设置它的输出等于在CVOverride参数组态的CV值。Override模式一般是用来安全互锁
手操(Hand)模式	当在手操(Hand)模式时，CV值设置等于HandFB参数

6. 标签选项卡(Tag)和自整定选项卡(Autotune)

标签选项卡中包括PIDE标签名称、标签类型、标签描述、数据类型和应用范围等。自整定选项卡中包括PIDE自整定的相关信息。

8.3.3　单回路系统程序设计

根据前面的控制系统分析，我们将出水阀门和变频器的频率给定设为固定值，调节入水阀门控制锅炉系统的液位。

1. 工程组态

使用RSLogix5000编程软件创建一个工程，工程使用CompactLogix1769-L35E处理器，在左侧的工程树上进行I/O组态操作。本例中我们只进行液位控制，不需要其他的I/O点，为了方便后续的实验，我们组态整个锅炉水箱系统所需要的全部I/O模块，如图8-35所示。

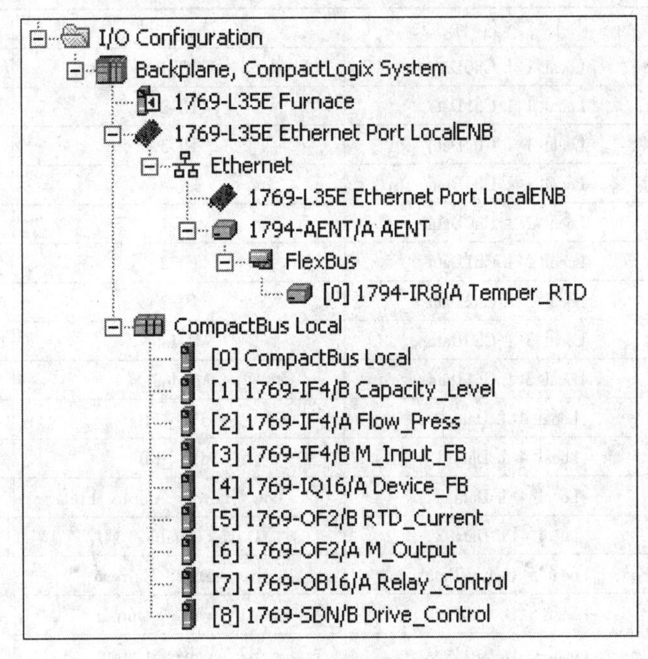

图8-35　CompactLogix系统I/O组态图

需要说明的是，在以太网中添加一个1794-AENT以太网适配器，然后适配器添加一个1794-IR8热电阻模块，用来测量锅炉水温和锅炉夹套水温。为了避免两个测温元件的电流串扰，选用通道0和通道2作为两个温度传感器的端口，如果使用模拟量输入屏蔽电缆，也可以选用相邻两个通道输入数据，数据格式是0～65535，测量范围大些，提高控制精度，选用50Hz的滤波器，避免曲线振荡过多，如图8-36所示。

系统中使用一个1769-SDN扫描器模块，扫描器所在的DeviceNet中配置一个PowerFlex40变频器，用来驱动水泵向系统给水。前面的章节已经介绍了PowerFlex40在DeviceNet中如何组态和进行I/O映射，这里将变频器的状态信息映射到Local:8:I.Data[0]的低16

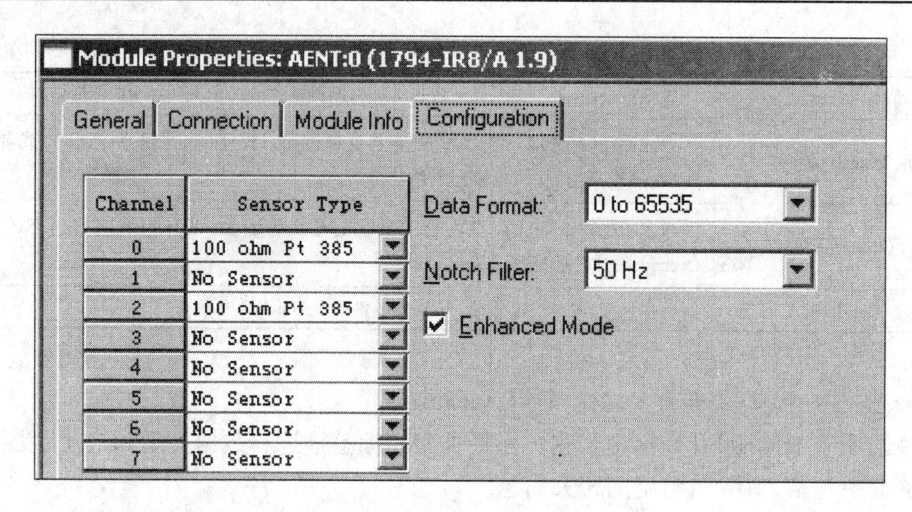

图 8-36 1794-IR8 通道组态图

位，将变频器的速度反馈映射到 Local: 8: I. Data[1]的低 16 位；同时将变频器的控制信息映射到 Local: 8: O. Data[0]的低 16 位，将变频器的速度给定映射到 Local: 8: O. Data[1]的低 16 位。这样做可以方便编写程序。

系统全部组态完毕后，I/O 表见表 8-10。

表 8-10 CompactLogix 锅炉水箱系统 I/O 表

标签名称	符号	含义
Local: 1: I. Ch0Data	LT-1	1#容器液位
Local: 1: I. Ch1Data	LT-2	2#容器液位
Local: 1: I. Ch2Data	LT-3	锅炉液位
Local: 1: I. Ch3Data	LT-4	水塔液位
Local: 2: I. Ch0Data	FT-1	进水流量
Local: 2: I. Ch1Data	FT-2	出水流量
Local: 2: I. Ch2Data	PT-2	出水压力
Local: 3: I. Ch0Data	M1-Iout	M1 位置反馈
Local: 3: I. Ch1Data	M2-Iout	M2 位置反馈
Local: 4: I. Data. 0	VD1 _ FB	进水电磁阀动作反馈
Local: 4: I. Data. 1	VD2 _ FB	出水电磁阀动作反馈
Local: 4: I. Data. 2	Low _ Level _ Alarm _ FB	低液位报警反馈
Local: 4: I. Data. 3	Drive _ Enable _ FB	变频器使能反馈
Local: 5: O. Ch0Data	Resistance _ Current	热电阻电流
Local: 6: O. Ch0Data	M1 _ Valve _ Output	M1 阀门开度
Local: 6: O. Ch1Data	M2 _ Valve _ Output	M2 阀门开度
Local: 7: O. Data. 0	VD1 _ Enable	进水电磁阀动作
Local: 7: O. Data. 1	VD2 _ Enable	出水电磁阀动作
Local: 7: O. Data. 2	Low _ Level _ Alarm _ Enable	低液位报警使能
Local: 7: O. Data. 3	Drive _ Enable	变频器使能
Local: 8: I. Data[0]	Drive _ Status	变频器状态信息
Local: 8: I. Data[1]	Drive _ Feedback	变频器速度反馈

（续）

标 签 名 称	符　　号	含　　义
Local: 8: O. Data[0]	Drive _ Command	变频器命令信息
Local: 8: O. Data[1]	Drive _ Reference	变频器速度给定
AENT: 0: I. Ch0Data	TT1	锅炉温度
AENT: 0: I. Ch2Data	TT2	夹套温度

这样工程组态就完成了，接下来需要编写相关的控制器程序。

2. 程序设计

在编写程序之前，先要按照相关的标准对项目进行整体规划，方便程序调试和操作人员维护，并利于安全生产。这里我们规定，全部的过程控制用一个任务(Task)来实现，每个控制对象用一个程序(Program)来实现，控制方式用一个例程(Routine)来实现。

梯形图是所有控制器编程的基础，它简单易懂，调试方便，是工程上不可缺少的编程语言。在过程控制系统中，为了便于系统的可扩展性和保证程序的通用性，我们统一采用梯形图调用功能块的方式进行编程。这里梯形图作为主程序，调用子程序和进行常规控制。主程序包括功能块调用程序和电机控制程序等。

首先新建一个周期型任务(Periodic Task)，周期(Period)设置是 100ms。在周期型任务下，PIDE 指令执行的周期等于周期型任务的周期，便于进行过程执行时间的控制。同时设置相应的优先级和看门狗时间，如图 8-37 所示。

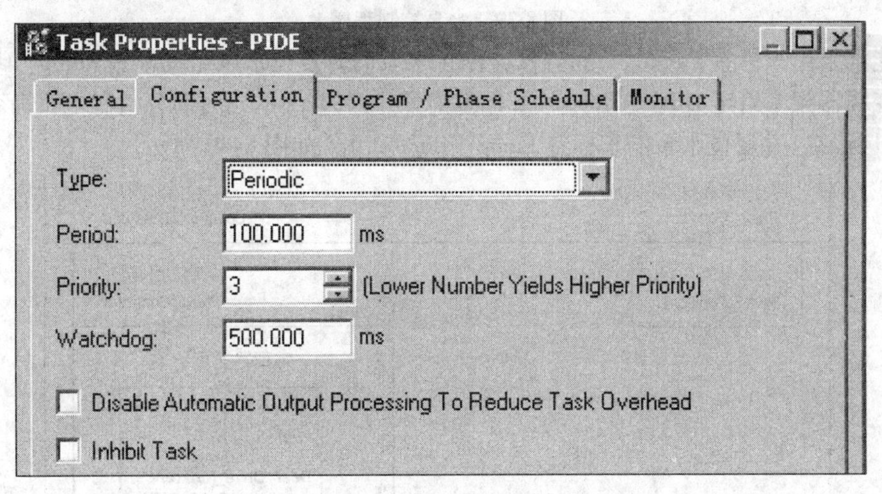

图 8-37　周期任务组态图

在周期型任务里，创建一个主程序 MainProgram，对应的设备是整个锅炉水箱系统，在主程序下创建一个主例程，类型选择梯形图，然后创建一个 FBD 类型的功能块例程。下面主要介绍梯形图例程编程。

（1）调用功能块子程序

使能 Routine _ Selection. 0 标签，调用 PID 功能块程序。如果标签 Routine _ Selection. 0 不使能，功能块程序无法执行，如图 8-38 所示。

（2）水泵控制子程序

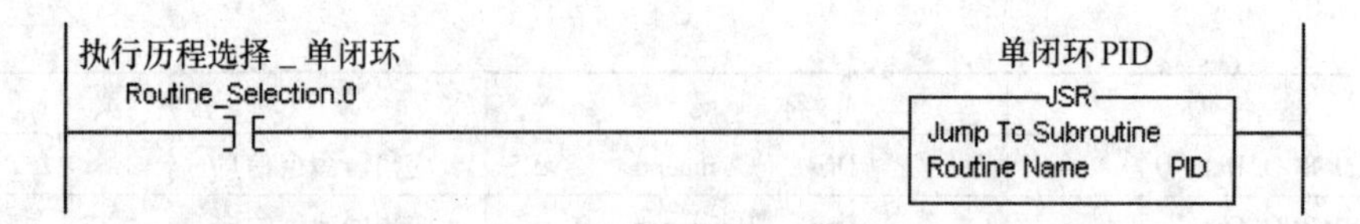

图 8-38 功能块调用子程序

使能水泵启动标签 Pump _ Control. 0，将数值 18 赋给电机命令 Drive _ Command 标签，表示电机正向运行；将数值 300 赋给电机频率给定 Drive _ Reference 标签，表示电机的给定频率是 30Hz，如图 8-39 所示。

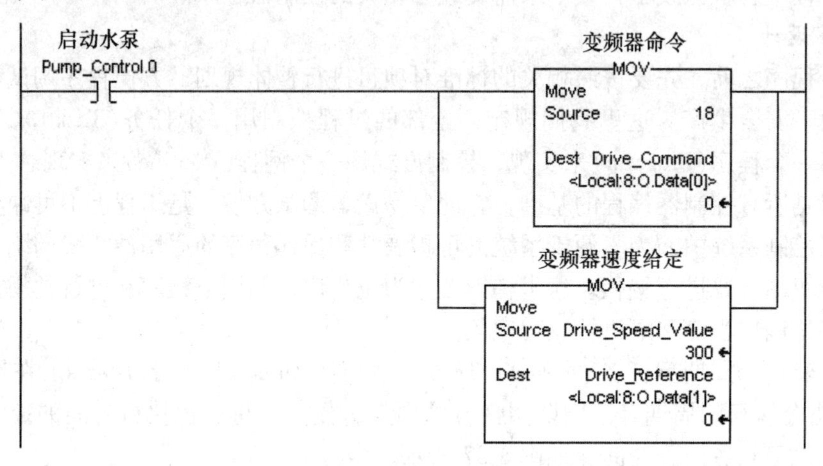

图 8-39 水泵控制程序 1

使能水泵停车标签 Pump _ Control. 1，停止水泵同时复位水泵启动标签 Pump _ Control. 0，同时将变频器频率给定 Drive _ Reference 标签清零。经过 1s 的延时后，清零电机命令 Drive _ Command 标签，并复位水泵停车标签 Pump _ Control. 1，如图 8-40 所示。

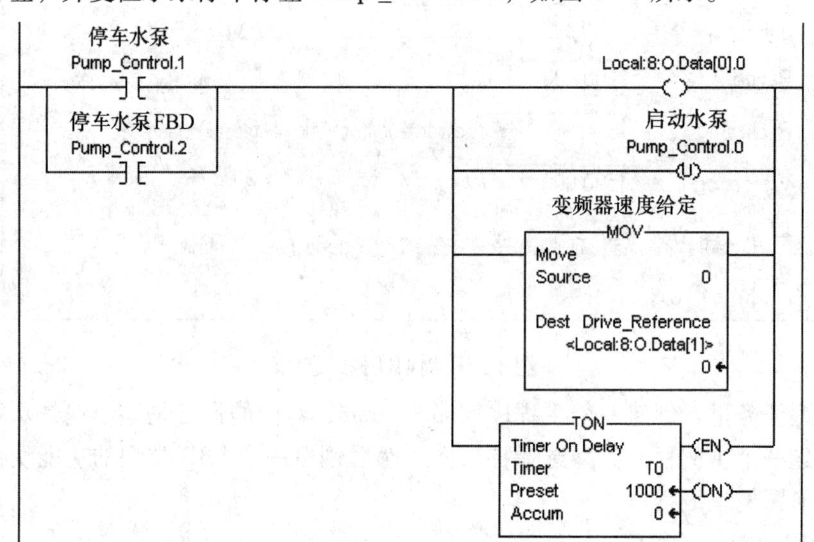

图 8-40 水泵控制程序 2

Pump _ Control. 2 标签也有停车水泵的功能，这个标签是给 PIDE 回路中报警后安全互锁使用的。例如：当锅炉水箱液位超限制时，需要停止水泵，防止锅炉溢流，如图 8-41 所示。

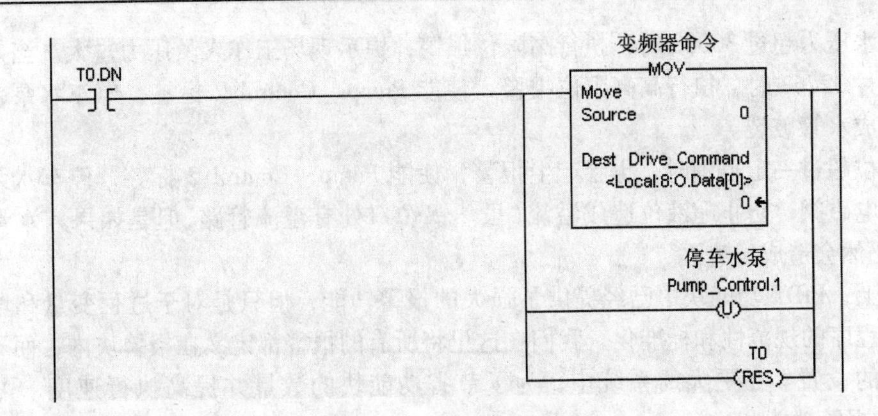

图 8-41　水泵控制程序 3

电动机控制程序也可以在功能块中实现，对于电动机控制这样顺序执行的动作来说，使用梯形图编程更加方便些。

3. 功能块编程

功能块编程是整个过程控制系统设计的核心，所有的控制算法和系统报警信息都在这里进行设计。本节中的锅炉水箱液位控制系统是一个小系统，我们根据实现功能的不同，将编程分成 4 块：报警块、整定块、自动/手动选择块和 PIDE 调节块。如果在一个比较大的系统中，我们通常按照控制的设备来分块，比如电机控制块、阀门控制块等。

(1) 报警块

在所有工程项目中，我们都出于安全的考虑使用报警功能。在锅炉液位控制系统中，有两方面的报警需求：超压力报警和超液位报警。报警程序如图 8-42 所示。

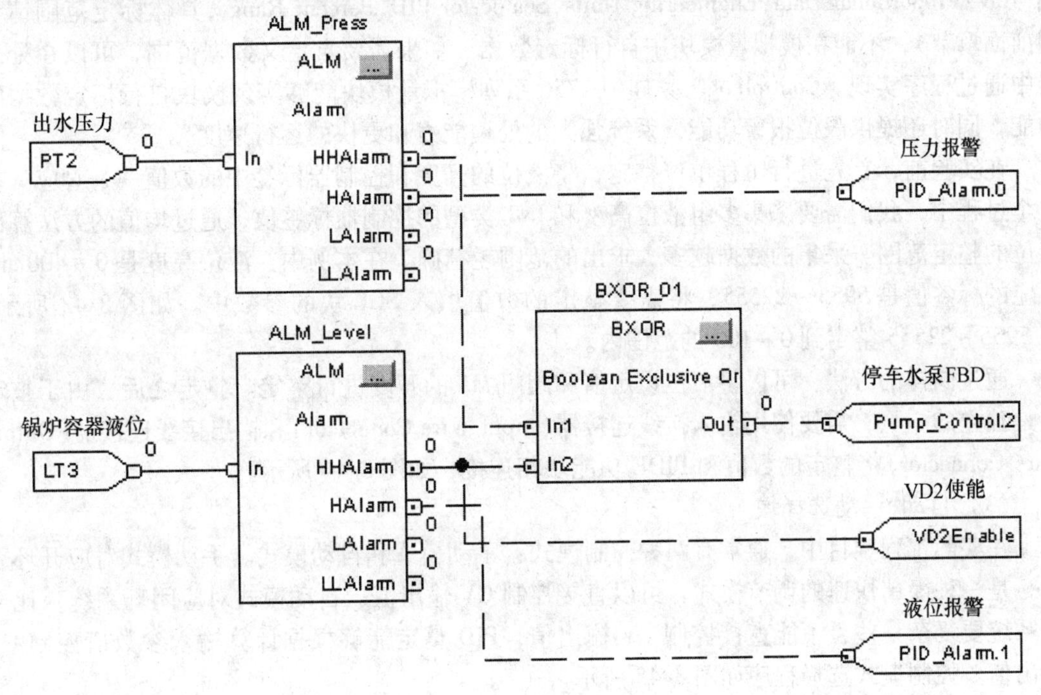

图 8-42　报警功能块程序图

当入水压力超过 30000 时，执行高限位报警，提示现场工作人员压力过大。当入水压力标签值超过 32767 时，执行高高限位报警，使能 Pump _ Control. 2 标签，停车水泵，防止压力过大造成水管破裂。

当液位超过一定范围时，也会产生报警，使能 Pump _ Control. 2 标签，停车水泵，同时打开出水电磁阀，防止超液位造成溢流（虽然锅炉口处有溢流管路，但是如果入水量大于溢流量时，仍然会造成溢流）。

实际上，PIDE 功能块中已经提供了强大的报警功能，但只是对于过程变量和增量来说的。为了程序的规范性和标准化，我们在这里将所有的报警都定义在报警块内，而不是单独进行报警的设置。在更大的系统中，为了节省功能块的数量并提高执行速度，可以使用 PIDE 中的报警功能。

（2）整定块

从现场变送器采集的输入信号是标准电压或者电流信号，送到 CompactLogix 模拟量输入模块时，需要进行单位整定，将模拟量数值转化成 INT 或者 DINT 型的控制器标签。然后在程序中使用 SCL 指令，对 INT 或者 DINT 的数据标签进行整定，最终送入 PIDE 功能块进行调节。模拟量输出模块输出给现场执行机构的过程也类似。在本例中，我们规定所有的 PIDE 的输入和输出都必须整定到 0 ~ 100 的范围内，这样有利于观察控制曲线的变化，选择适当的控制规律。

需要注意的是，使用模拟量模块采集模拟量数据或者输出模拟量信号时，需要进行工程单位整定。例如，输入模块将 4 ~ 20mA 的信号整定成 0 ~ 32767，或者输出模块将 0 ~ 32767 整定成 0 ~ 10V 的信号。CompactLogix 家族中，1769 系列模拟量模块具有 4 个参考的标定范围（Raw/Proportional Data, Engineering Units, Scaled-for-PID, Percent Range, 具体标定范围请参阅前面章节），不能在模拟量模块中自行标定数据。如果需要自定义数据范围，可以在处理器中通过程序实现。ControlLogix 家族中 1756 系列模拟量模块能够实现模块自行标定数据的功能，同时还提供限位报警功能，系统强大的处理能力和更快的运行速度。

在实验前，首先进行工程单位整定，将液位的高度和控制器标签中的数值一一对应。在这个过程中，我们需要采集多组液位高度和 INT 类型的控制器标签值，通过均值的方法算出液位的整定范围。采集的数据越多，求出的范围越精确。在本例中，液位高度是 0 ~ 400cm，对应的标签值是 5955 ~ 22555，将需要整定的数值填入 SCL 块的参数中。如图 8-43 所示，将 5955 ~ 22555 整定到 0 ~ 100 的范围内。

通过同样的方法，可以将液位设定值和阀门 M1 的开度进行整定。整定之后，由于整定块是独立的一页，需要使用输入接线连接器（Input Wire Connector）和输出接线连接器（Output Wire Connector）将整定的数值和 PIDE 功能块相连接，如图 8-44 所示。

（3）自动/手动选择块

在实际工程项目中，通常有两种控制模式：手动模式和自动模式。手动模式对应开环系统，是一种简单快速的调节模式，可以直接控制 CV 输出值；自动模式对应闭环系统，比开环系统要复杂一些，不能直接控制 CV 输出值，PID 整定能够根据计算输入参数值控制 CV 输出值。控制模式选择程序如图 8-45 所示。

通常的做法是先进行粗调，投入手动控制模式，在这个过程中，需要快速的响应，反馈值迅速响应设定值；当反馈值接近设定值时再投入自动控制模式，进行精调，这个过程中，

Properties - SCL_01

Parameters | Tag

	Vis	Name	Value	Type	Description
I	☐	EnableIn	1	BOOL	Enable Input. If False...
I	☑	In	0.0	REAL	The analog signal inp...
I	☐	InRawMax	22555.0	REAL	The maximum value a...
I	☐	InRawMin	5955.0	REAL	The minimum value at...
I	☐	InEUMax	100.0	REAL	The maximum scaled ...
I	☐	InEUMin	0.0	REAL	The minimum scaled ...
I	☐	Limiting	1	BOOL	Limiting selector. If T...
O	☐	EnableOut	0	BOOL	Enable Output.
O	☑	Out	0.0	REAL	This is the output of t...
O	☐	MaxAlarm	0	BOOL	The above maximum i...
O	☐	MinAlarm	0	BOOL	The below minimum in...
O	☐	Status	16#0000_0000	DINT	Bit mapped status of t...
O	☐	InstructFault	0	BOOL	Instruction generated ...

图 8-43　SCL 功能块参数整定图

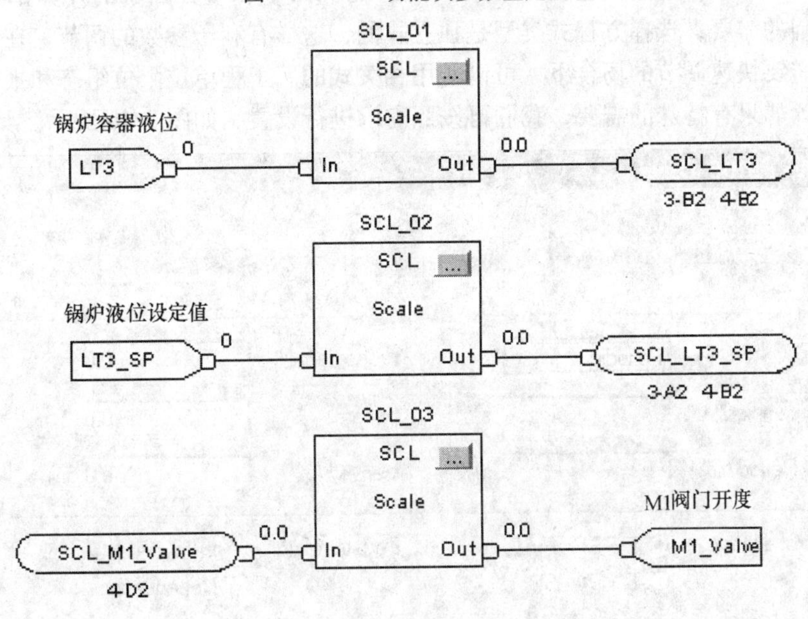

图 8-44　输入输出整定程序图

需要系统具有较强的鲁棒性和较快的动态响应。

在本例中，系统开始运行时，投入手动控制模式，进行开环调节，CV 输出是 100%，即阀门开度全开，液位迅速响应设定值。当液位到达设定点的 90% 时，投入自动控制模式，进行闭环调节，CV 输出由 PID 回路控制。

（4）PIDE 调节块

PIDE 调节块是整个系统的核心，通过相关的参数设置，实现单回路系统的控制要求。

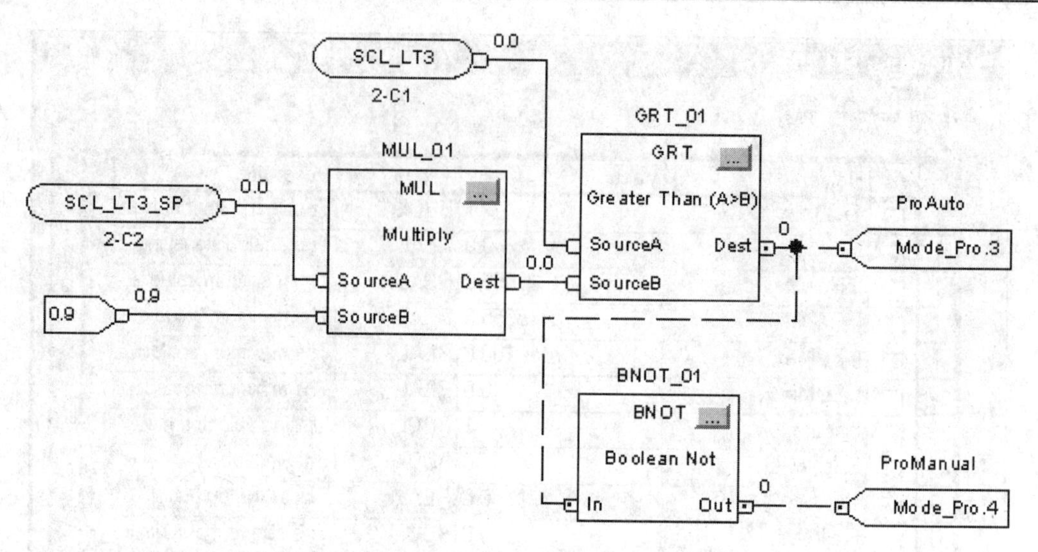

图 8-45 控制模式选择程序

PIDE 调节块的设置主要有两个部分：基本参数设置和特殊参数设置。

1）基本参数设置：基本参数设置包括基本组态、工程单位限位组态和报警设置等。设置定时模式，我们选择周期型，这样能够实现 PIDE 功能块的运行周期与周期型任务的运行周期一致。在本例中，设置偏差值 E = SP − PV，比例因子和微分因子的计算都是选择默认值。根据控制的需要，选择方程式类型是独立式的，这样有利于参数的调节。在一些对控制要求不高、需要快速调节的场合下，可以使用相关式的。工程单位限位组态和报警都是按照默认的数值，如果有特殊的需要，我们再按照需求进行设置，如图 8-46 所示。

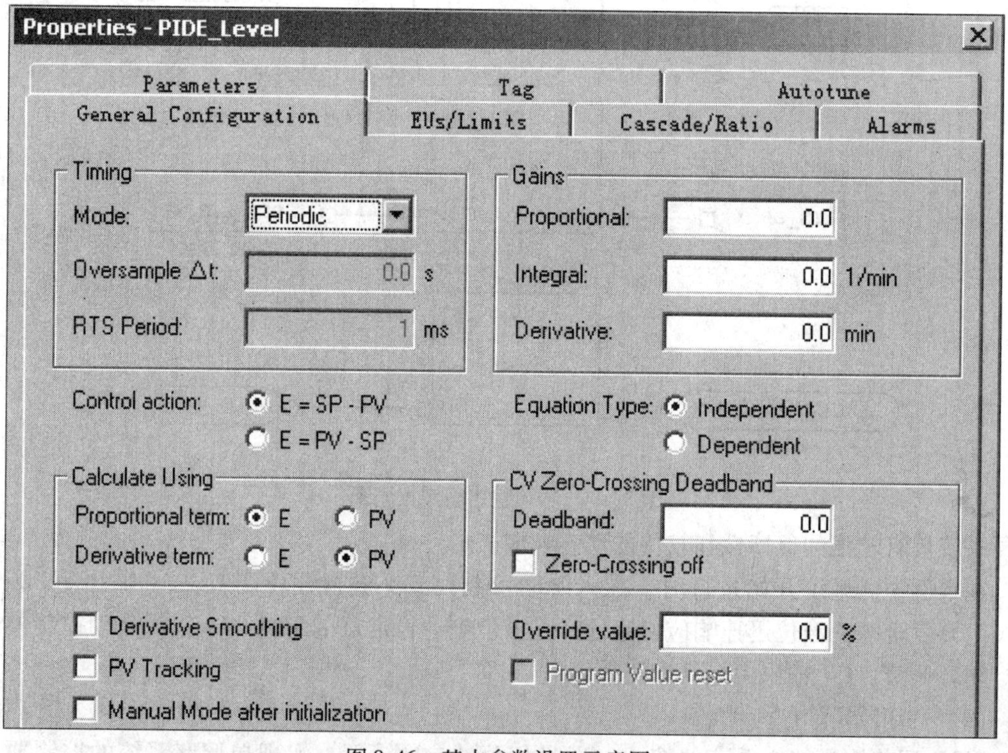

图 8-46 基本参数设置示意图

PIDE 参数设置中，对增益参数的设置是最重要的。三个参数的取值将直接决定系统的控制性能和控制质量，本节最后的部分将会详细介绍参数整定的方法。

2）特殊参数设置：PIDE 功能块的特殊参数是指特殊控制系统应用的高级参数和 PIDE 控制模式的选择参数。特殊控制系统包括串级控制系统（Cascade Mode）和比值控制系统（Ratio Mode）。可以在串级和比值控制选择对话框中选择控制模式和比值的限幅值，如图 8-47 所示。

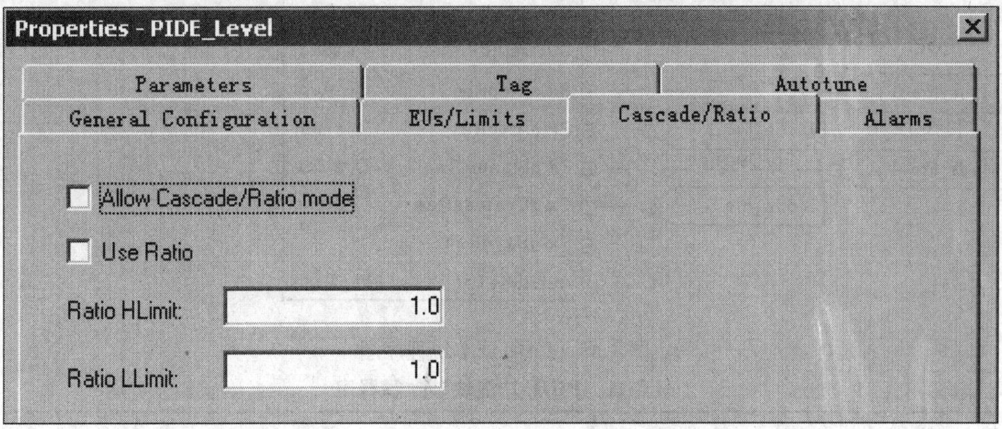

图 8-47　串级和比值系统模式选择图

PIDE 功能块控制模式选择是在参数对话框中选择的，共有两种控制方式（程序控制和操作员控制）和五种控制模式（串级/比值、自动、手动、覆盖和手操），具体的区别在 PIDE 功能块参数设置中有详细介绍。本例中，我们使用程序程序请求（ProProgReq）、程序自动请求（ProAutoReq）和程序手动请求（ProManualReq）。使用 PIDE 功能块时，将程序程序请求（ProProgReq）置位，同时将程序自动请求（ProAutoReq）置位。此时，PIDE 功能块工作在程序自动模式下，在此模式下，回路模式由程序决定，同时回路将会自动调整它的输出来维持 PV 在设定点。见图 8-48。

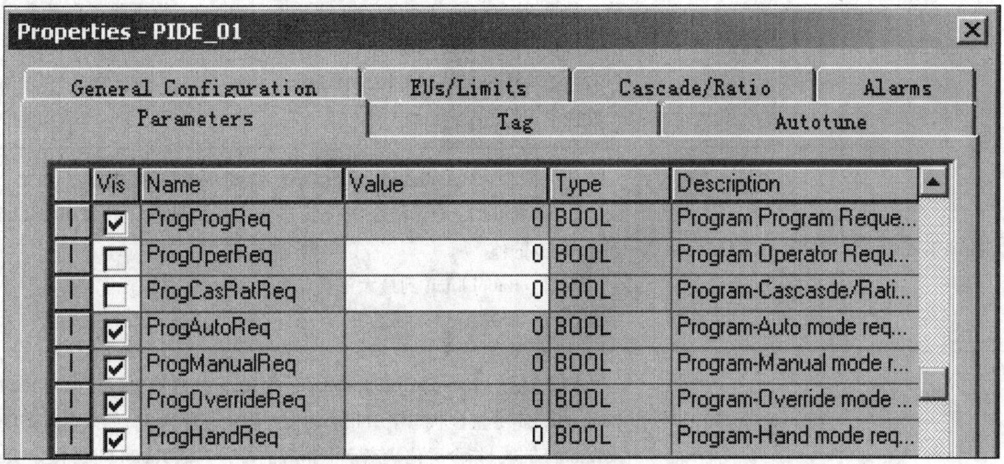

	Vis	Name	Value	Type	Description
I	☑	ProgProgReq	0	BOOL	Program Program Reque...
I	☐	ProgOperReq	0	BOOL	Program Operator Requ...
I	☐	ProgCasRatReq	0	BOOL	Program-Cascasde/Rati...
I	☑	ProgAutoReq	0	BOOL	Program-Auto mode req...
I	☑	ProgManualReq	0	BOOL	Program-Manual mode r...
I	☑	ProgOverrideReq	0	BOOL	Program-Override mode ...
I	☑	ProgHandReq	0	BOOL	Program-Hand mode req...

图 8-48　功能块控制模式选择图

参数设定好之后，将 PIDE 功能块的引脚和输入输出连接，构成功能块程序，如图 8-49 所示。

PIDE 功能块的相关参数见表 8-11。

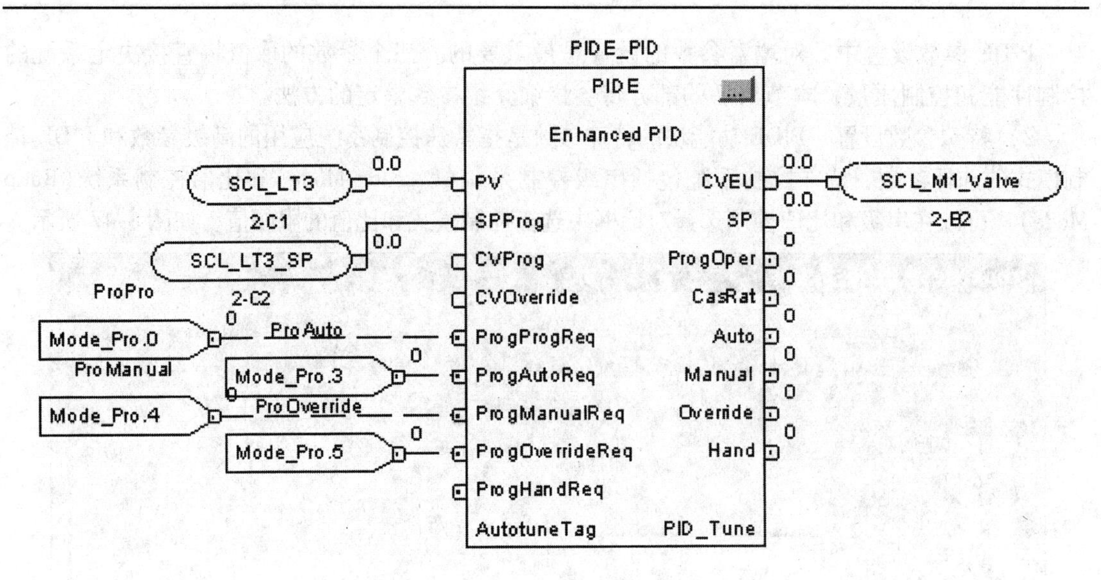

图 8-49　PIDE 调节块程序图

表 8-11　PIDE 功能块参数解释表

输入参数	数据类型	意　义
PV	REAL	整定的过程变量输入。该数据通常由模拟量模块读入 有效值 = 浮点数 默认值 = 0.0
SPProg	REAL	SP 程序值，整定为 PV 单位。在程序控制和非串级/比率方式下，SP 值被设定为该值。当 SPProg < SPLLimit 或 > SPHLimit 时，指令置位状态字中的相应位并限制 SP 的数值 有效值 = SPLLimit 到 SPHLimit，默认值 = 0.0
RatioProg	REAL	程序比例因子。在程序控制方式下，Ratio 和 RatioOper 被设定为该数值。如果 RatioProg < RatioLLimit 或 > RatioHLimit，指令将置位状态字中的相应位并限制 Ratio 的数值 有效值 = RatioLLimit 到 RatioHLimit 默认值 = 1.0
RatioHLimit	REAL	比例上限值。RatioProg 或 RatioOper 中 Ratio 的极限数值。如果 RatioHLimit < RatioLLimit，指令置位状态字中相应的位，并以 RatioLLimit 限定 Ratio 的值 有效值 = RatioLLimit 到最大正浮点数 默认值 = 1.0
RatioLLimit	REAL	比例下限值。RatioProg 或 RatioOper 中 Ratio 的数值极限。如果 RatioLLimit < 0，指令置位状态字中相应的位并限定其值为 0。如果 RatioHLimit < RatioLLimit，指令置位状态字中相应的位，并以 RatioLLimit 限定 Ratio 的值 有效值 = RatioLLimit 到最大正浮点数 默认值 = 1.0

4. 参数整定

控制系统通常由广义过程和整定两部分组成。如果控制方案已经确定，则各过程通道的静态和动态特性就已确定，这样，系统的控制质量就取决于整定各个参数的设置。

整定参数的整定，是指整定的比例系数 K_c、积分时间常数 T_i 和微分时间常数 T_d 的确定。整定的实质是通过改变整定的参数，使其特性和过程特性相匹配，以改善系统的动态和静态指标，取得最佳的控制效果。

由控制理论可知，在过程控制中，通常以瞬时响应的衰减率 $\psi=0.75\sim0.9$ 作为系统性能的主要指标，以保证系统具有一定的稳定性储备。一般在满足衰减率的条件下，还要尽量减小稳态误差、最大偏差和过渡过程时间。

前面已经讨论过各个环节对调节性能的影响，值得注意的是，数字控制器需要确定上述3个参数之外，还需要确定采样周期 T。但通常被控对象有较大的时间常数，因此采样周期与其相比，时间常数要小得多，因此数字控制器的参数整定可模仿模拟控制器进行。

PID 整定的设计，可以用理论方法，也可通过实验确定。用理论方法设计整定的前提是要有被控对象的准确模型。这在工业过程中一般较难做到，即使花了很大代价进行系统的辨识，所得的模型也只是近似的；加上系统的结构和参数都在随时间变化，在近似模型基础上设计的最优控制器在实际过程中就很难说是最优的。因此，在工程上，PID 整定的参数常常通过工程整定方法来确定。

工程整定方法有现场凑试法、经验法、衰减曲线法、临界比例度法和相应曲线法等。下面介绍几种常用的工程整定方法。

（1）现场试凑法

凑试法是通过模拟或闭环运行（如果允许的话）观察系统的响应曲线（例如：阶跃响应），然后根据各调节参数对系统响应的大致影响反复凑试参数，以达到满意的响应，从而确定 PID 调节参数。具体整定步骤如下：

1）置整定积分时间 $T_i=\infty$，微分时间 $T_d=0$，在比例度 $\delta(\delta=1/K_c)$ 按经验设置的初值条件下，将系统投入运行，整定比例度。若曲线震荡频繁，则加大比例度；若曲线超调量大，且趋于非周期过程，则减小比例度，得到满意的过渡过程曲线。

2）引入积分作用（此时应将比例度加大1.2倍）。将 T_i 由大到小进行整定。若曲线波动较大，则应增大积分时间常数；若曲线偏离给定值时间，长时间回不来，则需减小 T_i，以得到理想的过渡过程曲线。

3）若需引入微分作用时，则将 T_d 按经验或按 $T_d=(1/3\sim1/4)T_i$ 设置，并由小到大加入。若曲线超调量大而衰减慢，则需增大 T_d；若曲线震荡厉害，则应减小 T_d。反复调试，直到得到理想的曲线。

（2）临界比例度法

临界比例度法是目前工程上应用较广泛的一种整定产生整定方法。在闭环的控制系统中，将整定置于纯比例作用下，从大到小逐渐改变整定的比例度，得到等幅振荡的过渡过程。此时的比例度称为临界比例度 δ_k，相邻两个波峰间的间隔时间称为临界振荡周期 T_k。通过计算即可求得整定的整定参数，具体步骤为：

1）置整定积分时间 $T_i=\infty$，微分时间 $T_d=0$，比例度适当，平稳操作一段时间，把系统投入自动运行。

2）将比例度 δ 逐渐减小，得到如图 8-50 所示的等幅振荡过程，记下临界比例度 δ_k 和临界振荡周期 T_k。

3）根据 δ_k 和 T_k 值，采用表 8-12 中的经验公式，计算出整定各个参数，即比例度 δ、积分时间 T_i 和微分时间 T_d。

4）按“先 P 后 I 最后 D”的顺序将整定参数调到计算机上，然后观察其运行曲线，若还不够满意，可再做进一步调整。

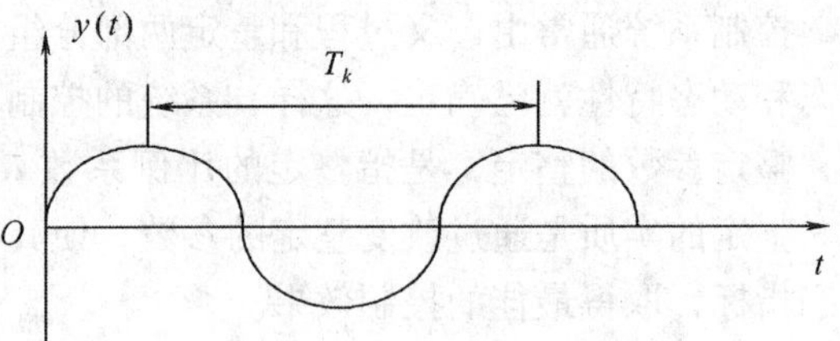

图 8-50　等幅振荡过程

表 8-12　临界振荡整定计算公式

整定参数 / 控制规律	δ	T_i	T_d
P	$2\delta_k$		
PI	$2.2\delta_k$	$T_k/2$	
PID	$1.6\delta_k$	$0.5T_k$	$0.25T_i$

（3）锅炉系统液位参数整定

液位控制系统的对象是液位，响应速度较快，跟随性能较好，不宜采用临界比例度的方法。从工艺上看，临界比例度方法要求受控变量允许承受等幅振荡的拨动，其次对象应为高阶或者纯滞后，否则在比例作用下将不会出现等幅振荡。对于一些时间常数较大的液位系统或者压力系统，就比较难获得临界振荡，因为系统在比例作用下已经很稳定。所以我们在液位控制参数整定时，采用经验试凑的方法。

1）根据设计的程序，先将系统置于手动状态，PIDE 输出为 100%，入水阀门开度最大，水位上升最快。当水位上升到给定值的 90% 时，投入自动状态。因为 PIDE 指令中将 PVTracking 参数置位，所以能够实现控制器的手动和自动无扰动切换。调节比例增益，将积分增益和微分增益置零，令 $K_p=10$，调节阀门的开度。

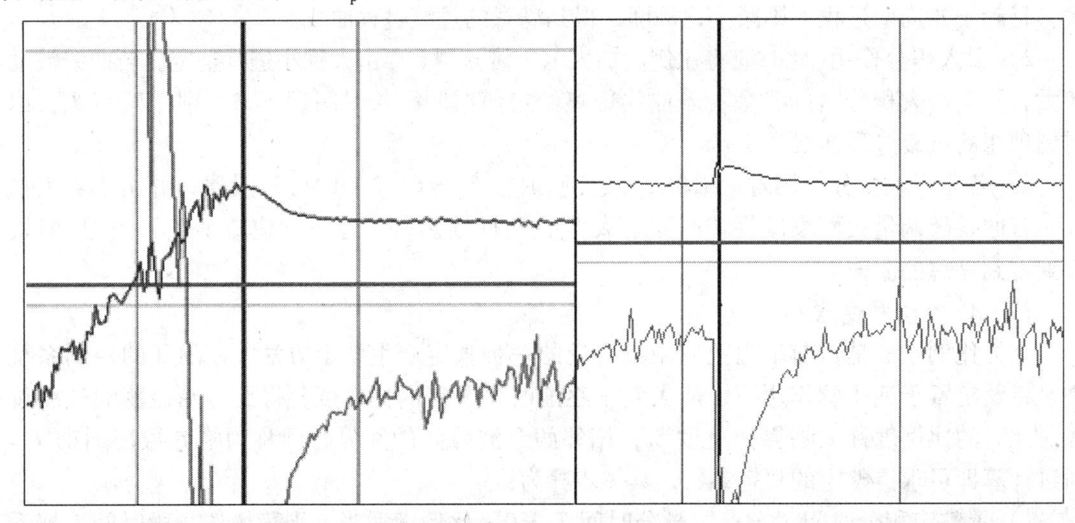

图 8-51　系统曲线图 1

从图 8-51 的曲线中能够看出，系统存在稳态误差。在系统稳定时，引入一个 3s 的脉冲扰动，观察曲线的变化。动态响应较慢，超调小，需要增大比例系数。如果动态响应较快，超调大，振荡剧烈，则需要减小比例系数。由于液位系统是一个波动比较大的过程系统，即使在系统性能良好的情况下，执行器也需要不停地调节。通常情况下，我们需要设置过零死区的数值，当反馈值进入过零死区时就不进行调节，保持固定的 PID 输出。在本例中，我们设置过零死区为 0.3，当系统在给定值的 ±0.3 变化时就不进行调节。

2）令 $K_p=15$，将积分增益和微分增益置零，等系统稳定时，引入 3s 的脉冲扰动，观察曲线的变化。如图 8-52 所示，可以看出响应较快，曲线较为理想。

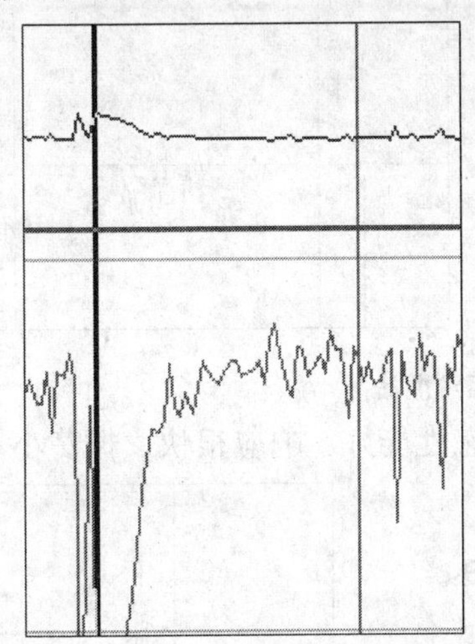

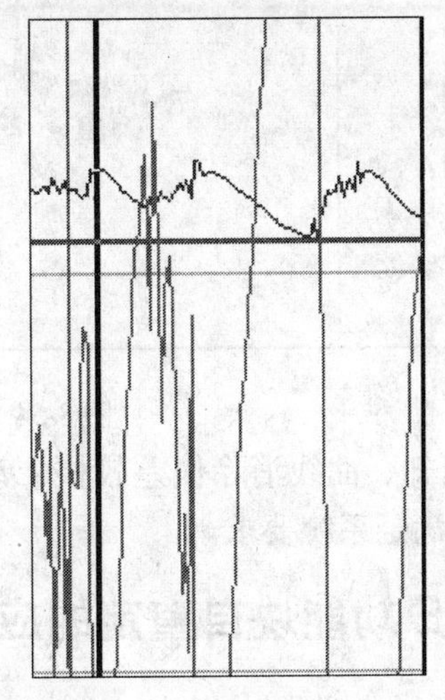

图 8-52　系统曲线图 2

令 $K_p=20$，引入同样的脉冲扰动，曲线如上图所示，系统动作迅速，过程变量(PV)和控制变量(CV)振荡较大，系统不稳定，需要减小 K_p。

3）通过反复试凑取值，得到当 $K_p=13$ 时，曲线比较理想，如图 8-53 所示。响应速度较快，系统容易稳定。

4）由于系统存在余差，需要引入积分环节，进行进一步的整定。如果对系统余差要求不高的话，$K_p=13$，$K_i=0$，$K_d=0$ 可以作为最终整定参数；如果对系统要求无余差，我们需要进一步整定。将比例度 δ 增大 1.2 倍，取 $K_p=6/1.2=10.8$，同时引入积分增益。

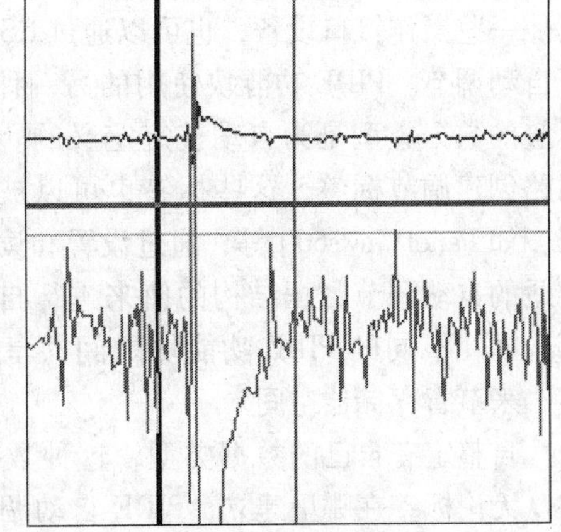

图 8-53　系统曲线图 3

积分时间应该从大到小取值，所以 K_i 应该由小到大进行赋值。先取 $K_p=10.8$，$K_i=10$，$K_d=0$。观察曲线的变化，如图 8-54 所示。

从图 8-54 中可以看出，引入积分环节之后，余差减小，但是减小缓慢，说明积分作用比较弱。在系统稳定之后，加上 3s 脉冲扰动，系统动态响应较好，超调小，积分较慢，消除偏差到达稳态的时间较长，需要继续进行整定。

最后经过反复试凑，得到满意的曲线，系统投入使用。其中 $K_p=10.5$，$K_i=18$，$K_d=0$。

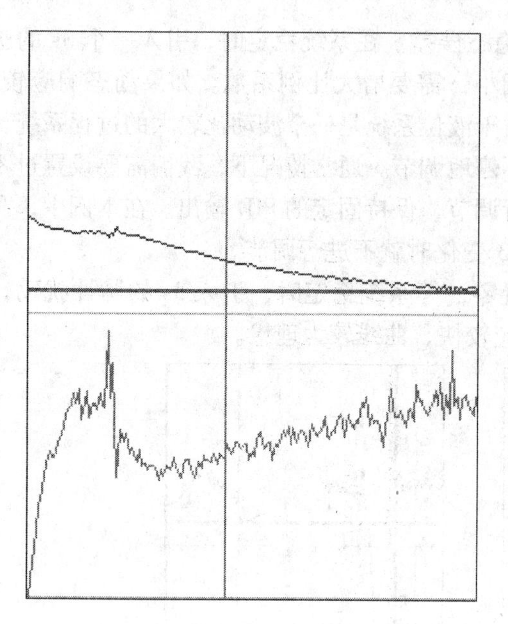
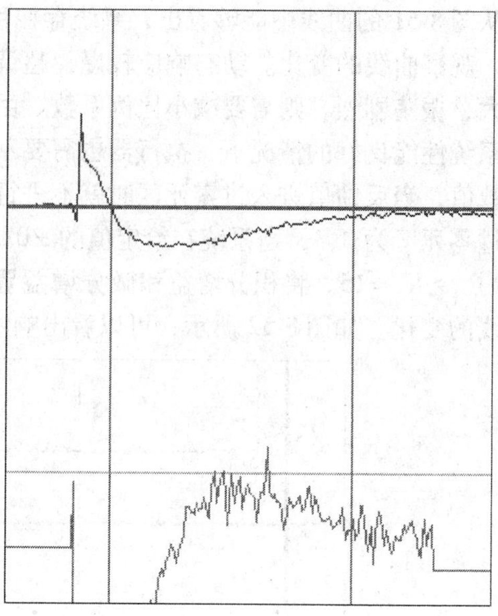

图 8-54　系统曲线图 4

从图 8-55 可知，曲线消除偏差较快，动态性能好，响应很快，振荡小，无余差，积分时间合理，能够满足系统要求。

8.3.4　PIDE 功能块自整定的应用

1. PIDE 自整定介绍

RSLogix5000 PIDE 自动整定提供了一个简易的开回路的自动整定，它是固定在 PIDE 这个指令中，在功能块图表语言中使用。因为 PIDE 自动调节功能是固定在控制器中的，可以通过 PanelViews600 或者其他一些操作接口设备，也可以通过 RSLogix5000 进行自动调节。PIDE 功能块使用的另一种标签，这种标签的数据类型是为自动整定定义的。为要调节的回路创建调节标签，这些标签也可以被其他设备访问，如 PanelViews600 等，通过设置和读取控制器中合适的自动调节数据结构的值来进行自动调节，可以选择在不同的 PIDE 功能块之间共享这些调节标签，来节省存储器空间。

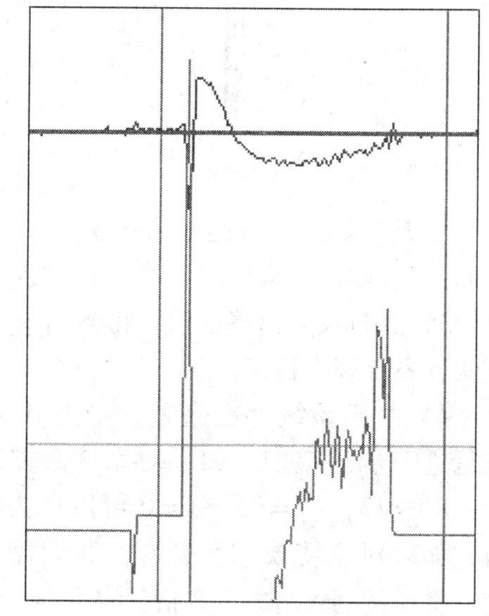

图 8-55　系统曲线图 5

自整定有自己的数据类型，这种数据类型的标签用来定义自动调节 PIDE 功能块的参数。无论标签在哪里建立，PIDE 自动调节功能是否被激活，这种数据类型都是可用的。标签编辑器，创建标签和标签属性的对话框提供对 PIDE _ AUTOTUNE 数据类型的访问。每个 PIDE 功能块都需要涉及一个 PIDE _ AUTOTUNE 标签，用来进行调节；为了获得最大的适应性，要为每个 PIDE 功能块设置不同的 PIDE _ AUTOTUNE 标签。这样就可以同时调节多重回路了。如果想节省寄存器空间，可以将不同的 PIDE 功能块设置为同一个标签。这样，一次就只能调节一个回路。每个 PIDE _ AUTOTUNE 标签的使用仅占用寄存器 1KB。

2. PIDE 自整定的应用

PIDE 自动整定的用户界面主要包括新的自动调节标签，自动调节标签被添加到 PIDE 属性对话框中。PIDE 指令包含有自动调节功能和一个简单的开路整定。

以单回路温度系统为例，系统由 PID 整定、电阻丝、热电阻模块、锅炉组成。通过调节电阻丝的加热电流调节锅炉温度，热电阻模块能够将温度信号转换成标准电流信号，送入 CompactLogix 处理器中。系统方框图如图 8-56 所示。

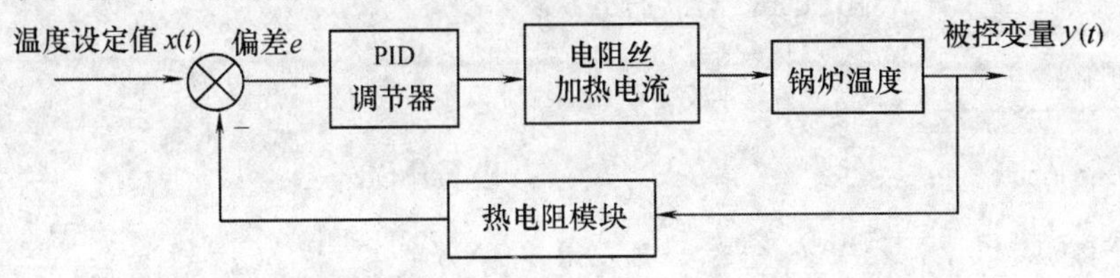

图 8-56　单回路温度过程控制系统方框图

这是一个简单的单回路温度控制系统，控制精度较粗。如上节介绍的那样，先通过经验试凑法整定出一组 PID 参数，整定过程与上例中类似，这里不做赘述，参数是 $K_p=5$，$K_i=3$，$K_d=1$。下面我们要使用 PIDE 功能块中的自整定整定 PID 参数，根据控制的对象选择控制算法类型和阶跃响应的范围，会有不同的整定参数。

下面介绍 PIDE 自整定的使用步骤：

1）首先在功能块程序中创建一个 PIDE 功能块，在程序标签中添加一个名为 Autotuner _ Temper _ Product 的 PIDE _ AUTOTUNE 型标签，并将这个标签插入到 PIDE 功能块的 AutotuneTag 中，作为此 PIDE 功能块的自整定标签，如图 8-57 所示。

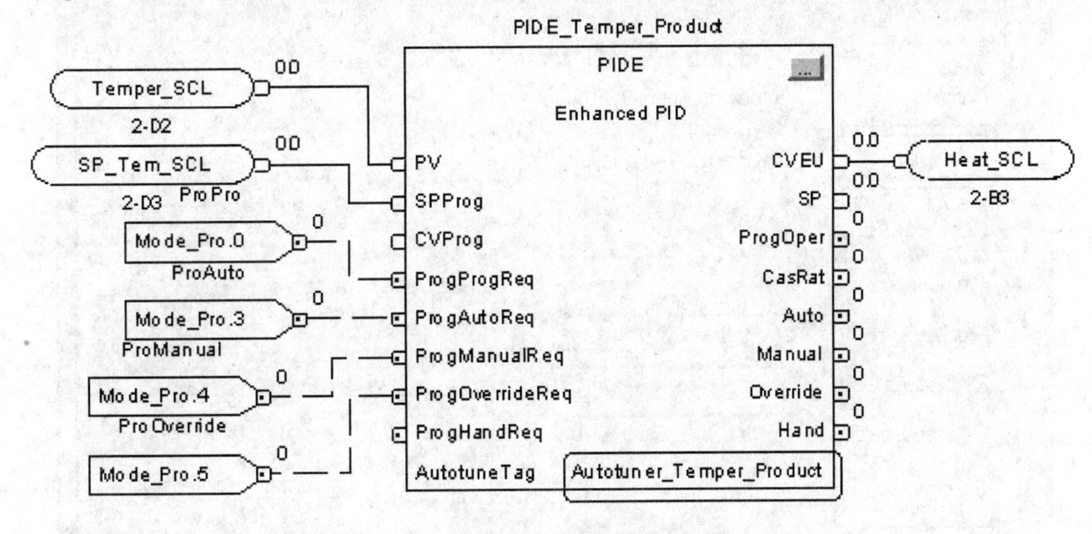

图 8-57　PIDE 功能块

2）点击 PIDE 功能块属性按钮，查看自整定属性。

从图中可以看出，在处理器离线的状态下，自整定的标签状态是“not online(离线)”，此时 PIDE 功能块不能获取自整定的标签。只有在在线的情况下，PIDE 功能块才能获取信息，如图 8-58 所示。

3）将处理器上线，再查看自整定属性，从图中可以看出，标签状态是 Available(可

Properties - PIDE_Temper_Product
General Configuration | EUs/Limits | Cascade/Ratio | Alarms
Parameters | Tag | Autotune
Tag
Name: Autotuner_Temper_Product
Acquire Tag
Tag Status: <not online>
Release Tag
Autotune Inputs
Process Type: Temperature
PV Change Limit: 0.0
CV Step Size: 0.0 %
Current Gains
Proportional: 5.0
Integral: 3.0
Derivative: 1.0
Autotune...
Execution State:

图 8-58　离线状态下 PIDE 自动整定属性

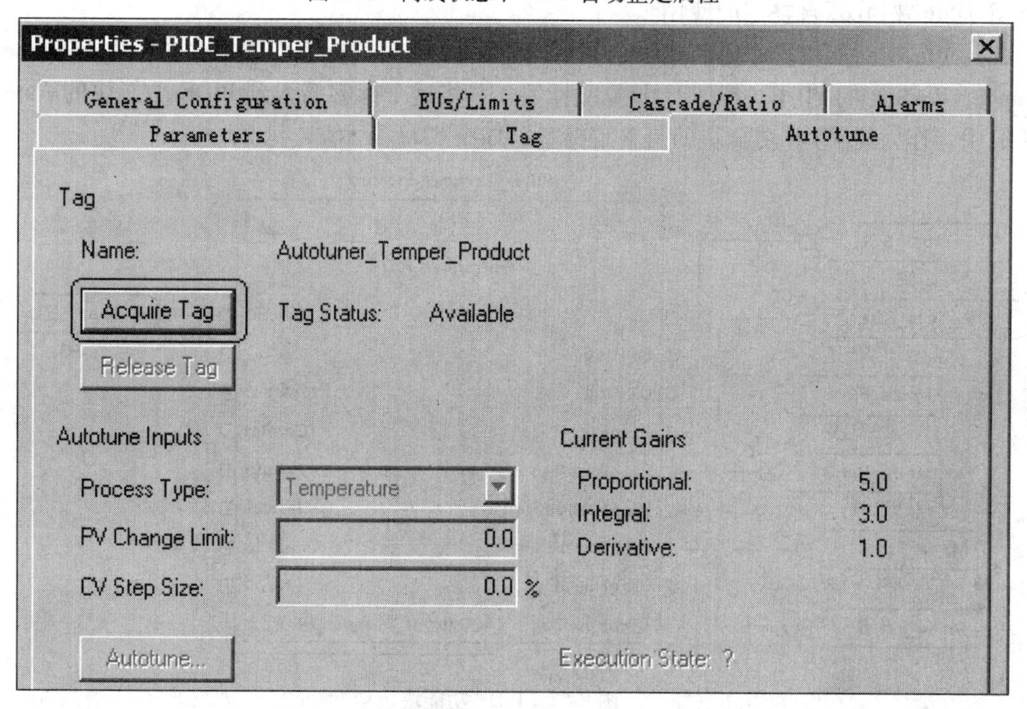

图 8-59　在线状态下 PIDE 自动整定属性

用)，表示 PIDE 可以获取自整定的标签。

4）点击“Acquire Tag”（获取标签）按钮，获取标签值，启动 PIDE 自整定。Release Tag（释放标签）按钮是用来释放标签值的，用来停止 PIDE 自整定。启动自整定之后，需要设置 Autotune Inputs（自整定输入），包括 Process Type（过程类型），PV Change Limit（过程变量变化限幅)和 CV Step Size(控制变量阶跃值)，如图 8-59 所示。

过程类型包括温度、压力、流动、液位、位置、速度、积分、非积分或者未知。根据控制对象的不同选择不同的过程类型。过程变量变化限幅用来设置自动调节参数 PVTuneLimit 的值。如果控制变量的阶跃变化使得过程变量的变化超过了过程变量变化限制，自动调节将被中断。控制变量阶跃值设置过程变量的阶跃改变，自整定将会根据改变跟踪过程的响应并计算过程变量和过程增益。范围是 -100% ~ 100%，默认值是 10%。建议采用一个相对小的阶跃值，这样不会有很大的过程振荡。

在本例中，我们选择过程类型是温度，过程变量变化限幅是 80，控制变量阶跃值是 20%。接下来点击 Autotune(自动调节)按钮，进入自动调节界面，如图 8-60 所示。

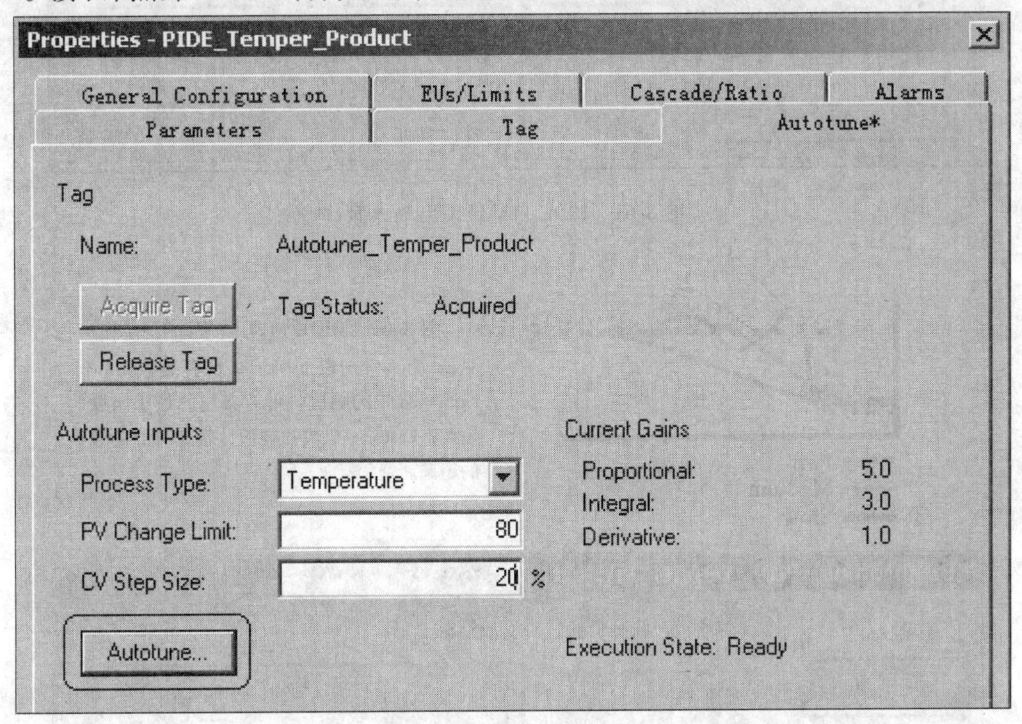

图 8-60　PIDE 自动调节界面

5) 在调节之前，先将 PID 回路设置为 Manual Mode(人工模式)，并等待 PV 值达到一个稳态值。单击“Start”(启动)，自整定工具将采集数据，并根据 CV Step Size(过程变量阶跃值)来设定输出，如图 8-61 所示。

6) 一旦自整定工具采集足够的数据，它将重新设定 CV(控制变量)为初始值，并显示计算结果。根据不同的响应程度，分为三组整定结果：较慢的响应、较快的响应和快速的响应，如图 8-62 所示。

在本例中，我们可以选择较快的响应值，$K_p = 2.9768577$，$K_i = 1.0547922$ 和 $K_d = 0.93440264$，也可以根据需要下载不同组的整定值。单击 Set Gains in PIDE(将增益设置到 PIDE 中)，同时将 PIDE 功能块回路设置成 Auto 模式，如图 8-63 所示。

自整定过程完成，系统投入运行。但是需要注意的是在绝大多数情况下自整定的参数还是需要我们根据现场的工作情况进行修正，直到系统的各项参数和曲线达到额定的要求时才能够投入运行。

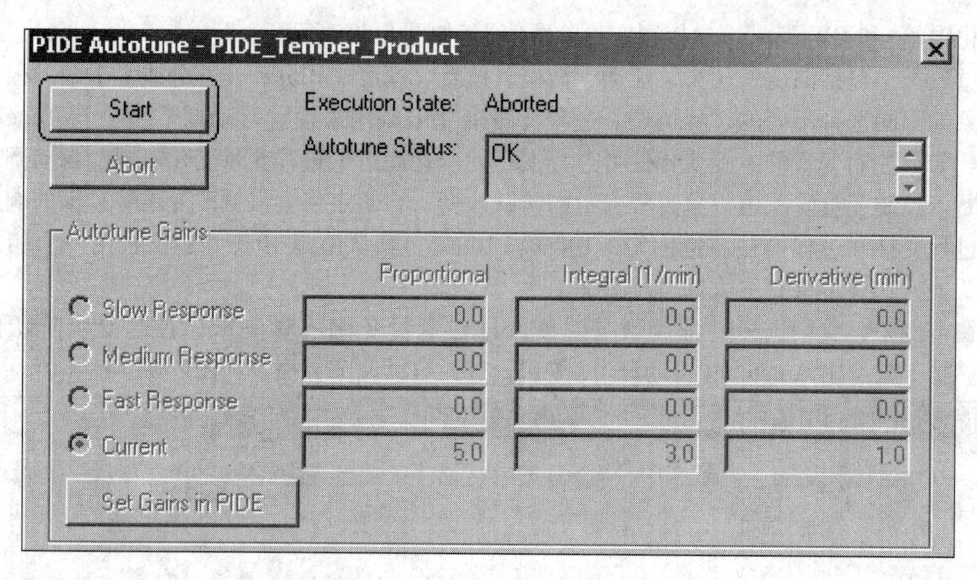

图 8-61　PIDE 自动调节启动界面

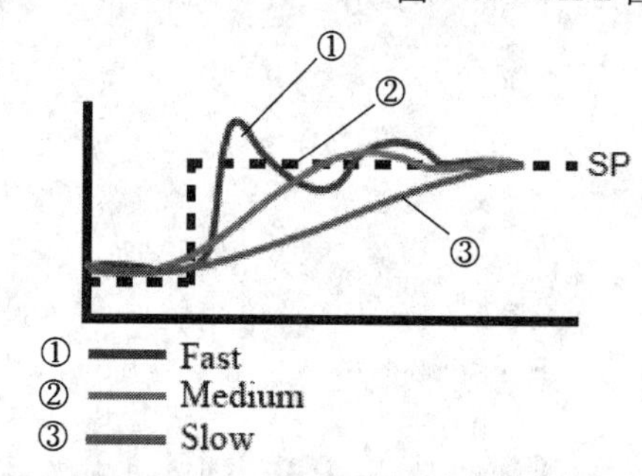

图 8-62　PIDE 自动调节计算结果

注：Slow——慢的响应，没有超调；Medium——较快的响应，带有典型的最小限度的超调；Fast——最快的响应，带有可能的较大的超调。

PIDE Autotune - PIDE_Temper_Product

Start　Abort

Execution State: Complete

Autotune Status: OK

Autotune Gains

	Proportional	Integral (1/min)	Derivative (min)
Slow Response	0.9922859	0.35159737	0.31146753
Medium Response	1.9845718	0.70319474	0.62293506
Fast Response	2.9768577	1.0547922	0.93440264
Current	5.0	3.0	1.0

Set Gains in PIDE

Time Constant: 150.5 sec

Deadtime: 56.5 sec

Gain: 0.6798794

Based on Non-integrating model

图 8-63　增益设置界面

8.4　串级过程控制系统设计

虽然单回路控制系统占控制系统总数的80%以上，但随着科学技术的发展，现代过程工业规模越来越大，复杂程度越来越高，产品的质量要求越来越严格，以及相应的系统安全问题、管理与控制一体化问题等越来越突出。要满足这些要求，解决这些问题，仅靠单回路控制系统难以达到要求的控制精度，需要引入更为复杂、更为先进的控制系统。本节主要讨论工业控制中应用最为广泛的一类过程控制系统——串级系统。

8.4.1　串级系统

串级系统类似于电机调速的双闭环系统，有内外两个环路。下面将以锅炉水箱系统为例，讨论串级系统的原理、结构组成、调节过程和系统特点。

1. 串级原理

图8-64是一个锅炉水箱系统，锅炉中是静止水，夹套中是流动水，其中入水阀门和出水阀门保持固定的开度，夹套水的流动速度是恒定的，是一个恒温供水模型。电阻丝加热锅炉水，通过热传递的方式对夹套水进行加热，使夹套水以恒定的温度输出。热电阻1检测锅炉水温 T_1，热电阻2检测夹套水温 T_2，通过模拟量输入模块将温度信号反馈给控制器，控制器通过模拟量输出模块控制加热电流 RT _ Current。其中，夹套水温是被控对象，加热电流是调节对象。调节阀门的开度能够给系统提供人工干扰，测试系统的控制精度。

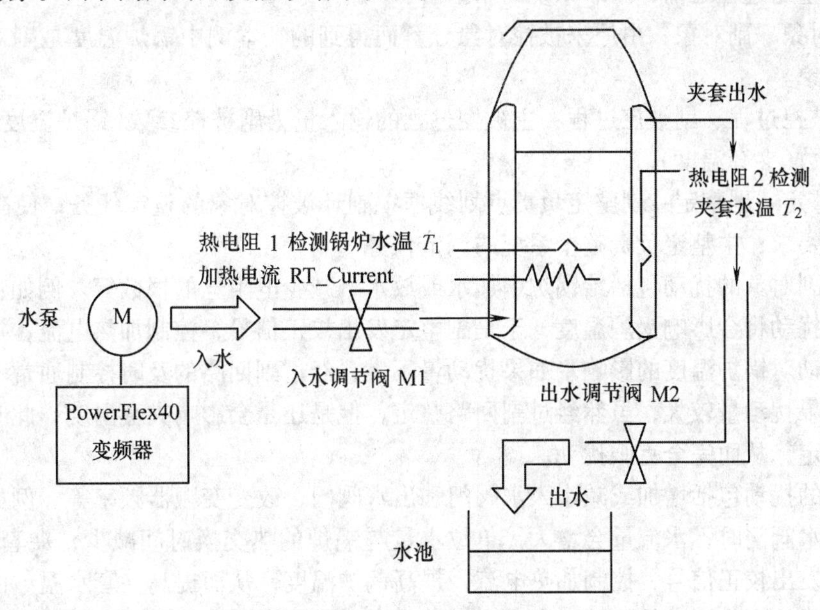

图8-64　锅炉水箱系统

如果对锅炉出水温度要求不高，允许的误差范围较大，单回路控制方案是可行的，可以在整定环节中引入微分环节。如果对出水温度要求很高，允许的误差范围小，单回路控制系统难以满足要求。当流量变化或者电阻丝电流出现较大的波动时，控制系统的滞后较大，需要较长的时间才能达到稳定。如果振荡很大，系统可能会不稳定。

通过前面的分析，系统主要问题是滞后大，时间常数大。串级控制的思想是引入一个响应较快的变量来反映扰动的作用，这样就避免了时间的大滞后带来的系统整定滞后。例如：我们可以引入锅炉水温作为中间变量，它们能够快速反映加热水温的变化。如果锅炉水温升高时，立即减小加热电流，夹套水温会降低；如果锅炉水温降低时，立即增大加热电流，夹套水温会升高。从这里可以看出，中间变量能够预测夹套水温的变化并提前反映扰动的作用，增加对这个中间变量的控制，能够使整个控制系统的被控变量得到较为精确的控制。锅炉水箱系统控制原理如图 8-65 所示。

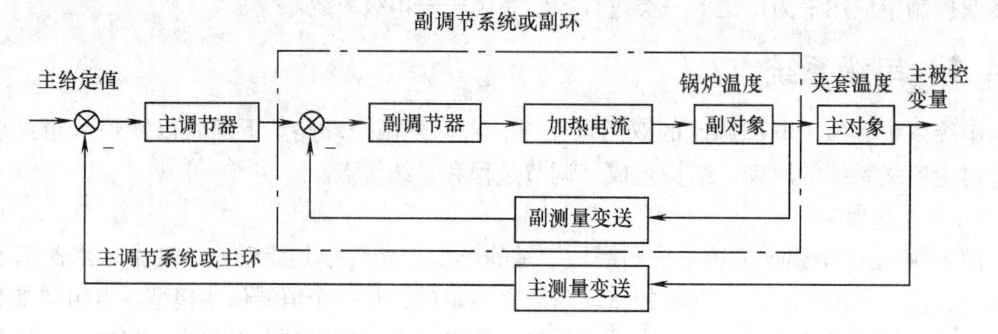

图 8-65　锅炉水箱系统原理图

2. 整定过程

在了解整定过程之前，串级系统的术语有：

1）主对象、副对象：由原来被控对象分解而得到的，本例中锅炉温度是副对象，夹套温度是主对象。

2）主被控过程、副被控过程：主被控过程的输入量为副被控参数（锅炉温度），输出量为主被控参数（夹套温度）。

3）主整定、副整定：副整定负责点划线框中副环被控对象的整定任务，使副变量符合副给定值的要求；主整定负责整个系统的调节任务。

作用于副对象的扰动包括给锅炉中加水或放水，减少电阻丝的根数等。例如：给锅炉加水时，水量扰动将会影响锅炉温度，于是副整定发出校正信号，控制加热电流，提高锅炉温度，克服扰动对锅炉温度的影响。如果扰动量不大，经过副回路的及时控制通常不会影响夹套温度；如果扰动量较大，虽然经过副回路整定，但是还是会影响夹套温度，此时再由主回路进一步整定，从而完全克服扰动。

主对象的扰动包括增加或减小入水阀门和出水阀门，改变变频器频率等。例如：增大入水阀门和出水阀门时，水流量会增大，单位水量与锅炉的热交换时间减少，夹套水温降低，于是主整定发出校正信号，控制加热电流，提高锅炉温度，从而提高夹套水温。由于副回路的存在加快了校正作用，使扰动对夹套水温的影响比单回路系统要小。

当主对象扰动和副对象扰动同时作用时，如果主副扰动的作用使主、副被控参数同时增大或者同时减小，主、副整定对加热电流的控制方向是一致的，加强控制作用，使夹套水温迅速回到给定值上来；如果主副扰动的作用使主、副被控参数一个增大，另一个减小，此时主、副整定控制加热电流的方向是相反的，加热电流只需要很小的变动就可以满足要求，系统的响应很快而且抗扰性强。

8.4.2 串级控制系统的设计

根据前面的系统分析，我们将入水阀门和出水阀门设置为固定值，将变频器的频率设置为30Hz，在相对理想的状态下，整定电阻丝电流，控制夹套温度。

1. 系统设计

串级控制系统的主回路是一个定值控制系统。对于主参数的选择和主回路的设计可以参考单回路控制系统的设计原则进行。串级控制系统的设计主要是副参数的选择和副回路的设计，并需要考虑主、副回路的关系。设计原则如下：

1）副回路应该包括尽可能多的扰动，副回路应具有整定速度块、抑制扰动能力强的特点。

2）主回路和副回路的时间常数要适当匹配，防止共振。副回路时间常数选择小，这样的系统反应灵敏，响应快。如果副回路时间常数大于主回路的，那么系统反应很慢，不能及时有效地克服扰动，会影响主参数。如果主、副时间参数较为接近，此时主、副回路间的动态联系十分密切，当一个参数发生振荡时，会使另一个参数也产生振荡，这就是共振，不利于生产的正常进行。原则上来说，主副过程时间常数的比例在3~10范围内。

3）副回路设计应该考虑工艺上的合理性和经济性的原则。

根据系统设计的原则，锅炉温度的时间常数要快一些，作为副对象，夹套温度的时间常数要慢一些，作为主对象。通过整定加热电流控制锅炉温度，间接控制夹套温度。

2. 程序设计

程序规划的原则与单回路控制系统的规划基本相同，在周期型任务中建立一个Cascade的功能块例程，同时在主例程中添加JSR指令，调用串级子程序。串级功能块包括报警块、整定块和调节块。后续的过程控制都是采用建立相应的功能块例程，主程序进行调用，未使用的例程不进行调用。报警程序1、报警程序2如图8-66、图8-67所示。

（1）报警块　为了保证工艺的安全，通常在功能块例程中添加相关的报警块。在锅炉温度控制系统中，有三方面的报警需求，温度报警、出水压力报警和液位报警。

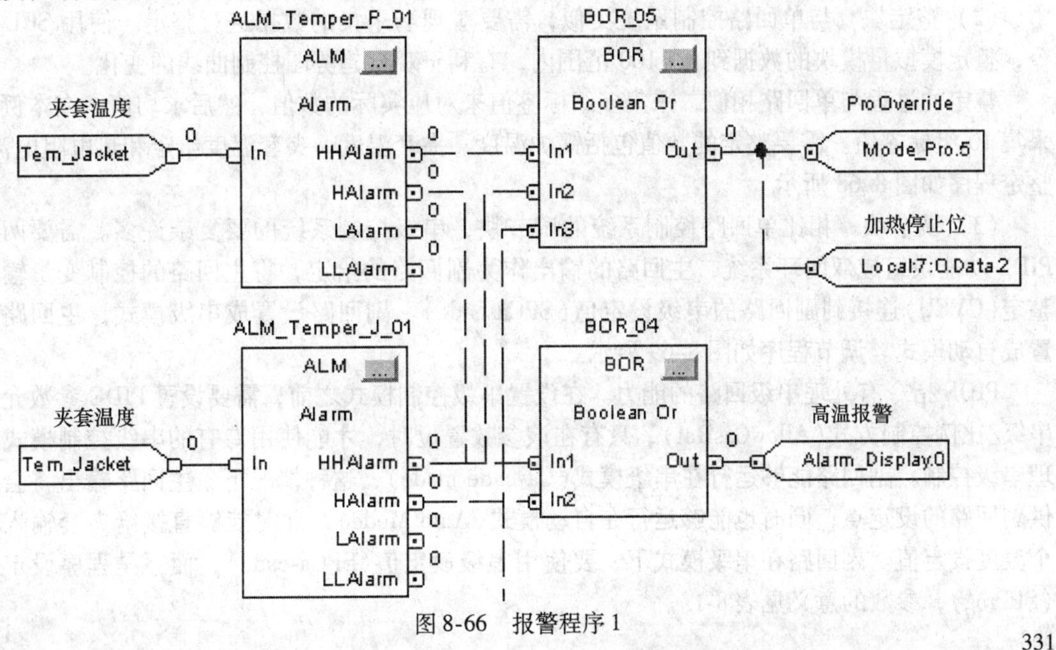

图8-66　报警程序1

热电阻同时检测夹套温度和锅炉温度，当温度超过70℃时，产生高报警(HAlarm)信号，输出 Alarm _ Display. 0 信号；当温度超过 80℃时，产生高高报警(HHAlarm)信号，置位 Mode _ Pro. 5(超驰模式选择,能够将加热电流值设置为固定数值)和 Local7: Q. Data. 2(断开电阻丝位,能够在物理上断开电阻丝继电器触点,停止加热)。

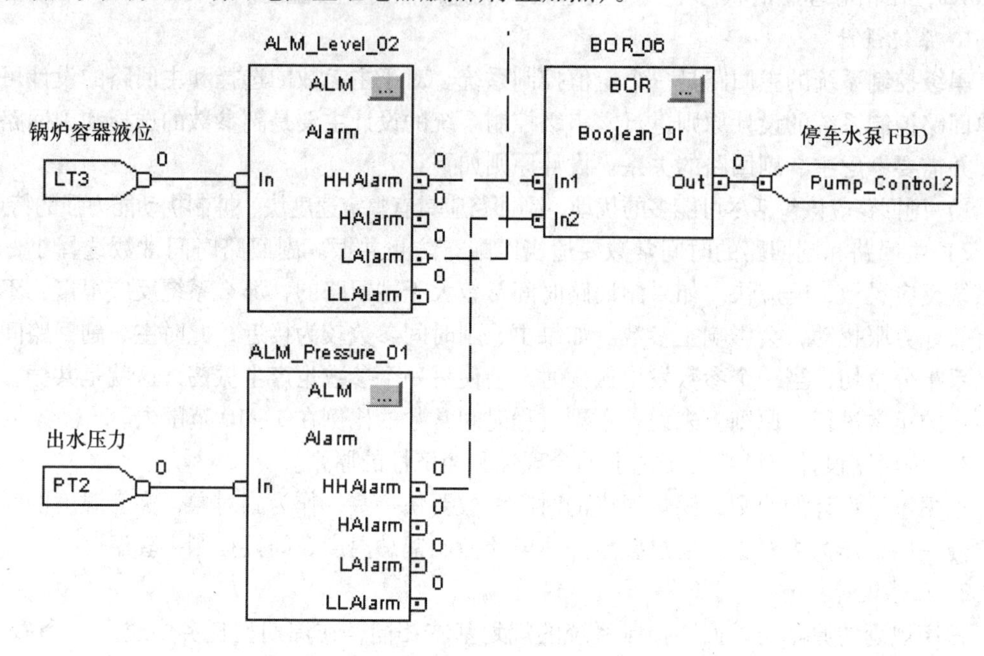

图 8-67　报警程序 2

当锅炉液位低于电阻丝高度时，防止烧坏电阻丝，产生低报警(LAlarm)信号，设置加热电流为安全值并断开电阻丝继电器触点。当锅炉液位高于额定值时或者出水压力高于额定值时，停车水泵，置位 Pump _ Control. 2 位(FBD 例程中停车水泵)，降低水位和减小管壁压力，防止锅炉溢流和水管破裂。

(2) 整定块　与单回路控制系统类似，需要对现场采集的数据进行整定。使用 SCL 指令，整定模拟量模块的数据到 0 ~ 100 范围内，有利于观察趋势图控制曲线的变化。

整定的过程与单回路相似，采集多组标签值来对应实际的数值，然后求均值，在本例中采集 10 组标签值。需要整定的数值包括锅炉温度、夹套温度、夹套温度给定和热电阻电流。整定程序如图 8-68 所示。

(3) 调节块　相比单回路控制系统的调节块，串级控制系统的要复杂许多。需要两个 PIDE 功能块组成双闭环系统，主回路的输出作为副回路的给定，将主回路的控制变量输出整定(CVEU)连接到副回路的串级设定值(SPCascade)。副回路设置成串级模式，主回路设置成自动模式。调节程序如图 8-69 所示。

PIDE 指令有处理串级回路的能力。在设置串级控制模式之前，需要设置 PIDE 参数允许串级/比例控制方式(AllowCasRat)，只有在该参数置位时，才能使用专有的串级控制模式处理串级控制。副回路能够运行在串级模式(Cascade mode)，这种情况下，主回路输出将会提供副回路的设定点；同时也能够运行在自动模式(Auto Mode)，此时能够直接给夹套输入一个温度设定值。副回路在串级模式下，要使用串级设定值(SPCascade)，而不是程序设定值(SPProg)，参数的意义见表 8-13。

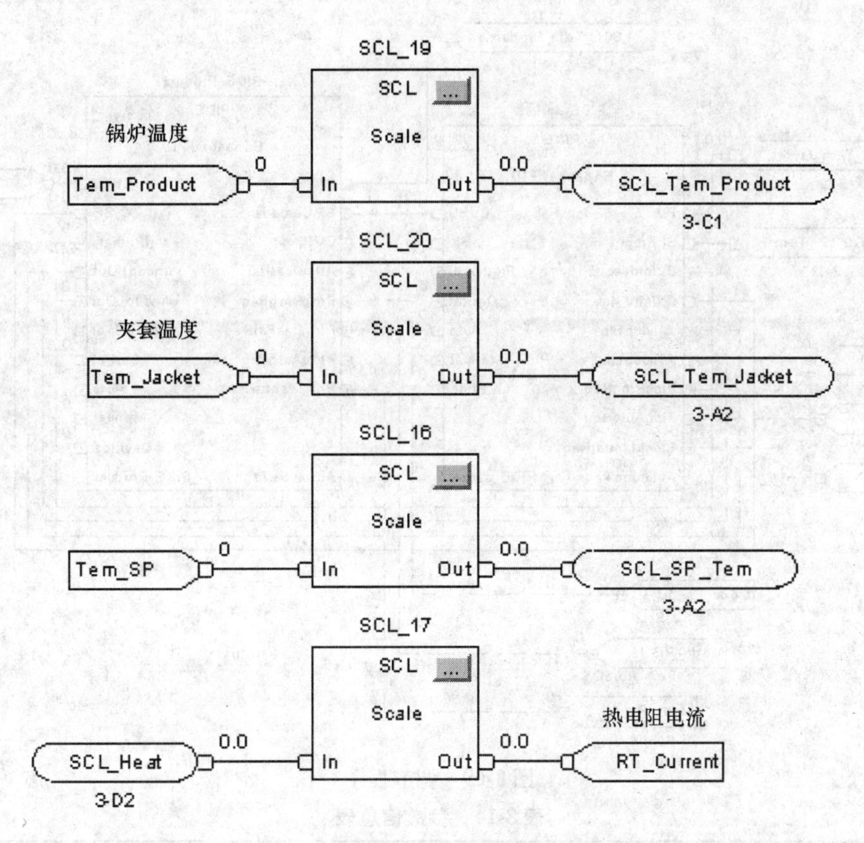

图 8-68　整定程序

表 8-13　参数信息表

输入参数	数据类型	描　述
AllowCasRat	BOOL	允许串级/比例方式。置位时，允许用 ProgCascadeRatioReq 或 OperCascadeRatioReq 选择串级/比例方式 默认状态为清零
SPCascade	REAL	SP 串级值，整定为 PV 单位。当 CascadeRatio 置位并且 UseRatio 清零时，SP = SPCascade。这是典型的主回路 CVEU 值。如果 CascadeRatio 和 UseRatio 都置位，则 SP = (SPCascade × Ratio)。当 SPCascade < SPLLimit 或 SPCascade > SPHLimit 时，指令置位状态字中的相应位并限制 SP 的数值 有效值 = SPLLimit 到 SPHLimit，默认值 = 0.0

PIDE 指令支持通过副回路对主回路进行初始化。如果副回路不是工作在串级模式(Cascade mode)，主回路需要停止控制，因为它不再影响控制过程。主回路也能够设置它的输出数值等于副回路的设定点，这样当副回路恢复到串级模式(Cascade mode)时，主回路将会无冲击地启动回路控制。在程序中，分别将副回路的设定点输出(SP)和初始化主回路输出(InitPrimary)连接到主回路的 CVEU 初始化值(CVInitValue)和 CV 初始化请求(CVInitReq)，就可以实现以上的功能。参数的意义见表 8-14。

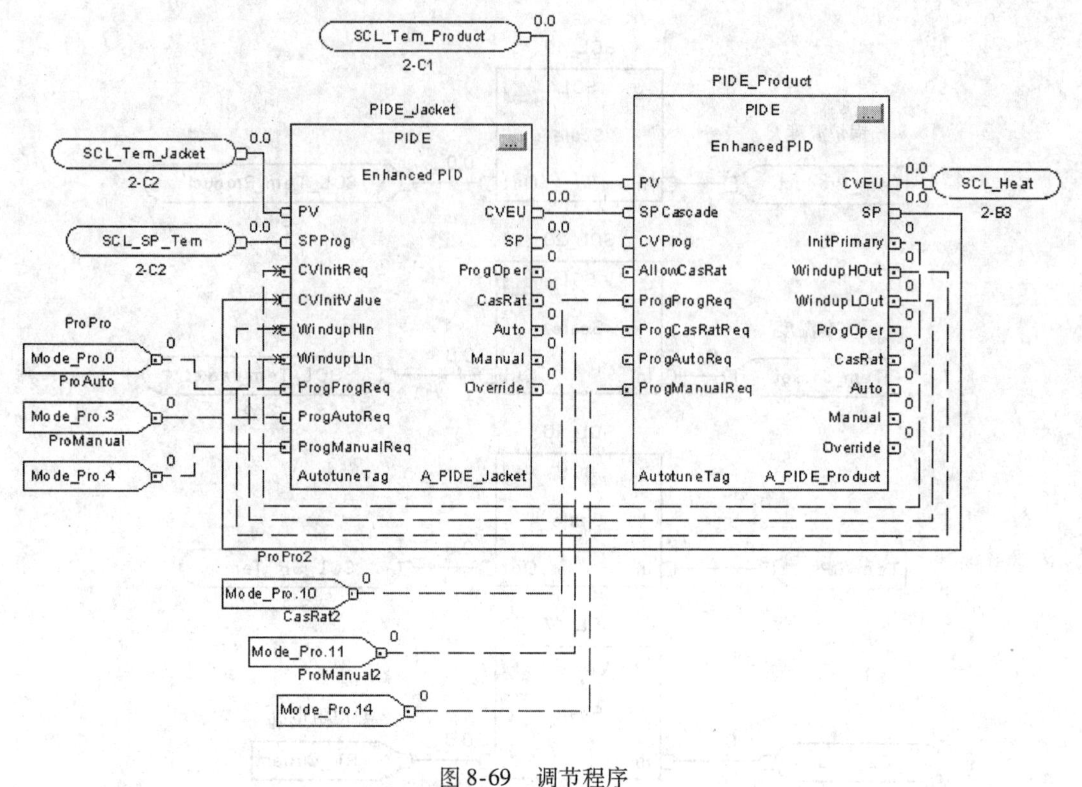

图 8-69　调节程序

表 8-14　参数信息表

输入参数	数据类型	描　述
CVInitReq	BOOL	CV 初始化请求。该信号通常由 CVEU 控制的模拟量输出模块的“In Hold”状态控制，或由第二个 PID 的 InitPrimary 输出控制 默认状态为清零
CVInitValue	REAL	CVEU 初始化值，整定为 CVEU 单位。当 CVInitializing 置位，CVEU = CVInitValue 且 CV 等于相应的百分数值。CVInitValue 来自由 CVEU 控制的模拟量输出的反馈或副回路的设定点。CVFaulted 或 CVEUSpanInv 置位时，指令初始化被禁止 有效值 = 浮点数，默认值 = 0.0
SP	REAL	当前设定点数值。SP 数值在自动或串级/比例方式下用于控制 CV 输出
InitPrimary	BOOL	初始化主环节命令。在非串级/比例方式或 CVInitializing 置位时，该位置位 该信号通常由一个主 PID 环节的 CVInitReq 来使用

PIDE 指令支持主回路的积分饱和限制。当副回路达到输出或者设定点饱和限制时，需要主回路在限制的方向上停止积分。如果副回路达到一个很高的输出限制，主回路应该不再正向积分。例如：如果副回路已经将加热电流增加到 100% 时，对于主回路请求达到更高的温度，需要更大的加热电流已经没有什么意义(增加副回路的设定点)，因为副回路不能提供更高的温度和更大的加热电流。在程序中分别将副回路的积分饱和上限输出(WindupHOut)和积分饱和下限输出(WindupLOut)连接到主回路的积分饱和上限输入(WindupHIn)和积分饱和下限输入(WindupLIn)就可以实现以上的功能。当副回路达到输出或者设定点的限制时，副回路将要设置适当的积分饱和输出，能够使主回路在这个方向上停止积分。参数意义见表8-15。

表8-15　参数信息表

输入参数	数据类型	意义
WindupHIn	BOOL	积分饱和上限输入请求。置位时，CV不允许该值增加。该信号通常由副回路的WindupHOut输出得到 默认状态为清零
WindupLIn	BOOL	积分饱和下限输入请求。置位时，CV不允许数值减小。该信号通常由副回路的WindupHOut输出得到 默认状态为清零
WindupHOut	BOOL	积分饱和上限输出指示。当SP或CV到上限或CV到下限(由控制动作决定)时，该位置位。该信号通常由主环节的WindupHIn输入控制，以防止主回路的CV输出饱和
WindupLOut	BOOL	积分饱和下限输出指示。当SP或CV到上限或CV到下限(由控制动作决定)时，该位置位。该信号通常由主环节的WindupHIn输入控制，以防止主回路的CV输出饱和

上述设计完成后，首先将主回路和副回路设置为手动状态，将加热电流设置为最大值，并检测夹套温度。当温度超过设定值的80%时，副回路投入串级模式，主回路投入自动模式，使系统正常投运。

(4) 扰动子程序　由于系统调节的过程中使用引入阶跃扰动和脉冲扰动进行整定参数，需要创建扰动子程序。扰动子程序如图8-70所示。

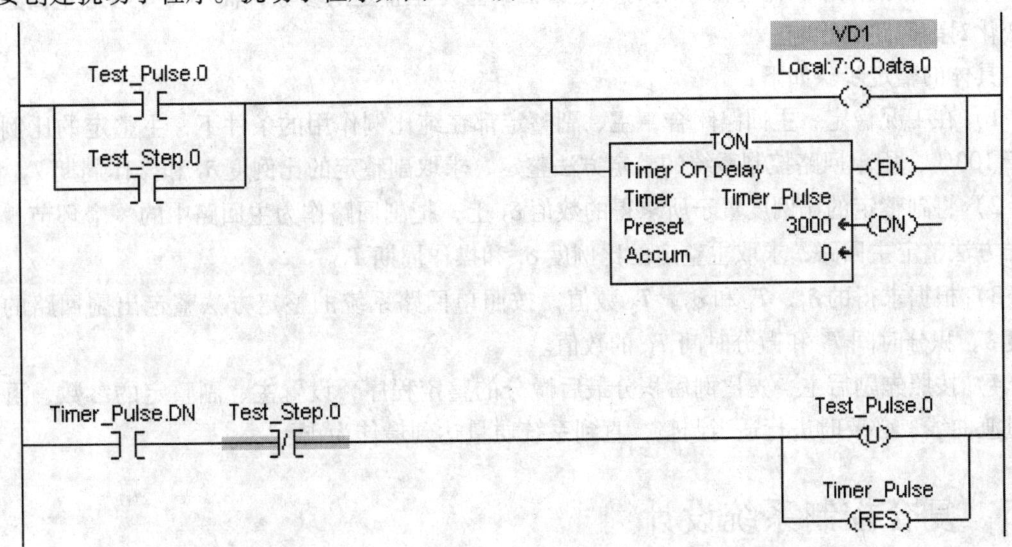

图8-70　扰动子程序

添加脉冲扰动时，将Test _ Pulse. 0置位，计时器计时3s后，复位计时器和电磁阀(其中VD1表示电磁阀)；添加阶跃扰动时，将Test _ Step. 0置位，保持电磁阀常开。注意可以使用电磁阀之前的手动阀门调节电磁阀开度，防止阶跃扰动过大，导致系统不稳定。

至此，程序设计部分全部完成。

3. 参数整定和工程调试

串级控制系统的整定都是先整定副环，然后再整定主环，主要有逐步逼近法和两步整定法。

（1）逐步逼近法　在串级控制系统中，当主、副过程的时间常数相差不大，主回路与副回路的动态联系较为密切时，采用逐步逼近法。

具体的整定步骤如下：

1）主回路断开，把副回路作为一个单回路控制系统，并按单回路控制系统的参数整定法（如衰减曲线法和经验试凑法），求取副整定的整定参数值[W2(s)]1。

2）副整定参数值置于[W2(s)]1 数值上，把主回路闭合，副回路作为一个等效环节，这样主回路又称为一个单回路控制系统。在按照单回路整定的方法，求取主整定的整定参数值[W1(s)]1。

3）主整定参数置于[W1(s)]1 上，主回路闭合，再按上述方法求取副整定的整定参数值[W2(s)]2。至此，完成了一次逼近循环。若控制质量已达到工艺要求，整定即告结束。主、副整定的整定参数值分别为[W1(s)]1 和[W2(s)]2。否则，将复整定的参数置于[W2(s)]2 上，再按照上述方法求取主整定参数值[W1(s)]2。如此循环下去，直到达到满意的质量指标为止。

（2）两步整定法　根据串级控制系统的设计原则，主、副过程的衰减常数应该适当匹配，要求其时间常数之比在 3 ~ 10 范围内。这样，主、副回路的工作频率和操作周期相差很大，其动态联系很小，可以忽略不计。所以，副回路参数整定后，可以将副回路作为主回路的一个环节，按照单回路控制系统的整定方法，整定主整定的参数，而不需要考虑主回路参数变化对副回路的影响。

具体的整定步骤如下：

1）在工况稳定、主回路闭合，主、副整定都在纯比例作用的条件下，主整定的比例度置于 100%，用单回路控制系统的整定方法整定，求取副整定的比例度 δ_2 和操作周期 T_2。

2）将副整定的比例度置于所求得的数值 δ_2 上，把副回路作为主回路中的一个环节，用同样方法整定主回路，求取主整定的比例度 δ_1 和操作周期 T_1。

3）根据求得的 δ_1、T_1 和 δ_2、T_2 数值，按照单回路系统的整定方法整定出副回路的比例度 δ、积分时间 T_1 和微分时间 T_D 的数值。

4）按照先副后主、先比例后积分最后微分的整定程序，设置主、副整定的参数，再观察过渡曲线，必要时进行适当调整，直到系统质量达到最佳为止。

8.5　复合控制系统设计

前面已经介绍了两种最常用的过程控制系统，下面将讨论其他的过程控制系统，这些复合控制系统在工业控制领域也有较为广泛的应用。例如：前馈控制系统、比值控制系统、分程控制系统和选择控制系统等。

8.5.1　前馈控制系统

之前讨论的都是按照被控参数的偏差进行控制的闭环反馈系统，特点是被控过程受到干扰后，必须等到被控参数出现偏差时控制器才动作，消除干扰的影响。在前馈系统中不测量被控量，而是测量干扰变量，通过前馈控制器，根据扰动量的大小改变控制变量，消除扰动对被控参数的影响。

1. 前馈系统

图 8-71 是一个锅炉液位控制系统，入水流量和出水流量做前馈。在出现扰动时，可以通过流量的变化反映扰动的情况，使入水阀门迅速适应扰动的变化。当入水流量(FT1)增加时，减小入水调节阀门的开度；当出水流量(FT2)增加时，增大入水调节阀门的开度。使用两个变量同时监控流量的变化会使系统具有很高的灵敏度，但是如果参数选择不合理，会导致系统过于敏感，有较大的振荡。

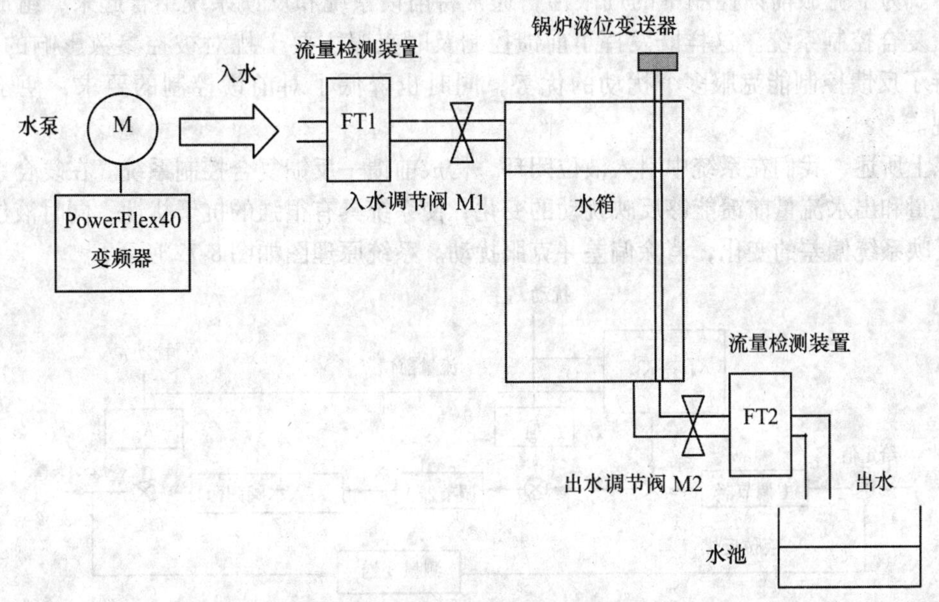

图 8-71　锅炉液位控制系统

前馈系统和反馈系统在控制原理和控制结构上有很大的区别，系统比较见表 8-16。

表 8-16　前馈系统和反馈系统比较表

	前 馈 系 统	反 馈 系 统
系统类型	开环系统，只要系统中各环节是稳定的，则控制系统必然稳定	闭环系统，因为构成闭环，存在稳定性问题。即使组成闭环系统的每一个环节都是稳定的，闭环后是否稳定还需要进一步分析
控制思想	基于扰动来消除扰动对被控量的影响，前馈控制又称为扰动补偿	基于偏差来消除偏差，如果没有偏差出现，就没有控制作用
系统响应	扰动发生后前馈控制器“及时”动作，对抑制被控量由于扰动引起的动、静态偏差比较有效	无论扰动发生在何处，必须要等到引起被控量发生偏差后，整定才能动作。整定动作落后于扰动作用的发生，是一种“不及时”的控制

（续）

	前馈系统	反馈系统
对扰动的控制	只对可测而不可控的扰动有校正作用，而对系统中的其他扰动无校正作用	引起被控量发生偏差的一切扰动，均被包围在闭环内，故反馈控制可以消除多种扰动对被控量的影响
控制规律	取决于被控对象，控制规律比较复杂	P、PI、PID 和 PD 等典型控制规律

从表中可以看出，前馈系统虽然有很多优点，但是在消除偏差和存在多种扰动的情况下仍然有许多的不足。例如：开环系统不能对偏差进行检验，无法校正偏差；在实际工业生产中有多种扰动同时存在(流量计中的水纹干扰,液位系统水波的振动和水管壁的密封性等)，对每一个扰动至少需要一套测量仪表和一个前馈系统，这会使系统变得庞大复杂，增加了投资成本。为了克服前馈控制中的局限性，通常将前馈系统和反馈系统结合起来，组成前馈—反馈复合控制系统。这样既发挥了前馈控制及时克服主要干扰对被控参数影响的优点，又保持了反馈控制能克服多个扰动的优势，同时也降低了对前馈控制的要求，便于工程上实现。

综上所述，我们在系统中引入液位闭环，构成前馈—反馈复合控制系统。在复合系统中入水流量和出水流量前馈能够反映扰动的变化，使系统具有很强的抗干扰性，同时液位反馈能够反映系统偏差的变化，消除偏差并克服扰动。系统原理图如图 8-72 所示。

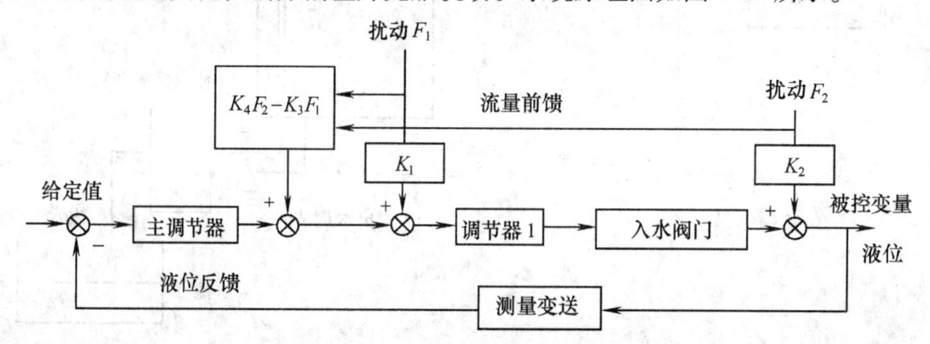

图 8-72　前馈—反馈复合控制系统原理图

2. 系统设计

根据前面的控制系统分析，我们将出水阀门和变频器的频率给定设为固定值，调节入水阀门控制锅炉系统的液位，同时在系统中引入流量前馈。

系统设计的过程与单回路控制系统类似，创建一个前馈控制系统的子例程，类型是功能块型，例程名是 FeedForward，可以在主例程中添加 JSR 指令调用这个子例程。首先进行程序规划，该子例程分为 5 个块：报警块、整定块、自动/手动选择块、PIDE 调节块和前馈值计算块，这里重点介绍 PIDE 调节块和前馈值计算块。

（1）PIDE 调节块

前馈—反馈控制系统的 PIDE 调节块与单回路的 PIDE 调节块类似，只是在输入端多了一个前馈值补偿(FF)输入，如图 8-73 所示。

前馈值 FF 的参数意义见表 8-17。

Properties - PIDE_Feedforward

General Configuration | EUs/Limits | Cascade/Ratio | Alarms | Parameters | Tag | Autotune

	Vis	Name	Value	Type	Description
I	☐	CVHLimit	100.0	REAL	CV high limit value. This...
I	☐	CVLLimit	0.0	REAL	CV low limit value. This i...
I	☐	CVROCLimit	0.0	REAL	CV rate of change limit, i...
I	☑	FF	0.0	REAL	Feed forward value. Th...
I	☐	FFPrevious	0.0	REAL	FFn-1 initialization value....
I	☐	FFSetPrevious	0	BOOL	FFn-1 initialization reque...
I	☐	HandFB	0.0	REAL	CV HandFeedback valu...
I	☐	HandFBFault	0	BOOL	HandFB value bad healt...

图 8-73　前馈—反馈控制系统的 PIDE 调节块属性

表 8-17　参数信息表

输入参数	数据类型	意　义
FF	REAL	前馈值。在过程变量（CV）到达过零死区限制（zero-crossing deadband limiting）之后，前馈值和 CV 相加。FF 的变化会影响到 CV 的最后输出值。如果 FF < -100 或 FF > 100，指令置位状态字中的相应位并限制 FF 的数值。有效值 = -100.0 到 100.0，默认值 = 0.0

PIDE 功能块中的其他参数与单回路控制系统的参数大致相同，但是，如过零死区限制和 PID 等参数还需要相应的调整。程序设计如图 8-74 所示。

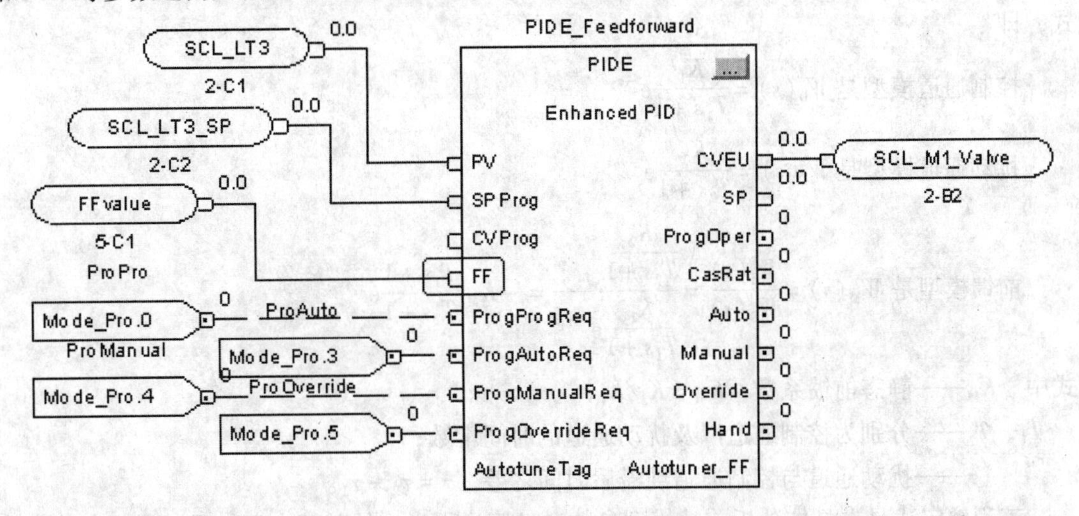

图 8-74　前馈—反馈控制系统的 PIDE 调节块

（2）前馈值计算块

前馈值主要是考虑前馈补偿条件和系统的快速响应条件来计算的，需要确定两个静态前馈系数，衡量出水流量和入水流量的补偿权重。这里我们分别取 1.2 和 0.8，但是需要注意的是，根据反映的作用方向，进水流量应该加负号。程序设计如图 8-75 所示。

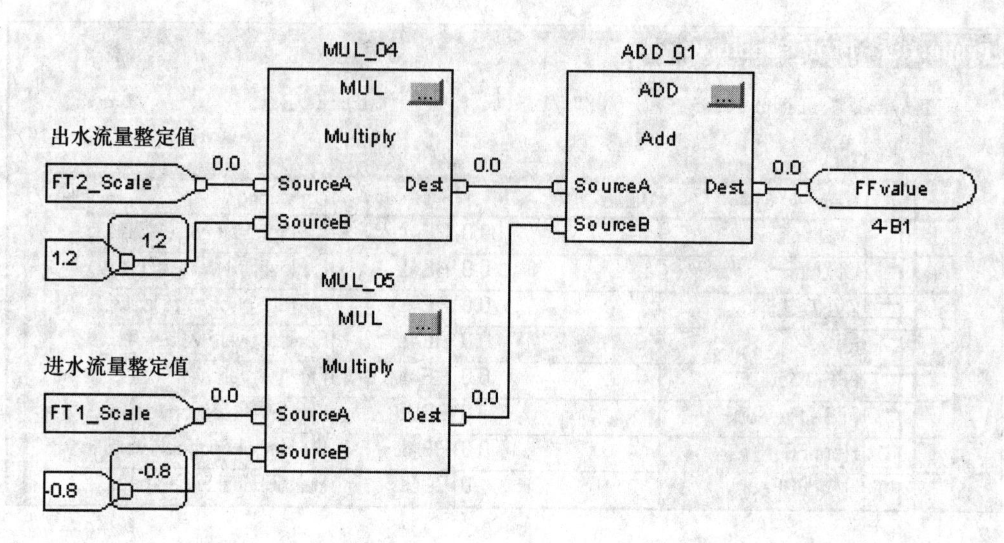

图 8-75 前馈—反馈控制系统的前馈值计算块

（3）工程整定

本例是比较简单的系统，只需要调节静态前馈系数就可以进行前馈补偿。事实上，工业中的前馈—反馈系统较为复杂，通常采用下面的方法进行参数整定。首先断开前馈，按照现场试凑法或者等幅振荡法整定单回路系统的参数。然后在存在反馈的情况下，根据过程扰动通道以及控制通道特性的比值来确定前馈补偿模型。

实践证明，相当数量的化工、热工、冶金等工业过程的特性都是非周期、过阻尼的。因此，为了便于进行前馈模型的工程整定，同时又能满足工程上一定的精度要求，常将被控过程的控制通道及其扰动通道处理成含有一阶或者二阶容量时滞，必要时再加一个纯滞后的形式，即

控制通道模型是 $W_0(s)=\dfrac{K_1}{T_1s+1}\mathrm{e}^{-\tau_1 s}$

扰动通道模型是 $W_f(s)=\dfrac{K_2}{T_2s+1}\mathrm{e}^{-\tau_2 s}$

前馈模型是 $W_M(s)=\dfrac{W_f(s)}{W_0(s)}=\dfrac{\dfrac{K_2}{T_2s+1}\mathrm{e}^{-\tau_2 s}}{\dfrac{K_1}{T_1s+1}\mathrm{e}^{-\tau_1 s}}=-K_M\dfrac{T_1s+1}{T_2s+1}\mathrm{e}^{-\tau s}$

式中 K_M——静态前馈系数，$K_M=K_2/K_1$；

T_1、T_2——分别为控制通道以及扰动通道的时间常数；

τ——扰动通道与控制通道纯滞后时间之差，$\tau=\tau_2-\tau_1$。

工程整定法是在具体分析前馈模型参数对过渡过程影响的基础之上，通过闭环实验来确定前馈控制器参数的。

8.5.2 比值控制系统

在炼油、化工、制药和造纸等工业生产过程中，经常需要两种物料或者两种以上的物料

保持一定的比例关系。例如：在燃烧过程中，燃料和空气要保持一定的比例关系，才能满足生产和环保的要求；在制药生产过程中，为增强药效，需要对某种成分的要去加注入剂，生产工艺要求药物和注入剂混合后的含量必须复合规定的比例；在造纸生产过程中，为了保持纸浆的浓度，必须自动控制纸浆量和水量按照一定的比例混合。

1. 比值系统

两个或者多个参数自动维持一定比值关系的过程控制系统，称为比值控制系统。通常两个需要保持一定比例关系的物料中，起主导作用而又不可控的物料称为主动量或者关键量 q_1，跟随主动量而变化的物料是从动量或者是辅助量 q_2，q_1 和 q_2 保持一定的比值，即

$$K=\frac{q_2}{q_1}$$

比值系统根据工业生产的不同要求有以下控制方案：单闭环比值控制、双闭环比值控制和变比值控制。单闭环比值控制下，主动量直接通过参量给定，从动量通过单闭环控制跟随主动量变化，两个量保持一定的比例关系；双闭环比值控制下，为了克服主动量不受控制引起的不足，给主动量加一个闭环环节，通过检测主流量的反馈值确保给定主流量的稳定性，这样使总体的物料保持稳定；变比值控制下，前两种控制是定值控制，在有些过程中，要求两种物料的比值随着第三个参量的需要而变化，其中第三个参量是主参数，主动量和从动量是副参数。

图 8-76 是一个双闭环比值控制系统的水箱模型，需要保持流量 2 和流量 1 的比值是 0.5（$q_2/q_1=0.5$）。其中流量 1 是主动量，流量 2 是从动量，流量 1 检测装置构成流量给定 1 的闭环反馈，流量 2 检测装置构成流量给定 2 的单闭环，M1 和 M2 分别是两个闭环的执行机构。当流量 1 出现扰动时，闭环系统 1 控制调节阀 M1，流量 1 保持稳定；闭环系统 2 控制调节阀 M2，使流量 2 跟随流量 1 变化，保持 0.5 的比值。系统原理如图 8-77 所示。

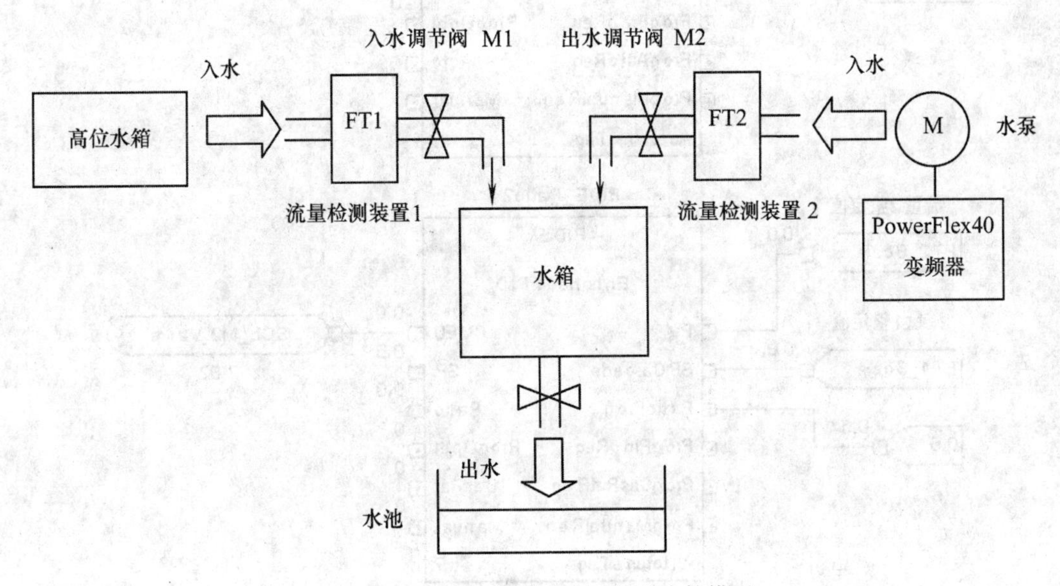

图 8-76　双闭环比值控制系统的水箱模型

2. 系统设计

根据前面的分析，系统是一个双闭环比值控制系统。主流量通过流量 1 的闭环保持稳定，在有扰动的情况下使用闭环调节保持输出稳定。副流量根据设定的比例值 K 跟随主流量的变化，同时通过检测闭环反馈，调节流量 2 输出。

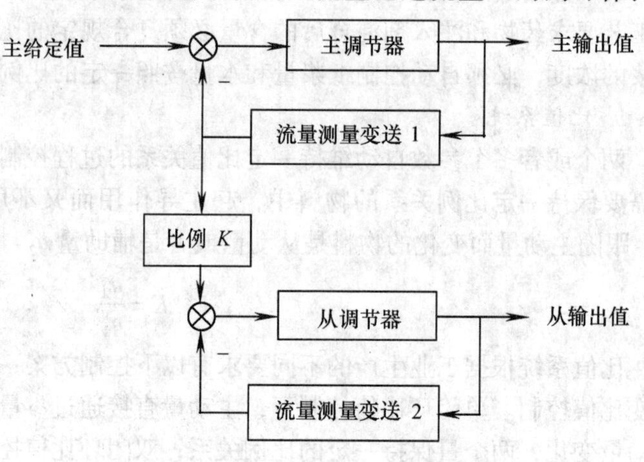

图 8-77　双闭环比值控制系统原理图

系统的设计与前馈系统相似，创建一个比值控制系统的子例程，类型是功能块型，例程名是 Ratio，然后在主例程中添加 JSR 指令调用这个子例程。首先进行程序规划，该子例程分为 5 个块：报警块、整定块、自动/手动选择块和双闭环比值 PIDE 调节块，这里重点介绍双闭环比值 PIDE 调节块。

（1）双闭环比值 PIDE 调节块　调节块中包括两个 PID 回路，一个 PID 回路调节阀门 M1 稳定主流量给定，另一个 PID 回路调节阀门 M2 跟随主流量的变化，流量 2 和流量 1 的比值是 0.5。程序设计如图 8-78 所示。

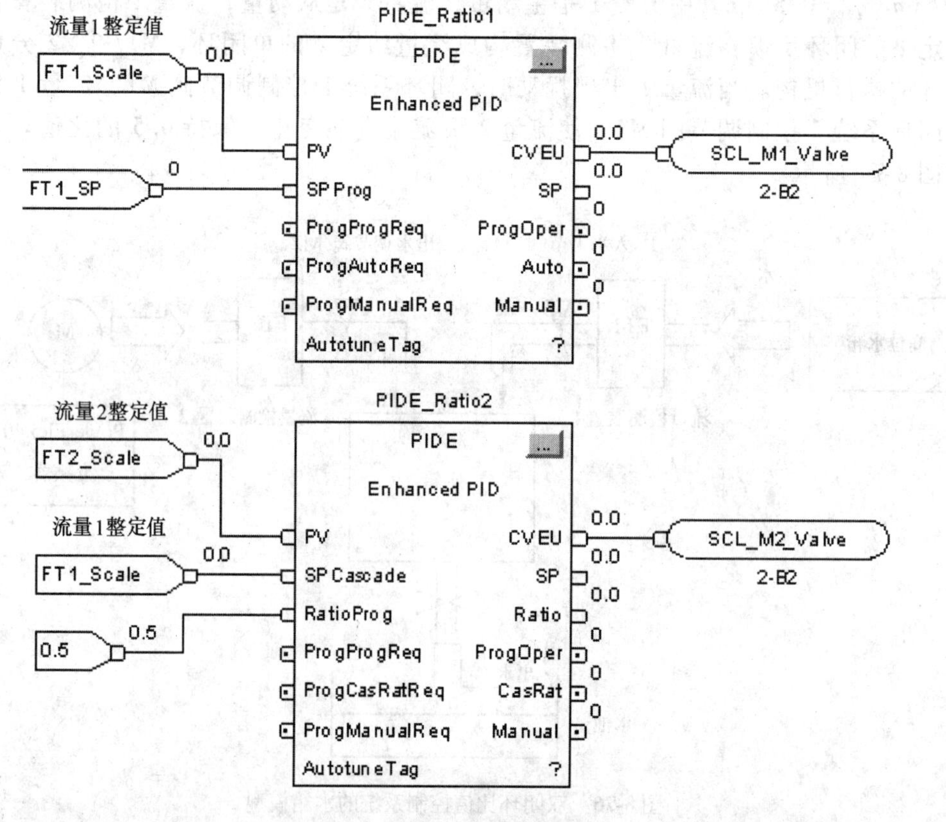

图 8-78　双闭环比值 PIDE 调节块

其中需要特殊说明的参数见表8-18。

表8-18　参数信息表

输入参数	数据类型	意　义
UseRatio	BOOL	允许比率控制。在Cascade/Ratio方式下，置位时使能比例控制 默认状态为清零
RatioProg	REAL	程序比例因子。在程序控制方式下，Ratio和RatioOper被设定为该数值。如果RatioProg < RatioLLimit或 > RatioHLimit，指令将置位状态字中的相应位并限制Ratio的数值 有效值 = RatioLLimit到RatioHLimit 默认值 = 1.0
RatioHLimit	REAL	比例上限值。RatioProg或RatioOper中Ratio的极限数值。如果RatioHLimit < RatioLLimit，指令置位状态字中相应的位，并以RatioLLimit限定Ratio的值 有效值 = RatioLLimit到最大正浮点数 默认值 = 1.0
RatioLLimit	REAL	比例下限值。RatioProg或RatioOper中Ratio的数值极限。如果RatioLLimit < 0，指令置位状态字中相应的位并限定其值为0。如果RatioHLimit < RatioLLimit，指令置位状态字中相应的位，并以RatioLLimit限定Ratio的值 有效值 = RatioLLimit到最大正浮点数 默认值 = 1.0

（2）比值控制系统的参数整定　比值控制系统的参数整定是系统设计和应用的一个重要问题。对于定值控制（双闭环比值控制中的主回路），可以按照单回路系统进行整定。对于随动系统（如单闭环比值控制、双闭环的从动回路及变化值的变比值回路），要求从动量能快速、正确跟随主动量变化，不宜过调，以整定在振荡与不振荡的边界为最佳。

8.5.3　选择控制系统

通常的自动控制系统都是在生产过程处于正常工况时发挥作用，如果遇到不正常工况，则往往要退出自动控制而切换到手动控制，待工况基本恢复后再投入自动控制状态。

现代石油化工等过程工业中，越来越多的生产装置要求控制系统既能在正常工艺状况下发挥控制作用，又能在非正常工况下仍然起到自动控制作用，使生产过程尽快恢复到正常工况，至少也是有助于工况恢复正常。这种非正常工况时的控制系统属于安全保护措施，包括两大类：一是硬保护，二是软保护。

硬保护措施就是联锁保护控制系统。当生产过程工况超出一定范围时，联锁保护系统采取一系列相应的措施，如报警、自动到手动、联锁动作等，使生产过程处于相对安全的状态。但这种硬保护措施经常使生产停车，造成较大的经济损失。于是，人们在实践中探索出许多安全经济的软保护措施，来减少停车造成的损失。

所谓软保护措施就是当生产工况超出一定范围时，不是消极地联锁保护甚至停车，而是自动地切换到一种新控制系统中，这个新的控制系统取代了原来的控制系统对生产过程进行控制，当工况恢复时，又自动地切换到原来的控制系统中。由于要对工况是否正常进行判断，要在两个控制系统当中进行选择，因此称为选择控制系统，有时也称为取代控制系统或者超驰控制系统。

1. 选择系统

选择控制系统的特点是采用了选择器。选择器能够接在两个或者多个整定的输出端，对控制信号进行选择；也可以接在多个变送器的输出端，对测量信号进行选择，以适应不同的生产需要。选择器分为高选器和低选器，前者允许较大的信号通过，后者允许较小的信号通过。

图 8-79 中是一个水箱流量压力选择控制系统。变频器启动水泵，将水从水槽里抽到水箱中。在单位时间内，抽入水箱中的水越多越好。水管中的压力越大，抽水的速度越快。但当压力过大时，会导致管壁破裂。因此，压力是一个限制抽水的因素，需要将压力限制在一定的范围内。入水的流量越大，抽水量也越多。但当抽水流量过大时，会导致水箱溢流。系统的执行机构有很多，调节入水阀门的开度和调节变频器的给定频率都能够控制入水流量和管内压力。所以有压力和流量两个因素会影响系统性能，在控制时需要同时考虑。

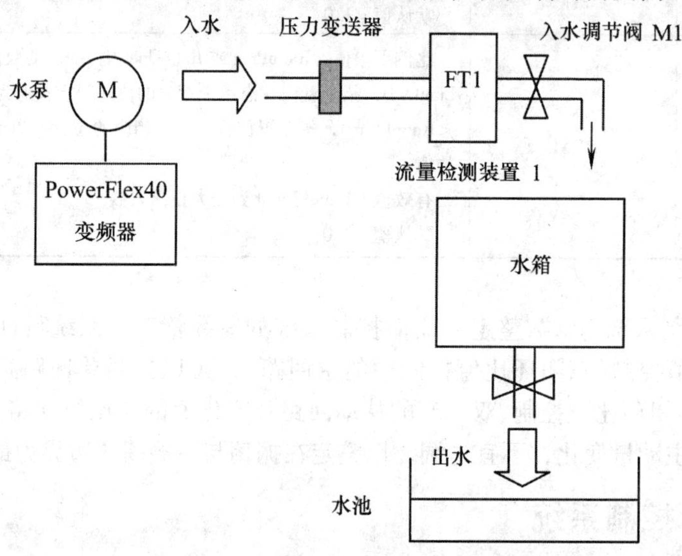

图 8-79 水箱流量压力选择控制系统

在本系统中，有两个独立的 PID 回路用来控制整个过程。一个 PID 回路监控管内的压力，另一个 PID 回路监控流量。两个 PID 回路的输出送入选择器中进行选择。在本例中，由于安全的考虑，采用低选器，使用最低的输出值，能够使系统运行在最安全的状态，既能够保障管内压力小，又能够保障水箱不溢流。相比入水阀门开度来说，变频器的频率给定的响应要快很多，这里选择变频器的给定频率作为调节对象。系统结构图如图 8-80 所示。

2. 系统设计

根据上面的分析，这是一个双闭环控制系统，但是双环都是各自独立的环路，相互没有影响。流量闭环检测流量反馈值，并将计算值送入选择器中进行选择；同时压力闭环检测压力反馈值，并将计算值送入选择器中进行选择。低通选择器将流量闭环的输出值和压力闭环的输出值进行比较，数值小的作为最终的频率给定输出值。

创建一个例程名为 Selection 的功能块例程，并在主程序中编程调用。按照功能对系统分块，报警块、整定块、双闭环调节块和低通选择块，这里重点介绍双闭环调节块和低通选择块。

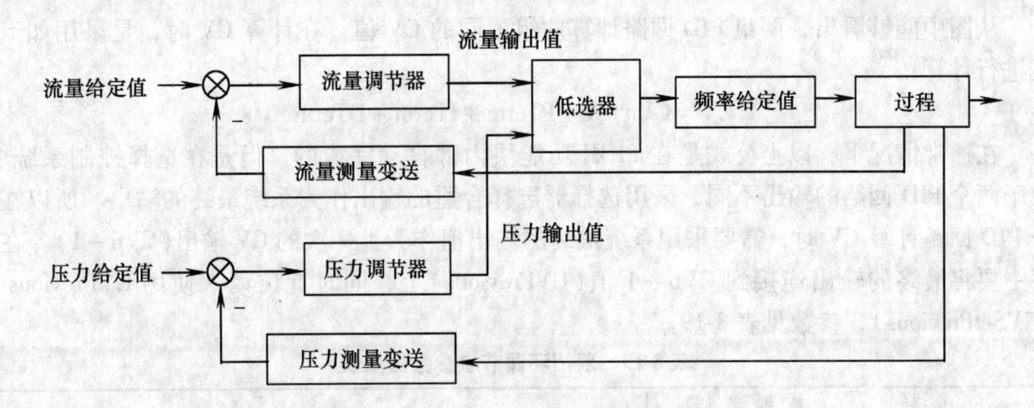

图 8-80　水箱流量压力选择控制系统结构图

(1）双闭环调节块

该调节块中包括两个 PID 回路，一个是压力 PID 回路，另一个是流量 PID 回路。首先给两个回路预先的设定值，根据 PV 值反馈，送入 PID 整定中进行计算，输出合适的 CV 值。然后将两个 PID 回路的 CV 值送入低通选择块中进行选择，确定最后的输出。程序设计如图 8-81 所示。

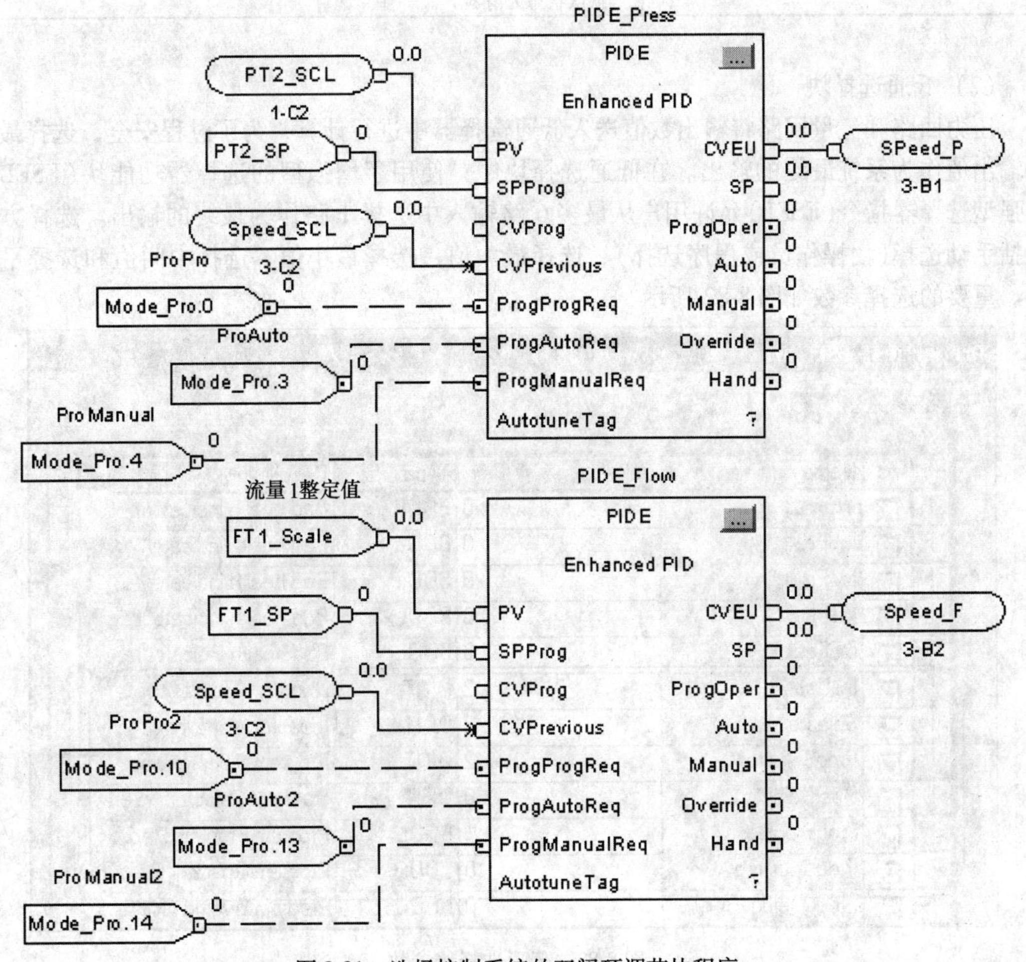

图 8-81　选择控制系统的双闭环调节块程序

从图中能够看出，两组 PID 回路计算两组不同的 CV 值。在计算 CV 时，是采用如下公式进行计算：

$$CV = CVn - 1 + PTerm + ITerm + DTerm$$

在通常情况下，以上公式是在 PIDE 功能块内部自动完成的，但是在选择控制系统中，由于两个 PID 回路的输出不同，采用选择器选择合适的输出作为系统最终的输出。所以在两个 PID 回路计算 CV 时，需要采用系统最终的输出值作为上一次的 CV 输出(CVn－1)。在程序中要将最终的输出连接到 CVn－1 值(CVPrevious)上，同时置位请求使用 CVPrevious 值(CVSetPrevious)，参数见表 8-19。

表 8-19　双闭环调节块参数信息表

输 入 参 数	数 据 类 型	意　　义
CVPrevious	REAL	CV_{n-1}数值。如果 CVSetPrevious 置位，则 CV_{n-1}等于该值。CV_{n-1}是上次指令执行的 CV 值。在手动、超驰、手操模式下或当 CVInitializing 置位时，CVPrevious 将要被忽略。在自动或串级/比例模式下，如果 CVPrevious <0 或 >100，或 < CVLLimit 或 > CVHLimit，指令置位状态中相应的位并限制 CV_{n-1}数值 有效值＝0. 0 到 100. 0，默认值＝0. 0
CVSetPrevious	BOOL	请求使用 CVPrevious。置位时 CV_{n-1} = CVPrevious 默认状态为清零

（2）低通选择块

压力回路和流量回路将输出数值送入低通选择器中进行计算，为了过程安全，选择最小的输出值作为系统最终的输出。在低通选择块中，使用了增强型的选择器功能块(ESEL)。增强型选择器指令(ESEL)允许用户从最多 6 路输入中选择 1 路作为最终的输出。选择方式包括手动选择(由操作员或程序选择)、选择最大值、选择最小值、选择中间值和选择平均值。重要的选择参数如图 8-82 所示。

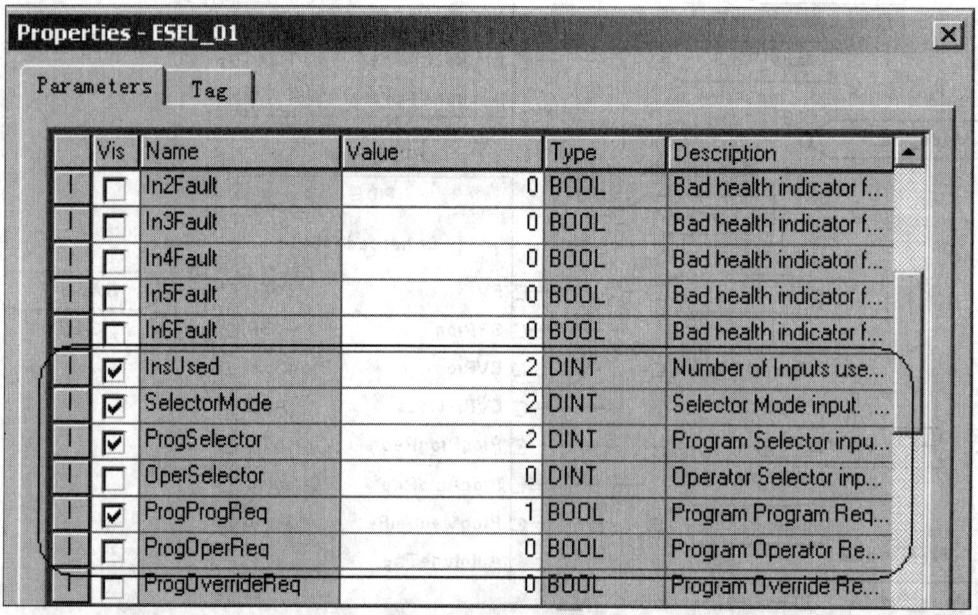

Properties - ESEL_01

Parameters | Tag

Vis	Name	Value	Type	Description
☐	In2Fault	0	BOOL	Bad health indicator f...
☐	In3Fault	0	BOOL	Bad health indicator f...
☐	In4Fault	0	BOOL	Bad health indicator f...
☐	In5Fault	0	BOOL	Bad health indicator f...
☐	In6Fault	0	BOOL	Bad health indicator f...
☑	InsUsed	2	DINT	Number of Inputs use...
☑	SelectorMode	2	DINT	Selector Mode input. ...
☑	ProgSelector	2	DINT	Program Selector inpu...
☐	OperSelector	0	DINT	Operator Selector inp...
☑	ProgProgReq	1	BOOL	Program Program Req...
☐	ProgOperReq	0	BOOL	Program Operator Re...
☐	ProgOverrideReq	0	BOOL	Program Override Re...

图 8-82　低通选择块参数

从图 8-82 中看出，输入参数选项除了 6 个模拟量输入参数和 6 个模拟量故障指示参数外，还有一些提供高级功能的组态参数。详细的参数信息见表 8-20。

表 8-20　低通选择块参数信息表

输入参数	数据类型	意义
In1	REAL	指令的模拟量输入信号 1 有效值 = 浮点数，默认值 = 0.0
In1Fault	BOOL	In1 输入状态故障指示。通常如果 In1 读自模拟量输入，则 In1Fault 由该模拟量输入的故障状态位控制。如果所有 In1Fault 参数被置位，指令置位状态字中的相应位，控制算法不执行，且输出结果不更新。默认状态为清零
InsUsed	DINT	可使用的输入通道数。该参数确定指令可使用的输入通道数。指令在选择最大值、选择最小值、选择中间值和选择平均值方式下只使用 In1 到 InsUSED 的输入通道。如果该值无效，指令置位状态字中的相应位。如果该值无效，指令在非手动选择输入方式下，且 Override 位被请零，不更新输出结果。有效值 = 1 到 6，默认值 = 1
SelectorMode	DINT	选择器方式输入。该值决定指令的执行方式。 数值：　说明： 0　手动选择 1　选择最大值 2　选择最小值 3　选择中间值 4　选择平均值 如果该值无效，指令置位状态字中的相应位且不更新输出结果 有效值 = 0 到 4，默认值 = 0
ProgSelector	DINT	程序选择器输入。当选择器选择方式为手动选择且指令处于程序控制方式时，ProgSelector 决定被送往输出 Out 的输入通道（In1-In6）。如果 ProgSelector = 0，指令不更新输出结果。如果 ProgSelector 无效，指令置位状态字中的相应位。如果该值无效，指令处于程序控制方式，且选择器方式是手动选择或 Override 位被置位，指令不更新输出结果 有效值 = 0 到 6，默认值 = 0
ProgProgReq	BOOL	程序请求进入程序控制方式。用户程序通过置位该位请求程序控制。如果 ProgOperReq 被置位，该位被忽略。保持该位置位且 ProgOperReq 清零，指令被锁定到程序控制方式。默认状态为清零

程序设计如图 8-83 所示，通过低通选择器，输出安全的频率给定值。

（3）系统整定的参数整定

选择性控制系统整定参数整定时，可按照单回路控制系统的整定方法进行整定。但是当两个控制系统同时投入使用时，为了产生及时的保护作用，比例度要整定得小一些。如果有积分作用时，积分作用也要整定得弱一些。

以上介绍了 CMS 控制系统在过程控制模型上的应用，使用 RSLogix5000 编程软件和锅炉水箱过程控制模型模拟了单回路控制系统、串级控制系统、前馈控制系统、比值控制系统、分程控制系统和选择控制系统等一系列在工业中广泛应用的过程控制系统模型。本章从系统整体规划和参数基本组态出发，讲述了功能块编程语言在过程控制程序设计中的应用。重点介绍 PIDE 功能块在不同控制模型下的参数选择和参数整定，同时了解了 PIDE 功能块自整定的使用方法。

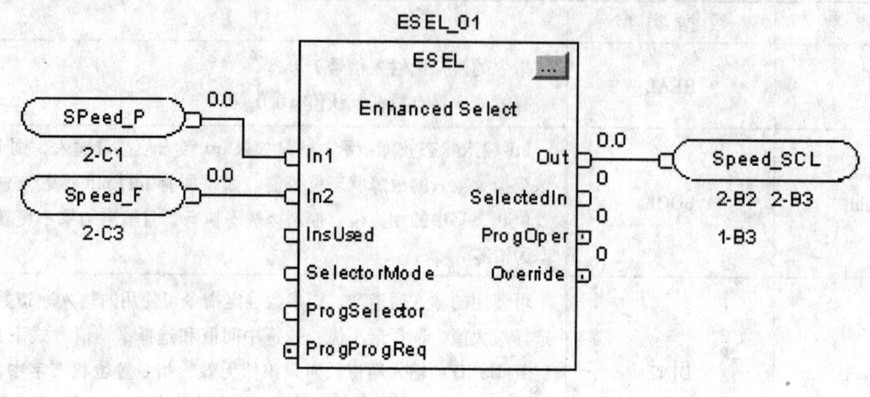

图 8-83　低通选择块程序

参 考 文 献

[1] 钱晓龙，李鸿儒．智能电器与MicroLogix控制器[M]．北京：机械工业出版社，2003.

[2] 邓李．ContrlLogix系统使用手册[M]．北京：机械工业出版社，2008.

[3] 钱晓龙，李晓理．循序渐进PowerFlex变频器[M]．北京：机械工业出版社，2007.

[4] 钱晓龙，李晓理．循序渐进SLC500控制系统与PanelView训练课[M]．北京：机械工业出版社，2008.

[5] 钱晓龙．MicroLogix控制器应用实例[M]．北京：机械工业出版社，2003.

[6] 钱晓龙，袁伟，苑旭东．ControlLogix系统电力行业自动化应用培训教程[M]．北京：机械工业出版社，2008.

[7] 钱晓龙，苑旭东，刘婷．ControlLogix系统水泥行业自动化应用培训教程[M]．北京：机械工业出版社，2008.

[8] David A Geller．可编程序控制器原理与设计[M]．于玲，译．2版．北京：清华大学出版社，2002.

[9] 韩安荣．通用变频器及其应用[M]．北京：机械工业出版社，2000.

[10] 汪晋宽，马淑华．工业网络技术[M]．北京：北京邮电大学出版社，2006.

[11] 邵裕森，巴筱云．过程控制系统及仪表[M]．北京：机械工业出版社，1993.

[12] 宋伯生，陈东旭．PLC应用实验教程[M]．北京：机械工业出版社，2006.